독도 영토주권의 실증적 연구

| 상 |

일러두기

• 이 책은 2017~2019년도 동북아역사재단 연구용역 수행결과물임

동북아역사재단
연구총서 113

독도 영토주권의 실증적 연구 상

A Study and Verification of Territorial Sovereignty over Dokdo

신용하

동북아역사재단
NORTHEAST ASIAN HISTORY FOUNDATION

책머리에

한국과 일본 사이에는, 일본 정부가 1952년 1월 28일 한국의 독도 영유권을 부인하면서 일본의 독도 영유권을 주장한 외교문서를 보내온 이래 '독도 영유권 논쟁'이 전개되고 있다. 이 논쟁은 벌써 69년이 되었으나 언제 끝날지 알 수 없다. 앞으로 논쟁 종식에 100년이 더 걸릴지도 모른다.

독도가 대한제국 영토의 가장 동쪽에 위치한 작은 섬이기 때문에 일본 제국주의는 대한제국 침략 과정에서 가장 먼저 1905년 1월 독도를 침탈하고, 같은 해 11월 '을사조약'으로 외교권 침탈, 이어서 1910년 8월 대한제국의 주권 침탈·강점을 자행하였다. 일제의 '독도 침탈 – 을사조약 – 대한제국 주권 침탈·강점'은 분리된 사건이 아니라, 하나로 연결된 '일제 침략의 연쇄'였다. 그러므로 오늘날 일본 정부가 다시 독도 영유를 주장하고 침탈을 시도하는 것은 대한민국 독립주권에 대한 심각한 도전·도발이라는 상징성이 있다.

환경이 이러하기 때문에 독도 영유권 연구는 한국 민족과 국가에게 긴급하고 극히 중요한 연구 및 정책 과제로 되어 있다. 독도 연구에는 이론적 연구와 함께 실증자료를 발굴하면서 치밀한 실증적 연구가 무엇보다도 중요하다고 생각한다.

저자는 한국 근대사회사를 공부하다가, 1980년 '독도'를 본격적 연구주제의 하나로 포함한 이래, 어언 40년을 능력이 부족하지만 독도 영유권의 진실을 밝히는 연구에 노력해 왔다. 그간 배타적경제수역 기점·기선 책정과 신어업협정 문제 등 우여곡절도 많았으나, 독도 영유권에 관련된 학회활동과 진실을 밝히는 일에 한 번도 게을리한 적은 없었다.

이제 나이가 들어 지난 일을 회고하고 오는 일을 생각해 보니 '독도 영유권' 연구가 안심할 수 없는 '근심'의 하나로 남아 있음을 절감하였다. 이에 한국영토학회를 경유하여 한국 정부의 독도 담당 연구기관인 동북아역사재단에 3년(2017~2019) 연구계획서를 내어, 그간 연구한 결과를 간추려서 상·중·하 3권으로 정리한 것이 이 책이다. 연구대상 기간은 한국의 독도 영토주권이 성립된 서기 512년부터 연합국의 샌프란시스코강화조약에서 한국의 독도 영토주권을 최종 재확인한 1952년까지의 시기이다. 연구방법은 철저하게 실증적 방법에 의거하였다. 책 서술방식은 본문을 실증적으로 논술하고, 각 권마다 본문 뒤에 연구자들을 위하여 실증자료를 붙였다. 정확히 서술하려고 노력했으나, 깨닫지 못한 오류가 있을지도 모른다. 발견되는 오류는 독자의 질정을 받고 고쳐나가려고 한다.

이 연구계획을 승인해 주신 동북아역사재단 김도형 이사장님과 관계자 여러분, 그리고 이 책의 원고를 모두 읽고 교열해 주신 동북아역사재단 독도연구소 홍성근 박사님께 깊이 감사드린다.

이 복잡한 원고와 자료를 모두 타자하여 정리하고 교정한 서울대학교 대학원 사회학과 박영대, 김반석, 조민서, 전경모 조교들에게도 깊이 감사드리며, 또한 이 책 편집에 정성을 기울여 주신 출판 관계자들에게도 깊이 감사드린다.

이 책이 연구자들의 연구와 함께 국민과 정부 정책 수립자들께도 독도 영유권의 진실을 이해하고 정책을 세우는 데 조금이라도 도움이 되기를 간절히 바라는 바이다.

2020년 8월 15일

저자 신용하 삼가 씀

상권 차례

제2편 조선왕조 전기의 독도·울릉도 영유와 통치활동

제3편 17세기 조선·일본 간 울릉도·독도 영유권 논쟁

실증자료

전체 차례

상권

실증자료

중권

실증자료

하권

제9편 연합국의 독도 한국 반환과 1948년 국제법상 확정·공인된 한국의 독도 영유권

실증자료

제1편

512년 독도에 대한 한국의 역사적 고유영토주권의 확립

제1장

독도·울릉도의 사회적·자연적 환경

제1절 독도의 위치와 환경[1]

독도(獨島)는 세계 속에서 동아시아 한반도 동쪽 동해(東海) 가운데 위치한 섬이다. 여기서 독도가 한국 울릉도의 부속섬인가, 일본 은기도(隱岐島 : 오키도, 오키섬)의 부속섬인가를 객관적으로 판정하기 위해 독도의 위치·거리 측정 등 지리적 고찰이 반드시 필요하다.

독도는 일본 은기도에서보다 울릉도에서 약 2배나 더 가까운 울릉도 부속도서이다. 독도는 동도(東島)와 서도(西島) 2개의 작은 섬과 89개의 암석으로 구성되어 있다.

경위도상으로는 동도가 북위 37도 14분 26.8초, 동경 131도 52분 10.4초이고, 서도가 북위 37도 14분 30.6초, 동경 131도 51분 54.6초의 위치이다.

1 이 절의 독도 설명은 동북아역사재단(www.nahf.or.kr)이 각계의 측정을 종합 정리한 공식 통계이다.

그림 1-1
동북아시아 속의
울릉도와 독도
(자료 : 동북아역사재단)

독도의 동도와 서도 사이에는 너비 110~160미터, 깊이 330미터의 좁은 물길이 나있는데, 물이 빠진 간조 때의 동도와 서도 사이의 거리는 해안선 기준으로 약 151미터이고, 그 3분의 2는 수심이 2미터가 채 안 되는 연결된 섬이다.

독도의 평균 해수면 높이는 약 16센티미터이다. 독도의 면적은 동도가 7만 3,297m², 서도가 8만 8,740m², 부속도서가 2만 5,517m², 합계가 18만 7,554m²(문화재청 고시 제2006-80호)로 되어있다. 독도의 높이는 서도의 정상부(대한봉)가 해발 168.5미터, 동도의 최고봉(우산봉)이 해발 98.6미터로서 서도가 동도보다 더 높다. 독도의 둘레는 5.4킬로미터로서, 동도의 둘레가 2.8킬로미터, 서도의 둘레가 2.6킬로미터이다.

독도는 서양인들이 19세기 말에 리앙쿠르암석(Liancourt Rocks)이라는 이름을 붙였으나 암초(巖礁)는 아니고, 소도(小島, island)라고 보는 것이 정확할 것이다. 동도와 서도의 2개 소도 외에 주위 89개 암석까지 합하면 소열도(小列島)를 이루고 있다.

동해 가운데에는 울릉도와 독도와 은기도(오키섬)의 3개 섬이 있는데, 독도와 울릉도 사이의 거리는 87.4킬로미터(47.2해리)이다. 이에 비해 독도와 일본 은기도와의 거리는 157.5킬로미터(85.0해리)로서, 울릉도보다 약 70킬로미터(거의 2배 가까이) 더 멀다. 따라서 사람이 살지 않았던 시기의 독도는 지리적으로 울릉도의 부속섬이 된 것이 당연하고, 은기도의 부속섬이 될 수 없는 지리적 위치에 있다.

즉 지리적으로 '독도'는 명료하게 '울릉도의 부속섬'이고, 은기도의 부속섬이 아님이 명백한 것이다. 따라서 지리적으로 울릉도 영유 국가인 한국이 국제법상 울릉도의 부속섬인 '독도'의 영유권을 갖게 된다. 일반 국제법은 무인도의 영유권은 모도(母島)의 영유 국가에 귀속된다고 규정하고 있다.

표 1-1 독도의 면적·높이·해안선 둘레

구분	동도	서도	부속도서	면적 합계
면적	73,297m²	88,740m²	25,517m²	187,554m²
높이	98.6m	168.5m		
둘레	2.8km	2.6km		

경상북도 울진군 죽변과 독도 사이의 거리는 216.8킬로미터(117.1해리)이고, 울진군 죽변과 울릉도 사이의 거리는 130.3킬로미터(70.4해리)이다.[2]

2 『관보(官報)』 제16030호, 2005년 6월 28일자 「고시」.

표 1-2 독도와 주변 지역과의 거리

구분	거리	비고
독도와 울릉도 사이 거리	87.4km(47.2해리)	간조 때 해안선 기준
독도와 경북 울진 죽변 사이 거리	216.8km(117.1해리)	최단거리
울릉도와 경북 울진 죽변 사이 거리	130.3km(70.4해리)	
독도와 은기도 사이 거리	157.5km(85.0해리)	

자료 : 동북아역사재단

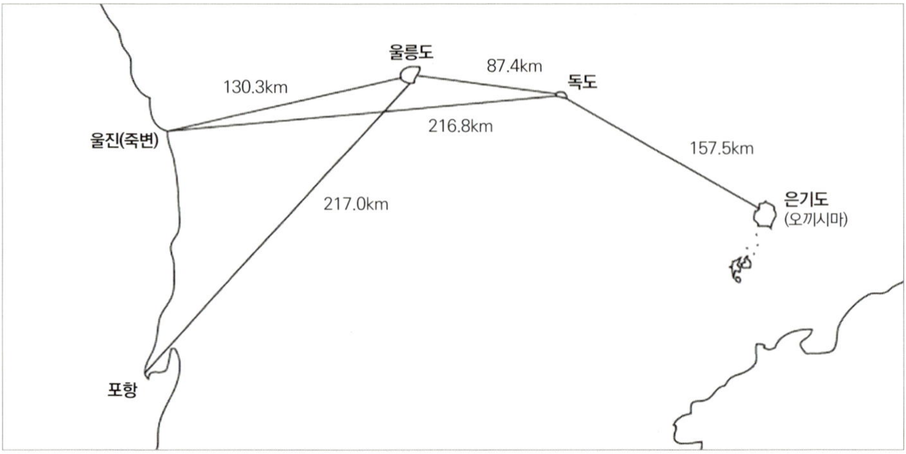

그림 1-2 독도와 울릉도, 독도와 은기도 사이의 거리

이러한 독도의 위치는 한국 영토 가운데 가장 동쪽 끝에 있는 영토에 해당한다.

표 1-3 한국 영토의 4방향 극단

구분	행정 소재지	구분	행정 소재지
동	경상북도 울릉군 울릉읍 독도리 동도	남	제주특별자치도 서귀포시 대정읍 마라도
서	평안북도 용천군 신도면 마안도	북	함경북도 온성군 유포면 풍서동 유원진

자료 : 국토정보지리원

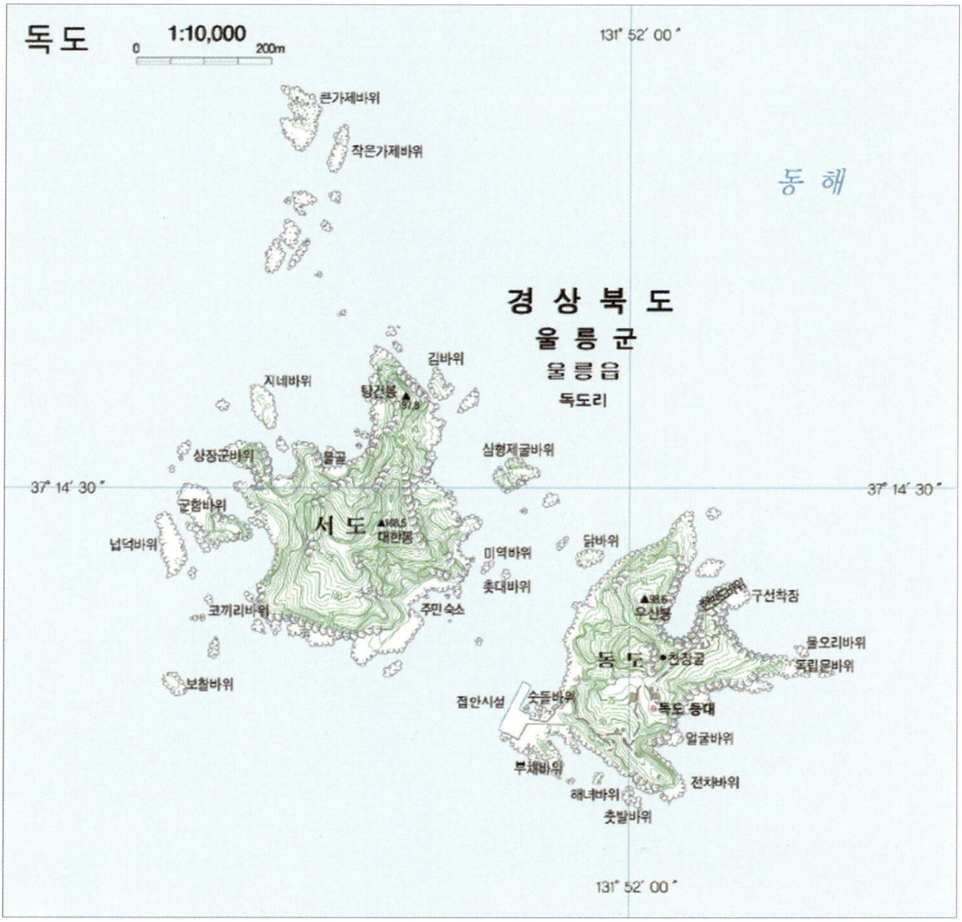

그림 1-3 현재 독도의 지리와 지명

그림 1-4 인공위성에서 찍은 독도

독도는 울릉도의 부속섬으로서, 행정구역상으로 대한민국 경상북도 울릉군 울릉읍 독도리 1~96번지에 속해 있다. 2011년 7월 29일자로 독도의 주소를 도로명 주소로 개편하여, 서도를 '독도안용복길'로, 동도를 '독도이사부길'로 명칭을 바꾸고, 새 번지를 붙였다. 이에 따라 서도의 주민숙소는 '경상북도 울릉군 독도안용복길 3번지'이고, 독도경비대는 '독도이사부길 55번지', 등대는 '독도이사부길 63번지'이다. 전체 지역의 행정구역은 여전히 '경상북도 울릉군 울릉읍 독도리'이다.

제2절 독도의 기후와 지형 · 지질

독도의 기후는 난류의 영향을 많이 받는 해양성 기후이다. 해양성 기후라는 점에서 독도와 울릉도의 기후는 동일하다.

독도에서는 1996년부터 기상관측이 시작되었다. 현재 독도에서는 자동 기상관측 장비를 사용하여 무인으로 기상관측을 하고 있다. 관측 장비가 설치된 곳은 동도의 북위 37도 14분, 동경 131도 52분, 해발고도 95.0미터의 지점이다.

독도의 주풍은 동풍과 남서풍이다. 독도의 평균 풍속은 4.9m/s이다. 이것은 울릉도의 3.1m/s과 제주도의 4.7m/s(제주도 고산, 서귀포의 평균값) 및 서울의 2.4m/s보다 높다. 독도에서는 바람의 속도가 강한 것을 알 수 있다. 그러나 독도에서는 계절별 풍향의 변화는 심하지 않다.

독도의 강수량은 연평균 약 1천 4백 밀리미터이다. 독도에서 월별 누적 강수량이 가장 많은 때는 7월(229mm)과 8월(221mm)이다. 울릉도의 경우는 7월(190mm)과 9월(161mm)이다.

울릉도와 독도는 영동지방, 호남 서해안 지방과 함께 대표적인 다설 · 대설 지역에 속한다. 겨울철에 울릉도와 독도에 큰 눈이 내리는 것은 서고동저 형의 기압 배치 아래서 울릉도와 독도 지역에 강한 북서풍이 불기 때문이다.

독도의 평균 기온은 섭씨 12.4도이다. 가장 따뜻한 달은 8월이고 기온은 약 25도이다. 가장 추운 달은 1월이고 평균 약 4도이다.[3]

독도에는 바다안개(해무)가 자주 발생한다. 월별로는 6월과 7월에 자주 발생하고, 하루 가운데는 새벽 6시부터 12시 사이에 자주 발생한다.

독도의 지형과 지질은 자연과학자들의 연구에 의하면, 독도는 약 460만~250만 년 전에 해저 약 2천 미터에서 솟구쳐 나온 용암과 화산 쇄설물이 굳어서 형성된 '화산성 해산'으로서, 몸집은 작지만 울릉도와 제주도보다 250여만 년이나 오래된 섬이다.[4] 울릉도와 제주도가 1만 년 전에 생성을 마친 데 비하면, 독도는 긴 역사를 가진 화산섬이다.

독도는 각력암, 조면암, 안산암 등 다양한 종류의 암석을 품고 있어 '암석학의 보고'라고도 불린다.

독도의 해수면 아래에는 바다의 산, 즉 해산(海山)이 있는데, 현재 보이는 독도의 모습은 '빙산의 일각'일 뿐이다. 바다 밑에 안용복해산, 독도해산, 심흥택해산, 이사부해산이 존재하며, 키가 조금 더 큰 독도해산이 수면 위로 머리를 내놓고 있다. 이와 같이 해산이 수면 위로 모습을 드러내는 경우는 드물며, 해저산의 진화과정 연구에 도움을 주므로 세계적인 자연유산으로서의 가치를 지닌다.

독도의 지형은 동도의 정상부는 섬의 북쪽에 치우쳐 있으며, 해발고도가 98.6미터이다. 유인 등대를 비롯한 독도경비대 관련 건물이 설치되어

---

3 ① 경북대학교 울릉도독도연구소, 2008, 『독도의 자연』, 경북대학교출판부.
② 문화재청, 2009, 『한국의 자연유산 독도』, 87~105쪽.

4 문화재청, 2009, 『한국의 자연유산 독도』, 16~85쪽.

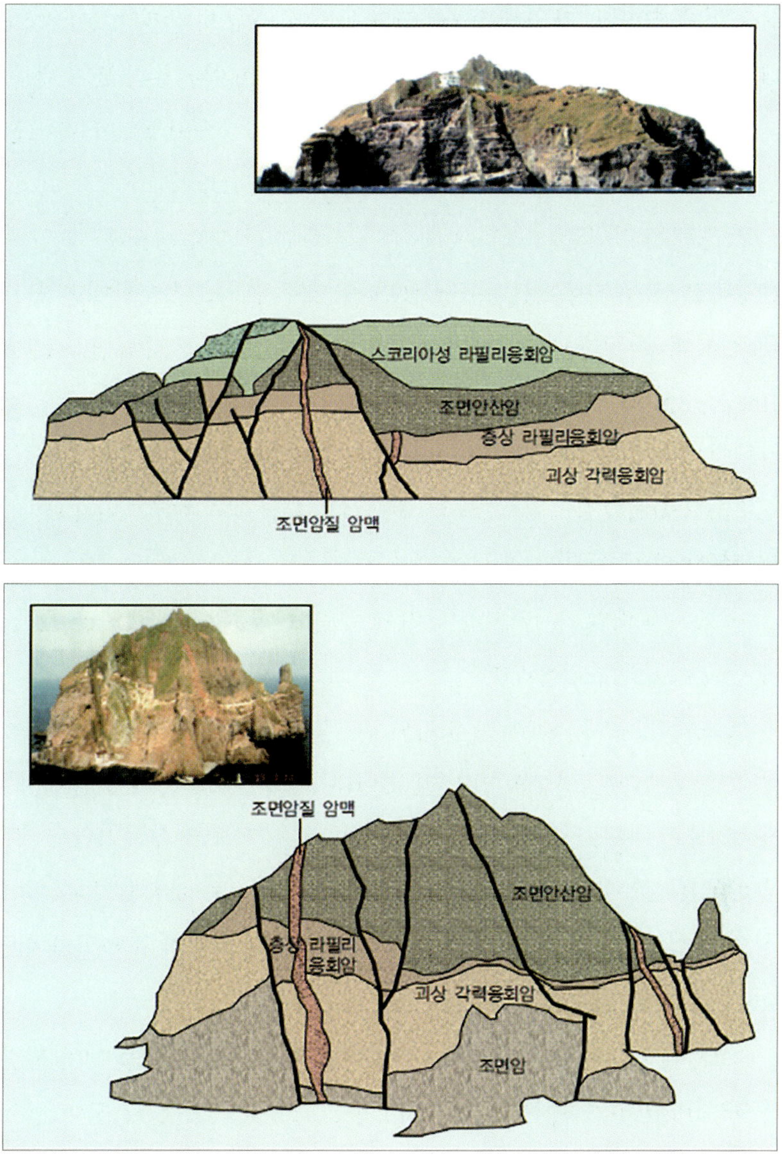

그림 1-5 독도의 지질도(위:동도, 아래:서도)

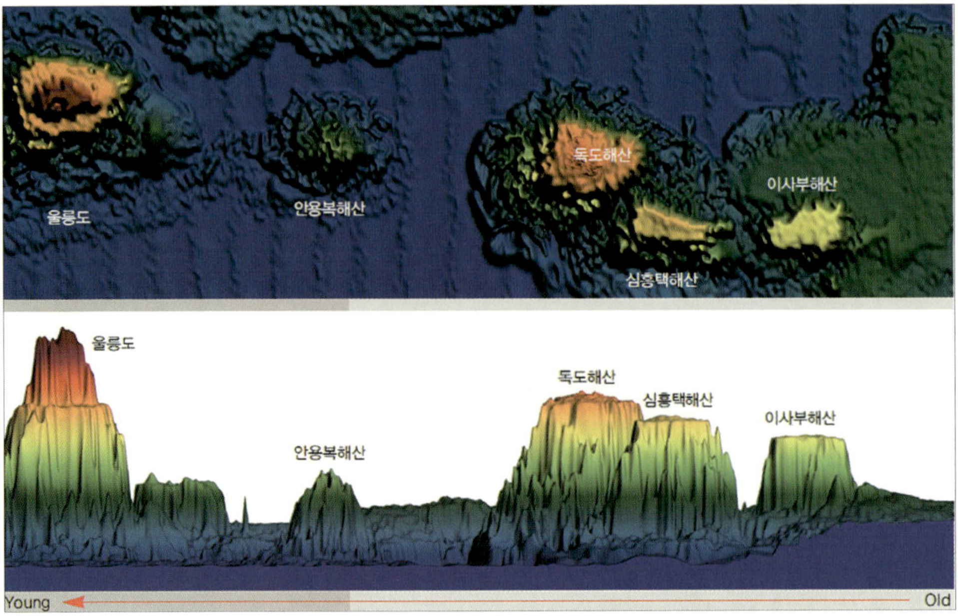

그림 1-6 독도 주변 바다 밑의 해산(자료 : 문화재청)

있는 동도 남쪽 능선부는 대체로 평탄하며, 구 선착장에 이르는 사면에는 두께 20~30센티미터의 토양층이 발달하여 초본류가 서식한다.

그러나 바다를 향한 사면은 대부분 높이 약 20~30센티미터의 경사가 급한 해식애로 이루어져 있어서 토양층이 거의 없거나 얇으므로 식생피복이 대단히 어렵다.

동도의 해안선 길이는 2.8킬로미터이고, 서쪽 해안에는 선박의 입항을 위한 선착장이 건설되어 있다.

서도의 정상부는 해발고도가 168.5미터이며, 경사가 매우 급한 원뿔 형태로 되어있다. 해안선의 길이는 약 2.6킬로미터이고, 해안의 사면은 수직에 가까운 해식애로 둘러싸여 있어서 토양층이 대단히 얇아 식생이 성장하기 매우 불리하다.

이러한 악조건에도 불구하고 서도의 정상부 부근에는 부분적으로 토양층이 형성되어 초본류가 자라고 있다.

특히 서도의 물골이 있는 북쪽 해안의 소규모 내만에는 정상부가 개석되면서 공급된 매스 무브먼트 퇴적물이 두껍게 쌓여 목본을 비롯한 식생이 높은 밀도로 분포하고 있다.

아울러 서도의 급경사면 절리 사이에 토양이 축적된 곳에 초본이 자리 잡고 있으며, 규모가 큰 타포니의 바닥에도 일부 식물이 자라고 있다.

서도의 동쪽에는 태풍이나 폭풍이 닥쳤을 때 어민들이 대피할 수 있는 어민 숙소가 설치되어 있다.

제3절 독도의 식물·동물·광물 자원

1) 식물자원

독도는 생명체가 줄기차게 살아 활동하며 생장하는 생명이 생동하는 섬이다.

독도는 강한 바닷바람과 염분에 노출되어 있고 경사가 급해서 토양의 깊이가 얕기 때문에 식물이 뿌리를 내리고 살기 힘든 자연환경을 갖고 있다. 그럼에도 불구하고 독도에는 잡초성 식물뿐만 아니라 각종 주목해야 할 식물들이 자라고 있다.

문화재청의 위탁 연구결과에 의하면, 2005년 11월부터 2009년 8월까지 총 20회에 걸쳐 답사한 결과, 독도에 살고 있는 식물은 무려 30과 55속 56종, 1아종, 4변종으로 총 61종류인 것으로 조사되었다.[5]

---

5 문화재청, 2009, 『한국의 자연유산 독도』, 126~182쪽.

여기에는 독도와 울릉도에서만 자라는 전 세계의 희귀식물인 초종용(Orobanche coerulescens Stephan), 섬기린초(Sedum takesimense Nakai), 섬초롱꽃(Campanula takesimana Nakai), 왕호장근[Fallopia sachalinensis(F. Schmidt) RonseDecr.]도 포함되어 있다.

독도에는 계절을 대표하여 아름답고 깜찍한 꽃을 피우는 식물들도 있다. 봄에는 동도 및 서도의 통로와 완만한 사면에 분포하면서 갯장대가 가장 먼저 꽃을 피운다. 초여름인 5~6월에는 토양이 적은 바위 위에서까지 땅채송화가 노란 꽃을 피운다. 7~9월에는 바위틈에 뿌리를 내려서 자란 갯제비쑥이 노란 꽃을 피운다. 가을에는 해국이 연보라색 아름다운 꽃을 온 섬에 틈틈이 피워낸다. 이 밖에도 아름다운 꽃을 피우는 독도의 식물로 술패랭이, 참나리, 닭의장풀, 민들레가 유명하다.

독도의 나무로는 섬괴불나무, 동백나무, 보리밥나무, 사철나무, 향나무, 곰솔(고사했음), 이식한 무궁화나무 등이 있다. 이 밖에도 괭이밥, 도깨비쇠고비, 댕댕이덩굴, 큰두루미꽃, 갯사상자, 번행초, 갯괴불주머니, 방가지똥, 참소리쟁이, 까마중, 왕김의털, 개밀, 흰명아주, 새포아풀, 갯까치수염, 별꽃, 가는명아주, 갓, 마디풀, 금방동사니, 박주가리, 가는갯는쟁이, 비짜루, 갯장대, 돌피 등 각종 식물이 자라고 있다.

2) 동물자원

독도의 동물은 주로 조류와 곤충류이다. 독도는 동해 가운데 자리한 지리적 위치 때문에, 텃새들뿐만 아니라 한반도 주변의 수많은 철새들과 먼 거리를 지나가는 나그네새들의 중간기착지 역할을 하고 있다.

2009년 6월까지 독도에서 관찰 기록된 조류는 139종이며, 독도 현지 조사에서 총 72종 5만 9,112개체의 조류가 관찰되었다. 이를 계절형에 따라 구분해 보면, 여름철새가 19종 139개체, 겨울철새가 18종 820개체, 텃

새가 18종 5만 8,009개체, 나그네새가 14종 47개체, 길 잃은 새가 3종 5개체였다.[6]

독도를 이용하는 조류는 크게 번식조류와 중간기착조류로 나누어 볼 수 있다. 독도를 번식지로 이용하는 조류로는 괭이갈매기, 바다제비, 슴새, 뿔쇠오리 등이 있다. 이들은 봄·여름 시기에 독도에 찾아와서 번식을 하고 떠난다.

괭이갈매기는 독도를 번식지로 이용하는 대표적 종으로, 매년 4~6월에 약 1만 개체가 넘는 괭이갈매기가 도래해서 동도와 서도의 모든 곳을 번식지로 삼는다. 한 배 산란 수는 1~4개이다.

바다제비는 괭이갈매기 다음으로 많은 수가 독도에서 번식하는 종으로서, 동도와 서도의 흙으로 이루어진 경사면에 굴을 파서 번식을 한다. 바다제비는 7~8월경 번식을 하고 늦게는 9월까지 번식을 하지만, 이 시기에 번식하는 바다제비는 쇠무릎의 열매 맺는 시기와 맞물려 가시에 깃털이 걸려서 새끼가 희생되는 경우가 있다.

이 밖에 참새와 슴새가 독도에서 번식하고 있다. 슴새는 땅에 터널 모양의 구멍을 파서 집단으로 번식한다.[7]

독도를 중간기착지로 이용하는 조류로는 오리류, 도요류, 딱새류 등 종류가 다양하지만, 개체수는 괭이갈매기나 바다제비처럼 많지는 않다. 민물도요, 황금새, 알락할미새, 황로, 쇠찌르레기, 왜가리 등이 대표적인 새들이다.

---

6 문화재청, 2009, 『한국의 자연유산 독도』, 228~249쪽.

7 ① 김수만, 2000, 「독도의 조류 생태」, 『독도 생태계 등 기초조사연구』, 한국해양연구소, 134~137쪽.
② 김중락 등, 2004, 『독도 천연보호구역 학술조사』, 경주대학교 울릉학연구소·울릉군, 228~249쪽.

독도에서는 또한 천연기념물로 지정된 매, 말똥가리, 흑비둘기도 발견되었다. 이들은 멸종 위기의 야생동물로 간주되어 천연기념물로 지정된 것이다.

이 밖에도 독도에는 모두 139종의 각종 새들이 살고 있거나 중간기착하고 있는 것으로 기록되어 있다.

또한 『독도 생태계정밀조사보고서』(2006년)에 의하면, 독도에는 총 11목 47과 93종의 곤충이 서식하고 있다.[8]

울릉도에 서식하는 곤충 841종에 비하면 독도의 곤충 종은 울릉도의 10퍼센트 수준에 불과하지만, 독도에 출현한 곤충 종류 가운데 약 30퍼센트가 울릉도에서는 확인되지 않은 것들이다.

최근 연구결과에 의하면, 독도는 많은 곤충들의 생물지리적 한계선 역할을 하고 있음이 확인되었다. 예컨대, 독도장님노린재는 독도가 세계 분포상 북방한계선으로 알려져 있다. 또한 초록다홍알락매미충은 러시아 연해주부터 한반도 및 부속도서에 널리 분포된 종이지만 일본에서는 전혀 발견되지 않는다. 이는 독도가 이 곤충 종의 세계 분포상 동방한계선임을 의미하는 것이다. 마찬가지로 섬땅아벌레는 독도가 세계 분포상 서방한계선이다.

독도에서 발견된 주요 곤충류로 여기에서는 흰띠명나방, 벼룩잎벌레, 벌꼬리박각시, 쟈바꽃등에, 무당벌레, 작은멋쟁이나비 등을 들었지만, 이 밖에도 곤충류는 매우 많아서 93종에 달하고 있다.

8 문화재청, 2009, 『한국의 자연유산 독도』, 252~263쪽.

3) 독도의 미생물

종래 독도의 생물에 대한 연구는 식물과 동물에 한정되었는데, 2005년부터는 독도의 미생물에 대한 연구가 개척되었다.[9]

미생물 과학자 윤정훈·오태광 박사는 독도에서 채취한 시료에서 세계 최초로 버지바실루스 독도넨시스(Virgibacillus dokdonensis)라는 학명을 붙인 신종 세균을 찾아내어 2005년 9월 국제학술지에 발표하였다.

윤·오 박사는 연구를 계속하여 독도 시료에서 4개의 신속 세균과 31개의 신종 세균을 저명한 국제학술지에 발표하여 독도가 미생물의 보고임을 증명하였다.

표 1-4 독도에서 발견된 신속 세균

번호	발표 연도	신속 세균 이름	분리 장소	발표 학술지
1	2005	독도 동해(Dokdonia donghaensis)	독도 주변 해수	IJSEM
2	2006	독도 한국(Dokdonella koreensis)	독도 토양	IJSEM
3	2006	동해 독도(Donghaeana dokdonensis)	독도 주변 해수	IJSEM
4	2007	휴미코커스 플라비더스 (Humicoccus flavidus)	독도 토양	IJSEM

윤·오 박사는 4종류의 신속 세균을 각각 독도 동해(Dokdonia donghaensis), 독도 한국(Dokdonella koreensis), 동해 독도(Donghaeana dokdonensis), 휴미코커스 플라비더스(Humicoccus flavidus)로 이름 붙였다.

독도의 미생물 연구는 이제 힘차게 출발한 셈이라고 할 수 있다.

---

9 ① 경북대학교 울릉도독도연구소, 2008, 『독도의 자연』.
② 문화재청, 2009, 『한국의 자연유산 독도』, 185~209쪽.

4) 독도의 수산자원

독도 주변 바다에는 수산자원이 풍부하다. 독도가 위치하고 있는 동해는 동한난류가 한국 동해 연안을 따라 북상하고 북한한류는 북한 연안을 따라 남으로 흐르다가 북위 38~40도 부근에서 충돌하여 해양전선(극전선)을 이룬다.

한류계 해수는 수온이 낮고 영양염류가 풍부하게 함유되어 있는데, 여기에 수온이 높고 영양염류가 적은 난류가 한류계 해수와 접촉 충돌하여 혼합하면 난류성 플랑크톤이 많이 번식하며, 이들을 먹이로 한 어족들이 모여들어 좋은 어장이 형성된다. 여기에 독도와 울릉도는 동해 가운데 드문 2개의 섬이기 때문에, 특히 독도 주변에는 수산자원이 매우 풍부하다.

독도 주변의 풍부한 어족으로는 꽁치, 복어, 방어, 개복치, 만새기, 전어, 도다리, 붕장어, 가자미류, 도루묵, 산갈치, 임연수어, 볼락, 우럭볼락, 조피볼락, 가자미류 등이 있다.[10]

또한 독도 주변의 풍부한 연체동물로는 오징어(살오징어, 갑오징어), 문어 등이 있다. 독도 주변의 풍부한 어패류에는 전복, 소라, 홍합, 밤고둥 등이 대표적이다. 독도 주변의 풍부한 해조류로서는 미역, 다시마, 김, 우뭇가사리, 톳, 대황 등이 있다. 기타 수산동물로는 해삼, 새우(도화새우, 가시배새우), 홍게 등이 있다.

이 가운데서 가장 많이 잡히는 어종은 오징어, 꽁치, 방어, 임연수어, 도루묵, 만새기, 볼락, 전어, 도다리, 붕장어 등이다. 또한 무척추 수산물로서는 소라, 홍합, 왜문어, 보라성게, 말똥성게, 돌기해삼 등도 주목을 받고 있다.

독도 주변 바다는 그야말로 '황금어장'이다.

---

10 독도연구보전협회, 1999, 『독도 인근해역의 환경과 수산자원보전을 위한 기초연구』.

5) 독도의 광물자원

독도 주변 바다에는 여러 가지 광물자원이 풍부히 부존하고 있다.

독도에서 관찰되는 광물로는 감람석, 단사휘석, 사장석, 알카리장석, 각섬석, 흑운모, 자철석 등이 있으며, 바탕을 이루는 석기광물로는 반정을 이루는 광물과 함께 인회석, 유리질 등이 관찰되었다.[11]

독도 주변의 해저 광물(지하)자원으로는 고체천연가스(Gas Hydrate)가 풍부하게 매장되어 있다. 고체천연가스는 메탄이 주성분인 천연가스가 외양이 얼음처럼 고체화된 천연가스이다. 불고깃집에서 가끔 볼 수 있는 바와 같이, 얼음덩어리처럼 보이는 고체천연가스에 불을 붙이면 파란 불꽃을 내며 오래 타는데, 이산화탄소 배출량은 매우 적은 장점이 있다. 독도와 포항 사이에 거대한 고체천연가스 광맥이 매장되었음이 현재 시추선의 시굴에 의해 확인되었다.

독도 주변의 해저 광물자원인 고체천연가스는 에너지 자원이 부족한 한국에는 참으로 귀중한 새 자원일 뿐 아니라 친환경적인 미래의 에너지 자원이라고 할 수 있다. 그러나 이 에너지 원료 광물에 대해서는 아직 더이상의 정밀한 조사가 실시되지 않아서 정확한 설명을 할 수 없는 단계이다.

독도 주변의 해저에 석유자원의 부존 가능성을 추정하는 연구자도 있다.

또한 독도 주변은 청정지역이므로 심층수의 생산이 가능하다. 심층수란 지하 1천 미터 이하 바다 밑 깊은 곳의 바닷물을 말한다. 심층수는 온도가 섭씨 2도 정도로 항상 일정하고 햇빛이 도달하지 않는 곳의 물이기 때문에 세균 번식이 없어 무균성이고 오염이 전혀 되지 않은 비오염 백 퍼센트의 청정수이다. 심층수는 높은 수압 때문에 바닷물 물질이 완전히 분해되어

---

11 ① 경북대학교 울릉도독도연구소, 2008, 『독도의 자연』, 경북대학교출판부.
② 문화재청, 2009, 『한국의 자연유산 독도』, 34~41쪽.

있으므로, 인체에 필요한 땅 위 미네랄을 풍부하게 함유하고 있으며, 땅 위의 물에 비해 마그네슘, 칼슘, 나트륨, 칼륨 등 300배 이상의 미네랄을 보유하고 있다. 또한 생물에 필요한 무기영양소도 땅 위의 물에 비해 수십 배 더 많이 포함하고 있어서, 심층수가 용출하는 지역은 자연적으로 이미 대형 어장이 형성되어 있기도 한다.

동해의 해양 심층수는 수심이 깊어서 청정성이 매우 뛰어나고, 섭씨 2도의 안정적 저온성으로 다량의 산소가 녹아 있으며, 동해의 해저 지형 자체가 그릇 모양을 갖추어서 상층 바다와 교환되는 바닷물이 매우 적어, 심층수의 양이 매우 많은 특징이 있다.

그러므로 독도 주변을 포함한 동해 심층수의 염분을 제거하면, 미네랄 영양가가 매우 높은 생수·식수를 무제한 공급받을 수 있고, 식품공업, 화장품공업, 의료 분야, 수산양식 분야, 수경농업 분야에 크게 이용할 수 있다. 동해의 심층수는 미래의 풍요한 자원이라고 할 수 있다.

독도 주변의 바다 밑에는 이상과 같이 풍부한 해저 광물자원이 있는데, 1994년부터 발효하고 1996년 대한민국도 채택한 유엔 신해양법은 자기 나라 영토를 기점(Base Point)으로 하여, 반지름 200해리까지의 배타적경제수역(EEZ : Exclusive Economic Zone)을 설정하고 그 배타적경제수역에 있는 해저 광물자원의 개발 소유를 허용하고 있다.

따라서 독도 주변에 풍부히 매장되어 있는 고체천연가스는 에너지 자원이 부족한 한국에 매우 중요한 광물자원이라는 사실을 주목할 필요가 절실하다. 또한 독도 주변은 청정지역인데, 심층수의 생산이 가능하므로, 미래에는 이것도 중요한 광물자원으로 활용될 것이다. 독도는 수산자원뿐만 아니라 광물자원도 매우 풍부한 참으로 보배로운 대한민국의 영토이다.

제4절 독도의 관광자원

독도에는 관광자원으로 활용할 수 있는 아름답고 특수한 경관이 매우 많다. 특히 미래에 과학적 해양관광을 추진할 경우 더욱 그러하다. 그 가운데 큰 바위 중심으로 몇 가지만 들기로 한다.[12]

① 동도 동쪽 독립문바위 일대, ② 동도 북동쪽 해안 한반도바위와 동도 동북쪽의 해식동(海蝕洞), ③ 독도 중앙에 있는 천장굴, ④ 동도 남쪽 선착장 부근의 숫돌바위 일대, ⑤ 동도의 남동쪽으로 돌출된 헤드랜드에 있는 전차바위와 주변의 해식애 및 해식동, ⑥ 동도 동남쪽에 위치한 해식애의 정상부 얼굴바위, ⑦ 동도와 서도 사이의 바다에 서도 동북쪽으로 있는 삼형제굴바위 일대, ⑧ 동도와 서도 사이의 해협에 높이 약 16.5미터의 높이로 솟은 촛대바위 일대, ⑨ 서도 남서쪽에 해발고도 30~40미터의 해식아치인 코끼리바위 일대, ⑩ 서도의 남서 해안에 있는 높이 38.2미터의 군함바위, ⑪ 서도 북서쪽의 바다로 돌출한 헤드랜드에 있는 해발고도 64.1미터의 상장군바위 일대, ⑫ 서도 북서쪽 해안 부근에 9미터 높이로 솟아있는 지네바위 일대, ⑬ 서도 북쪽에 지하수가 빠져나와 해식동 내에 물이 고이는 물골 부근, ⑭ 서도 북쪽의 큰가제바위와 작은가제바위 일대, ⑮ 서도의 동북쪽 높이 97.8미터의 탕건봉 일대, ⑯ 서도 남동쪽 헤드랜드에 돌출된 해발고도 70미터의 주상절리, ⑰ 육각형 기둥 모양의 주상절리가 발달해

---

12 ① 황상일 · 박경근, 2006, 『독도 생태계 모니터링 사업보고서:독도의 자연경관』, 경북대학교 울릉도독도연구소 · 경상북도.
② 황상일 · 박경근, 2007, 「독도 동도 서쪽해안의 타포니 지형발달」, 『한국지역지리학회지』, 제13권 제4호.
③ 황상일 · 박경근 · 윤순옥, 2009, 「독도 서도 북서해안의 Holocene 기후변화와 타포니 지형발달」, 『한국지형학회지』, 제16권 제1호.
④ 문화재청, 2009, 『한국의 자연유산 독도』, 44~85쪽.

있는 서도의 정상 지역 등의 자연경관은 빼어나다.

독도는 동도와 서도와 그 사이의 해협에 특수하고 아름다운 경관이 매우 많아서 훌륭한 관광자원을 갖고 있다.

실제로 독도는 동해 한가운데에 있는 섬으로서 몇 가구는 상주할 수 있고, 부근의 경관이 아름다우며 매우 특수하기 때문에 섬 그 자체가 훌륭한 관광자원이 된다고 볼 수 있다.

여기에 덧붙여 말하기에 지면이 너무 부족하지만, 독도는 한국의 가장 동쪽 끝에 있는 동시에 동해의 중앙에 있기 때문에 국방상 극히 중요한 요충지임은 더 말할 필요도 없다.

독도는 한국의 가장 동쪽 끝에 있어서 독도의 경제수역은 일본의 경제수역과 접촉되어 있기 때문에, 한국 민족이 약해지거나 또는 독도 수호 의지가 약해지면 언제든지 외국의 침탈야욕 대상이 되기 쉬운 위치의 섬이라고 할 수 있다.

제5절 '독도 영유권 논쟁'의 시작

일본은 1952년 대한민국 정부에 '독도 영유권 논쟁'을 걸어 도전해 왔고 현재도 진행 중이다.

대한민국 정부는 1952년 1월 18일 '인접 해양에 대한 주권에 관한 대통령 선언'(국무원 고시 제14호, 통칭 '평화선' 선언)을 발표했다. 대한민국 정부의 '평화선' 선포의 내용은 한반도와 그 부속도서의 해안에 인접한 대륙붕과 어업보존수역을 설정하고 이에 대한 대한민국 주권의 보존과 행사를 설정한 것이었다. 이에는 물론 독도와 그 영해가 포함되었다.

또한 평화선 선언은 공해상의 자유항행권을 방해하지 아니함을 선언했고, 평화선이 설정한 '인접 해양'의 상부수역의 공해로서 법적 지위를 부정하지 아니하였다. 국제법상 합법적인 어족보호선을 설정한 것이었다. 평화선은 대체로 한국의 독도와 일본 은기도의 중간선을 취한 것이었다.

이에 일본 외무성은 열흘 뒤인 1952년 1월 28일 평화선 안에 포함된 독도[獨島, 일본 호칭 다케시마(竹島)]는 일본 영토라고 주장하면서 독도를 한국 영토라고 하는 대한민국의 주장을 인정하지 않는다는 내용의 외교문서를 보내와서 '독도 영유권 논쟁'이 시작된 것이다.[13]

한국 정부는 일본 정부의 항의를 일축하고, 독도가 역사적으로 오래된 한국 고유영토일 뿐 아니라, 1946년 1월 29일 연합국최고사령관 지령(SCAPIN) 제677호로써 독도를 한국 영토라고 판정하여 한국에 반환시켰으며, 또 연합국최고사령관 지령 제1033호를 통해 독도를 한국 영토로 거듭 재확인했음을 상기하라고 지적하였다. 또한 평화선은 미국, 멕시코, 아르헨티나, 칠레, 페루, 코스타리카, 사우디아라비아 등이 일방적인 선언 또는 같은 성격의 방법으로 이미 행하여 온 국제 관례가 있음을 지적하였다.[14]

그 후, 한국 정부와 일본 정부 사이에 외교문서를 통한 치열한 논쟁이 전개되었다.[15]

일본 정부는 1952년 7월 미·일행정협정을 체결하고, 미 공군을 끌어들여 독도 영유권을 설정해 보려고 획책하였다. 일본 정부가 독도를 미 공군의 폭격 연습장으로 제공하겠다는 미끼에, 당시 6·25전쟁 도중 폭격 연습

---

13 「왕복문서:1952년 1월 28일자 일본 측 구술서」; 신용하 편저, 2000, 『독도영유권 자료의 탐구』 제3권, 독도연구보전협회, 400~402쪽에서 재인용.

14 「왕복문서:1952년 5월 12일자 한국 측 구술서」; 신용하 편저, 2000, 『독도영유권 자료의 탐구』 제3권, 402~405쪽에서 재인용.

15 신용하, 1996, 『독도의 민족영토사 연구』, 지식산업사, 262~322쪽.

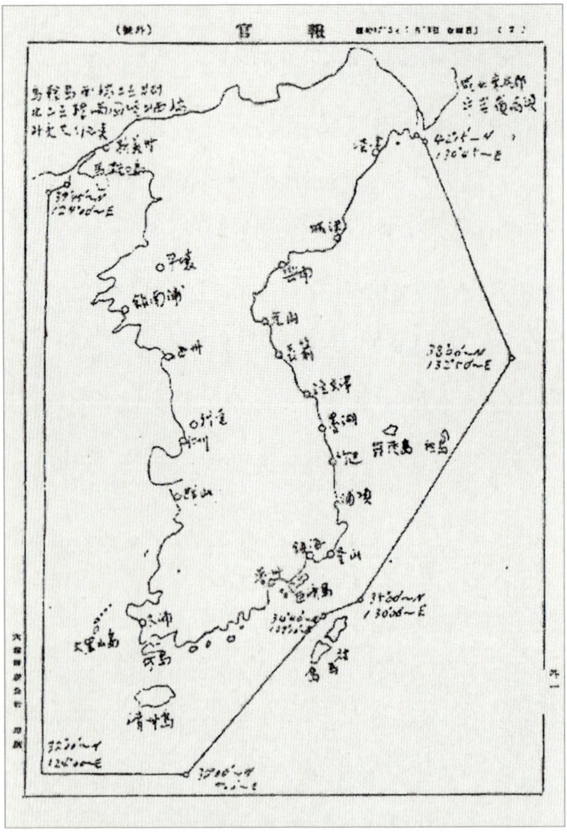

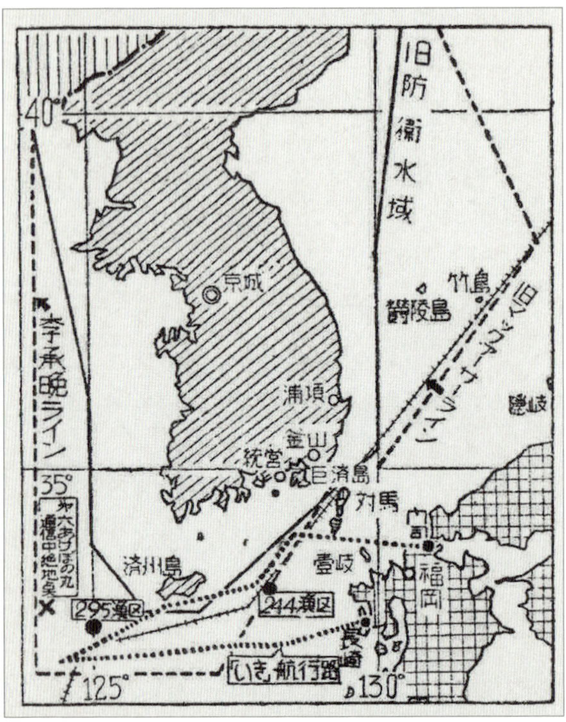

그림 1-7(위)
1952년 『관보』에 게재된 평화선

그림 1-8(아래)
일본 『아사히신문』이 그린 평화선
(1953년 10월 17일자)

이 필요한 미 공군은 독도가 일본 영토인 줄 오해하고 1952년 9월 독도에 폭격 연습을 시행하였다.[16]

한국산악회는 1952년 9월 제2차 울릉도·독도 조사단을 파견하여 9월 18일 울릉도에 도착했고, 9월 19일 독도로 향할 예정이었으나, 미 공군 폭격기의 폭격 연습으로 독도에의 상륙을 중단하고 돌아왔다.

대한민국 정부는 1952년 11월 10일 미 공군의 독도 폭격 연습 사건에 항의하고 재발 방지를 요구하였다.

주한 미국대사는 1952년 12월 4일 독도를 미 공군의 폭격 연습지로 사용하지 않을 것이라는 내용의 회신을 한국 정부에 보내왔다. 또한 미 극동공군사령부는 1952년 12월 24일 독도에 대한 폭격 연습을 중지할 것을 결정했다는 내용의 공한을 한국 정부에 보내 왔다. 이에 대한민국 국방부는 1953년 2월 27일 미 극동공군사령관으로부터 독도 주변에서 폭격 연습을 하지 않을 것이라는 통보를 수령했다고 발표하였다.

미 극동공군사령부는 이때서야 독도가 일본 영토가 아니라 한국 영토임을 명백히 알게 된 것이다.

그뿐만 아니라 일본 정부는 1953년 6월 27일, 6월 28일, 7월 1일, 7월 28일 순시선에 관리들 및 청년들을 태우고 와서 독도에 상륙시켜 침입하였다. 한국 측은 일본 측의 이러한 행동에 민간인과 정부가 모두 함께 단호하게 대응하여 일본 측의 도발을 물리쳤다.

또한 정부에서도 한국해양경찰대를 파견하여 독도에 깊숙이 접근한 일본 선박들에게 영해를 불법침입했다고 경고하고 울릉도 경찰서까지 동행을 요구했다. 일본 선박들이 불응하고 도망하자 한국해양경찰대는 몇 발의

16 홍성근, 2003, 「독도폭격사건의 국제법적 쟁점 분석」, 『독도연구총서 10: 한국의 독도영유권 연구사』, 독도연구보전협회, 395~403쪽.

경고 발사까지 하면서 강경하게 대응하여 이들을 쫓아버렸다.

민간에서는 울릉도 주민들이 1953년 4월 자발적으로 독도의용수비대(獨島義勇守備隊 : 대장 洪淳七)를 조직하고 무기를 구입하여 독도에 건너가서 대항하였다.

당시 한국 정부는 평화선 안에 침입한 일본 어선들에게 벌금을 부과하고 위반하면 나포하여 재판에까지 부치는 등 완강한 독도 수호 의지를 보였다.

일본 측은 외무성이 앞장서서 독도가 역사적으로 일본 영토임을 증명하려고 다수 학자와 연구자들을 동원해서 문헌자료 조사를 광범위하게 실시하였다. 또한 국제법상으로 독도가 일본 영토로 공인받았다고 근거 없는 주장을 제기하였다. 그리고 어업협정 등 각종 한·일 관계 협정에서 독도가 일본 영토임을 증명하는 데 유리한 협약을 체결하려고 노력하고 있다.

일본 정부의 공식 입장은 "독도(다케시마)는 역사적으로나 국제법상으로나 일본 고유영토인데 한국이 불법점거하고 있다."는 것이다. 현재까지도 이 주장을 되풀이하고 있을 뿐만 아니라 2000년 이후에는 일본의 의무교육과정인 초등·중등·고등 학교에서 이 주장을 의무적으로 교육시키도록 강제하고 있다.

그러므로 한국 측이 독도가 역사적으로 한국의 오래된 고유영토이며, 국제법상으로도 한국 영토로 공인되었음을 증명하고, 강력한 독도 수호 정책을 수립하여 실행하면서 국제사회에 널리 알려야 일본의 독도에 대한 야욕을 중지 포기시킬 수 있을 것이다.

'독도 영유권 논쟁'은 앞으로도 수십 년 지속될 것이고, 때로는 독도가 위기에 떨어질 수도 있다. 그러므로 독도가 왜 한국 영토인지, 그 근거를 명확히 밝히고 전 국민이 알고 행동하는 것이 반드시 필요하다.

이 연구는 독도 영유권 논쟁의 궁극적 해결을 위해 엄격한 학문적 입장에서 과연 명확한 증거에 의해 독도 영유의 진실이 어디에 있는가를 실증적이고 과학적으로 밝히기 위하여 수행하는 것이다.

제2장

512년 신라의 우산국 병합과 울릉도·독도의 신라 지방관제 편입에 의한 한국의 독도 고유영토주권 확립

제1절 신라의 우산국 병합과 512년 한국의 독도 영토주권 확립

고대에 동해에는 우산국(于山國)이라는 작은 해상 소왕국이 있었다. 이 소왕국은 울릉도와 그 부속도서인 독도를 영토로 한 섬나라였다. 동해는 섬이 별로 없는 깊은 바다여서 동해 가운데 사람이 거주하거나 일정기간 거류할 수 있는 섬은 '울릉도', '독도', '은기도'의 3개 섬 또는 3개 군도뿐이다. '우산국'이 신라에 병합되는가, 또는 당시 일본 은기도에 병합되는가의 여부는 울릉도와 독도의 역사적 영토주권 정립과 판별을 결정하는 중대한 문제이다.

역사적 사실과 이를 기록한 고문헌은 '우산국'이 서기 512년(신라 지증왕 13년)에 신라에 병합되었다고 기록하였다. 이를 기록한 가장 오래된 고문헌은 『삼국사기(三國史記)』의 두 곳과 『삼국유사(三國遺事)』의 한 곳에 기록되어 있다.

먼저 『삼국사기』 신라본기 지증마립간조에는 지증왕 13년(서기 512년) 우산국이 신라에 병합된 사실을 다음과 같이 기록하였다.

> 13년 6월에 우산국이 귀복하고 해마다 토산물을 바치게 되었다. 우산국은 명주(溟州)의 정동(正東)에 있는 바다 가운데의 섬으로 혹은 울릉도라고도 이름하는데, 그 지방은 100리로 사람들이 험한 것만 믿고 굴복하지 않으므로 이찬(伊湌) 이사부(異斯夫)를 하슬라주(何瑟羅州)의 군주로 삼아 이를 복속시키게 하였다. (…) 우산국 사람들은 두려워하여 곧 항복하였다.[17]

또한 『삼국사기』 열전 이사부조에서도 하슬라주의 군주 이사부가 가야(加耶)[혹은 가라(加羅)로도 말함]를 정복한 후 지증왕 13년에 우산국을 병합하려고 출전해서 우산국의 항복을 받았다고 다음과 같이 기록하고 있다.

> 이사부(異斯夫)는 신라 사람으로 성은 김(金)이고 내물왕(奈勿王)의 사세손(四世孫)인데, 지도로왕(智度路王, 지증왕) 때에 연해의 변관(邊官)이 되어 거도(居道)의 권모(權謀)를 본떠 마희(馬戲)로써 가야국[혹은 가라(加羅)로도 말함]을 속여 이를 빼앗았다. 왕 13년에는 하슬라주(何瑟羅州)의 군주(軍主)가 되어 우산국을 병합하려 도모하면서 "그 나라 사람들은 어리석고 사나워서 위력으로는 항복시키기 어려우니 계교로 항복시키는 것이 가하다."고 말하였다. 이에 나무로 사자를 많이 만들어 전선(戰船)에 나누어 싣고 그 나라의 해안에 도착해서 속요 고하되 "너희들이 만약 항복하지 아니하면 이 맹수들을 풀어놓아 너희들을 밟아 죽이게 하리라." 하니 우산국 사람들이 크게 두려워하여 항복하였다.[18]

---

17 『三國史記』(卷4) 新羅本紀 第4, 智證麻立干條. "十三年夏六月 于山國歸服 歲以土宜貢. 于山國在溟州正東海島 或名鬱陵島 地方一百里 恃嶮不服 伊湌異斯夫 爲何瑟羅州軍主 謂于山人愚悍 難以威來 可以計服 乃多造木偶師子 分載戰船 抵其國海岸 誑告曰 汝若不服 則放此猛獸踏殺之 國人恐懼則降."

18 『三國史記』(卷44) 列傳4, 異斯夫條. "異斯夫(或云苔宗). 姓金氏 奈勿王四世孫 智度路王

제2절 우산국의 신라 지방관제 편입에 의한 한국의 독도 영토주권 확립

한편 『삼국유사』 지철로왕(지증왕을 가리킴)조에서도 동일한 사실을 서술해서, 우산국을 신라에 병합하여 '지방관제'로 편입해서 이사부(伊宗)를 옛 우산국 영토의 지방 주백(州伯)으로 삼았다고 다음과 같이 기록하고 있다.

> 또한 아슬라주[阿瑟羅州 : 지금의 명주(溟州)] 동쪽 바다 가운데 순풍이면 2일 뱃길 거리에 우릉도(于陵島 : 지금은 于를 羽로 쓴다)가 있다. 주위 2만 6천 730보이다. 섬 오랑캐들이 물 깊은 것을 믿고 교만하여 신복하지 않았다. 왕이 이찬 박이종(朴伊宗)에게 명하여 이를 정토하게 하였다. 이종이 나무로 사자를 만들어 큰 배 위에 싣고 위협하여 말하기를 "항복하지 않으면 이 짐승을 풀어놓겠다."고 하였다. 섬 오랑캐들이 두려워 항복하였다. 이종을 포상하여 주백(州伯 : 고을 관장)으로 삼았다.[19]

위의 『삼국사기』와 『삼국유사』의 기록은 다음의 사실을 증명하고 있다.

(1) 아슬라주[고려 때의 명주(溟州), 지금의 강원도]의 군주(軍主) 이사부(異斯夫)가 왕명에 의거하여 우산국(于山國)을 무력으로 위협하여 항복을 받고 신라에 복속시켜 병합하였다.

時 爲沿邊官 襲居道權謀 以馬戲誤加耶(或云加羅)國取之. 至十三年壬辰 爲阿瑟羅州軍主 謀并于山國 謂其國人愚悍 難以威降 可以討服 乃多造木偶獅子 分載戰舡 抵其國海岸. 詐告曰 汝若不服 則放此猛獸踏殺之. 其人恐懼則降."

19 『三國遺事』 卷第1, 紀異第2, 智哲老王條. "瑟羅州 (今溟州) 東海中 便風二日程有于陵島 (今作羽陵). 周廻二萬六千七百三十步. 島夷恃其水深 驕慠不臣. 王命伊喰朴伊宗將兵討之. 宗作木偶師子 載於大艦之上 威之云 不降則放此獸. 島夷畏而降. 賞伊宗爲州伯."

(2) 병합 후 우산국은 신라의 지방관제상 아슬라주(阿瑟羅州)에 속하게 되었다. 『삼국유사』에서 이사부(伊宗)를 주백(州伯)으로 삼았다고 한 데서 이를 알 수 있다.

(3) 여기서 이사부를 주백으로 삼았다고 한 것은 우산국을 신라에 편입시켜 우산국 영지인 '울릉도와 독도'의 주백을 삼았다는 뜻이다.

우산국을 신라의 지방관제에 편입시켜 통치한 사실은 『고려사』에도 간단히 기록되어 있다. 고려 의종(毅宗) 11년(1157년)의 기록에 "왕이 동해 가운데 울릉도라는 섬이 있는데 땅이 넓고 토질이 비옥하며 옛날에 주현을 두었고(舊有州縣), 가히 백성들이 살 수 있다는 말을 듣고"[20] 신하를 파견하여 조사하게 했다는 기록이 있다.

여기서 '구유주현(舊有州縣)'의 '구(舊)'는 전(前) 왕조(王朝)를 가리킬 때 자주 사용하는 표현으로 고려왕조의 전 왕조인 신라왕조를 가리키며, 또 고려 의종 이전의 고려왕조에서는 울릉도·독도의 우산국지에 '주현(州縣)'을 설치한 기록이 없으니 이는 바로 신라왕조가 우산국지에 주현을 두었음을 나타낸 것이라고 볼 수 있다. 즉 신라는 우산국을 정복한 다음, 우산국 영토를 주현으로 만들어 신라의 한 지방으로서 직접 통치했었음을 알 수 있다.

(4) 우산국을 신라에 병합한 아슬라 군주 '이사부(異斯夫)'는 신라식 이름이고, 당시 새로 작명한 중국식 이름은 '이종(伊宗 또는 苔宗)'이었다.[21]

종래 서기 512년 한국의 독도 영토주권의 성립은 『삼국사기』의 우산국의 신라에의 '항복'을 근거로 제시해 왔다.

---

20 『高麗史』(卷18) 世家, 毅宗 11年 5月 丙子條. "王聞東海中有羽陵島 地廣土肥 舊有州縣 可以居民 (…)."

21 『三國史記』에서는 '이사부'의 성을 金씨(金苔宗)이라 했고, 『三國遺事』에서는 '朴伊宗'이라고 기록하였다. 성씨는 달리 기록되어 있고, 伊宗과 苔宗은 모두 발음이 '이종'이므로, 이사부는 이름임을 알 수 있다. '夫'와 '宗'은 한국어 이름 '보'의 한자 음역과 의역임을 알 수 있다.

필자가 강조하는 것은 여기에 하나 더하여 『삼국유사』와 『고려사』의 기록에서 구 우산국을 신라의 지방관제에 편입시켜 하나의 '주현(州縣)'으로 만들어서 강원도(阿瑟羅州)의 주백[지방 관장(官長)]의 행정을 받도록 했다는 사실이다. 구 우산국(울릉도와 독도)을 신라의 지방관제로서 아슬라주의 주현으로 만들었다는 사실은 '고유영토' 확립의 더욱 명확한 실증이 되는 것이다.

이것은 신라의 영토는 대한민국에 직접적으로 계승 전수되었으므로, 한국의 독도의 역사적 영토주권은 서기 512년에 명백하게 확립되었음을 재확인 할 수 있다.

第3절 우산국 영지의 독도(우산도)와 울릉도 구성

서기 512년(신라 지증왕 13년) 신라에 병합된 우산국의 영지는 정확하게는 우산도(독도)와 울릉도로 구성되어 있었다. 이를 명료하게 증명하는 자료로 세 가지 관찬자료만 들기로 한다.

1) 『세종실록(世宗實錄)』「지리지(地理志)」(1454년)

『세종실록』「지리지」(1432년 편찬)는 강원도 울진현조에서 '우산도(독도)'와 '무릉도(울릉도)'의 2개 섬이 울진현 정동쪽 바다 가운데 있는데 날씨가 청명하면 가히 (서로) 볼 수 있으며, 신라시대에는 '우산국'이라고 칭하였다고 다음과 같이 기록하였다.

> 우산(于山)과 무릉(武陵)의 2개 도(島)가 현(縣:울진현) 정동(正東)의 바다 가운데 있다. 2개 섬이 서로 거리가 멀지 아니하며 날씨가 청명하면 가

히 바라볼 수 있다. 신라시대에는 우산국이라고 칭하였다. 일운(一云)하여 울릉도라고도 한다. 지(地)의 방(方)은 1백 리이다.[22]

이 기록은 우산(독도)과 무릉(울릉도)이 신라시대에는 '우산국'이라고 칭했다고 기록하여 '우산국'이 울릉도 1개 섬만이 아니라 '우산(독도)'과 '무릉(울릉도)'의 2개 섬으로 구성되었음을 명백히 밝히고 있다. 2개 섬이 떨어져 있지만 날씨가 청명하면 가히 육안으로 볼 수 있다고 매우 구체적으로 2개 섬의 위치를 설명하고 있는 것이다.

때로는 일설에 '울릉도'라고도 말하는데, 우산도가 울릉도의 속도이기 때문에 대표적 본도인 '울릉도'를 호칭한 것이고 부속도서인 '우산도'를 달고 다니는 것으로서, 정확하게는 '독도'(우산)와 '울릉도'의 2개 섬이 있는데 신라시대에는 모두 '우산국'이라 칭했다고 설명하고 있는 것이다.

2) 『동국여지승람(東國輿地勝覽)』(1481년)과 『신증동국여지승람(新增東國輿地勝覽)』(1531년)

『동국여지승람』(1481년, 성종 12년 편찬)과 『신증동국여지승람』(1531년, 중종 26년 편찬) 강원도 울진현조에서는 우산도(독도)와 울릉도의 2개 섬이 모두 지방관제상으로 강원도 울진현에 속한 조선왕조 영토임을 다음과 같이 밝히고 있다.[23]

---

22 『世宗實錄』(卷153) 「地理志」, 蔚珍縣條. "于山 · 武陵二島 在縣正東海中 二島相距不遠 風日淸明 則可望見 新羅時稱于山國 一云鬱陵島 地方百里."

23 『新增東國輿地勝覽』은 『東國輿地勝覽』에 새롭게 증수(增修)하는 경우에는 매 항목마다 '新增' 표시를 하였다. 『新增東國輿地勝覽』 강원도 울진현조의 '于山島 · 鬱陵島' 항목에는 '新增' 표시가 없는데, 이것은 이 항목 설명이 1481년 『東國輿地勝覽』의 기록 그대로임을 알려주는 것이다.

우산도(于山島) · 울릉도(鬱陵島) : 일명 무릉(武陵 : 중국 발음 우릉)이라 고도 하고, 우릉(羽陵)이라고도 한다. 2개 도(島)는 현(縣 : 울진현)의 정동(正東) 바다 가운데 있다. 세 봉우리가 하늘로 곧게 솟았으며 남쪽 봉우리가 약간 낮다. 날씨가 청명하면 봉우리 위의 나무와 산 밑의 모래톱이 역력히 보이고 바람이 잔잔하면 이틀에 도달할 수 있다. 일설에 우산(于山)과 울릉(鬱陵)은 본래 1도(島)라고 한다. 지(地)의 방(方)은 1백 리이다.[24]

『동국여지승람』과 『신증동국여지승람』은 '우산도'와 '울릉도'를 2개의 섬으로 지방관제에서 확정하여 편제하고, 우산도를 부속섬이라고 무시한 울릉도 1도설을 '일설'로 취급해 버리고 있다.[25]

여기서 또한 주목할 것은 『신증동국여지승람』의 성격이다. 이 책은 단순한 관찬(官撰 : 정부 편찬) 지리서가 아니라 조선왕조의 국가 공식적인 유권적 '조선 영토 지리 해설서'다. 조선왕조는 이 책에서 통치하는 조선왕국 영토에 대한 지방관제 편성 소속과 지리적 해설을 정리하여 세상에 널리 알림으로써 그 통치 영토를 명확하게 규정했던 것이다. 이 책에서 우산도와 울릉도가 울진현조에 실려 있는 것은 이들 지방행정관제상으로 강원도 울진현에 속해 있는 조선왕조의 영토임을 천명한 것이다.

또한 우리는 『신증동국여지승람』에 부속지도를 게재했는데, 「팔도총도(八道總圖)」 및 「도별도(道別圖)」(1481년 최초 제작)에 모두 울릉도와 우산도

24 『新增東國輿地勝覽』(卷45), 蔚珍縣條. "于山島 · 鬱陵島 一云武陵 一云羽陵 二島在縣正東海中 三峯岌嶪撐空 南峯稍卑 風日淸明 則峯頭樹木及山根沙渚 歷歷可見 風便則二日可到 一說于山 · 鬱陵本一島. 地方百里."

25 '于山'과 '鬱陵'이 모두 본래 한국 고유어 '우르뫼'에서 나왔고, 본래 모두 우산국 영토였으므로 『高麗史』 편찬을 맡은 일부 문신들은 어원에 집착하여 '于山'과 '鬱陵'은 본래 1도라는 견해를 가졌었다. 그러나 어원과는 별도로 실제 지리는 울릉도와 독도 2개 섬이 있으므로 '于山'과 '鬱陵'이 각각 2개 섬의 명칭이 되었으므로 1도설을 '一說'이라고 취급한 것이다.

를 별개의 2개 섬으로 동해안에 그려 조선 영토로 표시했다는 사실에 주목할 필요가 있다. 단지 우산도의 위치가 울릉도의 서쪽에 부정확하게 그려져 있을 뿐이다. 이것은 이 지도를 그린 당시 문관(文官)들의 지리학 지식의 부족과 미숙을 나타내고 있다. 그러나 지도 제작과는 별도로 우산도의 영유 문제만을 떼어보면 지도 제작의 미숙은 결함이 되지 않으며, 우산도와 울릉도 두 섬 모두가 조선왕조의 영토임을 천명하여, 도리어 우산도에 대한 강한 영유의식을 나타냈다고 해석된다.[26]

중요한 것은 조선왕조의 유권적인 조선 영토 해설서(『신증동국여지승람』)의 공식지도에 우산도와 울릉도를 선명하게 그려넣어 이들이 모두 조선 영토임을 극명하게 밝혔다는 사실이다.

3) 유형원(柳馨遠)의 『여지지(輿地志)』(1656년)

『동국여지승람』(1481년)과 『신증동국여지승람』(1531년)에 이어서 우산국의 영토가 '울릉도'와 '우산도'로 구성되었으며 조선의 '우산도'를 일본에서는 '松島(송도)'로 호칭함을 맨 처음 밝히어 '우산도'가 울릉도와 별개의 섬임을 더욱 명확히 강조한 것은 『여지지』를 저술한[27] 조선 후기 실학자 반계

---

26 『東國輿地勝覽』 지도 제작상의 미숙함은 얼마 지나지 않은 후에 지리학 지식과 지도 제작 기술이 발전함에 따라 정상기(鄭尙驥, 1678~1752년)의 「東國地圖」에서 교정되었다. 「東國地圖」 全國圖와 道別圖는 우산도를 울릉도의 동쪽에 정확하게 그려넣었다. 특히 道別圖에서는 본도인 울릉도와의 거리도 정확하게 나타냈다.

27 ① 鄭求福, 1978, 「韓百謙의 東國地理志에 대한 일고찰」, 『全北史學』 제2집.
② 朴仁鎬, 1989, 「柳馨遠의 東國輿地志에 대한 일고찰」, 『淸溪史學』 제6집. 이들 연구에서 『輿地志』의 저작자가 유형원임은 신경준의 『疆界考』 도입 부분 '柳磻溪馨遠輿地志云'을 발굴함으로써 밝혀내었다. 그러나 현재 서울대학교 도서관 고도서(古圖書)로 소장되어 있고 아세아문화사에서 한국지리지총서의 하나로 1983년에 영인 간행되어 있는 저자 불명의 필사본 『東國輿地志』는 유형원의 『輿地志』와 내용에 차이가 있어서 필자는 동일본으로 보기 어렵다고 본다.

(磻溪) 유형원(柳馨遠, 1622~1673년)이었다.

유형원은 1656년에 저술한 『여지지』에서 다음과 같이 기술하였다.

> 일설에는 우산(于山)과 울릉(鬱陵)은 본래 한 섬이라고 하나, 여러 도지(圖志)를 상고하면 두 섬이다. 하나는 곧 왜(倭)가 말하는 송도(松島)인데, 대개 두 섬은 모두(俱是) 우산국(于山國)이다.[28]

유형원은 『동국여지승람』과 『신증동국여지승람』에서 '울릉도'와 '우산도'를 별개의 2개 섬으로 설명하면서도 이설(異說)로서 어원에 집착하여 울릉도와 우산도를 본래 한 섬으로 본 소위 1도설을 전면 부정하여 떼어버리고, 그 증거로 울릉도와 별개의 섬인 '우산도'를 일본에서는 '송도(松島)'라고 호칭한다고 설명하면서, 울릉도와 우산도의 2개 섬이 모두(俱是) 우산국이었다고 기술하였다.

유형원이 이때 울릉도 외 별개의 우산도가 일본에서는 송도라고 호칭됨을 기록한 것은 『세종실록』「지리지」, 『동국여지승람』, 『신증동국여지승람』의 "우산도와 울릉도는 별개의 2개 섬"이라는 설명 끝에 '이설(異說)'로서 "일설에 울릉도이다(一云 鬱陵島)."라는 어원집착 설명을 덧붙여 이를 '실제 지리'에 의거하여 배제하기 위한 것이었다. 유형원은 자신의 설명이 '지도와 지리지(圖志)'의 연구 결과임을 밝혔다.

---

28 柳馨遠, 『輿地志』. "一說于山鬱陵本一島 而考諸圖志 二島也. 一則倭所謂松島. 而蓋二島俱是于山國也."; 申景濬, 『疆界考』의 鬱陵島條에서 재인용. 유형원의 『輿地考』는 일실된 채 아직 발견되지 않고 있으나 신경준의 『疆界考』가 남아 있어서 신경준의 인용문에서 유형원의 기술을 정확히 알 수 있다. 신경준은 『疆界考』에서 '柳磻溪馨遠輿地志云'이라고 시작한 후에 31회나 유형원의 『輿地志』를 인용하였다.

4) 『숙종실록(肅宗實錄)』(1696년 9월조)

『숙종실록』 1696년(숙종 23년) 9월 무인(戊寅)조에는 울릉도[당시 일본 호칭 죽도(竹島)]에 불법출어한 일본 어부들을 독도[당시 일본 호칭 송도(松島)]에까지 쫓아가서 추방하면서, 안용복의 공술로 "송도(松島)는 곧 '자(우)산도[子(于)山島]'이고 이 역시 우리나라(조선) 영지이다(松島卽子山島 此亦我國地)."라고[29] 말하여 일본 어부들을 추방했다고 기록되어 있다.[30] 또한 이때 일본의 백기주(伯耆州) 태수(太守)도 "두 섬(울릉도와 우산도)이 이미 당신네 나라에 속한 이후(兩島旣屬爾國地後)"라고 하여 '울릉도'와 '우산도'가 조선 영토에 이미 속했음을 인정하였다.[31] 이 기록은 '우산도'의 일본 호칭이 '송도(松島)'이고, 울릉도와 우산도 양도(兩島)가 옛 우산국 영지였음을 전제로 한 기록이라고 볼 수 있다.

일본 정부와 일부 일본인들 가운데는 안용복의 공술기록은 신뢰할 수 없다고 『숙종실록』의 안용복 공술기사를 부정하는 일이 있는데, 이는 전적으로 오류이다. 왜냐하면 1696년 안용복의 제2차 도일 당시에 은기도에서 일본 영접인에게 써준(또는 일본인이 필사한) 「조선팔도(朝鮮八道)」의 문건에 조선의 8개 도 이름을 한자로 써주고, 강원도(江原道) 아래에 "강원도, 이 도 가운데 죽도와 송도가 있다(江原道, 此道中 竹島·松島有之)."고 기술한 당시 문건이 일본 무라카미(村上) 가문 소장 고문서에서 발견되어 있기 때문이다.[32]

안용복과 심문관과 『숙종실록』 편찬자들은 안용복의 공술을 통해 울릉

---

29 『肅宗實錄』 肅宗 22年(1696년) 9月 戊寅條.

30 『肅宗實錄』의 안용복 공술에는 '于山島'가 '子山島'로 인쇄되어 있다. '子山島'는 '于山島'의 '于'를 '子'로 오식(誤植)한 것이거나, 안용복 등이 오독(誤讀)한 것으로 판단된다. 『增補文獻備考』에서는 『肅宗實錄』의 동일기사를 인용하면서 '子山島'를 모두 '于山島'로 기록하였다.

31 『肅宗實錄』 肅宗 22年(1696년) 9月 戊寅條.

32 『元祿九丙子年朝鮮舟着岸一巻之覺書』 중의 「朝鮮八道」 문건(日本島根縣隱岐島 村上家 소장) 참조.

도와 우산도(자산도)가 옛 우산국 땅으로 조선 영토이고 '우산도'는 일본에서 '송도'로 호칭되고 있었음을 재확인하여 실록에 기록해 놓은 것이었다.

5) 신경준(申景濬)의 『강계고(疆界考)』(1756년)

조선 후기 실학자 신경준(申景濬, 1712~1781년)은 그의 1756년 『강계고(疆界考)』(또는 疆界志)에서 울릉도의 역사와 지리를 상세히 설명한 후에 유형원의 『여지지』를 인용하여 '울릉도'와 '우산도'가 모두 '우산국'이었으며, '우산도'는 왜인이 말하는 '송도'라고 다음과 같이 기록하였다.

> "내 본 바로는 '여지지(輿地志)에서 이르기를 일설에 우산과 울릉이 본래 한 섬이라고 했지만 여러 가지 도지(圖志)를 고찰해 보면 두 섬이다. (그 중) 하나는 왜인이 말하는 송도(松島)이다.' 대개 두 섬이 모두 우산국이었다."라고 하였다.[33]

신경준은 유형원의 견해를 진실이라고 판단하여 그의 모든 관련 기술에서 이러한 설명을 하였다. 유형원의 『여지지』가 일실되었는지 발견되지 않는 상태에서 유형원의 『여지지』의 울릉도와 우산도 부분 기술을 찾을 수 있는 것은 신경준이 유형원의 우산도 설명 구절을 자주 인용한 덕택이다.

---

33 ① 申景濬, 『疆界考』, 鬱陵島條. "愚按 輿地志云 一說于山鬱陵本一島 而考諸圖志 二島也. 一則倭所謂松島 而蓋二島俱是于山國也."
② 朴仁鎬, 1989, 「柳馨遠의 東國輿地志에 대한 일고찰」, 『淸溪史學』 제6집. 朴仁鎬 교수에 의하면, 신경준은 『疆界考』에서 유형원의 『輿地志』를 "柳磻溪馨遠輿地志云" 등으로 31회 인용하고 있다고 설명되어 있다. 그러나 서울대학교 도서관 소장의 『東國輿地志』에는 그러한 내용이 없으므로, 이 소장본은 유형원의 『輿地志』로 보기 어렵다. 필자는 별도의 유형원의 『輿地志』가 존재했었다고 본다.
③ 송병기, 2007, 『울릉도와 독도』, 단국대학교출판부.

6)『동국문헌비고(東國文獻備考)』(1770년)

조선왕조는 1769년(영조 45년) 왕명으로 서명응(徐命膺), 채제공(蔡濟恭), 서호수(徐浩修), 신경준(申景濬) 등 8명의 문신을 임명하여 1779년 일종의 대백과사전으로『동국문헌비고(東國文獻備考)』를 편찬하였다. 이 책의 지리 부분인「여지고(輿地考)」에서는 '울릉도'와 '우산도'가 모두(皆) 우산국 땅(于山國地)이라고 다음과 같이 기록하였다.

> 여지지(輿地志)에서 말하기를 울릉과 우산은 모두 우산국 땅(于山國地)이다. 우산은 곧 왜인들이 말하는 송도(松島)이다.[34]

위의 기록에서 '여지지(輿地志)'는 유형원의『여지지』를 가리키는 것이다.『동국문헌비고』의 편찬에 참가한 8명의 문신 학자 가운데 신경준이「여지고」부분을 담당한 사실에서 이를 확인할 수 있다.

『동국문헌비고』는 조선왕조의 공식 관찬자료이므로, '울릉도'와 '우산도'의 2개 섬이 모두(皆) '우산국(于山國)'이었다는 유형원의 기록이 '우산국 땅(于山國地)'이라고 우산도의 우산국 영토 사실을 더욱 강조하면서 정부의 공식기록으로 거듭 수록된 것이었다. 진실이 그러했기 때문이었다.[35]

7)『만기요람(萬機要覽)』「군정편(軍政篇)」(1808년)

『만기요람』「군정편」(1808년 편찬)에서도『동국문헌비고』의 사실 기록을

---

34 『東國文獻備考』「輿地考」13, 關防3, 海防1 東海 鬱陵條. "(島中無居民矣) 鬱陵 · 于山皆于山國地. 于山則倭所謂松島也."

35 『東國文獻備考』에서는 유형원의 2개 섬 '모두'라는 한문 표현 '俱是'이 '皆'로 강조되어 바뀌고, '우산국'이 '우산국 땅(于山國地)'로 바뀌어 영토적 지리적 개념이 강조되었다.

계승하여 다음과 같이 기록 규정하였다.

> 여지지(輿地志)에 이르기를 울릉도와 우산도는 모두(皆) 우산국지(于山國地)이며, 우산도는 왜인들이 말하는 송도(松島)이다.[36]

『만기요람』「군정편」도 울릉도와 우산도가 '모두(皆)' 우산국지(于山國地)라고 하여 울릉도와 함께 우산도도 우산국 영지(領地)임을 명백하게 밝힌 것이었다.

일본인 가운데는 '우산도'가 오늘날의 '독도'인가를 밝히는 증거를 요청하는 경우가 있는데, 위의 『여지지』, 『숙종실록』, 『강계고』, 『동국문헌비고』, 『만기요람』「군정편」 등의 자료는 우산도가 당시 일본 호칭으로는 송도(松島)로서 오늘날의 '독도'이고 독도도 울릉도와 함께 2개 섬이 '모두' 우산국 영토임을 명백하게 밝히고 있는 것이다.

위의 자료들은 '우산도는 일본인이 말하는 소위 송도(松島)'라고 명기했다. 17세기 이후 1880년경까지 일본인들은 울릉도를 '죽도(竹島)'로, 독도를 '송도(松島, 마쓰시마)'로 호칭했는 바, 이것은 일본의 독도 연구자들도 모두 인정하고 있는 바이다.[37]

---

36 『萬機要覽』「軍政篇」4, 海防 東海條. "輿地志云 鬱陵于山皆于山國地. 于山則倭所謂松島也."

37 일본 도쿠가와막부 시대에 일본인들은 거의 모두 鬱陵島를 '竹島'로, 獨島(于山島)를 '松島'라고 불렀다. 이렇게 부르던 것을 울릉도를 '松島'라고 명칭을 바꾸어 일본인들이 널리 부르기 시작한 것은 메이지유신 이후 1880년(明治 13년) 일본 해군의 天城丸이 '松島'를 실답한다고 울릉도를 관찰하고 돌아가서 『朝鮮東海岸略記』에 「松島(鬱陵島)觀察報告」를 발표한 후부터다. 이때부터 일본 해군은 울릉도를 '松島'라고 불렀고 다른 일본 관청과 일본인들도 점차 울릉도를 '松島'라고 부르게 되었으며, 혼란을 피하기 위해 독도(우산도)는 서양에서 독도를 가리키는 이름인 '리앙쿠르암석(Liancourt Rocks)'에서 'Liancourt'를 따다가 '리앙코르도섬(リアンコルド島)'이라고 호칭하게 되었다.

즉『만기요람』「군정편」은 일본 호칭 '송도'를 한국 명칭 '우산도'와 교차시켜서 이를 통하여 우산도가 오늘날의 독도라는 사실과 함께 우산도가 울릉도와 함께 2개 섬이 모두 우산국의 영토였음을 명료하게 증명해주고 있는 것이다.

8)『증보문헌비고(增補文獻備考)』(1908년)

조선왕조는 개항 후 문물 제도에 큰 변화를 거치게 되자 이를 문헌비고에 수용하려고 대한제국 시기인 1903년『증보문헌비고(增補文獻備考)』편찬을 시작하였다. 그러나 재정형편으로 편찬된 원고 간행을 미루다가 1908년에 총 250권의『증보문헌비고』를 완간하였다.[38]『증보문헌비고』「여지고(輿地考)」에서도 다음과 같이 울릉도와 우산도는 모두(皆) 우산국 땅이었고, '우산도'는 왜인이 말하는 '송도(松島)'라고 다음과 같이 기록한 것은 1903년의『증보문헌비고』원고에서 기록한 것과 동일한 것이다.

> 여지지(輿地志)에 말하기를 울릉과 우산은 모두 우산국 땅(于山國地)이다. 우산(于山)은 왜인이 말하는 송도(松島)이다.[39]

『증보문헌비고』(1908년)의 내용은『동국문헌비고』(1790년)와 동일하나, 1790년 간행과 1908년 간행 사이에 118년의 큰 간격이 있다. 그 사이에 일본 제국주의의 1905년 독도 침탈 시도가 있었다. 그러므로 1903년 편찬이 시작되어 1908년 간행된『증보문헌비고』는 독도가 조선(대한제국) 영토임을 주장하고 일제의 독도 침탈 시도(1905년)를 부인하면서 간행된

38 『皇城新聞』1903년 2월 27일자,「雜報」.

39 『增補文獻備考』「輿地考」. "輿地志云 鬱陵·于山皆于山國地. 于山則倭所謂松島也."

의미가 있다.

즉 위의 여덟 가지 증거자료에서만 보아도 다음의 등식이 성립됨을 알 수 있다.

우산국 = 울릉도 + 우산도(독도, 일본 호칭 송도)

이러한 우산국이 서기 512년 신라에 병합되어 신라의 지방관제로 편성되었으므로, 우산도는 서기 512년 울릉도와 함께 한국의 고유영토로 이때 이미 확립 확정된 것이었다.

제4절 '우산도'가 곧 '독도'라는 증거

여기서 일본 정부의 일부 인사들이 '우산도'가 '독도'라는 증거가 없지 않는가 라고 이의를 제기하는 것을 보았다. '우산도'가 곧 '독도'임은 다음의 몇 가지 증거자료만 보아도 명료한 것이다.

1) 고문헌 자료에 의거한 증명

앞절에서 제시한 유형원의 『여지지』, 『숙종실록』, 신경준의 『강계고』, 『동국문헌비고』, 『만기요람』 「군정편」, 『증보문헌비고』 등의 고문헌 자료들은 '우산도'가 일본에서는 '송도(마쓰시마)'로 호칭되고 있음을 기록하였다.

예컨대 『만기요람』 「군정편」(1808년 편)에서 "여지지(輿地志)에 이르기를 울릉도와 우산도는 모두 우산국지(于山國地)이며, 우산도(于山島) 곧 왜인(倭人)들이 말하는 송도(松島)이다."라고 기록하였다. '우산도=송도'라는 사실은 이것으로 이미 증명되었다. 남은 문제는 우산도(于山島)가 오늘날의 '독도'인가의 고증문제이다. 이 문제에 해답을 주는 가장 명료한 문헌은

『세종실록』「지리지」, 『동국여지승람』, 『신증동국여지승람』 등이다. 『세종실록』「지리지」에서 잘 설명하고 있는 바와 같이 날씨가 청명할 때에만 육안으로 서로 볼 수 있는 섬은 울릉도에서 독도, 독도에서 울릉도 밖에 없다. 섬이 매우 드문(3개 섬밖에 없는) 동해에서 울릉도·독도·은기도 3개 섬 가운데, 독도에서 은기도는 너무 멀어서(157.5km) 아무리 날씨가 청명해도 서로 보이지 않는다(135쪽, 제2편 주 36 참조). 그러므로 '우산도=독도'임이 분명한 것이다.

마지막으로 19세기 초 당시에 일본인들이 말하는 '송도(松島)'가 과연 '우산도(于山島)'인가의 여부만 확인하면 된다. 1880년경까지 일본에서는 (현재와는 반대로) '울릉도'를 '죽도'로 호칭했고, '독도'를 '송도'로 호칭했음은 일본 학자들이나 일본 정부 모두가 인정하는 바이다. 그러므로 일본인이 말하는 송도는 곧 독도이고 당시 조선 호칭 우산도인 것이었다. 즉

우산도 = 독도 = 송도

가 성립하는 것이다.

따라서 '우산도'가 곧 '독도'임이 이 고문헌 자료에서 명백하게 증명되는 것이다.

2) 고지도(古地圖)에 의거한 증명

고지도를 통해서는 '우산도'가 곧 '독도'임을 더욱 용이하게 증명하고 확인할 수 있다. 고지도에 '울릉도'의 동남쪽 또는 동쪽 또는 남쪽에 '울릉도'와 별개의 섬을 그리고 '우산(于山)'으로 기록되어 있으면 바로 우산이 독도임을 증명하는 것이 된다. 왜냐하면 동해 바다에는 섬이 드물어서 고지도에 오를 수 있는 섬은 '울릉도', '독도', '은기도'의 3개 섬밖에 없기 때문이다. 그러므로 동해에 울릉도와 은기도가 아닌 1개의 작은 섬을 그리고 '우산'으로

표시했다면, '우산'은 '독도'가 될 수밖에 없는 것이다. 따라서 이러한 고지도가 발견되면 그것은 '우산(于山)=독도'를 증명하는 지도가 되는 것이다.

한국을 비롯한 각국의 고지도에는 울릉도의 동남쪽 또는 동쪽 또는 남쪽에 우산도(于山島)를 그린 지도가 다수 남아 있다. 이 중에서 13개만을 선정하여 간단히 고찰하기로 한다.

(1) 한국 고지도에 의거한 증명

① 『신증동국여지승람』의 「팔도총도」에 의거한 증명

조선왕조는 1481년 『동국여지승람』과 1531년 『신증동국여지승람』을 편찬 발간하면서 부속지도의 하나로 각 도별 지도와 함께 전국 지도인 「팔도총도(八道總圖)」를 수록하였다. 이 지도는 강원도 울진현에 속한 2개의 섬으로 '우산도'와 '울릉도'를 크게 그려 넣어 우산도(독도)와 울릉도가 모두 조선왕조의 영토임을 명백히 하였다.

「팔도총도」의 특징은 이 지도를 그린 문관들이 고문헌 자료와 관리들의 보고에 기초하여 지도 제도술이 미흡한 상태에서 인문적으로 그렸기 때문에 '우산도'를 '울릉도' 밖 동남방에 그리지 않고 오히려 한반도 본토 쪽에 그린 것이었다. 이것은 15세기에는 세계 모든 고지도들의 제도 기술과 지식 수준이 저급했기 때문에 나온 것이었다. 15~16세기에 서양과 일본의 문인들이 그린 고지도들도 위치가 오늘날만큼 정확하게 그려져 있지 않은 것이 대부분이다.

일본 외무성은 2008년부터 간행한 「다케시마 문제를 이해하기 위한 10개의 포인트」(2)에서 『신증동국여지승람』 「팔도총도」의 '우산도'가 '울릉도'보다 더 한반도 안쪽에 그려져 있기 때문에 '우산도'는 '가공의 섬'이라고 주장하고 있다.

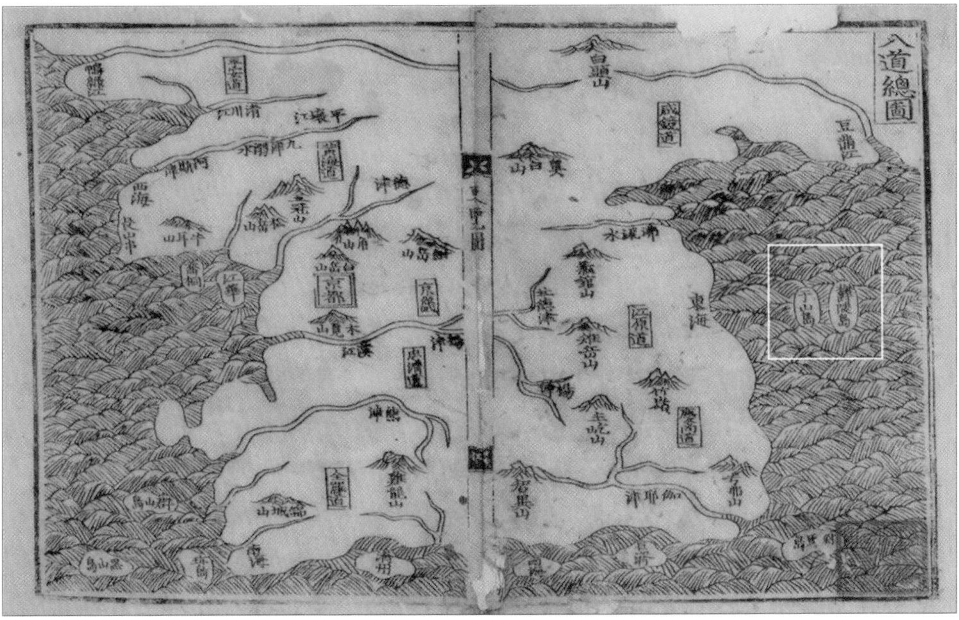

그림 1-9 『신증동국여지승람』「팔도총도」의 울릉도와 우산도

그러나 이것은 전적으로 잘못된 주장이다. 예컨대 일본의 고문서『조선죽도도항시말기(朝鮮竹島渡航始末記)』의 부속지도「죽도방각도(竹島方角圖)」(1836년 작성, 일본 시마네현 하마다시립도서관 소장)에 그려진 '은기도(隱岐島)'는 울릉도와 독도의 훨씬 서쪽에 있는 '대마도' 옆에 그려져 있는데, 그렇다고 '은기도'를 '가공의 섬'이라고 보는 것은 잘못된 주장인 것과 같은 것이다. 15~16세기 고지도에서 위치의 부정확성은 지도 제작의 기술과 지식이 부족했던 당시의 수준을 나타내는 것일 뿐이다.

울릉도를 조선 영토로 인정하는 경우,「팔도총도」에서 우산도가 울릉도보다 한반도에 가까이 그려진 것은, 영토문제에 있어서 우산도는 조선의 영토임을 더욱더 증명하는 것이다. 조선왕조의 '우산도'(독도) 영유의식이 더욱 강렬하게 투영되어 있기 때문이다.

「팔도총도」는 '우산도'와 '울릉도' 2개의 섬을 동해 가운데 그림으로써,

우산도와 울릉도 두 섬이 모두 조선의 영토임을 명료하게 규정하고 알리고 있는 것이다.

② 정상기의 고지도 「동국전도」에 의거한 증명

18세기 전기 조선의 실학자 정상기(鄭尙驥, 1678~1752년)가 18세기에 그린 「동국전도(東國全圖)」는 동해 가운데 울릉도와 그 동쪽에 우산도를 비교적 정확하게 그려서 「팔도총도」의 위치 오류를 바로 잡았다.

그림 1-10
정상기의 「동국전도」
(19세기 초 복제품의 울릉도와 우산도)

정상기의「동국전도(東國全圖)」이후에는 그의 영향으로 대부분의 조선 왕국 전도에는 '울릉도'와 '우산도'(독도)를 지리적으로 비교적 정확한 위치에 그리고 두 섬이 모두 조선 영토임을 표시하였다.

③ 18세기말「조선전도」에 의거한 증명

18세기 말~19세기 초 제작된「조선전도(朝鮮全圖)」는 울릉도 동쪽에 작은 섬을 별개로 그리고 '우산도(于山島)'라고 이름을 써 넣었다.

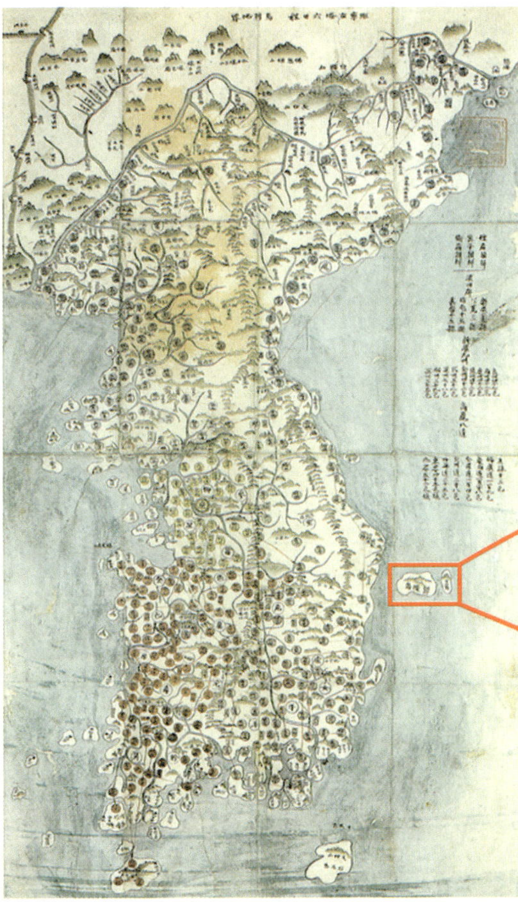
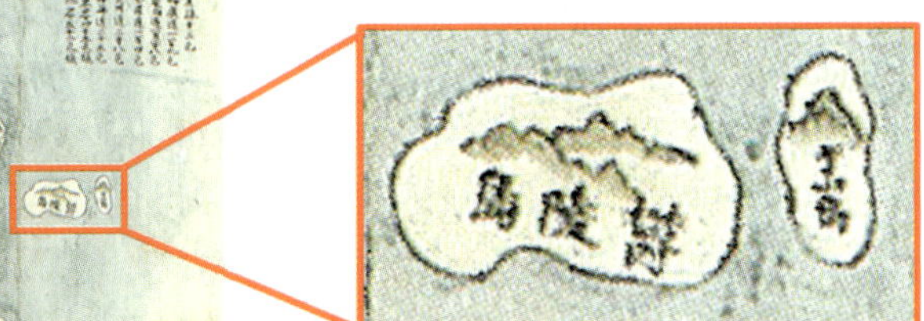

그림 1-11
「조선전도」의 울릉도와 우산도

④ 18세기말 「아국총도」에 의거한 증명

18세기 말의 「아국총도(我國摠圖)」는 울릉도의 동남쪽에 별개의 섬을 하나 그리고 '우도(于島)'이라고 표기하였다.

그림 1-12
「아국총도」의 울릉도와 우도(우산도)
(서울대학교 규장각한국학연구원, 중앙도서관 소장)

⑤ 18세기 말 「조선전도」에 의거한 증명

정상기의 「동국지도」의 계통인 18세기 말에 제작된 「조선전도(朝鮮全圖)」[일명 해동도(海東圖)]는 울릉도의 동쪽에 별개의 작은 섬을 그리고 '우도(于島)'라고 표기하였다.

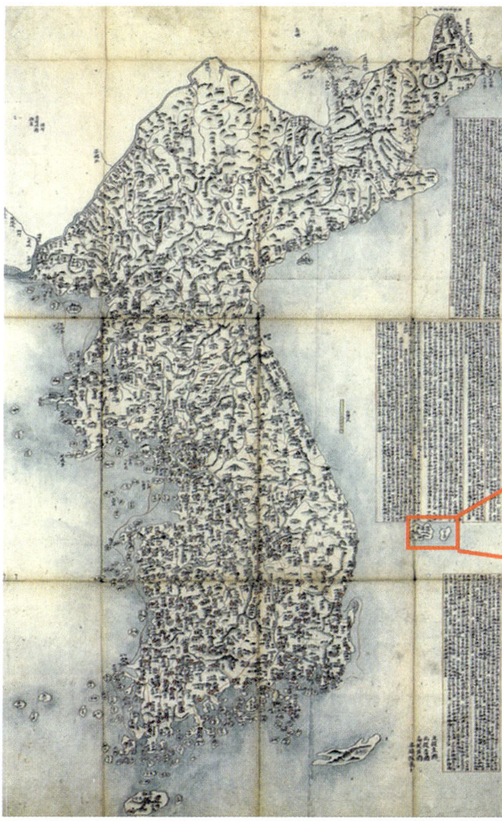

그림 1-13
「조선전도」의 울릉도와 우도(우산도)

⑥ 19세기 전기의 「해좌전도」에 의거한 증명

1822년경에 제작된 「해좌전도(海左全圖)」에서도 '울릉도'의 동쪽에 별개의 작은 섬을 그리고 '우산(于山)'이라고 호칭을 표기하였다.

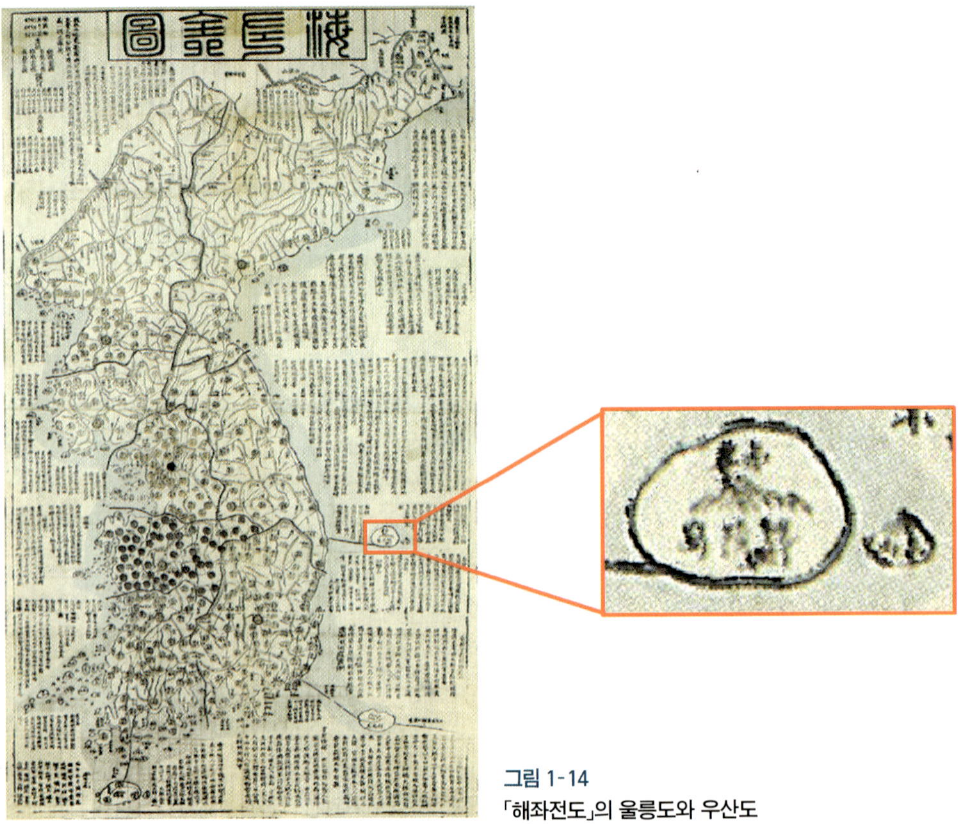

그림 1-14
「해좌전도」의 울릉도와 우산도

⑦ 19세기 중엽 김대건 신부의 「조선전도」에 의거한 증명

천주교 최초의 한국인 신부 김대건(金大建)이 1846년 제작하여 로마 교황청에 보낸 「조선전도(Carte de la Corée)」에서도 울릉도 동쪽에 1개의 작은 섬을 그리고 '우산(Ousan, 于山)'이라고 표기하였다.

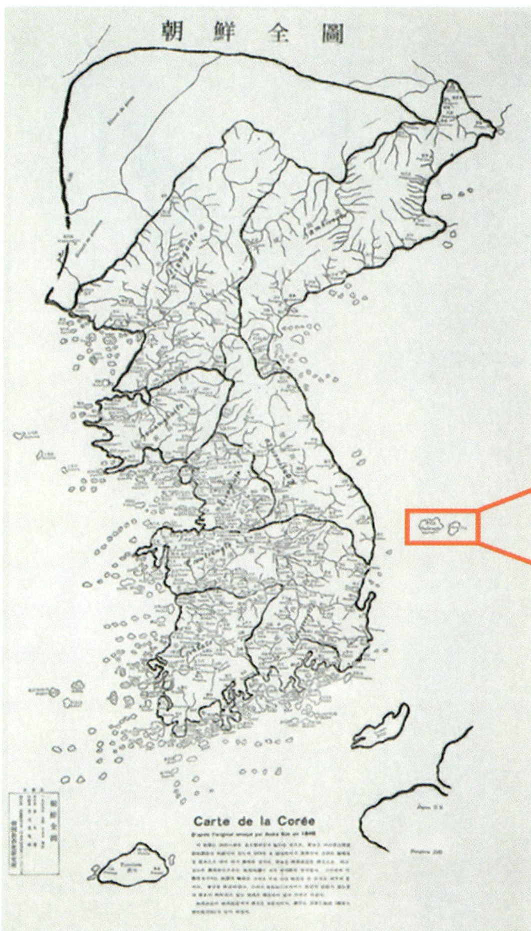

그림 1-15
김대건의 「조선전도」의 울릉도와 우산도

⑧ 대한제국 학부의 1898년 「대한여지도」에 의거한 증명

개항 후 열강이 조선왕국에 각종 관심을 보이는 격변의 소용돌이 속에서 1897년 선포한 대한제국의 학부는 한국의 영토를 명료히 교육 계몽하기 위하여 1898년 「대한여지도(大韓輿地圖)」를 제작 반포하였다.

그림 1-16
대한제국 학부의 「대한여지도」의 울릉도와 우산도

대한제국 학부의 1898년 「대한여지도」는 강원도 동쪽 동해 가운데 울릉도와 그 동쪽에 작은 섬 우산도(독도)를 그리고 '우산(于山)'이라고 표시하였다. 이 지도는 '울릉도'와 '우산도' 2개의 섬이 모두 대한제국의 영토임을 명료하게 표시하여 증명하고 있다.

⑨ 대한제국 학부의 1899년 「대한전도」에 의거한 증명

대한제국 정부는 울릉도가 개항장이 아님에도 불구하고 일본 정부의 방조를 받으며 일본인들이 울릉도에 불법입도하여 거주하기 시작하자, 학부가 1899년 「대한전도(大韓全圖)」를 제작 반포하여 '울릉도'와 '우산도'(독도)가 대한제국 영토임을 명료하게 하고, 일본인들의 울릉도로부터의 퇴거를 요

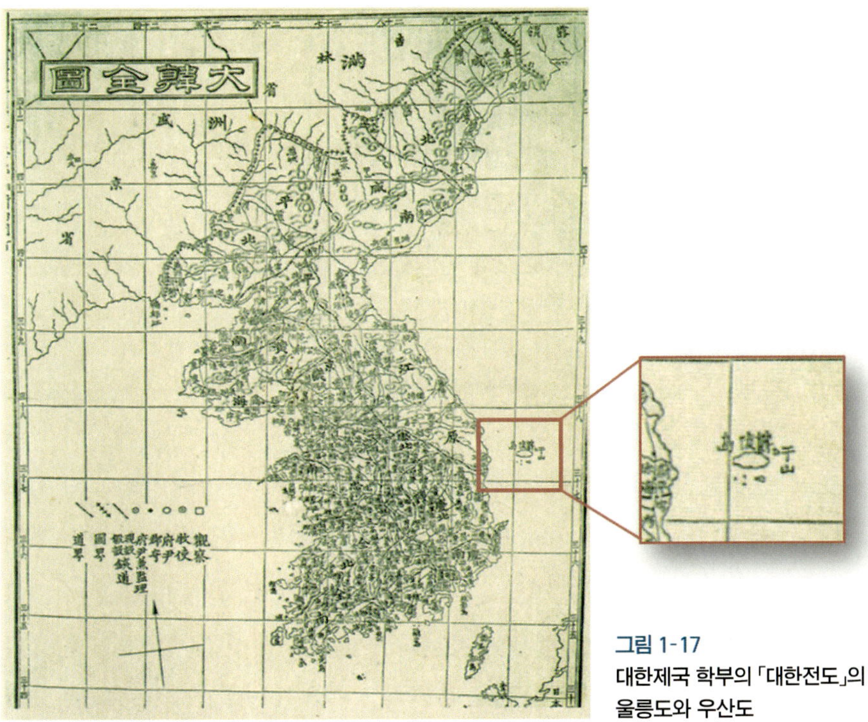

그림 1-17
대한제국 학부의 「대한전도」의 울릉도와 우산도

구하였다.

이때 「대한전도」는 강원도 정동쪽 동해 가운데 울릉도와 그 동쪽에 우산도를 비교적 정확한 위치에 그리고 '울릉도'와 '우산도' 2개의 섬이 모두 대한제국 영토임을 명료히 표시하여 증명하였다.

이상의 13개의 고지도 사례에서 명료하게 증명되는 바와 같이, 지도에 등재될 섬이 '울릉도', '독도', '은기도'의 3개 섬밖에 없는 동해의 특성상, 울릉도 부근 또는 울릉도 동쪽에 표시된 '우산도'가 곧 '독도'임은 명료하게 증명되는 것이다.

또한 대한제국의 1899년 「대한전도」에서 명료하게 볼 수 있는 바와 같이, 한국은 1899년까지는 대부분 공식적으로 '독도'의 명칭을 '우산도'로 사용했음을 확인할 수 있다.

(2) 중국 고지도에 의거한 증명

① 「황여전람도」에 의거한 증명

중국에서 그려진 고지도에 '독도'가 표시된 것은 현재까지 발견된 것으로는 1718년(강희 57년)에 제작된 「황여전람도(皇輿全覽圖)」[일명 강희전람도(康熙全覽圖)]가 처음이다. 이 지도에서는 '독도'를 나타내는 '우산도(于山島)'가 '천산도(千山島)'로 표기되어 있다.

「황여전람도」는 청의 강희황제가 청국에 와 있는 서양 선교사들에게 요청하여 서양 지도 제작 기술로서 중국·조선·동시베리아 일대를 그린 지도이다. 서양 선교사 레지(Jean Baptiste Regis) 등이 중심이 되어 1708년부터 제작하기 시작해서 10년 만인 1718년에 목판본으로 완성하였다. 이 지도에서 조선은 조선왕조에서 보낸 자료와 선교사들이 실측한 자료를 사용하였다.

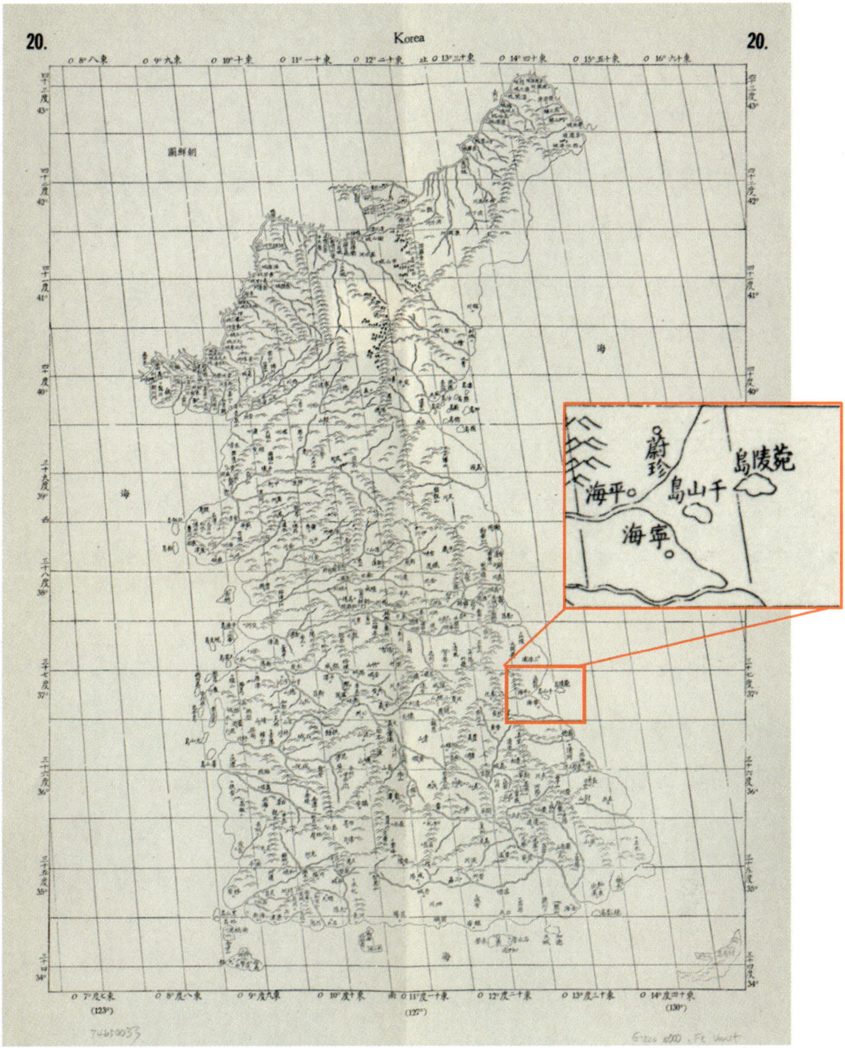

그림 1-18 「황여전람도」의 천산도(우산도)와 울릉도

이 지도에서는 서양 선교사의 착오인지 목판 제작자의 해석인지 분명치 않으나, '于山島'(우산도)의 '于'(우)를 '千'(천)으로 잘못 읽어서 '千山島'(천산도)라고 목각하였다. 또한 '鬱陵島'(울릉도)의 '鬱'(울)은 중국어로 유사한 발음이면서 목각하기 쉬운 '菀'(완)자로 바꾸어 '菀陵島'(완릉도)로 목각하였다.

또한 울릉도와 우산도의 위치도 조선에서 보낸 『동국여지승람』 강원도 울진현조의 문자 기록 영향 탓인지, 우산도(천산도)를 강원도 울진현에 매우 근접한 위치에다 육지 쪽에 가깝게 그렸다.

청국에서는 이 「황여전람도」가 표준 지도가 되어서 그 후의 중국 고지도에서는 '于山島'(우산도)가 모두 '千山島'(천산도)로 표기되어 있다. 그러나 천산도가 우산도의 오기(誤記)임은 명백한 것이다. 즉 글자꼴이 비슷하여 '于'(우)를 '千'(천)으로 잘못 필사한 것이다.

「황여전람도」의 우산도와 울릉도의 위치는 비록 오늘날의 지도 제작 기술로서는 부정확하다고 할지라도, 우산도와 울릉도가 조선 영토임을 매우 명료하게 표시하고 있다. 왜냐하면 우산도와 울릉도를 강원도 울진현 바로 앞바다에 더욱 근접하게 그려서 그 소속을 명료하게 나타내고 있기 때문이다.

② 기타 중국 고지도에 의거한 증명

중국에서 「황여전람도」 이후에 제작된 「만한합벽청내부일통여지비도(滿漢合璧淸內府一統輿地秘圖)」, 1761년에 예수회 선교사 베노이스트(Michel Benoist, 蔣友仁, 1715~1774년)가 제작한 「건륭십삼배지도(乾隆十三排地圖)」, 1845년에 제작된 「만국대지전도(萬國大地全圖)」, 육엄(六嚴)이 1851~1861년에 제작한 「대지전구일람지도(大地全球一覽地圖)」 등 중국 고지도들에서는 '于山島'(우산도)가 '千山島'(천산도)로 표기되면서 이를 울릉도보다 서쪽인 한반도 강원도 울진현 앞 바다에 매우 근접하게 그려서 천

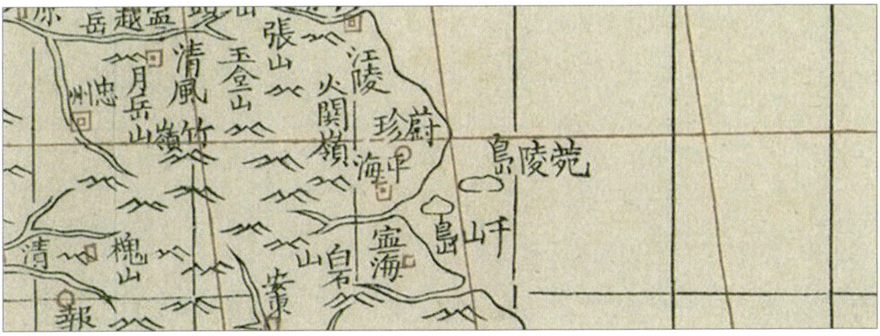

그림 1-19 「황조일통여지전도(皇朝一統輿地全圖)」의 울릉도와 독도 부분

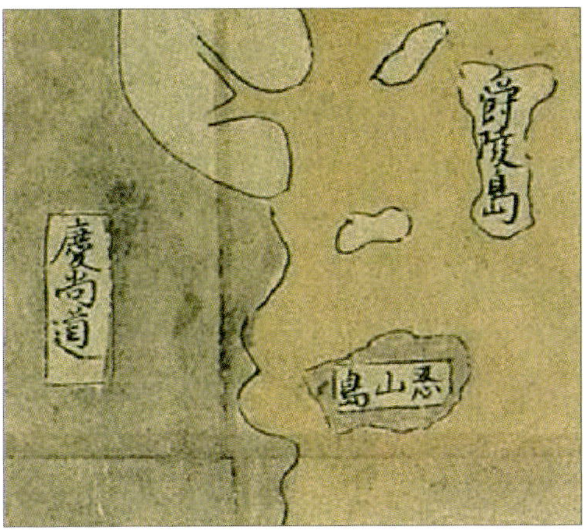

그림 1-20
「대청광여도(大淸廣輿圖)」의
울릉도와 독도 부분

산도(독도)와 울릉도가 조선 영토임을 명료하게 표시하였다.[40]

그러므로 중국 고지도를 인용 또는 참조해서 그린 서양지도들이 '千山'(천산)의 중국어 발음으로 'Chian-xan', 'Tchan-chan', 'Chang-san' 등으로 강원도 울진 바로 옆에 그린 것은 모두 '우산도'를 가리킨 것이다.

---

40 중국 고지도에서 '于山島'는 모두 「皇輿全覽圖」에 따라 '千山島'로 표기하고 있으나, '鬱陵島'는 고지도에 따라 '菀陵島(완릉도)' 또는 '範陵島(범릉도)'의 두 가지로 표기되고 있다. '鬱'자를 '菀'자로 읽었다가, 다시 '菀'자를 '範'자로 읽은 결과로 해석된다.

(3) 서양 고지도에 의거한 증명

① 레지의 「조선왕국도」에 의거한 증명

프랑스의 예수회 신부 레지(Jean Baptiste Regis)는 청국 강희황제의 요청에 응하여 「황여전람도」를 제작한 직후(동시에) 1718년에 프랑스어판 「조선왕국도(Royaume de Corée)」를 제작하였다. 이것이 조선왕국을 그린 최초의 서양 고지도이다.

레지의 이 「조선왕국도」에서는 독도를 '천산도'의 중국 발음으로 표기하고, 울릉도는 '완릉도'의 중국 발음으로 표기하였다.

그러나 이 지도에서도 우산도(Chian-xan-tao)와 울릉도(Fan-ling-tao)의 위치는 우산도를 울릉도의 서쪽인 강원도 울진현 바로 앞바다에 매우 근접하게 그려서 이 두 섬이 조선왕국의 영토임을 명료하게 표시하였다.

그림 1-21 레지의 「조선왕국도」

그림 1-22
프랑스 지리학자 당빌의
「조선왕국전도」의 울릉도와 우산도

② 프랑스의 고지도 「조선왕국전도」에 의거한 증명

프랑스의 유명한 지리학자 당빌(J. B. D'Anville)이 1737년에 서양에서 처음 조선왕국 단독 지도로 작성한 「조선왕국전도(Royaume de Corée)」에서도 '우산도'를 조선왕국 영토로 표시하였다.

당시 중국에서는 '于山'(우산)을 잘못 읽어서 '千山'(천산)으로 쓰고 발음했기 때문에, 당빌은 중국 고문헌 자료를 활용하여 '우산도'를 천산도의 중국 발음인 'Tchan-chan tao'로 표기하였다.

당빌은 '우산도'와 '울릉도'의 2개 섬을 강원도 울진현 해안에 더욱 근접하게 그려서 두 섬이 조선왕국 영토임을 더욱 명료하게 표시하였다.

당빌의 「조선왕국전도」는 「팔도총도」보다 지리상의 위치는 더 부정확한 측면이 있지만, 우산도(독도)와 울릉도가 조선왕국 영토임을 매우 명료하게 증명하고 있다.

③ 영국의 고지도 「조선왕국도」에 의거한 증명

영국의 지도 제작가 보웬(E. Bowen)이 1752년에 제작한 「요동주와 조선왕국도(Carte de La Province de Quantong ou Lyautong et du Royaume de Kau-Li ou Corée)」에서도 우산도는 'Chiang-san tau'[천산도(千山島)의 중국 발음]으로 울릉도와 함께 강원도 울진현 해안에 근접하게 그려서 우산도(독도)와 울릉도 2개 섬이 조선왕국의 영토임을 명료하게 표시하고 있다.

그림 1-23
영국 지도 제작가 보웬의 「조선왕국전도」의 울릉도와 우산도

보웬의 고지도도 당빌의 고지도와 마찬가지로, 지리적 위치는 부정확하지만 우산도와 울릉도를 조선왕국 강원도 해안에 더욱 근접하게 그려서 두 섬이 조선왕국의 영토임을 매우 명료하게 증명하고 있다.

(4) 일본 고지도에 의거한 증명

① 일본의 1748년 「조선경도일본대판서국해변항로지도」에 의거한 증명

일본에서 미양편강(尾陽片岡)이 1748년 제작 발행한 「조선경도일본대판서국해변항로지도(朝鮮京都日本大坂西國海邊航路之圖)」는 조선국의 강원도 동쪽 동해에 울릉도와 그 동남쪽에 우산도(于山島)를 그려서 울릉도와 우산도

그림 1-24 「조선경도일본대판서국해변항로지도」의 울릉도와 우산도

가 모두 조선 영토임을 표시하였다.

1748년에 일본에서 제작 발행된 이 지도는 조선왕국과 일본 서부 지역이 포함된 지도인데, '울릉도'와 별개의 섬인 '우산도(于山島)'가 있고, 이 '우산도'도 조선 영토로서 울릉도와 함께 강원도 동쪽 바다 가운데 있음을 명료하게 표시하여 증명하고 있다.

② 19세기 후반 「조선국세견전도」에 의거한 증명

1873년 일본인 염기정방(染崎廷房)이 그린 「조선국세견전도(朝鮮國細見全圖)」에서도 울릉도를 그리고 울릉도에 대해 '일본에서는 이를 죽도(竹島)라고 말함.'이라고 쓴 다음, 그 남쪽 옆에 별개의 1개 섬을 그리고 '우산도'라고 표기하였다.

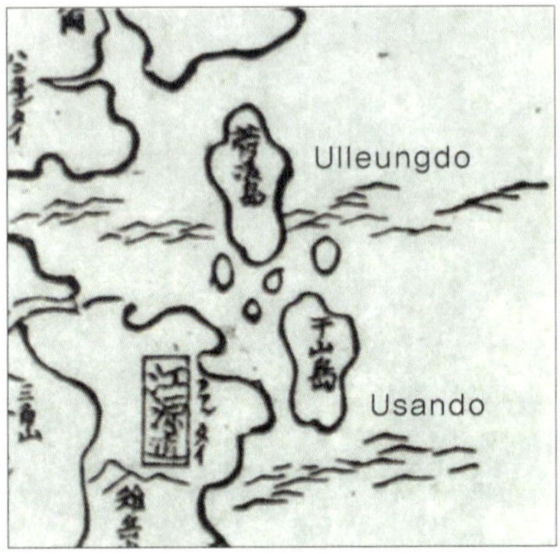

그림 1-25 「조선국세견전도」의 울릉도와 우산도

이 일본 고지도를 통해서도 '우산도(于山島)'가 곧 '독도'임을 명료하게 증명하고 재확인할 수 있는 것이다.

③ 기타 일본 고지도에 의거한 증명

이밖에 독도를 '우산도'로 표기한 일본 고지도를 들면 다음 〈표 1-5〉와 같다.[41]

41 이상태, 2017, 「고지도와 독도」, 『독도연구의 향후 과제와 전망』, 영남대 독도연구소(2017년 대한민국 독도원로연구자 라운드테이블), 103~106쪽, 이상태 교수 선택 지정.

표 1-5 독도를 '우산도(于山島)'로 표기한 일본 고지도

1	朝鮮京都日本大阪西國航路圖	64.5cm×49cm	1748	尾陽片岡	독도 박물관
2	朝鮮八道地圖	78.8cm×52.7cm	1785	林子平	서울대
3	朝鮮古圖	51.5cm×73cm	1785	林子平	서울대
4	日本邊界圖		1809	高橋景保	개인 소장
5	大淸一統圖	61.5cm×99cm	1818	朱錫齡	영남대
6	淸朝一統圖	64.4cm×68.5cm	1835	青苔園	개인 소장
7	本邦西北邊境水陸略圖		1850	安田雷州	개인 소장
8	朝鮮國細見全圖	71cm×99.7cm	1873	染崎延房	영남대
9	增補改正朝鮮國全圖	18.8cm×25.4cm	1873	田島象次郎	영남대
10	淸十八省輿地全圖	91.3cm×76cm	1874	津田靜一	서울대
11	五畿八道朝鮮國細見全圖	47.2cm×98.3cm	1874	北富茂兵衛	영남대
12	五畿八道朝鮮國細見全圖	47.2cm×98.2cm	1874	北富茂兵衛	중앙 도서관
13	改訂新鐫朝鮮全圖	50cm×45cm	1875	佐田白茅	서울대
14	朝鮮全圖	94.5cm×126cm	1875	일본 육군참모국	서울대
15	新選 朝鮮全圖	46.2cm×62.8cm	1875	日本新聞社	영남대
16	朝鮮輿地全圖	34.6cm×62cm	1875	入憲政黨新聞社	영남대
17	朝鮮全圖	50.8cm×45.4cm	1875	近藤眞琴	영남대
18	朝鮮全圖	50.8cm×45.4cm	1875	小藤文次郎	영남대
19	朝鮮八道之圖	36.8cm×51cm	1876	樫原義長	영남대
20	校訂新鐫 朝鮮全圖	50.6cm×35.5cm	1882	山田孝之助	영남대
21	新選 朝鮮輿地全圖	12cm×17cm	1882	若林薦三郎	영남대
22	朝鮮國細圖	36.5cm×48.0cm	1882	福城駒多郎	영남대
23	朝鮮國全圖	48.7cm×74.8cm	1882	작자미상	영남대

24	朝鮮全圖	36.4cm×50.4cm	1882	東京地學協會	영남대
25	朝鮮全圖 제1호, 2호, 3호	35.8cm×43.8cm	1882	村田信兄	영남대
26	朝鮮輿地全圖	62cm×43cm	1882	若林篤三郎	일본국회도서관
27	朝鮮輿地全圖	46.5cm×68cm	1882	若林篤三郎	중앙도서관
28	朝鮮輿地圖	77.1cm×105cm	1884	青水光憲	영남대
29	朝鮮輿地全圖	16.5cm×15.5cm	1885	關口備正	영남대
30	新選 朝鮮國全圖	14cm×20cm	1894	田中紹祥	영남대
31	朝鮮國全圖	34.2cm×48.6cm	1894	鈴木景作	영남대
32	朝鮮國全圖	38.9cm×53.5cm	1894	時事新聞社	영남대
33	朝鮮內亂地圖	36.5cm×67.8cm	1894	星野德一	영남대
34	朝鮮全圖	94.1cm×127.1cm	1894	작자미상	영남대
35	朝鮮全圖	13cm×19cm	1894	大村恒七	영남대
36	朝鮮全圖	51.8cm×36.8cm	1894	陸軍大學校	영남대
37	朝鮮全圖	71.5cm×107cm	1894	佐田白茅	영남대
38	朝鮮全圖	43cm×61cm	1894	陸軍文庫	영남대
39	八道明細 朝鮮地圖	36.7cm×51.5cm	1894	箸尾寅之助	영남대
40	朝鮮全圖	54.6cm×81.4cm	1894	東京地學協會	중앙도서관
41	朝鮮全圖	42cm×72.8cm	1903	松田敦朝	영남대
42	韓國通信線路圖	77.5cm×141.8cm	1906	통감부 통신관리국	영남대
43	朝鮮十三道圖	27cm×39.5cm	1913	十字出版部	영남대
44	朝鮮地圖	34cm×144cm	17세기	川上久良	가고시마현

출처 : 이상태, 2017, 「고지도와 독도」, 『독도연구의 향후 과제와 전망』, 영남대학교 독도연구소

④ 일본 고지도 「화이일람도」에 의거한 증명

동해에는 책장 크기의 지도에 오를 수 있는 섬은 한국의 울릉도, 독도와 일본의 은기도 3개 섬 밖에 없다. 따라서 울릉도의 동쪽에 작은 섬을 그리고 '우산도'로 표기한 것은 언제나 '독도'를 그린 것이었다.

최근 일본에서는 한국 및 기타 여러 나라 고지도에 울릉도 동쪽에 그려진 우산도는 '독도'를 그린 것이 아니라 울릉도 옆 바위섬 '죽도(竹島, 대섬)'나 다른 큰 바위섬을 그린 것이고 송도(독도)를 그린 것이 아니므로 우산도 그림을 '독도' 그림으로 해석하는 것은 과오라는 주장이 있다.

그러나 이것은 틀린 억지 주장이다. 울릉도 바로 옆의 큰 바위섬은 지도에 거의 오르지 못한다. 우산도(于山島)라는 명칭으로 울릉도 동쪽에 그려진 작은 섬 우산(于山)은 언제나 '독도'를 가리킨 것이다.

일본에서 '울릉도(竹島)'와 '독도(松島)'를 모두 일본 영토라고 주장한 1790년경의 거의 유일한 민간 지도 「화이일람도(華夷一覽圖)」조차도 '동해'를 '일본해'로 표기하고, 울릉도와 독도를 모두 붉은 점으로 채색하여 일본 영토로 포함하고 싶은 야욕을 표시하면서도,[42] 〈그림 1-26〉과 같이, '울릉도'가 '죽도(竹シマ, 다케시마)'이고 '우산도'가 '송도(松シマ, 마쓰시마)'임을 위치로 명료히 나타내고 있다.

일본에서는 울릉도 옆에 나란히(또는 비스듬히) 섬을 그리고 '于山'이라고 표기했거나 섬 이름이 없는 경우는 울릉도 옆에 붙어있는 바위섬인 죽도(竹島, 대섬)를 그린 것이지 독도(당시 일본 호칭 송도)를 그린 것이 아니라

42 일부 일본인들은 이 「華夷一覽圖」를 갖고 독도가 일본 영토라는 증거의 하나로 사용하고 있는데, 이 지도는 독도를 비롯한 섬들을 일본 영토로 침탈하고 싶은 '영토 야욕의 증거' 중 하나로 보아야 한다. 그 이유는 첫째로 1790년경 일본 또한 한국 영토임을 명확하게 인지했던 울릉도(竹島)도 독도(松島)와 함께 붉은색을 칠했고, 둘째로 필리핀 동쪽의 마리아나제도를 포함한 남양군도까지 모두 붉은색을 칠한 것에서 확인된다.

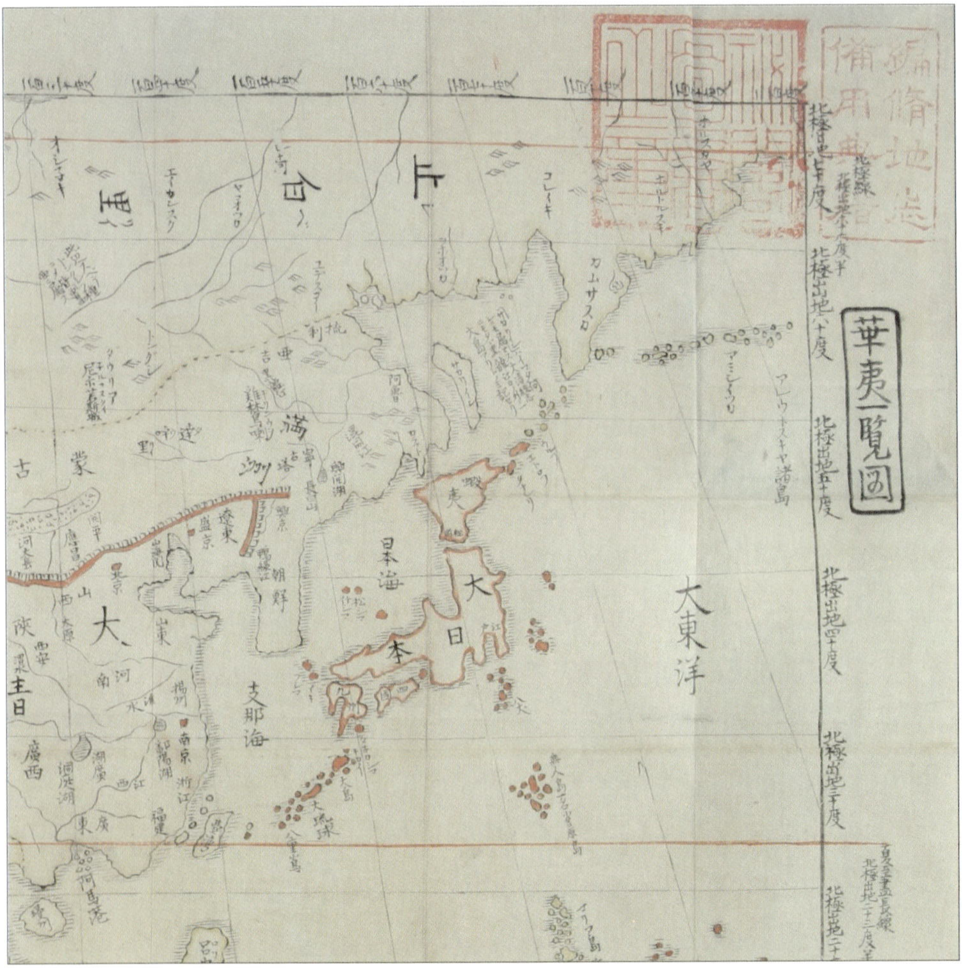

그림 1-26 울릉도와 독도 등에 대한 일본의 영토야욕을 표시한 「화이일람도」

는 억지 주장들이 있다. 「화이일람도」는 그러한 억지 주장들을 부인·부정하고 그 섬이 '송도'(오늘날의 '독도')임을 문자로 명료하게 밝힌 일본 고지도이다.

즉 이 「화이일람도」는 죽도(울릉도) 옆에 그린 섬이 송도(독도)임을 문자를 써넣어서 밝힌 일본 지도이다. 동해에는 섬이 드물어서 작은 지도에 그

그림 1-27 「화이일람도」의 부분. 울릉도(죽도)와 독도(송도)에 대한 영토야욕을 표시하면서 울릉도 옆에 그린 붉은 점이 송도임을 표시하고 있다.

려 올릴 수 있는 섬은 울릉도·독도·은기도의 3개 섬인 것으로 인식되어 왔다. 이 때문에 한국 고지도나 일본 고지도나 모두 울릉도 옆에 작은 섬을 그리면 그것이 바로 독도(우산도, 송도)임을 알기 때문에 구태여 문자로 섬 이름을 써놓지 않는 지도가 많이 있다. 예컨대 하야시 시헤이(林子平)의 「삼국접양지도(三國接壤之圖)」가 그 일례이다. 이 점을 악용하여 일부 일본 연구자들 가운데는 울릉도 옆의 섬 그림은 송도가 아니라 지금의 바위섬인 죽도라고 주장하는 경우가 있다. 이 「화이일람도」는 죽도 옆에 그려진 작은 섬이 '송도(松シマ)'임을 문자로 명료하게 밝혀서 일부 일본인들의 잘못된 억지 주장을 무효화시키는 일본 지도이다.

그러나 「화이일람도」는 울릉도 옆의 섬이 '송도(독도)'임을 문자로 밝히면서도 울릉도와 독도의 두 섬을 모두 붉은 점으로 표시하여 침탈 대상으로 시사하고 있음에 주목할 필요가 있다.

3) '우산도(于山島)' 명칭 자체에 의거한 '우산도'가 우산국 영토였다는 증명

또한 '우산도(于山島)'라는 명칭의 '우산(于山)'이 '우산도'(독도)가 우산국의 영토였음을 증명하고 있다. 우산도가 우산국에 속한 섬이었기 때문에 명칭 분화 후 '울릉도'에 부속한 섬으로 '우산도' 명칭이 발생했음은 자명한 것이다.

즉, 독도에 대한 옛 명칭인 '우산도'는 우산도가 신라시대 우산국에 속했기 때문에 도출된 명칭이라고 보아야 하는 것이다. 우산국의 본도가 큰 섬 '울릉도'였기 때문에 울릉도에 부속한 작은 섬에 '우산국'의 명칭이 성립된 것이다. 다시 말해서 '우산도' 명칭 자체가 이 작은 섬이 '우산국 영토'였음을 스스로 증명하고 있는 셈이다.

그러므로 한국의 '독도'(우산도)에 대한 영토주권은 늦어도 512년(신라 지증왕 13년)에 우산국이 신라에 병합되어 신라의 지방관제의 한 '주현(州縣)'으로 편입되었을 때 확립되어 이때부터 한국의 고유영토로 존속해 왔음을 거듭 확인할 수 있다.

제5절 당시 일본이 인지한 신라의 우산국 병합

우산국이 서기 512년 신라에 병합된 후, 당시 일본에서도 이 사실을 인지하고 있었다. 우산국 영지 가운데서 사람이 상주(常住)하고 있던 울릉도의 사람들이 고기잡이에 나갔다가 풍랑을 만나 때로는 일본 열도에 표류해 가는 일이 가끔 있었는데, 이때 울릉도인을 어느 나라 사람으로 인지했는가를 보면 이를 확인할 수 있다.

일본 측에서 수집 편찬한 고문헌 자료 중심체계인 고문헌으로는 『대일본사(大日本史)』(권 234) 열전(列傳) 5에서 『공임집(公任集)』을 인용하면서 "新羅宇流麻島人至 宇流麻島即芋陵島也"[43]라고 하였다. 『대일본사료(大日本史料)』 제2편의 5에서 "有新羅國 于陵島人"[44]이라고 하였다. 또한 이 자료는 『전대납언공임경집(前大納言公任卿集)』의 번역에서 "しらきのうゐまの島人きて"[45]라고 하여 "신라의 우르마 도인이 왔음"을 기록하였다. '시라기(しらき)'는 신라의 일본 호칭이며, '우르마(うゐま)'는 우산국의 일본 호칭이었다.[46]

그러므로 일본에서도 당시에 우산국이 신라에 귀속되어 있었음을 알고 있었음을 확인할 수 있다.

일본이 신라의 우산국 병합을 일찍이 인지하고 있었음이 명백하지만, 이때 우산국이 울릉도와 독도로 구성되어 있었음도 인지하고 있었는지는 명백하지 않다. 신라는 우산국이 자기 나라에 병합되었으므로 울릉도와 함께 병합된, 울릉도에서 육안으로 보이는 독도를 인지하여 '우산도'라는 우산국에서 기원한 호칭을 붙일 수 있었다. 그러나 일본은 자기 나라에 병합

---

43 『大日本史』(卷234) 列傳5, 高麗. "權記 (…) 公任集云 新羅宇流麻島人至 宇流麻島即芋陵島也."; 川上健三, 1966, 『竹島の歷史地理學的研究』, 古今書院, 70쪽에서 재인용.

44 『大日本史料』 第2篇의 5, 寬弘元年 3月 7日條. "高麗藩徒之中 有新羅國于陵島人 (…)."; 川上健三, 1966, 『竹島の歷史地理學的研究』, 古今書院, 70쪽에서 재인용.

45 『大日本史料』 第2篇의 5, 『前大納言公任卿集』 번역; 『千載和歌集』 「詞書」; 川上健三, 1966, 『竹島の歷史地理學的研究』, 古今書院, 70~71쪽에서 재인용.

46 일본의 초기 고문헌은 고대 한국의 나라 이름을 발음대로 표기한 경우가 많아서 한국 고대 한국어 발음 탐구에 도움이 된다. 우산국 '울릉도'의 고대 한국어 발음 표기가 '우루마'이고, '신라국'은 '시라기'이다. 이때 '시라'는 '신라'에 해당되고, '기'가 '국(國)', '성(城)'에 해당되는데, 고대 신라인은 자기 나라를 '시라'로 발음했음을 알 수 있다.

되지도 않았고, 은기도에서 육안으로 보이지도 않는 울릉도의 부속섬인 독도를 이때 인지했다고 보기 어렵기 때문이다.

『공임집』에서 '울릉도' 또는 '우산국'을 '우루마'로 기록한 것은 표류한 어부가 불렀던 한국어 호칭을 발음대로 표기해 둔 것이었다. 여기서 '우루'는 '왕', '족장', '성인'을 가리키는 고대 한국어의 고유어이고, '마'는 한국어의 '산(山)'을 가리키는 '메', '뫼'의의 경상도·울릉도식 방언 발음이다. '우루마'의 호칭 자체가 우루마는 신라(영토)였음을 변증해주는 것이다.

제3장

고려왕조(10~14세기)의 독도·울릉도 영유

제1절 고려의 독도·울릉도 영토주권 계승

고려왕조는 통일신라를 직접 계승하여 수립된 한국 민족사상의 왕조로서 신라의 영토였던 옛 우산국 영지 독도와 울릉도를 계속 직접 통치하였다.

고려왕조의 독도·울릉도 통치는 다음의 다섯 단계로 나누어 고찰하는 것이 합당할 것이다.

제1단계는 태조(왕건)가 울릉도 사람들로부터 그들의 왕으로서 알현과 선물을 받고 울릉도 사절들에게 고려의 관직을 내려주어 고려왕조의 독도·울릉도에 대한 영유와 지배권을 재확인한 단계이다. 고려 태조 13년(930년) 8월 기사에 다음과 같은 울릉도 주민 대표가 태조 왕건을 알현한 기록이 있다.[47]

47 고려 태조 왕건은 궁예의 후고구려(摩震·泰封)를 이어 918년에 고려를 건국했으나, 892년에 후백제를 건국한 견훤과 패권을 다투다가, 929년(고려 태조 12년) 12월에 高敞(安東)전투에서 견훤을 크게 이겨 사실상 후삼국 재통일을 달성한 것과 다를 바 없이 되

울릉도가 백길(白吉)과 토두(土豆)를 보내어 방물(方物)을 공헌하고, 백길은 정위(正位), 토두는 정조(正朝)의 직을 절하여 받았다.[48]

태조 13년 그 도(울릉도) 사람들이 백길과 토두로 하여금 방물을 바치게 하였다.[49]

여기서 주목할 것은 이때 고려 태조왕을 알현하여 방물을 공헌한 주체를 '우산국' 또는 '우산국주'라 하지 않고 '우릉도(芋陵島)' 또는 그 '도인(島人)'이라고 했다는 사실이다. 이것은 고려왕조의 개창 초에 울릉도·독도가 독립된 소왕국으로 간주되지 않고 신라의 부속 주·현으로 간주되었음을 시사한다. 오히려 고려 태조가 아직 후삼국의 통일이 완전히 끝난 때가 아닌 시기에, 일찍이(태조 13년) 그를 국왕으로 받들어 복속하고 방물을 바친 울릉도인 백길(白吉)에게(또는 그를 파견한 울릉도인에게) 정위(正位)의 직위를 주어 지방 반자치적으로 울릉도·독도를 통치하면서 중앙에 보고를 올리도록 하는 관대한 간접통치 방식을 적용한 것으로 보인다. 당시 고려 태조는 한반도 내의 다른 지역에 대해서도 중앙집권적 권력체계를 다 수립하지 못하고 지방 토호들에게 권력을 많이 배분해주어 이들을 포섭하고 있던 시기였다.

또한 고려 태조 왕건으로부터 정위의 직임을 받아간 울릉도 주민대표 백길의 성씨 '백(白)'씨도 주목할 필요가 있다.[50]

었으므로(후백제가 완전히 고려에 항복한 것은 936년, 즉 고려 태조 19년), 울릉도 사람들이 재빨리 고려의 통일에 승복하여 태조를 알현하고 직위를 받아간 것이었다.

48 『高麗史』(卷1) 世家(第1), 太祖 13年(庚寅, 930년) 8月 丙午條. "芋陵島遣白吉·土豆, 貢方物, 拜白吉爲正位, 土豆爲正朝."

49 『高麗史』(卷58) 「地理志」3, 蔚珍縣條. "太祖十三年 其島人 使白吉土豆 獻方物."

50 '白'씨족은 '밝'씨족을 차음한 한자 표기로써, 처음부터 울릉도 거주민은 민족적으로 한국 민족의 일부였음을 시사하는 것이라고 볼 수 있다.

제2절 울릉도 주민 보호와 보전 정책

제2단계는 고려왕조의 현종(顯宗) 시대에 울릉도 주민들이 여진족의 일파인 동북여진(東北女眞)으로부터 침략을 받아 농업이 피폐해지고 피란민이 건너오므로, 고려 조정이 농기구와 식량을 보내는 등의 적극적 대책을 실시하던 시기이다. 『고려사』에 다음의 기록이 주목된다.

> 우산국이 동북여진(東北女眞)의 침입을 받아 농업이 폐하였으므로 이원구(李元龜)를 파견하여 농기구를 하사하였다.[51]
>
> 우산국의 민호(民戶)로 일찍이 여진의 침략을 받고 〈육지로〉 도망해온 사람들을 모두 돌아가도록 명령하였다.[52]
>
> 도병마사(都兵馬使)가 우산국 백성으로서 여진의 침략을 입고 도망해온 사람들을 예주(禮州)에 처하여 관에서 농기구와 식량을 공급하고 영구히 편호(編戶)하도록 하자고 상주하니 왕이 종지(從之)하였다.[53]

위의 기록들을 종합해 보면 울릉도·독도는 1018년(고려 현종 9년)에 동북여진족(여진족 중 두만강 하류 동북지방에 살던 여진족)의 큰 침략을 받았다. 이에 고려 조정은 ① 이 침략으로 울릉도의 농사가 폐농(廢農)되었으므로 1018년 11월에 고려 조정에서 이원구를 파견하여 농기구를 보냈으며, ② 이

---

51 『高麗史』(卷4) 世家(第4), 顯宗 9年(戊午, 1018년) 9月 11月 丙寅條. "以于山國 被東北女眞所寇 廢農業 遣李元龜 賜農器."

52 『高麗史』(卷4) 世家(第4), 顯宗 10年(戊午, 1019년) 7月 已卯條. "于山國民戶 曾被女眞虜掠 來奔者 悉令歸之."

53 『高麗史』(卷4) 世家(第4), 顯宗 13年(壬戌, 1022년) 7月 丙子條. "都兵馬使奏 于山國民被女眞虜掠 逃來者 處之禮州 官給資糧 永爲編戶 從之."

듬해 1019년(현종 10년) 7월에는 여진족의 침략을 피하여 본토로 도망해 온 울릉도 피난민들을 모두 울릉도로 귀환하도록 명령했고, ③ 3년 후인 1022년(현종 13년) 7월에는 여진족의 노략을 피하여 본토로 도망왔다가 아직도 귀환하지 않고 남은 우산국 사람들을 예주[禮州 : 지금의 덕원(德原)]에 살게 하여 관청에서 양식을 조달해주고 영구히 민호(民戶)로 편성토록 한 것이었다.

주목해야 할 것은 현종 때의 이 기록은 모두 '울릉도'가 아닌 '우산국(于山國)', '우산국민(于山國民)'으로 표기되어 있다는 사실이다. 즉 울릉도 주민은 고려 태조 13년 이후 반자치적 상태에서 토호를 통한 고려왕조의 간접통치를 받던 중에 1018년 여진족으로부터 큰 침략을 받았음을 알 수 있다. 이 침략으로 농업이 크게 피폐했을 뿐 아니라, 피란민이 다수 본토에 들어왔다가 일부만 울릉도로 돌아가고 다른 일부는 남아 있다가 예주에서 살도록 허락받아 영구히 민호로 편성됨으로써 울릉도 주민의 인구가 격감하게 되었음을 알 수 있다.

제3절 지방관제 개정

제3단계는 고려 덕종(德宗) 시대에 울릉도의 반자치적 간접통치를 수정하여 군현제를 가미해서 울릉도를 '우릉성(羽陵城)'으로 하고 '우릉성주(羽陵城主)'를 두었던 시기이다.

> 우릉성주(羽陵城主)가 아들 부어잉다랑(夫於仍多郞)을 보내어 토산물을 헌납해 오다.[54]

---

54 『高麗史』(卷5) 世家, 德宗 元年(壬申, 1032년) 丙子條. "羽陵城主 遣子夫於仍多郞 來獻土物."

고려 덕종 원년(1032년)의 이 기록은 고려왕조가 바로 전 여진족의 울릉도 침략을 교훈으로 삼아 울릉도의 반자치적 간접통치를 수정하고 있음을 알게 한다. 즉 울릉도를 군사 요지로 해서 '우릉성(羽陵城)'이라고 이름하고 종래의 토호를 '우릉성주(羽陵城主)'로 임명하여 중앙정부의 통치권을 강화한 것을 잘 전해주고 있다.

제4단계는 고려 인종(仁宗) 시대에 울릉도를 중앙정부에서 직접 관장하지 않고 지방관제에 편입시켜 명주도감창사(溟州道監倉使)의 지방행정권 안에 두었던 시기이다.

> 명주도감창사(溟州道監倉使) 이양실(李陽實)이 사람을 파견하여 울릉도에 들어가게 해서 과실 열매들과 나뭇잎들과 이상한 것들(특산물)을 취하여 〈국왕·조정에〉 바쳤다.[55]

이 기록에서 인종 19년(1141년) 7월에 명주도감창사(溟州道監倉使) 이양실(李陽實)이 직접 울릉도를 조사하지 않고 그가 파견한 사람이 울릉도에 들어가서 특산물을 조사한 사실은 이 시기 전후에 울릉도·독도가 지방관제상 명주도(溟州道 : 강원도)에 속하게 되고 명주도감창사의 행정권 안에 포함되었음을 나타낸 것이라고 해석할 수 있다.[56] 울릉도에 대한 여진의 침략도 아득한 옛날의 이야기가 되고, 그 이후 인구도 격감하고 중앙정부가 더 이상 행정에 관여할 필요를 절감하지 않았을 터이니 울릉도·독도를 강원도(명주도)에 편입하게 되었음을 충분히 이해할 수 있는 일이다.

---

55 『高麗史』(卷17) 世家(第7), 仁宗 19年(辛酉, 1141년) 7月 己亥條. "溟州道監倉使 李陽實 遣人 入島蔚陵島 取菓核木葉異常者 以獻."

56 申芝鉉, 1988, 「獨島 領有에 대한 一硏究:新羅로부터 朝鮮初期까지를 中心으로」, 『論文集』 제22권 제2호, 인천대학교.

제4절 사민정책 시도

제5단계는 고려 의종(毅宗) 시대부터 울릉도에 사민정책(徙民政策)을 추구하던 단계이다.

왕이 동해 가운데 우릉도가 있는데 땅이 넓고 토질이 비옥하여 옛날에 주현(州縣)을 두었으며 가히 사람이 살 수 있다는 말을 듣고 명주도감창전중내급사(溟州道監倉殿中內給事) 김유립(金柔立)을 파견하여 가서 조사해보게 하였다. 유립이 돌아와 상주하기를 토지는 암석이 많아서 백성들이 거주할 수 없다고 했으므로, 마침내 그 의론을 정지하였다.[57]

후에 최충헌이 이 섬의 토양이 비옥하고 진귀한 나무와 해산물이 많다고 하여, 관리를 보내 육지 백성들을 사민(徙民)하여 실제로 가서 살게 했는데, 후에 여러 차례 바람과 파도를 만나 배가 엎어지고 사람들이 많이 죽게 되었으므로 그 백성들을 귀환시켰다. 원(元)이 세력을 가졌던 때에 고려의 반신(叛臣) 이추(李樞) 등이 울릉도에 진귀한 재물이 많다고 원에 고했기 때문에 원이 사신을 보내 섬에 들어가서 벌목하여 바칠 것을 요구했으므로 표문(表文)을 올려 간청해서 이를 중지할 수 있었다.[58]

---

57 『高麗史』(卷18) 世家(第18), 毅宗 11年(丁丑, 1157년) 5月 丙子條. "王聞東海中 有羽陵島 地廣土肥 舊有州縣 可以居民 遣溟州道監倉 殿中內給事金柔立往視 柔立回奏 土多巖石 民不可居 遂寢其議."

58 『增補文獻備考』(卷31) 「輿地考」19, 蔚珍古縣浦 · 于山島 · 鬱陵島條. "後崔忠獻 以本島 土壤膏沃 多珍木海錯 遣使 移本郡民 以實之. 後屢爲風濤 所盪舟覆 人多物故 因還其民. 高元之際 本國反臣李樞等 告于元 以鬱陵島 多珍怪之材 元遣使 入島欲伐木以納. 上表陳乞得止."

위의 단편적 기록들에서도 알 수 있는 바와 같이, ① 고려 의종 11년(1157년)에 왕은 동해 가운데 울릉도가 있는데 땅이 넓고 토질이 비옥하여 옛날에 주현을 둔 일도 있어 가히 백성들을 살게 할 수 있다는 말을 듣고 명주도감창전중내급사(溟州道監倉殿中內給事) 김유립(金柔立)을 보내어 조사하게 한 바,[59] 김유립이 돌아와 보고하기를 토지에 암석이 많아서 백성을 거주하게 하는 것이 부적합하다고 하여 마침내 사민책 논의를 중단한 일이 있으며, ② 그 후 무신정권 시대의 집권자 최충헌이 울릉도가 토양이 비옥하고 진목(珍木)들과 해산물이 많다는 말을 듣고 사신을 보내 가서 조사하게 한 바, 어느 때부터인지 알 수 없는 빈 집터들만 남아 있다는 보고를 듣고 동해안의 군민들을 사민시켰으나, 후에 여러 차례 풍랑으로 배가 전복되어 사람들이 다수 죽었으므로 그 거주민들을 돌아오게 한 일이 있었다.

여기서 알 수 있는 것은, 고려왕조는 신라왕조를 계승하여 우산국지인 독도와 울릉도를 영유했으며, 고려 태조 13년(930년) 이후 약 1백 년 동안 지방 토호들을 포섭하기 위한 정책의 일환으로 울릉도·독도에 대해서도 반자치적 간접통치를 시행하다가 1018년 여진족의 울릉도 침략 이후에는 울릉도·독도에 대한 직접통치로 점차 전환하기 시작하여, 1141년(인종 19년)을 전후해서 울릉도·독도를 지방관제에 포함시켜 명주도에 속하게 하고, 기회가 있을 때마다 사민정책을 실시해보려고 한 것을 알 수 있다.

고려 후기 중앙정부의 울릉도에 대한 사민정책은 성공하지 못한 것이 확실하지만, 그렇다고 동해안 주민들의 자발적인 울릉도 이주를 고려왕조의 관청이 금지한 것은 아니므로 원래의 울릉도 잔존민들과 자발적인 이주

59 『新增東國輿地勝覽』(卷45) 蔚珍縣附 于山島·鬱陵島條. "毅宗十三年 王聞 鬱陵地廣土肥 可以居民 遣溟州道監倉金柔立 往視 柔立回奏云 島中有大山 從山頂向東行 至海一萬餘步 向西行一萬三千餘步 向南行一萬五千餘步 向北行八千餘步 有村落基址七所 或有石佛鐵鍾石塔 多生柴胡藁本石南草."

자들에 의하여 고려 말까지 일정한 수의 고려 주민이 울릉도에 거주하였음은 논란의 여지가 없다.

고려왕조 시대의 울릉도·독도의 상태는 『고려사』 「지리지」 울진현조에 총괄적으로 나타나 있다.

> 울릉도【현(縣:울진현)의 정동(正東)의 바다 가운데 있다. 신라 때에는 우산국이라 칭하였다. 무릉(武陵)이라고 말하기도 하고 우릉이라고 부르기도 하였다. 지방은 1백 리이다. 지증왕 12년(511년)에 항복해 왔다. 태조 13년(930년)에 그 섬 사람들이 백길(白吉)과 토두(土豆)를 보내어 방물(方物)을 헌납하였다. 의종 11년(1157년)에 왕은 울릉도가 땅이 넓고 토질이 비옥하며 또 옛날에 주현(州縣)을 두었고 가히 백성을 거주시킬 수 있다는 말을 듣고 명주도감창(溟州道監倉) 김유립(金柔立)을 파견하여 가서 조사하였다. 김유립이 돌아와 보고하기를, 섬 가운데 큰 산이 있는데 산정을 따라 동쪽으로 가 바다에 이르려면 1만여 보(步)이며, 서쪽으로 가면 1만 3천여 보이고, 남쪽으로 가면 1만 5천여 보이며, 북쪽으로 향하면 8천여 보이다. 촌락 터가 7개소 있고, 석불·철종·석탑이 있다. 시호(柴胡)·호본(蒿本)·석남초(石南草)가 많이 난다. 그러나 암석이 많아서 백성이 가히 살수 없다고 해서 마침내 그 의논을 그만두었다. 일설에 이르기를 우산(于山)과 무릉은 본래 2개의 섬인데 서로 거리가 멀지 아니해서 날씨가 맑으면 가히 바라볼 수 있다고 하였다.】[60]

---

60 『高麗史』(卷58) 「地理志」3, 蔚珍縣條. "鬱陵島【在縣正東海中. 新羅時, 稱于山國, 一云武陵, 一云羽陵, 地方百里. 智證王十二年, 來降. 太祖十三年, 其島人, 使白吉士豆, 獻方物. 毅宗十一年, 王聞, 鬱陵地廣土肥, 舊有州縣, 可以居民, 遣溟州道監倉金柔立, 往視, 柔立回奏云, 島中有大山, 從山頂, 向東行至海一萬余步, 向西行一萬三千余步, 向南行一萬五千余步, 向北行八千余步. 有村落基址七所, 有石佛·鐵鍾·石塔. 多生柴胡·蒿本·石南

여기서 주목할 것은 『고려사』 「지리지」(1451년 편찬)가 고려 관리들이 실지 답사를 몇 차례 한 울릉도를 물산과 사민책 중심으로 설명하면서, 끝에다가 일설에는 "우산과 무릉이 본래 2개 섬인데 서로 거리가 멀지 아니하여 날씨가 맑으면 가히 바라볼 수 있다."고 해서 무릉도(울릉도) 이외에 우산도가 있음을 기록해 놓았다는 사실이다. 이때의 우산도가 울릉도로부터의 거리로 볼 때 독도를 가리킨 것이 명백하므로, 『고려사』 「지리지」의 편찬자들은 우산도를 실지 답사하지는 못했지만 울릉도와 별개의 도서로서 우산도(독도)가 고려의 영토임을 명백히 밝혀 기록해 놓은 것이다.

제5절 일본이 인지한 고려왕조의 구 우산국 영지 통치

일본 측 자료로서는 『대일본사(大日本史)』(권234) 열전(列傳)5의 고려 관홍원년(寬弘元年, 1004년)조에 "高麗藩徒 芋陵島人 漂至"[61]라 했고 『대일본사료(大日本史料)』 제2편의 5, 관홍원년 3월 7일조에 "高麗藩徒之中 有新羅國迂陵島人"[62]이라고 했다. 이것은 1004년에 울릉도인 11명이 일본에 표

草, 然多岩石, 民不可居. 遂寢其議. 一云, 于山·武陵, 本二島, 相距不遠, 風日淸明, 則可望見.】"

61 『大日本史』(卷234) 列傳5, "寬弘元年 高麗藩徒芋陵島人 漂至因幡 (權記, 高麗藩徒據本朝麗藻 芋陵據東國通鑑. 本書芋陵爲于陵 麗藻迂陵今訂之. 公任集云 新羅宇流麻島人至. 宇流麻島卽芋陵島也.) 給資糧 回歸本國(本朝麗藻)"; 川上健三, 1966, 『竹島の歷史地理學的硏究』, 古今書院, 70쪽에서 재인용.

62 『大日本史』 第2篇의 5, 寬弘元年 3月 7日條, "(權記) 七月辛卯 參內左大臣 就陳給申所宛之 被定 (…) 因幡國言上 于陵島人十一人等事 定文在別", "(本朝麗藻)下 餞送部. 高麗藩徒之中 有新羅國迂陵島人"; 川上健三, 1966, 『竹島の歷史地理學的硏究』, 古今書院, 70~71쪽에서 재인용.

류해온 것을 일본 측에서 기록하면서 '고려번도(高麗藩徒)'라고 하여 구우산국인(舊于山國人)이 고려의 번도(藩徒)임을 인지한 내용이며, 또 이것이 고려왕조 초기인 목종(穆宗) 7년의 사건이기 때문에 고려의 번도 이전에는 신라국에 속했다는 것까지 아울러 기록해 놓은 것이다. 그러므로 일본 측의 이 자료도 구우산국지(울릉도와 독도)가 신라에 이어 고려의 통치를 받는 영토라는 것을 일본이 알고 있었음을 증명해 주는 중요한 자료다.

위의 한국 측 자료와 일본 측 자료를 함께 고찰해 보면 구우산국지인 울릉도와 우산도(독도)가 고려왕조의 영토였음은 논란의 여지없이 명백하다고 할 수 있다.

제2편

조선왕조 전기의 독도·울릉도 영유와 통치활동

제4장

조선왕조 초기(15세기)의 독도·울릉도 영유

제1절 조선왕조의 독도·울릉도 영유와 지배

조선왕조는 울릉도·독도를 영유하여 직접 통치하였다. 조선왕조 초기의 독도·울릉도 통치의 특징은 무엇보다도 왜구의 침입 때의 주민 피해 예방 때문에 울릉도 주민 쇄환공도(刷還空島)정책을 실시한 것이었다고 볼 수 있다. 조선왕조의 쇄환공도정책은 왜국의 침범과 노략질로부터 주민을 보호하기 위한 울릉도·우산도 통치 정책의 하나였다.

고려를 계승하여 한반도에 새로운 왕조를 세운 조선왕조는 고려왕조를 이어 본래의 우산국지(于山國地)인 울릉도와 독도를 영유하고 정치적 지배권을 행사했다. 고려 말부터 조선 초에는 왜구가 창궐하여 중국 해안과 우리나라 해안을 침입해서 노략질을 자행할 뿐 아니라 때로는 내륙 오지 깊숙이까지 들어왔다. 이성계가 백성의 지지를 획득하여 조선왕조를 개창할 수 있게 만든 업적에는 전라도 내륙까지 침입한 왜구를 쳐부순 공로도 큰 비중을 차지하고 있었다.

조선왕조가 개창된 후에도 왜구의 침입에 대한 경계는 조선 조정의 정책 수립에 매우 중요한 배경이 되었다. 구우산국지(舊于山國地)인 울릉도·독도에 대한 정책은 태종 시대에 왜구에 대한 경계와 관련해 수립되었다. 태종 3년(1403년) 8월에 왕이 "강원도의 무릉도 거주민들에게 육지에 나오도록 명령했는데 이것은 감사(監司)의 품계에 따른 것이다."[1]고 말하는 기록이 보인다. 이는 국왕이 강원도관찰사의 품계에 따라 강원도 무릉도(울릉도)의 거주민을 육지로 나오도록 명령했다는 내용이다.

여기서 주목할 것은 "강원도 무릉도 거민"이라 한 데서 행정구역상 울릉도가 강원도에 속해 있었다는 점과, 조선 국왕인 태종이 구우산국지인 울릉도에 대하여 통치권을 행사하고 있다는 사실이다. 그리고 태종의 울릉도 정책은 그곳에 진(鎭)을 설치하여 왜구의 침략을 군사력으로 방어하는 쪽보다는 거주민을 쇄환 철수시켜 공도화(空島化)하는 방향으로 기울고 있었음을 알 수 있다. 당시 신왕조를 창립하여 구왕조 세력과 대결하기에 아직도 힘이 부쳤던 그로서는 왜구 토벌에 나설 겨를이 없었다고 해석된다.

태종 초기에 일본 대마도주(對馬島主)로부터 중대한 도전적 제의가 있었다. 태종 7년(1407년) 3월에 대마도주 종정무(宗貞茂)가 평도전(平道全)을 조선 조정에 파견하여 토산물을 헌납하고 왜구들이 납치해간 포로들을 송환함과 동시에, 울릉도에 대마도인을 이사(移徙)시키고 중락(衆落)을 형성하게 하여 대마도주인 그가 통솔하도록 허락해줄 것을 청원했다.

태종은 이에 대해 만약 우리가 이를 허락하면 일본 국왕이 우리가 일본의 반인(叛人)을 초납(招納)한다고 생각하여 조선과 일본 사이에 틈이 생기지 않을까를 신하들에게 물었다. 이에 남재(南在)가 "왜인의 풍속이 반(叛)하면 반드시 타인을 따르는데, 습관이 항상적인 것으로 되어 이를 능히 막

1 『太宗實錄』 太宗 3年 8月 丙辰條. "命出江原道武陵島居民 于陵地 從監司之啓也."

지 못하면 누가 감히 이를 도모할 것인가." 하고 대마도인 이주에 반대 의견을 개진했다. 태종 또한 (대마도인이 일본) 국경 내에 거주하는 것이 상사(常事)이고, 만약 국경을 넘어오는 일이 생기면 저들도 반드시 말이 있을 것이라고 하여 대마도주의 청원을 허락하지 않았다.[2]

여기서 우리는 태종이 여전히 구우산국지인 울릉도에 대하여 통치권을 행사하고 있으며, 대마도주가 울릉도에 대한 조선왕조의 통치권을 인정하고 있음을 알 수 있다.

그 후 태종은 강원도관찰사에게 명하여 울릉도에 대한 통치권을 행사하고, 울릉도의 실상을 알아보게 하였다. 태종 12년(1412년)에는 유산국도인(流山國島人 : 구우산국 사람) 백가물(白加勿) 등 12인이 강원도 고성(高城) 어라진(於羅津)에 배를 타고 들어와, 자기들은 원래 무릉도(울릉도)에서 태어나 성장했는데 울릉도에는 조선인 11호 60명이 지금 거주하고 있다고 보고하였다. 조선 조정에서는 백가물 등이 울릉도로 도망하여 돌아갈 것을 염려해서 통주(通州), 고성(高城), 간성(杆城)에 나누어두게 하였다.[3]

---

2 『太宗實錄』 太宗 7年 3月 庚午條. "對馬島守護宗貞茂 遣平道全 來獻土物 發還俘虜 貞茂請茂陵島 欲率其衆落徙居. 上曰 若許之 則日本國王 謂我爲招納叛人 無乃生隙歟. 南在對曰 倭俗叛則以從他人 習以爲常 莫之能禁 誰敢出此計乎. 上曰 在其境內常事也 若越境而來 則必有辭矣."

3 『太宗實錄』 太宗 12年 4月 己巳條. "命議政府 議處流山國島人. 江原道觀察使報云 流山國島人 白加勿等十二名 來泊高城於羅津 言曰 予等生長武陵 其島內人戶十一 男女共六十餘 今移居本島 是島自東至西 自南至北 皆二息周 回八息 無牛馬水田 唯種豆一斗 出二十石 或三十石 麥一石 出五十餘石 竹如大椽 海錯果木 皆在焉. 竊慮此人等逃還 姑分置于通州高城杆城."

제2절 태종의 울릉도·독도 주민 쇄환공도정책(刷還空島政策) 채택

조선의 태종은 울릉도 이주민에 대한 대책을 신하들과 논의한 끝에 1416~1417년에 '쇄환공도정책(刷還空島政策)'을 채택하였다. 태종의 울릉도 쇄환공도정책은 다음의 2단계를 거쳐 확정되었다.

1416년(태종 16년) 9월에 호조참판 박습(朴習)의 추천에 따라 전 삼척만호(前三陟萬戶) 김인우(金麟雨)의 의견을 물은 결과, 울릉도는 바다 가운데 멀리 떨어져 있는 섬이어서 사람들이 서로 통하지 못하므로 군역(軍役)을 피하려는 자가 도망해 들어가는데, 울릉도에 사람들이 많이 살게 되면 반드시 왜인이 입구(入寇)하여 노략질을 할 것이고 이로 인하여 왜인이 강원도도 침입할 것이라고 했다. 태종은 박습과 김인우의 의견을 취하여 김인우를 무릉등처안무사(武陵等處按撫使)에 임명하고, 병선 2척과 다수의 수행원을 주어 울릉도에 파견해서 울릉도 거주민과 두목을 설유하여 데려오도록 조치하였다. 이것을 쇄환공도정책의 제1단계라고 할 수 있다. 『태종실록(太宗實錄)』에 다음과 같이 기록하였다.

> 호조참판 박습(朴習)이 계(啓)하되, "신이 일찍이 강원도관찰사로 있을 때 듣기를, 무릉도는 둘레가 7식(息)이고 옆에 소도(小島)가 있다고 하며, 그 전(田)이 50여 결인데 들어가는 길은 한 사람이 겨우 통하고 두 사람이 병행할 수 없다고 하며, 옛날에 방지용(方之用)이란 자가 15가구를 인솔하고 들어가 사는데 때로는 왜인을 가장하여 본토를 침노하기도 했다 하온 바, 그 섬을 아는 자가 삼척(三陟)에 있으니 청컨대 그를 보내 조사케 하옵소서." 하니 왕이 가하다 하였다. 이에 삼척인 전 만호(前萬戶) 김인우(金麟雨)를 불러 무릉도의 일을 물으니 김인우가 "삼척인 이만(李萬)이 일찍이 무릉

도에 갔다와서 그 섬 일을 상세히 안다." 하므로 즉시 이만을 부르게 하였다. 김인우가 또 계(啓)하되, "무릉도는 바다 가운데 멀리 떨어져 있어 사람들이 서로 통하지 못하므로 군역을 피하려는 자가 혹 도망하여 들어가니, 만일 이 섬이 사람을 많이 받아들이면 왜인이 마침내는 반드시 입구(入寇)하고 이로 인하여 강원도에도 침입하리라."고 했다. 왕이 그렇겠다고 하여, 김인우를 무릉등처안무사(武陵等處按撫使), 이만을 반인(伴人)으로 하여, 병선(兵船) 2척, 사공(抄工) 2명, 인해(引海) 2명과 화통(火熥), 화약(火藥) 및 식량을 보급하여 그 섬에 가서 그 두목인(頭目人)을 설유(說諭)해서 데려오라 하고, 김인우와 이만에게 의복과 갓과 신발을 하사하였다.[4]

박습·김인우 등의 원래 보고에는 방지용의 인솔하에 15가구의 본토 백성들이 주로 군역을 피하여 매우 오래전에 울릉도에 들어가서 거주하고 있다고 했었다. 한편 태종이 울릉도 주민을 설유하여 데려오도록 해서 울릉도를 공도화(空島化)하려 한 것은 왜구가 울릉도 거주민들을 침노하여 노략질하고 이로 인해 왜구가 강원도에도 침입할 것을 염려했기 때문이었다. 즉 태종의 울릉도 쇄환공도정책의 동기는 왜구의 울릉도 거주민과 강원도 해안에 대한 침입을 사전에 막으려는 대책이었다. 그러나 안무사(按撫使) 김인우는 울릉도에 가서 15가구에 86명이 거주하고 있음을 조사했으나, 데리고 온 것은 겨우 3명뿐이었다.

---

4 『太宗實錄』 太宗 16年 9月 庚寅條. "以金麟雨爲武陵等處按撫使. 戶曹參判朴習啓 臣嘗爲江原道觀察使 聞武陵島周回七息 傍有小島 其田可五十餘結 所入之路 纔通一人 不可竝行. 昔有方之用者 率十五家入居 或時假倭爲寇 知其島者 在三陟 請使之往見. 上可之. 乃召三陟人 前萬戶金麟雨 問武陵島事. 麟雨言 三陟人李萬 嘗往武陵而還 詳知其島之事. 召李萬. 麟雨又啓 武陵島遙在海中 人不相通 故避軍役者 或逃入焉 若此島多接人則 倭終必入寇 因此而侵於江原道矣. 上然之. 以麟雨爲武陵等處按撫使 以萬爲伴人 給兵船二隻 抄工二名 引海二名 火熥火藥及糧 往其島 諭其頭目人以來. 賜麟雨及萬衣笠靴."

안무사(按撫使) 김인우가 우산도로부터 돌아와 토산물로 대죽(大竹), 수우피(水牛皮), 생저(生苧), 면자(綿子), 검박목(檢樸木) 등의 물건을 바쳤고, 또 거주민 3명을 데리고 왔는데, 그 섬의 호(戶)는 모두 15가구에 남녀 합하여 86명이라고 하였다. 김인우는 돌아오는 길에 두 차례나 태풍을 만나 간신히 살아 돌아왔다.[5]

위의 기록과 다음의 일의 진행을 음미해보면, 울릉도 거주민의 절대 다수가 안무사를 따라 돌아갈 것을 거부하고, 울릉도 거주를 허가하도록 국왕에게 청원해달라고 요청한 것으로 보인다.

제3절 태종의 우산·무릉등처안무사의 재파견

태종의 울릉도 쇄환공도정책 채택의 제2단계는 안무사 김인우가 울릉도로부터 돌아온 4일 후인 1417년(태종 17년) 2월 9일에 열린 정부 대신회의의 결과 태종이 울릉도 쇄환공도정책을 확정한 단계이다. 국왕은 안무사 김인우가 울릉도로부터 1417년 2월 5일 귀환하여 복명하자, 4일 후에 우의정 한상경(韓尙敬)에게 명하여 6조의 대신들과 대간(臺諫)들을 소집해서 우산도·무릉도 거주인 쇄출(刷出)의 편부(便否)를 의논하게 하였다. 이 회의에서는 2개의 안이 토의되었다. 첫째는 울릉도 거주민을 쇄출하도록 명령하지 말고 오곡과 농기구를 공급해주어 평안히 농사를 짓도록 해주고 주수(主

5 『太宗實錄』 太宗 17年 2月 壬戌條. "按撫使金麟雨 還自于山島 獻土産大竹水牛皮生苧綿子檢樸木等物. 且率居人三名以來 其島戶凡十五 口男女幷八十六. 麟雨之往還也 再逢颱風 僅得其生."

帥 : 왕의 군대)를 파견하여 그들을 안무하며 또 토산물의 공납액수를 정하여 납부토록 하자는 안이었다. 거의 모든 대신들이 이에 찬성했다. 그러나 공조판서 황희(黃喜)만은 이 안이 불가능하다고 하며 속히 울릉도민을 쇄출시키자는 제2안을 주장했다. 태종이 쇄출정책이 옳다고 황희의 안을 채택하여 울릉도 쇄환공도정책이 확정되었다.

우의정 한상경(韓尙敬)에게 명하여 육조(六曹) 대간(臺諫)으로 하여금 우산·무릉(于山·武陵) 거인(居人)의 쇄출(刷出)의 편부(便否)를 의논케 한 바, 모두 가로되 무릉도 거주인을 쇄출(刷出)하라고 명령하지 말고 오곡과 농기를 공급하여 그 생업에 편안케 하되 곧 주수(主帥)를 파견하여 그들을 안무(按撫)하고 또 토공(土貢)을 정하여 내게 하는 것이 可하다고 하였으나, 공조판서 황희가 홀로 불가(不可)라 하여 가로되 안치(安置)를 명령하지 말고 속히 쇄출하는 것이 마땅하다 하였다. 임금이 가로되 쇄출의 계(計)가 옳으니, 저 사람들이 일찍이 역(役)을 피하여 안거(安居)하다가 토공을 정하고 주수를 두면 저들이 반드시 이를 싫어할 것이므로 이를 오래 남도록(留) 하는 것은 불가하다 하고, 김인우를 안무사로 하여 우산·무릉등처(于山·武陵等處)에 다시 들어가 거주인들을 데리고 육지로 나오는 것이 마땅하다고 하였다. 임금은 이어 옷과 갓과 신발을 하사했으며, 또 우산인 3명에게도 각각 옷 1벌씩을 하사하고, 강원도관찰사에게 명하여 병선(兵船) 2척을 공급하고 도내(道內)의 수군만호(水軍萬戶), 천호(千戶) 중에서 유능한 자를 선발하여 김인우와 함께 가게 하였다.[6]

---

6 『太宗實錄』 太宗 17年 2月 乙丑條. "命右議政韓尙敬 六曹臺諫 議刷出于山武陵居人便否. 僉曰 武陵居人 勿令刷出 給五穀與農器 以安其業 仍遣主帥撫之 且定土貢可也. 工曹判書 黃喜 獨不可曰 勿令安置 依速刷出. 上曰 刷出之計是矣 彼人等 曾避役安居 若定土貢 有

여기서 알 수 있는 것은, 국왕 태종이 황희의 쇄출지계(刷出之計)를 채택한 이유는 울릉도 거주민들에게 농사를 짓게 허락하면서 세금은 토산물로 납부케 하고 군대를 파견하여 주민들과 섬을 지키게 해보았자 주민들이 군대를 싫어하여 오래 주둔시킬 수가 없다고 보았기 때문이라는 사실이다. 이에 태종에 의하여 1417년 울릉도 쇄환공도정책이 확정되었다.

제4절 15세기 초 '독도=우산도' 명칭의 확립과 재확인

여기서 주목할 것은 울릉도 쇄환·공도정책을 확정하는 도중에 '울릉도' 외에 또 하나의 작은 섬 '우산도'가 있음이 확인되어 기록에 변동이 일어나고 있다는 사실이다. 즉 호조판서 박습이 1416년 9월 김인우를 천거하면서 강원도관찰사 시절에 들은 이야기로 "울릉도의 둘레는 7식(息)이 되며 그 옆에 소도(小島)가 있다."[7]고 하여 박습은 이름을 모르는 또 하나의 섬(一小島)의 존재를 국왕에게 보고했었다. 그 직후 김인우가 무릉등처안무사(武陵等處按撫使)로 임명되었는데 그 직책을 무릉도안무사(武陵島按撫使)라 하지 않고 무릉'등처'안무사(武陵'等處'按撫使)라고 한 것은 이 '소도'를 의식한 것임을 알 수 있다.

그런데 김인우가 1차로 울릉도를 다녀온 직후의 조정 회의에서는 태종이 '무릉등처(武陵等處)'라는 용어를 사용하지 않고 '우산·무릉(于山·武

主帥則 彼必惡之 不可使之久留也 宜以金麟雨 仍爲按撫使 還入于山武陵等處 率其居人出陸. 仍賜衣笠及靴 且賜于山人三名 各衣一襲. 命江原道觀察使 給兵船二隻 選揀道內水軍萬戶千戶中有能者 與麟雨同往."

7 『太宗實錄』太宗 16年 9月 庚寅條. "戶曹參判朴習啓 臣嘗爲江原道觀察使 聞武陵島周回七息 傍有小島."(111쪽, 주 4와 같음)

陵)', '우산 · 무릉등처(于山 · 武陵等處)'[8]라는 용어를 사용하고 있다. 이것은 1416년 김인우가 '무릉등처안무사'가 되어 1차로 울릉도에 들어갔을 때 울릉도 옆의 '소도'를 울릉도 거주민의 증언에 의해 '우산도'라는 명칭을 확인해서 조정에 보고했기 때문에 나온 결과로 추정할 수 있다. 즉 김인우는 울릉도를 다녀오면서 우산도(독도)를 가보지는 못했지만 울릉도 옆에 소도가 있는데 이는 울릉도 현지인들에게 우산도라고 불려지고 있음을 확인한 것이다.

즉 '우산도'는 조선 조정이 지은 명칭이 아니라 안무사 김인우가 울릉도에 조사차 들어갔다가 울릉도 주민들이 예부터 호칭하고 있던 작은 섬(독도) 이름 '우산도'를 듣고 채록하여 조정에 보고한 것이었다. 이것은 작은 섬에 대한 '우산도'라는 명칭이 '고려왕조'나 '신라왕조' 때인 조선왕조 이전시대의 명칭이라는 점을 말해주는 것이다.

이때 안무사 김인우는 태종의 명에 의해 2차로 울릉도에 들어가서 상당수의 울릉도 거주민을 쇄환(刷還)하여 돌아왔다.

> 무릉도에서 나온 남녀 17명이 경기도 평구역리(平丘驛里)에 도착했는데 식량이 떨어졌다는 말을 듣고 임금(세종)이 사람을 파견하여 구휼하였다. 하달한 왕지(王旨)에 이르기를, 무릉도에서 나온 사람들이 이제 평구역에 도착하여 식량이 떨어졌는데 구휼해주는 사람이 없다는 말을 들었다. 경기도의 노변(路邊)이 이와 같을진대 하물며 한산한 지방은 어떠할 것인가.[9]

---

8 『太宗實錄』 太宗 17年 2月 乙丑條. "命右議政韓尚敬 六曹臺諫 議刷出于山武陵居人便否 (…) 議以金麟雨 仍爲按撫使 還入于山武陵等處."(113쪽, 주 6과 같음)

9 『世宗實錄』(卷3) 世宗元年 4月 乙亥朔條. "上以武陵出來男婦共十七名 到京畿平丘驛里 絶粮 遣人救之. 乃下王旨曰 側聞武陵島出來人等 今到平丘驛 絶粮而無人救恤 以京畿路邊 而如此 況遐方乎. 因念各官人民 必有飢饉 其令戶曹 移文各道 嚴加檢察 俾民免於飢困

즉, 이때 울릉도 거주민은 일단 모두 쇄환한 것으로 보이며, 데리고 나온 울릉도 주민을 여러 곳에 나누어 정착시켰는데, 심지어 경기도 평구[平丘 : 지금의 평택(平澤)]에도 17명을 정착시킨 것을 알 수 있다.

그러나 전근대적 착취 밑에서 백성들이 토지를 잃고 유민이 될 처지에 있는 경우에 중앙정부가 쇄환공도정책을 실시한다고 해서 궁핍한 백성들이 울릉도에 들어가지 않을 리가 없었다. 그리하여 태종이 서거하고 새 임금 세종이 즉위한 후에도 소규모지만 조정 몰래 울릉도에 이주한 사람들은 끊임없이 있었던 것으로 보인다.

以副予至懷."

제5장

세종대왕의 독도·울릉도 정책과 통치활동

제1절 세종의 우산·무릉등처안무사의 파견과 울릉도의 속도인 우산도

세종은 부왕 태종의 울릉도 공도정책을 답습하여 실행했다. 세종은 1425년(세종 7년) 8월에 김인우를 '우산·무릉등처안무사(于山·武陵等處按撫使)'로 임명하여 군인 50명을 인솔케 하고 병기(兵器)와 3개월분의 식량을 주어, 1423년(계묘년) 8월에 울릉도에 도망하여 들어가 거주하고 있는 남녀 28명을 쇄환해오도록 하였다. 조선왕조가 성립된 후 제3차 안무사 파견이었다.

> 전(前) 판장기현사(判長鬐縣事) 김인우를 우산·무릉등처안무사(于山武陵等處按撫使)로 임명하였다. 처음에 강원도 평해인(平海人) 김을지(金乙之), 이만(李萬), 김을금(金乙金) 등이 무릉도에 도망하여 거주했었는데 병신년(丙申年)에 국가에서 김인우를 파견하여 모두 쇄환케 했었다. 계묘년(癸卯年)에 김을지 등 남녀 모두 28명이 다시 본도(本島)에 몰래 도망하여 들어

갔다. 금년 5월에 김을지 등 7인이 그 처자를 본도(本島)에 남겨두고 작은 배를 타고 평해군(平海郡) 구미포(仇彌浦)에 몰래 도착했다가 발각되었다. 감사(監司)가 본군(本郡)의 치보(馳報)에 인해 보고하여, 이에 다시 쇄환하도록 한 것이다. 김인우는 군인 50명을 인솔하고 무기와 3개월분의 식량을 준비하여 바다로 떠났다. 섬은 동해 가운데 있고, 김인우는 삼척인(三陟人)이다.[10]

여기서 특히 주목해야 할 두 가지 사실이 있다. 하나는 세종이 김인우를 '무릉등처(武陵等處)'안무사가 아니라 '우산'(독도)을 추가 명시한 '우산·무릉등처(于山·武陵等處)'안무사로 임명했다는 사실이다. 이것은 동일한 직책을 태종이 '무릉등처안무사'로 임명했던 것과는 크게 달라진 것으로, '우산도(독도)'가 '무릉도(울릉도)'와 함께 김인우가 안무해야 할 행정 관리 지역 안에서 부각된 것이다.

다른 하나는 이 기록이 무릉도를 두 번이나 '본도(本島)'로 기록하고 있다는 사실이다. 이것은 세종과 이 사건의 보고자들과 실록의 기록자들이 모두 무릉도(울릉도)를 '본도'로 우산도(독도)를 '속도'로 알고 있었음을 잘 나타내 주는 것이다.

즉 세종과 그의 신하들은 이때에는 울릉도에 속도로서 우산도가 있음을 명확히 확인하고, 파견하는 관리의 관직명부터 '우산·무릉등처안무사'로 바꾸어 명명했음을 알 수 있다. 이것은 고려왕조를 계승하여 계속 조선왕조가 초기부터 울릉도와 우산도를 영유했으며 그 통치·지배권을 행사하여

---

10 『世宗實錄』(卷29) 世宗 7年 8月 甲戌條. "以前判長鬐縣事金麟雨 爲于山武陵等處按撫使. 初江原道平海人 金乙之·李萬·金乙金等 曾逃居武陵島. 歲丙申 國家遣麟雨 盡行刷還. 癸卯 乙之等男婦共二十八名 復逃入本島. 今年五月 乙之等七人 留其妻子於本島 乘小船 潛到平海郡仇彌浦發覺 監司因之 本郡馳報 於是復爲刷還. 麟雨率軍人五十名 備軍器賚三月糧 浮海而去. 島在東海中. 麟雨三陟人也."

안무활동을 실행했음을 문헌상으로도 잘 증명해주는 것이다.

우산·무릉등처안무사 김인우는 병선 2척을 이끌고 3차로 울릉도에 들어갈 때 태풍을 만나 병선 1척과 타고 있던 46명의 배꾼이 실종되는 손실을 입었다.

> 우산·무릉등처안무사(于山武陵等處按撫使) 김인우가 본도(本島)에 역(役)을 피해간 남녀 20인을 수색하여 잡아와 복명하였다. 처음에 김인우는 병선 2척을 영솔하고 무릉도에 들어갔는바, 선군(船軍) 46명이 탄 1척은 태풍에 간 곳을 알지 못하게 되었다. 임금께서 여러 대신들에게 가로되, 김인우는 20여 인을 잡아 데려왔으나 40여 인을 잃었으니 무슨 이익이 있는가. 이 섬은 특이한 산품이 별로 없는데 도망하여 들어가는 자의 이유는 전적으로 부역을 면하려 하는 것이라 한다고 하였다. 예조참판 김자지(金自知)가 계(啓)하여 가로되, 이번에 잡아온 도민을 법률에 비추어 죄를 주자고 청하니, 임금께서 가로되, 이 사람들은 타국(他國)에 몰래 따라 들어간 것이 아니며, 또 전에 범한 바를 사(赦)해준 일도 있으니 죄를 주는 것은 불가하다고 하였다. 임금은 이어 병조에 명해서 이들을 충청도의 먼 산군(山郡)에 두어서 다시 도망하지 못하도록 하고 3년 이내에 복호(復戶)시키도록 하였다.[11]

여기서 특히 주목할 것은 우산·무릉등처안무사가 다시 쇄환한 도민들에게 예조참판이 죄를 주자고 청한 데 대하여, 세종이 "이 사람들은 '타국

---

11 『世宗實錄』(卷30) 世宗 7年 10月 乙酉條. "于山武陵等處按撫使金麟雨 搜捕本島避役男婦二十人 來復命. 初麟雨領兵船二隻 入茂陵島 船軍四十六名 所坐一艘 飄不知去向. 上謂諸卿曰 麟雨捕還二十餘人 而失四十餘人 何益哉. 此島別無異産 所以逃入者 專以竄免賦役. 禮曹參判金自知啓曰 今此捕還逃民 請論如律. 上曰 此人非潛從他國 且赦前所犯 不可加罪. 仍命兵曹置于忠淸道深遠山郡 使勿復逃 限三年復戶."

(他國)'에 몰래 따라들어간 것이 아니라(此人非潛從他國)"고 답했다는 사실이다. 즉 '우산·무릉등처'가 타국이 아니라 우리나라(朝鮮)이므로 여기에 몰래 들어간 것에 죄를 줄 필요까지는 없다고 말한 것이다. 이것은 조선 국왕 세종이 '우산도와 무릉도'를 타국의 영토가 아니라 조선의 영토라고 명백히 밝힌 내용이다.

『세종실록』의 세종 7년(1425년) 8월 갑술(甲戌)조와 10월 을유(乙酉)조에 나타난 위의 두 기록은 독도 영유권 문제와 관련하여 결정적으로 중요한 또 하나의 자료이다. 왜냐하면 ① 조선 국왕(세종)이 '우산·무릉등처안무사(于山·武陵等處按撫使)'라는 관리를 임명 파견하여 우산도(독도)와 무릉도(울릉도)에 실제로 통치권·영유권을 행사했고, ② 우산도와 무릉도 중에서 무릉도가 본도라고 (따라서 우산도를 속도라고) 구분했으며, ③ 우산도와 무릉도는 타국이 아니라고 (즉 조선의 영토라고) 천명하는 칙언을 매우 명백히 하여 기록했기 때문이다.

제2절 세종의 울릉도·독도 주민 쇄환공도정책 유지

세종은 이처럼 무릉도(울릉도)와 우산도(독도)가 조선 영토임을 더욱 명확히 하면서도 부왕(父王) 태종의 쇄환공도정책은 여전히 답습하였다. 세종은 우산·무릉등처안무사 김인우가 인솔했던 병선 2척 가운데 태풍에 난파한 1척에 탔던 46명의 배꾼들을 위해 초혼제(招魂祭)를 지내도록 명령하였다.[12] 그 가운데 10명이 일본 석견주(石見州) 장빈등안(長濱登岸)에 표류

12 『世宗實錄』(卷30) 世宗 7年 11月 乙卯條. "傳旨禮曹戶曹 茂陵入歸時 敗船物故江原道船軍 招魂致祭致賻. 金麟雨云 漂向日本 上以謂敗船 故有是命."

하다 구조되어 그 후 돌아왔으나,[13] 세종의 쇄환공도정책 고수는 변하지 않았다.

세종 18년(1436년)에 강원도관찰사 유계문(柳季聞)이 울릉도는 토지가 비옥하고 산출이 많음을 들어 백성을 모집해서 울릉도에 실제로 거주시키고 만호(萬戶)와 수령(守令)을 두어 구장지책(久長之策)을 세우자고 건의했을 때 세종은 이를 윤허하지 않았다.[14]

1년 후에 역시 강원도관찰사 유계문이 이번에는 고로(古老)에게서 들은 말을 빌려, 옛날에 왜노(倭奴)들이 울릉도에 내왕하면서 해를 이어 침략하고 영동지방까지 소연케 했는데 울릉도를 오래 공도화시켜두면 만약 왜노가 울릉도를 먼저 점거하는 경우에 곧 장래의 환(患)이 될지 알 수 없으니, 현(縣)을 설치하여 수령을 두고 백성을 이사시켜 실제로 거주케 해서 세(勢)를 튼튼히 하며, 매년 사람을 파견하여 섬 안을 탐험하고 토산물을 채취하며, 마장(馬場)을 만들면 곧 왜노들이 대국(조선)지지[大國(朝鮮)之地]로 알아 반드시 몰래 점거하려는 마음이 생기지 않을 것이라는 이유를 들어 사민실지(徙民實地)하고 설현치수(設縣置守)하자고 제안하였다. 세종은 이때도

13 『世宗實錄』(卷30) 世宗 7年 12月 癸巳條. "茂陵島入歸時 飄風船軍 平海人張乙夫等 回自日本國言 初船軍四十六人 乘坐一船 隨按撫使金麟雨 向本島 忽風貝作船敗 同船三十六人皆溺死 我等十人 以坐小舠 飄至日本國石見州長濱登岸 飢困不得行 匍匐至五里餘 得泉飮水 困倒江邊 有一倭 因漁來見 率歸一僧寺 與餠茶粥醬以食之 領赴順都老 順都老見我等衣曰 朝鮮人也 嗟嘆再三 給口糧衣袴 留三十日 日三供頓 臨送設大宴 執盞親勸曰 厚慰爾等 乃爲朝鮮殿下耳 給行粮百石 差人二十 護送至對馬島 亦留一月 都萬戶 左衛門大郞 三設宴勞之曰 非爲爾等 敬殿下如此耳 又差人護送 回來石見洲長濱. 因幡守致書禮曹曰 今年九月 貴國人十名 飄風到此 卽時治船護送 回付對馬島 都萬戶轉送 兼進環刀二柄 丹木一百斤 朱紅四面 盤二十 胡椒十斤. 左衛門大郞致書禮曹曰 今石見洲長濱 因幡守 知小人交通貴國 送還飄風貴國人十名 今小人轉送 卽令修船護送 細在船主."

14 『世宗實錄』(卷73) 世宗 18年 閏6月 甲申條. "江原道監司柳季聞啓 武陵島牛山 土沃多産 東西南北 各五十餘里 沿海四面 石壁周回 又有可泊船隻之處 請募民實之 仍置萬戶守令 實爲久長之策 不允."

이를 윤허하지 않았다. 그리고 만약 울릉도에 사람을 파견하려 할 때는 사전허락을 받도록 명령했다.[15]

그러나 원래의 울릉도인이나 동해안 어부들 사이에서는 울릉도에 몰래 들어가 거주하는 백성들이 꾸준히 발생하였다.

세종 20년(1438년) 4월에는 전(前) 호군(護軍) 남회(南薈)와 전 부사직(副司直) 조민(曺敏)을 무릉도순심경차관(茂陵島巡審敬差官)에 임명하여 울릉도에 도망해 들어간 사람들을 수색해 잡아오게 하였다. 당시 조정에서 울릉도가 산물이 많이 나고 토지가 비옥하여 사람들이 다수 도망해 들어가 살고 있다는 소문을 듣고 사람을 파견하여 조사코자 했으나 적임자를 구하지 못해 해변에서 모집한 결과 위의 두 사람이 응모하여 경차관에 임명된 것이다.[16]

남회와 조민 등은 이해 7월에 울릉도에서 남녀 66명을 잡아 데려오고 울릉도에서 산출되는 사철(沙鐵), 석종유(石鍾乳), 생포(生鮑), 대죽(大竹) 등의 특산물을 갖고 돌아와 복명하였다. 그들은 출발한 지 1일1야에 울릉도에 도착하여 새벽에 인가를 엄습했는데, 항거한 자는 없었으며, 거주자는 모두 본국인이었고, 땅이 비옥하다는 말을 들어 1년 전 봄에 몰래 들어온

---

15 『世宗實錄』(卷76) 世宗 19年 2月 戊辰條. “傳旨江原道監司柳季聞 去丙辰秋 卿啓 茂陵島土地膏腴 禾穀所出 十倍陸地 且多所産 宜設縣置守 以爲嶺東之藩籬 卽令大臣僉議 竝云此島 遠於陸地 風水甚惡 不宜蹈不測之患 以設郡縣 故姑寢其事. 卿今又啓云 聞諸古老 在昔倭奴來住 連年侵掠 嶺東蕭然 予亦以爲 曩者倭奴陸梁 居于對馬島 尙且侵掠嶺東 至于咸吉道 茂陵島無人日久 今若倭奴先據 則將來之患 亦未可知 其設縣置守 徙民實之 則勢固難矣 每歲遣人 或探島內 或採土産 或爲馬場 則倭奴亦以爲大國之地 必不生 竊據之心. 在昔倭奴來往之時 何代耶. 所謂古老者 幾人耶. 若欲遣人則風水調順何時何月耶. 入歸之時 裝備之物 舟楫之數 備悉訪問以啓.”

16 『世宗實錄』(卷81) 世宗 20년 4月 甲戌條. “二前護軍南薈 前副司直曹敏 爲茂陵島巡審敬差官 二人居江原道海邊者. 時國家聞 茂陵島在海中 多産異物 土沃可居 欲遣人尋訪 而難其人 乃募於海邊 此二人應募 故遞授敬差官之命 以遣 仍使搜撿逃匿人口.”

것이라고 자술했다고 보고했으며, 울릉도는 모두 돌·잡목·대나무로 숲을 이루어 서쪽 한 곳에만 선박을 댈 수 있고, 동서는 1일정(日程), 남북은 1일 반정(日半程)이라고 보고하였다.[17] 여기서도 세종이 울릉도 쇄환공도정책을 상당히 강력하게 집행했음을 알 수 있다.

제3절 성종의 삼봉도 조사

성종(成宗, 재위 1469~1494년) 시대에 함경도관찰사가 삼봉도(三峯島) 명칭을 거론하여 한때 동해에 '삼봉도'라는 별개의 섬이 존재하는지에 대한 탐험이 실행되었다.

성종 시기에 함경도에서 독도가 한때 삼봉도라는 명칭을 가졌음이 기록되어 있다.[18] 성종은 왕이 된 직후 원년(1470년) 12월에 영안도(永安道 : 지금의 함경도)관찰사 이계손(李繼孫)의 보고에서 도부배국정범(逃賦背國情犯)이 '삼봉도'로 들어가버리는 해악이 심한데, 뱃길이 사나워서 영안도의 작은 배로는 가벼이 추적할 수 없다는 보고를 받고, 마땅히 상세한 것을 조사

---

17 『世宗實錄』(卷82) 世宗 20年 7月 戊戌條. "護軍南薈司直曹敏 回自茂陵島復命 進所捕男婦共六十六及産出沙鐵石鍾乳生鮑大竹等物. 仍啓曰 發船一日一夜乃至 日未明 掩襲人家 無有拒者 皆本國人也 自言聞此地沃饒 年前春 潛逃而來. 其島四面皆石 雜木與竹成林 西面一處可泊舟楫 東西一日程 南北一日半程."

18 ① 申奭鎬, 1948, 「獨島 所屬에 對하여」, 『史海』 1.
② 朴庚來, 1965, 『獨島의 史法的 研究』, 일요신문사.
③ 朴大錬, 1965, 「獨島는 韓國領土」, 『獨島』, 大韓公論社.
④ 大韓史學會, 1978, 『鬱陵島·獨島 學術調查研究』.
⑤ 申芝鉉, 1988, 「獨島 領有에 대한 一研究:新羅로부터 朝鮮初期까지를 中心으로」, 『論文集』 제22권 제2호, 인천대학교.

해서 추적을 시행하라고 서면으로 명령하였다.[19] 이때 국왕 성종은 동해에 울릉도가 있는 줄은 알고 있었으나 삼봉도가 있다는 것은 처음 들었으므로 이것이 중앙에서 말하는 울릉도일 것이라고 추정한 것으로 보인다.

성종은 1471년(성종 2년) 8월에 강원도관찰사 성순조(成順祖)에게, "이제 들으니 영안도에 사는 백성들이 무릉도에 몰래 들어가는 자가 있어 사람을 보내 잡아오고자 한다고 하는데, 세종조에 일찍이 이 섬의 인구를 심토(尋討)한 적이 있었는바 그때 왕래한 자가 있을 것이니, 속히 찾아 조사하는 것이 가(可)하고 또 원행자(願行者)를 모집하며 선박을 준비하여 보고하라."[20]는 명령서를 내렸다.

국왕 성종은 이때 함경도 사람들이 말하는 삼봉도를 울릉도로 생각하고 공도정책을 폐기하여 사람을 살게 할 수 있는 가능성을 검토하고 싶었던 듯, 인정전(仁政殿)에서 신하들과 정책을 토론하면서 "삼봉도는 우리 강원도의 경지에 있는데 토지가 비옥하고 백성이 다수 가서 살기 때문에 세종조에 사람을 보내 쇄환케 했다가 다 성공치 못하였다. 그렇다면 어떻게 그 토지를 활용할 수 있으며 사람을 많이 살게 할 수 있겠는가. 혹은 말하기를 바닷길이 험악하여 비록 그 토지를 활용한다 해도 이익이 없을 것이므로 그대로 방치함만 같지 못할 것이라고 하는데 이 설은 어떠한가."[21] 하며 토론에

19 『成宗實錄』(卷8) 成宗 元年 12月 甲寅條. "下書永安道觀察使李繼孫曰 今悉所啓 其投往三峰島者 逃賦背國 情犯甚惡 卿宜探聞以啓 但今風高海惡 不可以本道小舫輕赴 卿其詳審施行."

20 『成宗實錄』(卷11) 成宗 2年 8月 丁巳條. "下書江原道觀察使成順祖曰 今聞永安道居民 有潛投茂陵島者 欲使人生捕之. 世宗朝嘗尋討此島人口 今必有其時往來者 可速訪問. 此募願行者 竝備船艦以啓."

21 『成宗實錄』(卷16) 成宗 3年 3月 壬寅條. "御仁政殿策士 以左議政崔恒 左贊成盧思愼 禮曹參判魚世謙 爲讀卷官 其策曰 (…) 三峰島在我江原之境 土地沃饒 民多往居之 故自世宗朝 遣人尋之而未得 若之何則得其地 使居民衆乎 或言海道險阻 雖得無益 不如置之 此說

부쳤다. 그러나 이 토론에서는 도부피세자(逃賦避稅者)를 쇄환하고 공도정책을 그대로 지속하자는 쪽으로 의견이 통일된 것 같다.

다음 달(1472년 4월)에 국왕이 박종원(朴宗元)을 '삼봉도경차관(三峰島敬差官)'으로 임명하여 파견하면서 도부잠투자를 불가불 쇄환해와야 하겠는데 어떤 방법으로 하겠는가 물었다. 이에 박종원은, 삼봉도에 도착하면 도부잠투자들이 모두 도망할 것이므로 자기는 먼저 그 선박들을 빼앗고 명령에 거역하는 자는 군법으로 다스리겠으나 임기처치(臨機處置)에 어려움을 예상한다고 대답하였다. 국왕은 이에 따라 "삼봉도는 우리나라 봉역(封域) 안에 있는데, 해로가 험악하여 도부피세자가 몰래 들어가 살고 있다. 이제 명령을 내리노니 너는 가서 포박해오되 발선(發船) 이후 군사를 영솔함에 명령을 위반하는 자가 있으면 군법으로써 다스려 일을 하라."[22]고 교지를 내렸다.

삼봉도경차관 박종원은 군사를 배 4척에 나누어 태우고 5월 28일 울진포를 출항했는데, 곧 큰 바람을 만나 사방으로 흩어졌다. 박종원이 탄 배는 동북쪽으로 밀려가 29일 아침에 동남 방향으로 무릉도를 바라보고 15리 지점까지 접근했다가, 다시 큰 바람을 만나 바다 한가운데서 방향을 잃고 7주야를 표류하다가 6월 초6일 간성군(杆城郡) 청간진(淸簡津)에 간신히 도착했다. 한편 사직(司直) 곽영강(郭永江) 등이 탄 3척의 배는 5월 29일 무릉도에 도착하여 3일간 머물면서 섬 안을 수색했는데, 거주인은 보지 못하고

何如."

22 『成宗實錄』(卷17) 成宗 3年 4月 丁卯條. "三峰島敬差官朴宗元辭. 上引見謂曰 三峰島在海中 爾之行甚苦 但我民 逃賦潛投者 不可不刷6還 不獲己遣之 爾往何以爲之. 宗元對曰 彼見臣之 必皆逃竄 臣當先奪其船 如其逆命 以軍法從事 然當臨機處置 難可預料. 上曰 爾言 正合予意 其往懋哉. 敎朴宗元曰 三峰島在我封域之內 海路險惡 逃賦避稅者 潛往居之 今命爾往捕發船以後 所領軍士 如其違令者 以軍法從事."

단지 옛 집터가 있는 것만 확인하고, 6월 초6일 강릉 우계현(羽溪縣) 오이진(梧耳津)에 도착하였다.[23] 박종원의 삼봉도 수토(搜討)는 이렇게 하여 실패로 돌아갔다.

그러나 국왕과 조정에서는 사직(司直) 곽영강 일행이 울릉도에 도착하여 3일간 체류하면서 수색한 결과 도부피세자가 거주하고 있지 않음을 확인했으므로, 울릉도와 삼봉도는 별개의 다른 섬이라는 확신을 갖게 되어 새로운 섬의 발견도 겸해서 삼봉도 수토에 더욱 열을 올렸다. 원래 삼봉도 건은 영안도에서 제기한 문제이므로 영안도 사람들을 동원하여 찾는 것이 현명하다는 생각이 지배적이었다. 영의정 정인지(鄭麟趾) 등은 '삼봉도수멱사목(三峰島搜覓事目)'을 정할 것을 의논하고 영안도관찰사에게 명령하여 한산유직품관(閑散有職品官) 가운데 사행(使行)에 가한 자를 미리 골라서 모든 일을 준비시킨 후에 명년(明年) 봄 날씨가 화창해지면 일찍이 삼봉도에 다녀온 적이 있는 영안도 사람 김한경(金漢京)을 길 안내로 해서 조사하도록 지시하였다.[24] 병조(兵曹)에서는 이 명령에 의거하여 '삼봉도수멱사목'을 제정했다.[25]

---

23 『成宗實錄』(卷19) 成宗 3年 6月 丁丑條. "江原道觀察使李克墩馳啓曰 三峰島敬差官朴宗元 與所領軍士 分乘四船 去五月二十八日 自蔚珍浦發去 卽遇大風四散. 朴宗元之船 東北去 二十九日平明 向東南望見武陵島 可十五里 復遇大風 船纜絶 漂流大洋中 不知東西者七晝夜 本月初六日午時 到杆城郡淸簡津. 司直郭永江等三船 去五月二十九日 至武陵島留三日 搜索島中 不見居人 只有舊家址而已. 島中有竹 其大異常 永江等 取數竿載船發回 本月初六日 至江陵羽溪縣梧耳津. 今風氣漸高 海波險惡 更遣爲難 放遣本道軍士 京軍士 分運上送何如. 諭李克墩曰 今見卿啓 具知朴宗云等 發船遭風四散 然不知漂溺 玆可喜也. 今年果難再遣 故從卿所啓 卿其知悉."

24 『成宗實錄』(卷21) 成宗 3年 8月 丙子條. "前此院相鄭麟趾等 議三峰島搜覓事目云 令永安道觀察使 預擇閑散有職品官可使者 諸事備辦 待明年春和以金漢京爲指路尋覓."

25 『成宗實錄』(卷21) 成宗 3年 8月 丙子條. 兵曹에서는 다음과 같은 '三峰島搜覓事目'안을 작성하여 제출하였다. "一. 依今年三峰島搜覓時例 哨麻船四隻 每船軍人四十名 抄本道吉

국왕 성종은 이 '삼봉도수멱사목'을 승인해주었다. 성종은 이듬해 정월에는 육지로부터의 거리와 지세로 볼 때 삼봉도와 무릉도가 별개의 다른 섬인 것 같으니 연해의 고로(古老)와 뱃사람들을 찾아 상세히 조사할 것을 다음과 같이 명령하였다.

〈임금이〉 영안도관찰사 정난종(鄭蘭宗)에게 논(論)하여 가로되, 김한경(金漢京)의 말로는 경흥(慶興)에서 청명한 날을 만나면 삼봉도를 볼 수 있다고 했고, 회령(會寧)에서 동쪽으로 뱃길을 달려 7주야(晝夜)면 도달할 수 있고 그곳에서 서북행(西北行)하여 4주야면 돌아올 수 있었다고 하였다. 전년에 사람을 파견하여 무릉도에 가서 조사케 했는데 울진에서 동쪽으로 뱃길을 달려 1주야면 도달했고 서행(西行)하여 3주야에 돌아왔다. 그 말한 바의 지세에 의문이 있다. 또 세전(世傳)하는 말에 무릉도 북쪽에 요도(蓼島)가 있지만 한 사람도 다녀온 일이 없다고 하는데 이 역시 의문이 있다. 경(卿)은 다시 연해(沿海)의 고로(古老)와 주인(舟人)을 방문해서 자세히 조사하여 보고하라.

해로가 험악한데 만약 사람을 파견하여 조사하고자 하면 원행자(願行

城以北 諸邑軍士有武才者 充差(금년의 三峰島 搜覓 때의 예에 의거하여 哨麻船 4척에 매척 군인 40명씩을 본 영안도 吉城 이북 여러 고을의 軍士 가운데 武才가 있는 자로 선발하여 충원할 것). 一. 令本道觀察使 無問公私船 擇不腐朽牢實者 修補以待(영안도관찰사에게 명령하여 公私船을 묻지 않고 썩어 낡지 않고 튼튼한 것을 택해서 보수하여 대기할 것). 一. 四船蒿工 擇本道諸浦船軍慣水者 量數分差(4선의 뱃사공은 영안도 여러 나루의 배꾼으로서 물에 익숙한 자를 택하여 숫자를 헤아려서 分差할 것). 一. 直內有職有才略人 預先揀擇領率 如有自募人 幷許送(도내의 有職人 가운데 才略이 있는 사람을 우선 간택하여 영솔토록 하고 自募人이 있으면 함께 가도록 허락할 것). 一. 往還一朔糧 令本道觀察使 計口題給(왕복에 필요한 1개월분의 식량은 영안도관찰사에게 명령하여 인원수를 계산해서 題給케 할 것). 一. 搜探後論賞節次 臨時議定(搜探 후의 논공행상의 절차는 그때 가서 의논하여 정할 것)." 국왕 성종이 事目案에 從之하여 이 규정은 정식으로 확정되었다.

者)를 모집하는 것이 마땅할 것이다. 사람들 말에 변민(邊民)이 도적왕투(逃賦往投)했다고 하니 그대로 두는 것이 불가한 것은 물을 것도 없으려니와 또한 믿을 수 없는 말이라고도 할 수 없다. 모험을 무릅쓰고 가려다가는 혹 실패할 수도 있으니 경(卿)은 그 정세(情勢)를 조사하고 헤아려 보고하도록 하라.[26]

국왕 성종의 이러한 명령에 응해, 성종 6년(1475년) 5월에 경성(鏡城) 사람 김한경(金漢京), 회령(會寧) 사람 임도치(林都致), 경원(慶源) 사람 임유재(任有才), 김옥산(金玉山), 이오을망(李吾乙亡), 김덕생(金德生) 등이 함께 경원(慶源)의 지면(地面) 말응대진(末應大津)에서 배로 출발하여 3일 만에 삼봉도를 볼 수 있는 바다지점에 도착하였다. 그들은 배에서 섬 안에 7, 8명의 사람이 보였지만 우리 패들이 단약(單弱)하여 하륙하지 못하고 돌아왔다고 종성(鍾城)의 친군위(親軍衛) 노의순(盧義順)이 보고하였다.

국왕 성종은 영안도관찰사에게 노의순 등 각 사람을 상세히 질문 조사하여 보고할 것을 명령했다.[27] 성종은 영안도관찰사로부터 김한경 등 2인이 신묘년(1471년) 5월에 삼봉도에 표박하여 그 섬사람들과 서로 접근하

26 『成宗實錄』(卷62) 成宗 4年 正月 庚子條. "諭永安道觀察使鄭蘭宗曰 金漢京言 在慶興 遇清明日 可望見三峰島 自會寧 向東舟行 七晝夜而到 向北行四晝夜而還. 前年遣人 往尋茂陵島 自蔚珍 向東舟行 一晝夜而到 西行三晝夜而還. 其所言地勢 有可疑者. 世傳茂陵島之北 有蓼島 無一人往還者 是亦可疑. 卿更訪問沿海古老舟人 詳究以啓. 海路險惡 今若遣人尋求 宜募願行者 人言邊民 逃賦往役 不可置而不問 亦不可以難信之言 涉險冒危 或致傾敗 卿其審情 度勢以啓."

27 『成宗實錄』(卷64) 成宗 7年 2月 壬午條. "下書永安道觀察使李克均曰 今鍾城居親軍衛盧義順 上言云 前年五月 與鏡城人金漢京 會寧人林都致 慶源人 任有才金玉山李吾乙亡金德生 就慶源地面末應大津 發船行三日 得見三峰島 遙望島中 有七八人 然吾輩單弱 不得下陸而還. 卿其詳問義順等各人以啓."

였고, 또 을미년(1475년) 5월에 김한경 등 6인이 이 섬을 향하여 7, 8리의 거리까지 근접해서 이 섬을 바라보았으나 바람 때문에 결국은 도달하지 못했다고 하는 보고를 받았다. 성종은 이 말은 비록 믿을 수 없지만 혹시 거짓이 아닐 수도 있으므로, 이번에는 마땅히 건장하고 믿을 수 있는 사람 3인을 별도로 파견해서 김한경과 함께 이 섬에 들여보내 조사케 하라고 서면으로 명령하였다.[28]

이에 영안도관찰사는 성종 7년(1476년) 9월 김자주(金自周), 송영로(宋永老)와 이전에 그 섬에 다녀왔다는 김흥(金興), 김한경(金漢京), 이오을망(李吾乙亡) 등 12명에게 마상선(麻尙船) 5척을 주어 들어가 조사해오도록 지시하였다.[29]

다음과 같은 조사 결과보고를 보면 그들이 조사한 삼봉도는 그 내용에서 볼 때 오늘날의 독도와 같다.

> 병조(兵曹)에서 계(啓)하기를, 영흥인(永興人) 김자주(金自周)의 말이라고 하여 영안도관찰사가 다음과 같이 보고하였다.
>
> 본도(本道) 관찰사는 삼봉도심멱(三峰島尋覓)의 일로 김자주와 송영로(宋永老)를 전일 다녀온 김흥(金興), 김한경(金漢京), 이오을망(李吾乙亡) 등 12인과 함께 마상선(麻尙船) 5척을 주어 들어가 조사하도록 파견하였다. 그들은 지난 9월 16일 경성(鏡城) 땅 옹구미(甕仇味)에서 그 섬을 향하여 발

28 『成宗實錄』(卷68) 成宗 7年 6月 癸巳條. "下書永安道觀察使李克均曰 今見卿啓 知鏡城金漢京等二人 辛卯五月 漂泊三峰島 與島人相接. 又於乙未五月 漢京等六人 向此島 距七八里許 望見阻風 竟不得達. 此言雖不可信 亦或非妄 今宜別遣壯健可信人三人 同漢京等入送搜覓."

29 『成宗實錄』(卷72) 成宗 7年 10月 壬辰條. "永安道觀察使李克均馳啓 永興人金自周言 往見三峰島 且圖其形 送自周以進 命問之."

선(發船)해서, 같은 날 부녕(富寧) 땅 청암(靑巖)에서 자고, 17일에는 회령 땅 가린곶(加麟串)에 도착하여 잤으며, 18일에는 경원(慶源) 땅 말응대(末應大)에 도착하여 잤다. 25일에 섬으로부터 서쪽으로 약 7, 8리 되는 곳에 도착하여 정박해서 망견(望見)한즉, 섬의 북쪽에 삼석(三石)이 열립(列立)하였고, 다음에 소도(小島)가 있으며, 다음에 암석이 열립(列立)하였고, 다음에 중도(中島)가 있었다. 중도(中島)의 서쪽에 또 소도(小島)가 있는데 모두 해수(海水)가 통류(通流)하며, 또한 해도(海島)의 사이에 사람 형태 같은 것이 서 있는 것이 30이 되었으므로 두려운 마음이 생겨 바로 섬에 대지 못하였다. 도형(島形)을 그려가지고 왔다.[30]

이때 김자주 등이 그려온 삼봉도의 도형은 지금은 전해지고 있지 않으나, 위 보고의 내용은 정확하게 지금의 독도(우산도)의 형태를 묘사하고 있어서, 김자주 등이 조사한 삼봉도가 오늘날의 독도임을 알 수 있다.[31]

---

30 『成宗實錄』(卷72) 成宗 7年 10月 丁酉條. "兵曹啓 永興人金自周供云李道觀察使 以三峰島尋覓事 遣自周及宋永老 與前日往還 金興金漢京李吾乙亡等十二人 給麻尙船五隻入送. 去九月十六日 於鏡城地瓮仇味 發船向島 同日到宿富寧地靑巖. 十七日 到宿會寧地加麟串. 十八日到宿慶源地末應大. 二十五日 西距島七八里許到泊 望見則 於島北 有三石列立 次小島 次巖石列立 次中島 中島之西 又有小島 皆海水通流 亦海島之間 有如人形 別立者三十 因疑惧 不得直到 畵島形而來. 臣等 謂往年朴宗元 由江原道 發船遭風 不至而還 今漢京等 發船於鏡城瓮仇味 再由此路出入 至畵島形而來 今若更往 可以尋覓 請於明年四月風和時 選有文武才者一人入送. 從之."

31 위의 보고를 보면 도형(島形)은 오늘날의 독도와 완전히 일치하여 독도를 묘사한 것이 틀림없는데, 해도 사이에 사람 형태 같은 것이 약 30개 서 있었기 때문에 두려워 상륙하지 못했다고 한 것이 문제다. 여러 연구자들이 추측하고 있는 바와 같이 이것은 독도(우산도) 일대에 많이 서식했던 물개의 일종인 강치(海驢, 可支魚)가 바위에 올라와 있는 것을 멀리서 보고 정체를 알 수 없어 이렇게 보고한 것으로 추정된다. 독도에는 강치(可支)가 많이 서식하기 때문에 정조 연간에는 민간인들이 우산도를 강치섬, 즉 '가지도(可支島)'라고 부른 일도 있다는 기록이 있다.

김자주의 조사 이후 성종 연간에는 '삼봉도'에 대한 논의가 빈번히 있었으나, 삼봉도는 함경도 지방에서 호칭하던 이름이었고, 중앙에서는 태종 때부터 시작하여 세종조에는 '우산도'로 고착되어 불려지고 있었다. 그러므로 성종이 서거한 이후에는 다시 우산도로 불리게 되었고, 삼봉도로 불리는 경우는 극히 예외적으로 되었다.

제6장

15세기의 독도 재조사와 조선왕조의 영토 규정

제1절 『세종실록』「지리지」의 독도·울릉도 영토주권 규정

조선왕조는 독도와 울릉도에 공도정책을 실시하면서도 독도와 울릉도가 조선의 영토라는 사실은 더욱 명료하게 규정해두었다. 즉 독도와 울릉도에 사람을 거주시키지 않게 하는 정책을 취했을 뿐이지 그 토지는 조선왕조의 영유임을 더욱 분명히 한 것이다.

그 첫째가 『세종실록』「지리지」 강원도 울진현(蔚珍縣)조의 다음과 같은 기록이다.

> 우산(于山)과 무릉(武陵)의 2개 도(島)가 현(縣 : 울진현) 정동(正東)의 바다 가운데 있다. 두 섬이 서로 거리가 멀지 아니하며 날씨가 청명하면 가히 바라볼 수 있다. 신라시대에는 우산국이라고 칭하였다. 일운(一云)하여 울릉도라고도 한다. 지(地)의 방(方)은 1백 리이다.[32]

32 『世宗實錄』(卷 153) 地理志, "江原道 蔚珍縣條. 于山·武陵二島 在縣正東海中 二島相距

여기서 주목할 것은 『세종실록』 「지리지」(1454년)가 세종의 통치 영토, 즉 조선왕조의 영토에 대한 기록이라는 사실이다. 그러므로 이 지리지는 우산도와 무릉도 2개의 섬이 모두 조선왕조의 영토임을 논쟁의 여지없이 명백히 잘 증명해준다.

여기서 말하는 무릉도가 울릉도임은 세종 7년(1425년)의 거주민 쇄환 기록에서도 명료하다. 그러면 여기서 기록한 우산도는 지금의 어떤 섬인가? 울릉도의 주변에 있는 몇 개의 작은 바위섬들(죽도, 관음도, 삼선암 등)은 울릉도 해안의 바로 옆 매우 가까운 거리에 있으므로 날씨가 청명하지 않아도 언제나 크게 잘 보인다. 동해 가운데서 날씨가 청명하면 울릉도에서 겨우 볼 수 있는 섬은 지금의 독도밖에 없다. 섬이 드문 동해의 특징 때문에 이 기록만으로도 우산도가 지금의 독도임이 명백해진다.

이 위에 『여지지』, 『숙종실록』, 『강계고』, 『동국문헌비고』, 『만기요람』 「군정편」, 『증보문헌비고』 등이 울릉도와 별개의 작은 섬인 우산도를 일본에서 말하는 송도(松島 : 독도의 당시 일본 명칭)라고 기록하고 있으니, 우산도가 바로 독도임은 더욱 명백하다.

제2절 일본 측의 『세종실록』 「지리지」 해설 반론의 오류

조선왕조의 우산도(독도) 영유와 영토 규정이 『세종실록』 「지리지」에서 더욱 명료해지자, 일본 측에서는 이를 부정하려는 시도가 한때 제기되었었다. 예컨대, 가와카미(川上健三)는 『세종실록』 「지리지」의 "두 섬이 거리가 서

不遠 風日淸明 則可望見 新羅時稱于山國 一云鬱陵島 地方百里"

로 멀지 아니하여 날씨가 청명하면 가히 볼 수 있다(二島 相距不遠 風日淸明 則可望見).”는 기록이 울릉도와 독도 사이에 해당되지 않는다고 주장하면서, 그 증거로 지구가 둥글기 때문에 해상에서 물체를 시인(視認)하는 거리를 구하는 공식인 ‘$D = 2.09(\sqrt{H} + \sqrt{h})$’를 적용해보면 울릉도와 독도 사이의 거리는 가시권 밖이라고 주장했다[D = 시달(視達)거리(mile), H = 물체의 해면상의 높이(m), h = 안고(眼高)(m)].

즉, 울릉도와 독도의 거리는 50마일이고 울릉도와 본토 울진 사이의 거리는 70마일인데, 독도의 최고봉은 서도(西島)의 157미터이고 울릉도의 최고봉은 성인봉의 985미터이다. 이것을 공식에 대입해보면 독도로부터는 울릉도가 보이지만, 울릉도로부터 독도는 (다음 계산에서 볼 수 있는 바와 같이) 30마일까지가 시계(視界)이므로 배를 타고 20마일 정도 바다로 나가야 보인다고 주장하였다.[33]

$$
\begin{aligned}
D &= 2.09(\sqrt{157} + \sqrt{4}) \\
&= 2.09(12.5 + 2) \\
&= 30.305
\end{aligned}
$$

가와카미는 동일한 공식에 의거하여, 울릉도에서 독도가 보이기 시작하는 것은 130미터의 고소(高所)부터이고 이를 섬으로 인정할 정도는 200미터 이상의 고소여야 하는데, 당시 울릉도는 삼림에 덮여 있어서 고소에 이르는 것이 곤란했을 것이고, 또 울릉도로부터 독도에 이르는 해역은 한류와 난류가 교차하는 까닭에 안개가 잦아서 독도를 망견(望見)할 수 있는 맑은

33 川上健三『竹島の歷史地理學的硏究』, 1966, 古今書院, 278~280쪽.

날씨는 극히 한정되어 있으므로, 『세종실록』「지리지」의 기록은 울릉도에서 독도를 바라 본 기록이 아니라 본토에서 울릉도를 바라본 기록이라는 것이다.[34]

이에 대해서는 일찍이 이한기(李漢基) 교수가 명쾌한 반론을 제기하였다. 즉 가와카미 씨의 계산은 울릉도에서의 눈높이를 4미터로 정함으로써 바다에서 독도를 바라본 것에 지나지 않고, 울릉도의 최고봉인 성인봉에서는 다음의 계산에 의하여 93마일까지를 바라 볼 수 있다고 설명하였다.[35]

$$D = 2.09[\sqrt{174}(\text{독도의 서도의 높이}) + \sqrt{985}(\text{성인봉 높이})]$$
$$= 2.09(13.19 + 31.39)$$
$$= 93.17$$

이한기 교수는 동일한 공식의 계산으로 울릉도의 최고봉까지 오르지 않더라도 약 120미터 고지에서 충분히 독도의 정상 봉우리를 바라 볼 수 있다고 지적하면서, 울릉도가 아무리 울창한 밀림지대였다 해도 120미터 정도의 고지에 올라가는 것조차 불가능하지는 않았을 것이라고 지적하여 가와카미 씨의 주장을 반박했다.[36]

이한기 교수의 반박은 정곡을 찌른 것이다. 뿐만 아니라 울릉도 성인봉

---

34 川上健三『竹島の歷史地理學的研究』, 1966, 古今書院, 279~281쪽.

35 李漢基, 1969,『韓國의 領土』, 서울대학교출판부, 232~233쪽.

36 ① 李漢基, 1969,『韓國의 領土』, 서울대학교출판부, 233~234쪽.
② 동북아역사재단의『독도 바로알기』(2017)에 의하면, 다음 쪽의 〈그림 1-28〉과 같이 울릉도의 해발 88미터에서부터 독도의 정상(168.5m)이 보이기 시작해서 울릉도의 해발 524미터부터는 독도의 해수면까지 모두 보인다. 울릉도 성인봉 정상은 986.7미터이므로 독도가 크고 선명히 보인다. 그러나 은기도에서는 157.5킬로미터나 떨어져 있어서 너무 멀기 때문에 어디에서도 전혀 독도는 보이지 않는다.

은 해풍과 암석 때문에 예나 지금이나 사람이 오르지 못할 만큼 밀림이 조성되지는 않았으며, 한국의 산들 가운데서는 비교적 오르기 쉬운 산이다. 우산국·울릉도 사람들이 바다에 고기잡이를 나갔다가 독도에 들르기도 하고, 한국인의 전통적 관습대로 날씨가 청명한 날 자기 고장의 최고봉인 성인봉에 올라가서 사방을 바라보다가 아득한 수평선에서 독도를 바라보고 돌아와 동리 사람들과 이야기꽃을 피웠을 것은 한국인의 관습을 잘 아는 사람이면 전혀 추정하기 어려운 일이 아니다. 또한 울릉도 주민들은 날씨가 청명하면 성인봉에서 독도가 상당히 크고 선명하게 보인다고 하나같이 증언하고 있다.

『세종실록』「지리지」의 "우산도(독도)와 무릉도(울릉도)의 두 섬이 울진현 바로 동쪽의 바다 가운데 있는데, 두 섬의 서로 거리가 멀지 아니하여 날씨가 청명하면 곧 바라볼 수 있다(于山·武陵二島 在縣正東海中 二島相距不遠 風日淸明 則可望見)."에서 두 섬(二島)의 '우산'은 '독도'를, '무릉'은 '울릉도'를 의미하며, 날씨가 청명하면 독도에서 울릉도를, 또 울릉도에서 독도를 바라볼 수 있으므로 이 기록은 정확한 기록이고, 독도와 울릉도의 두 섬이 강원도 울진현에 속한 세종의 통치 영토임을 명확히 밝혀놓은 것이다.

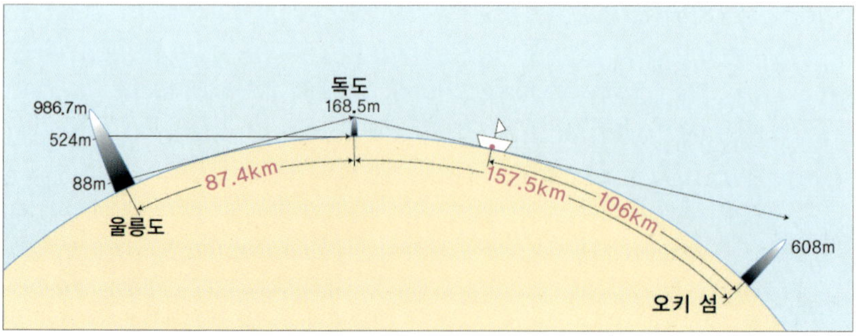

그림 1-28 울릉도, 독도, 오키섬 간의 거리와 각도(자료 : 동북아역사재단, 『독도 바로알기』)

그림 1-29

독도에서 보이는 울릉도와 울릉도에서 보이는 독도

(좌:2008년 8월 6일, 우:도동 깍개등에서 2008년 11월 22일) (사진 : 동북아역사재단)

최근 울릉도 해안(수평선 해발 3m 지점)에서 날씨가 청명한 날 촬영한 사진을 보면, 〈그림 1-29〉에서 확인할 수 있는 바와 같이 울릉도에서 독도가 명료하게 육안으로 보인다. 또한 독도에서 울릉도도 매우 크고 명료하게 보임을 확인할 수 있다.

전근대시대에는 해안에서 육안으로 특정 영토 또는 섬이 보이는가의 여부가 매우 중요한 것이었다. 해안에서 육안으로 보이는 곳까지 내양(內洋)이라 하고, 보이는 곳까지 영유했으므로, 우산도는 지리적으로도 울릉도의 부속도서로서 옛 우산국 사람들이 영유하고 고기잡이를 나가는 등으로 활용했음을 알 수 있다.

제3절 『동국여지승람』과 『신증동국여지승람』의 독도·울릉도 영토주권 재확인과 지방관제 편성 재확인 천명

이어 조선왕조는 오랜 기간의 작업 끝에 1481년(성종 12년)에 『동국여지승람』을 편찬했고, 1531년(중종 26년)에 『신증동국여지승람』을 편찬하였다. 전자는 일실되었으나 후자에서 '신증'한 부분은 항목 머리에 반드시 '신증(新增)'이라고 써 넣었으므로 그 내용을 정확히 모두 알 수 있다. 『신증동국여지승람』 권45의 강원도 울진현(蔚珍縣)조에 다음과 같은 기록이 있다.

> 우산도(于山島)·울릉도(鬱陵島): 무릉(武陵)이라고도 하고 우릉(羽陵)이라고도 한다. 2개 도(島)는 현(縣: 울진현)의 정동(正東)의 바다 가운데 있다. 세 봉우리가 하늘로 곧게 솟았으며 남쪽 봉우리가 약간 낮다. 날씨가 청명하면 봉우리 위의 나무와 산 밑의 모래톱이 역력히 보이고 바람이 잔잔하면 이틀에 도달할 수 있다. 일설에 우산(于山)과 울릉(鬱陵)은 본래 1도(島)라고 한다. 지(地)의 방(方)은 1백 리이다.[37]

여기서 또한 주목할 것은 『신증동국여지승람』의 성격이다. 이 책은 단순한 관찬(官撰) 지리서가 아니라 조선왕조의 유권적인 '조선 영토 지리 해설서'다.[38] 조선왕조는 이 책에서 통치하는 영토에 대한 지방관제 편성과

---

37 『新增東國輿地勝覽』(卷45) 蔚珍縣條. "于山島·鬱陵島: 一云武陵 一云羽陵 二島在縣正東海中. 三峰岌嶪撑空 南峰稍卑 風日淸明 則峰頭樹木及山根沙渚 歷歷可見 風便則二日可到 一說于山·鬱陵本一島. 地方百里."

38 『東國輿地勝覽』이나 『新增東國輿地勝覽』의 영토·지리 부문에서의 성격과 위치는, 비유하면, 법률에서의 『經國大典』이나 『大典通編』과 대응된다. 『新增東國輿地勝覽』은 편찬 당시 조선왕조가 통치하는 영토를 명확하게 규정하여 그에 대한 역사·지리적 해설을 해

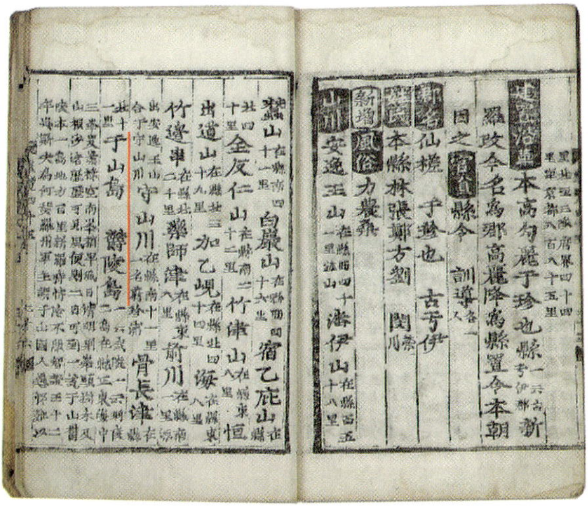

그림 1-30
『신증동국여지승람』 목판본의 독도와 울릉도 부분
(국립중앙박물관 소장)

지리적 해설을 정리하여 세상에 널리 알림으로써 그 통치 영토를 명확하게 규정했던 것이다. 이 책에서 우산도와 울릉도가 울진현(蔚珍縣)조에 실려 있는 것은 이들이 행정구역상으로 강원도 울진현에 속해 있는 조선왕조의 영토임을 천명한 것이다.

또한 『신증동국여지승람』에 부속지도를 게재했는데, 「팔도총도(八道總圖)」 및 「도별도(道別圖)」(1481년 최초 제작)에 모두 울릉도와 우산도를 별개의 섬으로 동해안에 그려 조선 영토로 표시했다는 사실에 주목할 필요가 있다. 단지 우산도의 위치가 울릉도의 서쪽에 부정확하게 그려져 있을 뿐이다. 이것은 이 지도를 그린 당시 문관(文官)들의 지리학 지식의 부족과 미숙을 나타내고 있다.

그러나 지리적 정확성과는 별도로 우산도(독도)의 영유 문제만을 떼어

놓았는데 이는 동시에 여기에 수록된 지역이 조선의 영토임을 세상에 널리 알린 것이기도 하다.

보면 지도 제작의 미숙은 결함이 되지 않으며, 우산도와 울릉도 두 섬 모두가 조선왕조의 영토임을 천명하여, 도리어 우산도에 대한 강한 영유의식을 나타냈다고 해석된다.[39] 왜냐하면 우산도가 한반도 내륙에 더 근접하게 그려져 있기 때문이다.

우산도 위치의 부정확성은 바로 얼마 뒤 지리학 지식과 지도 제작 기술이 발전됨에 따라 교정된다. 정상기(鄭尙驥, 1678~1752년)의 「동국전도(東國全圖)」에서는 전국도(全國圖)와 도별도(道別圖)에서 『동국여지승람』 지도의 부정확성을 교정하여 우산도를 울릉도의 동쪽에 정확하게 그려넣었다. 특히 전국도에서는 본도인 울릉도와의 거리도 정확하게 나타냈다는[40] 사실에서도 이를 알 수 있다.

중요한 것은 조선왕조의 유권적인 조선 영토 해설서(『신증동국여지승람』)의 공식지도에 '우산도'와 '울릉도'를 선명하게 별개의 섬으로 그려넣어 이들이 모두 조선 영토임을 극명하게 밝혔다는 사실이다.

---

39 우산도(독도)를 울릉도의 동쪽에 정확하게 그리지 못하고 한반도에 더욱 가까운 울릉도의 서쪽에 그린 것은 지도학상으로는 큰 결함이며, 이 지도를 그린 문관들의 지리학 지식의 부족을 나타낸 것이다. 그러나 위치의 부정확함과는 별도로, 『新增東國輿地勝覽』의 「八道總圖」 및 道別圖 등 고지도들이 우산도를 조선의 영토라고 명시하였을 뿐만 아니라 울릉도보다 더 내륙에 가까이 그려넣었으니 우산도에 대한 강한 영유의식을 나타낸 것이라고 볼 수 있다. 당시 『新增東國輿地勝覽』의 附屬地圖를 제작한 문관들은 우산도를 실측한 것이 아니라 기록에 의거해 지도를 제작했기 때문에 당시 그들의 한정된 지리학 지식으로는 우산도를 정확한 위치에 그려넣을 수 없었던 것이다. 이러한 조건에서 그 문관들이 실측하지 못한 우산도를 울릉도보다 더 본토 가까이 그려넣은 것은 본도인 울릉도에 대한 확고한 영유의식에 비추어볼 때, 우산도에 대해서도 매우 강렬한 영유의식을 나타낸 것이라고 볼 수 있으며, 그들이 우산도를 울릉도와 동일하게 또는 그 이상으로 조선의 영토로서 선언하고 있음을 나타낸다고 볼 수 있다.

40 李燦, 1978, 「韓國古地圖에서 본 獨島」, 『鬱陵島·獨島 學術調査研究』, 韓國史學會.

제4절 '2도설(二島說)'의 확립과 '본1도설(本一島說)'의 폐기

동해에 실제로 존재하는 지도에 오를 수 있는 섬은 울릉도와 독도와 은기도의 3개 섬이다. 이 가운데 울릉도와 독도(우산도)의 2개 섬은 조선에 속했고, 은기도는 일본에 속했다고 전통적으로 간주되어 왔다.

조선왕조의 국가편찬 영토자료인 『세종실록』「지리지」와 『동국여지승람』 및 『신증동국여지승람』은 강원도 울진현 정동(正東)의 바다 가운데 우산도와 울릉도 두 섬이 있어서 울진현에 속한 것임을 천명하고 '우산·울릉 2개 도(于山·鬱陵 二島)'가 모두 조선 영토임을 명백히 밝혔다.

일본 외무성 촉탁 가와카미(川上健三)는 이 자료의 '우산·울릉 2도설'을 부정하고 『고려사』「지리지」의 기록을 인용하면서 소위 본1도설(本一島說)을 주장하였다. 이에 따라 일본 정부와 다수의 일본 학자들이 '2도설'을 부정하고 '본1도설'을 주장하고 있다. 그러므로 여기서는 가와카미 씨와 일본측의 '본1도설'을 검토하기로 한다.

첫째, 가와카미 씨는 『세종실록』「지리지」의 "二島相距不遠 風日淸明則可望見(두 섬은 서로 거리가 멀지 아니하여 날씨가 청명하면 가히 바라볼 수 있다.)"는 기록은 『고려사』「지리지」의 "鬱陵島 (…) 一云于山武陵本二島 相距不遠 風日淸明 則可望見"이라는 주기(注記)를 뒤바꾸어 문장을 수정한 것에 지나지 않으며, 여기서의 '상거(相距)' 이하의 문장은 '울릉도(鬱陵島)'를 받는 것으로 울릉도가 본토(本土)와 상거(相距)함이 멀지 않아 풍일청명(風日淸明)한 때에는 망견(望見)할 수 있다는 의미로 해석되어야 한다고 주장하였다.[41]

이것은 한문 해석상 지나친 왜곡이다. 『세종실록』「지리지」는 "二島相距不遠(2개 섬이 서로 거리가 멀지 아니하여)"(윗점은 저자가 표시한 것임)이라

41 川上健三, 1966, 『竹島の歷史地理學的硏究』, 古今書院, 103쪽.

하여 울릉도와 우산도(독도)의 '두 섬 사이의 거리'임을 명백하게 규정하고 있다. 여기에는 '울릉도와 본토 사이의 거리'라고 해석할 소지를 전혀 남겨 놓지 않았다. 『세종실록』「지리지」에서는 "우산도와 울릉도 사이의 서로의 거리가 멀지 않아서 날씨가 청명하면 울릉도에서 독도를 또는 독도에서 울릉도를 바라볼 수 있다."고 한 것이다. 이것은 『고려사』「지리지」에서도 마찬가지다.[42]

『고려사』「지리지」와 『세종실록』「지리지」의 차이점은 전자가 '본1도설(本一島說)'을 주설로 취하고 '우산·무릉2도설(于山·武陵二島說)'을 일설(客說)로 해서 끝에 붙인 데 비해, 후자는 '본1도설'을 완전히 폐기하고 '우산·무릉2도설'을 유일한 정설로 취하여 쓴 것뿐이다. 두 「지리지」가 거의 같은 시기에 편찬되면서 담당한 문관들 사이에 견해가 일치하지 않았던 것 같은데, '본1도설'을 주장한 이가 『고려사』「지리지」에 배정되고 '우산·무릉2도설'을 주장한 이는 『세종실록』「지리지」 편찬에 배정된 것으로 추정된다.[43] 가와카미 씨의 주장은 사료를 정직하게 해석하지 않고 고의로 왜곡한 잘못된 것이다.

---

42 川上 씨는 『高麗史』「地理志」의 인용에서 독자를 속이는 詐術을 쓰고 있는데, 사실은 "鬱陵島 (…) 一云于山武陵本二島 相距不遠 風日淸明 則可望見"에서 '鬱陵島 (…)' 이하는 "鬱陵島 (…) 地方百里"로 한 문장이 완전히 끝나고, 다시 새로운 문장으로 "一云于山武陵本二島 相距不遠 風日淸明 則可望見"이 시작되는 것이다. 따라서 『高麗史』「地理志」에서도 '相距不遠'은 처음의 다른 문장인 '鬱陵島'를 받는 것이 아니라 자기 문장의 앞부분인 '于山武陵本二島'를 받아 '우산도와 무릉도의 거리가 멀지 않아서'라는 의미를 갖는다. 川上 씨는 한문을 잘 알면서도 기만술책을 사용하고 있는 것이다.

43 지리지 편찬을 담당한 문관들 가운데 '2도설'을 주장한 문관들이 '본1도설'을 주장한 문관들보다 다수였던 것으로 보인다. 2도설을 주장한 문관들은 훨씬 방대한 『世宗實錄』「地理志」를 편찬하면서 본1도설을 완전히 무시하고 2도설을 유일한 사실로 기록했으며, 당대의 실록인 『世宗實錄』의 지리지 편찬을 담당한 데 비해, 본1도설을 주장한 문관들은 선대의 역사인 『高麗史』의 지리지 편찬으로 밀려났을 뿐 아니라, 이 담당자 중에서도 2도설을 주장하는 편찬자들이 여전히 있어서 두 가지 설을 모두 기록한 것에서 이를 추정할 수 있다.

그러면 '2도(二島)'가 분명한데 '본1도설(本一島說)'은 왜 나왔을까? 세종조에 『고려사』「지리지」와 『세종실록』「지리지」를 거의 동시에 편찬하는 과정에서 편찬을 담당한 신하들이 ① 명칭 어원(語源)을 중시하여 우산(于山)이나 울릉(武陵)이 모두 '우산국'에서 나와 울릉도를 가리킨 말이며 본래 1도(一島)라고 주장하는 유이문(柳季聞) 등의 문관과, ② 사실을 중시하여 어원은 하나에서(우산국, 우르메, 우르마) 나왔을지라도 '세종 당시의' 사실(事實)은 우산과 무릉이 별개의 2개의 섬(二島)이라고 주장하는 박습(朴習) 등의 문관으로 나뉘어 의견 대립을 보였던 것으로 보인다.

조선왕조에 들어와 조정에서 2도설(二島說)을 제기한 것은 태종 16년(1416년) 전 강원도관찰사 박습(당시 호조참판)이었는데, 이것도 태종은 확인할 필요가 있으므로 김인우를 '무릉등처안무사(武陵等處按撫使)'에 임명하여 울릉도에 파견했었다. 이때 김인우는 울릉도 현지에서 무릉도(울릉도) 외에 날씨가 청명하면 망견(望見)할 수 있는 또 하나의 섬인 우산도(지금의 독도)가 실재함을 확인하고 귀환한 듯, 세종 7년(1425년)에 김인우를 다시 울릉도에 파견할 때는 관직명을 '우산·무릉등처안무사(于山·武陵等處按撫使)'로 바꾸어 2도설(二島說)을 채택·반영하고, 무릉도를 본도라고 말하면서 우산도를 속도로 취급했고, 세종은 이것이 모두 타국이 아니라고 하여 아국(我國 : 조선)의 영토임을 언명했다.[44] 여기서 세종이 김인우의 현지조사 보고에 의거해 사실을 중시하여 2도설을 채택한 것은 명백하다.

그러나 무릉도(울릉도)의 이 속도 이름이 '우산도'인데, '우산'은 원래 어원상으로는 무릉도(武陵島)의 옛 이름인 우산국도(于山國島)이므로 본래 이것이 울릉도 1도(一島)만을 가리킨 이름이라고 명칭의 어원에 집착한 견해

44 ①『世宗實錄』(卷29) 世宗 7年 8月 甲戌條.
②『世宗實錄』(卷30) 世宗 7年 10月 乙酉條.

가 잔존했으므로, 『고려사』「지리지」의 편찬에는 이들을 배정하여, 동시대 편찬물일지라도, 전 왕조의 『고려사』「지리지」에는 이들의 주장을 먼저 기록하고 끝에다 일설로서 '우산 · 무릉(于山 · 武陵)'의 2도설(二島說)이 있음을 기록한 것이라고 추정된다.

'1도설(一島說)'이 명칭의 어원에 집착한 견해에 불과하다는 사실은 그냥 '1도설'을 주장하지 못하고 '본1도(本一島)'라고 하여 '본(本)'을 접두에 붙여서 곧 어원을 나타내고 있는 것에서도 알 수 있다.

반면 현 왕조의 『세종실록』「지리지」 편찬에는 '2도설'을 주장하는 문관들을 배정하고, 세종 자신이 김인우의 현지 조사보고에 의거해서 2도설을 채택하여 '무릉등처안무사(武陵等處按撫使)'를 '우산 · 무릉등처안무사(于山 · 武陵等處按撫使)'로 관직명까지 고친 바 있으므로, 2도설만을 채택하여 기재하고 1도설은 폐기해서 아예 빼버렸다고 추정된다.

그러다가 50년 후에 편찬된 『동국여지승람』과 약 1백 년 후에 편찬된 『신증동국여지승람』에서는 사실을 중시하여 2도설에 따라 영토 해설을 정리하였다. 이때 『세종실록』「지리지」 이후에 조사된 사항도 참작하여 모든 기록을 간결하게 보충하면서, 『고려사』「지리지」의 '본1도설(本一島說)'도 중요한 지지(地志)의 과거 기록이므로 부기(附記)에 '일설(一說)'로서 적어넣은 것으로 추정된다. 그러나 『신증동국여지승람』의 주장과 내용이 '2도설'임은 그 기록 내용과 지도에서 극히 명백하다.

요컨대 '본1도설'은 사실을 설명하는 견해가 아니라 명칭의 어원에 집착하여 '우산(于山)'과 '무릉(武陵)'이 본래 어원이 동일함을 주장한 견해였고, '2도설'은 명칭의 어원이 중요한 것이 아니라 실제로 존재하는 '사실'을 중시하여, 안무사의 현지 조사보고에서 우산과 무릉의 2개 섬이 실재하며 날씨가 청명하면 망견(望見)할 수 있다는, 사실을 취한 견해였다. 진실은 사실에 있으므로 2도설이 진실이었던 것이다.

제7장

독도 및 울릉도의 명칭 기원과 변천

제1절 '우산국(于山國)'의 한국어 고유명칭 '우르뫼'와 울릉도, 우산도, 성인봉 명칭의 기원

우리는 여기서 '독도'가 처음 왜 '우산도(于山島)'라는 명칭을 갖게 되었으며, 우산도의 의미는 무엇이고, '울릉도' 명칭과는 어떠한 관계를 갖고 있는가, 독도의 명칭의 기원과 변천을 밝힐 필요가 있다.

우산국은 한자가 들어오기 이전에 동해에 성립된 고대 해상 소왕국이었다. 그러므로 한자어가 아닌 순수한 한국 고유어로 된 나라이름이 있었을 것임은 물론이다. 우산국의 순수한 한국어 고유명칭은 '우르뫼(마)'였다.

독도의 영유권 문제를 탐구하다가, 필자는 1980년대에 울릉도·우산도·성인봉의 원래의 한국어 고유의 이름이 '우르뫼'임을 발견하고 그간 몇 차례 구두발표를 한 바 있다.[45]

---

45 ① 신용하, 1998, 「獨島 명칭 변화 연구 – 명칭 변화를 통해 본 독도 영유권」, 『韓國學報』 제91·92합집.

한국어를 때때로 들은 대로 본래 발음에 가깝게 기록하여 남겼기 때문에 발견적 자료로 활용되는 일본 고문헌에는 울릉도가 '우르마'로 나온다.

비교적 가까운 시기의 것으로는 일본 외무성이 1881년에 울릉도 침탈의 뜻이 있어 울릉도의 소속에 대한 역사적 권원 조사를 북택정성(北澤正誠)에게 위촉하자, 북택은 1881년 음력 7월 26일(양력 8월 20일) 일본 외무성에 「죽도판도소속고(竹島版圖所屬考)」라는 보고서를 제출하였는데 그 안에는 다음과 같은 구절이 포함되어 있다.

> 대일본사(大日本史) 고려전(高麗傳)에 의거하면, 일조제(一條帝) 관홍원년조(寬弘元年條)에 '高麗蕃島芋陵島人 漂至因幡 給資糧 回歸本國'의 명문(明文)이 있는데, 주(註)에 그 인용서를 들어『권기(權記)』및『본조려초(本朝麗草)』라고 하였다. 또『공임집(公任集)』을 인용한 '新羅宇流麻(ウルマ)島之人至 宇流麻島 則芋陵島也'의 18글자(十八字)가 있고 '우릉(芋陵)'의 두(二) 자는『동국통감(東國通鑑)』에 의거한 것이라고 하였다. 그렇다면 당시 고려인(高麗人)이 이를 우릉도(芋陵島)라 칭하고 아방인(我邦人)은 이를 우류마도(宇流麻島)라고 칭한 것도 동일하다. 이것은 후에 세상에서 소위 죽도(竹島), 송도(松島)라고 말하고 있는 것으로서, 당시 그 도인(其島人)의 표도(漂到)에 대하여 이들을 본국(本國)에 회귀(回歸)시킴은 즉 아판도(我版圖) 외(外)의 지(地)였음을 알 수 있다.[46]

② 신용하, 2003,『韓國과 日本의 獨島領有權論爭』, 한양대학교출판부.
③ 이상태, 2008,「獨島 명칭의 역사적 고찰」,『한국지도학회지』.
④ 김영수, 2017,「근대 한국과 일본의 울릉도·독도 조사와 명칭」,『근대 한국과 일본의 독도관련 자료와 지도에 대한 역사적 국제법적 재조명』, 영남대 독도연구소·동북아역사재단 독도연구소 공동학술회의 논문집.

46 『日本外交文書』第14卷, 事項 10, 文書番號 161,「朝鮮國鬱陵島ノ儀ニ付朝鮮政府へ送

즉, 1004년(고려 목종 4년, 일본 관홍 원년)에 고려(高麗)에 속한 울릉도인들이 인번주(因幡州)에 표류해 왔는데 식량을 주고 본국에 돌려보낸 사실이 있음을 기록하면서, 고려의 울릉도를 일본의 고문헌 『권기(權記)』에서는 "신라의 '우루마(ウルマ)'도"라 하고 한자로 '우류마도(宇流麻島)'라고 표기했었고, 그들을 본국(本國)에 돌려보냈다고 한 것으로 보아 울릉도는 일본 영토 밖에 있는 땅임을 알 수 있다는 것이다.

일본의 고문헌 『권기』, 『공임집』이 이에 관한 사료이고, 『전대납언공임경집(前大納言公任卿集)』의 번역에서 "신라 '우르마' 도인(島人)이 와서(しらきのうるまの島人きて)"[47]라고 하여 '울릉도'가 고대 일본에서는 '신라의 우르마 도(島)'라고 호칭되었음을 알 수 있다.

여기서 '우르마'는 한국어 '우르뫼'(방언은 '우루매', '우루메', '우르마')의 일본어식 단모음형 발음임을 알 수 있다. 복모음이 잘 되지 않는 경상도 남부지방과 일본어 발음의 특징을 고려하면 '우르뫼', '우르매'가 일본에서 '우르마'로 기록된 것은 조금도 이상한 일이 아닐 것이다.

그러면 '우르뫼'는 어떠한 뜻을 가진 명칭인가? '우르'는 '을라'(임금), '어라(於羅瑕 : 백제의 최고위 관직)', 등의 고대어, '어른', '우'(위), '우러러' 등의 현대어와 동일한 계통어로서, 군장(君長), 왕(主上), 왕검(王儉)을 의미한 옛말이었다. '뫼'는 '산(山)', '릉(陵)'을 의미하는 고어였다.

울릉도에는 성인봉 아래 중앙에 '나리골(羅里洞)'이라는 꽤 넓은 평지가 있는데 '나리'는 '임금', '나리님'은 고대·중세에 '임금님'을 통칭하는 말이

翰ノ儀上申ノ件」, 附屬書 2「竹島版圖所屬考」, 390쪽.

47 『大日本史料』 第2篇의 5, 『前大納言公任卿集』 번역; 『千載和歌集』「詞書」; 川上健三, 1966, 『竹島の歷史地理學的硏究』, 古今書院, 70~71쪽에서 재인용.

었다. 여기서도 '우르'와 '나리'가 연결됨을 볼 수 있다.[48]

즉 '우르뫼'는 '임금산', '왕검산(王儉山)'의 뜻을 가진 것이었다고 필자는 해석한다.

울릉도에 사람이 거주한 것은 신석기시대부터였다[49]. 울릉도의 거주민들은 고대의 언젠가에 울릉도와 그 부속도서들을 영토로 하여 '우르뫼(마)'라는 명칭의 고대 해상 소왕국을 수립해 생활했으며, 그 후 서기 512년(신라 지증왕 13년)에 '우르뫼(마)' 해상 소왕국이 신라에 병합된 그 이후, 신라가 지명을 한자 표기할 시기에 이 소왕국의 이름은 한자로 '우산국'으로 기록되었다고 해석된다.[50]

신라에서 한자로 지명과 직명을 바꾸기 시작한 것은 법흥왕(法興王, 재위 514~539년), 진흥왕(眞興王, 재위 540~575년) 시기였으므로, 그 이전에 동해 가운데 있는 이 해상 소왕국의 명칭은 '우르뫼 나라'였음이 틀림없다고 필자는 해석하는 것이다.

즉 '우르뫼 나라'가 한국어 고유명칭이고, '우산국(于山國)'은 '우르뫼 나라'의 한자(漢字) 번역이라고 보는 것이다.

---

48 울릉도검찰사 이규원(李奎遠)은 1882년 울릉도 실태를 현지조사한 보고기록 『鬱陵島檢察日記』에서, 울릉도에 설읍(設邑)하는 경우 경식처(耕食處)로서 나리동(羅里洞)이 세로 10여리, 가로 9리에 1천여 호를 살릴 수 있는 곳이라고 보고하였다. 필자는 이 '나리동'이 우산국의 왕궁(王弓, 王宮)이 있던 곳이고, 이 때문에 '나리동'의 명칭이 성립되었다고 본다.

49 『鬱陵島 地表調査 報告書』(1), 1997, 서울대학교박물관.

50 ① 『三國史記』 劵4, 新羅本紀 第4, 智證麻立干 13年 夏 6月條.
② 『三國史記』 劵44, 列傳 4, 異斯夫條.

제2절 '우르뫼'의 한자 표기 분화

필자는 '울릉도', '우산도', '성인봉'의 명칭은 모두 '우르뫼'를 한자로 번역 표기할 때 '우르뫼'에서 분화되어 번역된 것이라고 본다.

'鬱陵'(울릉), '蔚陵'(울릉) 등은 '우르'를 '울'로 줄여서 한자로 음역(音譯)한 것이고, '뫼'를 '릉(陵)'으로 의역(意譯)하여 합성한 것이었다고 볼 수 있다.

'于陵'(우릉), '芋陵'(우릉), '迂陵'(우릉), '羽陵'(우릉) 등은 '우르'에서 '르'를 생략하고 '우'를 한자로 음역(音譯)한 것이고, '뫼'는 역시 '陵'(릉)으로 한자 음역(意譯)하여 합성한 것이었다고 볼 수 있다.

'武陵'(무릉) 등은 중국 발음으로 '武'(무)가 '우'이므로 '우르'의 '우'를 중국식으로 음역 표기한 것이고, '茂陵'(무릉)은 중국 한무제(漢武帝)의 능(陵) 이름이 '茂陵'(무릉)이므로 '武陵'(무릉)을 다시 유사음 이자(異字)로 표기한 것이었다고 해석된다.

'于山'(우산), '芋山'(우산), '流山'(유산) 등은 '우르'의 '르'를 생략하여 '우'로 줄여서 한자로 음역한 것이고, '뫼'를 '山'으로 한자 의역하여 합성한 것이었다고 볼 수 있다.

'聖人峰'(성인봉) 등은 '우르'의 '王'(왕), '王儉'(왕검)을 중세에서는 '성인(聖人)'으로도 별칭했는 바, '우르'를 '聖人'으로 의역한 것이고, '뫼'를 '峰'으로 한자 의역하여 합성한 것이었다고 볼 수 있다.

즉 '우르뫼'에 기원을 두고, 각각 구분하여 호칭할 필요가 있을 때, 한자 번역을 '鬱陵'(울릉), '蔚陵'(울릉), '于陵'(우릉), '芋陵'(우릉), '迂陵'(우릉), '羽陵'(우릉), '武陵'(무릉), '茂陵'(무릉), '于山'(우산), '芋山'(우산), '聖人峰'(성인봉) 등으로 달리 번역한 것이었음을 알 수 있는 것이다.

필자의 의견으로는 울진(蔚珍), 어라진(於羅津), 울산(蔚山)도 '우르뫼'와 관련이 있는 지명이라고 생각한다. 한반도 본국 강원도 지방에서 울릉도에 가는 나루(津:항구)가 '울진(蔚珍)', '어라진(於羅津)'이었고, 남쪽 경상도 지방에서 울릉도에 가는 항구가 울산(蔚山)이었다고 본다[51]. 고대에 중국 가는 나루를 '당진(唐津)', 탐라국 가는 나루를 '탐진(耽津)'[현재의 강진(康津)]이라고 호칭했던 것과 같다. 행정구역상 울릉도·독도가 장기간 강원도 울진현(蔚珍縣)에 속했는 것에는 깊은 연유가 있었던 것이다.

또한 1412년(조선 태종 12년)에 구(舊) 우(유)산국(于(流)山國) 도인(島人) 백가물(白加勿) 등 12인이 강원도 고성군(高城郡) 어라진(於羅津)에 배를 타고 들어와 자기들은 원래 울릉도(武陵島)에서 태어나 성장했는데 그곳에는 현재 (조선인) 11호 60명이 거주하고 있다고 보고한 일이 있다.[52] 이때 울릉도 사람이 '어라진(於羅津)'에 들어온 것은 그곳이 '우르뫼'에 왕래하는 나루(항구)였음을 시사하고 있는 것이다.

울릉도는 때때로 북으로부터는 동북여진(東北女眞), 남으로부터는 왜(倭)의 침노를 받아 백성들의 희생이 컸으므로 도민들을 육지에 쇄환시켜 정착시킨 일이 많았는데, 울산(蔚山)의 지명도 '우르뫼'와 관련된 것이었다고 볼 수 있다.

동래출신 안용복(安龍福)이 제2차로 도일(渡日)하기 직전에 울릉도·독도에 침입한 일본 어부 집단을 쫓아내기 위해 울릉도에 가려고 사람을 모집할 때 동래에서 모집하지 않고 구태여 울산에 가서 40여 명의 배꾼과 어민을 모집했었다.[53] 이것은 울산이 '우르뫼'와 관련된 지명임을 역시 시사해주는 것이기도 하다.

---

51 蔚珍의 '珍'은 '보배 진'이나 한자 번역에서는 동음의 好字를 취하는 경우가 많음으로, 원래 '津'의 뜻을 가진 이름을 '珍'자를 취하여 '津'도 포함하는 것으로 사용했다고 해석해도 틀리지 않을 것이다.

52 『太宗實錄』, 太宗 12年 4月 己巳條.

53 『肅宗實錄』, 肅宗 22年 9月 戊寅條.

제3절 우산국(于山國, 우르뫼 나라)의 영토 구성

동해는 섬이 매우 드문 깊은 바다이다. 일반 지도에 오를 수 있는 섬다운 섬은 동해에 '울릉도', '독도', '은기도'의 3개 섬 밖에 없다. 이 가운데 사람이 사는 섬은 '울릉도'와 '은기도'였고, '독도'는 무인도였다. 동양 전통시대에는 해안에서 육안(肉眼)으로 보이는 수평선까지를 내양(內洋)이라 하고 그 밖을 외양(外洋)이라 하였다. 유인도 해안에서 보이는 내양 안에 무인도가 있으면 그 섬은 그 유인도의 부속도서가 되었다. 울릉도에서는 날씨가 청명하면 육안으로 명확히 보인다. 그러나 은기도에서는 독도가 너무 멀어서 전혀 보이지 않는다. 그러므로 울릉도에 소왕국이 성립되면 독도는 울릉도 소왕국의 부속도서가 되는 것이 동양의 자연스러운 관례였다.

우산국(于山國, 우르뫼 나라)이 독립한 해상 소왕국이었을 때의 우산국의 영토는 현재의 울릉도(鬱陵島)와 독도(獨島)였다. 이것은 매우 자연스러운 귀결이었다. 울릉도 바로 옆에 있는 큰 바위섬들인 삼선암(三仙巖), 관음암(觀音巖), 죽도(竹島) 등이 우산국의 영토에 포함됨은 더 말할 필요도 없으나, 이들은 독도에 비해 훨씬 작은 바위들이다.

고대에는 육상 교통수단이 발달하지 않았고 해상 교통이 더 편리했으므로, 고대의 해상 소국인 우산국이 '울릉도'를 본도(本島)로 하고 부속도서로서 '독도'를 그의 영토로 한 것은 너무 자연스러운 일이었다고 말할 수 있다.

우산국이 울릉도와 독도의 2개 섬을 영토로 했음을 문헌으로 명백히 기록한 것은 『세종실록』「지리지」(1454년)로서, 다음과 같이 기록하고 있다.

> 우산(于山)과 무릉(武陵)의 2개 도(島)는 현(縣 : 울진현)의 정동(正東) 쪽 바다 가운데 있다. 두 섬(島)의 상거(相距)가 멀지 아니하여 날씨가 청명하

면 가히 바라볼 수가 있는데, 신라 때는 우산국(于山國)이라고 칭하였다.[54]

여기서는 우산(于山 : 독도)과 무릉(武陵 : 울릉도)의 두 섬이 서로 거리가 멀지 아니하여 날씨가 청명한 경우에는 가히 바라볼 수 있는데 신라시대는 우산국(于山國)이라 했다고 기록하여, 두 섬이 모두 우산국이었음을 설명하였다.[55]

우산국의 영토가 울릉도와 독도로 구성되었음을 더욱 명료하게 증명해 주는 문헌기록은 『동국문헌비고』(1770년)와 『만기요람』「군정편」(1808년)이다.

이 고문헌들은 "여지지(輿地志)에 이르기를 울릉도(鬱陵島)와 우산도(于山島)는 모두(皆) 우산국지(于山國地)이며, 우산도(于山島)는 왜인(倭人)들이 말하는 송도(松島)이다."[56]라고 기록하였다.

여기서 주목할 것은 울릉도와 우산도가 '모두(皆)' 우산국지(于山國地)라고 하여 울릉도와 함께 우산도도 모두 우산국 영토임을 명백히 밝힌 사실이다.

또한 주목할 것은 '우산도'는 일본인들이 말하는 '송도(松島)'라고 명백히 밝힌 점이다. 17세기 이후 당시에 일본에서는 독도(獨島, 于山島)를 '송도(松島)'로, 울릉도(鬱陵島)를 '죽도(竹島)'로 호칭하고 있었음은 일본의 고문헌

54 『世宗實錄』「地理志」江原道 蔚珍縣條. "于山 · 武陵二島 在縣正東海中 二島相距不遠 風日淸明 則可望見 新羅時稱于山國."

55 동해에는 섬들이 매우 드물다는 지리적 특징 때문에 울릉도에서 날씨가 청명한 경우에만 보이는 섬은 독도뿐이고, 세종 때에는 독도를 우산도라고 호칭했기 때문에, 이때의 우산도가 독도를 가리키는 것은 명백하다. 울릉도 바로 옆의 바위섬들인 삼선암, 관음도, 죽도 등은 날씨가 청명하지 않아도 매우 잘 보인다. 또한 은기도는 아무리 날씨가 청명해도 너무 멀어서 보이지 않는다. 동해에는 이 외의 섬들이 없는 지리적 특징을 가지고 있다.

56 『萬機要覽』「軍政篇」, "輿地志云 鬱陵于山皆于山國地. 于山則倭所謂松島也."

에서나 현대 연구서에서나 모두 지적하여 시인하고 있는 사실이다.

우산도가 곧 일본에서 호칭하는 송도이고 그것이 조선 영토임을 밝히어 오늘날의 독도가 한국 영토임을 증명하는 또 하나의 고문헌 기록은 『숙종실록(肅宗實錄)』 1696년조의 안용복(安龍福) 관계기록이다. 여기서는 안용복의 말로 "송도(松島)는 곧 자산도[子山島 : 『증보문헌비고』에는 우산도(于山島)라고 기록]이고 이 역시 우리나라(조선) 영지이다(松島卽子山島 此亦我國地)."[57]라고 기록했고,[58] 일본의 백기주태수(伯耆州太守)도 "양도(兩島 : 울릉도와 우산도)가 이미 당신네 나라에 속한 이후(兩島旣屬爾國之後)"[59]라고 하여 울릉도와 독도가 이미 조선 영토에 속했음을 인정하였다.

『동국문헌비고』와 『만기요람』 「군정편」의 위의 내용은 『동국문헌비고』를 계승한 『증보문헌비고(增補文獻備考)』(1903년 편집, 1908년 간행)에서도 수록되어, "여지지(輿地志)에 이르기를 울릉(鬱陵)과 우산(于山)은 모두(皆) 우산국지(于山國地)인데 우산(于山)은 곧 왜(倭)가 말하는 바의 송도(松島)이다."[60]라고 기록하였다. 즉 우리는 위의 고문헌 기록을 통해서도 다음의 사실이 증명됨을 알 수 있다.

우산국(우르뫼 나라) 영토 = 울릉도 + 우산도(일본 호칭 송도, 현재의 독도)

즉 우산도가 우산국의 영토였으므로, 우산국이 한국과 일본 중에 어느 나라에 병합되었는가에 따라 처음부터 우산도의 소속이 결정되었을 것임

---

57 『肅宗實錄』, 肅宗 22年(1696년) 9月 戊寅條.

58 안용복의 공술에 '子山島'라고 한 것은 '于山島'의 오기이거나, 안용복이 '于'를 '子'로 오독하여 발생한 오기로 해석된다. 『增補東國文獻備考』에서는 안용복의 동일한 공술을 수록하면서 '子山島'라 기록하지 않고 '于山島'라고 기록하였다.

59 『肅宗實錄』, 肅宗 22年(1696년) 9月 戊寅條.

60 『增補文獻備考』 「輿地考」, "輿地志云 鬱陵 · 于山皆于山國地 于山則倭所謂松島也."

음을 명백히 알 수 있다. 우산국은 서기 512년(신라 지증왕 13년)에 신라에 병합되었으므로, 우산국의 영토인 우산도도 신라에 병합되어 울릉도와 우산도(독도)는 서기 512년 이래 한국의 고유영토로 계승된 것이었다.

제4절 14세기 말까지 고려왕조의 독도·울릉도 통치와 그 명칭

신라는 옛 '우르뫼' 영지에 대하여 어떠한 호칭을 하고 어떠한 편제의 통치를 했을까? 신라는 '우르뫼 나라'를 병합한 후 처음에는 우산국 영토 전체를 합쳐서 '우르뫼'로 호칭했다고 해석된다. 고려시대에 김부식(金富軾)이 『삼국사기(三國史記)』에서 한자 호칭으로 于山國(우산국) 운운한 것은 우르뫼 나라가 신라에 병합된 이후의 후대의 한자 표기로 된 호칭을 소급하여 기술한 것으로 추정되기 때문이다. 신라가 '우르뫼'를 병합한 서기 512년의 시기는 신라가 아직 지명과 관직명을 한자화하기 이전이었다.

신라는 우산국을 병합한 후, 울릉도에 주현(州縣)을 설치하여 구우산국영토(울릉도와 독도)를 통치하였다. 앞서 쓴 바와 같이, 『삼국유사』에는 우산국을 병합한 이사부(이종)를 포상하여 이사부를 구 우산국 영지의 '주백'[州伯 : 고을 관장(官長)]으로 삼았다는 기록이 있다. 또한 고려 의종(毅宗) 11년(서기 1157년)의 기록에 "왕이 동해 가운데 울릉도라는 섬이 있는데, 땅이 넓고 토질이 비옥하며 옛날에 주현을 두었고(舊有州縣) 가히 백성들이 살 수 있다는 말을 듣고"[61] 신하를 파견하여 조사케 했다는 보고가 있다. 여

61 『高麗史』 券18, 世家, 毅宗 11年 5月 丙子條.

기서 '구유주현(舊有州縣)'의 '구(舊)'는 전(前) 왕조(王朝)를 가리킬 때 자주 사용되는 표현으로 고려왕조의 전 왕조인 신라왕조를 가리키는 것으로 해석된다. 또한 고려 의종 이전의 고려왕조에서는 울릉도에 주현을 설치한 기록이 없으니, 이는 바로 신라왕조가 우산국 영토에 주현을 설치하여 신라의 한 지방으로 통치했었음을 알려주는 것이라고 볼 수 있다.

신라는 법흥왕·진흥왕 시기(서기 514~575년)에 지명의 한자 표기화가 대대적으로 진행되었으므로, 이때 '우루뫼'의 본도가 '鬱陵島'(울릉도)로 한자 표기됨과 동시에 독도는 '于山島'(우산도)로 한자 표기되었다고 추정된다. 아무리 늦게 잡아 보아도 통일신라 시기에는 독도의 '于山島'로의 한자 명칭 표기가 확립되었다고 볼 수 있다.

'우르뫼'의 본도를 '于陵'(우릉), '芋陵'(우릉), '迂陵'(우릉), '羽陵'(우릉), '鬱陵'(울릉), '蔚陵'(울릉) 등으로 표기하고 독도를 '于山島'로 표기하는 관행은 삼국시대 신라 후기에 시작되었다가 통일신라에 와서 깊이 정착된 것이라고 해석된다.

고려왕조에 들어오면 '우르뫼'의 본도에 대한 한자 표기 중 '于山'(우산), '芋山'(우산)은 거의 없어지고 '芋陵'(우릉), '羽陵'(우릉), '迂陵'(우릉)의 표기가 지배적으로 된다.

고려왕조 시대에 울릉도는 몇 차례 동북여진(東北女眞)의 침략을 받아 황폐화되었다. 이때의 고려왕조는 울릉도 등에 대해 방어 실패의 책임을 호도하기 위함이었는지 또는 간접통치를 실시했는지 『고려사』의 기록에서 외침을 당한 시기의 울릉도를 갑자기 '우산국(于山國)'으로 표기하였다.[62]

62 고려의 목종과 현종 때는 북방의 동북여진과 거란(契丹)의 침입으로 국력이 피폐해졌고, 현종 2년(1011년)에는 고려 수도 개성을 거란 군에게 점령당하여 국왕이 전라도 나주(羅州)까지 피란하기도 했다. 곧 개성을 수복했지만 북방에 대한 대비 때문에 울릉도 등에

우산국이 동북여진의 침입을 받아 농업이 폐하였으므로 이원구(李元龜)를 파견하여 농기구를 하사하였다.[63]

우산국의 민호(民戶)로 일찍이 여진의 침략을 받고 (육지로) 도망해온 사람들을 모두 돌아가도록 명령하였다.[64]

도병마사(都兵馬使)가 우산국 백성으로서 여진의 침략을 입고 도망해온 사람들을 예주(禮州)에 처하여 관에서 자량(資糧)을 공급하고 영구히 편호(編戶)하도록 하자고 상주하니 왕이 종지(從之)하였다.[65]

이때 울릉도 주민들은 본토로 도망나와 피란했는데, 난리가 끝난 후 강원도와 경상도 지방에 피란했던 울릉도민들은 울릉도로 돌아갔으나, 고려 국경지대인 덕원(德原, 禮州)까지 피란해 온 울릉도인들에 대해서는 계속 남아서 민호(民戶)를 편성하여 영구히 거주하도록 허락하고 양식을 조달하였다.

고려왕조는 동북여진의 울릉도 침입을 물리친 직후 적극적으로 울릉도 방어 정책을 시행했는지, 다음 국왕 고려 덕종(德宗, 1032년 즉위) 때부터는 '우산국' 호칭이 사라지고 울릉도를 '우릉성(羽陵城)'이라고 표시하였다.

우릉성주(羽陵城主)가 아들 부어잉다랑(夫於仍多郎)을 보내어 토산물을 헌납해오다.[66]

대한 통치를 일시적으로 간접 통치로 전환했다가 다시 직접 통치로 돌아왔을 수 있다.

63 『高麗史』(卷4) 世家, 顯宗 9年 11月 丙寅條. "以于山國 被東北女眞所寇 廢農業 遣李元龜 賜農器."

64 『高麗史』(卷4) 世家, 顯宗 10年 7月 己卯條. "于山國民戶 曾被女眞虜掠 來奔者 悉令歸之."

65 『高麗史』(卷4) 世家, 顯宗 13年 7月 丙子條. "都兵馬使奏 于山國民 被女眞虜掠 逃來者 處之禮州 官給資糧 永爲編戶 從之."

66 『高麗史』(卷5) 世家, 德宗 元年 11月 丙子條. "羽陵城主 遣子夫於仍多郎 來獻土物."

고려 덕종(德宗) 원년(서기 1032년)의 이 기록은 고려왕조가 울릉도를 다시 직접 통치하면서 군사요지로 만들어 울릉도를 '우릉성(羽陵城)'이라고 하고 주민들을 조직화하여 토호(土豪)를 '우릉성주(羽陵城主)'로 하는 방어 체제를 갖추었음을 알려주고 있다. 그 이후 울릉도에 대한 고려왕조의 표기는 '우릉도(羽陵島)', '울릉도(鬱陵島)'로 일반화되어 정착된 것으로 보여진다.[67]

이 시기 울릉도 사람들에 의해 울릉도와 구분해서 호칭되었을 독도의 호칭(우산도)은 관리들에게는 아직 채록되지 않고, 민간인들 사이에서만 통용되고 있었던 것으로 보인다.

제5절 1417년 '우산도' 명칭의 채록과 공식명칭 확립

조선왕조에 들어오면 울릉도의 명칭 한자표기에 '武陵(무릉)', '茂陵(무릉)'이 추가되고, 울릉도 사람들에 의해 울릉도와 구분해서 독도에 붙여 사용하던 '우산도(于山島)' 호칭이 정부의 파견관에 의해 채록되기에 이른다.

고려 말기 왜구가 창궐하던 시기에 울릉도는 왜구의 노략질을 당하였다. 조선왕조가 개창된 후 1407년(태종 7년) 3월에 대마도주(對馬島主) 종정무(宗貞茂)는 태종에게 토산물을 헌납하고 일찍이 왜구들이 납치해간 조선인 포로들을 송환함과 동시에, 울릉도에 대마도인(對馬島人)을 이주(移住)시킴을 허락해 달라고 청원하였다. 이때 태종은 외국인이 국경을 넘어와 살면 국가 간 분쟁이 생긴다고 이를 허락하지 않았다. 『태종실록』은 이때

67 『高麗史』 卷17, 世家, 仁宗 19年 7月 己亥條.

울릉도를 '武陵島'(무릉도), '茂陵島'(무릉도) 등으로 표기하였다.[68]

조선왕조 태종 12년(1412년)에 울릉도 사람[구 우산국 사람, 유산국인(流山國人)], 백가물(白加勿) 등 12인이 강원도 고성 어라진에 배를 타고 들어왔는데, 자기들은 원래 울릉도에서 태어나 성장했으며, 현재 울릉도에는 조선인 11호 60명이 거주하고 있다고 보고하였다. 조선 조정은 백가물 등이 울릉도로 도망하여 돌아가지 못하도록하고 통주, 고성, 간성 등지에 나누어 살게 하였다.[69]

태종은 1416년 음력 9월 울릉도민에 대한 대책을 신하들에게 물었는데, 강원도관찰사를 지낸 호조참판 박습(朴習)이 울릉도 사정을 잘 아는 전(前) 삼척만호(三陟萬戶) 김인우(金麟雨)를 천거하면서 울릉도 옆에 '소도(小島)'가 있음을 다음과 같이 아뢰었다.

> 호조참판 박습(朴習)이 계(啓)하되, "신이 일찍이 강원도관찰사로 있을 때 듣기를, 무릉도(武陵島)는 둘레가 7식(息)이고, 옆에 소도(小島)가 있다 하며, 그 전(田)이 50여 결(結)인데, 들어가는 길은 한 사람이 겨우 통하고 두 사람이 병행할 수 없다고 하며, 옛날에 방지용(方之用)이란 자가 15가구를 인솔하고 들어가 사는데 때로는 왜인을 가장하여 본토를 침노하기도 했다고 하온 바, 그 섬을 아는 자가 삼척에 있으니 청컨대 그를 보내 조사케 하옵소서."하니 왕이 가하다 하였다.[70]

여기서 주목할 것은 호조참판 박습이 울릉도 옆에 있다고 보고한 '小

68 『太宗實錄』, 太宗 7年 3月 庚午條.

69 『太宗實錄』, 太宗 12年 4月 己巳條.

70 『太宗實錄』, 太宗 16年 9月 庚寅條.

島'(소도)이다. 물론 이 '소도'를 울릉도 사람들은 잘 알고 명칭도 알고 있었겠지만, 국왕 태종에게는 처음 듣는 보고였던 것으로 보인다.

태종은 박습의 추천에 따라 김인우로 하여금 울릉도를 조사케 하면서 그의 직함을 '무릉도안무사(武陵島按撫使)'라고 하지 않고 '무릉등처안무사(武陵等處按撫使)'라고 하여 무릉도 다음에 '등처(等處 : 울릉도 등의 곳들)'를 붙였다.

이것은 김인우의 사명이 울릉도와 그 주민만 조사하는 것이 아니라, 그 옆에 있는 소도도 조사할 것을 포함했음을 의미하는 것이다.

무릉등처안무사 김인우는 조사대를 인솔하고 울릉도에 들어갔다가 1417년 음력 2월 5일 서울로 돌아왔는데, 이때 그의 보고에는 울릉도에 가서 15가구 86명이 거주하고 있음을 조사했으나, 데리고 나온 것은 3명뿐이었다.[71]

태종은 이 보고를 받고 울릉도에 살고 있는 86명을 모두 쇄출(刷出)하여 데리고 나오도록 할 것인가, 울릉도에 거주시킬 것인가를 결정하기 위하여 대신회의를 소집하였다. 이때 대신회의에서는 무릉도만 거론되지 않고 동시에 우산도도 거론되어, '우산·무릉등처(于山·武陵等處)'가 논의되었다.

> 우의정 한상경(韓尙敬)에게 명하여 육조(六曹) 대간(臺諫)으로 하여금 우산·무릉(于山·武陵) 거인(居人)의 쇄출(刷出)의 편부(便否)를 의논케 한 바, 첨(僉)하여 가로되 무릉도 거주인을 쇄출하라고 명령하지 말고 오곡과 농기를 공급하여 그 생업에 편안케 하되 곧 주수(主帥)를 파견하여 그들을 안무(按撫)하고 또 토공(土貢)을 정하여 내게 하는 것이 가(可)하다고 하였

71 『太宗實錄』, 太宗 17年 2月 壬戌條.

> 으나, 공조판서 황희가 홀로 불가(不可)라 하여 가로되 안치(安置)를 명령하지 말고 속히 쇄출하는 것이 마땅하다 하였다. 임금이 가로되 쇄출의 계(計)가 옳으니, 저 사람들이 일찍이 역(役)을 피하여 안거(安居)하다가 토공을 정하고 주수를 두면 저들이 반드시 이를 싫어할 것이므로 이를 오래 남도록(留) 하는 것은 불가하다 하고, 김인우를 안무사로 하여 우산·무릉(于山·武陵等處)에 다시 들어가 거주인들을 데리고 육지로 나오는 것이 마땅하다고 하였다. 임금은 이어 옷과 갓과 신발을 하사했으며, 또 우산인 3명에게도 각각 옷 1벌씩을 하사하고, 강원도관찰사에게 명하여 병선(兵船) 2척을 공급하고 도내(道內)의 수군만호(水軍萬戶), 천호(千戶) 중에서 유능한 자를 선발하여 김인우와 함께 가게 하였다.[72]

여기서 주목할 것은 1417년 2월 9일에 태종이 소집한 대신회의에서는 태종과 신하들이 '무릉등처(武陵等處)'라고 용어를 사용하지 않고 '우산·무릉(于山·武陵)', '우산·무릉등처(于山·武陵等處)'라고 용어를 사용했다는 사실이다. 이것은 무릉등처안무사로서 김인우가 제1차로 울릉도에 들어갔을 때 울릉도 주민들에게 울릉도 옆의 소도를 탐문한 바 울릉도 거주민들이 '우산도(于山島)'라고 호칭해 오고 있음을 확인해서 채록(採錄)하여 조정에 보고했기 때문에 나온 결과라고 볼 수 있다.

즉 김인우는 울릉도를 다녀오면서 우산도를 가보지는 못했지만 울릉도

72 『太宗實錄』太宗 17年 2月 乙丑條. "命右議政韓尙敬 六曹臺諫 議刷出于山武陵居人便否. 僉曰 武陵居人 勿令刷出 給五穀與農器 以安其業 仍遣主帥撫之 且定土貢可也. 工曹判書黃喜 獨不可曰 勿令安置 依速刷出. 上曰 刷出之計是矣 彼人等 曾避役安居 若定土貢 有主帥則 彼必惡之 不可使之久留也 宜以金麟雨 仍爲按撫使 還入于山武陵等處 率其居人出陸. 仍賜衣笠及靴 且賜于山人三名 各衣一襲. 命江原道觀察使 給兵船二隻 選揀道內水軍萬戶千戶中有能者 與麟雨同往."

부근에 소도가 있고, 울릉도 주민들이 이 작은 섬을 '우산도'라고 호칭해 오고 있음을 확인하여 채록해서 보고한 것이었다. 즉 조선 조정에서 울릉도의 부속도서로서의 독도를 '우산도'라고 확인하여 공식적으로 호칭한 것은 1417년(태종 17년) 음력 2월 9일경이었다. 물론 울릉도 주민들이 독도를 우산도라고 호칭한 것은 그보다 훨씬 이전인 신라시대부터였음은 더 말할 필요도 없다.

세종대왕은 부왕 태종의 울릉도 공도정책을 답습하여 실행했는데, 울릉도에 몰래 또 들어간 주민이 28명 있다는 보고를 받자 1425년 8월 김인우를 다시 울릉도에 파견하였다. 주목해야 할 것은 이때 세종이 김인우를 '우산·무릉등처안무사'로 임명했다는 사실이다. 이것은 동일한 직책에 태종이 처음 '무릉등처안무사'라고 임명했던 관직명에 '우산'을 추가하여 크게 달라진 것이었다.

그러므로 필자는 삼국시대 신라 후기와 통일신라시대에 독도에 대해 '우산도'라는 명칭이 성립되어 사용되어 오다가, 고려 말기에 조정관리들이 이 명칭을 잊고 울릉도만 호칭하고 있던 것을, 조선왕조 초엽 서기 1417년(태종 17년)에 조정이 울릉도 주민으로부터 다시 독도를 부르는 이름을 채록하여 공식명칭으로 확립하고, 세종이 1425년부터 아예 '우산도'를 관직 명칭에까지 사용했다고 본다.

> 전(前) 판장기현사(判長鬐縣事) 김인우를 우산·무릉등처안무사(于山武陵等處按撫使)로 임명하였다. 처음에 강원도 평해인(平海人) 김을지(金乙之), 이만(李萬), 김을금(金乙金) 등이 무릉도에 도망하여 거주했었는데 병신년(丙申年)에 국가에서 김인우를 파견하여 모두 쇄환케 했었다. 계묘년(癸卯年)에 김을지 등 남녀 모두 28명이 다시 본도(本島)에 몰래 도망하여 들어갔다. 금년 5월에 김을지 등 7인이 그 처자를 본도(本島)에 남겨두고 작은 배

> 를 타고 평해군(平海郡) 구미포(仇彌浦)에 몰래 도착했다가 발각되었다. 감사(監司)가 본군(本郡)의 치보(馳報)에 인해 보고하여, 이에 다시 쇄환하도록 한 것이다. 김인우는 군인 50명을 인솔하고 무기와 3개월분의 식량을 준비하여 바다로 떠났다. 섬은 동해 가운데 있고, 김인우는 삼척인(三陟人)이다.[73]

이 기록은 이제 울릉도뿐만이 아니라 우산도(독도)가 우산·무릉등처안무사 김인우가 조사·관리해야 할 행정구역으로 선명히 부각된 것이었다.

또한 위의 기록은 울릉도를 두 번이나 '본도(本島)'라고 기록하였다. 이것은 우산도와 무릉도 중에서 무릉도를 본도로 인식하고, 우산도를 그 속도(屬島)로 인식하고 있었음을 나타내는 것이라고 볼 수 있다.

세종에 의해 우산·무릉등처안무사에 임명된 김인우는 1425년(세종 7년) 병선 2척을 이끌고 다시 울릉도에 들어가다가 큰 태풍을 만나 병선 1척과 배군 46명이 실종되는 손실을 입었다.

> 우산·무릉등처안무사(于山武陵等處按撫使) 김인우가 본도(本島)에 역(役)을 피해간 남녀 20인을 수색하여 잡아와 복명하였다. 처음에 김인우는 병선 2척을 영솔하고 무릉도에 들어갔는바, 선군(船軍) 46명이 탄 1척은 태풍에 간 곳을 알지 못하게 되었다. 임금께서 여러 대신들에게 가로되, 김인우는 20여 인을 잡아 데려왔으나 40여 인을 잃었으니 무슨 이익이 있는가. 이 섬은 특이한 산품이 별로 없는데 도망하여 들어가는 자의 이유는 전적으

73 『世宗實錄』(卷29) 世宗 7年 8月 甲戌條. "以前判長鬐縣事金麟雨 爲于山武陵等處按撫使. 初江原道平海人 金乙之·李萬·金 乙金等 曾逃居武陵島. 歲丙申 國家遣麟雨 盡行刷還. 癸卯 乙之等男婦共二十八名 復逃入本島. 今年五月 乙之等七人 留其妻子於本島 乘小船 潛到平海郡仇彌浦發覺 監司囚之 本郡馳報 於是復爲刷還. 麟雨率軍人五十名 備軍器賫三月糧 浮海而去. 島在東海中. 麟雨三陟人也."

로 부역을 면하려 하는 것이라 한다고 하였다. 예조참판 김자지(金自知)가 계(啓)하여 가로되, 이번에 잡아온 도민을 법률에 비추어 죄를 주자고 청하니, 임금께서 가로되, 이 사람들은 타국(他國)에 몰래 따라 들어간 것이 아니며, 또 전에 범한 바를 사(赦)해준 일도 있으니 죄를 주는 것은 불가하다고 하였다. 임금은 이어 병조에 명해서 이들을 충청도의 먼 산군(山郡)에 두어서 다시 도망하지 못하도록 하고 3년 이내에 복호(復戶)시키도록 하였다.[74]

여기서 특히 주목해야 할 것은 김인우가 쇄환해 온 울릉도민들을 예조참판이 벌하자고 청하였을 때, 국왕 세종이 "이 사람들은 '타국(他國)'에 몰래 따라들어간 것이 아니라(此人非潛從他國)"고 대답했다는 사실이다.

즉 세종대왕은 비록 쇄환정책을 사용할지라도 우산도와 무릉도 등이 '타국(他國)이 아니라 아국(我國 : 조선)'이므로 여기에 몰래 들어간 것에 벌을 줄 필요까지는 없다고 말한 것이다. 이것은 조선 국왕 세종이 우산도(독도)와 무릉도(울릉도)를 타국의 영토가 아니라 조선의 영토라고 명백히 밝힌 것이다.

『세종실록』의 세종 7년(1425년) 8월 갑술(甲戌)조와 10월 을유(乙酉)조의 위의 두 기록은 독도 영유권 문제와 관련하여 결정적으로 중요한 사실을 알려주고 있다. 즉 ① 조선 국왕(세종)이 '우산 · 무릉등처안무사(于山 · 武陵等處按撫使)'라는 관리를 임명하여 우산도(독도)와 무릉도(울릉도)에 실제로 통치권 · 영유권을 행사했고, ② 우산도와 무릉도 중에서 무릉도를 '본도(本

---

74 『世宗實錄』(卷30) 世宗 7年 10月 乙酉條. "于山武陵等處按撫使金麟雨 搜捕本島避役男婦二十人 來復命. 初麟雨領兵船二隻 入茂陵島 船軍四十六名 所坐一艘 飄不知去向. 上謂諸卿曰 麟雨捕還二十餘人 而失四十餘人 何益哉. 此島別無異産 所以逃入者 專以窺免賦役. 禮曹參判金自知啓曰 今此捕還逃民 請論如律. 上曰 此人非潛從他國 且赦前所犯 不可加罪. 仍命兵曹置于忠淸道深遠山郡 使勿復逃 限三年復戶."

島)'라고 (따라서 우산도가 속도라고) 구분했으며, ③ 우산도와 무릉도는 타국(他國)이 아니라고 (즉 조선의 영토라고) 천명하는 언명을 한 것이었다.

제6절 조선왕조의 우산도 지방관제 편입

『세종실록』「지리지」(1454년 편찬)는 세종의 통치 영토, 즉 조선왕조의 영토에 대한 기록인데, 중요하므로 거듭 인용하면 이 고문헌의 강원도(江原道) 울진현(蔚珍縣)조에서는 "우산(于山)과 무릉(武陵)의 2개 도(島)가 현(縣 : 울진현) 정동(正東)의 바다 가운데 있다. 두 섬이 서로 거리가 멀지 아니하며, 날씨가 청명하면 가히 바라볼 수 있는데, 신라시대에는 우산국(于山國)이라고 칭하였다."[75]라고 기록하였다.

여기서 무릉도(武陵島)가 울릉도임은 세종 7년(1425년)의 울릉도민 쇄환 기록에서 거듭 확인된다. 울릉도 주변에는 삼선암, 관음도, 죽도 등 다수의 작은 바위섬들이 울릉도 해안의 바로 옆 매우 가까운 거리에 있어서 날씨가 청명하지 않아도 언제나 매우 크게 잘 보인다. 날씨가 청명한 경우에 울릉도에서 겨우 볼 수 있는 섬은 동해에는 독도밖에 없다. 섬이 드문 동해의 지리적 특징 때문에 이 기록만으로도 우산도가 독도임은 논란의 여지없이 명백해지는 것이다.

『세종실록』「지리지」에서 '우산도(독도)'가 울릉도와 함께 강원도 울진현조에 기록된 것은 세종대왕이 우산도를 '지방관제'에 편입시켜 울진현현감이 독도를 울릉도와 함께 통치 · 행정 · 관리하도록 체제화했음을 나타낸

75 『世宗實錄』 券153, 「地理志」, 江原道 蔚珍縣條.

것이다. 이것은 독도(우산도)의 영토귀속에서 독도가 한국 영토(조선왕조 영토)임을 더욱 명백히 확증하는 것이다.

조선왕조는 이어 오랜 기간의 작업 끝에 1481년(성종 12년) 『동국여지승람』을 편찬했고, 1531년(중종 26년)에 『신증동국여지승람』을 편찬하였다. 이 책은 단순한 지리서가 아니라 조선왕조가 '조선 영토'로서 규정한 지역들의 지방관제 체계까지 정밀하게 규정하여 밝힌 '조선 영토 행정체계 지리 해설서'이다. 즉 조선왕조는 조선이 통치하는 영토에 대해 행정적 지리적 해설을 정리하여 세상에 널리 선언하고 알림으로써 자기의 통치영토를 명확하게 규정했던 것이다.

이 책에서는 우산도(독도)와 울릉도를 강원도 울진현조에 수록하여, 우산도와 울릉도가 모두 강원도 울진현에 속해있는 조선왕조의 영토임을 명백히 재천명하였다.

이러한 과정으로 15세기 초 1417년에 조선왕조(태종·세종 시대)에서 독도의 명칭은 신라시대의 호칭이 다시 채록되어 '우산도'로 완전히 정착되어서 모든 공문서에서 사용된 것이다. 또한 각종 공식지도들에서도 독도는 '우산도'라는 명칭으로서 조선왕조의 영토로 표시되었다.

단지 당시 문관들의 지도 제작 기술의 미숙과 지리학적 지식 부족으로 말미암아 지도에 따라서는 '우산도'의 위치가 부정확하게 울릉도의 동·서·남·북의 어느 위치에나 자유롭게 그려지고 있었다. 예컨대 『신증동국여지승람』의 부속지도인 「팔도총도」와 도별도(道別圖)의 「강원도지도」에서는 우산도를 울릉도와 별개의 다른 섬으로 그리면서, 우산도를 울릉도보다도 더 한반도 해안에 가까운 안쪽인 울릉도의 서쪽에 그려넣었다. 이 지도를 그린 당시 문관들은 전근대시대에 독도(우산도)를 실측한 것이 아니라, 기록과 보고에 의존하여 그려넣었기 때문에 당시 그들의 한정된 지리학 지식으로는 우산도의 위치를 정확하게 그려넣을 수가 없었다. 15세기경에는 조선왕조뿐만 아니라 전 세계의 거의 모든 고지도들이 섬과 국가의 위치를 이렇게 부정확하게 그려넣었었다.

그러나 지도의 정확성과는 별도로 우산도(독도)의 영유권을 확인하는 것에서는 지도 제작 기술의 미숙은 문제가 되지 않으며, '우산도'와 '울릉도'의 두 섬이 모두 조선왕조의 영유임을 명백히 천명하는 것이다.

뿐만 아니라 우산도를 울릉도보다도 더 한반도 내륙 해안에 더 근접하도록 울릉도의 서쪽에 그려넣은 것은 우산도에 대한 매우 강렬한 영토의식을 반영한 것이라고 볼 수 있다. 『신증동국여지승람』의 부속지도에서 울릉도가 조선 영토라면, 울릉도의 부속도서이며 과거 우산국의 영토의 일부였고 또 울릉도의 서쪽 한반도 내륙 더 가까이 있는 우산도는 더욱 자명하게 조선 영토인 것이다.

그 후 지리학 지식과 지도 제작 기술이 발전됨에 따라 우산도의 위치는 정확하게 교정되어 그려지면서 조선 영토임이 계속 더욱 명확하게 천명되었다. 예컨대, 정상기(1678~1752년)의 「동국전도」에서는 전국도와 도별도에서 모두 『신증동국여지승람』 지도의 부정확성을 교정하여 우산도를 울릉도의 동쪽에 정확하게 그리고 조선 영토임을 천명하였다. 그 이후 거의 모든 주요 지도들이 우산도의 위치를 울릉도 동쪽에 정확히 그리고 조선 영토임을 표시하였다.

우산도는 지방에 따라 다른 명칭으로 보고가 올라와서 다른 명칭으로 기록된 경우가 때때로 있었다. 예컨대 성종 시대의 '삼봉도(三峰島)'[76]와, 정조 시대의 '가지도(可支島)'와 같은 것이다. 그러나 이것은 지방에서의 잠깐

---

76 『成宗實錄』, 成宗 7年 10月 丁酉條. 성종은 동해에 '三峰島'라는 새 섬이 있다는 보고를 받고 몇 차례 조사단을 파견했는데, 대부분 울릉도를 답사해왔고, 金自周 일행의 성종 7년 10월의 탐사에서 우산도를 탐사해왔다.

의 일이었고, 조선왕조의 전 시대를 통하여 쇄환공도정책 시행의 기간에도 언제나 독도에 대한 조선왕조의 공식명칭은 '우산도'였고, 강원도 울진현에 속한 조선 영토로 기록되어 왔다.

제7절 19세기 말 '독도'의 명칭과 '돌섬', '독섬', '石島'(석도) 및 '獨島'(독도)의 표기

한국에서 19세기 말에 독도의 '우산도' 명칭이 '독도'로 바뀌게 되는 큰 변동이 일어나게 되었다.

조선왕조가 1876년 개항한 후 일본인들이 울릉도에 몰래 들어가서 벌목과 어채를 하고 한국 어민들의 밀입도도 증가하자, 조선 조정은 울릉도 쇄환공도정책을 폐기하고 울릉도·독도를 재개척하려고 하였다.[77] 이에 조선 조정은 그 준비로 이규원(李圭遠)을 검찰사로 임명하여 울릉도를 조사케 했는데, 1882년 5월 그의 복명서에 의하면, 울릉도에 침입한 일본인은 모두 78명이었고, 울릉도에 밀입도한 조선인은 모두 140명이었다.

조선인 140명의 출신도별은 전라도가 115명(전체의 82%), 강원도가 14명(10%), 경상도가 10명(7%), 경기도가 1명이었다. 다시 전라도 출신 115명의 출신 군별을 보면, 흥양(興陽)의 삼도(三島) 출신이 38명, 흥해(興海)의 초도(草島) 출신이 56명, 낙안(樂安) 출신이 21명이었다.[78] 대부분이 남해안 도서 지역 출신임을 알 수 있다.

---

77 『承政院日記』, 高宗 19年(1882년) 4月 7日條.

78 李圭遠, 『鬱陵島檢察日記』.

울릉도에 밀입도한 조선인들의 직업을 보면, 129명(전체의 92.2%)이 울릉도에 들어와 13~24명씩 1단(團)을 이루어 결막(結幕)을 해 살면서 나무를 베어 조선을 하고, 때때로 미역 따기와 고기잡이를 해서 조선(造船)이 끝나면 그 배에 싣고 돌아가고 있었다. 이밖에 경상도에서 온 8명과 경기도에서 온 1명은 산삼 등 약재를 캐고 있었고, 연일(延日)에서 온 2명은 벌죽(伐竹)을 하고 있었다.[79]

여기서 주목할 것은 울릉도에 밀입도한 자들 중에서 무려 82퍼센트가 전라도 남해안 도서 지방의 어민이었다는 사실이다.

울릉도검찰사 이규원은 1882년 6월 5일 국왕에게 복명하는 자리에서 울릉도 재개척을 구체적으로 건의했고,[80] 영의정 홍순목(洪淳穆)은 국왕의 명을 받아 임오군란이 수습된 직후인 1882년 8월 20일 울릉도 재개척의 방법으로 ① 백성을 모집하여 개간을 권장해서 5년간 면세(免稅)하고 ② 호남·영남의 조운선(漕運船)의 조선(造船)을 울릉도에 가서 하도록 공적으로 허락하며 ③ 검찰사의 천거를 받아 도장(島長)을 임명하고 ④ 설진(設鎭)에 앞서 설읍(設邑)을 먼저 할 것을 건의했다.[81]

이 건의가 국왕에 의해 승인되어 전석규(全錫奎)가 울릉도의 도장에 임명되고, 우선 강원도평해군수가 울릉도를 관장케 하였다.[82] 이에 1882년부터 울릉도 재개척이 시작되었다.

뒤이어 1883년 3월 16일에 조선 조정은 개화파의 영수 김옥균(金玉均)

79 李圭遠, 『鬱陵島檢察日記』.

80 李圭遠, 『鬱陵島檢察 啓本草』.

81 『承政院日記』, 高宗 19年(1882년) 8月 20日條.

82 『江原道監營關牒』, 第6冊, 壬午(1882년) 10月 到付條.

을 동남제도개척사겸관포경사(東南諸島開拓使兼管捕鯨事)에 임명하였다.[83] 김옥균의 직함을 '울릉도개척사'라고 하지 않고 '동남제도(東南諸島)개척사'라고 하여 '제도(諸島)'를 넣은 것은 울릉도뿐만 아니라 우산도(독도) 개척도 포함한 것이었다. 김옥균 등의 주도하에 1883년부터는 울릉도·우산도 재개척과 백성들의 울릉도 입주가 더욱 활발하게 되었다.

1882~1883년의 울릉도 재개척 때에 정부의 이주민 모집에 응하여 가장 많이 울릉도에 이주한 입도자들을 출신 도별로 보면, 앞서 든 이규원의 통계와 같이 전라도와 남해안 및 동해안 출신이 압도적으로 많았음은 자연스러운 추세였다.

울릉도에 이주한 어민들은 청명한 날씨에는 육안으로 보이고, 고기잡이 나갔다가 들르는 우산도를 '바위돌'로 된 '돌섬'이라는 의미로 '독섬'이라고 부르기 시작하였다. 어민들의 입장에서는 독도(우산도)의 옛 역사는 모르고 육안으로 봤을 때 '돌바위'로 되어 농사할 수 없는 '돌섬', '돌바위섬'의 형상이 더 인상적이었기 때문인 것으로 추정된다. 전라도와 남해안 일대에서는 사투리로 '돌(石)'을 '독'이라고 말하였다. 따라서 '돌섬', '돌바위섬'의 뜻으로 '독섬'으로 호칭하게 된 것이었다. 그 결과 울릉도의 새 이주민들 사이에서는 '우산도(于山島)'라는 정부의 한자 명칭보다도 그들의 순수한 한국어 사투리 명칭 '독섬', '독도'(돌섬)가 널리 호칭되게 되었다.

울릉도·독도가 재개척된 후, 1894~1895년 청·일전쟁에서 일본이 승리한 이후부터는 일본인들이 개항장이 아님에도 불구하고 다시 울릉도에 공공연히 불법침입하여 삼림벌채를 자행하고 불법상주하기 시작하였다. 러시아도 울릉도의 목재와 군사적 가치에 주목하여 이권을 요구해 왔고, 조

83 『高宗實錄』, 高宗 20年(1883년) 3月 16日條.

선 조정은 1896년 2월 아관파천 직후 9월에 울릉도의 삼림벌채권을 러시아에 이권으로 침탈 양여하게 되었다.[84]

대한제국 정부는 불법침입한 일본인들을 퇴거시키고, 행정체계를 정비하면서 세계에 향해 울릉도·독도에 대한 영유권을 재천명하기 위하여, 1899년 5월 부산항 해관에서 일하던 프랑스인 세무사 라포르트(E. Laporte, 羅保德)를 울릉도에 파견하여 현지 실태 예비조사를 해오도록 하였다.[85] 대한제국 정부는 울릉도에 일본인들이 불법입도하여 상주하면서 불법으로 벌목을 하고 있다는 라포르트의 현지 조사보고를 받았다.[86] 이에 대한제국 정부는 1899년 10월 내부 관리 우용정(禹用鼎)을 울릉도시찰위원에 임명하고[87] 일본인 부영사 아카쓰카[赤塚正助(輔)]와 프랑스인 부산 해관 세무사 라포르트 등으로 '국제조사단'을 편성하여 울릉도 실태에 대한 국제적 성격의 조사를 행하게 하였다.[88]

우용정 등의 국제조사단 일행이 1900년 5~6월 울릉도를 실제 답사하고 돌아온 후 대한제국 정부는 지방관제를 개정하여 울릉도·독도를 군(郡)으로 승격시켜서 새로이 독립된 군을 설치하기로 하였다.[89]

---

84 ①『外部內閣來文』「外部編」, 第23部, 建陽 元年 9月 10日條.
②『雜案』「外部編」, 建陽 元年 9月 8日條.
③『農商工部來去文』「外部編」, 第8冊, 光武 3年 8月 16日條.

85 『皇城新聞』 1899년 6월 15일자, 「雜報:仍任裵監」.

86 ① 홍성근, 2013, 「라포르트(E. Laporte)의 울릉도 조사보고서와 1899년의 울릉도현황」, 『영토해양연구』 제16호.
②『內部來去案』「外部編」 第12冊 光武3年 9月 15日條, 「照會 第13號」.

87 ① 禹用鼎, 『鬱島記』.
②『관보(官報)』 光武 3年(1899년) 12월 19일자.

88 ①『內部來去案』, 第31冊, 光武 4年 6月 19日條, 「照會 第12號」.
②『內部來去案』, 第31冊, 光武 4年 6月 26日條, 「通牒 第12號」.

89 『奏議』「議政府編」, 第47冊, 光武 4年(1900년) 10月 24日條, 議政府會議, 「內部大臣請

대한제국 정부는 1900년 10월 25일 '칙령 제41호'로 전문 6조의 '울릉도를 울도(鬱島)로 개칭(改稱)하고 도감(島監)을 군수(郡守)로 개정(改定)한 건(件)'을 공포하여 종래 강원도 울진현에 속했던 '울릉도와 그 부속도서 우산도' 등을 묶어서 '울도군(鬱島郡)'으로 격상시키고 새 군을 설치하여 여전히 강원도에 속하게 하였다.

대한제국의 이 칙령에 의해 울릉도는 울진군수[蔚珍郡守 : 때로는 평해군(平海郡)]의 행정을 받다가 이제 강원도의 독립된 군으로 승격되었다. 울릉도의 초대 군수로는 도감(島監)으로 있던 배계주(裵季周)가 진임관(秦任官) 6등으로 임명되었으며, 뒤이어 사무관으로 최성린(崔聖麟)이 임명 파송되었다.[90] 대한제국이 근대에 들어와서 1900년 '칙령 제41호'로써 근대법령체계에 의해 '독도(石島)'의 영유권을 재확인 선포하고 『관보(官報)』에도 게재한 것은 현대 국제법상으로도 매우 중요한 일이었다.

그런데 이 1900년 칙령 제41호에서는 종래의 '울릉도'를 '울도'로 축약해서 호칭했을 뿐만 아니라, 종래의 우산도(于山島)를 재개척민들이 호칭하는 '돌섬'이라는 의미의 '독도'를 의미를 취하여 '석도(石島)'라고 표시하였다.[91]

議鬱陵島改稱鬱島島監以郡守改定事, 勅令案」.

90 『皇城新聞』 1901년 1월 18일자, 「雜報:訓令鬱島」.

91 대한제국이 1900년 10월 25일자 칙령 제41조로 공포한 「鬱陵島를 鬱島로 改稱하고 島監을 郡守로 改定한 件」의 全文 6조의 내용은 다음과 같다. "勅令第四十一號. 鬱陵島를 鬱島로 改稱ᄒᆞ고 島監을 郡守로 改正ᄒᆞᆫ 件. 第一條. 鬱陵島를 鬱島라 개칭ᄒᆞ야 江原道에 부속ᄒᆞ고 島監을 郡守로 改正ᄒᆞ야 官制中에 編入ᄒᆞ고 郡等은 五等으로 ᄒᆞᆯ 事. 第二條. 郡廳 位置ᄂᆞᆫ 台霞洞으로 定ᄒᆞ고 區域은 鬱陵全島와 竹島, 石島를 管轄ᄒᆞᆯ 事. 第三條. 開國五百四年 八月十六日 官報中 官廳事項欄內 鬱陵島以下 十九字를 刪去ᄒᆞ고 開國五百五年 勅令三百六號 第五條 江原道二十六郡의 六字ᄂᆞᆫ 七字로 改正ᄒᆞ고 安峽郡下에 鬱陵郡 三字를 添入ᄒᆞᆯ 事. 第四條. 經費ᄂᆞᆫ 五等郡으로 磨鍊 호ᄃᆡ 現今間인즉 吏額이 未備ᄒᆞ고 庶事草創ᄒᆞ기로 海島收稅中으로 姑先 磨鍊ᄒᆞᆯ 事. 第五條. 未盡ᄒᆞᆫ 諸條ᄂᆞᆫ 本島開拓을 隨ᄒᆞ야

여기서 우리의 주제와 관련하여 주목할 조항은 제2조의 울도군의 "구역(區域)은 울릉전도(鬱陵全島)와 죽도(竹島), 석도(石島)를 관할(管轄)할 사"라고 한 부분이다. 여기서 죽도(竹島)는 울릉도 옆의 바위섬인 죽도(竹島 : 대섬)를 가리키는 것으로, 이규원의『울릉도검찰일기』에서 확인된다.

그리고 석도(石島)가 독도(獨島)를 가리키는 것임은 틀림없다. 당시 울릉도민의 절대다수는 남해안 출신 어민들이었는데, 전라도의 방언으로는 '돌'을 '독'이라고 하여 '돌섬'을 '독섬'이라고 부르는 것은 잘 알려진 사실이다. 대한제국 정부는 '돌섬'의 사투리인 '독섬'을 의역(意譯)하여 '石島'(석도)라고 한 것이다.[92] 울릉도의 초기 이주민들의 민간 호칭인 '돌섬', '독섬',

---

次第 磨鍊할 事. 光武 四年 十月二十五日 御押 御璽 奉 勅 議政府臨時署理贊政內部大臣 李乾夏"

92 ① 方鍾鉉, 1947,「獨島의 하루」,『경성대학 예과신문』 제13호.
② 李漢基, 1969,『韓國의 領土』, 서울대학교출판부.
③ 愼鏞廈, 1989,「조선왕조의 獨島領有와 일본제국주의의 獨島 侵略」,『한국독립운동사연구』 제3집, 독립기념관 한국독립운동사연구소.
④ 배성준, 2002,「울릉도 독도 명칭변화를 통해서 본 독도 인식의 변천」,『震檀學報』 제94집.
⑤ 서종학, 2008,「독도 석도의 지명 표기에 관한 연구」,『어문연구』 제36집 제3호.
⑥ 유미림, 2008,「일본의 석도=독도설 부정에 대한 비판적 고찰」,『해양정책연구』 제23권 제1호.
⑦ 신용하, 2011,「대한제국 칙령 제41호의 제정과정 및 의의와 石島=獨島의 세 가지 방법의 증명」,『한국의 독도영유권 증명과 일본의 독도침탈정책 비판』, 독도연구보전협회 학술대회 논문집.
⑧ 선우영준, 2011,「1900년 울릉도 시찰관 우용정의 '돌섬' 인식과 울도군 칙령의 '석도(독도)'문제」, 한국행정학회 2011년 동계 학술대회 논문집.
⑨ 최장근, 2012,「고지도상의 '우산도' 명칭에 관한 연구: 석도=독도 규명을 중심으로」,『일본근대학연구』.
⑩ 김수희, 2011,「개척령기 울릉도와 독도로 건너간 거문도 사람들」,『한일관계사연구』 제38집.
⑪ 김영수, 2017,「근대 한국과 일본의 울릉도·독도 조사와 명칭」,『근대 한국과 일본의 독도관련 자료와 지도에 대한 역사적 국제법적 재조명』, 영남대 독도연구소·동북아역사

'독도'를 뜻을 취해 한자로 표기하면 '石島'(석도)가 되고, 발음을 취하여 표기하면 '獨島'(독도)로 표기되는 것이다.

즉 1882년 이후 울릉도로 이주한 어민들은 우산도가 2개의 바위로 구성된 암서(岩嶼)라는 것에 주목하여 그들의 관습대로 '독섬'(돌섬)이라고 불렀고, 유식자(有識者)들이 이를 한자로 표기할 때 뜻을 취하면 '석도(石島)', 음을 취하면 '독도(獨島)'라고 표기하고 있었는데, '칙령 제41호'는 뜻을 취해 '석도(石島)'로 표기한 것이었다.

울릉도 어부들의 이러한 명명 방식은 독도에 리앙쿠르암석(Liancourt Rocks)이라고 이름을 붙인 프랑스 포경선 리앙쿠르(Liancourt)호의 명명 방식과 일치한다. 이 포경선은 자기 배의 이름을 따되, 'Liancourt Island'라고 하지않고 'Liancourt Rocks'라고 하여 '바위돌섬'이라고 독도를 명명하였다. 이것을 울릉도 어민들의 방식으로 보면, 역시 '리앙쿠르암석=돌섬=독도=암서(岩嶼)'인 것이다.

여기서 필자가 강조하는 것은 이때 대한제국이 우산도(于山島)를 '석도(石島)'로 호칭한 것은 서양 호칭의 'Liancourt Rocks'가 바로 우산도이며 리앙쿠르석도(石島)는 울릉도 부속도서로서 한국 영토임을 재천명하려는 의도도 있었다는 사실이다.

대한제국의 명령으로 울릉도를 1899년과 1900년 두 차례나 현지조사하여 보고서를 제출한 프랑스인 부산항 해관 세무사 라포르트가 프랑스 포경선 리앙쿠르호에서 이름을 딴 '리앙쿠르석도'가 바로 대한제국 영토 우산도를 지칭한다는 것을 잘 알고 있었을 것임은 논란의 여지가 없다. 그러므로 대한제국의 1900년 칙령 제41호의 기안자들은 울도군에 포함된 우산

재단 독도연구소 공동학술회의 논문집.

도의 호칭을 울릉도 주민의 '독도'(돌섬) 호칭과 함께 '리앙쿠르석도'의 호칭도 고려해서 표기하여 서양 국제법에 맞추기 위해 '리앙쿠르'를 생략하고 '石島'(석도)로 '독도'(돌섬)의 뜻과 합쳐서 표기했다고 본다. '우산도'를 '석도(石島)'로 표기하면 울릉도 주민 호칭 '독도'와 서양 호칭 '리앙쿠르석도'의 의미를 모두 포용 할 수 있기 때문이다.

또한 특히 주목할 것은 일본의 해군성 수로국이 1882년(메이지 15년) 발행한 「일지한항로이정일람도(日支韓航路里程一覽圖)」에서는 독도(Liancourt Rocks)를 아예 '리앙코르드石(암석)'이라고 표기하여 수록했다는 점이다.

대한제국 내부(內部)가 관제를 개정하여 울릉도를 군(郡)으로 승격시킬 때 우용정의 복명서와 함께 프랑스인 부산 해관 세무사 라포르트의 복명서도 참조하였다.[93] 대한제국 정부가 1900년 칙령 제41조를 발표할 때 각 섬의 명칭을 약간씩 수정했는데, 울릉도를 울도(鬱島)라 개칭하고, '대섬(竹島)'을 죽도(竹島)라고 했으며,[94] 필자의 견해로는 우산도(于山島)를 울릉도 어민들의 명칭인 '독섬', '독도'를 의역(意譯)하여 한자로 '石島(석도)'로 개칭하면서 서양 호칭 '리앙쿠르석도'도 참조되어 개칭 표기한 것이었다. 즉 '우산도(于山島) = 독도(돌섬) = 독도(獨島) = 석도(石島) = 리앙쿠르석도(Liancourt Rocks)'인 것이다.

대한제국 정부가 1900년 10월 울릉도와 그 부속도서를 하나의 군으로 독립시켜 울도군(鬱島郡)을 설치하면서 '독도', '독섬'을 한자로 음역하여 '석도(石島)'로 표기했지만, 당시에도 주민들 사이에서는 음(音)을 취하여 '독

93 『各部請議書存案』第17冊, 光武 4年 10月 22日條, 「鬱陵島를 鬱島로 改稱하고 島監을 郡守로 改定에 關한 請議書」.

94 조선왕조의 자료들에서는 이 섬을 '竹嶼'라고도 하고 때로는 '竹島'라고도 불렀으므로 이것은 개칭(改稱)이 아니라고 볼 수도 있다.

도(獨島)'라고도 불리어지고 표기되었으며, '석도'와 '독도'가 병용되고 있었다.

보통 '독도(獨島)'라는 명칭은 일제가 1905년 독도를 침탈한 사실을 알게 된 울도군수 심흥택(沈興澤)이 1906년 3월 중앙정부에 보고서를 낼 때 처음 사용된 것으로 알려져 있으나, 사실은 그 훨씬 이전부터 울릉도 주민들은 '獨島'라고 표기하고 있었다. 그 증거로는 일본 해군이 독도(리앙쿠르 암석) 침탈에 욕심을 내기 시작해 1904년 군함 신고호(新高號)를 울릉도에 파견해서 처음으로 독도에 대한 탐문조사를 했을 때인 1904년 9월 25일자 신고호의 보고에 "리앙코르드도암(リアンコルド岩)을 한인(韓人)은 독도(獨島)라고 서(書)하고 본방(本邦 : 일본) 어부들은 약하여 '리양코섬(リヤンコ島)'이라고 칭한다."[95]고 한 것에서도 알 수 있다. 이것은 심흥택의 보고보다 2년 앞선 1904년의 보고이다.

울도군수 심흥택은 일제가 독도를 몰래 침탈했다는 정보를 처음 듣고 1906년 3월 강원도관찰사에게 긴급 보고를 올리면서 "본방소속(本郡所屬) 독도(獨島)가 재어본부외양백여리허(在於本部外洋百餘里許)이옵드니"[96]라는 서두로 시작했다. 여기서 울도군수 심흥택이 독도에 대하여 '본군(울도군) 소속 독도[本郡(鬱島郡) 所屬 獨島]가'라고 하여 독도가 울도군 소속임을 명확히 기록한 것과, 위의 일본 군함 신고호의 보고에서 '독도'(리앙코르드도암석)가 이미 1904년 9월 이전에 한국인들 사이에서는 '독도(獨島)'로 표기되고 있었다고 기록하고 있음을 주목할 필요가 있다.

---

95 『軍艦新高行動日誌』 1904年 9月 25日條(日本防衛廳戰史部 소장) ; 堀和生, 1987, 「1905年日本の竹島領土編入」, 『朝鮮史研究会論文集』 24, 111쪽에서 재인용.

96 『各觀察道案』 第1冊, 「報告書號外」.

이 사실들은 '독섬', '독도'를 1900년 울도군을 독립시키기 이전부터 울릉도 주민들 사이에서 음역하여 표기할 때에는 '石島'로 표기되고 음(音)을 취하여 표기할 때는 '獨島'로 표기되어, '石島', '獨島'가 병용되고 있었음을 나타내는 것이다.

즉 거듭 지적하지만 '우산도=독섬=石島(석도)=獨島(독도)=리앙쿠르석도(Liancourt Rocks)'인 것이다. 그리고 '우산도'는 대한제국 정부에 의하여 종래 강원도의 울진군[蔚珍郡, 한때 평해현(平海縣)]에 속해 있다가 1900년 10월 25일자로 강원도 울진현(鬱島郡) 석도(石島)로 지방관제가 개편되었으며, 민간인들은 여전히 이를 '독도', '독섬'이라고 부르고 '獨島'라고 쓰기도 했던 것이다.

제8절 독도의 서양 호칭

1) 리앙쿠르암석(Liancourt Rocks)

독도에는 3개의 서양 호칭이 있다. ① 리앙쿠르암석(Liancourt Rocks), ② 메넬라이 및 올리브차(Menelai and Olivutsa) 열도, ③ 호넷트(Hornet)섬이 그것이다. 이 가운데 서양에서 가장 널리 호칭되고 있는 것이 '리앙쿠르암석'이다.

서세동점의 추세에 따라 19세기에 동아시아 항로가 열리자, 서양 군함과 포경선(捕鯨船)이 동해에 찾아들기 시작하였다.[97] 동해는 수심이 매우 깊

97 18~19세기에 서양의 동양 진출에 따라 서양 제국주의 국가들의 군함과 포경선들이 전세계 바다와 육지, 해안과 섬들의 토착 이름을 무시하고 자기네 식으로 명칭을 지어 해도(海圖)와 지도(地圖)에 이름을 올리는 일이 비일비재하였다. 예컨대 원산만은 Broughton Bay, 거문도는 Hamilton Port, 제주도는 Quelpart Island, 울릉도는 Dagelet Island로 표기된 것과 같은 것이다.

그림 1-31 울산 반구대의 신석기·청동기 시대 동해 고래잡이 암각화

은데 어류가 풍부해 신석기시대부터 고래가 매우 많이 서식하였다. 동해는 한국과 중국 전통시대에는 '경해(鯨海 : 고래 바다)'라는 별칭을 갖고 있을 정도로 풍부한 '고래 바다'였다.[98]

고대 한국인들은 신석기시대와 청동기시대부터 배를 타고 동해로 나아가 작살로 고래를 잡아서 식용에 사용하고, 고래기름은 약용으로, 뼈는 도구 제작에 사용하였다. 그 증거가 울산 반구대와 천전리의 바위그림이다. 반구대의 바위그림에는 무려 수십 마리의 고래 그림이 새겨져 있고, 그 가운데는 배를 타고 작살로 고래잡이를 하는 그림이 새겨져 있다.

19세기에 서양 포경선이 동해에 고래잡이를 목적으로 찾아온 것은 식용고래를 잡으려한 것이 아니라, 고래기름을 획득하려던 것이었다. 증기기관 발명 후 산업혁명이 일어나자 동력자원은 석탄을 사용했고, 아직 석유는 발견되지 않은 시기가 있었다. 19세기 중엽이 바로 이러한 시기였다. 이 기간에 고래기름이 최고의 우수한 동력자원이었다. 이 우수한 에너지 자원인

98 『東史綱目』, 附卷上의 下, 「三韓後說」, 定安國條.

고래기름의 공급을 위해 '포경업'이 프랑스, 네덜란드, 영국, 미국 등에서 국력을 기울인 산업이 되었다. 서양 포경업은 처음 지중해와 대서양에서 시작했다가, 고래 개체수가 급감하자 전 세계 대양으로 나아가서 처음에는 남반구의 남태평양, 칠레 연안, 페루 연안, 인도양에서 포경하였다. 역시 남획으로 개체수가 감소되자 서양 포경선들은 북태평양의 오호츠크해와 동해로 찾아들어 왔다. 동해에 서양 포경선이 본격적으로 들어온 것은 1848년이다. 이때 약 60척의 포경선이 들어왔는데, 이듬해 1849년에는 120여 척의 포경선이 들어왔다.[99]

서양 포경업을 주도한 나라는 프랑스와 미국이었다.[100] 이러한 사정에서 프랑스의 포경선 리앙쿠르(Liancourt)호가 1849년 동해에 고래잡이하러 들어왔다가 1849년 1월 27일 '독도'를 발견하였다. 물론 세계 최초는 전통시대에 한국 어부들이 발견했으나, 서양인으로는 독도를 처음 발견한 것이다.[101] 이 프랑스 포경선은 자기 배 이름을 취하여 '독도'에다 'Liancourt Rocks'(리앙쿠르암석)라는 이름을 붙였다.[102]

---

99 박구병, 1995, 「미국 포경선의 한국영토 상륙과 한국인과의 접촉에 관한 연구」, 『亞細亞研究』 통권 94호.

100 프랑스의 포경업은 1830~1844년이 최고의 황금기였고, 미국의 포경업은 1840~1855년이 황금기였다. 이 시기에 약 300여 척의 미국 포경선이 동해와 오호츠크해에 들어와 포경하였다. 미국이 일본을 개항시킨 목적 중 하나가 미국 포경선의 기항지를 확보하기 위해서였을 정도였다.

101 이진명, 1998, 『독도, 지리상의 재발견』, 삼인, 45~58쪽.

102 정인철, 2014, 「프랑스 포경선 리앙쿠르호의 독도 발견에 관한 연구」, 『영토해양연구』 제7호, 동북아역사재단. 리앙쿠르(Liancourt)호는 1832년 프랑스 부르고뉴 지방의 르아브르(Le Havre)항에서 포경선으로 건조되었다. 선주는 제레미아 윈슬로우(Jeremiah Winslow, 1781~1858년)였고, 독도 발견 당시 리앙쿠르호의 선장은 수자(Gallotte de Souza, 일명 Jean Lopez)였다. 선주 윈슬로우는 원래 미국 매사추세츠 팔마우스 출생으로서, 미국의 포경 중심 항구이던 난터켓에서 보험업에 종사하고 있다가 프랑스의 포경업 장려 정책에 부응하여 포경 사업을 하려고 1821년 프랑스에 귀화하였다. 프랑스는

리앙쿠르호는 431톤의 증기기관 범선으로서 1849년 당시 26명의 선원과 어부들이 승선하고 있었으며, 이때 동해에서 모두 59마리의 고래를 작살로 맞혀서 25마리의 고래를 배에 올리고, 2,629배럴의 고래기름과 508개 상자의 고래수염, 5마리의 향유고래를 잡아서 52배럴의 향유고래기름을 얻는 성과를 내었다.[103]

그림 1-32 리앙쿠르호의 모습을 그린 스케치
(자료 : 이진명, 『독도, 지리상의 재발견』)

'1816년 2월 8일법'(Une Ordonance Royale du 8 Février 1816)을 제정하여 포경선이 출항할 경우 톤당 50프랑의 보조금을 지급하였다. 1829년부터는 보조금을 톤당 90프랑으로 인상하였다. 윈슬로우는 프랑스에서 두 번째로 큰 항구인 르아브르에서 포경업을 시작하여 1830년 이후에는 8척으로 구성된 포경선단을 운영하였다. 윈슬로우는 1832년 르아브르항에서 431톤급 리앙쿠르호를 건조하였다. 윈슬로우가 포경선 이름을 리앙쿠르호라고 붙인 것은 그의 친구 리앙쿠르 백작(duc de Liancourt)의 이름에서 취한 것이었다. 리앙쿠르는 당시 부르봉 왕당파 계통의 유력한 정치가였고 프랑스 과학원 회원이었으며, 세력가였다. 그는 파리 북쪽에 그의 가문 이름을 취한 '리앙쿠르(Liancourt) 시'를 건설하고, 1780년에 프랑스 최초의 기술직업학교(École d'Arts et Mériers)를 설립하였다. 프랑스혁명 기간에는 영국으로 망명하여, 다시 미국으로 건너갔다가, 왕정복고 후에 프랑스로 돌아왔다. 윈슬로우는 리앙쿠르와 친교를 갖고 그의 정치적 후원을 얻게 되자 포경선에 그의 이름을 붙이게 되었고, 이것이 1849년에 동아시아 한반도 동해안까지 옮겨오게 되어 독도에 '리앙쿠르암석(Liancourt Rocks)'이라는 명칭을 붙이게 된 것이다.

103 정인철, 2014, 「프랑스 포경선 리앙쿠르호의 독도 발견에 관한 연구」, 『영토해양연구』 제7호, 동북아역사재단. 이 논문에 의하면, 포경선 리앙쿠르(Liancourt)호는 모두 다섯 번 원양 고래잡이에 출어하였다. 첫 번째는 1838~1852년 남태평양에, 두 번째는 1840~1842년 오스트레일리아 남서해안 및 인도양에, 세 번째는 1844~1847년 남태평양과 하와이제도 및 타스만해에, 네 번째는 1847~1850년 북태평양, 동해, 오호츠크해에 출어했다. 다섯 번째 출어에서 리앙쿠르호는 독도를 발견하였다. 마지막 출어는 1852년으로 오호츠크해에서 1852년 8월 14일에 좌초하여 포경선 수명을 마쳤다.

리앙쿠르호 선장 로페즈의 1849년 1월 27일 독도 발견 보고서에는 다음과 같이 기록되어 있다.

> 1849년 1월 24일 나는 대한해협의 한가운데 위치한 쓰시마 북쪽을 통과한 후 다줄레(울릉도)로 향했다. 1월 27일 나는 다줄레가 북동 1/2 방향으로 바라보이는 위치에 있었다. 그때 동쪽에 큰 암석 하나가 있었다. 이 암석은 어떤 지도와 책자에도 나타나 있지 않았다. 이 암석의 위치는 북위 37도 02분, 동경 131도 46분이었다.[104]

리앙쿠르호 선장의 보고서는 프랑스 해양부의 『프랑스 수로지(Annales Hydrographiques)』 1850년·1851년 합본호에 수록되었다. 프랑스 해군은 1851년 발행 「태평양지도(Carte générale d'Océan Pacifique)」에서 독도(우산도)를 '리앙쿠르암석(Rr. du Liancourt, 영어 번역은 Liancourt Rocks)'이란 프랑스어로 표기 등재하였다.[105]

이것이 서양에서 1849년 '독도(우산도)'를 발견하여 수로지와 지도에 처음 등재한 과정이다.

2) 메넬라이 및 올리브차(Menelai and Olivutsa)

러시아 군함 팔라다(Pallada)호가 프차친(Yevfimiy Putiatin) 제독의 지휘 아래 1854년 4월 조선 연안에 도착해서 거문도에 정박하고 상륙해서 섬과 주민을 관찰하였다. 팔라다호는 이어서 한반도 동해안을 측량하고, 동해 가운데

---

104 이진명, 2005, 『독도, 지리상의 재발견』, 삼인, 51쪽.

105 정인철, 2014, 「프랑스 포경선 리앙쿠르호의 독도 발견에 관한 연구」, 『영토해양연구』 제7호, 동북아역사재단.

있는 독도(우산도)를 발견하게 되자 독도를 측량하고 그림으로 그렸으며 독도의 서도(西島)를 '올리브차(Olivutsa)', 동도(東島)를 '메넬라이(Menelai)'라고 이름 붙였다.[106] 그리고 독도 전체를 '메넬라이 및 올리브차(Menelai and Olivutsa) 열도'라고 호칭하였다.

이 과정을 좀더 상세히 보면, 러시아 황제 니콜라이 1세는 청국과 일본의 개항을 추진하려고 1852년 프차친 제독을 특사에 임명하였다. 프차친은 전함 팔라다호, 캄차카 함대 소속 군함 올리브차(Olivutia)호 수쿠너 범선 보스토크(Vostok)호, 수송선 멘쉬코프(Menshikov)호 등으로 프차친 함대를 구성하였다. 팔라다호 승선 인원은 장교 22명, 승무원 439명이었다. 여기에는 보스토크호에 승선한 장교 7명과 수병 37명도 포함되었다. 프차친의 비서로 작가 곤차로프(Ivan Alexandrovich Goncharov, 1812~1891년)가 승선하여 기록을 남겨서 팔라다호의 항해 상황을 자세히 알 수 있게 되었다.[107]

팔라다호는 러시아 달력으로 1852년 10월 7일 크로쉬타트항을 출발하여 영국과 남아프리카 희망봉을 돌아서 여러 지역을 거쳐 1853년 8월 10일 일본 나가사키(長崎)에 도착하였다. 프차친은 일본 막부 정권에 화친조약 체결을 요청하는 문서를 보낸 후 회답을 기다리는 동안에 상해 등 여러 곳을 다녀오고 북상하여 1854년 4월 2일부터 4월 7일까지 거문도에 정박하였다. 이때 팔라다호의 곤차로프는 거문도에 상륙하여 한국인 주민과 직접 필담으로 대화하고 거문도의 인상을 기록하여 남겼다.[108]

---

106 김영수, 2017, 「근대 러시아의 해양탐사와 울릉도·독도 발견」, 『독도연구』 제22호, 영남대학교 독도연구소.

107 곤차로프, 문준일 옮김, 2014, 『전함 팔라다』, 동북아역사재단.

108 ① 곤차로프, 문준일 옮김, 2014, 『전함 팔라다』, 동북아역사재단. "여기저기 조선인의 농가가 다닥다닥 붙어있었다. 보이는 것은 초가지붕뿐이었고, 드물게 주민이 보였다. 모두들 마치 수의를 입은 것처럼 흰 옷을 입고 있었다."

그 사이 팔라다호 소속 함정 가운데 올리브차호는 1854년 4월 6일 동해에서 독도를 발견하고, 서도를 '올리브차', 동도를 '메넬라이'라고 이름 붙인 것이다. 1854년 올리브차호는 항해 일지에 다음과 같이 기록하였다.

> 아침에 발견한 2개의 높은 바위는 반나절 동안 시야에 있었으며, 이제 명확해졌다. 2개의 제법 높고 예각의 발가벗은 바위는 약 3백 사젠(642미터) 떨어져 있었다. 이들 중 서쪽 섬은 북위 37-13도, 동경 131-55도에 위치하고 있다. 이들 중 더 높은 서쪽 섬을 '올리부차'라 명명하였다. 동쪽 섬을 현재는 발틱 함대 그 후에 캄차트카 전단으로 소속되기 전에 1846년까지 흑해 함대 소속이었을 때 함정의 최초 이름을 기념하여 '메넬라이'라고 불렀다. '올리부차'에서 북서쪽으로 2마일 가량 물위에 나타난 암초였다. 올리부차 및 메넬라이 섬을 청명한 일기상태의 30마일 거리에서 발견하였다. 1854년 4월 6일(양력 4월 18일) 우리 함정은 올리부차 서쪽 4마일 해상에서 반나절 동안 머물렀다.[109]

'올리브차'는 프차친 선단에 포함된 발견자 올리브차호(캄차카 함대 소속)의 군함 이름에서 취하여 붙인 이름이었다. '메넬라이'는 이 군함이 발틱 함대를 거쳐 캄차카 함대에 속하게 되기 이전 최초로 흑해 함대에 속했을 때의 이름 '메넬라이호'를 기념하여 붙인 이름이었다.

---

② 박보리스, 2010, 『러시아와 한국』, 동북아역사재단.
③ 김영수, 「근대 러시아의 해양탐사와 울릉도·독도발견」, 『독도연구』 제22호, 영남대 독도연구소.

109 ① 최명복, 1999, 「독도와 러시아」, 『해양전략』 제102호, 217쪽.
② 김영수, 2017, 「근대 러시아의 해양탐사와 울릉도·독도 발견」, 『독도연구』 제22집, 영남대 독도연구소.

팔라다호는 1854년 4월 20일부터 5월 11일 사이에 한국 동해안의 북위 35~30도 지역에서부터 북위 42~30도, 동경 131~10도 지역까지 600마일의 해안을 조사하였다. 그 결과를 러시아 해군지는 1855년 1월호에 다음과 같이 요약하여 게재하였다.

> 다젤레트(Дажелет : 울릉도)는 보스톡호가 북위 37-22도, 동경 130-56도에서 관측했는데, 둘레 20마일 크기의 원형 모양이고, 해안은 협소하며, 거의 접근할 수가 없었다. '다젤레트' 최고봉의 높이는 2천 1백 피트이다. 아르고나트섬은 존재하고 있었는가 의심스럽기만 하다. 그 섬은 보이지가 않는다. 해조의 배설물로 뒤덮여 있으며, 서로 상당히 떨어져 있는 섬은 올리부차호가 북위 37-14도, 동경 131-57도에서 발견했으며, 메넬라이 및 올리부차 섬이라 불렀다. 이 섬의 발견은 항해에 적지 않은 도움을 준다. 이들 섬은 근접한 섬들로부터 분리되어 떨어져 있어서 동해 북방으로 항해하는 선박의 십자로에 위치하고 있다.[110]

프차친은 1855년 1월 26일 일본 막부 정권과 '러·일화친조약(Treaty of Shimoda, 下田條約)'을 체결하는데 성공하고, 귀국하였다.

주목할 것은 러시아 해군부 수로국이 1857년 「조선 동해안 지도」를 발간하면서 '독도'(메넬라이 및 올리브차 암석)를 여기에 그려넣어 독도가 조선에 부속한 섬임을 인정했다는 사실이다.

1860년 러시아 해군 항해부대 지휘관 중령 세르게예프(Sergeyev)는 독도에 대한 지형 측량을 실행하였다. 「조선 동해안 지도」의 1868년판은 세

---

110 김영수, 2017, 「근대 러시아의 해양탐사와 울릉도·독도 발견」, 『독도연구』 제22집, 영남대 독도연구소.

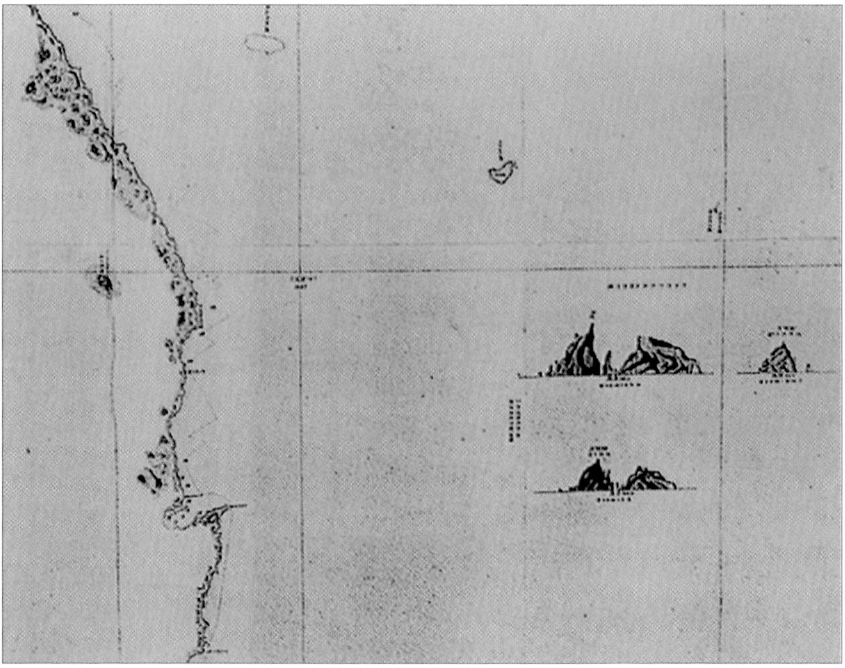

그림 1-33 러시아 해군부 수로국이 편찬한 「조선 동해안 지도」를 일본 해군성이 번안한 「조선 동해안도」. 이 지도는 독도를 세 방향에서 그린 그림까지 넣어 독도가 조선 동해안에 있는 조선 영토임을 명백히 표시하고 있다.(서울대학교 규장각한국학연구원 소장)

르게예프 중령의 '독도' 측량을 지도에 소개하면서, 독도를 3.5마일 거리의 정북(正北) 방향에서 그린 그림, 북서(北西) 10도 방향 5마일 거리에서 그린 그림, 북서 61도 방향 14마일 거리에서 그린 그림을 마치 사진으로 찍은 것처럼 정확하고 선명하게 그려넣었다.

현재 러시아 해군부 수로국의 「조선 동해안 지도」는 1857년 판본, 1868년 판본, 1882년 판본이 한국 내에 알려져 있다. 1857년 판본은 올리브차호가 1854년에 '메넬라이 및 올리브차'(독도)를 처음 발견했다고 소개하였다. 1882년 판본은 1861년부터 1880년까지의 올리브차호의 독도 발견과 세르게예프의 독도 측량을 동일하게 수록하면서, '독도'(메넬라이 및 올

리브차)가 조선 동해안에 있는 '조선의 영유'임을 명확히 인지한 사실을 입증해 주고 있다.[111]

3) 호넷트(Hornet)섬

영국도 제국주의적 팽창 정책의 일환으로 극동지역에 군함을 파견하여 러시아의 남하 정책에 대응하고 청국·일본·한국의 개항과 태평양 섬들의 점령에 종사하게 하였다.

이 과정에서 군함 호넷트(HMS Hornet)호가 1855년 4월 25일 군함 시빌(HMS Sybille)호와 군함 빗턴(HMS Bittern)호와 함께 동해에 들어왔다가, 북위 37도 14분 22초, 동경 131도 52분 10초 지점에 있는 독도(우산도)를 발견하고 독도에 군함 이름을 취해 '호넷트(Hornet)섬'이라고 이름 붙였다.

영국 군함 호넷트호의 당시 함장 해군중령 포시드(Charles Corington Forsyth)는 항해 일지에서 다음과 같이 기록하였다.

> 우리는 그 (섬들)의 해안 접근에 위험이 없으며 해변에서 깊숙이 들어간 곳에 물이 있을 것임을 인지할 수 있었다. 그 섬들은 바위 주변의 약간의 들풀을 제외하고는 불모지 같았으며, 매우 청명한 날씨를 제외하고는 상륙에 곤란이 있을 것 같았다. 서북쪽 섬의 높이는 해발 410피트임이 확인되었다.[112]

---

111 김영수, 2017, 「근대 러시아의 해양탐사와 울릉도·독도 발견」, 『독도연구』 제22집, 영남대 독도연구소.

112 Wikipedia, HMS Hornet(1854) 문서. https://en.wikipedia.org/wiki/HMS_Hornet_(1854) (accessed August 10, 2020).

영국 해군 수로국은 군함 호넷트호가 1855년에 발견한 독도를 군함 이름을 따서 '호넷트섬'이라고 이름붙이고, 1859년 와일드(James Wylde), 1894년 스탠포드(Stanford) 지도 등의 해도와 지도 등에서 이 이름을 사용하여 발간하였다.[113]

그러나 20세기에 들어서서 '독도(우산도)'의 서양 호칭은 서양인으로는 맨 처음 독도를 '발견'하여 지도(및 해도)에 등재한 '리앙쿠르암석(Liancourt Rocks)'의 호칭으로 수렴되어 간 경향이 있었다.

제9절 독도의 일본 호칭

1) 17~19세기 일본의 송도(독도)와 죽도(울릉도)의 호칭

일본에서는 1880년대 초까지는 울릉도를 '磯竹島'(기죽도, 아소다케시마) 또는 '竹島'(죽도, 다케시마)라고 불렀고, 독도를 '松島'(송도, 마쓰시마)라고 호칭하였다.

일본에서 울릉도를 기죽도(磯竹島) 또는 죽도(竹島)라고 호칭하기 이전에는 울릉도의 한국어 이름을 그대로 가져다가 '우르마,'[114] '우류마도(宇流麻島)'[115]

113 영국 군함 호넷트(Hornet)호는 영국 해군부의 감독하에 1851년 제조 진수된 1,045톤의 순양함으로서, 1854년 크림전쟁에서 복무하였다. 그 후 1854년~1859년에는 동인도와 중국 해안에서 활용하면서 제2차 아편전쟁에 참가했고, 1859~1860년에는 희망봉과 동인도에서 복무했으며, 1864년에는 포트머스에서 복무하다가, 1868년 화이트 오브 카우스(White's of Cowes)에서 좌초되어 파선되었다.

114 『大日本史料』 第2篇, 『公任集』 번역; 『千載和歌集』 「詞書」; 川上健三 『竹島の歴史地理學的研究』, 1966, 古今書院, 70~71쪽에서 재인용.

115 『大日本史』(券 234) 烈傳 5; 川上健三, 『竹島の歴史地理學的研究』, 1966, 古今書院, 70쪽에서 재인용.

또는 '우릉도(迂陵島)'[116]로 표기하였다.

일본에서 고문헌상으로 처음 독도를 '송도(松島)'로, 울릉도를 '죽도(竹島)'로 호칭한 것은, 일본 정부에 의하면, 1667년 편찬된 『은주시청합기(隱州視聽合記)』에서부터이다.[117] 이 책은 출운(出雲, 雲州)의 관인(官人, 藩士) 사이토 도요노부(齋藤豊宣)가 번주(藩主, 大名)의 명을 받아 1667년 가을에 은기도(隱岐島, 玉岐島)를 순시하고 관찰한 바와 들은 바를 채록하여 제출한 보고서이다. 그런데 이 책은 다음과 같이 울릉도와 독도가 고려(高麗) 즉, 한국의 영토이고, 일본의 영토가 아님을 명백히 밝혀주고 있다.

> 은주(隱州)는 북해(北海) 가운데 있다. 그러므로 은기도(隱岐島)라고 한다. (…) 무해간(戌亥間)에 2일 1야를 가면 송도가 있다. 또 1일 거리에 죽도가 있다. [속언에 기죽도라고 말하는데 대나무와 물고기와 물개가 많다. 신서(神書)에 말한 소위 50맹(猛)일까.] 이 2개 도(島 : 송도와 죽도)는 무인도인데, 고려를 보는 것이 마치 운주(雲州)에서 은기(隱岐)를 보는 것과 같다. 그러한즉 일본의 건지(乾地 : 서북 땅)는 이 주(州 : 은주)로써 한(限)을 삼는다."[118]

즉 일본에서 최초로 울릉도와 독도를 기록한 이 『은주시청합기』는 위치상으로 판별할 때 독도를 송도(松島), 울릉도를 죽도(竹島)라고 부르면서 이

---

116 『大日本史料』 第2篇의 5, 寛弘 元年(1004년) 3月 7日條.

117 「往復文書: 1956년 9월 20일자 日本側口述書(no. 102/A1)-일본정부견해③」; 신용하 편저, 2001, 『獨島領有權 資料의 探究』 제4권, 322~363쪽, 독도연구보전협회.

118 『隱州視聽合記』 劵1, 國代記部; 川上健三, 『竹島の歴史地理學的研究』, 1966, 古今書院, 50쪽에서 재인용. "隱州在北海中 故云隱岐島 (…) 戌亥間 行二日一夜有松島 又一日程有竹島(俗言磯竹島多竹魚海鹿 按神書所謂五十猛歟) 此二島無人之地 見高麗如自雲州望隱州 故日本之乾地 以此州爲限矣"

두 섬에서 고려를 보는 것이 마치 일본의 운주(雲州, 出雲國)에서 은기(隱岐)를 보는 것과 같아 이 두 섬은 고려에 속함을 밝혔으며, 그러한 즉 일본의 서북(西北) 경계지는 이 은주로써 한계를 삼는다고 밝히고 있다.

이에 앞서 조선왕조에서 나온 고문헌으로는 이수광(李晬光, 1563~1628년)의 『지봉유설(芝峰類說)』에서 임진왜란 때 일본군이 울릉도를 침노한 사실을 든 다음, 왜(倭)가 말하는 기죽도(磯竹島)는 곧 우리의 울릉도(鬱(蔚)陵島)라고 하고 있으니,[119] 일본에서 울릉도를 기죽도 또는 죽도, 독도를 송도라고 호칭한 것은 임진왜란(1592~1598년) 무렵 혹은 직후부터라고 추정된다. 그러면 울릉도에 대한 일본의 호칭 기죽도와 죽도는 어디서 유래한 것일까?

이에 대해서는 이병도 박사의 연구[120]와 『은주시청합기』가 이를 밝혀주고 있다. 이병도 박사에 의하면, 1954년 대학원 학생을 지도할 때 발굴한 일본 고지도들인 1789년 「조선세표전도(朝鮮世表全圖)」, 1806년(연도는 정확하지 않음) 임자평(林子平)의 「조선팔도지도(朝鮮八道地圖)」[121], 연대 미상의 낭화서사(浪華書肆) 신간 「대일본접양삼국지도(大日本接壤三國之圖)」 등에는 울릉도에 '우(천)산도[于(千)山國]'이라고 병서(竝書)하고, 그 다음에 산악형(山岳形)을 그린 후 그 안에 '궁숭(弓嵩)'이란 글자와 그 곁에 일본 글자(カナ)로 'イソダケ(이소다케)'라고 옆에 쓴 것이 있었다.

이병도 박사에 의하면, '궁숭(弓嵩)'은 우리의 서칭(書稱) 그대로이고, 그 옆에 쓴 '이소다케(イソダケ)'가 궁숭에 대한 일본어 의역(意譯)이라고 판단되었다. 이 박사는 '궁숭'의 이 서칭은 상당히 오랜 고문헌 또는 고지도에 의

---

119 李晬光, 『芝峰類說』 券2, 地理部, 「島」의 鬱陵島條.

120 李丙燾, 1963, 「獨島 名稱에 대한 史的考察」, 『趙明基博士華甲紀念佛敎史學論叢』.

121 南榮佑, 1995, 「林子平의 朝鮮八道之圖 硏究」, 『민족문화연구』 제28호.

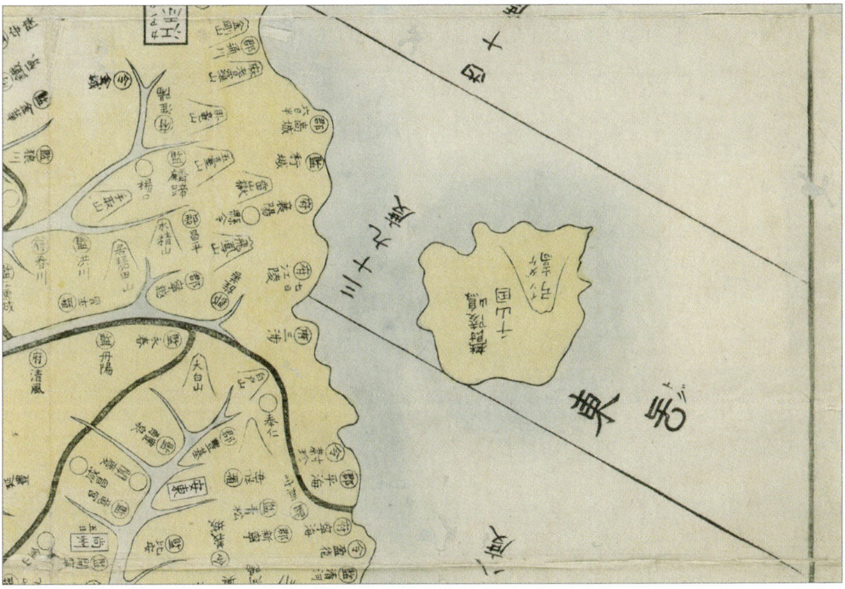

그림 1-34 임자평의 「조선팔도지도」 중 강원도 부분. 울릉도의 성인봉 그림에 '궁숭(弓嵩), 이소다케(イソダケ)'라고 표기되어 있다.

거하여 표시된 것으로, 옛날에 울릉도인에게서 직접 '궁숭'이란 이름을 듣고 그 뜻을 물어 옆에 쓴 것이라고 보았다.

그러면 이른바 '弓嵩'(궁숭), 'イソダケ'(이소다케)는 무엇을 의미하는가? 이병도 박사에 의하면, 이것은 울릉도의 성인봉(聖人峰)을 지칭하는 말로서, '궁(弓)'은 한국어 '곰(熊)'의 차자(借字)이고, '숭(嵩)'은 '수리', '술'의 차자(借字)[산(上), 악(岳), 봉(峰)]이니, '궁숭(弓嵩)'은 '곰수리'이며, '곰'이 신성(神聖)의 뜻을 가진 것은 더 말할 필요가 없는 것이다. 이 박사는 '성인봉(聖人峰, 神聖峰)'의 명칭도 '곰수리'에서 유래한 것으로 보았다.

이병도 박사에 의하면, 'イソダケ'(이소다케)는 '궁숭(弓嵩)'에 대한 번역으로서, 'イソ'(이소)는 '쾌남(快男)' 또는 다수를 의미하는 '오십(五十)'을 뜻하고, 'ダケ'(다케)는 '산악(山岳)'을 의미하는 것이다. 또한 『은주시청합기』

에서는 "俗言礒竹島 多竹魚海鹿 按神書所謂五十猛歟[속칭 기죽도(礒竹島)라 하고 대나무와 물고기와 물개가 많이 나는데, 생각컨데 신화(神書)에 오십맹(五十猛)이라고 한 것이 〈이것이〉 아닐까 한다.]"고 주를 달았는데, '오십맹(五十猛)'은 곧 'イソダケ'(이소다케)라고 읽으며, 오십맹은 일본 고대의 신명(神名)이라는 것이다. 이 박사에 의하면 후세의 일본인들이 그 원래의 뜻을 알지 못하고 '기죽(礒竹)'의 뜻으로 오해하여 '기죽도(礒竹島)'로 썼다가, '죽도(竹島)'라고 일컫고 대(竹)가 많이 나므로 해서 얻은 이름으로 여겨져 왔다고 보았다.

이병도 박사는 '송도(松島)'의 명칭의 유래는 자세치는 않으나, 울릉도의 '곰수리'의 '수리'(술·솔)에서 전칭(傳稱)된 차(음)자[借(音)字]이거나, '죽(竹)'에 대한 대칭(對稱)으로서 울릉도를 기죽도(礒竹島, 竹島)라고 와전(訛傳)한 까닭에 울릉도의 속도인 독도(獨島)를 송도(松島)라고 했거나 둘 중의 하나일 것이라고 추정하였다.[122]

이병도 박사의 이러한 해석은 참으로 탁견이라고 필자는 생각한다. 단지 여기서는 이를 약간 수정하여 발전시키려고 한다. 우선 성인봉(聖人峰)을 표시한 '궁숭(弓嵩)'의 본래 한국어 고유 이름은 무엇이었을까?

필자는 '궁숭'의 이전 한국어 고유 명칭도 '우르뫼'라고 생각한다. 여기서 '우르'는 '왕(王)', '군주(君主)', '왕검(王儉)'을 의미하고, '뫼'는 '산', '높은 산'을 의미한다고 해석된다.[123]

'왕(王)', '왕검(王儉)', '주상(主上)', '군주(君主)'는 고대에는 '신(神)'과 같은 존재였다. '우르뫼'를 '우산(于山)', '울릉(鬱陵)', '우릉(芋陵)' 등으로 한자

122 李丙燾, 1963, 「獨島 名稱에 대한 史的考察」, 『趙明基博士華甲紀念佛教史學論叢』.

123 신용하, 1998, 「獨島명칭변화 연구-명칭변화를 통해 본 독도영유권」, 『韓國學報』 제91·92합집.

로 표기하는 경우에 우산국(于山國), 울릉도(鬱陵島)의 중앙에 우뚝 솟아 있는 큰 산 '우르뫼'를 어떻게 국명(國名), 도명(島名)과 구분하여 한자 표기할 것인가? 이를 처음으로 구분한 것이 '궁숭'이라고 필자는 생각한다. 즉 '우르뫼'의 한자 의역이 弓嵩(궁숭)이라고 보는 것이다.

필자의 의견으로 '궁(弓)'은 '왕(王)', '왕검(王儉)'의 의미이다. 물론 '궁(弓)'이 '임금'의 뜻을 가지게 된 기원도 곰토템족인 맥족(貊族)의 경우에는, 이병도 박사의 지적과 같이 '곰', '검'에서 기원했을 것이다. 그러나 '궁(弓)'의 직접적 의미는 역시 '왕(王)', '왕검(王儉)', '임금'에서 구해야 할 것이라고 본다. 즉 '왕검산', '임금산'의 뜻인 '우르뫼'가 '궁숭(弓嵩)'으로 한자(의)역[漢子(意)譯]되어 표기된 것이었다고 볼 수 있다.

그러나 '궁숭'은 '우르뫼'의 번역으로서는 어려운 번역이므로, '우르뫼'의 보다 쉬운 한자 의역으로 '성인봉(聖人峰)'으로 번역된 것으로 해석된다.

즉 '우르뫼'→'궁숭(弓嵩)'→'성인봉(聖人峰)'의 동일한 뜻의 명칭 변화가 역사적으로 전개된 것이었다. 그러나 그 뜻은 모두가 '왕검산', '임금산'의 뜻임은 더 말할 필요가 없다.

일본에서는 '우르뫼'(임금산)의 번역인 '궁숭(弓嵩)'을, 이병도 박사의 발견과 같이, 'イソダケ'(이소다케)라고 하였다. 『은주시청합기』의 주(註) 설명과 같이 이것은 일본의 신서(神書)의 고대신(古代神)인 '오십맹(五十猛, イソダケ)'을 빌려다 '궁숭(弓嵩)'의 뜻을 번역 발음한 것이었다.[124] 그러나 이 역시 매우 어려운 번역이므로 일본인들은 후에 'イソダケ(이소다케)'를 '기죽(磯竹)'으로 한자 표기 하였고, '기죽도(磯竹島)'를 더욱 줄여서 '죽도(竹島)'로 표기하게 된 것이라고 해석된다.

---

124 『隱州視聽合記』 券1, 國代記部.

울릉도를 '죽도(竹島)'로 호칭한다면 울릉도의 속도인 독도는 어떻게 호칭할 것인가? 일본 문화에서 송죽(松竹)은 한 쌍이다. 설날 대문 양편에 송(松)과 죽(竹)을 세우는 관습에서도 이를 잘 볼 수 있다. 동해의 중앙에는 울릉도와 그 속도로서 독도 밖에 없고, 일본인들도 이를 잘 알고 있었다. 따라서 울릉도를 '죽도(竹島)'라고 호칭한 단계에서는 거의 자동적으로 우산도(于山島, 獨島)를 '송도(松島)'라고 호칭하게 되므로, 이러한 명칭 변화는 자연스러운 것이었다고 이해할 수 있을 것이다.

일본인들이 우르뫼=궁숭(弓嵩)을 'イソダケ(이소다케)=기죽도(磯竹島)=죽도(竹島)'라고 부르고, 죽도(竹島)의 대칭 쌍으로서 그 속도인 독도(獨島)=우산도(于山島)를 '송도(松島)'라고 불렀을지라도, 독도가 울릉도의 속도(屬島)라는 사실을 물론 잘 알고 있었다. 일본의 백기주(白耆州) 요나고(米子)의 상인 오오야(大谷甚吉)과 무라카와(村川市兵衛)의 두 가문이 1660년경 외국 영토인 '죽도(竹島)'와 '송도(松島)'에 건너가 고기잡이를 하려고 도쿠가와막부에 '죽도도해면허(竹島渡海免許)'[와 후에 '송도도해면허(松島渡海免許)']를 신청했을 때 두 가문의 왕복문서에 '죽도지내송도(竹島之內松島)'[125](울릉도 안의 독도) 또는 '죽도근소지소도(竹島近所之小島)'[126](울릉도 근방의 소도) 또는 '죽도근변송도(竹島近邊松島)'[127](울릉도 가까운 변두리 독도)라고 표기한 것은 물론 울릉도를 본도로, 독도를 울릉도의 속도로 인지한 것을 나타낸 것이었다.

---

125 「龜山庄左衛門의 大屋九右衛門에게의 1660年 9月 5日字 書簡」, 川上健三, 『竹島の歷史地理學的研究』, 1966, 古今書院, 74쪽에서 재인용.

126 「村川市兵衛에게의 遺書狀之寫」, 川上健三, 『竹島の歷史地理學的研究』, 1966, 古今書院, 78쪽에서 재인용.

127 「阿部四郎五郎正繼의 大屋九右衛門에게의 1659年 6月 21日字 書簡」, 川上健三, 『竹島の歷史地理學的研究』, 1966, 古今書院, 78쪽에서 재인용.

그러므로 일본인들은 '죽도(竹島)'가 어느 나라 영토인가를 결정하는 것은 곧 그 속도인 '송도(松島)'가 어느 나라 영토인가를 결정하는 것이라고 이해하고 있었다.

따라서 일본이 이 두 섬에 대한 야욕을 가졌을 때에는 언제나 본도인 울릉도를 침탈하여 영유하려고 시도하였고, 속도인 독도는 울릉도의 운명에 의하여 그 운명이 결정되는 것이라고 생각하였다.

2) 19세기 말(1880년) 일본에서 송도(松島, 마쓰시마)의 호칭 이동

일본 메이지 정부 외무성도 조선 영토인 울릉도와 우산도(于山島, 독도)를 일본에서 죽도(竹島)와 송도(松島)라고 부를 뿐이지 이 두 섬이 조선 영토임을 명확히 알고 있던 시기에, 러시아령 블라디보스토크에 왕래하던 일본 상인 무등평학(武藤平學)이란 사람이 동해 가운데 조선의 울릉도가 아니면서 평지는 전답을 개간하여 경작 가능하고 큰 소나무가 항상 울창하며 광산자원도 있는 새 섬(新島)을 발견했다고 주장하면서 1876년(메이지 9년) 7월 외무성에 '송도개척지의(松島開拓之議)'를 제출하여 이 섬을 일본의 영토로 편입해서 양항(良港)으로 개발할 것을 건의한 일이 있었다.[128]

이어서 아옥정양(兒玉貞陽)이라는 일본인이 『노항잡지(露港雜誌)』에 게재한 무등의 포조항일기(浦潮港日記)와 건의(建議)를 읽고 이에 찬성하여 역시 '송도(松島)'를 개척하자는 건백서(建白書)와 개척 시에 착수해야할 사항 20개 조를 첨부하여 외무성에 제출하였다.[129]

이어서 1876년(메이지 9년) 12월 19일 블라디보스토크에 왕래하던 일본상인 재등칠랑병위(齋藤七郎兵衛)란 자가 송도(松島)는 일본의 영토임을

128 『竹島考證』(日本外務省記錄) 下, 1996, 172~182쪽, エムテイ出版.

129 『竹島考證』(日本外務省記錄) 下, 1996, 182~188쪽, エムテイ出版.

주장하면서 '송도개도원서병건언(松島開島願書幷建言)'을 외무성에 제출하였다.[130]

이어서 1877년(메이지 10년) 5월에는 무등평학 자신이 '송도개도지건백(松島開島之建白)'을 외무성에 제출하였다.[131]

이어서 1876년 10월 나가사키현(長崎縣) 출신의 일본 상인 하촌륜팔랑(下村輪八郎)이란 자가 항해 도중 송도(松島) 근방에 이르러 온 섬에 수목이 울창한 것을 직접 보았다고 주장하면서 블라디보스토크에서 재등칠랑병위와 연명으로 1878년(메이지 11년) 8월 포조무역사무관(浦潮貿易事務官)을 경유하여 '송도개척원(松島開拓願)'을 외무성에 제출하였다.[132]

일본 외무성은 "송도(松島)는 아방인(我邦人 : 일본인)이 부르는 이름이고 그 실은 조선(朝鮮) 울릉도(鬱陵島)에 속(屬)한 우산(于山)"[133]이며, 울릉도가 조선(朝鮮)에 속함은 구 정부[도쿠가와막부(德川幕府)]에서 재확인 결정되었으므로 울릉도에 속한 '송도(松島)'도 조선 영토임을 잘 알고 있었다.[134]

뿐만 아니라 개간하여 농경을 할 수 있고 큰 수목이 울창하여 벌목을 할 수 있고 광물도 있는 것 같다는 상인들의 '송도개척원(松島開拓願)'의 '송도(松島)'는 조선의 울릉도[鬱(蔚)陵島]를 가리키고 있는 것임을 외무성 전문가들은 잘 알고 있었다.[135]

그러나 포조무역관을 비롯해서 외무성 내의 일부 관료들은 자원이 풍부

---

130 『竹島考證』(日本外務省記錄) 下, 1996, 201~206쪽, エムテイ出版.

131 『竹島考證』(日本外務省記錄) 下, 1996, 223~235쪽, エムテイ出版.

132 『竹島考證』(日本外務省記錄) 下, 1996, 248~251쪽, エムテイ出版.

133 『竹島考證』(日本外務省記錄) 下, 1996, 253쪽, エムテイ出版.

134 『竹島考證』(日本外務省記錄) 下, 1996, 253~255쪽, エムテイ出版.

135 『竹島考證』(日本外務省記錄) 下, 1996, 253~254쪽, エムテイ出版.

한 이 섬이 조선의 울릉도가 아닐 수도 있다고 주장하면서 실지조사(實地調査)가 필요하다고 주장하여 의론이 분분했으므로, 결국 일본 외무성은 해군성(海軍省)에 순견(巡見) 실지조사를 의뢰하게 되었다.[136]

외무성의 요청에 응해 일본의 해군성은 1880년(메이지 13년) 9월 군함 천성환(天城丸)을 파견하여 해군 소위 삼포중향(三浦重鄉)을 책임자로 하여 민간 상인들이 말하는 송도가 새로이 발견한 섬인가 또는 조선의 울릉도(鬱陵島, 일본 호칭 竹島)인가를 조사 측량케 하였다.

천성환이 현지에 가서 실측조사를 해 보니 일본 상인들이 말한 '송도'는 조선의 울릉도를 가리킨 것이었고, 울릉도 바로 옆에 조선인들이 말하는 '죽도(竹島)'라는 바위가 있음을 알게 되었다. 이에 일본 외무성, 해군성의 신도 발견은 완전히 실패로 돌아가고 말았다. 천성환의 관련 보고는 다음과 같다.

수로보고(水路報告) 제33호

이 기사는 현하 천성함(天城艦) 승무원 해군 소위 삼포중향(三浦重鄉)의 약화보고(略畵報告)한 바에 의함.

일본해(동해), 송도[松島 : 한인(韓人)은 이를 울릉도라고 칭함] 묘지(錨地)의 발견.

송도는 우리 은기국(隱岐國)을 거(距)하기 북서 4분의 3방향 약 140리에 있다. 해도(該島)는 종래 해객(海客)의 정검(精檢)을 거치지 않았기 때문에 그 가박지(假泊地)의 유무(有無) 등을 아는 것이 없었다. 그러나 금반 천성함이 조선에 회항 때에 이 땅에 기함(寄艦)하여 해도(該島) 동안(東岸)에

136 『竹島考證』(日本外務省記錄) 下, 1996, 255~267쪽, エムテイ出版.

가박지(假泊地)를 발견하였다. 즉 좌의 도면(圖面)과 같다. 우 보고함.

(도면 생략)

메이지(明治) 13年(1880년) 9月 13日

수로국장 해군 소장 야나기 나오에쓰(柳楢悅)[137]

그런데, 천성환과 일본 해군 수로국장의 보고는 자기네들의 판단 실수를 호도하기 위하여 몇 가지 큰 혼란의 과오를 범하여 조성하였다.

첫째, 조선의 울릉도의 일본 호칭에 대해, 위의 보고와 같이, "송도(松島) 일명 울릉도(鬱陵島)"[138]라 하여 종래의 울릉도에 대한 일본 호칭 죽도(竹島)를 '송도(松島)'로 갑자기 바꾼 것이었다. 일본은 수 세기에 걸쳐 울릉도를 죽도(竹島)로 우산도를 송도(松島)로 호칭해 왔고, 모든 문헌 기록에도 이렇게 표기해 왔었다. 이것을 해군성이 소위 '송도순도(松島巡島)'[139]라는 공문서 이름으로 일본 해군 최초로 실지조사를 해보니 그것이 조선의 울릉도(鬱陵島)였다는 이유로, 울릉도에 대한 기존의 일본 호칭인 죽도(竹島)를 갑자기 버리고 갑자기 송도(松島)를 울릉도를 부르는 이름으로 사용하기 시작한 것이다. 일본 해군성의 경거망동과 판단착오와 위신추락을 조금이라도 호도하고자 한 조치였다고 보인다.

둘째, 일본은 조선의 울릉도에 대한 종래의 호칭 '죽도(竹島)'에 대해서는 조선인들이 울릉도 바로 옆의 큰 1개의 암석 '대섬'을 '죽도' 또는 '죽서(竹嶼)'라고 호칭하고 있음을 알고, 이에 착안하여 조선의 '대섬'을 '죽도(竹島)'

137 『竹島考證』(日本外務省記錄) 下, 1996, 269쪽, エムテイ出版.

138 『竹島考證』(日本外務省記錄) 下, 1996, 271쪽, エムテイ出版.

139 『竹島考證』(日本外務省記錄) 下, 1996, 273쪽, エムテイ出版.

로 호칭했다고 주장하기 시작하였다.[140] 물론 이것은 일본 문헌과도 전적으로 틀린 잘못된 주장이었다.

셋째, 일본 해군수로국이 종래의 조선의 우산도를 가리키던 오래된 호칭 송도(松島)를 울릉도에 갑자기 옮겨다 썼으므로, 일본은 조선의 우산도에 대한 호칭이 갑자기 없어져서 매우 난처하게 되었다. 즉 독도에 대한 기존의 호칭 '송도(松島)'를 '울릉도'에 옮겨버리니 독도에 대한 일본 호칭을 잃어버린 것이었다.

3) 독도의 일본 호칭 '리앙코르도섬'

일본 해군성이 울릉도 조사 과정에서 '송도(松島)'라는 호칭을 울릉도에 옮겨 붙인 결과, 독도에 대한 일본 호칭이 없게 되자, 1880년부터 일본 해군성 수로국은 일찍이 프랑스 포경선 리앙쿠르(Liancourt)호가 우산도(독도)를 보고 자기 선박의 이름을 따서 '리앙쿠르암석(Liancourt Rocks)'이라고 명명하여 보고한 결과 서양 해도(海圖)와 지도 일부에 우산도를 'Liancourt Rocks'로 표시한 것을 취하여 '리앙코르도섬(リアンコルド島)'이라고 명명하기 시작하였다.[141]

따라서 일본에서는 1880년부터 수년간 내무성(內務省)과 어민은 울릉도를 죽도(竹島), 우산도를 송도(松島)라고 부르고, 해군성에서는 울릉도를 송도(松島), 우산도를 리앙코르도섬이라고 불러 메이지 정부 내에서 울릉도에 대한 명칭에 혼란이 있던 시기가 있었다. 그러다가 일본 해군성이 『수로지(水路誌)』에 '리앙코르도' 호칭을 올린 후에 해군성의 호칭이 일반화되었으며, 해군성 수로국에 크게 의존하는 일본 어부들도 해군성의 호

140 『竹島考證』(日本外務省記錄) 下, 1996, 274쪽, エムティ出版.

141 日本海軍省水路部, 1886, 『寰瀛水路誌』 第2券 第2版, 397쪽.

칭에 따라서 조선의 우산도를 '리양코섬(リヤンコ島)'이라고 줄여서 호칭하게 되었다.

1880년 일본 해군성이 독도에 리앙쿠르섬이라는 서양 호칭을 빌려와 붙인 것은 독도가 한국(조선) 영토였고 일본 영토가 아니었음을 증명하는 것이다. 독도가 조선 영토이고 일본 영토가 아니었기 때문에 독도가 일본 호칭을 잃자 일본 해군성 수로국은 '우산국' 호칭을 취하는 것보다 해도에 있는 'Liancourt Rocks' 호칭을 빌려다 독도에 붙인 것으로 해석된다. 일본의 독도에 대한 새 호칭 '리앙코르도섬'은 독도가 일본 고유영토가 전혀 아니며, 당시 일본 영토도 전혀 아님을 잘 증명하는 것이다.

일본 해군성은 독도를 '리앙코르도섬'이라고 호칭을 바꾸었지만, 물론 실제로는 여전히 '리앙코르도섬'은 조선 영토라고 확인하여 분류하고 있었다. 일본 해군성은 이때 독도를 조선의 영토로 간주하여 『조선수로지』에 포함시키고 『일본수로지』에는 포함시키지 않았다. 일본 해군성 수로국은 『조선수로지』를 1894년에 최초로 편찬 발행했는데, 이때 독도를 '리앙코르도열암(列岩)'이라는 이름으로 『조선수로지』 제4편 '조선동안(朝鮮東岸)'에 포함시켜 설명하였다.[142]

여기서 주목할 것은 일본 해군성 수로국은 독도를 조선의 동해안 부속령으로 간주하고 있었으며, 그들의 독도에 대한 지식은 서양 선박들이 측량 보고한 사실에 한정되어 있었다는 사실이다. 일본 해군성 수로국은 그 후 『조선수로지』의 판을 거듭했는데, 예컨대 제2판인 1899년판 『조선수로지』에서도 이전과 같은 설명을 게재하고 독도를 조선 동해안 부속령으로 취급하였다.[143]

---

142 日本海軍省水路部, 1899, 『朝鮮水路誌』, 255~256쪽.

143 日本海軍省水路部, 1899, 『朝鮮水路誌』, 263쪽.

조선의 '독도'에 대하여 1880년 이후 수십 년간 일본 해군성과 일본 정부는 서양 호칭을 취하여 '리앙코르도섬'이라 호칭했고, 일본 어부들은 이를 약칭하여 '리양코섬'이라고 호칭하였다.[144]

---

144 현재의 일본 외무성은 『朝鮮水路誌』는 수로지이기 때문에 소속 영토의 개념은 포함되어 있지 않다고 주장하고 있는데, 전혀 그렇지 않다. 일본 해군성 수로국은 세계수로지인 『寰瀛水路誌』 체제를 해체하여 각 나라별로 수로지를 편찬할 때 국가 영토별로 했으며, 『朝鮮水路誌』는 조선 영토의 수로(水路)를 묶어 편찬한 것이었다. 이 사실은 우선 일본 해군성 수로국은 조선이 독립국일 때까지는 『朝鮮水路誌』를 독립해 편찬하다가 조선이 일본의 식민지가 되자 『朝鮮水路誌』 발행을 중단하고, 1911년부터는 『日本水路誌』에 포함시켜 제6권으로 편찬하면서 그것이 영토의 '병합' 때문임을 밝히고 있는 것에서도 알 수 있다. "本書는 朝鮮全岸의 水路로서 明治 43년 朝鮮을 我帝國에 併合시켰기 때문에 『日本水路誌』 第6卷이라고 題하여 刊行한다."(日本海軍省水路部, 1911, 『日本水路誌』 第6卷 '序', 1쪽). 반면에 일본 해군성 수로국이 편찬 간행한 『日本水路誌』는 (일본 학자의 조사에 의하면) 1892년 제1판 이래 순차 간행하면서도 독도를 포함시키지 않았다. 『日本水路誌』에는 1895년 시모노세키조약(下關條約)에 의해 일본의 새로운 영토가 된 타이완과 평후섬, 그리고 千島列島 최북단의 占守島까지 수록되어 있지만, 타이완의 對岸이나 캄차카반도는 전혀 포함되어 있지 않다. 즉 일본 해군성은 독도의 정확한 위치를 알고 있으면서도 이를 일본 영토가 아니라고 보아 『日本水路誌』의 동해(일본 이름으로 소위 '日本海') 부분에 포함시키지 않았던 것이다. 일본 해군성 수로부가 독도를 『日本水路誌』에 포함시키기 시작한 것은 일본이 1905년 2월 독도를 대한제국 정부 몰래 침탈하여 시마네현(島根縣)에 편입시킨 후부터다. 그들은 1907년의 『日本水路誌』 제4권의 海圖에서 隱岐島 북방에 처음으로 작은 점을 그려넣기 시작했다(堀和生, 1987, 「1905年日本の竹島領土編入」, 朝鮮史研究会論文集24). 이러한 사실들은 일본 해군성도 태정관·외무성·내무성과 마찬가지로 1905년 2월까지는 독도가 조선의 영토임을 정확하게 인지하고 있었음을 증명해준다. 일본 해군성 수로부는 일제 강점 후에는 『朝鮮水路誌』를 독립시키지 않고 계속 『日本水路誌』 안에 포함시켰다. 예컨대, 1920년의 『日本水路誌』에서는 第10卷(上·下)에 朝鮮水路를 넣었다. 특히 第10卷 上冊의 울릉도 바로 다음에 '竹島(Liancourt Rocks)'라는 항목을 넣으면서 "朝鮮人은 이를 獨島라고 쓰고 內地(日本) 漁夫는 이를 리양코섬(リヤンコ島)이라고 말한다."고 기록 설명하였다(『日本水路誌』 第10卷 上冊, 56~58쪽). 여기서 주목할 것은 鬱陵島와 獨島(竹島)를 나란히 朝鮮篇에 넣고 있다는 사실이다. 일본 해군성 수로부는 海軍省의 書誌 第6號로 1933년 『朝鮮沿岸水路誌』를 간행했는데, 第1卷에서 아예 '鬱陵島及竹島'라는 항목을 설정하여 울릉도에 이어 독도를 비교적 상세히 설명하였다(日本海軍省水路部, 1933, 『朝鮮沿岸水路誌』 第1卷, 86~90쪽).

4) 일본 제국주의의 독도 침탈 시도와 '죽도(竹島)'의 일본 호칭

일본 제국주의자들이 한국을 식민지화하기 위해 1904년 2월 8일 인천과 여순(旅順)에 있는 러시아 군함 각 2척을 기습 공격하여 격침시키고 2월 10일에는 러시아에 선전포고를 하여 러·일전쟁을 일으킴과 동시에 대규모의 일본군을 대한제국 영토에 불법상륙시켰을 때에도, 일본 해군은 그들이 멋대로 만든 호칭으로 조선의 울릉도를 '송도(松島, 마쓰시마)'라고 칭하고, 조선의 독도(獨島, 石島)를 '리앙코르도섬(リアンコルド島)'이라고 호칭하고 있었다.

일본 해군은 동해에서의 러시아 함대의 활동을 감시하기 위하여 조선 동해안과 울릉도에는 물론 독도에도 망루(望樓)를 설치하려고 하였다. 이에 일본 해군은 울릉도에 2개의 망루를 설치하여 이것을 한국 동해안의 죽변만(竹邊灣)을 통해서 일본 본토 좌세보(佐世保)의 해군진수부(海軍鎭守府)와 직접 교신하는 전신선을 완성하자, 독도에도 망루를 설치하기 위한 조사 작업을 시작했다. 이에 일본 군함 신고호(新高號)는 죽변(竹邊)과 울릉도선(鬱陵島線)의 연결 공사를 하면서 독도를 실제로 본 울릉도의 일본인 민간인들로부터 독도에 대한 청취조사를 한 다음 1904년 9월 24일 독도 답사를 목표로 울릉도를 출발하였다. 신고호의 다음날 일지에는 독도에 대한 청취조사 결과를 다음과 같이 요약해 기록하였다.

> 송도(松島:울릉도)에서 리앙코르도암석 실견자(實見者)로부터 청취한 정보. 리앙코르도암석은 한인(韓人)은 이를 獨島(독도)라고 서(書)하고 본방(本邦) 어부들은 '리양코섬'이라고 호칭한다. 별첨한 약도와 같이 2개의 암서(岩嶼)로 되어 있다. 서서(西嶼)는 높이가 약 400척(呎)으로 험저(險沮)하여 오르기가 곤란하지만 동서(東嶼)는 비교적 낮고 잡초가 자라며 정상은 약간 평탄한 땅이 있어서 2, 3개의 소사(小舍)를 건설하기에 족하다

고 한다.[145](밑줄은 저자가 표시한 것임)

여기서 주목할 것은 독도에 일본 해군 망루를 설치할 목적으로 신고호가 울릉도에 가서 수행한 1904년 9월 25일의 청취조사 결과 독도에 대하여 한국인들은 이를 '독도(獨島)'라고 쓰고 일본의 어부들은 이를 '리양코섬(リヤンコ島)'이라고 호칭하고 있었다는 사실이다.[146] '리양코섬'이 '리앙코르도섬'의 일본식 약칭임은 더 말할 필요도 없다.

마침 이 무렵에 나카이 요자부로(中井養三郎)라는 어업기업가가 한국 정부에 독도에서의 어업독점출원(漁業獨占出願)을 제출하려고 일본 정부에 교섭을 요청하였다.

나카이 요자부로는 독도(리앙코르도섬)를 조선 영토라고 믿고 조선 정부에 대하청원(貸下請願)을 내리기 위해 상경하였다.[147] 일본 정부의 해군성 수로부장 등은 독도가 반드시 조선 영토인 확증이 없으니 한국 정부에 대하청원서(貸下請願書)를 내지 말고 일본 정부에 '영토편입 청원서'를 내면 대하(貸下)하는 특혜를 주겠다고 유혹하고 압박하였다. 이에 나카이는 수로부장 등의 요구에 응하여 계획을 바꾸고 독도를 일본 영토로 편입하여 자기에게 대하할 것을 청원하였다. 나카이가 이 경위를 1906년 3월 25일에 오원복시(奧原福市)에게 진술한 것이 다음과 같이 기록되어 있다.

---

145 『軍艦新高戰時日誌』 1904年 9月 25日條.

146 일제가 독도를 침탈한 약 1년 2개월 후 울도군수 심흥택이 항의교서를 내었을 때인 1906년 3월 29일보다 1년 7개월 전에 일제는 '독도'를 한국인들이 '獨島'로 쓰고 있음을 확인하고 있던 것이다.

147 「中井養三郎事業經營概要」, 위 履歷書 附屬文書, 1910, 中井養三郎 작성, 『竹島關係資料』 제1권.

> 나카이 요자부로(中井養三郞) 씨는 리양코섬을 조선의 영토라고 믿고, 동국(同國) 정부에 대하청원(貸下請願)의 결심을 하여 37년의 어기(漁期)가 종료되자 곧바로 상경(上京)하여 은기(隱岐) 출신인 농상무성 수산국원 등전감태랑(藤田勘太郞) 씨에게 도모해서 목(牧) 수산국장에게 면회하여 진술한 바 있었다. 동씨(同氏) 또한 이것을 찬성하여 해군 수로부에 붙여서 리양코섬의 소속을 확인케 하였다. 나카이 요자부로 씨는 즉시 간부(肝付) 수로부장을 면회하여 동도(同島)의 소속은 확호(確乎)한 징증(徵證)이 없고 특히 일한 양 본국(日韓兩本國)으로부터의 거리를 측정하면 일본 쪽이 10리(里) 가깝고 그 위에 일본인으로서 동도 경영에 종사하는 자가 있는 이상은 일본령에 편입하는 방법이 좋을 것이라는 설(說)을 듣고 나카이 요자부로 씨는 마침내 뜻을 결정해 리앙코르도섬 편입(編入) 및 대하원(貸下願)을 내무, 외무, 농상무 3대신(大臣)에게 제출하였다.[148]

즉, 독도를 한국 영토라고 믿고 한국 정부에 대하원(貸下願)을 제출하려고 농상무성을 방문한 나카이에게 농상무성 수산국장과 해군성 수로부장이 공작을 꾸며 독도를 무주지(無主地)라고 단정해 주장하고 일본인으로서 나카이가 독도 경영에 종사하려면 독도를 일본 영토에 편입해야 한다고 설득하면서, 나카이에게 한국 정부에 대하원을 제출할 것이 아니라 일본 정부에 독도(리앙코르도섬)의 영토편입 및 대하원을 제출하라고 요구하였다.

이에 나카이는 해군성 수로부장에게 독려당해서, 마침내 독도를 일본에 영토편입하고 자기에게 대부해 달라는 「리양코섬 영토편입 및 대하원(リヤンコ島領土編入並貸下願)」을 1904년 9월 29일 일본 정부의 내무대신, 외무

148 奧原福市, 1907, 『竹島及鬱陵島』, 27~32쪽. 1906年刊 『歷史地理』 第8卷 第6號에 게재된 奧原碧雲(福市)의 논문 「竹島沿草考」에도 같은 글이 수록되어 있다.

대신, 농상무대신에게 제출하였다.[149]

나카이가 영토편입 및 대하원을 제출할 때의 독도의 명칭은 일본 어부들이 호칭하던 '리양코섬'이었다.

일본 정부는 이 나카이의 「리양코섬 영토편입 및 대하원」을 받아들이는 형식을 취하여 1905년 1월 28일 내각회의에서 독도는 '무주지(無人島)로서 타국(他國)이 이를 점유(占有)했다고 인정하는 형적(形迹)이 없다.'고 하여 '무주지 선점(無主地 先占)'을 하는 것으로 근거를 만들어 영토편입한다고 하면서 이제부터는 이 무인도를 '죽도(竹島)'라고 명명하고 시마네현(島根縣) 소속 은기도사(隱岐島司)의 소관(所管)으로 한다고 다음과 같이 결정하였다.

> 별지(別紙) 내무대신 청의(請議), 무인도 소속에 관한 건을 심사해 보니, 북위 37도 9분 30초, 동경 131도 55분, 은기도(隱岐島)를 거(距)하기 서북으로 85리에 있는 이 무인도는 타국이 이를 점유했다고 인정할 형적(形迹)이 없다. 지난 〈메이지〉 36년 본방인(本邦人) 나카이 요자부로(中井養三郎)란 자가 어사(漁舍)를 짓고 인부(人夫)를 옮기고 엽구(獵具)를 갖추어 해려(海驢)잡이에 착수하고 금회 영토편입 및 대하(貸下)를 출원(出願)하였는데, 차제에 소속(所屬) 및 도명(島名)을 확정할 필요가 있으므로 해도(該島)를 죽도(竹島)라 이름하고 이제부터는 시마네현(島根縣) 소관(所管) 은기도사(隱岐島司)의 소관으로 하려고 한다는 바, 이를 심사하니 메이지(明治) 36년 이래 나카이 요자부로란 자가 해도에 이주하고 어업에 종사한 것은 관계서류에 의하여 밝혀지며, 국제법상 점령의 사실이 있는 것이라고 인정하

149 신용하, 1997, 「한국의 獨島領有에 관한 역사적 證據資料의 발굴과 실증적 연구」, 『省谷論叢』 제8집 제4권.

여 이를 본방소속(本邦所屬)으로 하고 시마네현(島根縣) 소속(所屬) 은기도사의 소관으로 함이 무리 없는 건이라고 사고하여 청의(請議)대로 각의결정(閣議決定)이 성립되었음을 인정한다.[150](밑줄은 저자가 표시한 것임)

즉 일본은 독도를 타국이 점유한 형적이 없는 '무주지(無主地)'라고 자의로 전제하고 '무주지 선점(無主地 先占)'의 논리로 1905년 1월 28일 독도를 일본 영토에 편입하는 일본 내각회의 결정을 하면서 처음으로 독도에 '죽도(竹島)'라는 이름을 붙인 것이었다. 즉, 독도가 일본에서 일본 이름 '죽도'의 호칭을 가지게 된 것은 1905년 1월 28일 이후부터였다.

일본 내무성은 이 각의결정을 1905년 2월 15일 시마네현지사(島根縣知事)에게 훈령으로 내려보냈으며, 시마네현지사는 1주일 후인 1905년 2월 22일 '시마네현고시 제40호(島根縣告示第40號)'로서 "북위 37도 9분 30초, 동경 131도 55분에 있는 섬을 '竹島'(죽도)라고 칭하고 지금부터 본현(本縣) 소속(所屬) 은기도사(隱岐島司)의 소관으로 정한다."[151]는 것을 시마네현 『현보(縣報)』에 게재하였다.[152]

물론 독도는 '무주지'가 전혀 아니라 서기 512년 이래 한국 영토의 일부로 점유 통치된 우산도(于山島)였고, 또 1900년에는 대한제국 '칙령 제41호'로서 '석도(石島)'라는 명칭으로 행정구역 개정 때 울도군수의 행정지역으로 선포된 '유주지(有主地)'였으므로, 일본의 내각회의 결정은 국제법상

150 『公文類聚』, 第29篇, 卷1.

151 신용하, 1989, 「조선왕조 獨島領有와 일본제국주의의 獨島侵略」, 『한국독립운동사연구』 3권, 독립기념관 한국독립운동사연구소.

152 「往復文書: 1962년 7월 13일자 日本側具述書(No. 228/ASN-日本政府見解(4))」; 신용하 편저, 『獨島領有權資料의 探究』 제4권, 42~450쪽에서 재인용.

완전히 불법적인 것이었고 성립되지 않은 무효의 것이었다.

일본 정부는 독도의 일본'영토편입'이 한국 영토에 대한 침탈이며 국제법상 위법임을 잘 알고 있었기 때문에 이것이 분쟁이 되지 않도록 가능한 한 감추려고 중앙정부 『관보』에 고시하지 않고, 사소한 일인 것처럼 하급 지방관청에서 『현보』에 게재하여 외부에서 모르게 한 것이다.

그러나, 당시 대한제국 울도군수로서 울릉도, 죽도(竹島 : 대섬), 독도(石島)를 관장하고 있던 심흥택(沈興澤)은 일제가 '을사조약'을 강요하여 외교권을 강탈하고 일제 통감부를 설치한 후인 1906년 3월 28일 일본의 시마네현 은기도사 동문보(東文輔) 및 사무관 신서유태랑(神西由太郎) 일행의 내방을 통해 독도가 일본 영토로 '편입'되었음을 알고 깜짝 놀라 이튿날인 3월 29일(음력 3월 5일) 강원도관찰사에게 다음과 같은 긴급 보고를 올렸다.

> 本郡所屬 獨島가 在於本部外洋百餘里許이옵드니 本月初四日 辰時量에 輪船一隻이 來泊于島內道洞浦而 日本官人一行이 到于官舍하여 自云獨島가 今爲日本領地故로 視察次來島였다이온바 其一行則 日本島根縣隱岐島司 東文輔及 事務官神西由太郎 稅務監督局長吉田平吾 分署長警部 影山岩八郎 巡査一人 會議員一人 醫師技士各一人 其外隨員十餘人이 先問戶摠人口土地多少하고 次問人員及經費幾許 諸般事務를 以調査樣으로 錄去이압기 玆以報告하오니 照亮하심을 伏望.
>
> 光武十年丙午 陰三月 五日[153]

여기서 주목할 것은 울도군수 심흥택이 1906년 3월 29일에 "본군 소속

---

153 『各觀察道案』 第1冊, 「報告書號外」; 梁泰鎭 編, 1979, 『韓國國境領土關係文獻集』에서 재인용.

(本郡所屬) 독도(獨島)가 재어본부외양백여리허(在於本部外洋百餘里許)이옵드니"라고 하여 독도가 울도군 소속임을 명확히 밝혀 항의하고 있다는 사실이다. 그는 다음에 일본인 관리 일행이 자기의 관사(官舍)를 찾아와서 "자운(自云) 독도(獨島)가 이제 일본 영지(日本領地)가 되었기 때문에 시찰차 내도(來島)하였다."는 말을 '자운(自云)'이라고 하여 승복하지 않은 채 그들의 언행을 관찰사에게 긴급 보고하였다.[154]

154 이 보고서를 받는 강원도관찰사 서리 李明來는 이를 다시 중앙정부의 내부대신(당시 李址鎔)에게 보고하였다. 이에 대한 내부대신의 반응과 지령은 다음과 같았다. "遊覽道次에 地界戶口之錄去는 容或無怪어니와 獨島之稱云日本屬地는 必無其理니 今此所報가 甚涉訝然이라."(『大韓每日申報』 1906년 5월 1일자, 「雜報 : 無變不有」) 이 글은 일본 관리들이 '獨島를 日本 屬地라고 칭하여 말한 것은 전혀 理致가 없는 것(必無其理)'이라고 단호히 항의 부정하고, '이제 이 보고한 바가 매우 아연실색할 일이라'며 경악해 하고 있다. 즉 대한제국 정부는 '독도가 이제 일본 영토로 되었다.'는 일본 관리들의 주장을 단호하게 거부한 것이다. 울도군수 심흥택의 긴급 보고를 받은 강원도관찰사 서리는 의정부의 참정대신에게 동일한 보고를 했는데(『各觀察道案』 第1冊, 光武 10年 4月 29日條, 「報告書號外」), 이 보고에 대하여 의정부 참정대신(당시 朴齊純)은 지령 제3호로써 다음과 같이 명령했다. "來報ᄂᆞᆫ 閱悉이고 獨島領地之說은 全屬無根ᄒᆞ나 該島 形便과 日人 如何行動을 更爲查報ᄒᆞᆯ 사"(『各觀察道案』 第1冊, 光武 10年 4月 29日條, 「(報告書號外에 대한) 指令 第3號」) 의정부 참정대신의 이 지령문은 독도가 일본 영토라는 일본인의 說은 '전혀 근거가 없는 것(全屬無根)'이라고 명백히 부정하며, 독도가 한국 영토임을 거듭 강조하고, 독도의 형편과 일본인들이 어떠한 행동을 하고 있는지 다시 조사해서 보고할 것을 명하였다. 뿐만 아니라 대한제국의 대표적 언론기관이었던 『大韓每日申報』(『大韓每日申報』 1906年 5月 1日字, 「雜報:無變不有」)와 『皇城新聞』(『皇城新聞』, 1906年 5月 9日字, 「雜報:鬱倅報告內部」)도 일본의 독도 침탈에 항의 보도하면서 이 섬의 명칭을 '獨島'라고 썼다. 또한 구한말 대표적 지식인의 하나였던 梅泉 黃玹도 1906년 음력 4월조의 『梧下記聞』과 『梅泉野錄』(黃玹, 『梅泉野錄』, 375쪽. "距鬱陵島洋東百里 有一島 曰獨島 舊屬鬱陵島 倭人勒稱其領地 審査以去.")에서 일본의 독도 침탈에 대한 항의 기록을 적으면서 이 섬의 이름을 '獨島'라고 기록하였다. 이상과 같이 대한제국 정부와 한국인들은 1906년 3월말~5월초에 일본이 독도 침탈을 시도하고 있음을 처음 알고, 독도가 울릉도에 속한 한국 영토임을 단호하게 밝히며, 일본이 자기 멋대로 독도를 일본 영토에 '편입'시켰다고 늑칭하는 것은 전혀 근거가 없고 이치에 닿지 않는 것이라고 항론했다. 그러나 이때는 이미 일본 제국주의자들이 러시아를 패배시킨 강대한 군사력을 한반도에 직접 주둔시키고, 1905년 11월 17일 외교권을 강탈해갔으며, 1906년 1월 17일에는 대한제국의 外部를 완전히 폐쇄시켜버린 채, 1906년 2월 1일부터

문제는 이것만이 아니었다. 일본 제국주의자들은 한국의 모든 영토를 식민지화하려 침탈정책을 집행하고 있었고, 독도의 침탈은 오직 그 일환으로 변경에 대한 선행침탈(先行侵奪)일 뿐이었다. 바야흐로 전국이 일제의 식민지로 침탈될 위험에 직면해 있었기 때문에 한국 국민들은 전 국토의 국권 회복을 위한 항일의병무장투쟁과 애국계몽운동을 전개하게 되었다.

한국은 1910년 일제에 강점당해 식민지로 떨어졌다. 독도의 회복도 전 국토의 국권 회복이 있고서야 가능할 일이었다. 그러나 일제강점기에도 울릉도 주민은 '독도'를 여전히 '獨島'로 쓰고, 일본 어부들은 '리앙코르도섬'이라고 호칭하였다. 예컨대 1920년도 『일본수로지』는 독도에 대하여 "조선인(朝鮮人)은 이를 독도(獨島)라고 쓰고 내지(內地 : 日本) 어부는 이를 리앙쿠르도섬이라고 말한다."[155] 고 기록하였다.

실제 생활사에서 일제강점기에도 독도는 여전히 울릉도 부속도서로서 한국인들 사이에서는 '독도'로 호칭되고 있었던 것이다.

제10절 독도의 명칭 변화에서도 확인할 수 있는 독도의 한국 고유영토 증명

독도·울릉도의 명칭 변천 과정을 분석해 보면 우리는 여기서도 독도가 한국 고유영토임이 명확하게 밝혀짐을 재확인할 수 있다.

통감부가 대한제국의 외교와 내정 일반을 감독 지배하면서 모든 결정을 좌우하고 있는 상황이었다. 그렇기 때문에 대한제국 정부와 한국인들은 일제의 독도 침탈에 대하여 항론을 전개했지만 이에 대한 외교문서를 일본 정부나 국제사회에 보낼 통로와 기구가 없었다.

155 日本海軍省水路局, 1920, 『日本水路誌』 第10冊, 上卷.

원래 울릉도와 독도를 영토로 한 고대 소국의 한국어 고유 이름은 '우르뫼(우르메, 우르매, 우루마) 나라'였다. 울릉도(鬱陵島) · 우산도(于山島) · 성인봉(聖人峰)은 모두 '우루뫼'의 분화된 한자 번역 표기였다.

'우르뫼'의 '우르'의 뜻은 '어르신', '왕(王)', '왕검(王儉)'의 뜻이고, '뫼'는 '산(山)', '릉(陵)'을 뜻한 것이었다.

'鬱陵'(울릉), '蔚陵'(울릉), 등은 '우르뫼'의 '우르'를 '울'로 줄여 한자로 음역(音譯)한 것이고, '뫼'를 '陵'으로 한자 의역(意譯)하여 합성한 것이었다.

'于陵'(우릉), '芋陵'(우릉), '迂陵'(우릉), '羽陵'(우릉), 등은 '우르'의 '르'를 탈락시켜 '우'로 줄여 한자로 음역한 것이고, '뫼'를 역시 '陵'으로 한자 의역하여 합성한 것이었다.

'武陵'(무릉) 등은 '우르'의 '우'를 '武'(무)가 중국 발음으로 '우'이므로 중국식으로 음역 표기한 것이다.

'于山(우산)', '芋山(우산),' 등은 '우르'의 '르'를 탈락시켜 '우'로 줄여서 한자로 음역한 것이고, '뫼'를 '山'으로 한자 의역하여 합성한 것이었다.

'성인봉(聖人峰)'은 '王'(왕), '王儉'(왕검)을 경칭하여 '성인(聖人)'으로도 부르는 바, '우르'를 聖人으로 한자 의역한 것이고, '뫼'를 '峰'으로 한자 의역한 것이었다. 따라서 '聖人峰'(성인봉)도 '우르뫼'를 '鬱陵'(울릉), '于山'(우산) 등과 구분하여 '聖人峰'으로 울릉도 안의 큰 산 이름을 섬 이름과 구분하여 동일한 뜻의 한자 표기를 한 것이었다고 볼 수 있다.

울릉도에 사람이 거주한 것은 신석기시대부터이고, 고대 언젠가에 '우르뫼'라는 해상 소왕국을 수립해 생활해 오다가 서기 512년에 신라에 병합되었다. 신라에 의한 병합 때에도 이 해상 소왕국의 이름은 '우르뫼 나라'였으며, 병합 뒤에 '우르뫼 나라'를 한자 번역한 것이 '于山國'(우산국)이었다.

중국 한자가 들어와 국명, 직명이 채택된 서기 5세기 중엽 이전의 우산국의 한국어 고유의 나라 이름이 '우루뫼 나라'였음을 반드시 주목할 필요가 있다.

신라에서 서기 514~575년(법흥왕·진흥왕 시기) 고유어 지명과 직명의 한자 표기화가 진행될 시기에 우르뫼 나라의 본도가 '울릉도(鬱陵島)'로 한자 표기되자, 그 속도인 독도는 '우산도(于山島)'로 한자 표기되고, 우르뫼 나라의 본도 가장 높은 봉우리는 '성인봉(聖人峰)'으로 한자표기되었다고 해석된다. 그러므로 '울릉도'와 '우산도'의 한자 이름은 삼국시대 신라 후기에 시작되어 통일신라 때에 확고히 보편화된 한자 표기 명칭이라고 볼 수 있다.

우산국(于山國)의 영토는 오늘날의 울릉도(鬱陵島)와 독도(獨島)였다. 고대에는 해상 교통이 육상 교통보다 더 편리했으므로 울릉도에 건국한 소왕국 우산국이 날씨가 청명하면 육안으로 보일 정도로 가까운 독도를 울릉도의 부속도서로 하여 그의 영토로 통치했음은 너무나 자연스럽고 당연한 것이었다고 볼 수 있다.

이 사실은 『세종실록』「지리지」에 '우산(于山)'과 '울릉(武陵)'의 2개 도(島)를 신라시대에는 우산국(于山國)이라고 칭했다는 기록에서 확인할 수 있다. 또 『동국문헌비고』(1770년)와 『만기요람』「군정편」(1808년) 등에서 "울릉도와 우산도는 모두(皆) 우산국지(于山國地)이며, 우산도(于山島)는 왜인(倭人)들이 말하는 송도(松島)이다."라고 기록한 곳에서도 거듭 이를 확인할 수 있다.

우산국이 서기 512년에 신라에 병합됨으로서 울릉도와 우산도(독도)의 두 섬은 모두 신라 영토가 되었다. 이어서 고려가 건국되어 신라가 이에 병합되자 울릉도와 독도는 고려 영토가 되었고, 이어서 조선왕조가 고려를 계승하여 개창되자 울릉도와 독도는 조선의 영토가 되었다.

조선시대에 이르러 태종(太宗)은 울릉도 주민과 그 근방의 소도(독도)도 조사하기 위해 1417년에 김인우(金麟雨)를 무릉등처안무사(武陵等處按撫

使)에 임명하여 다시 조사대를 파견하였다. 김인우는 울릉도에 86명의 조선인이 거주하고 있으며 그 부근의 소도는 '우산도(于山島)'로 불리고 있음을 확인하고 돌아왔다. 그 이후 1417년 음력 2월 9일의 태종이 소집한 대신회의에서는 태종과 신하들이 종래의 '무릉등처(武陵等處)'라는 용어를 사용하지 않고, '우산·무릉(于山·武陵)', '우산·무릉등처(于山·武陵等處)'라는 용어를 사용하였다. 김인우가 지금의 독도에 대해 당시 울릉도 주민이 사용하고 있던 '우산도(于山島)' 호칭을 채록해 와서 조선 조정의 공식호칭이 된 것이었다.

울릉도에 거주하고 있던 백성들은 물론 1417년 이전인 통일신라시대에도 독도를 '우산도(于山島)' 또는 그에 해당하는 한국어 고유이름으로 불렀겠지만, 현존하는 고문헌에 독도가 우산도로 명명되어 나오는 최초의 기록은 『태종실록』의 1417년(태종 17년) 음력 2월 9일조에서부터이다. 즉 현재의 독도인 우산도의 호칭은 울릉도 주민이 신라시대부터 사용해 내려오다가 1417년 조선왕조 조사단장 관인에 의해 채록되어 조선왕조의 공식 명칭이 된 것이다.

뒤이어 세종은 김인우를 다시 울릉도에 파견할 때에 직책을 아예 우산·무릉등처안무사(于山·武陵等處按撫使)로 임명하여 우산도와 무릉도 2개 섬을 모두 순견(巡見)하는 임무를 맡겼다. 또한 세종은 울릉도를 본도(本島)라고 하여 우산도가 울릉도 속도(屬島)임을 명백히 했으며, 이 두 섬이 타국이 아니므로(우리나라 조선 영토이므로) 정부 명령을 어기어 이 섬에 도망해 들어가는 사람들을 처벌하지 말라고 결정하였다.

세종은 그의 통치 지역을 규정 해설한 『세종실록』「지리지」에서는 "于山島(독도)와 武陵島(울릉도)의 두 섬이 울진현 정동의 바다 가운데 있으며, 서로 거리가 멀지 않아, 날씨가 청명하면 바라볼 수 있는데, 신라시대에는 우산국(于山國)이라고 칭했다."고 기록하였다.

그 후 독도는 성종 때 일부에서 삼봉도(三峰島)의 보고를 받아 찾아보기도 하고 정조 때에는 백성들이 가지도(可支島)라고 부르기도 했던 기록이 있으나, 이것이 우산도임이 밝혀져서 모두 소멸되었다. 조선왕조 정부의 공식문서와 기록에는 전 기간에 걸쳐서 쇄환공도정책이 오랜 기간 시행되었음에도 불구하고 '우산도(于山島, 芋山島)'로 기록되어 19세기 말까지 내려왔다.

독도의 명칭이 '于山島'(우산도)였다는 사실은 이 섬의 명칭이 일찍이 '于山國'(우산국)에서 유래했음을 나타내는 것이다. 즉 서기 512년에 우산국이 신라에 병합되었으므로 우산국의 영토인 우산도는 당연히 그때부터 한국 고유영토라는 사실도 명백히 드러나는 것이다. '우산도'라는 이름 자체가 명료한 증거가 된다.

반면에 일본 정부에 의하면 일본에서 최초로 문헌기록에 울릉도와 독도가 '죽도(竹島)'와 '송도(松島)'라는 호칭으로 나오는 것은 1667년에 출운(出雲)의 관리 사이토 도요노부(齋藤豊宣)가 번주(藩主)의 명을 받아 은기도(隱岐島)를 순견하고 보고 들은 바를 기록하여 보고서로 제출한 『은주시청합기(隱州視聽合記)』(1667년)부터이다.

그런데 이 『은주시청합기』는 17세기에 일본에서 독도를 '송도(松島)', 울릉도를 '죽도(竹島)'라고 호칭하고 있음을 알려줌과 동시에, 두 섬은 고려에 속하며, 일본의 서북방 경계는 은주(隱州, 은기도)로써 한계를 삼는다고 밝히었다.

그 이후 일본의 고문헌과 고지도들은 독도를 '송도(松島)', 울릉도를 '기죽도(磯竹島)' 또는 '죽도(竹島)'라고 호칭하면서도 松島(독도)는 竹島(울릉도)의 부속도서(附屬島嶼)이고 두 섬이 모두 조선에 부속(附屬)한 섬이라고 기록하고 표시하였다.

프랑스 포경선 리앙쿠르(Liancourt)호가 1849년 고래잡이하러 동해에 들어왔다가 독도(우산도)를 '발견'하고 'Liancourt Rocks'라는 이름을 붙이고 해도(海圖)에 올려서 서양에서는 '독도'가 'Liancourt Rocks'로 알려졌다. 또한 5년 후 1854년 러시아 전함 팔라다호가 역시 독도를 발견하고 '메넬라이 및 올리브차(Menelai and Olivutsa)' 열도라고 이름 붙이고 조선 동해안의 지도에 넣어 조선 영토로 간주하였다. 1855년 영국 군함 호넷트호가 동해에 들어왔다가 독도를 발견하고 자기 군함 이름을 따다가 '호넷트(Hornet)섬'이라는 이름을 붙였다. 그러나 이러한 명칭은 제국주의 시대에 제국주의 국가들이 자의로 붙인 서양 호칭이었고, 조선의 호칭은 여전히 '우산도'로서 강원도 울진현에 속한 도서였다.

조선왕조가 일본 메이지 정부의 무력 위협을 받고 1876년 개항한 후, 한국인들뿐만 아니라 일본인들이 국경을 넘어 개항장이 아닌 울릉도에 불법침입해서 벌목과 어로를 해갔다. 이에 조선왕조는 그 동안의 쇄환공도정책을 폐기하고 1882년부터 울릉도·독도 재개발정책을 채택하여 실시했으며, 1883년에는 개화파 영수 김옥균을 동남제도개척사겸관포경사(東南諸島開拓使兼管捕鯨事)에 임명하였다.

이때 울릉도에 이주한 한국인들은 전라도 출신 남해안 어민들이 압도적으로 다수였고, 다음이 강원도·경상도 출신이었다. 남해안 이주민들은 '于山島'(독도)를 '바위로 된 돌섬'이란 뜻으로 '돌섬'의 방언인 '독섬'이라 부르기 시작했다. 그리하여 '독섬'을 한자 의역할 때에는 '石島'(석도)로 표기하고, '독섬'을 한자 음역할 때는 '獨島'(독도)로 표기하기 시작하였다.

대한제국이 영토 관리와 지방행정 재정비를 위해, 종래 울진군(또는 때로 평해군)에 속해있던 울릉도와 그 부속도서 우산도를 '울도군'으로 승격시키는 1900년 10월 25일자 '칙령 제41호'에서는 울도군수의 통치·행정구역인 울릉도, 죽도(대섬), 독도를 '울릉전도(鬱陵全島)', '죽도(竹島)', '석도(石島)'로 표기했다. 즉 칙령 제41호에서는 '독도'를 의역하여 '석도(石島)'로 표기해서 선포한 것이었다.

이때 대한제국 조정이 독도의 종래 명칭 '우산도(于山島)'를 '석도(石島)' 라고 바꾼 것은 울릉도 주민의 호칭 '독도'(돌섬, 독섬, 石島)와 서양 호칭 '리앙쿠르석도'(Liancourt Rocks)까지도 종합 고려하여 채택한 것이었다.

근대에 들어와서 서양국제법(만국공법)을 알게 되자 대한제국은 1900년 '칙령 제41호'로써 근대법령에 의해 '독도(石島)'의 영유권을 재확인하고 재선포했으며, 『관보』에도 게재했음은 국제법상 매우 중요한 것으로서, 특히 주목할 필요가 있다.

일본에서 울릉도를 '磯竹'(이소다케)라고 호칭했다가 '竹島'(죽도)라고 줄이고 독도를 '松島'(송도)라고 호칭한 것도 그 근원은 한국어 명칭에서 파생 전화한 것이었다. 이병도 박사가 밝힌 바와 같이, 성인봉(聖人峰)은 '임금산' 이란 뜻으로 '弓嵩'(궁숭: 일본 발음 '이소다케') 이라고 표기한 경우가 있었는데, 신성산(神聖山)의 뜻을 가진 '이소다케'를 쉬운 한자로 '磯竹島'(기죽도)로 바꾸었다가 '竹島'(죽도)로 줄인 것이었다. 좀 더 분명하게 설명하면 우르뫼 → 弓嵩(이소다케) → 磯竹島(기죽도) → 竹島(죽도)로 전화한 것이었다.

또한 독도는 울릉도의 부속도서인데, 울릉도를 '竹島(죽도)'로 호칭하게 되었으므로 송죽(松竹)을 대물(對物)로 하는 일본 관습으로 독도에 '松島(송도)'라는 이름을 붙인 것으로 해석된다.

일본에서는 도쿠가와막부 시대나 메이지 시대나 독도(송도)를 울릉도(죽도)의 부속도서이고 조선 영토로 간주했으며, 죽도(울릉도)의 행방의 결정은 곧 송도(독도)도 당연히 포함한 것으로 간주하였다.

일본이 근대 메이지 정권을 수립한 직후인 1869년(메이지 2년) 12월 조선과의 국교 재개와 정한(征韓)의 가능성을 내탐하기 위해 일본 외무성 고관들을 부산에 파견할 때에 당시 일본 국가최고 행정기관인 태정관(太政官)은 '죽도(울릉도)와 송도(독도)가 조선 부속(朝鮮附屬)으로 되어있는 시말(始

末)'을 조사해 오라고 지시하면서, 불만스럽지만 울릉도와 독도가 모두 조선 영토임을 인정하였다.

이에 대하여 일본 외무성 고관들은 1870년(메이지 3년) 4월 15일 제출한 「조선국교제시말내탐서(朝鮮國交際始末內探書)」라는 복명서에서 "송도(독도)는 죽도(울릉도)의 인국(隣島 : 이웃섬)이며 竹島와 松島가 모두 조선부속령(朝鮮附屬嶺)임"을 재확인하였다.

1876년(메이지 9년)에 일본 내무성은 새 지도를 편제하고 지적(地籍)을 조사하는 사업에 임하여 시마네현(島根縣)으로부터 동해 가운데 죽도(울릉도)와 그 밖의 1도(一島 : 송도 즉, 독도)를 시마네현 소속으로 간주하여 조사대상에 포함시킬 것인가의 질문서를 받고 5개월 이상 연구 조사를 한 다음 이 두 섬[죽도(울릉도)와 그 외 1개 섬 송도(독도)]은 조선 영토(朝鮮領土)로서 일본과는 관계없는 땅이라는 결론을 내렸다.

그러나 판도(版圖)의 취사(取舍)는 중대한 일이므로 내무성 단독으로 이를 최종 결정하지 못하고 국가 최고기관인 태정관에게 최종 결정을 요청하였다. 태정관[우대신 이와쿠라 도모미(岩倉具視)]은 이를 검토한 후 죽도(울릉도)와 송도(독도)는 조선 영토임을 재확인하고 1877년(메이지 10년) 3월 20일 '품의한 취지의 죽도 외 1도에 대하여 본방(本邦 : 일본)은 관계가 없다는 것을 심득(心得)할 것'이라는 최종 결정의 지령문을 작성하여 내무성에 내려 보냈다.

일본 메이지 정부는 울릉도를 '竹島'(죽도), 독도를 '松島'(송도)로 호칭하면서도 여전히 이 두 섬이 조선 영토이며 일본 영토가 아님을 거듭거듭 재확인했던 것이다.

이 무렵인 1876년에 블라디보스토크를 왕래하던 무등평학(武藤平學)이란 일본 상인 등이 조선의 울릉도가 아니면서 동해 가운데 경작 가능한 넓은 토지가 있고 큰 소나무가 울창하며 광산자원도 있는 '송도'(마쓰시마)

라는 큰 섬을 새로 발견하였다고 '신도발견(新島發見)'의 글을 잡지에 싣고 1878년(메이지 11년) 「송도개척원(松島開拓願)」을 외무성에 제출했으며, 외무성은 이의 실지조사를 해군성에 위촉하였다.

일본 해군성은 1880년(메이지 13년) 9월 통칭 '송도순도(松島巡島)'라는 호칭으로 군함 천성환(天城丸)을 파견하여 실지조사해 보니 일본 상인 등이 발견했다고 주장한 신도는 조선의 울릉도(鬱陵島)였다. 그리고 울릉도 바로 옆에 조선의 죽도(대섬)가 있음을 알았다.

일본 해군성은 자기들이 처음 실지탐사한 '송도순도'라고 했던 것에 집착하여 그 보고서 이후부터 울릉도에 대해 '송도'라는 호칭을 사용하였다. 그리고 종래의 울릉도의 호칭이었던 '죽도'는 울릉도 바로 옆의 조선의 죽도(대섬)에 갖다 붙여 이를 '竹島'(죽도)라고 호칭하였다.

일본 해군성은 독도에 종래 호칭했던 '송도'를 울릉도에 갖다 붙여버려 독도의 일본 호칭이 없어져 버렸다. 그러므로 일본 해군성 수로부는 1881년부터 서양인들이 독도에 붙여 사용하던 '리앙쿠르암석' 명칭을 빌려다가 독도의 호칭으로 사용하였다. 이에 일본 어부들은 이를 일본식으로 축약하여 '리양코섬(リヤンコ島)'이라고 부르게 되었다.

일본 해군성이 1880~1881년부터 '독도'의 종래 호칭 '송도'를 떼어 다가 조선 '울릉도'에 붙이고, 독도에는 일본 명칭이 없게 되었으므로 서양 호칭 '리앙쿠르암석'을 빌려다 쓴 것은 독도가 일본 영토나 일본 고유영토가 아님을 잘 증명하는 것이다. 이때 일본 해군성은 울릉도와 독도(죽도와 송도)가 조선 영토임을 잘 인지하고 있었다. 그러므로 독도에서 일본 호칭이 없어진 바에 구태여 조선 이름을 찾아 붙이기보다 국제적으로 통하는 해도(海圖)에 그려진 '리앙쿠르암석(Liancourt Rocks)'에서 차용한 것이다. 『조선수로지』에 게재한 독도에 대한 일본 호칭 '리앙코르도섬(リアンコルド島)'은 독도가 일본 영토가 아니고 조선 영토임을 증명해 주는 호칭으로 해석될 수 있는 것이다.

일본 제국주의자들은 1904년 2월 러·일전쟁을 도발한 후 독도에 러시아 함대의 활동을 감시하는 일본 해군망루(海軍望樓)를 설치하는 사업을 추진하였다. 이를 위해 군함 신고호(新高號)를 현지에 파견했을 때 신고호는 먼저 1904년 9월 25일 울릉도에 청취조사를 시행했는데, 독도에 대해 한국인들은 이를 '독도(獨島)'라고 쓰고 일본 어부들은 이를 '리양코섬(リヤンコ島)'이라고 부르고 있었음을 확인하였다.

이때 시마네현 출신 어업가 나카이(中井養三郎)란 자가 독도에서의 물개잡이를 독점하려고 그 대하원(貸下願)을 대한제국 정부에 제출하려는데 자기는 그 길이 없으므로 일본 정부에게 교섭대행을 의뢰하려고 상경하였다. 나카이는 독도가 한국 영토임을 잘 알고 확신하고 있었다. 그러나 나카이가 만난 해군성 수로국장(水路局長) 등은 독도를 빼앗아 여기에 해군 망루를 설치하려는 야욕으로 나카이에게 독도는 무주지(無主地)이므로 일본 정부에 영토편입(領土編入) 및 대하원을 제출하라고 요구하였다. 이에 나카이는 1904년 9월 29일 일본 정부에 「리양코섬 영토편입 및 대하원(リヤンコ島領土編入並貸下願)」을 제출하였다.

일본 정부는 1905년 1월 28일 내각회의에서 이 섬(독도)은 타국인(他國人)이 점유(占有)한 형적이 없는 무주지이므로 일본에 영토편입하고 '죽도(竹島)'라는 이름을 붙여서 시마네현 소속 은기도사(隱岐島司)의 소관으로 한다고 결정하였다. 일본이 '독도'에 대해 처음으로 '죽도'라는 호칭을 붙인 것은 1905년 1월 28일부터였다.

그러나 일본 정부는 이 섬(독도)이 한국 영토임을 익히 잘 알고 있었기 때문에 한국인들과 한국 정부가 알지 못하게 하기 위하여 이 내각회의의 결정사항을 중앙정부 『관보』나 중앙일간지에 발표하지 못하고, 1905년 2월 일본 지방관리들만 보는 시마네현 『현보』와 지방신문인 『산음신문(山陰新

聞)』에 조그맣게 게재케 하였다. 이것은 한국 영토인 독도를 몰래 침탈한 사실을 한국인 및 한국 정부와 세계가 알지 못하도록 실제적 비밀 사항으로 처리한 것이었다. 이 때문에 1905년 2월 당시 한국 정부와 한국인은 독도가 일본에게 몰래 침탈당한 사실을 누구도 알지 못하였다.

일본이 독도를 실제로 비밀리에 일본에 영토편입한 의결을 한 사실을 한국 측이 처음 알게 된 것은 일제에게 외교권을 빼앗기고 일제 통감부가 설치된 훨씬 후인 1906년 3월 28일이었다. 일본 시마네현 은기도사 일행이 독도를 시찰하고 돌아가는 길에 울릉도에 들러서 대수로운 일이 아닌 듯이 일본 영토로의 독도의 '편입'을 말한 때문이었다.

울도군수 심흥택(沈興澤)은 즉각 "본군속도 독도(本郡屬島 獨島)"를 "자의로 독도(獨島)가 이제 일본 영토가 되었기 때문에 시찰차 내도(來島)하였다."고 일본 지방관들이 말했다고 중앙정부에 항의보고하였다.

이 보고를 받은 대한제국 내부대신은 "독도(獨島)를 일본속지(日本屬地)라고 칭하여 말한 것은 전혀 이치가 없는 것"이라고 단호히 항의하고 부정하였다. 또 이 보고를 받은 의정부 참정대신(당시 내각수반) 또한 독도가 일본 영토라는 일본인의 주장을 "전혀 근거가 없는 것(全屬無根)"이라고 항의하고 부정하였다.

당시 대한제국의 대표적 언론기관인 『대한매일신보』, 『황성신문(皇城新聞)』도 일본의 영토편입 조치에 항의 보도했으며, 당대의 대표적 지식인들도 항의 기록을 남겼다.

대한제국은 일제에 의해 1905년 11월 17~18일 '을사5조약'을 강요당해 외교권을 강탈당했기 때문에 일제가 독도를 몰래 침탈한 것을 알게 된 1906년 3월 말경에는 외교권과 외부가 없어 일본에 이를 항의할 수 없었다. 일본이 울도군수에 비공식적으로 독도 침탈을 알린 것도 이러한 시기를 선택한 것이었다.

뿐만 아니라 일제는 대한제국의 모든 영토를 강탈하려고 통감부(統監府)를 설치하고 식민지 강점으로 나가고 있었기 때문에 독도 영유권의 회복도 전 국토의 국권 회복과 함께 성취할 수 있는 일이라고 보아 국권 회복을 위한 항일의병투쟁 등을 전개하게 되었다.

한국인들은 서기 512년 이래부터 한국 고유영토인 우산도를 1880년대 이후 독도(石島, 獨島)라는 명칭으로 관리할 때 1905년 1월 일제에게 비밀리에 도탈(盜奪)당했다가, 광복 후 1946년 1월 연합국의 독도의 한국에의 반환 결정으로 독도를 다시 찾아서 회복하여 다시 독도라는 이름으로 영유 관리하고 있는 것이다.

독도(于山島, 石島, 獨島)의 명칭이 변천해온 과정을 보아도 독도가 한국 고유영토이고, 일본 영토가 전혀 아님은 실증적으로 매우 명백하다.

제3편

17세기 조선 · 일본 간 울릉도 · 독도 영유권 논쟁

제8장

16세기 임진왜란 시기의 울릉도·독도 상태

최근 일본에서는 독도의 일본 고유영토론을 주장하면서 그 근거로 17세기 초엽부터 약 70여 년간 울릉도·독도를 실효적으로 지배한 사실이 있으며, 막부의 죽도도해면허(竹島渡海免許)와 송도도해면허(松島渡海免許)가 그 증거라고 주장하고 있으므로, 한국에서는 '울릉도쟁계(爭界)'라고 호칭하고 일본에서는 '죽도일건(竹島一件)'이라고 호칭했던 임진왜란 이후 일본 도쿠가와막부 전반기인 17세기 말 조선과 일본 사이의 '울릉도·독도 영유권 논쟁'을 정밀하게 검토해 볼 필요가 절실하다.

1592~1598년 임진왜란 때 울릉도는 독도를 경유하여 쳐들어온 일본군에게 노략질당하여 많은 인명 피해가 발생하였다. 임진왜란 시기와 그 직후 조선왕조는 통치력이 극도로 약화되어 울릉도·우산도(독도)를 돌볼 여력이 없었고, 이 시기에 울릉도는 왜구에게 노략질을 당했다. 이 시기 조선왕조는 부산에 상륙한 일본군이 함경도까지 침입해도 막지 못한 형편이었으니, 울릉도·독도를 방어할 수 있는 상황은 더더욱 아니었다. 임진왜란이 일단 종결된 이후에도 울릉도에 밀입도(密入島)한 조선인들은 수시로 왜구의 침입과 노략질을 당하였다.

이수광(李睟光)의 『지봉유설(芝峰類說)』이 이 시기에 울릉도가 왜구에게 침략당한 사정을 단편적으로 알려주고 있다.

> 울릉도는 일명 武陵(무릉), 일명 羽陵(우릉)으로 동해 가운데 있어 울진현과 상대하고 있으며, 섬 가운데 큰 산이 있고 토지의 방(方)은 1백 리다. (…) 임진왜란 후 사람들이 들어가본 일이 있으나 역시 왜(倭)의 분탕질을 당하여 정착하지 못했다. 근자에 들으니 왜노(倭奴)가 기죽도(磯竹島)를 점거했다 하는데, 기죽도라고 혹 말하는 것은 곧 울릉도(蔚陵島)이다.[1]

임진왜란이 끝나자 조선왕조는 주민 피해를 예방하기 위해 종래의 쇄환공도정책을 더욱 강화하였다. 그러나 국력이 피폐하게 된 조선 조정의 명령은 잘 지켜지지 않았다. 울릉도·독도 일대가 양호한 어장이므로 조선 어부들이 자주 밀입도하여 고기잡이를 하였다.

임진왜란 이후 울릉도에는 조선인들만 밀입하거나 출어한 것이 아니라 일본인들도 출어하거나 밀입하여 고기를 잡고 나무를 도벌해갔다. 이때부터 일본인들은 울릉도를 그들의 호칭으로 죽도(竹島, 다케시마) 또는 기죽도(磯竹島, 이소다케시마), 의죽도(礒竹島)라고 부르기 시작했다.[2]

조선왕조가 울릉도에 대해 쇄환공도정책을 계속 채택하는 데 착안해서, 일본은 대마도번주(藩主)가 중심이 되어 이때부터 울릉도 침탈을 시도했다.

---

1 李睟光, 『芝峰類說』(卷2) 地理部, '島'의 鬱陵島條. "鬱陵島 一名武陵 一名羽陵 在東海中與蔚珍縣相對. 島中有大山 地方百里 (…) 壬辰變後 人有往見者 亦被倭焚掠 無復人烟. 近聞倭奴占據磯竹島 或謂磯竹島 卽蔚陵島也."

2 도쿠가와막부 시대부터 일본인들은 鬱陵島를 '竹島', '礒竹島', '磯竹島'라고 불렀고, 竹에 대한 대칭으로서 이 무렵부터 于山島(獨島)를 '松島'라고 불렀다. 이것이 메이지유신 때까지 내려온 것으로 해석된다.

대마도번주는 1614년(광해군 6년) 6월에 조선 동래부[부사 윤종겸(尹宗謙) 때]에 서계(書契)를 보내오면서 덕천가강(德川家康)의 분부로 기죽도(울릉도)를 탐견(探見)하려고 하는데 큰 바람을 만날까 두려우니 길 안내를 내어달라고 했다.[3] 이에 대하여 조선왕조는 예조(禮曹)에서 이를 거절하는 회유문을 주어 돌려보냈다.

이어서 조선 조정은 이해 9월 비변사(備邊司)의 품계에 따라 울릉도가 조선에 속한 사실이 『동국여지승람(東國輿地勝覽)』에 실려 있고, 또는 방물(方物)을 거두어들이고 도민(島民)을 추쇄한 기록이 명백하게 있으니, 장차 이런 일이 또 있으면 회답서계(回答書契)에서 이러한 사실을 모두 들어 엄중히 문책해, 일본 측의 간교한 계책을 두절시키는 것이 좋을 것이라는 비변사의 강경대응책을 채택하였다. 이에 조정은 경상감사와 동래부사에게 지시문을 내려 일본에서 오는 배에 이러한 뜻의 서계를 만들어주어 대마도주(對馬島主)에게 속히 보고하도록 돌려보내서 울릉도에 대한 일본인들의 오고 감(來去)을 금지하는 정책을 알리고 집행하도록 하였다.[4]

1615년(광해군 7년)에도 일본 배 2척이 찾아와 '죽도(竹島)의 형지를 탐험하러 간다고 하므로, 동래부사 박경업(朴慶業)은 전년의 지시대로 기죽도가 경상도와 강원도 사이에 있는 울릉도로서 이것이 우리나라 영토임은 『동국여지승람』에 기재되어 있으며, 신라·고려 이래로 방물을 거두어들이고 조선에 들어와서도 여러 차례 도민을 쇄환해온 사실을 지적하고, 지금

---

3 『邊例集要』(卷17) 鬱陵島條, 국사편찬위원회판, 510쪽.

4 『光海君日記』(卷82) 光海君 6年 9月 辛亥條. "備邊司啓 鬱陵島禁止倭奴來去之意. 前日禮曹書啓中 已爲據理回諭矣. 今者島倭 猶欲來居鬱陵島 又送書契殊爲可駭. 本島之居於我國 在輿地勝覽 或收方物 或刷島民 明有典故. 將此事節具載於回答書契之中 據義坊責以杜奸猾之計 似爲便益. 移文于慶尙監司釜山邊臣 另諭來舡 專齎此書 作速歸報島主 俾遵朝廷禁約. 從之."

비록 공도(廢島) 상태에 있지만 외국인의 모거(冒居)를 용납할 수 없다고 강경한 답서를 주어 돌려보냈다.[5]

그러나 일본의 도쿠가와막부는 1618년에 오오야(大谷)와 무라카와(村川) 두 가문에 '죽도도해면허(竹島渡海免許)'라는 것을 주어, 두 가문의 배들은 국경을 넘어 울릉도에 들어와서 벌목과 고기잡이를 몰래 자행했다. 조선 어부들도 자기 나라 영토인 울릉도에서 고기잡이를 했으므로 두 나라 어부들은 때때로 충돌하게 되었다.

5 『增補文獻備考』(卷31) 「輿地考」 19, 于山島 · 鬱陵島條.

제9장

일본 도쿠가와막부의 '죽도도해면허(竹島渡海免許)'와 '송도도해면허(松島渡海免許)' 승인

제1절 일본 도쿠가와막부의 죽도도해면허 승인

임진왜란 직후에 조선 조정이 울릉도·독도에 대한 쇄환공도정책을 강화하고 있던 시기에, 일본 요나고(米子)에서 회선업(廻船業)을 하고 있던 오오야 진키치(大谷甚吉)는 월후(越後)라는 곳으로부터 돌아오다가 큰 바람을 만나 조난당해서 울릉도에 표착(漂着)하여 이 섬을 답사해 본 바, 사람은 살고 있지 않지만 천혜의 보고임을 알게 되었다. 이에 오오야는 이 섬에 건너가서 고기잡이를 하고자 하였다.

그러나 울릉도는 비록 사람이 살고 있지 않다 할지라도 다른 나라인 조선의 영토이므로, 울릉도에 가서 고기잡이를 하기 위해서는 먼저 막부의 허가가 필요하였다. 당시 도쿠가와막부는 쇄국정책을 강화하여 바다를 건너 외국에 가는 것은 반드시 사전에 막부의 허가인 '도해면허(渡海免許)'를 받도록 규제하고 있었으므로, 외국인 울릉도에 월경(越境)하여 고기잡이를 해도 처벌받지 않기 위해서는 막부의 공식허가를 받아야 했다.

당시 오오야가 거주하고 있던 요나고가 속한 백기주(白耆州)는 태수(太

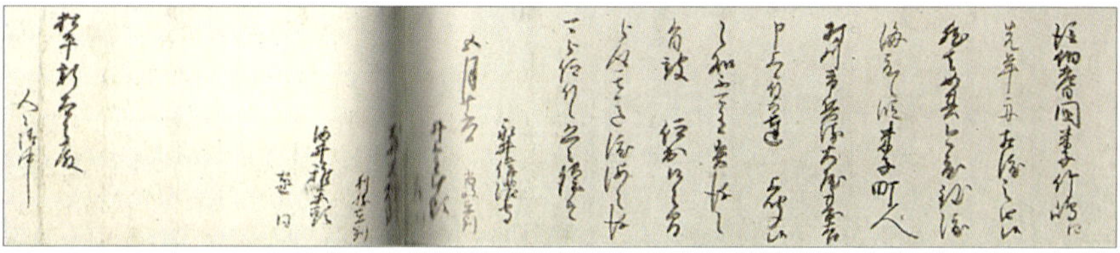

그림 1-35 「죽도도해면허」

守)인 일충(一忠)이 1610년(경장 14년) 후손 없이 사망하여 대가 끊기자 도쿠가와막부는 1610~1617년까지 당분간 백기주를 직령(直領)으로 하여 해마다 신하를 번(番)으로 파견해서 백기주를 지키고 다스리게 하였다. 오오야는 1616년에 그와 친분이 두터운 무라카와 이치베에(村川市兵衛)와 함께 번을 든 막부의 관리 아부사랑오랑(阿部四郎五郎)에게 울릉도(당시 일본 호칭 竹島)의 상황을 아뢰고 죽도도해면허를 신청하였다. 다음 해 새로이 백기주태수가 되어 들어온 송평신태랑(松平新太郎, 마쓰다이라 신타로)이 이 죽도도해면허를 도쿠가와막부에 고한 결과 오오야, 무라카와 2인에게 막부로부터 죽도도해면허의 봉서(奉書)가 내려오게 되었다.

「죽도도해면허」(1618년)의 형식과 내용은 다음과 같았다.[6]

> 백기국(伯耆国) 요나고(米子)에서 죽도(竹島)로 선년부터 선박이 도항한 일이 있었습니다. 그래서 그렇게 이번(今度)에도 도해하고 싶다는 이야기를, 요나고 정인(町人) 무라카와 이치베에(村川市兵衛)와 오오야 진키치(大屋甚吉)가 신청했습니다. 그 일에 대해 〈상의했는데〉 이것을 장군이 들으시고 〈도해의〉 건에 이의(異議)가 있지 아니하다는 지(旨)를 내렸습니다. 그 뜻을 얻을 수 있었으므로, 도해의 건은 가능하게 되었습니다. 삼가 이 일

6 『竹島渡海由來記拔書控』, 권오엽 · 大西俊輝 역, 2011, 한국학술정보(주), 124~126쪽.

을 아룁니다.

> 従伯耆国米子竹嶋[江]先年船相渡之由候 然者如其今度致渡海度之段 米子町人村川市兵衛大屋甚吉 申上付而 達上聞候之処 不可有異議之旨 被仰出(候)間 被得其意 渡海之儀可 被仰付候 恐々謹言

이「죽도도해면허」의 형식과 내용은 많은 것을 알려준다.

우선 형식에서 죽도도해면허는 도쿠가와막부 장군의 주인(朱印)이 있는 주인장(朱印狀)도 아니고, 노중(老中 : 관백)의 봉서도 아니며, 노중 밑에서 일하는 관리 나카이(永井信濃守 尙政, 나가이 시나노노가미 나오마사)가 돗토리번주 송평신태랑의 청원 편지에 대한 답서 형식의 '편지 허가장'이다. 또한 발신자도 관저 송평신태랑이고 수신자도 돗토리번주 영정(永井)이다. 반(半) 공식(公式), 반(半) 사식(私式)의 모호한 형식을 취하고 있다.

후에 문제 발생의 경우 책임 회피를 위한 것인지, 요나고의 상인 무라카가와와 오오야가 이전 해부터 선박으로 도항한 일이 있는데 이번에도 도항을 신청했으므로 이에 대해 논의했는데 상(上 : 장군 또는 노중)이 들으시고 이의(異議)가 있지 아니하다는 뜻을 얻었으므로 도해가 가능하다는 매우 수동적인 내용을 갖고 있다. 도쿠가와막부에서는 죽도(울릉도)가 조선 영토임을 이미 잘 알고 있었기 때문에 이러한 수동적 허가를 승인한 것으로 보인다.

일본의 오오니시(大西)는 이 죽도도해면허의 내용을 해설하면서, 죽도에의 '도항'을 "그 통행권(通行權), 어업권(漁業權), 섬의 개발권(開發權)을 허가해준 것"[7]이라고 해설했는데, 당치 않은 해설이다. '개발권'은 전혀 포함

---

7 『竹島渡海由來記拔書控』, 권오엽 · 大西俊輝 역, 2011, 한국학술정보(주), 132~133쪽.

되어 있지 않았고 '어업권'을 허가한 것도 아니었다. 이 「죽도도해면허」는 단지 국경을 넘어 '출어'를 해도 처벌하지 않겠다는 반·비공식 약속 허가서에 불과한 것이다.

울릉도가 조선 영토임을 도쿠가와막부와 두 어부 가문도 이미 알고 있었기 때문에, 울릉도에 조선 어부들이 출어해 있으면 이를 피하여 고기잡이를 단념하고 피하여 돌아가곤 했었다.

또한 이 죽도도해면허는 이번(今度)이라고 명시한 '1회 허가 편지'이다. 문제가 발생해도 '1618년 이번(今度)의 일회성 허가'라고 도피할 수 있는 내용이다. 이것이 그 후 매해 또는 격년으로 실행된 것은 타국 영토에 몰래 고기잡이하러 출어한 것이고 일본에게 무익하지 않은 것이므로 묵인한 관행을 만든 것에 불과했다고 볼 수 있다.

그러나 '죽도도해면허'의 편지를 받은 돗토리번은 죽도(울릉도)가 조선 영토임을 잘 알고 있었다. 후에 '안용복 사건'이 일어나서 도쿠가와막부가 돗토리번주에게 죽도가 돗토리번에 속하는 영지인가를 질문했을 때, 돗토리번주는 죽도는 자기 번에 속한 고을인 이나바(因幡)와 호우키(伯耆)의 어디에도 부속하지 않는 영지(즉 조선 영지)라고 1695년(원록 8년) 다음과 같이 답신하였다.

> 죽도(竹島)는 이나바(因幡)·호우키(伯耆)의 부속이 아닙니다. 호우키노쿠니(伯耆国) 요나고(米子)의 정인 오오야 쿠우에몬·무라카와 이치베에(村川市兵衛)라고 하는 자가 도해(渡海)하여 어렵을 하는 것은, 마쓰타이라 신타로우(松平新太郎)의 영국일 때, 〈막부가〉 봉서(奉書)로 허가하셨다고 듣고 있습니다. 그 이전에도 도해(渡海)하고 있었던 것처럼 듣고는 있었습니다만, 그 일은 잘 알지 못합니다.

竹嶼は因幡・伯耆付属ニては無御座候. 伯耆国米子町人大屋九右衛門・村川市兵衛と申者渡海漁仕候儀, 松平新太郎領国之節, 以御奉書被仰出候旨承候. 其以前渡海仕候儀も有之様ニは承候得共, 其段相知不申候事[8]

그 이후 오오야(大谷), 무라카와(村川) 두 가문의 배는 번갈아서 거의 매해 한 차례 울릉도에 월경하여 건너가서 고기잡이를 하고 돌아왔다. 그러나 '죽도도해면허'와 '송도도해면허'는 필자가 일찍이 수차례 지적해왔듯이 울릉도가 일본 고유영토임을 증명하는 것은 전혀 아니었다. 도리어 이것은 울릉도가 조선 영토임을 증명하는 것이었다.[9]

왜냐하면 울릉도가 타국인 조선의 영토였기 때문에, 이곳에 들어가 고기잡이를 하려면 외국에 월경하여 들어가는 데 대한 일본 정부(幕府)의 허가인 '도해면허'가 반드시 필요했기 때문이었다. 만일 울릉도(竹島)가 일본 영토였다면, 그러한 중앙정부의 도해면허가 필요치 않은 것임은 더 말할 필요도 없는 것이었다.

당시 임진왜란의 영향으로 조선과 일본은 아직 우호관계를 회복하지 못하고 있었고, 조선 조정은 울릉도에 대하여 쇄환공도정책을 실시해서 조선인의 거주를 금하고 있었으므로, 도쿠가와막부는 울릉도가 조선 영토임을 물론 잘 알고 있으면서도 조선 정부와 사전 협의 없이 오오야, 무라카와 두 일본인에게 월경하여 울릉도로 건너가서 고기잡이를 해도 좋다는 '허가장'인 도해면허를 내주었던 것이다.

---

8 권오엽·大西俊輝 역, 2011, 『竹島渡海由來記拔書控』, 한국학술정보(주), 77쪽.

9 ① 신용하, 1996, 『독도의 민족영토사 연구』, 지식산업사.
② 신용하, 2001, 『독도영유권에 대한 일본주장 비판』, 서울대출판부.
③ 신용하, 2011, 『개정증보 독도영유권에 대한 일본주장 비판』, 서울대학교출판문화원.

그러나 이때 도쿠가와막부나 오오야, 무라카와의 두 일본인이 울릉도가 조선 영토가 아니라고 부정했거나 일본 영토라고 주장한 것은 전혀 아니었다. 반대로 그들은 울릉도가 조선 영토임을 잘 알고 있었기 때문에 외국에 건너가는 허가증으로서 죽도도해면허를 신청했고 또 허가해 준 것이었다.

제2절 일본 도쿠가와막부의 송도도해면허 승인과 독도(송도)의 울릉도(죽도) 부속도서 재확인

일본 백기주(白耆州) 요나고(米子)의 오오야와 무라카와 두 가문은 「죽도도해면허」를 받고 약 40여 년 후인 1661년경 송도도해면허(松島渡海免許)를 막부로부터 받는 데 성공하였다. 무라카와 가(家)는 1658년 송도에 도해를 기도했으나, 이때에는 성공하지 못하였고, 3년 후인 1861년에 송도도해면허를 받으려고 다시 시도하였다. 이에 오오야·무라카와 두 가문은 막부에 각각 송도도해면허를 신청했는데, 이때에는 「죽도도해면허」를 두 가문에게 내어주는데 알선의 노력을 한 사랑오랑정지(四郎五郎正之)의 장남이 부친에 이어서 노력하여 1861년경에 도쿠가와막부의 면허를 얻어 내는 데 성공하였다.

그러나 도쿠가와막부가 오오야·무라카와 가문에 송도도해면허를 승인해 주었다 할지라도 이것은 죽도도해면허와 마찬가지로 외국(조선) 영토인 송도(우산도, 독도)에 건너가서 고기잡이를 하고 돌아오는 '월경' 어채(漁採)의 허가장이었지 송도의 소유권을 하사해 준 것은 전혀 아니었다. 그 명백한 증거로서 도쿠가와막부는 오오야·무라카와 두 가문이 고기잡이를 하며 다투게 될 것을 염려하여 한 가문씩 각각 격년으로 송도에 건너가서 고기잡이를 해 오도록 한 것에서도 이를 알 수 있다.

또한 도쿠가와막부나 오오야·무라카와 두 가문이나 모두 독도가 일본 영토가 아니라 조선 영토임을 알고 있었기 때문에 외국 영지에 월경할 때 필요한 '도해면허'를 신청하고 또 허가한 사실에서도 거듭 이를 알 수 있다.

즉 도쿠가와막부가 오오야·무라카와 두 가문에게 송도도해면허를 승인해 준 것은, 조선 영토인 죽도(울릉도)에 월경하여 고기잡이하러 감을 허가해 주는 죽도도해면허를 이미 허가해 주었는데, 죽도로 가는 도중에 있으며 울릉도에 부속한 송도에 월경하여 가서 고기잡이를 하는 것은 동질적 차원의 일이기 때문에, 죽도도해면허와 완전히 동일한 성격의 송도도해면허를 승인해 주었던 것이다.

여기서 주목해 두어야 할 것은 '죽도도해면허'나 '송도도해면허'나 모두 두 섬(죽도와 송도)이 외국 영토이고 일본 영토가 아니기 때문에 중앙정부인 막부가 외국 영토에 고기잡이하러 감을 허가하는 면허로서 승인해 주었다는 사실이다.

오늘의 일본 정부는 '죽도도해면허'와 '송도도해면허'를 막부로부터 '배령(拜領)'했다고 표현하여 마치 죽도와 송도의 영토를 하사받은 것이라는 인상을 주려 하지만, 이것은 전적으로 잘못된 것이다. 이때 '배령'은 '배수(拜受)'의 의미밖에 없고, 절하여 받는다는 뜻일 뿐이지 영지(領地)를 하사받은 것은 전혀 아니었다. 수령증(受領證)이 '받은 증명'이라는 뜻이지, '영지를 하사받은 증명'이 아닌 것과 같다.

따라서 1618년의 '죽도도해면허'나 1661년의 '송도도해면허'는 독도를 '일본 고유영토'라고 주장하는 증명이나 근거가 될 수 없는 것이다. 도리어 그것은 울릉도와 독도가 일본의 고유영토가 전혀 아니었고, 일본의 외국(조선)의 영토임을 증명하는 자료가 되는 것이다.

또한 주목할 것은 당시 도쿠가와막부나 죽도도해면허와 송도도해면허를 얻은 오오야·무라카와 두 가문 모두 독도(송도)를 울릉도(죽도)의 부속도서로 간주했다는 사실이다.

송도도해면허를 신청할 무렵인 1660년 9월 5일자로 구산장좌위문(九山庄左衛門 : 오오야 가)이 대옥구우위문(大屋九右衛門 : 무라카와 가)에게 보낸 서간(書簡)에서는 "장차 또 내년(1661년)부터 죽도지내송도(竹島之內松島)에 귀하의 배가 건너가게 되면"[10]이라고 하여 송도(독도)를 "竹島之內松島"(울릉도 안의 독도)라고 기록하면서 송도도해면허의 격년 실행을 논의하였다. 이것은 '독도를 울릉도의 부속도서'로 인식하고 간주하여 송도도해면허를 신청했고 허가받았음을 명백히 나타내는 것이다.

또한 구산장좌위문이 「무라카와(村川市兵衛)에게 남긴 서장(書狀)」을 1660년 9월 8일자 대옥도희(大屋道喜)에게 필사해 보낸 글에서는 독도를 "죽도(竹島) 근소지소도(近所之小島 : 독도를 지칭)에 소선(小船)으로 도해하는 건"[11]이라고 하여, 독도를 "울릉도 가까운 곳의 소도"라고 표현해서 독도가 울릉도의 부속도서임을 명백히 하였다.

또한 이 무렵의 6월 21일자로 구산장위문이 대옥구우위문에게 보낸 서간에서는 "죽도 근변(近邊) 송도에 도해의 건"[12]이라고 하여, "울릉도의 근변(가까운 변두리)의 독도"라고 기록하였다.

이상과 같이 일본의 두 가문이 송도도해면허를 막부에 신청하고 허가받을 때 위의 두 가문 사이에 교환한 서신들에서 독도(송도)를 죽도지내송도(竹島地內松島 : 울릉도 안의 독도), 죽도근소지소도(竹島近所之小島 : 울릉도 근방의 소도), 죽도근변송도(竹島近邊松島 : 울릉도 가까운 변두리 독도)라고 기록

10 川上健三, 1966,『竹島の歷史地理學的研究』, 古今書院, 74, 78, 80~81쪽.

11 川上健三, 1966,『竹島の歷史地理學的研究』, 古今書院, 74, 78, 80~81쪽.

12 川上健三, 1966,『竹島の歷史地理學的研究』, 古今書院, 74, 78, 80~81쪽.

하고 있는 것은 그들이 독도를 울릉도의 부속도서로 인지하고 송도도해면허를 신청하였고 또 막부도 그렇게 인지하여 허가했음을 명백히 알려 주는 것이다.

그러므로 비록 조선 정부의 허락과 동의 없이 일본의 도쿠가와막부로부터 일본의 오오야·무라카와 두 가문이 '죽도도해면허'와 '송도도해면허'를 얻어 가지고 국경을 넘어 죽도와 송도에 들어가서 고기잡이를 해 왔다고 할지라도, 이것은 국경을 넘어 외국에 월경하는 것을 허가한 '도해면허'에 불과하며, 죽도와 송도가 조선 영토임을 인지하고 전제하여 발급한 것에 불과한 것이기 때문에, 이 사실이 울릉도와 독도를 일본 고유영토라고 주장할 근거와 증명이 전혀 되지 않는 것이다.

따라서 오늘날의 일본 정부가 17세기 1661년경에 발급했다는 '송도도해면허'와 오오야·무라카와 두 가문이 송도(독도)로 월경해서 고기잡이를 한 일로 독도의 일본 고유영토론을 펴는 것은 천만부당한 오류이며 철저히 비판되어야 하는 것이다.

'송도도해면허'는 이상하게도 현재까지 실물 문건이 발견되지 않는다. 이것은 「죽도도해면허」가 1장 발견되어 일본 요나고 산음역사관에 소장되어 있는 것과 대조적이다. 송도도해면허는 큰 이권이기 때문에 발급되었다면 두 가문의 후예에 의해 어디에서라도 보관되어야할 문건이다. 이러한 '송도도해면허'의 문건이 발견되지 않는 것은 송도도해면허는 '문건'으로서가 아니라 '구두(口頭)'로 허가해 주었기 때문일 가능성이 있다. 일본에서 도쿠가와 시대와 메이지 초기에 독도를 '송도(松島)'라고 독립 호칭하지 않고 '죽도 외 1도(竹島外一島)'라고 표현 기록하고 있는데서 이를 추정할 수 있다.[13] 왜냐하면 송도는 시종일관 죽도의 부속도서로 일본에서도 인식되

13 그러므로 일본에서 죽도(울릉도)를 말할 때는 '울릉도'만을 지칭할 때도 있고, '울릉도와

어 왔기 때문이다. 또한 '송도도해면허'는 발급된 일이 없고 일본 정부가 그저 '송도' 기항을 묵인했을 수도 있다.

'송도도해면허'가 별도의 문서로 실재했든지 없었든지 상관없이 '도해면허' 자체가 일본 영토 내의 여행과 항해에는 내어주지 않는 '외국(外國) 도해허가서'이었기 때문에 그 앞에 오는 '죽도'와 '송도'는 일본의 '외국'이었고, 그 외국은 조선이었다. 그러므로 송도도해면허는 '송도(우산도, 독도)가 조선 영토'임의 증거가 되는 것이다.

제3절 일본 『은주시청합기』 기록에 나타난 독도(송도)의 조선 영토 재확인

일본에서 오오야·무라카와 가문이 도쿠가와막부로부터 1661년 '송도도해면허'를 얻어 냈다고 하는 6년 후인 1667년 출운(出雲)의 대명(大名 : 번주)은 관리(藩士) 사이토 도요노부(齋藤豊宣)에게 일본의 서북 경계 변방(邊方)인 은기도(隱岐島)를 답사하여 보고하라고 명하여, 도요노부는 은기도에 건너가서 현지를 답사하고 1667년 가을에 그 결과를 『은주시청합기(隱州視聽合記)』라는 복명서(復命書)로 제출하였다.

일본 정부가 독도에 관한 일본 측 최초의 문헌으로 들고 있는 것이 1667년에 편찬된 바로 이 『은주시청합기』이다. 그런데 이 책에서도 독도와 울릉도는 고려(조선)에 속한 것이고 은기(隱岐)는 일본에 속한 것으로, 은기가 일본의 서북방 한계라는 뜻을 다음과 같이 기록하였다.

그 부속도서(독도)'를 포함한 것으로 인지할 때도 있음을 주목할 필요가 있다.

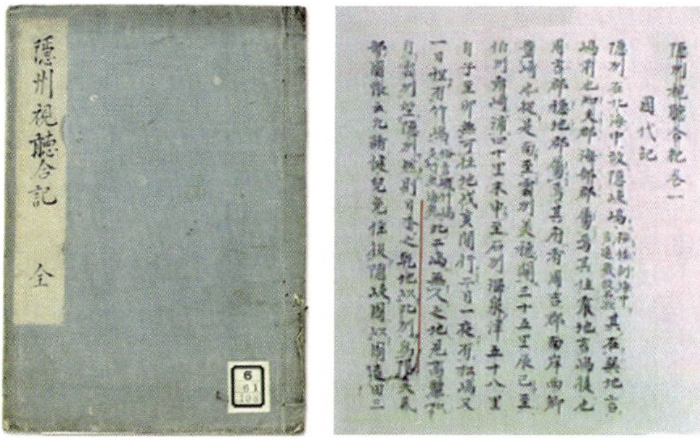

『隱州視聽合記』(卷 1), 國代記部 ; "隱州在北海中 故云隱岐島……戌亥間 行二日一夜有松島 又一日程有竹島(俗言磯竹島 多竹漁海鹿 按神書所謂五十猛歟) 此二島無人之地 見高麗如自雲州望隱州 故日本之乾地 以此州爲限矣."

그림 1-36 독도를 기록한 일본 최초의 고문헌 『은주시청합기』에 기록된 독도와 울릉도. 독도와 울릉도에서 고려를 보는 것은 마치 운주에서 은주(은기도)를 보는 것과 같으므로 '일본의 서북쪽 영토는 이 은주로서 한계를 삼는다.'는 요지이다.

> 은기(隱岐)는 북해(北海) 가운데 있다. 그러므로 은기도(隱岐島)라고 한다. (…) 무해간(戌亥間)에 2일(日) 1야(夜)를 가면 송도가 있다. 또 1일 거리에 죽도가 있다. (…) 이 두 섬(송도와 죽도)은 무인도인데 고려를 보는 것이 마치 운주(雲州)에서 은기를 보는 것과 같다. 그러한 즉 일본의 서북(西北, 乾) 경지(境地)는 이 주(隱州)로써 한(限)을 삼는다.

일본 최초의 독도 관련 문헌인 『은주시청합기』는 관청보고서인데, 일본의 서북 국경을 은주(隱州)로써 한계로 삼는다고 명확히 규정하고 송도와 죽도를 고려의 것으로 범주화하고 있는 것이다. 이는 독도가 한국 영토라는 것에 대한 명확한 증명에 다름 아니다. 그러므로 이것은 오늘날 일본 정부가 '송도도해면허'를 갖고 송도의 고유영토론을 주장하면서 일본의 서북쪽 국경을 울릉도와 독도 사이에 설정하려고 하는 것이 얼마나 황당무계한 억지이며 망발인가를 또한 잘 증명해준다.

최근 일본에서는 『은주시청합기』의 위의 구절에 대한 필자의 해석에 대하여 '주(州)'는 사람이 사는 '유인도(有人島)'를 말하는 것이고 '도(島)'는 사람이 살지 않는 '무인도(無人島)'를 가리킨 것으로서, 『은주시청합기』의 이 구절은 "일본의 사람이 사는 서북쪽 땅은 이 은기주로 한계를 삼는다."는 뜻인데, 신용하 교수가 일본 한문을 잘못 읽었다고 가르치고 있다는 말을 전해 들었다. 그러나 이것은 일본인 교수의 견강부회이다. '주(州)'는 행정단위 개념이고, '도(島)'는 지리상의 개념이다. "故日本之乾地 以此州爲限矣"는 "그러므로 일본의 서북쪽 땅(乾地)은 이 주(州)를 한(限)으로 한다."는 뜻이고, 보고서의 제목은 『은주시청합기』이기 때문에 '차주(此州)'는 '은주(隱州 : 은기도)'를 가리키는 것이다. 『은주시청합기』의 위의 인용구절은 송도(독도)와 죽도(울릉도)는 고려 땅이고, 일본의 서북쪽 땅은 이 은주를 한계로 한다는 뜻임에 전혀 틀림이 없다.

『은주시청합기』의 위의 구절은 독도와 울릉도는 한국(고려) 영토임을 증명하는 일본 고문헌 증거자료가 되는 것이다.

제4절 죽도도해면허와 송도도해면허가 '울릉도(죽도)·독도(송도, 우산도)=한국 고유영토'라는 증거가 되는 이유

이상에서 고찰한 바와 같이 오늘날 일본 정부가 1618년에 도쿠가와막부가 오오야·무라카와 두 가문에게 발급해 준 「죽도도해면허」와 1661년에 발급해 준 송도도해면허를 독도가 일본 고유영토의 증거라고 사용하는 것은 전적으로 잘못된 것이다.

당시 막부의 도해면허는 외국에 국경을 넘어 월경해서 나갈 때 승인해 주는 허가장으로서, 「죽도도해면허」와 송도도해면허는 도쿠가와막부(당시 중앙정부)가 오오야·무라카와 두 가문에 외국의 영지인 죽도(울릉도)와 송도(독도)에 국경을 넘어 건너가서 고기잡이를 해도 월경죄로 다스리지 않겠다는 허가장인 것이다. 17세기 당시 일본의 도쿠가와막부는 '쇄국정책'을 실시하여 일본인의 외국 무역과 통행은 정부의 허가를 받도록 규제하고 있었다.[14]

이러한 쇄국정책 시기에 도쿠가와막부는 외국 무역과 외국 도해를 '주인장(朱印狀)' 제도와 '봉서선(奉書船)' 제도로 실시하였다. '주인장'이란 도쿠가와막부의 장군(將軍)의 붉은 인장이 찍힌 도해면허를 받아서, 선박에 '주인장 선박'임을 깃발로 표시하여 외국에 도항하는 것이었다. '봉서선'은 장군 아래의 집정관인 '노중(老中)'의 도해면허 허가서(奉書)를 받아서 외국에 도항하는 것이었다.

'죽도도해면허'와 '송도도해면허'는 일본 도쿠가와막부의 엄격한 '쇄국정책' 시기에 외국에 건너가는 '허가서'로 승인된 것이었다. 죽도도해면허는 막부 장군의 붉은 인장이 찍힌 '주인장' 허가서도 아니었고, 장군 다음의 집정관 노중의 '봉서'도 아니었다. 노중 아래의 담당 고관의 서장(書狀)에 의한 면허였다. 아래 단계의 봉서 형식이라고 볼 수 있다. 이 봉서는 '무역'을

---

14 일본은 특히 1612년 천주교 포교를 엄금한 '금교령'(禁敎令) 이후에는 '쇄국정책'이 더욱 엄격해졌다. 1614~1635년 사이 처형된 일본 천주교 신자가 무려 28만명에 달했다는 기록도 있다. 도쿠가와막부 정권은 아예 1633년에는 제1차 쇄국령을 공포하여 외국 도항을 금지시켰으며, 제2차(1634년), 제3차(1635년), 제4차(1636년), 제5차(1639년) 쇄국령을 공포하면서 외국 도항과 입항의 규제가 더욱 정밀해졌다. 이 때문에 막부의 승인을 받은 네덜란드 상인과의 교역만 지속되고 그외의 모든 교역은 사실상 금지되었다. 이러한 엄격한 쇄국정책은 1612~1684년까지 계속되었고, 그 이후에도 사실상 계속되었다.

허가한 것이 아니라 단지 죽도에 월경하여 '고기잡이(漁撈)'를 하고 돌아오겠다는 청원서에 승인을 해 주는 편지 형식의 허가서였다.

백기주의 무라카와와 오오야 두 어부도 죽도와 송도가 외국 소유의 섬이었기 때문에 '도해면허'를 청원했고, 도쿠가와막부도 죽도와 송도가 일본의 외국이었기 때문에 노중과 장군의 의견까지 물어가며 승인을 해 준 것이었다.[15]

그러면 죽도와 송도를 어느 외국의 영토라고 간주했길래 도쿠가와막부는 도해면허 청원을 승인해 준 것일까? 논란의 여지없이 그 외국은 조선이다. 즉 죽도와 송도는 조선의 영토이고, 조선은 외국이기 때문에 조선이라는 외국에 고기잡이하러 월경하여 건너가는 청원서의 승인서로서 죽도도해면허와 송도도해면허를 내어주었던 것이다.

그러므로 일본 정부의 잘못된 증거자료 제시 및 해석과는 전혀 달리, 「죽도도해면허」와 송도도해면허는 울릉도(죽도)와 독도(송도)가 일본 고유영토라는 증거자료가 되는 것이 아니라, 그 반대로 도리어 울릉도와 독도가 한국 고유영토라는 명백한 증거자료 중의 하나가 되는 것이다.

최근 일본 정부는 한국 측이 '죽도도해면허'와 '송도도해면허'의 내용·성격·본질을 밝히자, 이제는 이 '도해면허'를 언급하지 않고 일본이 '17세기 초부터 약 80여 년간' 울릉도와 독도를 '실효적 지배'했고 이것이 '독도의 일본 고유영토론' 주장의 근거라고 설명하고 있다. 죽도도해면허와 송도도해면허를 직접 거론하면, 그 성격과 본질이 이미 밝혀진 이상, 이 자료가

---

15 죽도도해면허 승인 서찰은 일종의 '奉書'인데, 노중(老中)이 서명하지 않고 그 아래 관리가 서명한 것은 당당한 '무역'이 아니라 조선 정부의 동의 없이 조선 정부 몰래 조선 영지인 죽도에 들어가는 행위(절도행위)이기 때문에 노중이 서명하지 않고, 그 아래 관리가 서명한 것으로 보인다. 뒤에 외교 문제가 일어나더라도 작은 문제로 처리하기 위한 대비라고 볼 수 있다.

울릉도와 독도가 한국 영토임의 증거로 즉각 사용될 것이기 때문이다. 그러나 일본 정부가 말하는 '17세기 초부터 약 80년간'은 바로 1618년부터 1696년까지 죽도도해면허와 송도도해면허를 발급한 기간이므로, 이것은 외국(조선) 도해 승인서를 갖고 '고기잡이' 나간 것에 불과한 것이고, 그것도 조선 정부의 강경대응으로 일본 도쿠가와막부가 1696년 1월 28일 스스로 금지하고 폐기한 것이었다. 타국의 영토·영해에 가서 고기잡이했다고 해서 타국의 영토·영해가 자기 영토·영해가 되는 것이 아니기 때문에, 최근 일본 정부의 죽도도해면허·송도도해면허 기간의 울릉도·독도 출어를 근거로 한 독도의 '일본 고유영토 주장'은 전적으로 허구의 억지이고 망발에 불과한 것이다.

제10장

17세기 말 조선·일본 간 울릉도·독도 영유권 논쟁의 발생

제1절 1692년 울릉도에서 조선 어부와 일본 어부의 조우

1692년(숙종 18년) 2월 동래 출신 어부 안용복(安龍福) 등 동래·울산 어부 53명 일행은 5척의 배에 나누어 타고 울릉도 출어를 금지하는 왕명에도 불구하고 풍요한 어장인 울릉도에 출어하였다.[16] 울릉도에 들어가보니 일본 어부들이 전년에 울릉도에 불법으로 들어와서 고기잡이를 하다가 남겨 둔 작은 조각배 8개와 어로 도구들이 해안에 놓여 있었다. 안용복 등 어부들은 이를 모두 거두어 들이고, 울릉도 연해에서 상당량의 고기잡이를 하였다.

이 무렵에 일본의 무라카와(村川)와 오오야(大谷) 두 가문의 어부들도 '죽도도해면허'에 기대어 1692년 2월 요나고(米子)를 출항해서 은기도에 도착했다가, 3월 24일 은기도에서 출발해서 3월 27일 울릉도(죽도)에 도착하여, 양국 어부들이 울릉도에서 조우(遭遇)하게 되었다.[17]

---

16 『肅宗實錄』卷30, 肅宗 22年(丙子, 1696년) 9月 戊寅(25일)條.

17 권오엽 편역주, 2012, 『竹島之書附』, 지성인, 70~72쪽. 문헌에 의하면, 岡嶋正義 등 일

안용복 등 조선 어부들은 왕명을 위반했으므로 자신들이 울릉도에 표착해 들어왔다고 변명을 하면서도, 울릉도는 조선 영토인데 일본 어부들이 울릉도에 들어와 고기잡이하는 것은 남의 나라에 월경해 들어온 불법임을 들어 고기잡이하지 말고 일본으로 돌아가라고 요구하였다. 한편 일본 어부들은 '울릉도'는 '죽도'이고 자기들은 막부 장군으로부터 '죽도도해면허'를 '배령(拜領)'하여 고기잡이하러 온 것이라고 설명하였다.

안용복 등 조선 어부들은 이때 일본 어부들의 설명을 거부하고 일본으로 돌아갈 것을 강경하게 요구한 것으로 보인다. 무라카와 가문의 어선 보고에는 다음과 같이 기록되어 있다.[18]

> (원록 5 임신년) 2월 11일, 이곳을 출선하여 동 그믐에 오키노쿠니의 후쿠우라에 착주했습니다. 3월 24일 오키노쿠니에서 출주하여, 동 26일 아침 진시(8시)에 죽도 안, 이카지마라는 곳에 배를 대고 동 27일 아침에 하마다우라라는 곳에 갔더니 조선 배 2척이 보였습니다. 그중 1척은 정박해 있고 한 척은 물에 떠 있었습니다. (…) 우선 우리의 배를 대려 해도, 조선인은 많고 우리 쪽은 겨우 21명이라 어쩔 수 없다고 생각하고, 죽도에서 3월 27일 인시(4시)에 출선하였습니다. 그렇지만 아무래도 증거가 없으면 안 된다고 생각하고, 조선인이 만들어 놓은 꼬치 전복 약간과 갓 하나, 망두포 하나, 누룩 하나를 가지고 떠나 4월 1일에 세키슈우의 하마다우라에 도착하고, 당

본인들은 이때의 고문서에 원래 '朝鮮人渡來于竹島'이었던 것을 후에 '始'자를 위에 삽입하여 '朝鮮人始渡來于竹島'로 변개했다고 지적하였다. 그러나 동래·울산 어부들은 그 이전에도 울릉도에 출어하고 있었다.

18 권오엽 편역주, 2011, 『岡嶋正義古文書』, 선인, 21~22쪽. 일본 어부들의 보고에서는 모두 일본어를 아는 통사(通事)와 대화했다고 보고했는데, 이 통사 어부는 안용복(安龍福)으로 추정된다.

월 4일에 운슈우의 구모쓰우라까지 갔다가 다음날 5일 인시에 요나고로 들어왔습니다.

무라카와 이치베에 선두　　히라베에
임신 4월 6일 동　　쿠로베에
5월 16일
나가이 시나노노카미 나오마사
이노우에 카즈에노카미 마사나리
도이 오오이노카미 토시카쓰
사카이 오타노카미 타다요
마쓰타이라 신타로우 토노

즉 조선 어부들의 숫자가 일본 어부들보다 많아서 대항하지 못하여 고기잡이를 포기하고 귀국했다는 것이다.

한편 오오야 가문의 어선은 조선 어부들의 숫자가 더 많아서 대항하지 못했다는 부분은 빼고 다음과 같이 보고하였다.[19]

19 권오엽 편주, 『岡嶋正義古文書』, 19~20쪽. 돗토리현립박물관(鳥取縣立博物館)이 편찬한 고문서집 『竹島之書附』는 주로 大谷 가문의 보고서를 게재하여 다음과 같이 기록하였다. "원록 5년(1692년) 임신 2월 11일에 요나고를 출선하여, 동월 그믐에 오키노쿠니 도우고의 후쿠우라에 착선했다. 3월 24일에 후쿠우라를 출선하여 동월 26일에 다케시마 안의 이카시마라는 곳에 착안하여, 상황을 살펴보았더니, 상당히 많이 잡은 것처럼 보여, 이상하게 생각하고, 다음날 27일에 하마다우라라는 곳에 가 보았더니, 배 2척이 있었다. 그중 1척은 정박해 있는 배이고, 1척은 부선으로 조선인이 30인 정도가 보였습니다. (…) 왕명으로 3년에 한 번씩 전복을 잡으러 오기 때문에, 2월 21일 어선 11척으로 출선했는데, 난풍을 만나 5척에 탄 53인이 이 섬에 3월 23일에 유착했다. 이 섬에 전복이 있기 때문에 두류하여 어렵을 하고 있었다고 말했다. 그렇다면 빨리 돌아가도록 하라고 말했더니, 배가 약간 고장 났기 때문에 수리하여 출선하겠다고 말했습니다. 우리들이 육지에 올라가 조사해 보았더니, 이전에 우리들이 만들어 두었던 도구와 어선 8척이 보이지 않았습니다. 통역에게 여러 가지를 물었더니, 여러 포구로 갔다는 것입니다.

원록 5년(1692년) 임신

당년에 조선인이 처음으로 죽도에 도래했다.

요나고 나다쵸우의 오오야의 배는 예년과 마찬가지로 3월 27일에 죽도에 착안했는데, 먼저 이국인들이 와 있었다. 전복 등을 꽤 많이 잡은 것 같았다. 그중에 한 사람의 통사가 있었다. 이곳에 온 이유를 물었더니, 난풍을 만나 표착했다고 답했다. 우리들이 말하기를, 원래 이 섬은 우리들이 장군한테 대대로 배령하여, 매년 배가 오가는 섬이므로, 서둘러 나가야 한다고 타일러 주자, 배가 조금 파손하였으므로, 수리하고 서둘러 귀범하겠다고 답하였다. 이곳에 두류하는 일은 아주 불안하기 때문에, 증거로 조선인의 갓이나 망건 등을 취하여, 즉시 돛을 올려, 4월 5일에 요나고로 돌아왔다 한다. 도해는 최초부터 지금까지 80년이 되었으나, 지금까지 조선선이 오는 일은 없었다고 기록하고 있다.

1692년 봄에 울릉도에 출어한 일본 무라카와·오오야 두 가문의 어선들이 울릉도에서 고기잡이를 전혀 시작도 하지 못하고 돌아간 것은 안용복 등의 기세에 제압되었을 뿐 아니라, 울릉도가 조선 영지라는 안용복 주장과 강경대응에 굴복한 때문인 것으로 추정된다. 그들은 귀선 후 주인들의 질책에 대비하여 울릉도에 다녀왔다는 징표로 조선 어부들의 꼬치 전복, 갓, 망두포, 누룩을 1개씩 갖고 돌아갔다.

다케시마에서 3월 27일에 출선하였습니다. 증거로 삼기 위하여 조선인이 만들어 둔 꼬지전복, 작은 그물, 두건 하나, 메주 한 개를 가지고 출선하여, 4월 5일에 요나고에 귀범하였습니다. 그때 조선인은 활, 철포류 같은 어떤 무기로 소지하지 않았다고 그때 도해했던 선두와 선원이 말하고 있었다고 말했습니다. 이상."(권오엽 편역주, 『竹島之書附』, 48~50쪽.)

인부(因府, 因幡府, 因幡國)에서 후에 작성한『인부연표(因府年表)』에서는 다음과 같이 1692년 울릉도(죽도) 출어의 연표를 작성하였다.[20]

표 1-6 1692년(원록 5년)의 조선 어부와 일본 어부의 조우

월일	사항	출전
2.11	무라카와(村川)·오오야(大谷) 선(船), 요나고(米子) 출범(出船)	사
2.21	조선선 11척 출선	사
2.30	은기(隱岐) 북포(福浦) 도착	사
3.23	조선선 5척, 죽도 표착	사
3.24	후쿠우라 발	사
3.26	죽도의 이카도(島)에 착안, 전복을 잡은 상황을 발견	사
3.27	죽도 병전포(浜田浦)에서 배 2척과 조선인 20인 정도를 발견하고 대판포(大板浦)로 돌아오다. 통사(通詞)와 회담, 조선인의 설명을 듣다. 이전에 비치한 도구·배 등은 조선인이 사용했다. 출선	사
4.5	요나고 도착	사
5.2	강호화전좌문(江戶和田左門), 막부는 조선인이 섬에서 돌아갔으면 문제없다는 의사를 비각(飛脚)으로 돗토리(鳥取)에 전달	공5, 10
5.10	화전(和田)의 서장(書狀), 가로(家老)가 수취(受取)	공5, 10

출전의 '사'는 조취번사(鳥取藩史), '공'은 공장(控帳)

자료 :『인부연표(因附年表)』,『강도정의고문서(岡嶋正義古文書)』(권오엽 편주)

제2절 안용복의 제1차 도일

이듬해 1693년(숙종 19년) 봄, 안용복 등 40여 명의 어부들이, 앞서 쓴 바와 같이, 다시 울릉도에 고기잡이를 나갔는데, 역시 울릉도에 고기잡이를

20 『因府年表』,『岡嶋正義古文書』(권오엽 편주), 102쪽.

온 일본 오오야(大谷) 가문의 어부들과 충돌하게 되었다.

전년에 쫓겨 갔던 오오야 가문의 일본 어부들은 약간의 대비로 무기도 준비하여 싣고 왔다. 이때 일본 어선은 2백 석들이 배 1척에 인부 21인과 철포(鐵砲) 5정이었다.[21]

일본 어부들이 협상을 하자고 조선 어부 대표를 일본 어선으로 꾀어내어, 안용복·박어둔이 일본 어선에 올랐더니, 일본 인부들이 두 사람을 결박하여 일본으로 납치해 갔다. 그들은 처음에는 안용복 등을 오오야 가문의 개인 집에 가두어 심문하다가 돗토리번(鳥取蕃)에 넘기고, 돗토리번을 통하여 막부에 보고하였다.

안용복은 돗토리번의 심문에서 울릉도는 조선 영토임을 지적하고 "조선 사람이 조선 땅에 들어갔는데 왜 구집(拘執)해 왔는가." 하고 항의하였다. 돗토리번은 이에 안용복 등을 에도의 막부에 이송하였다. 에도막부의 심문에도 안용복은 당당하게 울릉도가 조선 영토임을 강조하고, 조선 영토인 울릉도에 일본 어부들의 출입을 금지해 줄 것을 요구하였다.

당시 에도막부는 안용복이 울릉도가 조선 영토인 것을 강력히 주장하므로 안용복의 진술을 『신증동국여지승람(新東國與地勝覽)』 등 문헌들과 대조하면서 조사한 것으로 보인다. 에도막부의 관백(막부 집정관, 노중)은 안용복을 심문하였고, 안용복이 울릉·자(우)산[子(于)山] 등의 섬을 조선 영토로 정하여 주장하는 것을 시인한 관백의 서계까지 있었기에(以鬱陵·子山等島定以朝鮮之界 至有關白書契), 뒤에는 안용복 등을 후대한 후 장기(長崎, 나가사키)·대마도를 거쳐 송환케 하였다.[22]

---

21 권오엽 편역주, 2012, 『竹島之書附』, 지성인, 244~245쪽.

22 『肅宗實錄』 卷30, 肅宗 22年(丙子, 1696년) 9月 戊寅(25日)條.

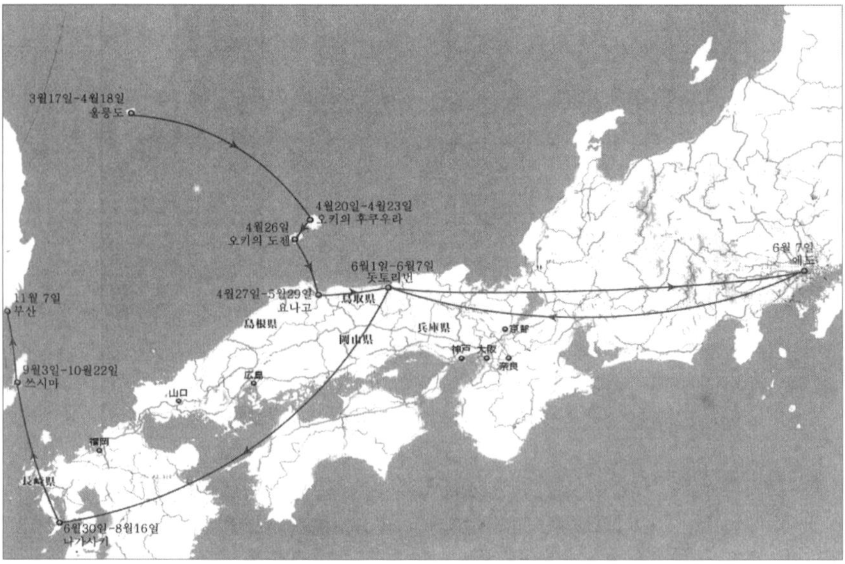

그림 1-37 납치당한 안용복의 1693년 행적도(자료:『강도정의고문서(岡嶋正義古文書)』)

그러나 안용복이 장기에 이르자 장기도주(長崎島主)는 안용복 등을 다시 구집 상태에 두었다. 대마도에 이르자 대마도주는 안용복이 가진 서계를 빼앗고, 안용복 등을 일본 영토 '죽도'를 침범한 죄인으로 묶어 같은 해 12월에 동래부에 인계하였다. 이 무렵에 대마도주는 다음에 쓰는 바와 같이 왜차를 붙여 "일본 영토인 '죽도'에 조선 어부들의 침범을 금지해 줄 것"을 요구하는 서찰을 동래부에 보내왔다. 안용복은 그의 일본에서의 경험을 관청에 보고했으나 관청에서는 그의 말을 들어 주지 않고 투옥까지 하였다.

이것이 안용복의 제1차 도일이다. 안용복의 1693년 4월부터 12월까지의 제1차 도일은 자유의지에 의한 것이 아니라 납치당한 것이었다. 그러나 안용복은 에도막부의 조사와 심문에서도 당당하게 울릉도(죽도)는 조선 영토임을 주장하고, 조선 사람이 조선 영토에 들어간 것은 죄가 없는 것이고, 울릉도에 들어간 일본 어부들이 죄를 범한 것이라고 항의하여, 결국 "울릉도(죽도)와 자산도(우산도)는 조선 영토"임을 인정하는 내용의 서계까지 받았다.

이 기사의 요점은 『숙종실록(肅宗實錄)』 숙종 22년(1696년) 9월 무인(25일)조에 기록되어 있고, 같은 날짜의 『숙종실록』 기사에는 3년 후 안용복의 제2차 도일 기사가 실려 있으며, 백기주태수가 "울릉도(죽도)·독도(송도)의 양도(兩島)가 이미 조선 영토"임을 확인한 서계를 써 주었다는 진술이 기록되어 있다.

납치당한 안용복 등의 일본에서의 행로를 권오엽 교수가 그린 것을 옮기면 〈그림 1-37〉과 같다.

제3절 일본 측의 『숙종실록』 '안용복 진술' 부정과 그에 대한 비판 및 증거

안용복의 제1차 도일 때 일본 도쿠가와막부 관백(關白)이 울릉도(죽도)와 독도(송도)가 조선 영토임을 인정하는 내용의 서계를 받았다는 안용복의 진술 때문에 오늘날 일본 정부와 일본의 일부 논자들은 안용복의 『숙종실록』에 기록된 진술이 '사실'이 아니고 '허위'라고 주장하고 있다. 그들은 일개 천한 어부를 감히 에도의 막부 관백이 에도에 데려다가 심문했다는 안용복의 주장의 '허위'에서 잘 증명된다는 식의 논리를 전개해 오고 있다. 안용복이 에도막부에 갔었다는 것은 거짓말이라고 주장하며,[23] 이 거짓말이 마치 『숙종실록』의 모든 '안용복 진술'의 허위성을 증명하는 것처럼 주장하고 있다.

---

23 日本外務省, 「竹島問題を理解するための10のポイント」 중 제5포인트.

그러나 『숙종실록』은 물론이요 일본 측 당시 자료에도 안용복이 에도 막부까지 호송되어 조사를 받고 석방되었을 뿐 아니라 정중한 대우를 받았음이 기록되어 있다. '죽도도해면허'를 막부로부터 허가받아 이 문제에 가장 정확한 오오야(大谷) 가문의 울릉도·독도 관계 문서집인 『죽도도해유래기발서공(竹島渡海由來記拔書控)』은, 1692년 울릉도에서 조선인을 만나 오오야 가의 선원들이 어채를 포기하고 귀국한 다음 해(1693년)에, 그곳(울릉도)에서 안용복과 박어둔(朴於屯)을 납치하여 구류하고 심문한 다음 돗토리번(鳥取蕃)에 그들을 인도했고, 돗토리에서 그들을 심문한 후에 그(안용복)를 에도로 인도했으며, 에도에서 심문한 후에 귀국시켰다고 다음과 같이 기록을 남기고 있다.

> 즉시 돗토리(鳥取)에서 심문한 후에 당인(唐人 : 이방인, 즉 안용복)은 에도(江戶)에 인도하게 되었습니다. 곧 에도에서 조사가 있었고, 조사도 끝나 순차적으로 물건을 내려주고, 귀국하게 되었습니다. 〈그 상세한 것은〉 따로 기록한 것이 있으므로 여기서는 생략합니다.[24]

별도의 상세한 기록은 아직 발견되지 않았지만, 『죽도도해유래기발서공』의 위의 기록 큰 줄거리가 『숙종실록』의 줄거리와 일치함은 안용복의 에도막부에의 호송과 심문 후의 석방 귀국이 진실임을 증명하는 것이다.

일본 측 자료인 『이본백기지(異本伯耆志)』에서도 다음과 같이 안용복의

24 ① 권오엽, 2007, 「안용복의 渡日활동에 대한 史的 검증」, 『2007년도 한국영토학회 제3회 학술대토론회 논문집』, 30쪽.
② 『竹島渡海由來記拔書控』 본문 17. "則鳥府表御吟味之上 唐人江府御引渡 則江戶表御穿鑿 相濟順夕御贈帰と成ル"

에도막부에의 호송을 기록하였다.

> 명을 받아 무기를 싣고 〈울릉도〉에 이르렀다. 조선인은 그 섬(울릉도)의 대판포(大坂浦)에 숨었다. 남은 두 사람이 있었다. 즉시 그들을 잡아 귀범하여 관에 고소하였다. 명이 있어 토우베에(藤兵衛)가 이인(異人 : 안용복 등)을 거느리고 본부에 갔다. 번사 가노우(加納) 씨, 오제키(尾關) 씨가 수호하여 이인을 에도(江戶)에 불러들였다가 본토(조선)로 보내었다. 그 후 그 나라에서 죽도는 조선의 땅이라는 말을 끊임없이 말하기에 이르렀다.[25]

이 자료는 에도막부의 명을 받고 안용복을 돗토리번으로부터 에도막부까지 호송해 간 두 번사(蕃士)의 성[가납(加納)과 미관(尾關)]까지 밝히면서 안용복이 에도막부에까지 호송되어 갔고, 심문 후에 석방되고 귀국했음을 기록하고 있는 것이다. 그러므로 안용복이 에도의 도쿠가와막부까지 불려가서 관백(關白)의 심문을 받고, 울릉도·독도가 조선 영토임을 확인받은 후에 석방되어 귀국했음은 의문의 여지가 없는 것이다.

도쿠가와막부에 인도된 안용복 등이 만일 죄인이었다면, 막부는 그들을 처벌했으면 처벌했지 석방시키지는 않았을 것이다. 그러나 도쿠가와막부는 안용복 등을 석방했을 뿐 아니라 노자와 선물까지 주면서 본국(조선)에 송환하라고 명령하였다. 단순한 표류민에 대한 대우가 아니라 상당한 예의를 갖춘 것이었다. 안용복이 관백의 심문에 어떻게 응답했기에 이러한 결과

---

25 권오엽, 2007, 「안용복의 渡日활동에 대한 史的 검증」, 『2007년도 한국영토학회 제3회 학술대토론회 논문집』. 『竹島渡海由來記拔書控』 본문 17에서도 藤兵衛가 안용복을 大谷家에서 鳥取蕃으로 호송해갔고, 加納鄕右衛門과 尾關忠兵衛의 양인이 鳥取로부터 江戶까지 안용복을 호송했다고, 그 호송자의 이름까지 기록되어 있다.

가 나왔을까? 안용복이 도쿠가와막부 관백으로부터 받은 서류와 선물들은 송환 도중에 대마도주가 압수해 버려서 그 내용을 정확히 알 수는 없다. 그러나 당시 안용복의 울릉도(죽도)·독도(송도)가 조선 영토임을 주장하는 안용복의 응답이 사실로 인정되어 무죄로 석방하고 송환한다는 내용이 있었으리라는 것을 추정하는 것은 전혀 어려운 일이 아니다.

후에 안용복의 제2차 도일의 목적 중의 하나에는 제1차 도일 때의 대마도주에게 빼앗긴 문건과 물건들을 찾아달라는 고소장(상소)을 도쿠가와막부 본부에 제출하려는 것이 포함되어 있었다. 현재 일본에서 보관된 안용복 관계 문건 중에 안용복이 대마도주에게 빼앗긴 문건·문물과 그 시기의 기사만 빠져 없어진 것도 매우 이상한 일로서, 반드시 조사할 필요가 있다.

필자의 견해는 『숙종실록』에 실린 안용복의 진술은 (심문관의 질문에 따라) 날짜의 선후만 교란당하지, 진술 내용은 모두 사실이라고 본다.

제4절 에도막부의 안용복 구류 심문과 석방

그러면 안용복 등이 에도(江戶)에 인도되어 관백(노중)의 심문을 받은 시기는 언제일까? 『인부연표(因府年表)』는 안용복의 막부 본부 인도를 감추려는 입장의 연표인데, 다음의 〈표 1-7〉과 같이 안용복과 박어둔 2명의 행적과 처리가 정리되어 있다.[26]

26 『因府年表』, 『岡嶋正義古文書』(권오엽 편주), 102~104쪽.

표 1-7 1693년(원록 6년)의 안용복의 제1차 도일 때의 행적

월일	사항	출전
2.15	오오야(大谷) 선(船), 요나고(米子) 출선	고, 집
2.17	출운국(出雲國) 운진(雲津)에 도착, 수일 체재	고, 집
3.2	일운진(日雲津) 출범(出船), 은기국(隱岐國) 도전(島前)에 착선(着船)	고, 집
3.10	은기(隱岐) 도후(道後) 복포(福浦)에 도착	고, 집
3.27	안핀샤 등 부산 출발, 동일(同日) 죽도(竹島)에 도착	고
4.16	복포를 출범(出船)	고, 집
4.17	미각(未刻), 죽도에 도착. 하마다포(浜田浦)는 조선인이 많고, 당선(唐船) 계류(繫留)	고, 집
4.18	선두흑병위(船頭黑兵衛) 이하 7명이 서포를 수색, 그 후 북포(北浦)에서 조선 어민(朝鮮漁民) 1명을 발견, 그 자를 데리고 대천구(大天狗)로 돌아와 통사(通詞)와 다른 1명을 배로 불러 심문했다. 그리고 어렵을 포기하고 미각(未刻)에 죽도 출발	고, 집
4.20	은기 도후(道後) 복포에 도착. 마쓰에번(松江藩)의 역인(役人)이 취조. 조선인에게 역인이 주효(酒肴)를 보냄	고, 집
4.23	복포 출발	고, 집
4.26	도전(島前) 도착	고, 집
4.27	요나고 도착. 오오야 택(宅)에 2명을 유치. 황미수리(荒尾修理)에 보고	고, 집
4.28	요나고에 보고. 요나고 황미수리가 보고. 에도(江戶)에 비각(飛脚)	공
5.11	조선인의 출외(出外) 불허. 주(酒)는 3승(升) 이하. 대곡등병위(大谷藤兵衛) 돗토리에 도착	공
5.12	대곡등병위·선두(船頭) 2명, 회소(會所)에서 사정 청취. 공장(控帳) 5월 11일조	공11일
5.16	막부, 조선인의 나가사키(長崎) 송환을 지시	사
5.22	막부 감정두(勘定頭) 송평미농수(松平美濃守)의 죽도 질문에 대한 1차 회답	사
5.26	조선인을 나가사키로 송환하라는 막부의 지시가 도착. 나가사키 이송의 방법, 사자(使者) 등을 결정	공

월일	사항	출전
5.28	조선인을 돗토리(鳥取)로 이송할 때의 주의 사항	공
5.29	조선인 요나고(米子) 발족(發足)	공
6.1	조선인, 돗토리 도착, 황미대화 택(宅)에 숙	공
6.2	부식(式部)·장(將)·일향(日向)·황미(荒尾)가 대화(大和) 택(宅)에서 조선인을 면회	공
6.4	조선인, 돗토리에 도착	표
6.5	진지조(辰之助, 池田淸定)가 조선인을 보기 위해 정회소(町會所)에 들림	표
6.6	나가사키 사자(使者) 산전(山田)·평정(平井)에 들림	공
6.7	조선인 진하각(辰下刻) 돗토리 발족(發足). 죽도도해(竹島渡海)에 관한 막부 질문의 회답을 에도(江戶)에 보냄. 도중(道中)의 사자(使者) 2명에게도 보냄	공, 표
6.27	막부 감정두(勘定頭) 송평미농수(松平美濃守)에게 제2차 회답 제출	사
6.30	조선인, 나가사키에 도착	공7, 18일
7.18	사자 2명, 나가사키에 무사 도착, 인도(引渡)의 보고서 돗토리에 도착	공
7.24	사자 2명, 돗토리에 귀착(歸着)	사
7.25	사자 2명, 돗토리에 귀착	공6, 7일
9.19	사자 2명과 동행 의사에 포상	공

출전의 '고'는 죽도고(竹島考), '집'은 인부역년대잡집(因府歷年大雜集), '사'는 조취번사(鳥取藩史), '공'은 공장(控帳)
자료 : 『인부연표(因附年表)』, 『강도정의고문서(岡嶋正義古文書)』(권오엽 편주)

위의 『인부연표』의 안용복의 납치 제1차 도일 행적표에서 반드시 주목해야 할 부분은 6월 7일부터 6월 27일 사이의 약 20일간의 '빈 공간'이다. 안용복 등의 관련 행적에 대해 사흘이 멀다 하고 상세한 기록을 한 이 『연표』가 무려 20일 간이나 빈 공간으로 비어 있다.

필자는 이 '빈 공간'(1693년 6월 7일부터 6월 27일 사이)이 바로 안용복 등이

에도(江戶)의 도쿠가와막부 본부에 인도되어 심문받은 기간이라고 판단한다.

위의 표에서 6월 7일 "조선인(朝鮮人) 진하각(辰下刻) 돗토리(鳥取) 발족(発足)"(6월 7일 조선인을 새벽에 돗토리번에서 출발시킴)이라는 것은 행선지가 에도를 거친 다음 나가사키(長崎, 장기)로 볼 수 있다. 그다음 문장에서 "죽도도해에 관한 막부질문의 회답을 에도(江戶)에 보냄"이라고 했으니, 막부로부터 돗토리번에 내려온 '죽도도해(竹島渡海)'에 관한 질문서에 대한 '회답서'를 보내면서 함께 안용복 등 조선인을 에도막부에 보내어 심문을 받은 다음 장기로 보낸 것이라고 해석된다. 이렇게 해석해야 당시 일본 자료 『죽도도해유래기발서공』 및 『인부연표』 내용과 일치하게 된다.

마찬가지로 1693년 6월 27일조의 "막부 감정두(勘定頭) 송평미농수(松平美濃守, 마쓰다이라 미노노가미)에게 제2차 회답 제출"은 '막부에서 감정두(직책명) 마쓰다이라 미노(松平美濃 : 돗토리 번주)에게 제2차 회답편지(7일 회답 및 질문에 대한 재회답 및 지시)가 왔다.'는 뜻이다. 이때 돗토리번은 '조선인'을 빼어 안용복 등의 도착 사실을 감추었다. 그러나 3일 뒤인 6월 30일자 연표에 "조선인 나가사키에 도착"이라 하여 조선인(안용복 등)이 나가사키에 도착했음을 기록했으니, 막부는 돗토리번주에게 안용복을 석방하여 보내면서 '제2차 회답서'(지시사항 포함)에서 안용복 등 조선인을 나가사키로 보내어 본국에 송환하도록 한 것이었다. 그러므로 안용복 등이 1693년 6월 7일부터 6월 27일, 약 20일 간 에도에 인도되어 에도에서 막부의 직접 심문을 받은 다음 나가사키로 이송된 것이다.

문제는 에도에서 막부의 안용복 등 심문에 대한 기록이 공개되지 않아 그 내용을 알 수 없다는 점이다. 현재까지 필자가 찾을 수 있는 자료는 다음 3종류이다.

(1) 안용복의 진술 내용이다. 안용복은 비변사의 심문에서 "백기주태수에게 1696년에 내가 이곳에 들어와서 울릉·자산(우산) 등의 섬을 조선의

계(界)로 정하여 관백의 서계가 있기까지 이르렀다(頃年吾入來此處 以鬱陵子山等島 定以朝鮮地界 至有關白書契)."라고 공술하였다.[27]

여기서 주목할 것은 일본에 들어가서 울릉도와 우산도(자산도)를 조선의 경계(영토)라고 정(定)하여 주장한 것은 '안용복'이었고, 막부의 관백(老中)은 안용복의 주장을 인정하는 문건을 써주었다는 것이다. 그 문건(書契)의 내용은 발견되지 않아서 형식을 도저히 알 수 없다. 그러나 그 내용은 울릉도와 우산도가 조선 영토임을 단정하는 안용복의 주장을 인정 또는 묵인하는 완곡한 문장의 문건임이 확실할 것이다. 왜냐하면, 관백이 안용복을 석방시키면서 매우 후대했고, 안용복도 석방될 때 관백의 후대를 받았다고 단편적으로 몇 차례 말한 기록이 있기 때문이다.

만일 울릉도와 우산도가 조선 영토임을 도쿠가와막부의 관백이 부정하고, 따라서 안용복의 강경한 주장을 부정했다면, 안용복이 석방되어 후대를 받을 수는 없었을 것이다. 오히려 막부 관백(과 장군)의 심문에 맞대응하여 일본 영토를 조선 영토라고 고창하는 이 당돌한 조선 청년 어부를 일본 영토를 침범하여 어로를 자행한 죄로 일본식대로 '참형'에 처했을 것이다.

(2) 도쿠가와막부의 죽도(울릉도)와 송도(우산도)에 대한 자체 조사의 편린이 보인다. 1693년(원록 6년) 5월 22일 백기주태수가 송평미농수(松平美濃守)의 질문에 대한 회답서에서는 "죽도(울릉도)는 떨어져 있는 섬으로 사람은 살고 있지 않습니다. 원래는 백기주태수가 지배하는 곳이 아닙니다(竹島はは存れ嶋ニて人住居は不仕候. た伯耆州守支配所ニても無之候)."라고 하였다.[28] 안용복 등의 납치가 큰 문제의 하나로 되고 있는 때에 백기주태수는 죽도가 멀리 떨어진 섬이어서 백기국(伯耆國)의 영지가 아니라고 (따라서

27 『肅宗實錄』卷30, 肅宗 22年(丙子, 1696년) 9月 戊寅(25日)條.

28 권오엽 편역주, 2012, 『竹島之書附』, 지성인, 120~121쪽.

일본 영지가 아니라고) 회답하고 있는 것이다.

백기주에서는 송도도 조선에 속한 섬임을 잘 인지하고 있었다. 돗토리번(鳥取藩)은 인번(因藩)과 백기(伯耆) 2개 주로 구성되었는데, 그 후(1696년) 송평미농(松平美濃)의 송도(松島)는 위의 두 나라(國)의 어디에 속한 것이냐는 질문에 돗토리번의 소곡이병위(小谷伊兵衛)는 "송도는 어느 나라(인번)와 백기, 즉 돗토리번에 부속된 섬이 아니다."[29]고 회답하였다. 즉 '송도'는 조선 땅임을 가리킨 것이었다. 이러한 인식을 일본이 1693년에도 이미 갖고 있었다고 보아야 할 것이다.

(3) 1696년(원록 9년) 6월 27일 송평미농수(松平美濃守)에게 제출한 돗토리현의 문서는 다음과 같다. ① 비망록. "백기국(伯耆國) 요나고(米子)의 정인(町人) 무라카와(村川市兵衛)와 오오야(大屋九右衛門)가 죽도(울릉도)에 도해하기 시작한 것은 원화 4년(1618년)에 아베(阿部四郎五郎) 님의 주선으로 도해(渡海)를 허가받아, 그때부터 위의 두 사람이 알현을 명받았습니다."[30]라는 문서 ② "위의 섬(죽도)에 도해하는 주인(朱印)은 없습니다. 송평신태랑(松平新太郎)이 백기국을 통치하고 있을 때 도해에 대한 봉서(奉書)가 나왔습니다. 사본을 보여드립니다."[31]라는 문서 ③ "위의 섬(죽도)에 도해하는 배에 가문의 문양을 새긴 깃발을 단다는 것은, 확실히 알지 못합니다만, 위 두 사람(村川과 大屋)이 선조의 때부터 지금(1693년)에 이르기까지 달고 있는 것 같습니다. 선년에 죽도에 도해한 선박이 조선국에 표착했을 때, 가

29 권오엽 편역주, 2012, 『竹島之書附』, 「小谷伊兵衛의 書附」, 206~207쪽.

30 권오엽 편역주, 2012, 『竹島之書附』, 「竹島渡海之覺」, 132~133쪽. "伯耆國米子町人村川市兵衛・大屋九右衛門竹嶋江渡海始候儀, 元和四年阿部四郎五郎殿御取持を以渡海被遊御免, 其節より右弐人目見被仰付候事."

31 권오엽 편역주, 2012, 『竹島之書附』, 「竹島渡海之覺」, 134~135쪽. "右嶋江渡海付御朱印は無御座候. 松平新太郎伯耆國領知之節, 渡海之儀付被成御奉書候. 則写懸御目候."

문의 문양이 있는 배를 달고 있었기 때문에 일본 선박이라는 것을 알고 대마국(對馬國)에 보내어 요나고(米子)로 돌아온 일이 있습니다."[32]라는 문서.

위의 극히 단편적인 자료에서도 분명한 것은 도쿠가와막부에서 안용복을 심문한 이후에도 일정 기간 안용복의 주장의 사실 여부를 판단하기 위해 죽도와 송도의 영유 상태와 요나고의 두 가문의 죽도도해(竹島渡海) 건에 대하여 자체 조사를 실행했다는 사실이다.

뿐만 아니라 임진왜란을 계기로 17세기 일본 통치 집단은 조선의 지리·지형을 어느 나라 보다 더 잘 알게 되었고, 조선에서 보내오거나 가져온『신증동국여지승람』등 지리서·고문헌들도 다수 수장하고 있었다. 그들은 안용복이 조선 영토라고 강경하게 주장하는 송도(松島)가 곧 조선의 우산도이고, 죽도(竹島)가 조선의 울릉도임도 틀림없이 인지하게 되었다고 본다.

그 결과 막부는 안용복의 울릉도(죽도)와 자산도(우산도, 송도)는 조선 영토라는 주장이 진실임을 확인하게 되었고, '죽도도해면허'는 단지 '고기잡이'하러 '월경'하는 것을 청원받아 1618년에 수동적으로 허가해준 것임을 확인한 것으로 해석된다.

이 때문에 막부의 관백은 안용복의 주장이 진실이고 그를 자기 나라를 위하는 용감한 청년 어부로 판단하여 1693년 6월 27일 안용복을 처벌하지 않고 석방하여 후대하면서 본국에 송환시킨 것이었다고 볼 수 있다.

막부 관백과 장군이 안용복 송환 후 대마도주가 죽도 영유권 주장을 시작하는 것을 보고 즉각 말리지 않은 것은 영토에 대한 야욕으로 혹시라도

32 권오엽 편역주, 2012,『竹島之書附』,「竹島渡海之覺」, 136~137쪽. "右嶋江渡海船ニ御紋之船印御免被遊相立候儀, 不分明候得共, 右弐人先祖より至ニ今相立申候. 先年竹嶋江渡海之船, 朝鮮國江流着候節, 御紋之舟印立候付, 日本之船と見知申, 対馬國江送越, 米子江罷帰候由, 御座候."

대마도주가 성공할 수 있을지 방관한 것이었고, 대마도주가 죽도 영유 주장을 우회적으로 추진한 것은 조선 태종(15세기) 때부터 꿈꾸어 오던 울릉도에 대한 영토야욕 때문이었다고 본다.

안용복이 대마도주의 울릉도 영유 주장에 대해, 막부의 견해는 대마도주와 다르므로 이를 알고 대처하라고 동래부 관인에게 요청한 것도 위의 사실을 가리킨 것이었다고 본다.

제5절 1693년 일본 대마도주의 울릉도·독도 영유권 논쟁 제기

1693년(숙종 19년, 원록 6년) 봄 울릉도에 고기잡이 온 일본 어부들(大谷甚吉 가문의 어부들)이 조선 동래·울산 어부의 대표격인 안용복(安龍福)·박어둔(朴於屯)을 의논한다고 꾀어내 일본 인번주(因幡州)로 납치해 갔다가 에도(江戶) 도쿠가와막부의 지시로 그해 겨울에 석방하여 대마도주가 안용복 등을 조선 동래부에 인도하게 되자, 대마도주는 이 기회에 울릉도를 침탈해 보려고 획책하였다.

일본 대마도주는 이 사건을 역이용하여 자기가 막부정권을 대신한다고 전제하면서 대마도사(對馬島使) 정관(正官) 귤진중(橘眞重)을 시켜 안용복·박어둔 등을 부산에 호송하는 길에 조선 측에 서찰을 보내 마치 울릉도가 아니면서 그와 비슷한 별개의 일본 영토인 죽도가 있는 것처럼 문구를 만들어 "이제 이후로는 죽도에 조선 선박이 출어하는 것을 결코 용납하지 않을 터이니 귀국도 〈조선 어민의 죽도 출어를〉 엄격히 금제(禁制)해 달라."[33]는

33 『肅宗實錄』(卷26) 肅宗 20年 2月 辛卯條. "癸酉春 蔚山漁採人四十餘口 泊船於鬱陵島 倭船適到 誘執朴於屯安龍福二人而去. 及其冬 對馬島使正官橘眞重 領送於屯等 仍請禁我人

엉뚱한 요구를 해 왔다.

조선왕조에서는 이에 대하여 강경대응론과 좌의정 목래선(睦來善), 우의정 민암(閔黯) 등 집권파의 온건대응론이 대립하다가 임진왜란에 놀란 경험을 고려해 사나운 일본과의 정면 충돌을 피하기로 한다는 온건론이 채택됨으로써, 울릉도가 조선 영토인 것만 분명히 하고 저들이 자기의 영토라고 서찰에 쓴 죽도가 울릉도를 가리킨 것임을 모른 체하기로 했다. 그 결과 부산왜관에서 답서를 기다리고 있는 귤진중을 통해 대마도주에게 예조가 다음과 같은 회답문을 보냈다.

> 우리나라가 동해안의 어민에게 외양(外洋)에 나갈 수 없도록 한 것은 비록 우리나라의 경지(境地)인 울릉도일지라도 역시 멀다고 생각하기 때문에 임의왕래(任意往來)를 허락지 않거늘 하물며 그 외에 있어서랴. 이제 이 어선이 감히 귀국의 경지인 죽도에 들어갔기 때문에 영송(領送)하는 번잡함에 이르고 멀리 서찰까지 보내게 했으니, 이웃 나라 사이의 친선의 우의에 감사하는 바이다.[34]

이 회답문은 집권파가 온건대응을 강조한 나머지 울릉도를 우리나라의 영토라고 못 박음과 동시에 일본 측이 말하는 죽도가 울릉도임을 알면서도 이를 모른 체해서 더 이상의 논란을 피해 보고자 한 허점을 내포한 것이

之漁採於竹島者. 其書曰 貴域瀕海漁氓 比年行舟於本國竹島 土官詳諭國禁 固告不可再而今春漁氓四十餘口 入竹島雜然漁採 土官拘其二人 爲一時證質 本國因幡州牧 馳啓東都令漁氓附與弊邑 以還故土 自今以後 決莫容船於彼島 彌存禁制 使兩國交誼 不坐釁郄."

34 『肅宗實錄』(卷26) 肅宗 20年 2月 辛卯條. "自禮曹覆書曰 弊邦禁束漁氓 使不得出於外洋 雖弊境之鬱陵島 亦以遼遠之故 不許任意往來 況其外乎. 今此漁船 敢入貴境竹島 致煩領送 遠勤書諭 隣好之誼 實所欣感."

었다. 조선왕조가 접위관을 보내 이 회답문을 동래왜관에 보내자 그럼에도 귤진중은 이 회답문 속의 "우리나라의 경지(境地) 울릉도"라는 표현을 매우 싫어하여 역관에게 말하기를 "서찰에 단지 죽도라고만 하면 참으로 좋을 것을 반드시 울릉도를 드는 것은 무엇인가."[35] 하고 '울릉도'라는 단어의 삭제와 개서(改書)를 여러 차례 청원했으며, 일본 측 수행관리를 대마도주에게 보내 그 의논을 보고하였다. 이 때문에 조선왕조의 회답문에 대한 일본 측의 접수가 약 15일 간이나 지연되었다. 일본 측 수행관리도 조선 측 역관에게 "대마도주가 반드시 울릉 두 글자의 삭제를 바라기 때문에 난처하므로 귤진중의 간곡한 사정의 서신을 받아들여 회답 서찰을 고쳐 주기를 청한다."[36]고 사적으로 교섭하였다. 그러나 조선 조정이 끝까지 들어 주지 않았으므로 귤진중은 회답문을 접수해 대마도로 귀환하였다.

조선에서는 대마도정관 귤진중이 대마도주의 지시에 따라 조선 조정의 회답문에 대해 말썽을 피우고 갔다는 소식이 전해지자 온건대응론에 대한 비판과 규탄이 일어났다. 승지 김구만(金龜萬)은 울릉도에 군대의 진(鎭)을 설치하여 근심에 대비할 것을 주장하고, 지난번 일본에 납치당했다가 돌아온 어부들을 처벌하겠다고 한 것은 잘못이었다고 비판하였다. 또한 사관(史官)은 울릉도와 죽도는 일도이명(一島二名)인데 일본인이 울릉도의 이름을 감추고 죽도 어채(漁採)만 말한 것은 후에 서계(書契)를 증거로 삼아 울릉도를 점거하려는 계책인데, 지난번 회답문은 신중이 지나쳐서 이

---

35 『肅宗實錄』(卷26) 肅宗 20年 2月 辛卯條. "仍以校理洪重夏 差接慰官 至東萊倭館 則橘眞重 見覆書中弊境鬱陵之說 甚惡之 謂譯官曰 書契只言竹島固好 必奉鬱陵者 何也. 仍屢請刪改 而私送其從倭 通議於馬島 殆至半月 遷延未決"

36 『肅宗實錄』(卷26) 肅宗 20年 2月 辛卯條. "從倭私謂譯官曰 島主必欲刪鬱陵二字 而如有難處者 亦許受書正官之委曲請改 自爾如此 又迭爲游辭以爭之 朝廷終不聽. 橘眞重計窮情露 乃受書以歸"

웃 나라에 약함을 보인 외교라고 온건대응론의 굴욕외교를 격렬하게 규탄하였다.

> 왜인이 말하는 소위 죽도는 우리나라의 울릉도인 바, 울릉의 호칭은 신라, 고려의 사서(史書)에 보이고 당나라 사람의 문집에도 비치니 곧 그 내력이 가장 오랜 것이다. 섬 가운데 죽(竹)이 가장 많이 나므로 역시 죽도의 호칭이 있으나 일도이명(一島二名)이다. 왜인이 울릉의 이름을 감추고 단지 죽도 어채(漁採)로 말을 삼는 것은 우리나라의 회답서에서 먼저 그 금단(禁斷)을 허락받고, 연후에 그 서계(書契)를 증거로 잡아서 점거할 계책이다. 우리나라의 회답서에 반드시 울릉을 든 것은 곧 그 땅이 본래 아국(我國)임을 밝힌 까닭이요, 왜인이 울릉 2자를 반드시 고칠 것을 요구하고 끝까지 죽도가 울릉임을 드러내 말하지 않은 것은 대개 또한 그 곡절이 그 안에 있음을 자병(自病)한 것이다. 아, 조종(祖宗)의 강토를 타인에게 주는 것은 불가하니, 곧 명변통척(明辨痛斥)하여 교활한 왜로 하여금 다시는 그러한 생심(生心)이 나오지 않도록 하는 것이 의리에 교연(較然)하거늘, 두루 신중함이 지나쳐서 한갓 굴레 씌움만 바라 〈울릉도에〉 들어간 사람들에게 죄를 주자는 말을 하는 것은 이웃 나라에게 약함을 더욱 보이는 것이니 어찌 애석하지 아니한가.[37]

---

37 『肅宗實錄』(卷26) 肅宗 20年 2月 辛卯條. "史臣曰 倭人所謂竹島 卽我國鬱陵島 而鬱陵之稱 見於羅麗史乘及唐人文集 則其來最遠矣. 島中多產竹 亦有竹島之稱 而其實一島二名也. 倭人隱鬱陵之名 但以竹島漁採爲辭 冀得我國回言 許其禁斷然後 仍執左契 以爲占據之計. 我國覆書之必擧鬱陵者 乃所以明其地之本爲我國也. 倭人之必欲改鬱陵二字 而終不顯言竹島之爲鬱陵者 蓋亦自病其曲之在己也. 噫祖宗疆土 不可以與人 則明辨痛斥 使狡倭無復生心 義理較然 而過於周愼 徒欲羈縻如犯人等科罪之語 尤示弱於隣國 可勝惜哉."

이러한 규탄으로 결국 정권이 교체되고 영의정 남구만(南九萬)을 중심으로 한 강경파가 집권하게 되었다. 강경파인 영의정 남구만은 지난번 일본에 보낸 회답서는 특히 모호하니 마땅히 접위관을 파견하여 앞서의 회답서를 돌려받고 그것을 만든 책임자를 문책해야 하며, 울릉도에 들어오는 일본인은 모두 용납하지 않아야 한다고 국왕에게 다음과 같이 제의하여 아뢰었다.

> 동래부사의 보고를 보면, 왜인이 또 말하기를 조선인이 우리의 죽도에 들어왔는데 마땅히 그 다시 들어옴을 금해 달라 했다 합니다. 신이 『지봉유설(芝峰類說)』을 보니 "왜노(倭奴)가 기죽도(磯竹島)를 점거했는데 기죽도는 곧 울릉도이다."라고 했습니다. 이제 왜인의 말은 그 해(害)됨이 장차 끝이 없을 것인데, 지난번 왜에 보낸 회답서는 특히 모호하니 마땅히 접위관을 파견하여 앞서의 회답서를 추환(推還)하고 그 회빈작주(回賓作主)를 문책하는 것이 가합니다. (…) 이제 여기(울릉도)에 왜를 살도록 해서는 안 됩니다. 조종(祖宗)의 강토에 또 어찌 타인을 용납하겠습니까. (…) 섬 가운데는 대어(大魚)가 많고 또 대목(大木), 대죽(大竹)이 깃대같이 많으며 토산물도 풍부하다고 합니다. 만약 왜가 〈울릉도를〉 점거하여 이것들을 가지면 가까운 강릉, 삼척이 반드시 그 해를 입을 것입니다.[38]

---

38 『肅宗實錄』(卷26) 肅宗 20年 2月 辛卯條. "是夏 南九萬白上曰 東萊府使報 倭人又言 朝鮮人入於吾竹島 宜禁其更入也. 臣見芝峰類說 倭奴占據礒竹島 礒竹卽鬱陵島也. 今倭人之言 其爲害 將無窮 前日答倭書 殊糢糊 宜遣接慰官 推還前書 直責其回賓作主可也 (…) 今不可使倭居之 祖宗疆土 又何容與人乎. (…) 島中多大魚 又有大木大竹如杠 土且沃饒 倭若據而有之 旁近江陵 三陟必受其害"

이에 국왕 숙종은 남구만의 진언을 따라 이전의 회답서를 돌려받으라고 명령하였다.[39] 이에 조선왕조는 지난번의 회답서는 무효이니 반환할 것을 일본 측에 통고하고 울릉도가 바로 죽도이며 이것은 조선의 영토이므로 일본 어부들이 이 섬에 침입해서는 안 될 것임을 명백히 밝혔다.

그 사이 대마도에 돌아갔던 일본 사절(倭差, 왜차)이 앞서 그해 봄에 조선 조정이 보낸 서찰(제1차 회답서)에 대한 대마도주의 회서(回書)를 갖고 8월에 도착했는데, 역시 '울릉' 두 글자의 삭제를 요청한 것이었다.

영의정 남구만은 국왕에게 삼척첨사를 울릉도에 파견하여 그 형세를 조사해서 백성을 모집하여 거주시키거나 진(鎭)을 설치하여 이를 지킬 것을 건의하여 윤허받았으며, 장한상(張漢相)이 삼척첨사로, 유집일(兪集一)이 접위관으로 임명되어 내려가게 되었다. 유집일은 안용복 등을 심문해 일본 에도(江戶)의 도쿠가와막부는 안용복 등을 매우 후대했는데 장기도(長崎島: 나가사키)와 대마도(對馬島)에 이르러 안용복 등을 문책했으며, 대마도주의 서계에서 죽도(竹島) 운운한 것은 에도막부의 견해가 아니라 울릉도를 욕심내고 후일 에도막부에 공을 내세우기 위한 대마도주의 계책이라는 사실을 알았다. 이에 유집일은 왜차에게 일갈하여 "우리나라가 장차 일본(江戶幕府)에 서계를 보내 안용복 등을 침책(侵責)한 실상을 알리면 제도(諸島)가 어찌 무사할 것인가." 하니 왜차들이 서로 돌아보며 실색하여 비로소 스스로 승복하기 시작하였다.[40] 이에 영의정 남구만은 앞서의 회답서를 다음과 같이 고쳤다.

---

39 『肅宗實錄』(卷26) 肅宗 20年 2月 辛卯條.

40 『肅宗實錄』(卷20) 肅宗 29年 8月 己酉條.

우리나라 강원도 울진현에 속도(屬島)가 있어 '울릉'이라 이름하는데 울진현의 동해 가운데 있다. (…) 모두 우리나라의 『여지승람(輿地勝覽)』이란 책에 기재되어 역대로 상전(相傳)하고 있어서 사적(事跡)은 매우 명료하다. 이번에 우리나라 해변의 어민들이 이 섬에 갔는데 뜻밖에 귀국 사람들이 스스로 국경을 침범하여 넘어와 서로 대치하여 마침내 도리어 우리나라 사람을 구집(拘執)해서 에도(江戶)에 전도(轉到)하였다. 다행히 귀국의 대군(大君)이 사정을 밝게 살펴서 노자를 많이 주어 돌려보내 주었다. (…) 그러나 우리나라 백성의 어채(漁採)한 땅은 본시 울릉도로서, 죽(竹)이 나기 때문에 혹 죽도(竹島)라고도 칭하지만, 이것은 일도(一島)에 이명(二名)이 있는 것이다. 일도이명(一島二名)의 상태는 비단 우리나라의 서적에 기록되어 있는 바일 뿐 아니라 귀주인(貴州人) 역시 모두 알고 있다. 이제 이번에 온 서찰 가운데 죽도를 귀국의 땅이라고 주장하고 바야흐로 우리나라 어선의 다시 감을 금지해 줄 것을 바라면서, 귀국인이 우리나라의 경지(境地)를 침섭(侵涉)하고 우리나라의 백성들을 구집(拘執)한 실책은 논하지 않고 있다. 어찌 성신지도(誠信之道)에 결함이 있다고 아니할 것인가. 장차 이 말의 뜻을 깊이 읽어서 동도(東都 : 에도막부)에 전하여 보고하고, 귀국 해변 사람들에게 신칙(申飭)해서 울릉도에 왕래하지 말도록 하며, 다시는 이러한 사단이 일어나지 않도록 하면 상호지의(相好之誼)에 더없이 다행이다.[41]

---

41 『肅宗實錄』(卷27) 肅宗 20年 8月 己酉條. "九萬改前日回書曰 弊邦江原道蔚珍縣 有屬島曰鬱陵 在本縣東海中 (…) 俱載於我國輿地勝覽書 歷代相傳 事跡昭然. 今者我國海邊漁氓 往于此島 而不意貴國之人 自爲犯越 與之相値 乃反拘執我人 轉到江戶 幸蒙貴國大君明察事情 優加資遣 (…) 雖然我氓漁採之地 本是鬱陵島 而以其産竹 或稱竹島 此乃一島而二名也. 一島二名之狀 非徒我國書籍之所記 貴州人亦皆知之. 而今此來書中 乃以竹島爲貴國地 方欲令我國禁止漁船之更往 而不論貴國人侵涉我境 拘執我氓之失 豈不有欠於誠信之道乎. 深望將此辭意 轉報東都 申飭貴國邊海之人 無令往來於鬱陵島 更致事端之惹起 其於相好之誼 不勝幸甚."

조선 조정 측의 이 회답서는 울릉도가 죽도로서 일도이명으로 조선 영토임을 명확히 밝히고, 일본인들이 울릉도에 들어와서 안용복 등을 데려간 것은 조선의 영토를 침섭(侵涉)하여 조선 땅에 들어간 조선인을 구집한 실책임을 명확히 밝힌 것이었다. 왜차는 '침섭'과 '구집'이라는 말을 고쳐 줄 것과 대마도주의 제2서(第二書)에 대한 회답서도 요청했으나 조선 조정은 이를 모두 거절하였다.

한편 삼척첨사 장한상은 같은 해(1694년) 9월 갑신(甲申)일부터 10월 경자(庚子)일까지 울릉도에 들어가 조사를 했는데, 일본인들이 왕래한 흔적은 분명히 있으나 주거한 적은 없음을 확인하였고, 경작지는 비교적 좁으나 큰 나무가 많으며, 해안에 암초가 있어서 왕래가 힘들고, 토질을 알기 위해 메밀 씨를 뿌리고 귀환했는데 명년에 다시 가서 답사하겠다고 보고하였다. 이에 영의정 남구만은 백성들을 울릉도에 들여보내 거주케 하는 것은 아직 불가능하다고 판단하고 1, 2년에 한 번씩 수토함이 마땅할 것으로 상주하여 왕의 윤허를 얻었다.[42] 이에 울릉도 사민(徙民)은 하지 않기로 하고 그 대신 정기적 수토정책이 채택되었다.

그러나 일본의 대마도번주는 장기도번주의 지원을 받으며 울릉도를 '죽도'라고 부르면서, 조선왕조가 울릉도에 공도정책을 실시하는 것을 기화로 울릉도를 점탈하려고 집요하게 시도하였다.

---

42 『肅宗實錄』(卷27) 肅宗 20年 8月 己酉條. "漢相以九月甲申 乘舟而行 十月庚子 還至三陟 言倭人往來固有迹 而亦未嘗居之 地狹多大木 水宗亦不平 艱於往來 欲知土品 種麰麥而歸 明年復往 可以驗之 九萬入奏曰 不可使民入居 間一二年搜討爲宜. 上從之."

제4편

17세기 말 조선 · 일본 간 울릉도 · 독도 영유권 논쟁의 종결과 일본의 독도 고유영토론 주장의 허구성

제11장

1696년 1월 조선·일본 간 울릉도·독도 영유권 논쟁의 종결과 조선의 울릉도·독도 영유권 재확인

제1절 일본 도쿠가와막부의 울릉도·독도 조선 영토 재확인

일본 대마도주 종의륜(宗義倫)이 1693년 울릉도·독도 영유권 논쟁[소위 울릉도쟁계(鬱陵島爭界)와 죽도일건(竹島一件)]을 일으키어, 울릉도를 '죽도'라고 호칭하면서 죽도가 일본 영토이므로 동해안 조선 어부들의 죽도(울릉도) 출어를 금지해 달라고 요구하는 특사를 두 차례나 조선 동래부(東萊府)에 보내다가, 종의륜이 병사하고 종의방(宗義方)이 새 도주로 취임하였다.

대마도 신주 종의방은 신임 인사를 겸하여 1696년(병자년, 조선 숙종 22년, 일본 원록 9년) 1월 에도(江戶)의 도쿠가와막부 장군과 집정관 관백에게 입근(入勤)했다가, 백기주(伯耆州) 태수 등 4명의 영주들이 열좌한 자리에서 관백으로부터 '울릉도·독도 영유권 논쟁'에 해당하는 울릉도쟁계, 죽도1건에 대하여 날카로운 질문을 받았다. 대마도 신주는 '죽도일건'에 대하여 대마도가 3년간이나 주장을 해도 조선 측이 죽도를 자기들 영토(울릉도)라고 주장하면서 일본 측 요구를 들어주지 않는다고 호소하였다. 관백이 죽도로부터 백기까지, 그리고 죽도로부터 조선까지의 거리를 묻자, 태수들이 죽도는 백기로부터 약 160리이고, 조선으로부터는 약 40리라고 응답하였다. 토론 끝에 도쿠가와막부 관백은 결론적으로 다음과 같은 요지의 결정과 지시를 내렸다.

즉 ① 죽도는 일본 백기로부터 거리가 160리 정도이고 조선으로부터 거리는 40리 정도로 조선에 가까워 울릉도일 수 있으니 조선 영토로 보아야 하고, ② 그 섬에 일본인들이 도해(渡海)를 금지(禁止)하며, ③ 이 뜻을 대마도태수가 조선에 전하고, ④ 대마도태수는 돌아가면 형부대보(刑部大輔)를 조선에 파견하여 이 결정을 알리고 그 결과를 관백에게 보고하도록 한 것이었다.[1]

1696년 1월 28일 도쿠가와막부 관백과 장군의 이 결정은 1693년 대마도태수가 앞장서서 일으킨 울릉도·독도 영유권 논쟁(울릉도쟁계와 죽도일건)에 대하여 울릉도와 그 부속도서(우산도)는 조선 영토이고 일본 영토가 아니라고 재확인하며 결론짓고 종결한 것이었다.

이것은 17세기 말 1693~1696년 동안 3년간 계속된 조선·일본 간의 울릉도·독도 영유권 논쟁을 종결지은 획기적인 것이었다.

막부의 1696년 1월 28일 '울릉도(죽도) 도해 금지령'은 일본 일반 어민에게 공포된 것이 아니라, '죽도도해면허'와 '송도도해면허'를 청원한 돗토리번주 앞으로 봉서(奉書)를 보내면, 다시 돗토리번주가 원래 청원을 내었던 무라카와(村川)와 오오야(大屋) 가문에게 편지로 도해 금지를 알리는 방식으로 진행되었다.

「죽도도해금지(竹島渡海禁止)」의 봉서(奉書) 형식은 다음과 같았다.

---

1 日本 太政官 編, 『公文錄』 內務省之部1, 「日本海內竹島外一島地籍編纂方伺」의 元祿年間 附屬文書 第1號」.

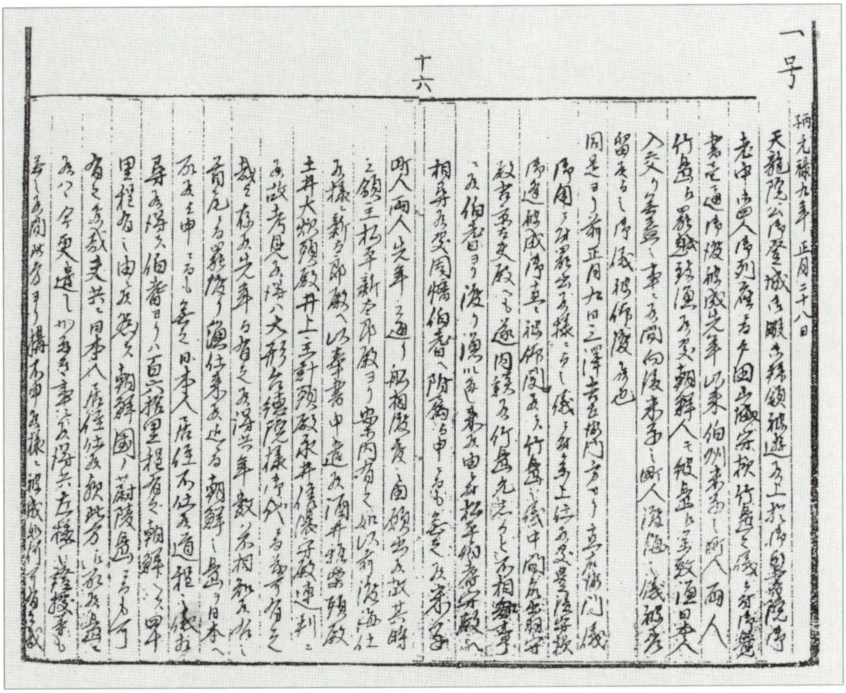

그림 1-38 1696년 1월 28일 일본 도쿠가와막부 관백(노중)이 대마주태수 등 번주들 앞에서 죽도를 조선 영토로 확인 결정한 회의록의 일부

선년 마쓰타이라 신타로(松平新太郎)가 인주(因州)·백주(伯州)를 통치할 때 말씀하셨던 백주 요나고(米子)의 정인(町人) 무라카와 이치베에(村川市兵衛)와 오오야 진키치(大屋甚吉)가 죽도(竹島)에 도해(渡海)하여 지금에 이르기까지 어로(漁撈)해 왔지만, 금후(今後)는 죽도도해(竹島渡海)는 금제(禁制)를 명한다고 말씀하셨습니다. 이 뜻을 잘 이해하도록 할 것. 삼가 아뢰옵니다.

정(正)월 28일

토옥상모수(土屋相模守) 어판(御判)

호전산성수(戶田山城守) 어판

아부풍후수(阿部豊後守) 어판

대구보가하수(大久保加賀守) 어판

송평(松平) 백기수(伯耆守) 전(殿)[2]

막부로부터 죽도도해 금지의 명령을 받은 송평 백기수 태수는 1월 28일자로 봉서의 의미를 잘 알았다고 상신하여 실행에 들어갔다.[3]

그러나 대마도 신주는 막부의 결정에 대하여 항명하지는 못했지만 조선에 알리는 일은 조선에 역관(譯官)이 올 때 역관 편에 알리겠다고 허락을 얻어 조선 조정에의 통보를 정기적으로 연말 역관이 대마도에 올 때까지 지연시켰다.

대마도태수는 뿐만 아니라 조선에 대한 외교를 전담하는 대마도태수가 조선 조정에 먼저 알리기 전에 백기주태수가 어민에게 '죽도도해금지령(竹島渡海禁止令)'을 어민에게 알리어 조선 조정이 미리 알게 되는 이상한 일이 없도록 막부 장군이 백기주태수에게 발설을 자제하라는 명령을 해 달라고 요청하였다.[4]

대마도 신주의 이러한 지연책 때문에 조선 조정이 일본 도쿠가와막부 정권의 1696년 1월 28일의 '일본 어부 죽도도해금지' 결정과 명령을 알게 된 것은 도해역관이 대마도에 갔다가 막부 장군의 결정문서를 필사해 온 1696년 12월이었다.

일본 대마도 신주 종의방(宗義方)은 에도에서 돌아온 후 그해 12월에야

---

2 권오엽 편역주, 2012, 『竹島之書附』, 158~163쪽. "先年松平新太郎因州伯州領知之節, 相窺之伯州米子之町村川市兵衛·大屋甚吉, 竹嶋江渡海至于今雖致漁候. 向後竹嶋江渡海之儀制禁可申付旨被 仰出之候. 可被存其趣候. 恐々謹言 正月廿八日 土屋相模守 御判 戶田山城守 御判 阿部豊後守 御判 大久保加賀守 御判"

3 권오엽 편역주, 2012, 『竹島之書附』, 167~171쪽.

4 권오엽 편역주, 2012, 『竹島之書附』, 182~188쪽.

대마도에 간 조선의 도해역관을 불러 서찰로 막부의 '죽도도해금지령'의 뜻을 조선 측에 전하였다.[5]

대마도 신주는 1697년(숙종 23년, 일본 원록 10년) 정월에 재판차왜(裁判差倭) 형부대보습유(刑部大輔拾遺) 평성상(平成常)을 당시 동래부사 이세재(李世載)에게 보내어 '죽도 논쟁'에 대한 일본 측의 최종 결정을 거듭 구두로 알려왔다.

이때 재판차왜 평성상이 동래부사 이세재에게 말한 요지는, 전(前) 도주(島主) 종의륜(宗義倫)이 생존했을 때 '죽도' 일로 두 차례 차왜를 보낸 일이 있었는 바, 종의륜이 사거(死去)한 후 신(新) 도주가 에도(도쿠가와막부를 의미)에 올라가니 관백이 죽도의 양국으로부터의 거리가 어느 나라가 가깝고 어느 나라가 먼가를 물었다. 이에 도주가 응답하기를, 조선으로부터 가까우며 이것은 일본의 땅이 아니니 상쟁(相爭)하는 것은 불가하고, 또 양국 사람들을 서로 보내 왕래하면 잠상(潛商)의 폐단이 있을 것이라고 대답하였다. 이에 관백은 "일본인은 일절 죽도에 가지 말라."는 뜻의 분부를 백기주태수에게 내렸다. 곧 문제가 귀일(歸一)되어 이미 급하게 시행되었는데, 이것은 대마도 신주가 주선한 공이 많으므로 조선 조정이 그 가상한 뜻을 서계로 만들어 보내면 생색도 날 것이니 그렇게 하기를 희망한다는 것이었다.[6]

이것은 뒤늦은 전달이었지만 일본의 에도 관백이 '죽도'(실제로는 울릉

---

5 『邊例集要』(卷17), 丁丑(1697년) 正月條, 「彼旣付書於渡海譯官」, 국사편찬위원회판 하권, 510쪽.

6 『邊例集要』(卷17), 국사편찬위원회판 하권, 510쪽. "府使李世載時 裁判差倭平成常 副特送使茶禮罷後 來請見臣 依例許接 則同倭言于臣曰 前島主義倫生時 以竹島事 再送大差倭矣. 義倫死後 新島主入往江戶 則關白問 竹島之於兩國道理 孰遠孰近. 島主謂 近於朝鮮 此非日本之地 不可相爭 且兩國之人 送相往來 則亦不無潛商之弊云. 則關白 一依其言 以日本之人 坊勿往竹島之意 分付伯耆事 乃歸一 今已彌縫 島主周旋之力多矣. 朝廷以嘉尙之意 成送書契 則其爲生色 爲如何哉云云. 臣答曰 旣有與爾酬酢酌之言. 從當啓聞."

도)를 조선 영토로 공식인정하고 일본인이 죽도에 가는 것을 엄금한 명령을 전달한 획기적인 것이었다.

제2절 1696년 1월 도쿠가와막부 정권의 울릉도·독도 조선 영토 재확인 일본 외교문서

일본 도쿠가와막부 정권의 1696년 1월 28일 울릉도·독도 조선 영토 재확인과 일본 어부의 '울릉도(죽도)도해금지령' 통보에 대하여, 조선왕조의 『변례집요(邊例集要)』에는 1697년 1월 대마도주가 보낸 재판차왜 평성상이 동래부사 이세재를 찾아가 만나서 이 사실을 구언(口言)으로 전달했다고 기록되어 있다. 그러나 당시 울릉도·독도 영유권 논쟁(울릉도쟁계, 죽도일건)은 양국의 중대 문제였으므로 반드시 외교문서의 교환이 있었을 것은 누구나 추론할 수 있는 일이다.

필자는 일본 도쿠가와막부의 이 1696년 1월 28일 울릉도·독도의 조선 영토 재확인과 일본 어민의 울릉도도해금지령을 조선 조정에 알리는 외교문서를 도해역관(渡海譯官)에게 필사시킨 일본 문서를 입수하였다. 〈그림 1-39〉에서 보는 바와 같은 이 일본 문서는 울릉도·독도가 1696년에 일본 도쿠가와막부에 의하여 조선 영토로 확정 결정되었음을 증명하는 매우 중요한 자료이다. 이 문서의 내용은 다음과 같다.

> 전 태수(前太守)가 죽도의 일로 인하여 사절을 귀국에 파견한 것이 두 차례인데 사절의 일이 완료되지 않은 채 불행하게 별세했으므로 이로 말미암아 사절을 소환했습니다.
>
> 〈신(新) 태수가〉 오래지 않아 상선(上船)해서 〈江戶에〉 입관(入覲)했을

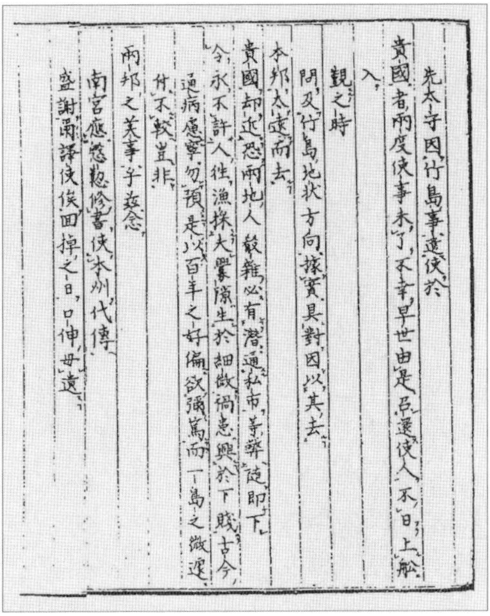

先太守因竹島事遣使於
貴國者兩度使事未了，不幸早世，由是召還使人，不日上船
入，
覲之時
問及竹島地狀方向，據實具對，因以其去
本邦太遠而去
貴國却近，恐兩地人殽雜，必有潛通私市等弊，隨即下
令，永不許人往漁採，夫釁隙生於細微，禍患興於下賤，古今
通病，慮寧勿預，是以百年之好，偏欲彌篤，而一島之微，遂
付不較，豈非
兩邦之美事乎，茲念
南宮應懇懇修書，使本州代傳
盛謝兩譯使俟回棹之日，口伸毋遺

그림 1-39 1697년 1월 일본 측이 죽도를 조선 영토로 인정하고, 일본인의 죽도 출어를 금지하는 명령을 내렸음을 조선 측에 알려온 전달서
(일본 국립공문서관 소장)

때에, 〈관백의〉 질문이 죽도의 지형(地狀)과 방향(方向)에 미쳐서 사실에 근거하여 대답했습니다. 그리하여 그것(죽도)이 본방(本邦)으로부터의 거리가 심히 멀고(本邦太遠) 귀국으로부터의 거리는 도리어 가깝습니다(貴國却近).

또한 아마도 두 나라 사람들이 〈그곳에서〉 섞이면 잠통(潛通)과 사시(私市) 등의 폐단이 반드시 있을 것입니다. 따라서 곧 명령을 내려 영구히 사람들(일본인)이 〈그곳에〉 가서 어채(漁採)함을 불허(不許)했습니다.

무릇 틈의 벌어짐은 세미한 것에서 생기고 화환(禍患)은 하천(下賤)에서 일어나는 것이 고금의 통병(通病)이니, 미리 못 하도록 막는 것이 오히려 낫다고 생각됩니다. 이로써 1백 년의 우호를 더욱 돈독히 하고자 하면 한 섬의 작은 것을 곧바로 비교에 부치지 않는 것이 어찌 두 나라의 아름다운 일이 아니겠습니까. 유념하시기 바랍니다.

남궁응(南宮應)에게 정성스럽게 〈이 서찰을〉 수서(修書)하도록 하고 본주(대마도주)로 하여금 〈조선 측의〉 큰 감사를 대신 〈에도에〉 전하게 할 것이며, 역사(譯使)가 귀국하는 날을 기다려 〈이 뜻을〉 아뢰어서 빠뜨리지 않도록 당부합니다.[7]

이 일본 문서는 두 부분으로 구성되어 있다. 앞부분(이 문서의 대부분)은 대마도주가 조선의 도해역관(남궁웅)에게 면담하여 수서(修書)해가도록 한 일본 문서이고, 뒷부분은 대마도주가 조선 도해역관에게 특별히 구두로 당부한 부분의 기록이다. 이 문서는 매우 중요한 것이므로 그 내용을 다시 간단히 정리하면 다음과 같다.

(1) 대마도 전(前) 태수(太守)가 죽도의 일로 사절을 귀국에 두 차례 파견했었는데 문제 해결이 되기 전에 불행히 별세했으므로 사절을 소환했었다.
(2) 그 뒤 오래지 않아 신(新) 태수가 에도막부에 올라가 (관백을) 뵈었을 때 관백의 질문이 죽도의 지상(地狀)과 방향에 미쳤고 대마도 신태수는 사실에 의거하여 모두 갖추어 대답하였다.
(3) 그 결과 죽도에서의 거리가 일본은 심히 멀고(本邦太遠) 조선은 도리어 가까우므로(貴國却近), 죽도는 조선의 것으로 인정할 것을 결정하였다.
(4) 두 나라 사람들(조선인과 일본인)이 그 섬에서 뒤섞이면 반드시 잠통(潛通)과 사시(私市)의 폐단 등이 있을 것이므로, 일본인들이 그 섬으로 어

7 『公文錄』內務省之部1,「日本海內竹島外一島地籍編纂方伺」의 元祿年間 附屬文書 第2號. “先太守 因竹島事 遣使於貴國者 兩度 事未了 不幸早世 由是召還使人. 不日上船 入覲之時 問及竹島地狀方向 據實具對 因以其去. 本邦太遠 而去 貴國却近. 恐兩地人殽雜 必有潛通私市等弊 隨卽下令 永不許 入往漁採. 夫釁隙生於細微 禍患興於下賤 古今通病 慮寧勿預. 是以百年之好 偏欲彌篤 而一島之微 據付不較 豈非 兩邦之美事乎. 慈念. 南宮應慇懃修書 使本州代傳 盛謝爾. 譯使回掉之日. 口伸母遺.”

채하러 감을 영구히 불허하도록 명령을 내렸다.

(5) 무릇 간격은 미세한 일에서 생기고 재앙과 근심은 하천(下賤)에서 일어남은 고금의 통병(通病)이니 미리 이를 막는 것이 나을 것이며, 1백 년의 우호를 돈독히 하기 위해서 하나의 작은 섬의 논쟁이 있었던 일은 확대 해석하지 않기를 원한다.

여기까지가 대마도주가 조선 역관에게 필사해가도록 한 부분이고, 다음 부분은 대마도주가 역관에게 구두로 당부한 부분이다. 그 내용의 요지는 조선의 도해역관 남궁응에게 위 대마도주의 서찰을 정성스럽게 수서[여기서는 필사(筆寫)를 의미]해가도록 하고, 귀국하면 반드시 조정에 아뢰어 조선 조정이 도쿠가와막부 관백에게 보내는 감사의 뜻이 담긴 서계를 작성하여 대마도주가 이를 관백에게 전하도록 하게 하라고 신신당부한 것이다.

물론 이 일본 문서에서 결정적으로 중요한 핵심은 ① 죽도로부터의 거리가 일본은 태원(太遠)하고 조선은 각근(却近)하므로 일본 도쿠가와막부 관백이 죽도를 조선 영토로 인정한다는 것과, ② 관백이 조선 영토인 죽도에 일본인들이 어채(漁採)하러 들어감을 영구히 불허(不許)하도록 명령을 내렸다는 사실을 통고한 것이었다.

그러나 이 사실을 조선에 알리는 일본 측의 방식은 매우 교활하여, 일본 도쿠가와막부의 관백이 직접 조선에 서명하여 문서를 보낸 것이 아니라 대마도주에게 보내게 하고, 대마도주는 자기가 서명한 문서를 보낸 것이 아니라 공문서를 서찰 형식으로 작성해 조선 역관을 불러들여 필사해가서 전달하도록 했다. 그러면서도 대마도주는 조선 역관에게 구두로 '죽도'를 조선 영토로 인정하여 '양보'한 도쿠가와막부 관백에게 조선 조정이 감사의 서계를 작성해서 자기(대마도주)가 관백에게 전달할 수 있게 힘쓰라고 신신당부하고 있다.

그러나 필자가 사용한 조선 역관이 필사해온 이 문서는 조선 측이 보관한 문서가 아니라 일본 공문서관에 보관된 것으로서 일본 공문서의 효력을 가진 결정적으로 중요한 자료다.

동래부사 이세재는 도해역관 남궁응이 가져온 위와 같은 내용의 서찰을 1697년 2월 초순에 그대로 중앙정부에 보고했다. 『숙종실록』에 수록된 그 보고 요지는 다음과 같다.

> 동래부사 이세재가 장계(狀啓)를 올리어 이르되, 관왜(館倭)가 말하기를 전(前) 도주(島主)가 죽도의 일로써 대차(大差)를 재송(再送)했었는데 그의 사후에 이르러 시(時) 도주(島主)가 에도(江戶)에 들어가 관백에게 죽도가 조선에 가까우므로 상쟁(相爭)하는 것이 불가하다고 말함으로써 마침내 왜인(倭人)의 왕래를 금하게 되었습니다. 〈시도주(時島主)의〉 주선의 힘이 크다고 합니다. 이 장계를 듣고 서계를 만들어 보내주는 것이 어떠하온지요.
>
> 또한 〈왜가 묻기를〉 지난 가을 귀국인(안용복 등)이 별단(別單)을 〈관백에게〉 바친 일이 있는데 이것이 조정의 명령에서 나온 것이냐고 하기에, 신이 가로되 만약 가변(可辨)할 것이 있으면 한 역관을 에도에 보내는 것이 무엇이 꺼릴 것이 있기에 미치광이같은 포민(浦民)을 보내겠는가 했습니다. 왜가 가로되 도주가 또한 그렇게 요량하기 때문에 차왜(差倭)를 보내지 않은 것이니 이것 역시 서계를 별도로 작성하여 답해야 한다고 운운했습니다.[8]

---

8 『肅宗實錄』(卷31) 肅宗 23年 2月 乙未條. "東萊府使李世載狀啓言 館倭言 前島主 以竹島事 再送大差 及其死後 時島主入去江戶 言于關白 以竹島近朝鮮 不可相爭 仍禁倭人之往來 周旋之力多矣. 以此啓聞 成送書契如何. 又問去秋貴國人 有呈單事 出於朝令耶. 臣曰若有可辨 送一譯於江戶顧何所憚 而乃送狂蠢浦民耶. 倭曰 島中亦料如此 不送差倭 此亦別作書契答之云."

제3절 그 후 조선·일본 간 울릉도·독도의 조선 영유 재확인 외교문서의 왕래

일본 도쿠가와막부에서 일본의 조선의 울릉도·독도 영유권을 재확인한 외교문서를 필사해 오자, 조선은 서계를 만들어 답장으로 보내주어야 할 것인지를 묘당(廟堂 : 의정부)에서 검토하여 국왕께 보고케 했는데, 비변사는 다음과 같은 의견을 상신하였다.

> 비변사가 회계(回啓)하여 가로되, 죽도는 즉 울릉도의 일명(一名)인데 이것이 우리나라의 영토임은 여지승람에 기재되어 있고 일본 역시 이를 명백하게 알고 있는 바입니다. 그런데 〈대마도주가〉 두 번이나 사절을 보내와 서계의 어휘를 고쳐달라고 요청했는데 그간의 정폐(情弊)를 알지 못하고 있습니다. 이제 마침내 금물왕래(禁勿往來 : 일본인의 울릉도 왕래 금지)로써 시도주(時島主)의 공(功)으로 돌리는 것은 〈전 도주의〉 책임을 스스로 지는 뜻이 현저하게 있습니다. 조가(朝家)의 대체(大體)는 지난 일을 반드시 다시 책망할 필요는 없으며, 바람을 만나 표류해간 백성이 한 일들은 또한 조가(朝家)가 아는 바가 아니니 구태여 서계를 만들어 보낼 것까지는 없다고 봅니다. 이런 말로써 관왜(館倭)에 대할 것을 요청합니다. 왕이 이를 윤허하다.[9]

---

9 『肅宗實錄』(卷31) 肅宗 23年 2月 乙未條. "備邊司回答曰 竹島卽鬱陵島一名 是我國地 載於輿地勝覽 日本亦所明知 而前後送差 請改書契措語 未知其間情弊 今乃以禁勿往來 歸功於時島主 顯有引咎之意. 朝家大體 不必更責前事. 至於漂風愚民 設有所作爲 亦非朝家所知 俱非成送書契之事. 請以此言及館倭. 允之."

비변사의 의견은 ① 죽도는 울릉도의 다른 (일본의) 호칭으로서 조선의 영토임이 『동국여지승람』에도 기재되어 있고 일본도 이를 잘 알면서도 억지로 죽도를 일본의 영토라고 주장하면서 마치 울릉도와 죽도가 별개의 섬인 것처럼 해왔던 것이고, ② 이제 일본이 울릉도를 조선 영토라고 인정하여 일본 어부들의 울릉도 왕래를 금지한 것은 당연한 일이며, ③ 안용복 등 표류해간 백성들이 일본에서 한 행동은 조선 조정이 아는 바가 아니므로, ④ 구태여 서계를 만들어 보내 대마도 신주의 공로를 치하할 필요까지는 없다는 것이다.

조선 비변사는 이때 안용복 등을 심문해서 울릉도(죽도)를 조선 영토로 인정하고, 일본인들의 울릉도 왕래를 금지하도록 명령한 것은 일본 관백이 안용복 등의 말을 듣고 조사한 후 결정한 것이지 대마도 신주의 건의로 이루어진 일이 아니며, 대마도 신주가 일이 이렇게 귀결된 바에야 조선 측에 이것이 자기의 공로라고 내세워 생색을 내려는 것임을 알고 있었기 때문에 서계를 만들어 보내는 일에 반대했던 것이다. 그러나 조선 조정은 안용복에게 정부 허락 없이 국경을 모월(冒越)하여 일본 관백에게 정서(呈書)를 망작(妄作)한 죄를 물어, 그를 정배형(定配刑)에 처하였다.[10]

국왕이 비변사의 건의를 승낙했으므로 조선 조정은 동래부사에게 다음과 같은 회계(回啓)를 내려보냈다.

---

10 『肅宗實錄』(卷31) 肅宗 23年 閏3月 戊寅條. 이 기사에 의하면, 영의정 유상운은 안용복을 死刑에 처하자고 주장하였다. 그러나 남구만(영중추부사)과 윤지완(영돈령부사)이 죽도(울릉도)를 전 대마도주가 일본 영토라고 주장하는 서계와 사절을 두 번이나 파송했는데, 일본이 갑자기 태도를 바꾸어 조선 영토로 인정하고 울릉도에 일본인의 어채를 금지하여 조선 측의 주장에 折服하게 된 것은 안용복의 공이라고 하여 減刑을 주장했고, 국왕 역시 그렇게 생각하여 정배형에 처해졌다. 司憲府가 여러 차례 死刑을 주장하여 啓爭했으나 국왕은 듣지 않았다.

섬(울릉도)에 〈조선〉 거주민의 기지(基地)가 있고 국승야사(國乘野史)에 기재되어 있으며 또 왕복문서가 있은즉 저들이 멀고 우리가 가까움을 논하지 않더라도 강계(壃界)는 스스로 분명한 것이다. 저들이 이미 도해역관 편에 서찰을 보내왔는데 이제 다시 변방의 신하를 대면하여 〈울릉도에의〉 일본인 왕래의 금지를 진술한 것은 스스로 책임을 지는 뜻이 현저하니, 조가(朝家)의 대체(大體)로 지난 일을 반드시 다시 문책할 필요는 없는 것이고, 또한 역시 서계를 만들어 보낼 필요도 없는 것이다. 이러한 말로써 〈왜관의〉 관수(館守)에게 전달하도록 하라.[11]

동래부사가 이해 3월에 조정의 이러한 회계의 뜻을 왜관의 재판차왜(裁判差倭) 평성상(平成常)에게 말하니, 일본 측 재판차왜는 "죽도의 일은 도주(島主)가 관백에게 고하여 일본인이 〈울릉도(죽도)에〉 영구히 왕래하지 말도록 한 것이니 조선을 위해 정성을 들임이 이보다 더 큰 것이 없다."[12]고 말하면서 서계를 만들어줄 것을 간청하였다.

동래부사가 이 뜻을 조정에 보고하니 조정의 보고를 받은 국왕은 "왜인이 반드시 서계를 받아가고자 원한다면서 저들이 이와 같이 간청하니 서계를 만들어주는 것이 가하다."[13]고 전교(傳敎)를 내려, 이 결정이 동래부사에게 통보되었다.

---

11 『邊例集要』(卷17), 국사편찬위원회판, 510쪽. "回啓 島有居民基地 又有國乘野史 又有往復文書 則勿論彼遠--此近 壃界自分 彼既付書於渡海譯官 今又面陳於邊臣 禁人往來 顯有引咎之意. 則朝家大體 不必更責前事 亦非書契成送之事 以此言及館守."

12 『邊例集要』(卷17), 국사편찬위원회판, 510쪽. "以竹島事 島主告于關白 使日本人 永勿往來 則爲朝鮮致誠 莫大於此事."

13 『邊例集要』(卷17), 국사편찬위원회판, 510쪽. "倭人 必欲受去書契云 彼既如是懇請 則成給書契可也事. 傳教."

그러나 재판차왜는 서계의 일에 대해 조선 조정의 회계가 없는 것으로 생각하고 같은 해 4월에 조선 역관에게 고성으로 욕설을 했으며, 이미 조정이 서계의 작성을 허가했다고 말해주어도 이를 믿지 않고 더욱 욕설을 퍼부었다. 동래부사는 이 사실을 조정에 보고하면서 재판차왜의 이러한 발악이 대마도주(島中)의 문책을 받을 것을 염려한 데서 나온 것이라고 설명했다. 조선 조정은 이 보고에 대해 동래부사에게 서계를 역관처(譯官處)에서 준비하여 내려보낸 지 10여 일이나 되었는데 아직 전급(傳給)되지 않은 모양이니 역관이 올라오면 지연된 죄를 묻겠다고 회계에서 통보하였다.[14]

이해 6월에 조선 조정이 일본에게 주는 서계가 동래부사에게 하달되었다. 재판차왜는 이 서계를 받고 감축(感祝)하여 이를 필사해서 대마도주에게 보냈는데, 이를 읽은 대마도주의 회보(回報)에 의거해 재판차왜가 새 문제를 제기하였다.

재판차왜에 의하면, 죽도(울릉도)가 조선 영토로 귀일(歸一)된 것은 관백의 명령에서 나온 것이고 대마도주가 이 결정을 조선 조정에 전달케 한 것도 역시 관백의 명령에서 나온 것이었다. 이 때문에 전날에 (조선의) 역관이 대마도에 갔다가 돌아올 때 대마도주가 역관을 대면하여 이 결정 내용을 조선 조정에 돌아가 보고할 것을 위촉했었으며, 상세한 보고를 하지 못할까 염려해서 그 말의 대강을 적어주어 불망지기(不忘之記)로 삼도록 한 것이었다. 이번 서계 중에는 오직 '봉행(奉行)' 등의 문자를 들어서 도주(島主)의 면언(面言)을 전부 무시했으니 이는 봉행을 중히 여기고 도주를 경시한 것

14 『邊例集要』(卷17) 丁丑(1697년) 4月條, 국사편찬위원회판 하권, 510~511쪽. "裁判差倭 以書契事 無朝廷回下是如 高聲肆毒於譯官 故已許書契之意言及 則同倭不信 而益倍肆毒 而差倭發惡 蓋出於因此事受責島中之致事 啓. 回啓 同書啓 以酊菴差備譯官處 逢授下送 今至十餘日 不得傳給 稽傳之罪 不可不懲 譯官上來後 科罪事分付."

이라고 (재판차왜가 도주로부터) 꾸지람을 받을 것은 틀림이 없고, 또한 당초에 이 섬을 놓고 서로 다툴 때 죽도의 이름이 이미 에도(관백)의 귀에 들어갔는데 이제 이 서계 속에는 죽도라고 하지 않고 울도(蔚島)라고만 했으니 에도는 반드시 도명(島名)의 같지 않음을 가지고 대마도주에게 캐물을 것이므로, 조선 조정이 이와 같은 일을 친절히 고려하여 '울도(蔚島)'의 밑에 '일명죽도(一名竹島)'라고 하는 주(註)를 달아주는 것이 좋을 것 같으며, 만일 이 서계를 이렇게 개찬(改撰)해주지 않고 그대로 에도에 보고하면 대마도주가 관백으로부터 처벌당할 것이 분명하므로 이 뜻을 조정에 보고하여 선사(善辭)로써 개찬해서 내려보내줄 것을 누누이 간청했다. 이에 동래부사가 이를 조정에 품계하였다.[15]

조선 조정은 일본 측의 서계 개찬 간청이 대마도주가 관백으로부터 처벌당함을 면하기 위한 계책이라고 보고 서계를 고쳐서 내려보내줄 뜻을 동래부사에게 하달하였다.[16]

이해 7월에 조선 조정으로부터 왜관의 대마도 재판차왜에게 개찬한 서계가 다시 내려졌는데 '봉행하(奉行下)'의 문자가 여전히 존재하고 울릉도의 일명이 죽도임을 밝힌 것이었다. 재판차왜는 이에 불복하여 이 서계를 결코

---

15 『邊例集要』(卷17) 丁丑(1697년) 6月條, 국사편찬위원회판 하권, 511쪽. "蔚島事 書契入給 則裁判差倭 無不感祝 謄本入送島中. 及見島中回報後 差倭等以爲竹島之歸一 出於關白之命 使島主轉達朝廷 亦出於關白之令 故前日譯官回還之時 島主面囑 歸報朝廷 而恐不能詳報 奉行等略聲其槪 以爲不忘之記. 今於書契中 只擧奉行等文字 全沒島主之面言 則奉行爲重 島主爲輕 分叱不喩. 當初此島相爭時 竹島之名 已入江戶之耳 今此書契中 不曰竹島 曰蔚島 則江戶必以島名之不同 有所究問於島中. 朝廷如有過慮 蔚島之下 以一名竹島懸註似好. 至於始雖錯認 終能敦復云者 不無非責之微意 決難歸報江戶 此書契若不改撰 則島主之獲罪丁寧. 願以此意 轉聞朝廷 善辭改撰下送 亦縷縷懇乞事 啓."

16 『邊例集要』(卷17) 丁丑(1697년) 6月條, 국사편찬위원회판 하권, 511쪽. "回啓 大略其間情弊所在 姑置勿論 旣以島主獲罪爲慮 欲爲彌縫江戶之計云 則撥以朝廷大體 姑示包容 俯循其情 不害爲綏遠之道 就原書契中 略加刪改 下送宜當."

에도의 관백에게 올릴 수 없다고 항의하고, 만약 그들의 간청을 들어주지 않으면 작미(作米)의 일에 순순히 응할 수 없다고 버텼다.[17] 또한 재판차왜는 왜관의 일본인 잠상(潛商)과 범법자에 대한 처벌을 일체 거부하면서 서계의 개서(改書)를 집요하게 간청하였다.[18]

이에 조선 조정은 이해(1697년) 12월 동래부사를 이세재에서 박권(朴權)으로 교체하여 임명하고,[19] 이듬해[1698년, 무인(戊寅)년] 3월 예조참의 이선부(李善溥)의 이름으로 새로이 개서한 서계를 일본국 대마도 재판차왜 형부대보습유(刑部大輔拾遺) 평의진(平義眞)에게 전달하게 했다.[20]

이 새로 고친 서계의 특징은 ① 울릉도의 조선 영토임은 『동국여지승람』과 그 지도(輿圖)에 기재된 것으로 명백하고 또 일본으로부터는 멀고 조선으로부터는 가까우니 강계(疆界)는 스스로 판별되며, ② 울릉도와 죽도가 일도이명(一島二名)으로 그 이름은 다를지라도 동일한 섬으로 조선 영토임

---

17 『邊例集要』(卷17) 丁丑(1697년) 7月條, 국사편찬위원회版 下卷, 511쪽. “裁判處改來書契入給 則以爲奉行下文字 如前仍存 決不可以此彌縫於江戶云云. 若欲一切揮斥 則於作米事 似有失機會之歎 卽今事勢兩難 方令更探倭情之何如事 啓. 無回下.”

18 『肅宗實錄』(卷31) 肅宗 23年 9月 壬午條.

19 『肅宗實錄』(卷31) 肅宗 23年 12月 戊辰條.

20 『公文錄』 內務省之部1, 「日本海內竹島外一島地籍編纂方伺」의 元祿年間 附屬文書 第3號. “朝鮮國禮曹參議 李善溥 奉書 日本國對馬州 刑部大輔拾遺 平公 閤下 春日暄和 緬惟動靜 珎毖嚮慰無已 頃因譯使 回自貴國 細傳左右面托之言 備悉委折矣. 鬱陵島之爲我地 輿圖所載 文跡照然 無論彼遠此近 疆界自別. 貴州旣知 鬱陵島與竹島 爲一島而二名 則其名雖異 其爲我地則一也. 貴國下令 永不許 入往漁採 辭意丁寧 可保久遠 無他良幸良幸. 我國亦當 分付官吏 以時檢察 俾絶兩地人往來殽雜之弊矣. 昨年漂氓人 濱海之事 率以舟楫爲業 颿風焱忽 易及飄盪 以至冒越重良轉入貴國 豈可以此 有所致疑 於違定約 而由他路乎. 若其呈書 誠有妄作之罪 故已施幽極之典 以爲爲懲戢之地 另勅沿海 申明禁令矣. 益務誠信 以全大體 更勿生事 於邊疆庸非 彼此之所大願者耶. 左右旣有 面言於譯使 而然且無一人行李 奉書契以末者. 似是 左右深念舊約 不欲規外送差之意 故先此修牘 展布多少 送于萊館 使之轉致 統希諒炤. 不宣. 戊寅 三月 日 禮曹參議 李善溥”

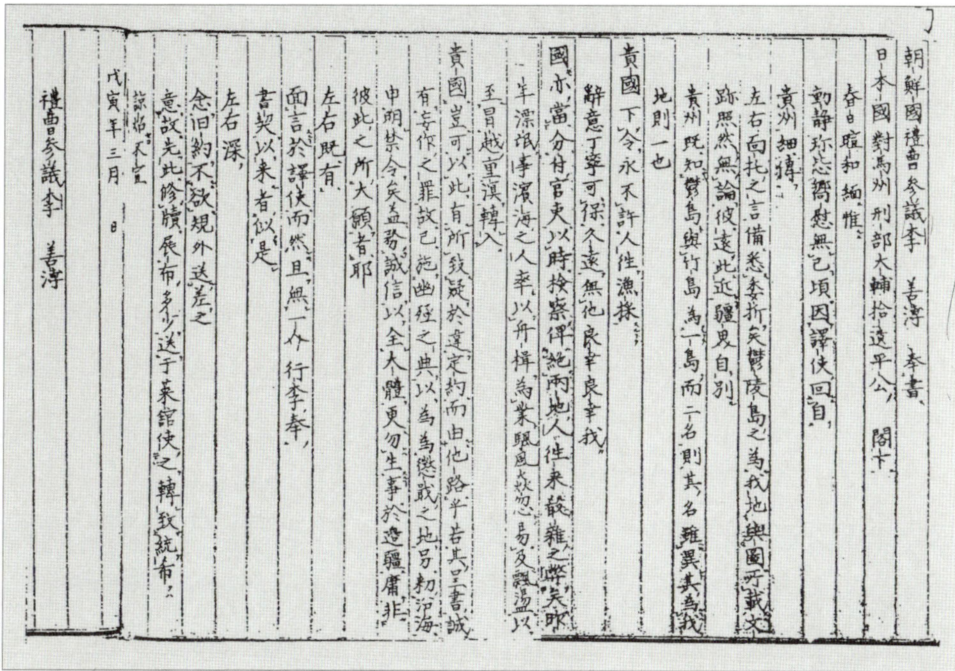
朝鮮國禮曹參議李善溥 奉書
日本國對馬州刑部大輔拾遺平公 閤下
春日暄和 緬惟
動靜休迪 慰慰無已 頃因譯使回自
貴州 細傳
左右面托之言 備悉委折矣 鬱陵島之爲我地 輿圖所載 文
跡昭然 無論彼遠此近 疆界自別
貴州既知鬱島與竹島爲一島而二名 則其名雖異 其爲我
地則一也
貴國下令 永不許人往漁採
辭意丁寧 可保久遠無他 良幸良幸 我
國亦當分付官吏 以時檢察 俾絶兩地人往來殽雜之弊矣 而
上年漂氓事 濱海之人 率以舟楫爲業 颶風之患 忽易及飄蕩 以
至冒越重溟 轉入
貴國 豈可以此有所致疑於違定約 而由他路乎 若其呈書誠
有妄作之罪 故已施幽殛之典 以爲懲戢之地 另勑沿海
申明禁令矣 益務誠信 以全大體 更勿生事於邊疆 庸非
彼此之所大願者耶
左右既有
面言於譯使 而然且無一介行李 奉
書契以來者 似是
左右深
念舊約 不欲規外送差之
意 故先此修牘 展布多少 送于萊館 使之轉致 統希
諒照 不宣
戊寅年三月 日
禮曹參議李 善溥

그림 1-40 조선이 일본의 전달서를 받고 1698년에 일본 측에 보낸 서계(일본 국립공문서관 소장)

을 대마주(對馬州)에서도 이미 잘 아는 바이고, ③ 귀국이 일본인의 울릉도(죽도) 어채를 영구히 금지한 것은 정녕 치하할 일로 영구히 지켜지기를 바라며, ④ 우리나라도 관리에게 분부해서 때때로 검찰(檢察)하여 두 나라 사람들이 그곳에 왕래해서 뒤섞이는 폐단이 없도록 할 것이고, ⑤ 작년에 (안용복 등) 표류민이 귀국에 월경해 들어간 것은 거센 바람 때문이므로 조선 측이 정약(定約)을 위반한 것으로 의심할 필요가 없으며 그들이 정서(呈書)를 망작(妄作)한 죄에 대해서는 이미 귀양 보내는 처벌을 내렸으니 종결되었고, ⑥ 연해(沿海)에는 칙령으로 울릉도에 출어하지 말라는 금령(禁令)을 이미 포고했으며, ⑦ 앞으로는 변경 강토의 분쟁이 일어나지 않도록 해야 할 것이고, ⑧ 귀하 등이 역사(譯使)를 대면하여 서찰(書札)을 필사하게 하

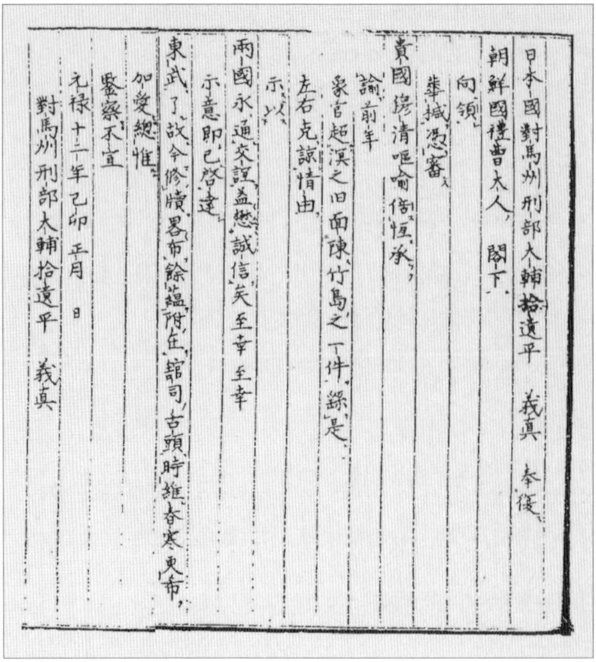

日本國對馬州刑部大輔拾遺平 義眞 奉復
朝鮮國禮曹大人 閣下
向領
華緘 忽審
貴國康淸 嘔喩倍恒 承
諭前年
象官超溟之日 面陳竹島之一件 係是
左右克諒情由
示以
兩國永通交誼 益懋誠信矣 至幸至幸
示意 卽已啓達
東武了 故今修牘 略布餘蘊 附在館司 右頭時維春寒 更希
加愛 總惟
鑒察 不宣
元祿十二年己卯 正月 日
對馬州刑部大輔拾遺平 義眞

그림 1-41
일본이 조선 측의 서계를 받고 이를 동무(막부 관백)에게 계달했다고 1699년에 조선에 보낸 답서
(일본 국립공문서관 소장)

여 보내주었으나 공식적으로 서계를 가진 사절을 파견한 바는 없으므로 우리측도 편지 형식으로 보내니 그리 알라는 것이었다.

이 개찬한 편지 형식의 서계는 1698년(무인년) 4월에 동래부사에게 하달되어 대마도에 전달되었다.[21] 이에 대하여 1699년(기묘년, 조선 숙종 5년, 일본 원록 12년) 대마주 형부대보습유 평의진이 조선 예조참의 이선부에게 다음과 같은 답서를 보내옴으로써 '울릉도·독도 영토 논쟁'은 종결을 보게 되었다.

---

21 『邊例集要』(卷17) 戊寅(1698년) 4月條, 국사편찬위원회판 하권, 511쪽. "府使朴權時 蔚島事書契中 奉行等文字 刪去改書入給事. 啓."

일본국 대마주(對馬州) 형부대보습유(刑部大輔拾遺) 평의진(平義眞)이 조선국 예조 대인(禮曹大人) 각하에게 답서합니다.

지난번 빛나는 편지를 받고 실로 귀국이 평안하다는 것을 잘 알았습니다.

전년에 역사(譯使)가 바다를 건너왔을 적에 죽도일건(竹島一件)을 대면해서 진술했었는데, 이에 대해 귀하가 사정을 깊이 헤아려서 양국이 교의(交誼)를 영원히 통하게 하고 성신(誠信)을 더욱 힘쓰게 함을 보여주었으니, 지극히 다행한 일입니다.

〈귀측에서〉 보인 뜻은 즉시 동무[東武 : 에도(江戶)의 도쿠가와막부 장군]에게 계달(啓達)했습니다.

그러므로 이제 편지를 써서 남은 뜻을 대략 펴고, 그 나머지 내용은 관사(館舍)의 설두(舌頭) 편에 맡겨둡니다. 때는 봄 날씨가 아직도 찹니다. 다시 더 사랑해주시기 바라며, 오직 두루 살피소서. 이만 그칩니다.

원록 22년 을묘(乙卯) 정월 일

대마주 형부대보습유 평의진(平義眞)[22]

이 답서의 요지는 조선 측의 서계를 대마도주가 동무에게 잘 계달(啓達)했다는 내용이다.

일본 측의 이 답서로 일본 측의 죽도 영유 주장 때문에 일어난 17세기 말의 '울릉도 · 독도 영유권' 논쟁은 완전히 종결을 보게 되었다.

22 『公文錄』 內務省之部1,「日本海內竹島外一島地籍編纂方伺」의 元祿年間 附屬文書 第4號. "日本國對馬州 刑部大輔拾遺 平義眞 奉復 朝鮮國禮曹大人 閣下 向領華椷 憑審 貴國 穆淸嘔喩 倍恒承諭. 前年 象官超溟之舊 面陳竹島之一件 繇是 左右克諒情由 示以 兩國 永通交誼 益懋誠信矣 至幸至幸. 示意 即已啓達 東武了. 故今修牘略布 餘蘊附在館司舌頭. 時維春寒 更希加愛 總惟鑒察. 不宣. 元祿十二年 己卯 正月 日 對馬州刑部大輔拾遺 平義眞"

제4절 1696년 1월 일본 도쿠가와막부가 내린 죽도도해금지령에 송도(독도) 포함과 송도도해면허 취소 및 도해 금지 재확인

일본 도쿠가와막부의 1696년 1월 28일 일본 어부 두 가문에 대한 '죽도도해금지(竹島渡海禁止)' 명령에는 죽도(竹島, 울릉도)의 부속도서인 송도(松島, 독도)에의 도해금지가 포함되어 있었다. 그 이유는 당시 이 명령을 결정한 막부 측이 사전에 송도의 소속을 조사하여 송도가 일본의 영토가 아닌 조선 영토임을 확인한 후, 송도가 무라카와 및 오오야 가문의 어부만 죽도를 도해하는 길에 들렀던 죽도의 부속도서이므로 죽도도해금지에는 당연히 '송도도해의 금지'가 자동적으로 포함된다고 생각하고 '죽도도해금지령'을 명령했기 때문이다. 또한 당시 이 명령을 받은 막부의 지방 번이나 무라카와 및 오오야 가문도 '죽도도해금지'는 '송도도해금지'도 자동적으로 포함한다고 해석하고 있었다. 이에 대한 증거문서들이 몇 점 남아 있다.

에도(江戶)막부에 파견 근무 중이던 돗토리번(鳥取藩)의 번사(藩士) 코다니(小谷伊兵衛)의 막부 질문에 대한 1696년 1월 25~28일 송도에 관한 답신 문서에서는, 송도(松島)가 돗토리번(鳥取藩)에 속한 인번국(因藩國)과 백기국(伯耆國)의 어느 나라에도 속한 것이 아니어서 일본 영토가 아님을 다음과 같이 보고하였다.

> 송도(松島)는 어느 나라[인번국(因藩國)이나 백기국(伯耆國)]에 부속(附屬)된 섬도 아니라고 들었습니다.[23]

---

23 권오엽 편역주, 『竹島之書附』, 「小谷伊兵衛의 書附」, 206~207쪽. "(松島は何れ之國江附候島ニても無御座候由承候事)"

또한 코다니는 송도에 고기잡이 나간다고 하는 것은 죽도에 도해(渡海)할 때 가는 길이기 때문에 그때 들러서 고기잡이를 하고, 죽도도해면허를 받은 요나고(米子)의 두 어부 가문만 죽도에 도해할 때 송도에 들린다고 보고하였다. 다른 지역(國) 사람들은 송도에 고기잡이 나간다고 들은 적은 없다고도 보고하였다. 원래 출운국(出雲國) 또는 은기국(隱岐國) 사람들은 송도에 갈 때는 요나고 사람들(무라카와와 오오야 가문 어부들)과 같은 배에 타고 간다고 다음과 같이 보고하였다.

> 송도(松島)에 고기잡이하러 간다고 하는 것은 죽도(竹島)에 도해(渡海)할 때에 가는 길이기 때문에 들러서 어렵(漁獵)을 합니다. 다른 영지(領地)에서 어렵하러 간다는 일은 들은 일이 없습니다. 원래 출운국(出雲國) 은기국(隱岐國) 사람들은 요나고(米子)의 사람들과 같은 배에 타고 갑니다.[24]

코다니는 송도는 죽도에 건너갈 때 일찍이 도해면허를 받은 요나고의 무라카와 및 오오야 가문의 어부들만 죽도 가는 길에 송도에 들러서 고기잡이를 할 뿐이고 다른 지방 사람은 갈 수 없다고 보고하였다. 이것은 죽도와 송도를 처음부터 외국(外國)으로 인지하여 '도해면허'를 승인한 두 어부 가문에게만 죽도와 송도 도해를 허가했음을 알려주는 것이다. 코다니는 출운지역이나 은기지역 사람들이 송도에 들어가서 고기잡이 하고자 할 때는 대체적으로 출운에서 2, 3인, 은기에서 8, 9인 정도가 요나고의 두 어부 가문

---

24 권오엽 편역주, 『竹島之書附』, 「小谷伊兵衛의 書附」, 208~209쪽. "松島江猟參候儀, 竹島江渡海之節道近ニて御座候故立寄獵仕候, 他領より獵參候候は不永候事. 尤出雲國·隱岐國之者は米子之者と同船ニて参候事."

선박이 죽도에 갈 때 동승(同乘)해서 간다고 보고하였다.[25]

그러므로 일본에서도 송도는 죽도의 부속도서로서 일본 영토가 아닌 외국(조선)의 영토로 인지되어 '죽도도해면허'를 막부로부터 승인받은 요나고의 두 어부 가문만 고기잡이 갈 수 있는 곳으로 확립되어 있었고, 타 지역 일본 어부들이 송도와 죽도에 고기잡이 가고자 할 때에는 은기도 사람들까지도 독자적으로는 들어가지 못했다. 송도는 두 어부 가문의 선박에 고용되어 동승해야 '죽도'가는 길에 들를 수 있음을 확인할 수 있다. 일본 관리들도 송도(우산도, 독도)는 조선 영토로서 죽도(울릉도)의 부속도서임을 1696년 1월경에 잘 인지하고 있었던 것이다.

도쿠가와막부는 송도와 죽도가 조선 영토인가를 재점검하기 위해 코다니에게 조선과 일본에서부터 송도(松島)까지 각각의 거리를 보고케 하였다. 코다니의 보고를 모으면 다음과 같았다.

> 은기국의 복포(福浦, 후쿠우라)로부터 송도까지는 80리 정도이다.[26]
> 송도로부터 죽도까지는 40리 정도이다.[27]
> 송도로부터 백기(伯耆)까지는 해로(海路)로 120리 정도이다.[28]
> 송도로부터 조선(朝鮮)까지는 80~90리 정도이다.[29]

즉 송도는 (일본의) 은기도에서는 약 80리 거리인데 비하여, (조선의) 울릉도에서는 약 40리이므로, 울릉도에 더 가깝고 울릉도 부속도서로 인지해

25 권오엽 편역주, 『竹島之書附』, 「小谷伊兵衛의 書附」, 212~213쪽.
26 권오엽 편역주, 『竹島之書附』, 「小谷伊兵衛의 書附」, 198~199쪽.
27 권오엽 편역주, 『竹島之書附』, 「小谷伊兵衛의 書附」, 200~201쪽.
28 권오엽 편역주, 『竹島之書附』, 「小谷伊兵衛의 書附」, 202~203쪽.
29 권오엽 편역주, 『竹島之書附』, 「小谷伊兵衛의 書附」, 204~205쪽.

온 것이 합당한 것이었다. 또 송도로부터 일본 백기주까지는 약 120리인데 비하여, 조선까지는 약 80~90리이므로, 조선에 더 가깝고 종래 조선 영토로 인지해 온 것이 합당한 것이었다.

그러므로 도쿠가와막부는 1696년 1월 25일경까지 송도는 죽도의 부속도서로서 '송도'와 '독도'가 모두 '조선 영토'임을 재확인하는 조사를 마쳤었다. 또한 요나고의 무라카와와 오오야 두 가문에게 1618년부터 '죽도도해면허'를 승인한 것은 조선 영토에 건너가서 어로(漁撈)하는 것을 승인한 것뿐이고, 영토를 얻어준 것은 전혀 아니며, '송도'는 '죽도' 가는 길목에 들르는 죽도의 부속섬이므로 역시 고기잡이 출어를 승인한 것뿐임을 재조사 점검을 통하여 재확인하였다.

그러므로 죽도도해금지(竹島渡海禁止) 명령을 내리면 송도도해금지(松島渡海禁止)는 저절로 실행되는 구조였다. 즉 '죽도도해금지'는 '송도도해금지'를 자동적으로 내포, 포함한 것이었다. 이를 바꾸어 말하면, '죽도도해면허의 폐기'는 '송도도해면허 폐기'를 자동적으로 내포, 포함한 것이었다.

처음 막부로부터 1618년 '죽도도해면허'를 승인받고, 이어서 1651년 '송도도해면허'를 승인받을 당시에도 송도(우산도, 독도)의 죽도(울릉도)에의 부속관계와 송도·죽도는 조선 영토임을 요나고의 두 어부 가문도 이미 잘 알고 있었다. 예컨대 1618년에 도쿠가와막부로부터 죽도도해면허를 받은 오오야 진키치(大谷甚吉)와 무라카와 이치베에(村川市兵衛)의 두 가문은 그 후 죽도로 가는 길목에 있는 송도에 대해서도 어채(漁採)를 위한 도해허가를 신청했는데, 1660년의 두 가문의 왕복문서는 송도(독도)에 대하여 "내년부터 죽도지내송도(竹島之內松島 : 죽도 안의 송도)에 당신의 배가 가게 될 적에"[30] 라고 하여 송도를 "죽도지내"(울릉도 안의 섬)라고 기록했다.

---

30 川上健三, 1966, 『竹島の歷史地理學的硏究』, 古今書院, 74쪽.

또한 이 무렵 두 가문의 왕복문서에서는 독도를 "죽도근소지소도(竹島近所之小島 : 죽도 가까운 곳의 작은 섬)",[31] "죽도근변송도(竹島近邊松島 : 죽도 부근의 송도)",[32] "죽도근소송도(竹島近所松島 : 죽도 가까운 곳의 송도)"[33] 등으로 기록하였다. 즉 독도를 울릉도에 가까이 있는 울릉도지내(鬱陵島之內)의 섬, 울릉도의 부속도서로 보았던 것이다. 이것은 두 가문의 관점일 뿐 아니라 도쿠가와막부를 비롯한 당시 일본 전체의 견해였다.

그 후 일본 출운(出雲, 雲州)의 관리(藩士)로 번주(藩主)의 명을 받아 1667년(일본 관문 7년) 가을 은기도(隱岐島)를 순견(巡見)하고 그 견문을 채록하여 복명한 제등풍선(齋藤豊宣)도 『은주시청합기』에서 — 앞에서도 말한 바와 같이 — 일본의 서북경계는 은주(은기도)로써 한계를 삼는다고 썼고, 송도(독도)와 죽도(울릉도)의 위치를 정확하게 서술하면서 이를 고려(조선)의 영토라고 기록한 것이었다.

따라서 일본의 당시 관점과 정책에서는 죽도의 영유권을 주장한 것은 "죽도지내송도(竹島之內松島 : 죽도 안의 송도)"인 송도의 영유권도 자동적으로 주장한 것이며, 죽도의 영유권을 조선에 있다고 인정한 것은 "죽도지내송도"인 송도의 영유권도 조선에 있다고 자동적으로 인정한 것이었다.

이 때문에 안용복 등이 1693년(숙종 19년) 여름에 울릉도에 고기잡이를 나갔다가 일본 어부들과 충돌한 뒤 1차로 일본에 납치되어 갔을 때 안용복의 당당한 항의를 받은 도쿠가와막부 관백이 각종 자료를 조사한 후 '울릉도(죽도)와 우산도(송도)가 조선지계(朝鮮之界)'라는 안용복의 주장을 인정하는 서계를 써 주었으며, 안용복이 제2차로 일본에 갔을 때 백기주(伯耆

31 川上健三, 1966, 『竹島の歷史地理學的硏究』, 古今書院, 78쪽.

32 川上健三, 1966, 『竹島の歷史地理學的硏究』, 古今書院, 80쪽.

33 川上健三, 1966, 『竹島の歷史地理學的硏究』, 古今書院, 81쪽.

州) 태수(太守)도 '양도(兩島 : 울릉도와 독도)가 이미 당신네 나라에 속했다.' 고 인정하고 두 섬에 들어간 일본 어부들의 처벌을 약속한 것이었다.

1693년 1월 28일 조선·일본 간의 '울릉도·독도 논쟁'의 종결은 당시 일본의 중앙정부인 도쿠가와막부 관백이 죽도와 송도가 조선 영토임을 확인하고 결정한 획기적인 것으로, 이것으로 이후 일본은 죽도(울릉도)와 송도(독도)가 조선 영토임을 존중하였다.

예컨대, 다음에 상세히 설명하겠지만, 일본에서 도쿠가와막부 시대에 일본·조선·중국의 국경 구분을 그린 대표적 지도인 하야시 시헤이(林子平)의 「삼국접양지도(三國接壤之圖)」(1785년)와 「대일본지도(大日本之圖)」(1785년)에서는 국경과 영토를 명료하게 나타내기 위해 나라별로 채색을 하면서 조선을 황색으로, 일본은 녹색으로 나타냈는데, 울릉도와 우산도(독

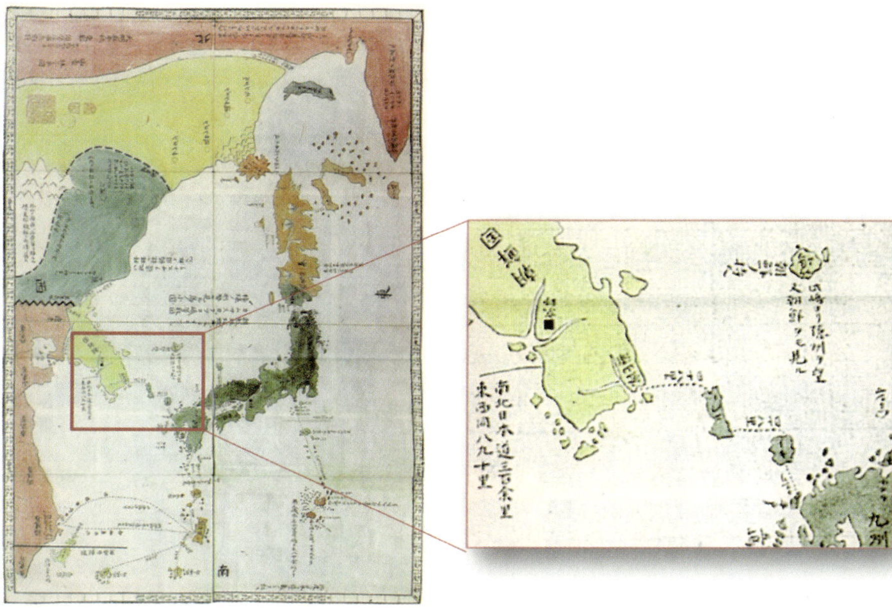

그림 1-42 하야시 시헤이가 그린 「삼국접양지도」

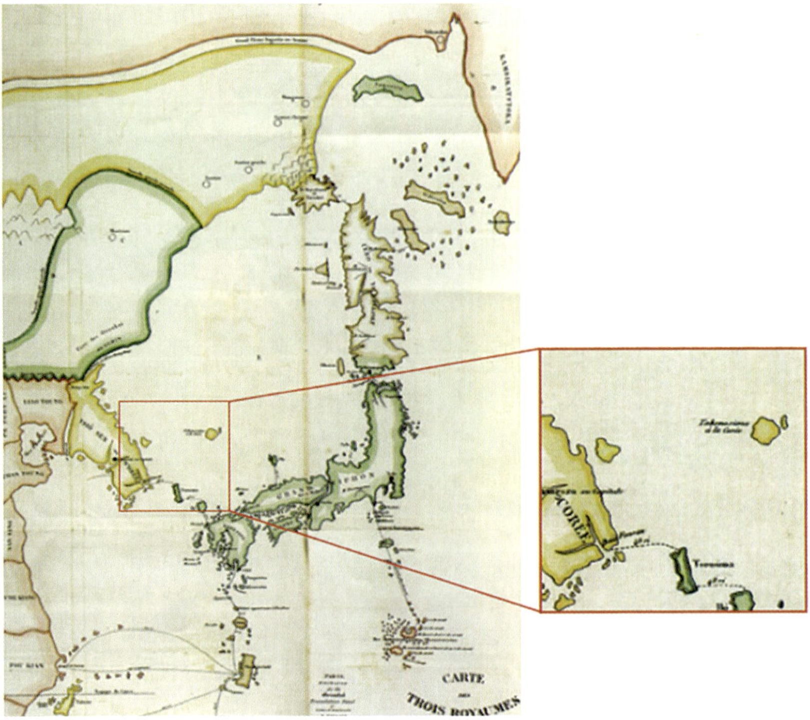

그림 1-43 하야시 시헤이의 『조선총람도설(朝鮮總覽圖說)』의 부속지도 「삼국접양지도」를 독일인 클라프로트(J. Klaproth)가 1832년에 프랑스어로 번역 출판한 것. 울릉도와 독도를 한국 색깔인 황색으로 칠했다.

도)를 정확한 위치에다 그려넣었고 두 섬을 모두 황색으로 표시했다. 그뿐만 아니라 이 지도는 울릉도와 독도 두 섬 옆에다 다시 '조선의 것임(朝鮮ノ持也)'이라는 문자를 적어넣어 울릉도와 독도가 조선 영토임을 거듭해서 강조하였다.

또한 같은 시기 도쿠가와막부 시대의 지도인 「총회도(總繪圖)」에서는 국경과 영토를 명백히 구분하기 위해 일본은 적색으로, 조선은 황색으로 채색했는데, 울릉도와 독도를 정확한 위치에 그려넣고 이름을 밝히지 않은 채 모두 황색으로 표시해 두 섬이 조선 영토임을 표시하였다. 이 지도도 또한

그림 1-44 도쿠가와막부 시대의 지도인 「총회도」

울릉도와 독도 위에 '조선의 것임(朝鮮ノ持也)'이라는 문자를 적어 넣었다.

여기서 주목할 것은 18세기 일본 도쿠가와막부 시대의 대표적 지도들이 울릉도와 독도를 조선 영토로 그려넣으면서 '조선의 것임(朝鮮ノ持也)'이라고 표기한 것은 조선·일본 간의 이른바 '울릉도·독도 논쟁 건[죽도일건(竹島一件)]'이 해결되어 울릉도와 독도가 '조선의 것'으로 재확인되었다는 도쿠가와막부의 1693년 1월 28일 최종결정을 지도에 반영한 것임을 알 수 있다.

제12장

안용복의 제2차 도일과 활동

제1절 안용복의 제2차 도일(渡日)

일본 도쿠가와막부 정권이 1693년 1월 28일 울릉도· 독도를 조선 영토로 재확인 판정하고 무라카와 및 오오야 두 가문 어부들의 울릉도·독도 도해(渡海)를 금지한 이후에도, 특히 대마도도주가 이 사실을 조선 조정에 알리지 않고 계속 집요하게 울릉도·독도에 미련을 가졌던 시기에, 안용복은 지난번의 경험을 살려 자신이 직접 일본에 건너가서 지난번 대마도도주에게 빼앗긴 관백의 선물과 문건 반환 소송을 막부에 제출하고 백기주태수와 담판을 짓고 돌아오기로 결심하였다.[34] 이때 안용복이 울릉도·독도를 조선

34 ① 안용복 장군 기념사업회, 1996, 『안용복 장군』.
② 김화경, 2005, 「안용복의 2차 도일 활동에 관한 연구」, 『독도연구』, 영남대 독도연구소.
③ 이근택, 2006, 「安龍福의 일본에서의 독도·울릉도 수호 활동」, 『독도영유권 학술회의 논문집』, 독도연구보전협회.
④ 박병섭, 2007, 『안용복사건에 대한 검증』, 한양해양수산개발원.
⑤ 방기혁, 2007, 『울릉도·독도 사수실록: 안용복의 역사행적을 찾아서』, 비봉.
⑥ 權五燁, 2009, 『독도와 安龍福』, 충남대학교출판부.

영토로 재확인한 막부 관백 아베분고(阿部豊後)의 결정과 일본 어민들의 울릉도·독도 출어 금지 명령을 정확히 알고 있었는지는 분명하지 않다. 안용복은 일본어도 잘하는 일본통이었으므로 개략적 정보는 알았을 가능성이 더 높다고 추정된다.

뿐만 아니라 최근의 한 연구는 안용복의 제2차 도일을 조선 조정의 남구만, 윤지완 등 강경파가 일본의 정세와 정책을 파악하기 위해 밀파한 일종의 '밀사'라는 견해도 제시되어 있다.[35]

안용복은 1696년(숙종 22년) 봄, 울산으로 가서 울릉도에 가면 해산물이 많다고 하여 순천 송광사(松廣寺)의 상승[商僧 : 일설에 의승수군(義僧水軍)] 뇌헌(雷憲) 등과 이인성(李仁成)·유일부(劉日夫)·유봉석(劉奉石)·김길성(金吉成)·김순립(金順立) 등 16명을 모아 울릉도

元禄九丙子年朝鮮舟着岸一巻之覚書

그림 1-45
1696년 안용복 관계문서 「원록9 병자년 조선주 착안 일권지각서」
(자료 : 동북아역사재단)

---

⑦ 김명기, 2011, 『안용복의 도일 활동과 국제법』, 책과사람들.
⑧ 大西俊輝, 2011, 『安龍福과 元祿覺書』, 한국학술정보.
⑨ 나이토 세이추, 2013, 『울릉도 쟁계와 안용복 사건』, 제이앤씨.
⑩ 김병우, 2015, 『한국이 기억하는 안용복』, 지성인.
⑪ 김병우, 2015, 『일본이 기억하는 조성인 안용복』, 지성인.
⑫ 김호동, 2016, 『안용복』, 지성인.

35 崔永成, 2019, 「安龍福 제 2차 도일의 성격에 관한 고찰」, 『독도연구』 제26호. 이 연구에서 안용복의 제 2차 도일이 남구만·윤지완 등과의 합의하에 일종의 '밀사'로 도일하게 되었다는 증거로 제시된 것은 첫째 남구만·윤지완의 문집 등을 통해 그들이 밀사 파견을 주도했다고 말하고 있고, 둘째 동행한 승려가 여수 興國寺에 소속된 義僧水軍(수군 소속의 승려)으로서 전라좌수영과 연결되어 있었으며, 셋째 안용복 제2차 도일 이후 숙종과 남구만·윤지완 등이 시종 비밀을 지키는 가운데 정쟁을 막고 사건을 원만하게 처리했다는 것이다. 이 연구는 승려 雷憲이 商僧이 아니라 승가의 判事로서 義僧水軍이었음을 밝혔다.

로 건너갔다. 울릉도에는 과연 일본 배들이 와서 정박해 있으므로 안용복이 "울릉도는 본래 우리 경지인데 어찌 감히 월경하여 침범하는가. 너희들은 모두 묶어 마땅하다."고 큰소리로 말하였다. 이에 일본인들은 "우리들은 본래 송도(松島)에 사는데 우연히 어채(漁採)를 나왔다가 이렇게 되었으니 마땅히 본소(本所)로 돌아갈 것이다."라고 대답하였다. 안용복은 다시 "송도는 곧 자(우)산도[子(于)山島]인데 이 역시 아국(我國)의 땅이다. 너희들이 감히 여기에 산다고 하느냐(松島卽子山島 此亦我國地 汝敢住此島)."[36] 하고, 이들을 쫓아냈다. 안용복이 이튿날 새벽 우산도로 들어가서 본 바 일본 어부들이 가마솥을 걸고 물고기를 졸이고 있으므로 막대기로 부수고 큰소리로 꾸짖으니 모두 배를 타고 돌아갔다.[37]

『숙종실록』 기사의 '자산도(子山島)'는 우산도(于山島)의 활자 오식이거나 동일한 섬임이 분명하다. 왜냐하면 『증보문헌비고(增補文獻備考)』에는 완전히 동일한 내용을 기록하면서 '자산도(子山島)'라고 하지 않고 '우산도(芋山島)'라고 썼기 때문이다.[38]

안용복은 일행을 인솔하고 1696년 5월 20일 일본 은기도(隱岐島)로 들

---

36 『肅宗實錄』 卷30, 肅宗 22年 9月 戊寅條. "備邊司推問安龍福等 龍福以爲渠本居東萊 爲省母至蔚山 適逢僧雷憲等 備說頃年往來鬱陵島事 且言本島海物之豊富 雷憲等心利之 隧同乘船 與寧海䌊工劉日夫等 俱發到本島. 主山三峰 高於三角 自南至北 爲二日程 自東至西亦然 山多雜木鷹鳥猫. 倭船亦多來泊 船人皆恐. 渠倡言 鬱陵島本我境 倭人何敢越境侵犯 汝等可共縛之. 仍進船頭大喝. 倭言 吾等住松島 偶因漁採出來 今當還往本所. 松島卽子山島 此亦我國地 汝敢住此耶. 遂於翌曉 兄舟入子山島 倭等方列釜 煮魚膏 渠以杖撞破 大言叱之. 倭等收聚載船 擧帆回去."

37 『肅宗實錄』 卷30, 肅宗 22年 9月 戊寅條.

38 『增補文獻備考』 卷31, 「輿地考」 19, 于山島 · 鬱陵島條. "(…) 倭舶自東至 龍福目諸人縛之 船人光不發. 龍福獨前憤罵曰 何故犯我境. 倭對曰 本向松島 固當去也. 龍福追至松島 又罵曰 松島卽芋山島 爾不聞 芋山島亦我境乎. 麾杖碎其釜 倭大驚走." 固當去也. 龍福追至松島 又罵曰 松島卽芋山島 爾不聞 芋山島亦我境乎. 麾杖碎其釜 倭大驚走."

어갔다. 은기도도주가 찾아온 이유를 물으니, 안용복이 큰소리로 "지난해에 내가 이곳에 들어와 울릉·자(우)산 등의 섬을 조선지계로 정하고 관백의 서계를 받아 가기에 이르렀는데, 본국은 정식이 없이 이제 또 우리 경지를 침범했으니 이것이 무슨 도리인가(頃年吾人來此處 以鬱陵·子山等島 定以朝鮮地界 至有關白書契 而本國不有定式 今又侵犯我境 是何道理云爾)."[39]라고 말하였다. 이에 은기도도주는 안용복의 항의를 백기주(伯耆州)에 마땅히 전하겠다고 하였다.

제2절 안용복의 제2차 도일활동의 증거

은기도의 관리는 이때 은기도에 들어온 안용복 일행을 인물별로 간단히 묘사한 문서를 남겨 두었다. 이 문서에는 안용복을 묘사하여 나이는 43세이며, 관 같은 검은 갓을 썼고, 수정이 달린 줄, 얇은 면포 상의를 입었으며, 허리에 패를 하나 찼는데, '통정대부 안용복 연 갑오생 동래(通政大夫 安龍福年 甲午生 東萊)'라는 글자가 새겨져 있었다고 기록되어 있다(〈그림 1-46〉 참조). 안용복이 관복 차림을 하고 은기도에 들어갔음을 알 수 있다.

---

39 『肅宗實錄』卷30, 肅宗 22年 9月 戊寅條. "渠仍乘船追笠 猝遇狂街 漂到玉岐島. 島主問入來之故 渠言頃年吾入來此處 以鬱陵子山等島 定以朝鮮之界 至有關白書契 而本國不有定式 今又侵犯我境 是下道理云爾. 則謂當轉報伯耆州 而久不聞消息 渠不勝憤杳 乘船直向伯耆州. 假稱鬱陵子山兩島監稅將 使人通告本島 送人馬迎之. 渠服靑帖裏 着黑布笠 穿皮鞋乘轎 諸人竝乘馬 進往本州 渠與島主 對坐廳上 諸人竝下坐中階. 島主問何以入來. 答曰前日以兩島事 受出書契 不驕明白 而對馬島主 奪取書契 中間僞造 數遣差倭 非法橫侵 吾將上疏關白 歷陳罪狀. 島主許之. 遂使李仁成構疏呈納. 島主之父 來懇伯耆州曰 若登此疏吾子必重得罪死 請勿捧入 故不得稟定於關白. 而前日犯境倭十五人 摘發行罰. 仍謂渠曰兩島旣屬爾國之後 或有更爲犯越者 島主如或橫侵 竝作國書 定譯官入送 則當爲重處. 仍給糧 定差倭護送 渠以帶有弊辭之云. 雷憲等諸人 供辭略同."

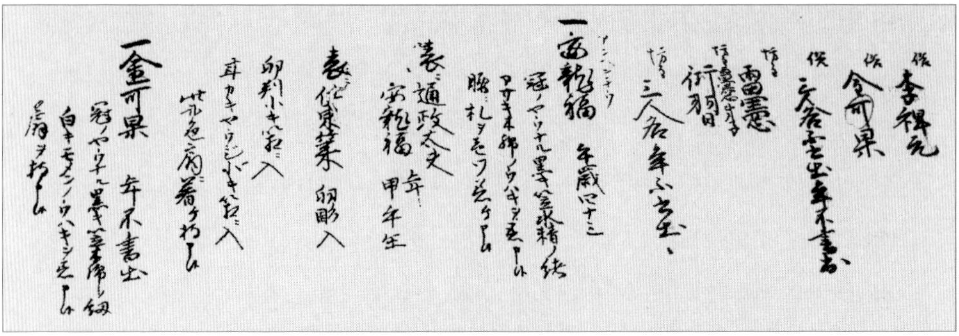

그림 1-46 안용복과 그 일행의 모습을 묘사한 1696년의 일본 고문서(일본 시마네현 은기도 무라카미 가문 소장)

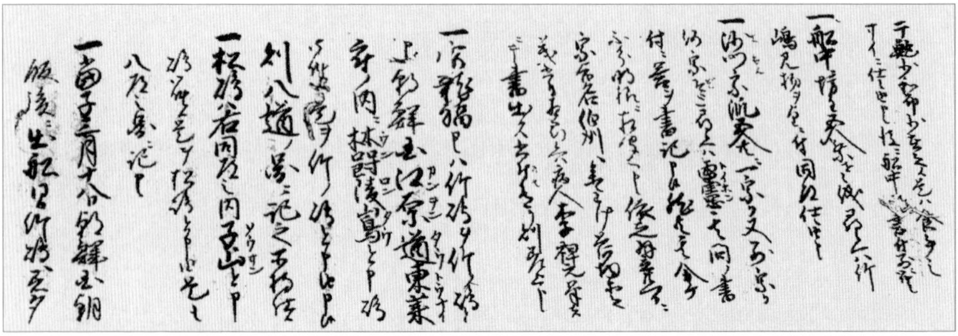

그림 1-47 울릉도(죽도)와 독도(송도)가 조선국 강원도에 속한 땅이라는 안용복의 설명을 기록한 1696년의 일본 고문서(일본 시마네현 은기도 무라카미 가문 소장)

안용복은 이때 은기도 요인들에게 "죽도(竹島)는 조선국 강원도 동래부 내의 울릉도(鬱陵島)라는 섬인데 「팔도지도(八道之圖)」에 기재되어 있고, 송도(松島)는 같은 부(강원도) 내의 자산(子山)이라는 섬인데 송도 역시 「팔도지도」에 기재되어 있다."고 설명했다고 기록되어 있다(〈그림 1-47〉 참조).

은기도도주는 안용복 일행의 입도와 항의를 백기주태수에게 보고했으나, 오래 기다려도 백기주로부터 소식이 없었다.

이에 안용복 등은 분격하여 배를 타고 백기주로 직항해서 자신을 조선의 '울릉·우산양도감세장(鬱陵·于山兩島監稅將)'[약칭 조울양도감세장(朝鬱兩島監稅將)]이라 가칭하고, 백기주에 사람을 보내어 통고하니 백기주에서 인마를 보내어 맞이하였다. 안용복은 청철릭(靑帖裏)을 입고 흑포(黑布)갓을 쓰고 가죽신을 신고 가마를 타서 위의를 갖추었으며, 다른 사람들은 말을 타고 백기주태수의 집무처로 들어갔다. 안용복은 백기도주와 청상(廳上)에 대좌하고 다른 사람들은 모두 중간 계단에 하좌하였다.

백기주태수가 일본에 들어온 이유를 물으니 안용복이 "전날 양도(兩島 : 울릉도와 독도)의 일로 서계를 받았음이 명백한데도 대마도도주는 서계를 탈취하고 중간에 위조하여 여러 번 차왜를 보내어 불법으로 횡침하니 내가 장차 관백에게 상소하여 죄상을 낱낱이 진술하겠다."[40]고 따졌다. 백기주태수가 이를 허락했으므로 안용복은 이인성에게 상소문을 지어 관백에게 정납케 하였다.

일본 측 문헌에는 이때 안용복이 사용한 깃발의 그림과 상소문을 지어 올렸다는 이인성(이진사)의 글씨가 남아 있다(〈그림 1-48〉 참조).

이때 대마도주의 아버지가 백기주태수를 찾아와 "만약 이 상소가 올라가면 내 아들은 반드시 중죄를 얻어 죽을 것이므로 청컨대 이 상소를 봉입(捧入)하지 말아 달라."고 간청하였다. 이 때문에 안용복의 상소문은 관백에게 정납되지 않았다고 한다. (정납되었다는 설도 있다.) 이에 백기주태수는 이전에 국경을 침범하여 울릉도에 들어갔던 일본인 15명을 적발하여 처벌하였다.

백기주태수는 이와 동시에 안용복에게 "양도가 이미 당신네 나라에 속한 이상 만일 다시 범월(犯越)하는 자가 있거나 도주(대마도도주)가 혹시 횡

---

40 『肅宗實錄』卷30, 肅宗 22年 9月 戊寅條, "前日以兩島事 受出書契 不驕明白 而對馬島主奪取書契 中間僞造 數遣差倭 非法橫侵 吾將上疏關白 歷陳罪狀."

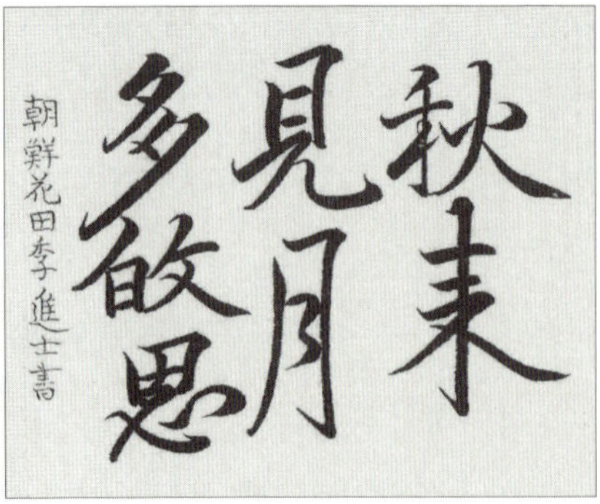

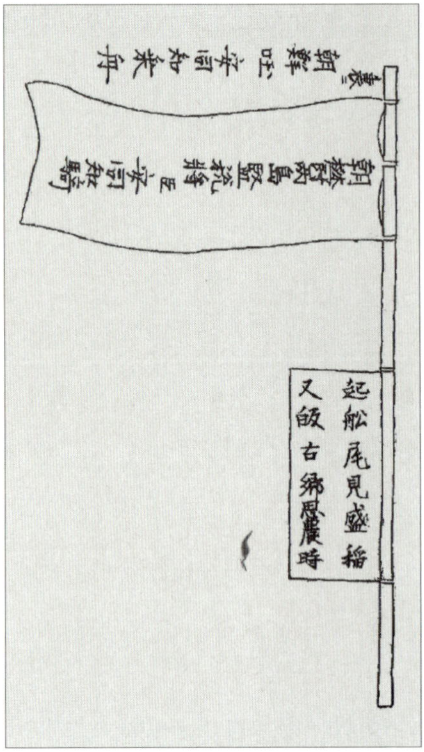

그림 1-48 안용복이 사용한 깃발의 일본인 그림과 이인성의 글씨(일본 은기도현립박물관 소장)

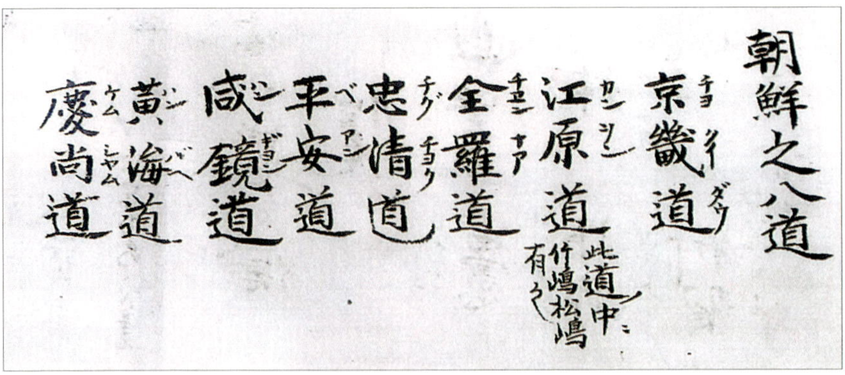

그림 1-49 강원도 안에 죽도(울릉도)와 송도(독도)가 있음을 표시한 1696년 「조선지팔도(朝鮮之八道)」(일본 시마네현 은기도 무라카미 가문 소장)

침하는 일이 있으면, 국서(國書)를 작성하고 역관을 정하여 들여보내면 마땅히 무겁게 처벌할 것이다."[41]라는 약속을 하였다. 백기주태수는 안용복 등에게 식량을 공급해 주고 차왜를 정하여 호송해 주었으며, 화폐도 갖고 가도록 주었으나 안용복·뇌헌 등이 사양하였다.[42]

여기서 주목할 것은 안용복의 담판에 의하여 1696년에 5월 백기주태수도 "'양도'(울릉도와 우산도, 일본 명칭 죽도와 송도)가 이미 당신네 나라에 속했다(兩島旣屬爾國之後)."고 인정하고 울릉도에 침범한 일본인들을 처벌했다는 사실이다. 뿐만 아니라 백기주태수는 어부들은 물론이요 대마도도주라도 앞으로 울릉도와 독도를 횡침하는 경우 조선이 국서를 보내고 역관을 정해 보내오면 더욱 무겁게 처벌하겠다고 약속했다는 사실이다.

안용복의 제2차 도일 때의 행적에 대해서는 일본의 입장에서 쓰인 『인부연표(因附年表)』가 〈표 1-8〉과 같이 비교적 상세히 정리하고 있다.

여기서 주목할 것은 ① 안용복 일행은 5월 20일 일본 은기도(隱岐島)에 도착하고 6월 4일 돗토리번(鳥取藩) 백기주(伯耆州)에 도착하여 융숭한 예우를 받았으며, ② 막부 노중(老中) 오오쿠보(大久保加賀守)가 돗토리번주에게 죽도도해금제봉서(竹島渡海禁制奉書)를 요나고(米子)의 오오야(大谷)·무라카와(村川)에게 전달할 것을 7월 24일 거듭 지시했고, ③ 8월 1일에야 돗토리번주가 요나고의 오오야·무라카와에게 '죽도도해금제봉서'의 사본을 건넸으며, ④ 동시에 8월 1일 이날 안용복 등을 나가사키(長崎)로 보내지 말고[에도(江戶)막부로 보내지 말고] 직접 귀국시키라는 막부 노중의 지시가 내려 왔으며, ⑤ 8월 6일 안용복 일행은 조선을 향해 출항했다는 사실이다.

---

41 『肅宗實錄』卷30, 肅宗 22年 9月 戊寅條, "兩島旣屬爾國之後 或有更爲犯越者 島主如或橫侵 竝作國書 定譯官入送 則當爲重處."

42 『肅宗實錄』卷30, 肅宗 22年 9月 戊寅條.

표 1-8 안용복의 제2차 도일(渡日) 행적

연	월일	사항	출전
1694 (원록 7년)	5.9	죽도에 도해했으나 난풍(難風)으로 귀범(歸帆), 그것을 가로(家老)에 보고	공
	11.26	오오야(大谷)·무라카와(村川)의 배차금원(排借金願)을 거부	공
1695 (원록 8년)	春	죽도에 도해했으나 조선인이 있어 귀범, 도중 송도에서 포획(蚫獲)	사
	12.4	막부 노중(老中)이 죽도에 대해 질문	사
	12.25	막부 노중에 답	사
1696 (원록 9년)	1.25	송도에 대한 막부의 질문에 답하다	사
	1.28	막부 노중한테 죽도도해제금봉서 수취(受取)	
	5.20	조선선(朝鮮船)이 은기(隱岐)에 도착	
	6.2	은기(隱岐) 대관(代官)이 돗토리(鳥取)에 조선선 내선(來船)을 보고	
	6.4	조선선이 적기(赤崎)에 도착	
	6.5	돗토리에 조선선 적기 착안(着岸)의 보고, 어선수산기주마(御船手山崎主馬)를 적기에 파견. 평정금좌위문(平井金左衛門)이 군봉행(郡奉行) 2명에게 작회(作廻)를 지시	
	6.12	조선인의 건, 황미지마택(荒尾志摩宅)에서 기합(寄合). 조선선을 하로(賀露)에 이동하여 동선사(東善寺)를 숙소로 함	
	6.13	막부 노중 대구보가하수(大久保加賀守)에 내착(來着)의 보고	
	6.14	조선인, 청곡(靑谷)에서 하로 동선사로 이동	
	6.15	조선인의 건을 황미지마택에서 기합. 하로에서의 대응을 군봉행들에게 지시	
	6.21	하로에서 정회소(町會所)로 이동	
	6.22	막부 노중 대구보가하수(大久保加賀守)에 제2보고[청곡(靑谷) 천념사(千念寺) 체재중]. 나가사키(長崎) 봉행 추방병부(諏訪兵部)에 같은 보고	
	6.23	대구보가하수, 문역(聞役) 길전평마(吉田平馬)를 호출하여 대마번(對馬藩) 통사(通辞) 파견의 뜻을 전함	
	6.24	대구보가하수가 문역 길전평마에게 서부(書付)	
	6.26	에도(江戶)에서 돗토리(鳥取)에 조선인에 관한 비각(飛脚)을 보냄	

연	월일	사항	출전
1696 (원록 9년)	7.16	이국선(異國船)에 관한 막부 봉서(奉書)를 어선수(御船手)가 각 포구에 알리라고 지시	사
	7.19	번주(藩主) 강청(綱淸)의 귀국	
	7.22	청도(青嶋)의 조선인의 작회(作廻)를 화전뇌병위(和田瀨兵衛)에 명함	
	7.24	에도, 대구보가하수가 죽도도해금제봉서를 오오야·무라카와에게 전달할 것을 거듭 지시	
	8.1	요나고 오오야·무라카와에게 죽도도해금제봉서의 사본을 건네도록 황미수리(荒尾修理)에 건넸다. 에도, 대구보가하수가 조선인을 나가사키로 보내지 말고 직접 귀국시킬 것을 지시	
	8.4	돗토리, 평정금좌위문(平井金左衛門)·십만암(辻晩庵), 청도에 가서, 귀범할 것을 전했다. 『어용인일기(御用人日記)』 8월 6일조. 그러나 갈수(渴水)로 출선하지 못했다	
	8.6	조선선 하로를 출항. 평정(平井)·십(辻)이 확인. 동일(同日)에 광택반우위문(廣沢半右衛門)에게 하로 출항을 에도(江戶)에 전하는 사자로 임명	
	8.18	대마번 사자(使者)·통사(通辞)가 용뇌(用瀨)까지 왔으나 돌려보냄	
	8.19	용노건(用瀨件)을 가로(家老)가 기록	
	9.19	하로 동선사, 청곡 의사(醫師) 제등덕원(齊藤德元)에게 조선인 응접에 관한 금은(金銀)을 보냄	
	11.23	무라카와에게 요나고 염운상(塩運上)을 인정함	

출전의 '사'는 조취번사(鳥取藩史), '공'은 공장(控帳)
자료 :「인부연표(因附年表)」, 『강도정의고문서(岡嶋正義古文書)』(권오엽 편주)

대마도주의 부탁으로 돗토리번에서는 1696년 1월 28일의 '죽도도해금지령'을 안용복 등이 돗토리번에 도착한 6월 4일까지도 요나고의 오오야·무라카와 두 가문에 전달하지 않고 있었다. 안용복 일행이 찾아와서 강력히 항의 담판을 시작하자 7월 24일에야 도쿠가와막부 노중(老中)이 '죽도도해

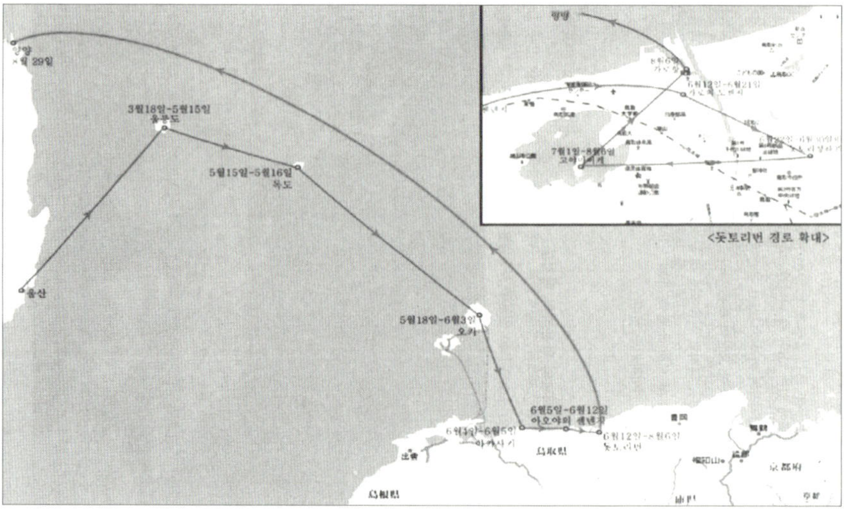

그림 1-50 안용복 2차 일본 행적도(자료:『강도정의고문서(岡嶋正義古文書)』)

금제봉서(竹島渡海禁制奉書)'를 두 어부 가문에 전달하도록 다시 지시한 것이었다. 실제로 오오야·무라카와 두 가문이 죽도도해금제봉서를 전달 받은 것은 1696년 8월 1일이었다.

이 사실은 안용복의 제2차 도일의 활동 결과로 일본 도쿠가와막부의 1696년 1월 28일의 울릉도·독도에의 일본 어부 출어 금지령(죽도도해금지)이 8월 1일부터 실시된 것이었다.

안용복의 제2차 도일은 이러한 성과를 거두었으나, 막부의 귀국 조치로 안용복은 이번에는 에도막부에는 가지 못하고 돗토리번(鳥取藩)에서만 체류하며 활동하다가 귀국하여 8월 29일 강원도 양양에 도착하였다.

안용복이 조선 비변사의 심문에 응답하여 『숙종실록』에 기록된 내용들과 울릉도와 독도(자산도, 즉 우산도)를 조선 영토로 규정하여 재확인받았다는 진술 등은 모두 사실임이 일본 측 고문서에서도 명백히 증명되는 것이다.

그럼에도 불구하고 일부 일본인들은 안용복이 일본 에도(지금의 도쿄)에 끌려간 사실을 부인하거나, 안용복이 울릉도와 독도가 한국 영토임을 주장하였고 일본의 막부 관백(關白)이 이를 인정한 사실을 부인하려고 시도하고 있다.

심지어 최근(2008년~현재) 일본 정부까지도 「다케시마 문제에 관한 10개의 포인트」(2008년 5월)의 제5포인트에서 〈그림 1-51〉와 같이 안용복의 진술과 『숙종실록』의 그것을 기재한 기록을 부인하려고 시도하고 있다.[43]

일본 정부의 「다케시마 문제에 관한 10개의 포인트」 제5포인트 등의 주장의 요점은 ① 한국인은 '울릉도'만 인지하고 있었지 1904년까지도 '독도'(송도)를 인지했다는 증거가 없고, ② 안용복은 울릉도 도항 금지를 어긴 죄인으로 조선 관리의 문초를 받은 공술이므로 전체적으로 신용할 수 없는 자이며, ③ 1693년에 막부로부터 울릉도와 독도가 조선 영토라는 취

43 日本外務省, 「竹島問題を理解するための10のポイント」 중 제5포인트.

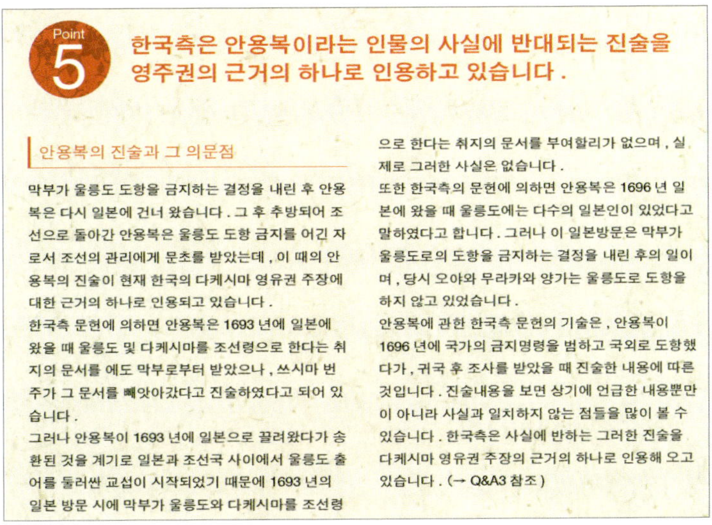

Point 5 한국측은 안용복이라는 인물의 사실에 반대되는 진술을 영주권의 근거의 하나로 인용하고 있습니다.

안용복의 진술과 그 의문점

막부가 울릉도 도항을 금지하는 결정을 내린 후 안용복은 다시 일본에 건너 왔습니다. 그 후 추방되어 조선으로 돌아간 안용복은 울릉도 도항 금지를 어긴 자로서 조선의 관리에게 문초를 받았는데, 이 때의 안용복의 진술이 현재 한국의 다케시마 영유권 주장에 대한 근거의 하나로 인용되고 있습니다.

한국측 문헌에 의하면 안용복은 1693 년에 일본에 왔을 때 울릉도 및 다케시마를 조선령으로 한다는 취지의 문서를 에도 막부로부터 받았으나, 쓰시마 번주가 그 문서를 빼앗아갔다고 진술하였다고 되어 있습니다.

그러나 안용복이 1693 년에 일본으로 끌려왔다가 송환된 것을 계기로 일본과 조선국 사이에서 울릉도 출어를 둘러싼 교섭이 시작되었기 때문에 1693 년의 일본 방문 시에 막부가 울릉도와 다케시마를 조선령으로 한다는 취지의 문서를 부여할리가 없으며, 실제로 그러한 사실은 없습니다.

또한 한국측의 문헌에 의하면 안용복은 1696 년 일본에 왔을 때 울릉도에는 다수의 일본인이 있었다고 말하였다고 합니다. 그러나 이 일본방문은 막부가 울릉도로의 도항을 금지하는 결정을 내린 후의 일이며, 당시 오야와 무라카와 양가는 울릉도로 도항을 하지 않고 있었습니다.

안용복에 관한 한국측 문헌의 기술은, 안용복이 1696 년에 국가의 금지명령을 범하고 국외로 도항했다가, 귀국 후 조사를 받았을 때 진술한 내용에 따른 것입니다. 진술내용을 보면 상기에 언급한 내용뿐만이 아니라 사실과 일치하지 않는 점들을 많이 볼 수 있습니다. 한국측은 사실에 반하는 그러한 진술을 다케시마 영유권 주장의 근거의 하나로 인용해 오고 있습니다. (→ Q&A3 참조)

그림 1-51 「다케시마 문제에 관한 10개의 포인트」

지의 문서를 받았으나 대마도주가 이를 빼앗았다는 것은 막부가 그런 문서를 줄 리가 없으므로 거짓이고, ④ 안용복이 1696년 봄 일본에 왔을 때 울릉도에 다수의 일본인이 있다고 말한 것은 1696년 1월 막부의 울릉도 도항 금지 이후의 일이므로 사실이 아니며, ⑤ 한국 측의 『숙종실록』 기술은 1696년 안용복이 국가의 금지명령을 범하고 국외(일본)로 도항했다가 귀국 후 조사받을 때의 진술 내용에 따른 것이므로, 사실에 반하는 그러한 진술을 독도 영유권 주장의 근거의 하나로 인용해 오고 있는 것은 잘못이라는 것이다.

그러나 일본 외무성은 『숙종실록』 1696년 9월 무인(戊寅)조의 기사를 오독 왜곡하고 있다.

첫째, 『숙종실록』의 안용복 관계기록은 안용복 제1차 도일(1693년) 때의 심문 공술기록이 아니라, 제2차 도일(1696년) 때의 심문 공술기록이다. 이때 심문관의 질문에 따라 1693년 납치당했던 제1차 도일 때의 사실이 자연히 공술되어 기록으로 남게 된 것이다. 그러므로 울릉도에 일본인이 다수 있다고 공술한 것은 연도 표시는 없으나 그가 1696년 5월까지 보아 온 사실을 공술한 것이다. 일본 오오야 및 무라카와 두 어부 가문에게 돗토리번이 '죽도도해금지령'을 통보해준 것은 안용복이 제2차 도일로 일본에 체류 중인 1696년 8월 1일이었다.

둘째, 안용복이 울릉도에서 일본 오오야 가문의 어부들에게 납치되어 백기주태수의 심문을 거쳐서 에도막부의 관백에게 심문을 받을 때 울릉도가 조선 영토인데 조선 영토에서 조선인(안용복)을 납치해 온 것은 잘못이라고 항의하고, 막부의 관백도 울릉도(부속도서 독도 포함)가 조선 영토임을 인정하고 납치해온 일본 어부를 처벌하라고 명했다는 설명이, 일본 측 기록인 『죽도기사(竹島紀事)』(원록 8년 7월 5일조)에 다음과 같이 나온다.[44]

우리는 기죽도(磯竹島)에서 붙잡혀서 즉각 에도(江戶)에 끌려갔는데, 에도에서의 조사는, 죽도가 조선의 땅인데, 그 나라 사람을 붙잡아 가는 것은 불법이라며, 위의 우리들을 붙잡은 사람들은 참죄를 명받았다. 우리들은 에도에서 특별히 성찬을 명받았는데, 나가사키(長崎)에 송치되어, 나가사키에서 쓰시마역원이 인계받자, 점점 죄인처럼 취급하며 돌려보냈다고 말했다.[45]

실록은 당대에는 볼 수 없고 다음 왕 때에만 볼 수 있는 것이므로, 한국과 일본 양측에 모두 막부 관백이 울릉도(부속도서 독도 포함)가 조선 영토라고 인정한 사실을 기록하고 있다. 그러므로 『숙종실록』의 안용복 진술을 전면 부인하는 것은 부당한 것이다.

막부 관백이 "울릉도와 독도(子山島)는 조선의 땅이다."라는 안용복의 주장을 인정한 서계(書契)를 안용복에게 주었는데, 대마도에서 대마도번주에게 빼앗겼다는 진술이 사실인가의 여부가 문제이다.

주목할 것은 막부 관백이 '울릉도'가 조선 영토임을 인정했기 때문에 안용복을 죄인으로 다루지 않고 우대하여 송환토록 하고, 납치해온 일본 어부들을 문책하겠다고 말했다는 점이다.

과연 안용복이 막부 관백으로 받은 문서나 물품을 대마도주가 탈취한 일이 있는가를 검증할 필요가 있다.

일본 측 고문헌 『원록각서(元祿覺書)』에는 안용복이 제2차 도일(1696년)

---

44 權靜, 2011, 「安龍福과 關白」; 오오니시 토시데루 저, 『안용복과 원록각서』, 부록·역자 논문, 한국학술정보(주)에서 재인용.

45 『竹島紀事』 元祿8年 7月 5日. "子細者我々儀竹嶋ニ而召捕候而, 卽刻江戶へ連越候處, 江戶ニ而之御吟味ニ者, 竹嶋之儀朝鮮之地ニ而候を, 彼國之者召捕參候儀不調法之由ニ而, 右我々召捕候者者早速斬罪ニ被仰付候, 我々儀者お江戶殊外御馳走被仰付, 長崎江被送候, 於長崎對馬役人方江請取, 段々与召捕人之樣ニ仕候而被送り歸候与申達候を."

때에 일본 측에 제출한 것으로서, 이전(3년 전) 납치되어 간 제1차 도일(1693년)에서 송환될 때 일본으로부터 받은 물품들의 목록을 제출한 기록이 있다.

> 4년 전 계유년 11월에 일본에서 제공받은 물품들을 기록한 장부 1권을 제출했기에 그것을 복사했다.

> 四年以前癸酉十一月日本ニ而被下候物共書付之帳壹冊出シ申候則寫之申候[46]

이것은 일본 측이 1693년 안용복을 석방 송환하면서 막부 관백의 이름으로 안용복·박어둔 등에게 증여한 물품과 송환 이유를 설명한 '경위서' 등이었을 것임에 틀림없다. 이 경위서에 울릉도와 우산도(자산도)는 일본의 땅이 아니고 조선의 경지라고 안용복이 주장하여 심문해 보니 울릉도는 조선에 더 가깝고 일본 경지가 아닌데 일본 어민이 데려온 것이므로 송환한다는 요지의 내용이 포함되어 있었을 것이다.

그러나『원록각서』는 부속문건들을 다 보관 수록하면서, 기이하게도 안용복이 작성해 준 이 '제공받은 물품들을 기록한 장부(物共書付之帳)'는 기록 또는 수록하고 있지 않다. 여기에 관백 명의의 경위서가 있어야 하는데, 이것도 수록되어 있거나 공개되어 있지 않다.

그러므로 안용복의 1696년 조선 비변사에의 심문 공술이 진실이 아니라고는 누구도 단정하지 못한다. 도리어 안용복이 1696년에 작성해 제출

---

46 ① 權五曄·大西俊輝, 2008,『元祿覺書』(註釋), 제이앤씨, 287쪽.
② 오오니시 토시데루 저, 권정 역, 2011,『안용복과 원록각서』, 한국학술정보.

한 '일본 측으로부터 제공받은 물품 기록 장부'의 내용이 사라진 사실이 의심되는 것이다.

이 '일본 측으로부터 제공받은 물품'은 1693년 안용복 등에게 막부 관백의 명의로 증여한 것이다. 일본 어부들이 조선 해안에 표류해 오면 구휼하여 후대해서 송환하면서 국왕 또는 도백(道伯)의 이름으로 '경위서'와 함께 물품을 선물하는 동양 외교관계와 같은 것이다.

안용복이 받은 이 일본 관백 명의의 경위서와 선물은 송환하는 도중 대마도에서 대마도주가 빼앗은 것이었다. 대마도주가 이것을 빼앗아 변조한 것은 사실로 확신된다. 왜냐하면 안용복은 1696년 제2차 도일 때 안용복이 대마도주에 의해 이 물품과 서류를 빼앗긴 사실을 막부 관백에게 소송하려고 데리고 간 이인성(李仁成)에게 상소문을 작성케 하자, 대마도주의 부친이 안용복에게 그렇게 되면 아들이 관백의 처벌을 받게 된다고 사정한 곳에서도, 대마도주가 3년 전에 관백이 안용복에게 증여한 물품과 서류를 빼앗은 사실이 확인되기 때문이다.

또한 안용복의 『숙종실록』 공술기록 진술이 사실이었음은 무엇보다도 1696년 1월 28일 막부 관백의 '죽도도해금지령'에 의하여 확인된다. 막부 관백은 새해 인사 겸 직접 상경해 모인 번주들의 회의에서 "죽도(울릉도)는 일본에서는 160리나 되는 먼 곳이고 조선에서는 40리 되는 가까운 곳으로 울릉도(와 독도)는 조선 영토이고 일본 영토가 아니니 일본 어부들의 출어를 금지하라."는 요지로 결정하여 명령한 것이었다.

관백의 1696년 1월 28일의 이 결정은 안용복의 주장을 인정하고 귀국시킨 1693년 11월로부터 2년 2개월 후의 일이니, 안용복이 막부 관백으로 받았다는 서계의 내용과 2년 2개월 후 막부 관백의 결정 공포 내용이 완전히 동일한 것은 결코 우연이 아닌 것이다.

따라서 일본 외무성의 「다케시마 문제에 관한 10개의 포인트」 제5포인트의 주장은 완전히 허구이다. 『숙종실록』의 안용복 공술 기사는 진실이고, 이것을 한국 정부가 독도 영유권의 증거자료의 하나로 사용하는 것은 합당한 것이다.

셋째로, 일본 외무성이 「다케시마 문제에 관한 10개의 포인트」의 도처에서 한국은 1904년 이전에는 '독도'(송도)를 인지한 증거가 없다고 계속 주장하는 것은 전혀 사실이 아닌 거짓임이 안용복의 제1차 도일과 제2차 도일 자료에서도 명료하게 실증된다.

『숙종실록』 기사를 일단 접어두고, 안용복이 1696년 은기도에 도착해서 적어주고(또한 필사한) 「원록 9 병자년 조선주 착안 1권지 각서(元祿九丙子年 朝鮮舟着岸一卷之覺書)」의 문서가 이를 증명한다. 이 문서(1696년)에서는 조선의 8개 도(朝鮮之八道)를 기록해 주고, 강원도(江原道)의 아래에다 "이 도(道) 중에 죽도(울릉도)와 송도(독도)가 있다(此道中 竹島·松島有之)." 라고 기록하고 있다.

이 하나의 1696년의 문서만으로도 일본 외무성의 「다케시마 문제에 관한 10개의 포인트」의 안용복 사실 부정이나, 한국이 1904년 이전에는 독도(송도)를 인지했다는 증거가 없다는 주장이 얼마나 황당무계한 거짓이고 기만적인 것인가를 잘 알 수 있다.

안용복의 『숙종실록』에 기록된 진술 내용은 '사실'이 아니라는 일본 정부의 주장은 일본 측 증거문헌에서도 반증되는 억지에 불과한 것이다.

제13장

1696년 일본 도쿠가와막부 정권의 '독도·울릉도 = 조선 영토' 재확인과 존중의 의미

제1절 울릉도·독도가 조선 영토임을 알고 외국 영토에의 고기잡이 허가장만 내어준 일본 도쿠가와막부

일본 도쿠가와막부 정권이 1618년 '죽도도해면허', 1661년 '송도도해면허'를 일본의 두 어부 가문에 내어줄 때에, 그들은 죽도(울릉도)와 송도(독도)가 조선 영토임을 인지하고, 오직 두 섬에 들어가 고기잡이 하고 돌아올 것만을 허용하는 국경을 넘어가는 허가장으로서의 죽도도해면허와 송도도해면허를 내어 주었다.

그러므로 도쿠가와막부 정권이 약 70년 후 1696년 1월 28일 고기잡이 출어를 금지하기만 하면 '죽도'와 '송도'가 조선 영토이므로 논쟁은 자동적으로 모두 해결되는 것이었다. 이 사실은 1696년 1월 28일 도쿠가와막부 관백 아베분고(阿部豊後)의 이 조치에 대한 단호한 설명에 잘 드러나 있다.

일본 측 자료인 『조선통교대기(朝鮮通交大紀)』(1725년)는 1696년 1월 막부 관백 아베분고의 이때의 말을 다음과 같이 기록하였다.

죽도가 인번주(因幡州)에 속하게 되어 있다 하더라도 아직 우리 나라(일본) 사람들이 거주한 적은 없고, 태덕군(台德君, 德川秀忠) 때 요나고(米子)의 어민이 그 섬에 고기잡이를 하겠다고 출원했기 때문에 그것을 허락했던 것이다. 지금 그 땅의 지리를 헤아려 보건대 인번주와의 거리는 160리쯤이고 조선과의 거리는 40리쯤이어서, 일찍이 그 나라 땅이라는 것이 의심 없을 것 같다. 우리 국가에서 만약 병력(兵力)으로써 임한다면 무엇을 요구하여 얻지 못하겠는가? 다만 쓸모없는 조그마한 섬을 가지고 이웃 나라에 우호관계를 잃는 것은 좋은 계책이 아니다. 그리고 당초에 이 섬을 저 나라에서 빼앗은 것이 아니니 지금 또 돌려준다고 말할 수는 없다. 다만 우리 나라(일본) 사람들이 가서 고기잡이 하는 것을 금지해야 할 뿐이다. 지금 조정의 의논도 이전과 같지 않으니, 서로 다투어 마지않는 것보다는 각자 무사한 것이 낫다. 마땅히 이 뜻으로서 저 나라(조선)에 의논해야 할 것이다.

위의 도쿠가와막부 관백의 결정 설명에서 특히 다음을 주목할 필요가 있다.

(1) 죽도를 인번주(因幡州)에 속하게 할 수 있다 가정할지라도, 원래는 덕천수충(德川秀忠) 장군 때에 요나고의 어민이 그 섬에 고기잡이를 하러 나가겠다고 출원했기 때문에 허가를 내주었던 것이다.

(2) 죽도의 지리를 보면 인번주로부터의 거리는 160리이고 조선과의 거리는 40리이니, 죽도가 조선 영토임은 의문의 여지가 없다. 따라서 '죽도지내송도(竹島之內松島)'도 조선 영토임은 의심의 여지가 없다. 일본이 병력을 사용하여 죽도를 뺏고자 하면 물론 뺏을 수 있지만 불모의 소도(小島)를 뺏으려고 이웃 나라에 우호관계를 잃는 것은 현명한 정책이라고 볼 수 없다.

(3) 당초에 죽도(및 송도)를 조선으로부터 빼앗은 것이 아니니, 지금 또 이 섬을 조선에 돌려준다고 말할 수는 없다. (울릉도와 독도는 처음부터 조선 영토였고 일본 측이 이를 빼앗은 것이 아니라 오직 요나고의 어부들에게 고기잡이 가는 것을 허락했던 것뿐이므로 이제 이 섬을 조선에 돌려준다고 말할 것도 없다.) 오직 일본인들이 이 섬에 건너가서 고기잡이하는 것을 금지(禁止)하면 족한 것이다. 이를 금지하도록 하라는 것이다.

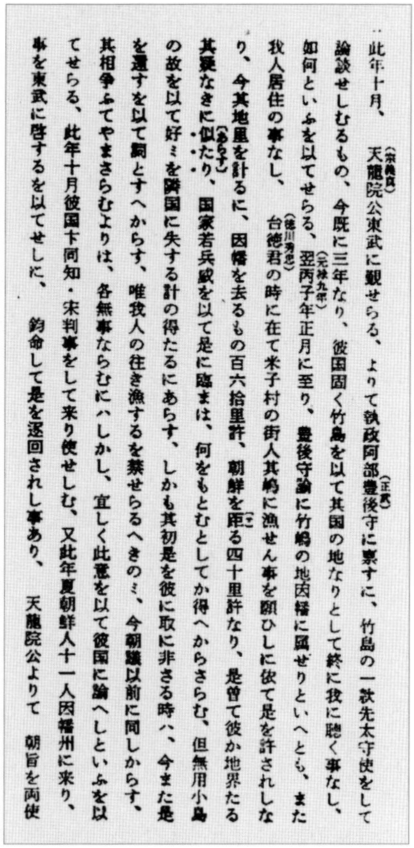
此年十月、(宗義真)天龍院公東武に覲せらる、よりて執政阿部(正武)豊後守に稟すに、竹島の一款先太守使をして論談せしむるもの、今既に三年なり、彼国固く竹島を以て其国の地なりとして終に我に聴く事なし、如何といふを以てせらる、(元禄九年)翌丙子年正月に至り、豊後守諭に竹嶋の地因幡に属せりといへとも、また我人居住の事なし、(徳川秀忠)台徳君の時に在て米子村の街人其嶋に漁せん事を願ひしに依て是を許されしなり、今其地里を計るに、因幡を去るもの百六拾里許、朝鮮を距る四十里(こ)許なり、是曽て彼か地界たる其疑なきに似たり(あらず)、国家若兵威を以て是に臨まは、何をもとむとしてか得へからさらむ、但無用小島の故を以て好ミを隣国に失する計の得たるにあらす、しかも其初是を彼に取に非さる時ハ、今また是を還すを以て詞とすへからす、唯我人の往き漁するを禁せらるへきのミ、今朝議以前に同しからす、其相争ふてやまさらむよりは、各無事ならむにハしかし、宜しく此意を以て彼国に諭へしといふを以てせらる、此年十月彼国卞同知・宋判事をして来り使せしむ、又此年夏朝鮮人十一人因幡州に来り、事を東武に啓するを以てせしに、鈞命して是を逐回されし事あり、天龍院公よりて朝旨を両使

그림 1-52 도해면허의 내용과 취소의 이유를 밝힌 1696년 1월 도쿠가와막부 관백의 논담을 기록한 『조선통교대기』의 부분

여기서 특히 주목할 것은 17세기 말 도쿠가와막부 관백 아베분고가 울릉도와 독도를 당초에 조선 영토이고, 요나고의 어민 오오야(大谷)과 무라카와(村川) 두 가문에게 죽도도해면허와 송도도해면허를 내어준 것은 울릉도(죽도)와 독도(송도)를 조선으로부터 빼앗은 것이 아니라, 요나고의 어부들이 그 섬으로 고기잡이하러 가겠다고 청원했으므로 월경(越境)하여 고기잡이하러 건너가는 것만을 허가했던 것에 불과한 것이었다고 지적한 점이다. 따라서 이제 일본인이 조선의 땅인 죽도와 송도에 건너가서 고기잡이하는 것을 금지시키면 모든 문제가 해결된다고 말한 것이었다.

즉 17세기 말 일본 도쿠가와막부의 최고통치자는 울릉도와 독도가 조선의 고유영토이고 일본의 고유영토가 전혀 아니며, 막부가 1618년과 1661년에 요나고(米子)의 어부들에게 도해면허를 내준 것은 그들의 청원에 따라 그 곳에 월경하여 건너가서 고기잡이함을 허가한 것뿐이지 그 섬이 일본 영토로 되었기 때문이 아님을 명백히 밝힌 것이다.

그러므로 오늘날의 일본 정부가 도쿠가와막부가 내어준 1618년의 「죽도도해면허」와 1661년의 송도도해면허를 가지고 오오야·무라카와의 두 가문 어부들이 월경하여 울릉도·독도 연해에서 1618~1691년, 약 70여 년간 고기잡이한 것을 가지고 독도를 일본 고유영토라고 주장하는 근거로 삼는 것은 전혀 사실과 다른 것이고 전혀 성립될 수 없는 것이며, 도쿠가와 막부의 당시의 허가 결정과 취소 결정의 이유 논거에도 정면으로 배치되는 황당무계한 주장인 것이다.

제2절 도쿠가와막부 정권의 독도·울릉도 조선 영토 존중의 의미

도쿠가와막부 정권이 1696년 1월 28일 죽도(울릉도)와 송도(죽도)가 조선 영토이므로 그곳에의 일본 어민의 출어를 금지한 조치를 내린 것은 일본 두 어부 가문에 내어준 '죽도도해면허'와 '송도도해면허'를 자동 취소한 것을 의미한다.

또한 이때(1696년 1월 28일) 도쿠가와막부 정권이 울릉도와 독도가 조선 영토임을 재확인했을 뿐 아니라, 일본 어부들의 출어를 엄금한 사실 및 이에 관련된 외교문서를 세 차례 교환한 것은 울릉도·독도의 영유권 논쟁뿐 아니라 어로 문제까지도 사실은 이때 모두 완전히 해결되어 종결되었음을 의미하는 것이다. 그러므로 그로부터 170여 년 후인 1868년 1월 수립된 일본의 메이지 정권도 이 도쿠가와막부 정권의 재확인을 계승하여 그대로 인정했던 것이다.

지금까지의 검토 논의를 결론 삼아 다시 한번 간단히 요약 정리하면 다음과 같이 말할 수 있다.

(1) 1996년부터 오늘의 일본 정부는 한국 영토인 독도를 일본 영토라고 주장함에 있어서 종래의 '무주지 선점론'과 함께, 역사적으로 독도가 일본의 고유영토였다는 '고유영토론'을 특히 강조하여 주장하고 있다. 일본은 그 증거로 1618~1695년 70여 년간 일본 도쿠가와막부의 승인하에 오오야·무라카와 두 가문의 죽도도해면허와 송도도해면허에 의한 울릉도·독도에 대한 '실효적 지배와 경영'을 들고 있다.

(2) 조선왕조 정부가 왜구의 노략질로 섬 주민이 상하는 것을 방지하기 위해 울릉도·독도에 대한 공도정책을 실시하는 틈을 이용하여, 일본 인번주(因幡州) 요나고(米子)의 상인 오오야 진키치와 무라카와 이치베에가 조선 영토인 울릉도(죽도)와 독도(송도)에 월경하여 건너가서 고기잡이하는 것을 허가해 달라고 당시 일본 중앙정부인 도쿠가와막부에 청원하자, 막부는 이 두 가문에게 1618년 죽도도해면허, 1661년에 송도도해면허를 허가해 주었다.

이때 오오야·무라카와 두 가문은 울릉도와 독도가 일본 영토였으면 구태여 중앙정부에 고기잡이하러 갈 허가장을 청원할 필요가 없었으나, 울릉도와 독도가 외국인 조선 영토였기 때문에 당시의 중앙정부인 도쿠가와막부에 월경하여 고기잡이 갈 허가를 청원한 것이었다. 또한 당시 도쿠가와막부도 외국(조선) 영토인 울릉도와 독도에 월경하여 고기잡이하는 허가로서 죽도도해면허와 송도도해면허를 내어준 것이었다.

이때 '죽도도해면허'와 '송도도해면허'를 두 가문이 '배령(拜領)'했다는 것은 오늘의 일본 정부의 시사와는 달리 죽도와 송도의 토지령(土地領)을 하사받았다는 뜻이 전혀 아니고, 이때의 '배령'은 고기잡이를 위한 월경(越

境) 허가를 '배수(拜受)'했다는 것에 불과한 것이다. '수령증(收領證)'이 '영토를 하사받은 증명'이 아니라 '영수증'에 불과한 것과 같다.

제3절 태정관 문서의 독도 조선 영토 재확인과 송도(독도) 도해면허 취소의 증명

일본 도쿠가와막부가 1696년 1월 28일 울릉도·독도를 조선 영토로 재확인하고 '죽도(울릉도)도해면허'를 취소할 때, 도쿠가와막부는 독도도 조선 영토임을 재확인하고, '송도(독도)도해면허'도 동시에 취소했음을 증명하는 것으로 이후 메이지 정부의 '태정관 문서'와 '내무성 문서'가 남아 있다.

일본 메이지 정부의 국가최고 행정기관인 태정관(太政官 : 총리대신부)과 내무성도 독도와 울릉도를 조선 영토라고 확실하게 인지하였다.

일본 내무성[내무대신 오쿠보 도시미치(大久保利通)]은 1876년(메이지 9년) 일본 국토의 지적(地籍)을 조사하고 근대적 지적도를 편제하는 사업에 임하여 시마네현(島根縣)의 지리 담당 책임자로부터 동해에 있는 죽도(竹島, 울릉도)와 송도(松島, 독도)를 시마네현의 지도에 포함시킬 것인가 뺄 것인가에 대한 질의서를 1876년 10월 16일자 공문으로 접수하게 되었다. 일본 내무성은 약 5개월에 걸쳐 시마네현이 제출한 부속문서뿐 아니라 조선 숙종 연간(일본 원록 연간)에 안용복 사건을 계기로 조선과 교섭한 관계문서들을 모두 정밀하게 조사해 본 후, 울릉도와 독도는 조선 영토이고 일본과는 관계없는 곳이라는 결론을 내렸다.

일본 내무성은 울릉도·독도는 일본과는 관계없는 섬이고 조선 영토라는 결론은 내렸으나, 영토를 지도에 넣거나 빼는 것은 영유권에 관련된 중대 사안이므로 내무성 단독으로 최종 결정을 내릴 수는 없고, 국가 최고 기관인 태정관[우대신 이와쿠라 도모미(岩倉具視)]의 최종 결정을 받아야 한다고 판단하여 1877년(메이지 10년) 3월 17일 질품서(질문서)를 부속문서들과 함께 태정관에 올렸다.[47] 내무성의 질품서에서는 특히 다음의 주목할 특징이 있었다.

첫째, 내무성의 질품서가 '울릉도(죽도)와 그 외 1도'의 두 섬을 하나로 묶어 소속 여부 판정을 질의하고 있다는 점이다. 여기서 '그 외 1도'가 독도(송도)이면 문제가 해결된다.

둘째, '울릉도'와 '그 외 1도'의 소속 문제가 1692년(원록 5년) 조선인(안용복)이 입국한 이후 별지서류에 기록되어 있는 바와 같이 문제가 되었다가 1696년 1월 평의(評議 : 관백)의 지시에 의하여 조선의 영토로 인정되었고, 막부와 조선 정부 사이에 구상서(口上書)의 교환도 1699년에 끝나 죽도(울릉도)와 '그 외 1도'는 일본과는 관계가 없고 조선 영토라고 들었지만, 영토의 취사는 중대한 일이므로 태정관의 최종 결재를 요청한다는 것이다.

셋째, 여기서 '죽도와 그 외 1도'의 '외 1도'가 '송도'이면 '죽도와 송도'가 동시에 도쿠가와막부 정부(구 정부)에 의하여 1696년 1월 일본과 관계없는 조선 영토로 재확인되고, '죽도도해면허' 취소와 함께 동시에 '송도도해면허'도 취소되었음을 알 수 있게 된다.

일본 내무성은 이와 함께 조선 숙종 연간(일본 원록 연간)에 조선과 왕복한 문서들을 첨부하면서 '죽도와 그 외 1도(竹島外一島)'의 '1도'가 바로 '송도'를 가리키는 것임을 설명하는 다음과 같은 문서를 첨부하였다.

---

47 日本政府 編,『公文錄』內務省之部1, 1877年 3月 17日條,「日本海內竹島外一島地籍編纂方伺」.

다음에 1도(一島)가 있는데 송도(松島)라고 부른다. 둘레의 주위는 30정보 정도이며, 죽도(竹島)와 동일선로에 있다. 은기(隱岐)로부터의 거리가 80리 정도이다. 나무나 대는 드물다. 바다짐승이 난다.[48] (원본은 중권 50쪽, 〈그림 2-6〉 참조, 밑줄은 저자가 표시한 것임)

즉 일본 내무성이 1696년 1월의 도쿠가와막부 장군의 울릉도(죽도)·독도(송도)를 조선 영토로 재확인하여 결정할 때의 문서를 필사 정리하여 태정관에게 제출한 질품서 부속문서에서 "다음에 1도(一島)가 있는데 송도(松島)라고 부른다."고 하여 '그 외 1도'가 송도임을 명확히 밝히고 있는 것이다.

뿐만 아니라 일본 내무성은 '죽도'와 '그 외 1도'가 송도임을 증명하는 「기죽도약도(磯竹島略圖)」까지 태정관에게 제출했는데, '그 외 1도'는 울릉도 동남쪽 정확한 위치에 그린 '송도'였다(원본 지도는 중권 46쪽, 〈그림 2-4〉 참조).

태정관에서는 내무성의 질품서를 다시 검토해 보고 울릉도와 그 외 1섬 독도는 내무성의 판단과 같이 역시 일본과는 하등 관계가 없는 곳이고 조선 영토라고 판정하여 최종 결정을 내렸다.

태정관에서는 먼저 내무성의 질품서를 접수하여 검토한 후, 조사국장의

48 『公文錄』, 內務省之部1, 別紙文書. "磯竹島一ニ竹島ト稱ス. 隱岐國ノ乾位一百二拾里許ニ在ス. 周回凡九十里許山峻沮ニシテ平地少シ. 川三條アリ. 又瀑布アリ. 然レトモ深谷幽邃樹竹稠密其源ヲ知ル能ハス. 唯眼ニ觸レ其多キ者植物ニバ 五琰松 紫木再檀 黃蘗 椿 驕 絨 桐 雁皮 炙 竹 マノ竹 胡蘿 蔔 蒜 款冬 臺荷 獨活 百合 午房 茱萸 覆盆子 虎杖 アヲキハ, 動物ニハ 海鹿 娫 染 山雀 鳩鑑 弱 凫 韻 燕 鷲 鷲 蹂 ナヂコ アナ鳥四十雀ノ類 其他辰砂岩綠靑アルヲ見ル. 魚貝ハ枚拳ニ暇アラス. 就中海鹿鮑ヲ物産ノ最トス. 鮑ヲ獲ルニタニ竹ヲ海ニ投シ朝ニコレヲ上レハ鮑枝葉ニ著クモノ棠シ其味絶倫ナリト. 又海鹿一頭能ク數斗ノ油ヲ得ヘシ. 次ニ一島アリ松島ト呼フ. 周回三十町許竹島ト同一線路ニ在リ. 隱岐ヲ距ル八拾里許 樹竹稀ナリ. 亦魚獸ヲ産ス." (밑줄은 저자가 표시한 것임)

기안으로 1877년 3월 20일 '품의한 취지의 죽도 외 1도의 건에 대하여 본방(本邦 : 일본)은 관계없다는 것을 심득(心得)할 것'이라는 지령문을 작성하여 이를 최종 결정하였다.

태정관의 지령문에서 "죽도(울릉도)와 그 외 1도(송도)가 일본과 관계없다."는 것은 그 앞에 "위는 원록(元祿) 5년 조선인(안용복)이 입도한 이래 그 나라(조선)와 〈문서〉 왕복(1696~1699년)의 결과 일본과 관계없다."고 본문에서 설명한 바와 같이, 1696~1699년 당시에 죽도(울릉도)와 '그 외 1도'인 송도도 일본과 관계없는 땅이니, 이를 마음으로 잘 익히라고 지령한 것이었다.[49]

일본 메이지 정부 내무성과 태정관이 1696~1699년 도쿠가와막부 정부 문서들을 찾아내어 이때 울릉도와 독도가 조선 영토로 재확인되었고, 일본인들의 출어와 도항을 금지시켰다는 사실은 1696년 1월 '죽도(울릉도)도해면허'와 '송도(독도)도해면허'가 동시에 도쿠가와막부에 의해 취소되었음을 명백히 증명하는 것이다.

즉 1696년 1월 일본 도쿠가와막부 정권이 울릉도와 독도가 조선 영토이고 일본과 관계없는 땅임을 재확인하여 도항금지를 명령했을 때 '죽도도해면허'와 '송도도해면허'는 자동적으로, 동시에 취소되었고, 위반자는 처벌받게 된 것이었다.

그러므로 오늘날 일본 정부가 1696년 1월 취소된 것은 '죽도도해면허'

---

49 『公文錄』, 內務省之部1, 1877年 3月 20日條, 「太政官指令文書」. "「別紙內務省伺日本海內竹嶋外一嶋地籍編纂之件" 태정관 용지에 작성된 이 귀중한 공문서의 지령문에는 태정관 우대신 이와쿠라 도모미(岩倉具視, 메이지 정부 최고지도자 중의 하나)의 도장이 찍혀 있다. 일본의 국가행정 최고기관인 태정관은 죽도(울릉도)와 그외 1도 송도(독도)가 이미 1696년에 구 정부(도쿠가와막부 정권)에 의해 조선 영토이고 일본과는 관계없는 영토로 확인되었음을 최종 재확인 결정한 이 지령문을 1877년 3월 29일 정식으로 내무성에 내려보내 지령의 절차를 완료하였다(원본 사진은 중권 50쪽, 〈그림 2-6〉 참조).

뿐이고, '송도'는 일본영토로 확인되어 '송도(독도)도해면허'는 취소되지 않았다고 주장하는 것은 1877년의 일본 '태정관 문서'와 '내무성 문서'까지 부정하는 황당무계한 거짓인 것이다.

제4절 1785년 일본 고지도에서 재확인된 조선의 울릉도·독도 영유

도쿠가와막부의 1696년 1월의 울릉도(죽도)·독도(송도)의 조선 영토 재확인은 그 이후 도쿠가와막부 시대 고지도들에도 잘 묘사되었다.

예컨대, 일본에서 도쿠가와막부 시대에 일본·조선·중국의 국경 구분을 그린 대표적 지도인 하야시 시헤이(林子平)의 『삼국통람도설(三國通覽圖說)』의 부속지도인 「삼국접양지도(三國接壤之圖)」(1785년)와 「대일본지도(大日本之圖)」(1785년)에서는 국경과 영토를 명료하게 나타내기 위하여 나라별로 채색을 하면서 조선을 황색으로, 일본은 녹색으로 나타냈는데, 울릉도와 우산도(독도)를 정확한 위치에 그려넣었고, 두 섬을 모두 조선의 색인 황색으로 표시하였다. 뿐만 아니라 이 지도는 울릉도와 독도 두 섬 옆에 다시 '조선의 것임(朝鮮ノ持也)'이라는 문자를 적어 넣어 울릉도와 독도가 조선 영토임을 거듭 명백하게 강조하였다(〈그림 1-53〉 참조).

하야시 시헤이의 『삼국통람도설』의 부속지도인 「삼국접양지도」를 독일인 클라프로트(J. Klaproth)가 1832년 프랑스어로 번역 출판하였다. 이 지도에서도 한국은 황색, 일본은 녹색으로 채색했는데, 동해 가운데 울릉도와 독도는 한국의 색인 황색으로 채색해서 한국 영토임을 명백히 표시하였다. 클라프로트는 독도와 울릉도의 황색 섬 위에 다시 "Takenoshima á la corée(다케시마는 조선의 것)"라고 써서 독도와 울릉도가 한국 영토임을 더욱

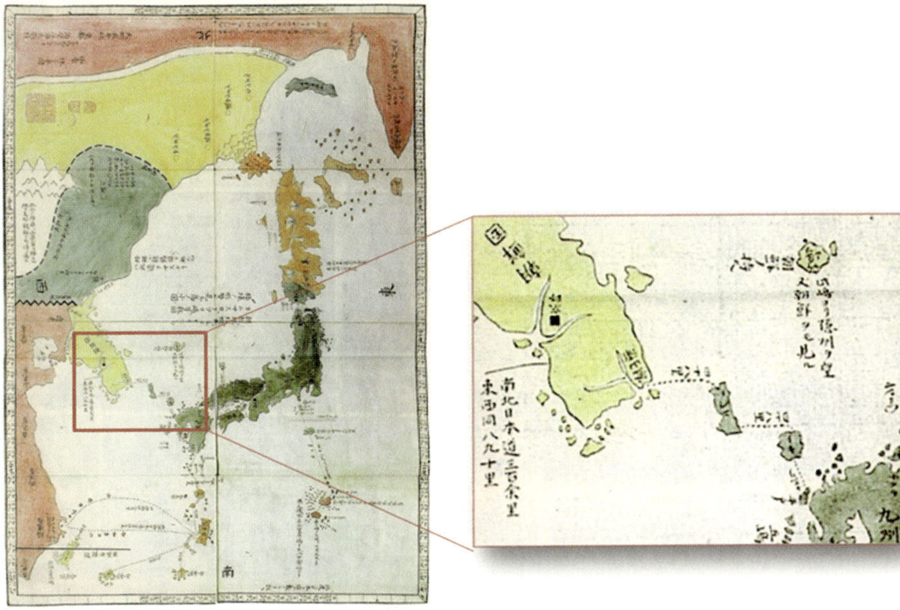

그림 1-53 일본의 실학자 하야시 시헤이가 그린 「삼국접양지도」

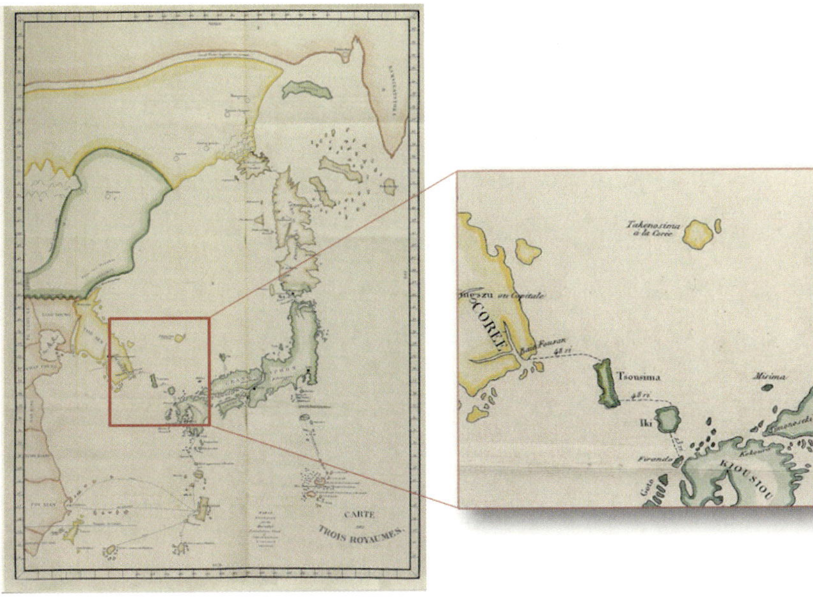

그림 1-54 하야시 시헤이의 「삼국접양지도」를 독일인 클라프로트가 1832년 프랑스어로 번역 출판하면서 울릉도와 독도를 한국의 색인 황색으로 채색하고 'Takenoshima á la corée(독도는 한국 영토임)'라고 적었다.

그림 1-55
18세기 일본에서 제작된 「총회도」. 이 지도는 조선·일본·중국의 영토를 색으로 구분했는데 조선은 황색, 일본은 적색으로 채색하였다. 울릉도와 독도는 모두 조선의 색인 황색으로 칠했고 그 위에 다시 '朝鮮ノ持也(조선의 것임)'라고 문자를 써넣어 독도와 울릉도가 모두 조선 영토임을 표시하였다.

명료하게 밝혔다(〈그림 1-54〉 참조).

1785년경 도쿠가와막부 시대의 지도인 「총회도(總繪圖)」에서는 국경과 영토를 명백히 구분하기 위하여 일본은 적색으로, 조선은 황색으로 채색했는데, 울릉도와 독도를 정확한 위치에 그려 넣고 이름을 밝히지 않은 채 모두 조선의 색인 황색으로 표시해서 두 섬 이 조선 영토임을 표시하였다. 이 지도 또한 울릉도와 독도 위에 '朝鮮ノ持也(조선의 것임)'이라는 문자를 적어 넣었다(〈그림 1-55〉 참조).

여기서 주목할 것은 18세기 일본 도쿠가와막부 시대의 대표적 지도들이 울릉도와 독도를 조선 영토로 그려넣으면서 단순히 구분만 하지 않고 '조선의 것임(朝鮮ノ持也)'이라고 표기한 사실이다. 이것은 조선·일본 간의 이른바 울릉도·독도 논쟁이 해결되어 울릉도와 독도가 '조선의 것'으로 확

정되었다는 도쿠가와막부의 1696년 1월의 재확인 최종 판정을 지도에 반영한 것이었음을 알 수 있다.

제5절 하치에몬 밀항 재판에서 재확인된 조선의 울릉도·독도 영유

도쿠가와막부의 조선 영토 울릉도·독도에의 일본인의 도항을 금지한 명령을 위반하여 처형된 '하치에몬(八右衛門) 밀항 사건'에서도 조선왕조의 울릉도·독도 영유가 명료하게 재확인된다.

하마다(浜田)번의 어용상인 아이즈야 하치에몬(會津屋 八右衛門)은 막부 정권이 1696년 1월 28일 결정하여 내린 조선 영토 울릉도·독도에의 도해금지령(渡海禁止令)을 위반하여, 1832년 조선과 밀무역을 하려고 도해면허를 받지 못한 채 독도(송도) 옆을 거쳐서 울릉도(죽도)에 건너갔다가 돌아왔다. 이 밀무역행에는 지역 재정을 고려한 하마다번주 마쓰다이라 야스토오(松平康任)의 묵인이 있었다.

뒤늦게 4년 후인 1836년 6월 이를 탐지하게 된 막부 정권은 하치에몬과 그에 협조한 자들을 체포하여 심문한 후 하치에몬과 하시모토 산베(橋本三兵衛)를 처형하였다.[50]

하치에몬도 울릉도와 독도가 조선 영토임을 잘 인지하였다. 하치에몬의 심문기록으로 『조선죽도도해시말기(朝鮮竹島渡海始末記)』가 남아있다. 이

50 도쿠가와막부는 1836년 12월 23일 하치에몬 등에게 다음과 같이 판결하여 집행하였다. "하시모토 산베(橋本三兵衛)와 아이즈야(会津屋)는 참형, 타노모(頼母)와 즈쇼(圖書)는 할복(切腹), 또한 번주인 야스토오(康任)는 사형은 면하되 칩거를 명한다."

심문기록 일부에서 하치에몬은 죄를 면해 모려고 동료 하시모토로부터 '죽도도해'는 금지했으나 송도로 건너가는 것은 무방한 것 같다는 말을 듣고, 송도에는 나무가 없어 벌목할 것이 없으므로 지나가고 죽도에 건너가서 벌목했다고 변명하였다.

오늘날 일본 정부는 하치에몬의 이 변명을 갖고 당시 도쿠가와막부가 '죽도도해면허'는 취소했으나, '송도도해면허'는 취소하지 않았다고 주장하고 있다. 그러나 이것은 전혀 사실이 아니다.

당시 하치에몬도 송도와 죽도가 조선 영토임을 잘 인지했으며, 이 심문기록에 부착되어 있는 그가 그렸다고 하는 지도에도 송도와 죽도를 모두 조선 영토로 그렸다. 즉 조선 영토는 붉은 색, 일본영토는 푸른 색으로 채색하면서, 그는 송도와 죽도를 모두 붉은 책으로 채색하여 모두 조선 영토임을 명백히 하였다.

도쿄대학 도서관에도 하치에몬의 심문기록이 『죽도도해일건 전(竹島渡海一件 全)』이란 제목으로 수장되어 있다. 이 기록에도 하치에몬이 그렸다는 「죽도방각도(竹島方角圖)」라는 지도가 부착되어 있는데, 나라별로 채색하면서 조선은 붉은색, 일본은 녹색으로 채색하고, 송도와 죽도는 조선의 색인 붉은색으로 색칠하였다. 한편 은기도에 대해서는 일본의 색인 녹색으로 색칠하였다.

일설에는 이 「죽도방각도」는 도쿠가와막부 심문관이 그린 것이라는 해석도 있다. 공식 재판 기록에 이 지도를 첨부한 것은 누가 그렸든지 간에 도쿠가와 재판부가 공인한 것이다. 하치에몬과 도쿠가와막부가 모두 송도(독도)와 죽도(울릉도)는 조선 영토임을 인지한 것이었다.

도쿠가와막부 정권은 조선 영토인 울릉도와 독도에 일본인들의 도항 재발 방지를 위해 1836~1839년 일본 서북 해안에 1832년 2월 나무로 만든 경고판을 세워 다른 나라로 도해(渡海)함을 엄금하였다.

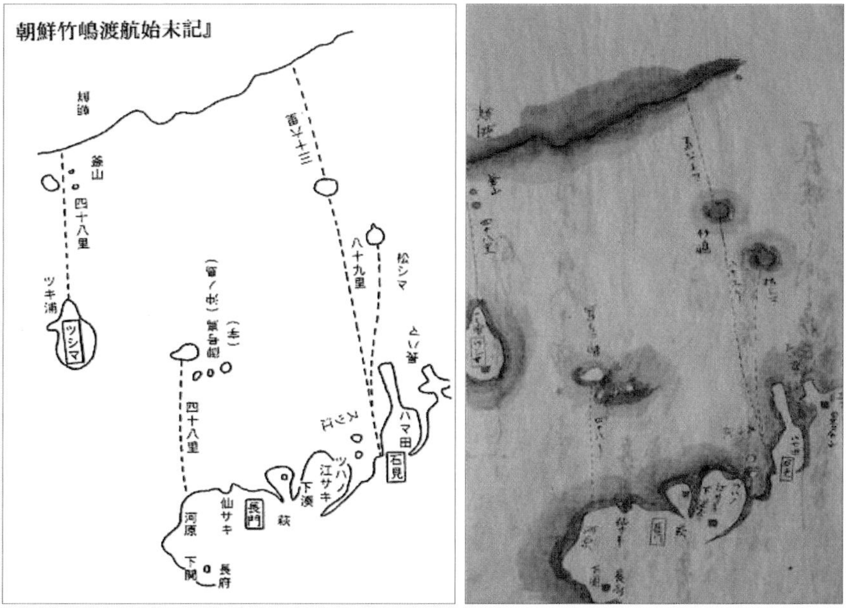

그림 1-56 독도와 울릉도를 채색으로 조선 영토라고 표시한 「죽도방각도」(자료 : 동북아역사재단, 일본 시마네현 하마다시립도서관 소장)

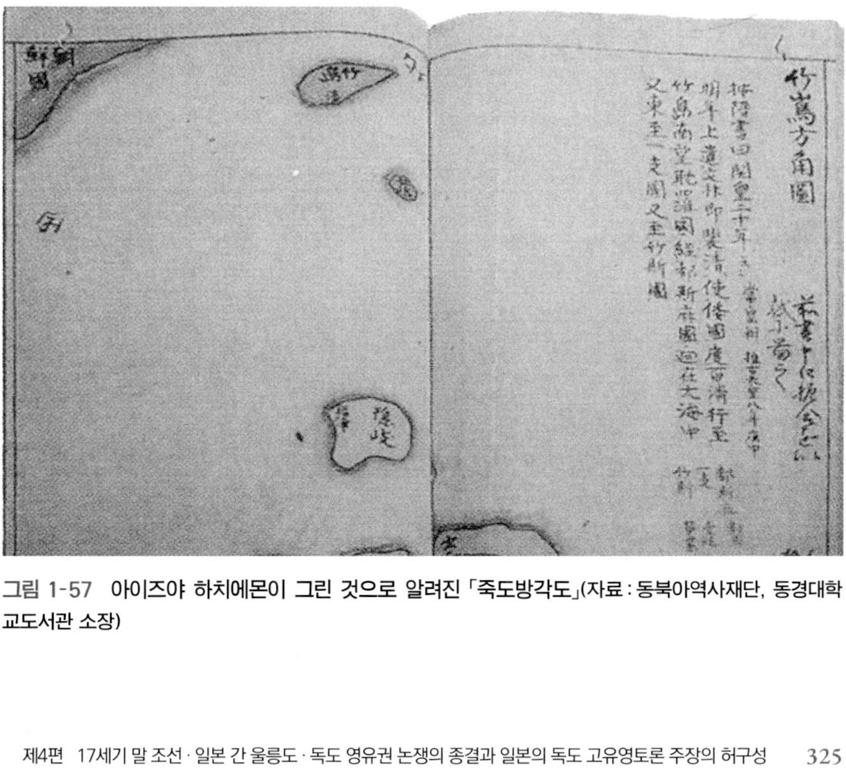

그림 1-57 아이즈야 하치에몬이 그린 것으로 알려진 「죽도방각도」(자료 : 동북아역사재단, 동경대학 교도서관 소장)

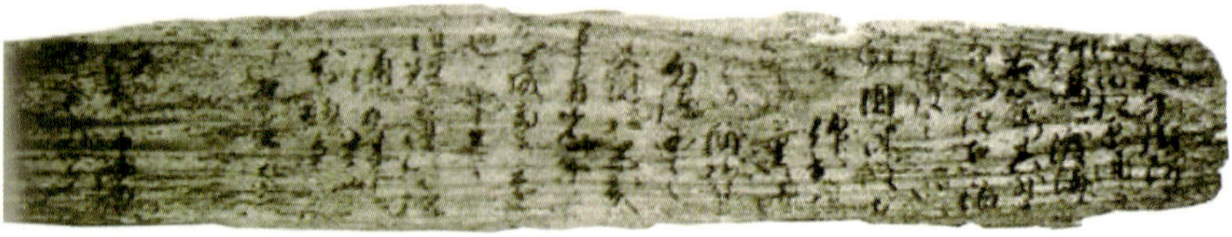

그림 1-58　1839년 독도·울릉도 도항 금지 경고판(시마네현 하마다향토자료관 소장)

그림 1-59　막부의 명령을 받아 다카다(高田)번이 1837년에 니가타현(新瀉県) 해안에 세웠던 경고판 (자료 : 조선일보)

도쿠가와막부 정권은 집권이 끝나는 1868년 1월까지 울릉도·독도에 조선의 영유권을 잘 존중하였다.

제14장

조선왕조의 수토제도 및 17~19세기 울릉도·독도 수토와 일본 도쿠가와막부의 조선 영토 울릉도·독도 존중

제1절 울릉도 수토의 실시

1) 울릉도에 진(鎭) 설치 검토

1693년 봄 울릉도에 출어한 동래어민 안용복 일행과 일본 오오야(大谷)가 어민 일행의 논쟁 및 안용복·박어둔 납치 사건이 일어나고, 대마도주 종의륜(宗義倫)이 울릉도·독도 영유권 논쟁(조선 측의 울릉도쟁계와 일본 측의 죽도1건)을 일으키자, 조선 조정에서는 울릉도 방어책이 일어났다. 방어책은 ① 처음에는 울릉도 설진(設鎭)이 추진되고 검토되었다가 ② 결국은 수토제도(捜討制度)의 성립으로 귀결되었다.[51] 이 과정을 간단히 보기로 한다.

1694년 2월 일본 대마도주 종의륜이 귤진중(橘眞重)을 동래에 파견하

51 ① 송병기, 2007, 「울릉도 수토제도의 확립과 지리적 지견의 확대」, 『울릉도와 독도』, 단국대학교출판부, 107~131쪽.
② 유미림, 2013, 「울릉도 수토와 수토제의 추이에 관한 고찰」, 『우리 사료 속의 독도와 울릉도』, 지식산업사, 66~93쪽.

여 '울릉도'가 아닌 별개의 일본 영토 '죽도'(竹島)가 있는 것처럼 전제하면서, "이제 이후로는 죽도에 조선 선박이 출어하는 것을 결코 용납하지 않을 터이니 귀국도 (조선 어민의 죽도 출어를) 엄격히 금제(禁制)해 달라."는 엉뚱한 요구를 해왔을 때, 조선 조정에 집권한 온건대응파 좌의정 목래선(睦來善), 우의정 민암(閔黯) 등은 사나운 일본과 마찰을 피하는 것이 상책이라고 생각하여, '울릉도'가 우리 영토임만 밝히고 저들의 '죽도' 출어 금지 주장을 받아들인 회답문서를 발송했었다.[52] 이 회답문은 "우리나라의 경지(境地)인 '울릉도'일지라도 멀다고 생각하여 동해안 어민의 출어를 허락지 않았거늘, 하물며 귀국의 경지인 '죽도'에 들어감을 허락하겠느냐."는 요지로 '울릉도'는 조선 영토, '죽도'는 별개의 귀국 경지임을 묵인하는 것처럼 만든 것이었다.

대마도의 귤진중이 이 회답문의 "우리나라의 경지 '울릉도'일지라도"의 '울릉도' 명칭 삭제를 요구하여 말썽을 피우자, 조선 조정에서도 일본이 울릉도의 침탈을 노리고 있음을 명확히 간취하고 강경대응론이 온건대응파를 규탄하면서 강력히 대두하여 정권이 교체되고, 강경대응파 남구만(南九萬)이 영의정에 임명되었다.

이때 1694년 2월 울릉도에 군사를 보내어 진(鎭)을 설치하자는 주장이 대두되었다.[53] 승지 김구만(金龜萬)은 울릉도에 군사의 진을 설치하여 왜인의 침입에 대비하자고 다음과 같이 주장하였다.

> 후에 승지 김구만(金龜萬)이 강연에 모시고 있다가 임금에게 아뢰기를, "신이 옛날 강원도사(江原都事)로 있었을 때, 바닷가에 이르러 거주하는 사

---

52 『肅宗實錄』 肅宗 20年 2月 辛卯條.

53 신용하, 1996, 『독도의 민족영토사』, 지식산업사, 99~105쪽.

람들에게 울릉도를 물었더니 가리켜 보이므로 바라보니 세 봉우리가 뚜렷했었는데, 해가 뜰 때에는 도무지 볼 수가 없었습니다. 이로써 영암(靈巖)의 월출산(月出山)에서 제주(濟州)를 바라본 것에 비하면 오히려 가까운 편입니다. 신은 마땅히 이 섬에 진(鎭)을 설치하고 뜻밖의 변고에 대비해야 한다고 생각합니다. 지난번에 고기잡이를 한 사람들을 귀향보낸 것은 잘못이라고 생각합니다."라고 하였다. 임금이 말하기를, "너의 말도 또한 보는 바가 있구나." 하였다.[54]

강경대응파 영의정 남구만 등은 울릉도 수호에 단호한 의지를 갖고 설진(設鎭)에도 관심이 컸다. 이것은 온건대응파가 대마도주에게 보낸 모호한 회답문을 취소하여 거두어들이고 '울릉도가 곧 죽도이며 조선 영토'임을 명료하게 밝힌 새 회답문을 보내자는 남구만의 상소문에서, "조종(祖宗)의 강토에 또 어찌 타인을 용납하겠습니까. (…) 섬에는 대어(大漁)가 많고 큰 나무, 큰 대나무가 깃대같이 많으며 토산물이 풍부하다고 합니다. 만약 왜(倭)가 〈울릉도를〉 점거하여 이것들을 가지면 가까운 강릉·삼척이 반드시 그 해를 입을 것입니다."[55]라고 상소한 곳에서도 이를 확인할 수 있다.

대마도주 등이 앞장서서 울릉도 침탈을 집요하게 노리는 것이 보이자, 1694년(숙종 20년) 7월 16일 전무겸선전관(前武兼宣傳官) 성초형(成楚珩)이 일본의 울릉도 침입시도에 대비하여 울릉도에 군대의 1개 진(鎭)을 설치해서 일본의 야욕에 대비해야 한다고 상소하였다. 성초형은 울릉도가 ① 군

54 『肅宗實錄』肅宗 20年 辛卯(23일)條. "於是 治泊船鬱陵島人 或刑訊或編配. 後承旨金龜萬侍講筵 白上曰 臣昔爲江原都事 至海上 問居人以鬱陵島 則爲指示之 臣早起遙望 三峰歷歷 及日出 都不可見矣. 以此比之於靈巖 月出山之望濟州 則尙爲近矣. 臣謂當置鎭于此島 以備不虞 向者漁採人之 謫配 恐爲過也 上曰爾言亦有見矣."

55 『肅宗實錄』肅宗 20年 2月 辛卯(23일)條.

략상 국가의 요충이며, ② 땅이 넓고 비옥하여 농사를 할 수 있음에도 그동안 폐기해 왔는데, ③ 이제 왜인이 구거지계(求居之計 : 들어와 거주하기를 요구하는 계책)를 드밀고 있다고 하니 ④ 울릉도에 특별히 군대의 진(약 5백 명 1개 부대의 주둔지)을 설치하여 왜인들이 아예 넘보지 못하게 방비를 튼튼히 해야 한다고 건의한 것이었다.[56]

그 사이 대마도에 돌아갔던 귤진중이 남구만 등이 작성한 회답서에 대한 대마도주의 재차 회답서를 갖고 조선에 왔는데, 역시 '울릉' 두 글자의 삭제를 요청한 것이었다.

영의정 남구만은 울릉도에 설진 등 방비책의 강화 필요를 더욱 절감하고, 국왕에게 울진현 삼척첨사(三陟僉使)에게 울릉도 관리의 책임을 맡기되, 먼저 삼척첨사를 울릉도에 파견하여 현지조사를 실행한 다음 조사보고를 검토하여, 백성을 모집해서 울릉도에 거주시키거나 군대의 진을 설치하여 울릉도를 굳게 방비하기 위해서 장한상(張漢相)을 삼척첨사로 임명하도록 건의하였다. 왕이 이를 윤허하였으므로, 울릉도 현지조사가 본격적으로 추진되었다.[57]

2) 삼척첨사 장한상의 울릉도 현지조사 수토와 독도 관망

울릉도 현지조사와 수토를 첫 번째 임무로 새로이 임명된 삼척첨사 장한상(張漢相)과 접위관(接慰官) 유집일(兪集一)은 1694년 8월 울진현 삼척에 부임하였다.

원래 수토(搜討)제도는 울릉도 수토를 위해 이때 처음 시작된 것이 아니

56 ①『承政院日記』肅宗 20年 7月 16日條.
②『肅宗實錄』肅宗 20年 7月 壬午(16일)條.

57 『肅宗實錄』肅宗 20年 8月 戊申(13일)條.

라, 이미 조선왕조 성립 직후 태종 때 시작되어 1894년 갑오개혁 때까지 간헐적으로 또는 정기적으로 시행된 조선왕조의 제도였다.[58]

수토제도의 목적은 변방의 작은 섬 등에 외인(外人)이 들어와 있지 않은지, 국인(國人)이 조세와 부역을 피하여 작은 섬에 들어가 숨어 살고 있지나 않은지, 외국인과 내국인이 작당하여 밀무역이나 침략을 꾀하지나 않는지 수색(搜索)하여 정토(征討)하기 위한 것이었다.

최근 이원택 박사의 17세기 말부터 1894년까지 조선왕조가 실시한 조선왕조의 변방 수토 실시의 조사결과표는 다음 〈표 1-9〉와 같다.

표 1-9 17~19세기 울릉도 수토 일람표

수토 연도	수토관		수토 근거 사료	특이사항
	직위	성명		
1694	군관	최세철	『서계잡록』「울릉도」	수토기
1694	삼척첨사	장한상	『숙종실록』(숙종 20년 8월 기유) 『울릉도사적』 『서계잡록』「울릉도」	수토기
1699	월송만호	전회일	『숙종실록』(숙종 25년 7월 임오)	
1702	삼척영장	이준명	『숙종실록』(숙종 28년 5월 기유)	
1705	월송만호		『숙종실록』(숙종 31년 6월 을사)	
1709				수토정지
1711	삼척영장	박석창	울릉도수토박물관 비문	
1714	월송만호	남중하		
1719	삼척영장		『승정원일기』(숙종 45년 5월 26일)	

58 ① 이원택, 2019, 「조선의 海禁과 搜討 정책」, 독도연구보전협회·독도학회 주최 2019년도 학술대토론회 논문집, 『독도 관련 연구·정책의 최근 동향과 학제적 분석』, 261~290쪽. ② 이원택, 2018, 「19세기 울릉도 수토제 운영 실태에 관한 연구」, 『이사부와 동해』 제14호, 158~162쪽.

수토 연도	수토관		수토 근거 사료	특이사항
	직위	성명		
1727	삼척영장	이만협		
1735	삼척영장	구억	『영조실록』(영조 11년 1월 갑신)	
1745	월송만호	박후기	『승정원일기』(영조 22년 4월 24일)	
1751	삼척영장	심의희	『승정원일기』(영조 45년 10월 15일)	
1765	삼척영장	조한기	『와유록』 제4책 「울릉도수토기」 『승정원일기』(영조 41년 2월 18일)	수토기 전년도 연기 거행
1769	삼척영장	홍우보	『승정원일기』(영조 45년 12월 10일)	
1770	삼척영장		『승정원일기』(영조 46년 윤5월 5일)	
1772	월송만호	배찬봉	『승정원일기』(영조 48년 5월 6일)	
1776	월송만호		『승정원일기』(정조 즉위년 5월 22일)	
1779			『승정원일기』(정조 2년 12월 20일)	
1783			『승정원일기』(정조 9년 1월 10일)	
1786	월송만호	김창윤	『일성록』(정조 10년 6월 4일)	수토기
1787			『한길고택일기』(정조 11년 8월 12일)	특별 수토
1790	월송만호			
1794	월송만호	한창국	『정조실록』(정조 18년 6월 무오)	수토기
1795	삼척영장	이동헌	『승정원일기』(정조 23년 3월 18일)	
1797	삼척영장	이홍덕	『승정원일기』(정조 20년 6월 24일, 정조 23년 3월 18일)	
1799	월송만호	노인소	『승정원일기』(정조 23년 10월 2일)	
1801	삼척영장	김최환	울릉도 태하리 각석문 『항길고택일기』(순조 1년 3월 30일)	
1803	월송만호	박수빈	『비변사등록』(순조 3년 5월 22일) 『승정원일기』(순조 3년 5월 22일) 『일성록』(순조 3년 5월 22일)	
1805	삼척영장	이보국	울릉도 태하리 각석문	
1807	월송만호	이태근	『항길고택일기』(순조 7년 2월 7일) 『일성록』(순조 7년 8월 3일)	강원감영 장계 (수토관 첩정)

수토 연도	수토관		수토 근거 사료	특이사항
	직위	성명		
1809	삼척영장	이재홍	『항길고택일기』(순조 9년 3월 1일)	수토관 추정
1811	월송만호	김원증	『항길고택일기』(순조 11년 3월 1일)	수토관 추정
1813	삼척영장	한대호	『항길고택일기』(순조 13년 2월 21일)	수토관 추정
1815	-	-	『승정원일기』(순조 15년 1월 13일) 『일성록』(순조 15년 1월 13일)	수토 정지 (월송만호 차례)
1819	삼척영장	오재신	『항길고택일기』(순조 19년 윤4월 9일)	
1823	삼척영장	남희	『항길고택일기』(순조 23년 3월 1일) 「수토절목」(계미 10월)	수토관 추정
1827	삼척영장	하시명	『일성록』(순조 27년 5월 19일)	강원감영 장계 (수토관 첩정)
1829	월송만호		『항길고택일기』(순조 29년 4월 3일)	수토관 추정
1831	삼척영장	이경정	울릉도 태하리 각석문 『일성록』(순조 31년 5월 14일)	강원감영 장계 (수토관 첩정)
1841	월송만호	오인현	『비변사등록』(헌종 7년 6월 10일) 『각사등록』13, 564하(1841.6.22.) 『일성록』(헌종 7년 6월 10일)	
1843	삼척영장	박종무	『항길고택일기』(헌종 9년 4월 3일)	수토관 추정
1845	월송만호	오신범	『항길고택일기』(헌종 11년 3월 17일)	수토관 추정
1847	삼척영장	정재천	울릉도 태하리 각석문(헌종 13년) 『일성록』(헌종 13년 5월 4일)	
1849	월송만호	이규상	『각사등록』11, 592상-594하 (1849.8.9.) 『일성록』(헌종 15년 5월 4일)	강원감영 장계 (수토관 첩정)
1853	월송만호	석충선	『각사등록』27, 79상하(1857.윤5.5.)	
1855	삼척영장	이원명	『각사등록』27, 79상하(1857.윤5.5.)	
1857	월송만호	지희상	『각사등록』27, 79상하(1857.윤5.5.)	강원감영 장계 (수토관 첩정)
1859	삼척영장	강재의	『항길고택일기』(철종 10년 4월 9일, 4월 18일, 4월 25일, 4월 26일)	

수토 연도	수토관		수토 근거 사료	특이사항
	직위	성명		
1867	월송만호	장원익	월송만호 장원익 영세불망지판 평해군수 심능무 · 이윤흡 영세불망지판 『각사등록』27, 275하 『각사등록』27, 284상하	
1873	월송만호		『각사등록』27, 346상(1872.11.5.) 『각사등록』27, 350하(1873.3.21.)	삼척영장 차례 월송만호 수토
1879	월송만호	박삼수	『각사등록』27, 419상(1878.11.13.)	수토/수토관 추정
1881	삼척영장	남준희	『승정원일기』(고종 18년 5월 22일)	수토관 추정
1883	월송만호	안영식	『승정원일기』(고종 20년 12월 29일)	
1887	평해군수 울도첨사	박태원	『한성주보』(고종 24년 6월 5일)	강원감영 장계 수토관 첩정/진상
1889	월송만호 울릉도장	서경수	『각사등록』27, 483하(1889.7.17.) 『각사등록』27, 484상(1889.7.26.) 울릉 태하리 광서명 각석문	진상
1891	월송만호 울릉도장	이종인	『각사등록』27, 485하(1890.8.7.) 『각사등록』27, 487하(1891.8.16.)	진상
1892	월송만호 울릉도장	박지영	『각사등록』27, 488상-488하(1892.2.16.) 『각사등록』27, 489상(1892.7.14.)	진상 못함
1893	평해군수	조종성	『각사등록』27, 490하(1892.12.9.) 『각사등록』27, 493하(1893.9.20.) 「구암동 김종이 각양공납초출」(1893년)	진상 울릉도장제 폐지
1894	평해군수	조종성	『각사등록』27, 493하(1893.11.8.) 『각사등록』27, 419상(1894.1.21.) 『각사등록』13, 540하(1894.1.13.) 『각사등록』13, 542하/543(1894.1.21./2.13.)	수토/수토관 추정 수토제 폐지 (1894.12.)

출처 : 이원택, 2019, 「조선의 해금과 수토정책」, 279~282쪽

유집일은 1694년 장한상의 울릉도 수토 실행에 앞서 사전 준비로 일본에서 송환되어 구속 중인 안용복 등을 심문하여 정보를 수집 정리하였다. 안용복 등의 심문응답으로 에도의 도쿠가와막부는 안용복 등을 후대했는데, 장기도주와 대마도주가 안용복 등을 문책했으며, 대마도주의 서계(書契)에서 '죽도 운운'한 것은 막부의 견해가 아니라 후일 막부에 공을 세우기 위한 대마도주의 계책이라는 사실을 알게 되었다.

장한상은 본조사단을 이끌고 가기 전에 1694년 8월 토착인 군관 최세철(崔世哲)을 울릉도에 파견하여 예비조사를 해 보고하도록 하였다.

군관 최세철은 작은 배 2척에 소수의 인원을 태우고 1694년 8월 20일 울릉도를 향해서 삼척을 출발하여, 2일만인 22일 울릉도 북쪽 해안에 도착하였다. 다시 23일에는 울릉 남쪽 해안에 정박하여 상륙해서 이전 울릉도민이 살았던 집터, 일본인들이 사용했던 것으로 보이는 부(釜 : 가마솥)와 정(鼎 : 세발솥), 도르래 등을 확인하였다. 그들은 토산물인 대나무(竹)를 베고 강치(可支魚)를 2마리 잡았다. 그러나 인원이 소수여서 혹시나 하는 (왜인들이 있지 않을까) 의구심과 두려움으로 말미암아 깊이 들어가 산(성인봉)에 오르지 못하고, 30일 새벽 울릉도를 출발하여 9월 1일 저녁 삼척으로 돌아왔다.[59]

삼척첨사 장한상은 비변사에 예비조사의 결과를 보고하는 한편 본조사의 준비를 진행하였다. 장한상은 기선(騎船) 2척과 급수선(汲水船) 4척, 배 모두 6척에 별견역관(別遣譯官) 안신휘(安愼徽)와 병사 및 노군 등 모두 150명을 싣고 1694년 9월 19일 삼척 남면(南面) 장오리진(莊五里津)을 출발하였다. 울릉도 현지조사에 '역관'을 동행시킨 것은 일본인을 만났을 경

59 朴世堂, 『鬱陵島』; 유미림, 『우리 사료 속의 독도와 울릉도』, 388~390쪽에서 재인용.

우의 통역을 위한 것이었다. 여기서도 울릉도 수토가 일본의 침입에 대한 방비 목적임을 알 수 있다. 장한상의 조사단은 험한 풍랑에 시달리면서 하루 반만에 9월 20일 저녁에 울릉도 동남간 동구(洞口)에 도착 정박하였다. 장한상의 조사 보고서 『울릉도사적(蔚陵島事蹟)』에 의거하여 조사한 사항을 간단히 정리하면 다음과 같이 요약할 수 있다.[60]

(1) 울릉도에는 비가 많이 오고 물은 풍부하다. 9월 20일부터 10월 초3일까지 울릉도에 머무는 동안에도 갠 날은 별로 없고 항상 비가 내렸다. 9월인데도 중봉(中峯 : 성인봉)의 허리 위 정상에는 눈이 쌓여 있었고, 바위틈으로 나와 계곡을 흐르는 물은 큰 흐름을 이루어 큰 가뭄에도 마르지 않아서 개울 물이 마를 염려는 없어 보였다. (이것은 사람이 거주하여 농사지을 때 물 걱정은 할 필요가 없음을 보고한 것이었다.)

(2) 울릉도의 둘레는 약 150~160리 정도이다.

(3) 울릉도의 남쪽 해변에는 대나무가 자라 있었고 밭터(田土)자리가 있었다. 그 동쪽 5리허에는 1개 높지도 크지도 않은 섬이 있는데, 크지 않은 해장죽(海長竹)이 한 면에 가득 자라고 있었다.

(4) 흐리지 않은 날 중봉에 올라 보니 남쪽과 북쪽에 각각 두 봉우리가 높이 솟아 서로 마주 보고 있었는데, 이것이 〈중봉까지 합하여〉 이른바 삼봉(三峯)이었다. 〈중봉 정상에서〉 서쪽을 바라보니 대관령(大關嶺)의 구불구불한 형상이 보이고, 동쪽을 바라보니 바다 가운데 한 섬이 보이는데 아득히 진방(辰方 : 동남쪽)에 있었으며, 크기는 울릉도의 3분의 1 미만이고, 〈거리는〉 3백여 리에 지나지 않는 것으로 보였다. (이것은 성인봉에서

60 張漢相, 『鬱陵島事蹟』.

우산도가 보였음을 말한 것이다.)

(5) 서쪽으로 보이는 큰 골짜기 가운데는 한 사람이 거주했던 집터(基地)가 3개소, 사람들이 거주했던 집터가 2개소 있었다. 동남쪽의 긴 골짜기에도 역시 사람들이 거주했던 집터가 7개소, 돌무덤이 19개소 있었다.

(6) 선박의 정박처는 동남간의 입구에 겨우 4~5척을 용납할 수 있는 곳이 있었다. 동쪽과 남쪽 해안에는 역시 배를 정박해 둘 마땅한 곳이 없다.

(7) 이곳에 가마솥(釜) 3개와 세발솥(鼎)이 있었는데, 가마솥 2개와 세발솥 1개는 부서진 것이었고 우리나라 제조품이 아니었다(왜인의 것인 듯 하였다).

(8) 울릉도의 북변 해안에 오두막집(轆轤)이 있었는데, 역시 우리나라 사람이 지은 것이 아니었다.

(9) 산허리 이상은 모두 돌덩이(石角)들이고 산허리 이하는 토산(土山)인데, 산세가 험하고 골짜기는 깊어서 수목이 울창하였다. 수목을 모두 조사할 수는 없었으나, 동백(冬栢) · 자단(紫檀) · 측백(側栢) · 황설(黃薛) · 금목(金木) · 엄목(嚴木) · 괴목(槐木) · 유목(楡木) · 저숙(楮椒) · 풍규(楓桂 : 단풍나무) 등의 종류를 확인하였다. 그중에서도 가장 많은 나무는 동자단(冬紫檀)이었다.

(10) 날개 있는 동물은 갈매기(鳥鷗), 털 있는 동물은 고양이(猫兒)뿐이었다.

(11) 해물로는 문어(鮫魚)와 전복(全鰒)이 많았다.

(12) 산허리에 큰 동굴이 있었다. 동굴 안에 들어가 조사해 보니, 사람은 살고 있지 않았다. 그러나 이전에 거주했던 흔적으로 동굴 안으로 30보 들어가자 넓은 장소가 있고, 그 자리에 4층의 여러 가지 색깔의 돌로 쌓아 축조한 거주공간이 있었다. 그중 10여 칸의 집은 사치스럽게 지어져 있었는데, 우리나라에서는 볼 수 없는 것이었다. 유황 냄새와 고기 썩는 악취가 심하여 더 들어가지 않았다.

(13) 울릉도에는 아직도 남아 있는 유적으로 볼 때 예부터 사람이 거주하다가 약 1백 년에 비운 것이다. 물도 풍부하고 약 20~30석락지기의 농토가 있다. 대나무 밭은 도처에 있어서 약 4천 개가 될 것이다. 이 섬에서 어려운 일은 바닷길의 풍랑이 심하여 험난하고, 배가 정박할 마땅한 지형이 매우 적은 것이다. 설령 왜인이 이 섬에 들어와도 오래 체류하기는 어려울 것이다. 이 섬에서 그 나라(왜국)까지의 거리는 알 수 없다. 이 섬의 동구(洞口)는 만일 왜구의 침입에 대한 대책을 염려한다면 일부당백부(一夫當百夫)의 땅이라 할 것이다.

삼척첨사 장한상의 보고에서, 우리의 주제와 관련하여 주목할 것은, 그가 이 때 성인봉(中峯) 정상에 올라가서 동남쪽(辰方)에서 멀리 1개 섬을 관망했는데 이것이 바로 '우산도(于山島)'에 해당한다는 것이다. 그의 보고서 『울릉도사적』의 이 부분은 그대로 다시 옮기면 다음과 같다.

동쪽으로 5리(里) 쯤에 한 작은 섬이 있는데, 그다지 높지 않으며 해장죽(海長竹)이 일면(一面)에 총생(叢生)하고 있다. 비 개고 해무 걷힌 날 산으로 들어가 중봉(中峯)에 오르면 남북(南北) 양봉(兩峯)이 높다랗게 마주보고 있는데 이를 (합하여) 삼봉(三峯)이라고 한다. 서쪽을 바라보면 대관령(大關嶺)의 구불구불한 모습이 보이고, 동쪽을 바라보면 바다 가운데 한 섬이 보이는데 아득히 진방(辰方)에 위치하며 그 크기는 울도(蔚島)의 3분의 1 미만이고 〈거리는〉 3백여 리에 지나지 않는다.[61]

---

61 張漢相, 『鬱陵島事蹟』. "東方五里許 有一小島 不甚高大 海長竹叢生於一面 霽雨霧捲之日 入山登中峯 則南北兩峯 岌崇相面 此所謂三峯也 西望大關嶺逶迤之狀 東望海中有一島 杳在辰方 而其大未滿蔚島三分之一 不過三百餘里."

동해는 수심이 매우 깊은 바다이고 섬이 매우 적어서, 한국 동해안으로부터 일본 본주까지의 바다에서 지도에 올릴 수 있는 큰 섬은 '울릉도', '독도', '은기도' 3개 밖에 없는 특징이 있다. 울릉도로부터 동남쪽으로 230리 지점에 '독도'(우산도)가 있고, 다시 '독도'로부터 380리 지점에 일본 은기도(隱岐島)가 있다.

이러한 지형의 특수성 때문에 울릉도의 성인봉(중봉)에서 동남쪽(辰方)으로 3백 리 이내의 거리에 1개 섬을 관망한 것은 독도(우산도)를 관망한 것이 틀림없다. 목측으로는 230리나 3백 리나 큰 차이가 없을 뿐 아니라, 이 거리 부근에는 독도 외에 아예 다른 섬은 없는 바다이기 때문에 그러하다. 그러므로 장한상이 1694년 9월 울릉도 성인봉에서 동남쪽으로 3백 리 이내의 거리에 관망한 섬은 '독도'임이 명백한 것이다.

더구나 장한상이 방향을 동서남북 모두 거론하면서 '진방(辰方)'이라고 기록했고, '진방'은 바로 '동남쪽'이니, 울릉도 동남쪽에 있는 우산도를 이때 관망하고 온 것이다. 이때 장한상은 일본의 은기도는 아예 보이지도 않고 거리도 얼마나 멀리 있는지 알지 못한다고 했으니, 그는 우산도를 울릉도에 부속한 섬의 하나로 생각했음에 틀림없다.

바로 이 직후 1696년에 안용복은 바로 이 '우산도'(독도, 일본명 송도)에 일본 어부를 쫓아 들어가서 "송도는 조선의 자(우)산도[子(于)山島]이다."[62] 라고 말하여 밝히고 우산도에서 일본 어부들을 쫓아낸 것이다.

---

62 『肅宗實錄』 肅宗 22年(1696년) 9月 戊寅(25일)條.

3) 수토제도의 채택

1694년 장한상(張漢相)이 울릉도를 검찰하고 돌아오자 조정에서는 그 검찰보고를 받고, 남구만이 1694년 8월 14일 입주(入奏)하여 사람들이 들어가 상주하게 하는 것보다는 1, 2년 간격으로 수토(搜討)하는 것을 제의하여 허락을 받았다.[63] 울릉도에 다시 사람을 상주(常住)시키는 재개척 정책을 유보하고, 수토제도(搜討制度)를 계속 실시하여 울릉도를 관리하기로 정책을 채택한 것이었다.

1698년에 수토사(搜討使)를 파견할 예정이었으나, 이해 영동지방이 흉년이어서 연기하고, 1699년에야 처음으로 수토사 월송만호 전회일(田會一)을 울릉도에 파견하여 수토 활동을 시작하였다.

수토제도는 2~3년에 한 번씩 주로 강원도 월성만호(月城萬戶)나 삼척영장(三陟營將)이 울릉도에 선달을 이끌고 들어가서 실태를 조사한 다음 조정에 보고하는 울릉도 관리제도였다.

1699년 월송만호 전회일이 울릉도 수토를 시작한 이래,[64] 이 수토제도는 1882년 울릉도 재개척 정책이 실시될 때까지 약 180여 년 시행되었다. 그러나 정확하게 2~3년에 한 번씩 실시된 것이 아니라, 흉년이 들거나 지방행정에 큰 변고가 있을 때에는 거르는 일이 자주 일어났다.

1794년(정조 18년)에는 수토관 월송만호 한창국(韓昌國)이 1794년 4월 21일부터 5월 28일까지 울릉도에 수토하러 갔다가 '가지도(可支島)'에도 들러서 '가지(강치)' 2마리를 총으로 쏘아 잡아왔다는 기록이 있다.

---

63 『肅宗實錄』 숙종 20年(1694년) 8월 乙酉(14일)條, "九萬入奏曰 不可使民入居 間一二年搜討爲宜. 上從之."

64 『肅宗實錄』 숙종 25年(1699년) 7月 壬午(15일)條. "江原道越松萬戶田會一 搜討鬱陵島還泊待風 所圖上本島地形 兼進土産篁竹香木土石等數種."

강원도관찰사 심진현(沈晉賢)이 장계를 올려 아뢰었다. 울릉도의 수토(搜討)를 2년을 사이에 두고 한 번씩 변방장수(邊將)들로 하여금 돌아가며 거행하는 것이 이미 정식(定式 : 규칙)으로 되어 있기 때문에, 수토관 월송만호(越松萬戶) 한창국(韓昌國)에게 공문을 보내어 지시하였습니다.

그 만호의 보고에 의하면, 4월 21일 다행히 순풍을 얻어서 양식과 잡물들을 4척의 배에 나누어 싣고 일본어 통역 이복상(李福祥) 및 상하 관리들과 뱃군 80명이 같은 날 미시(未時)경에 바다 가운데 이르렀습니다. (…)

25일에 장작지포(長作地浦)의 골짜기 입구에 이르렀는데 과연 대밭이 있었으나 비단 〈대나무는〉 드물게 있었을 뿐 아니라 거의 다 크기가 작았습니다. 그중에서도 좀 큰 것을 골라서 베어가진 다음 동남쪽의 저전동(楮田洞)을 향하였습니다. 그러한 즉 〈저전동의〉 동구(洞口)로부터 중봉(中峰)에 이르기까지는 수십 리가 되었으며 동(洞) 안은 광활하고 기지(基址)가 뚜렷하게 3처가 있었는데, 논을 만들어 수십 석의 종자를 씨 뿌릴 수 있는 땅이었습니다.

앞에는 3개의 섬이 있었는데, 북쪽의 것은 방패도(防牌島), 가운데의 것은 죽도(竹島), 동쪽의 것은 옹도(瓮島)라고 하였으며, 세 섬의 서로 떨어진 거리는 1백여 보(步)에 지나지 않았습니다. 섬의 둘레는 각각 수십 파(把)씩 되는데, 험한 바위들이 쌓여 가파롭기 때문에 올라가 보기가 어려웠으므로, 인하여 그냥 〈본도〉에 머물러서 잤습니다.

26일에 방향을 바꾸어 가지도(可支島)로 가니, 네댓 마리의 가지어(可支魚)가 놀라서 뛰쳐나오는데, 모양은 물소와 같았고, 포수들이 일제히 포를 쏘아 2마리를 잡았습니다. 그리고 구미진(丘尾津)의 산세가 가장 기이한데, 골짜기로 몇 리를 들어가니 옛날 사람이 살던 인가의 텃자리가 완연하게 아직도 남아 있었습니다. 좌우의 산골짜기는 매우 깊어서 오르기 어려웠습니다.

이어서 죽암(竹巖), 후포암(帿布巖), 공암(孔巖), 추산(錐山) 등의 여러 곳을 둘러보고 나서 통구미(桶丘尾)로 가서 산에 기도하고 바다에 제사를 지내어 바람이 잠자기를 기다리며 머물러 있었습니다.

대개 섬의 둘레를 총괄하여 논한다면 남북이 70, 80리 남짓에 동서가 50, 60리 남짓하고 사면이 모두 층암절벽이며, 사방의 산골짜기에는 간간이 옛날에 사람이 살던 집터와 밭터들이 있으며, 개간할만한 전토는 모두 합하여 수십석의 종자를 씨뿌릴만한 땅이었습니다. (…)

30일 배를 타고 출발하여 새달 8일에 본진으로 돌아왔습니다. 섬 안의 산물인 가지어 가죽 2벌, 황죽(篁竹) 3개, 자단향(紫檀香) 2토막, 석간주(石間朱) 5되, 도형(圖形) 1벌을 감봉(監封)하여 올려보냈다 하오며, 아울러 비변사에도 올려 보냈다 합니다.[65]

이 자료는 18세기 울릉도 수토정책의 실상을 잘 알려주는 기록이다. 이 자료에서 주목할 것은 1794년 4월 26일 수토한 가지도의 보고 기록이다. 수토관 한창국 일행은 이 섬에서 가지어(可支魚) 4~5마리가 놀라서 튀어나

65 『正祖實錄』 正祖 18年(1794년) 6月 戊午(3일)條. "江原道觀察使沈晋賢狀啓言 鬱陵島搜討 間二年 使邊將輪回擧行 已有定式. 故搜討官越松萬戶韓昌國處 發關分付矣. 該萬戶牒呈 四月二十一日 幸得順風 糧饌雜物 分載四隻船,與倭學李福祥及上下員役格軍八十名 同日未時量 到于大洋中, (…) 二十五日 到長作地浦谷口 果有竹田 非但稀踈 擧皆體小 其中擇其稍大者斫取後 仍向東南楮田洞 則自洞口 至中峰 爲數十里許 而洞裏廣闊 基址顯有三處 可作水田數十石下種之地. 前有三島 在北曰防牌島 中曰竹島 在東曰瓮島 三島相距不過百餘步 島之周回 各爲數十把 險巖嵂屼 難以登覽 仍爲止宿. 二十六日 轉向可支島 四五箇可支魚 驚駭躍出 形若水牛 砲手齊放 捉得二首. 而丘尾津山形 最爲奇異 入谷數里 則昔日人家遺址 宛然尙存 左右山谷 甚爲幽深 難於登陟 仍遍看竹巖帿布巖孔巖錐山等諸處 行到桶丘尾 禱山祭海 待風留住 蓋島周回 摠爲論之 則南北七八十里許 東西五六十里許 環海則皆是層巖絶壁 四方山谷則間有昔日人居之土址 而田土可墾處 合爲數百石下種之地. (…) 三十日發船 初八日還鎭 島中所産可支魚皮二令 篁竹三箇紫檀香二吐莫 石間朱五升 圖形一本 監封上使云 幷上送于備邊司."

온 것을 보고 포수들이 총을 쏘아 그중에서 2마리를 잡아 가죽을 벗겨서 서울로 올려 보냈다는 것이다. 가지어는 우산도 일대에 많이 서식하고 있던 바다사자의 일종으로서 '강치(海驢, 可支魚)'라고 동해안 어민들이 부르던 포유류 해양동물이다. 이 자료에서 그 모양이 마치 물소(水牛)와 같았다고 보고한 것도 이에 대체로 일치한다.

만일 그렇다면 18세기에 조선 조정에서는 오늘날의 독도를 '우산도'라고 부르고 있었지만, 강원도와 경상도 동해안의 지방 어부들 사이에서는 정조 연간에 그 특산물에 연유하여 '가지도(可支島)', '강치섬'이라는 별명으로 호칭되기도 했었다고 볼 수 있다. 모든 나라에서 어느 시대나 해안의 섬들 또는 지명에는 정부의 공식호칭 이외에도 지방민에 의하여 불려지는 몇 개의 별명이 있는 것은 자주 볼 수 있는 일이다.

이러한 관점에서 보면 1794년에 울릉도 수토관 한창국 일행은 우산도에 도착하여 이 섬을 수토하고 해려(海驢 : 강치, 가지어) 2마리를 잡아 온 것이라고 볼 수 있다.

제2절 일본 도쿠가와막부의 '울릉도·독도=조선 영토' 존중과 울릉도·독도 무단 도해 일본인 처형 사례

일본의 도쿠가와막부 정권은 1696년 1월 울릉도·독도가 조선 영토임을 재확인하고, 이를 거듭 재확인하여 일본인의 출어 금지를 약속한 외교문서를 보내온 이래, 1868년 1월 막부가 붕괴될 때까지 약 170여 년간 울릉도·독도의 조선 영토임을 잘 존중하고 약속을 잘 지켰다.

최근 일본 정부는, 17세기 말(1696년 1월) 도쿠가와막부가 취소한 것은 '죽도(울릉도)도해면허'뿐이고, 송도(독도)는 일본 영토로 간주했기 때문에

'송도(독도)도해면허'는 취소하지 않았다고 주장하고 있다.

일본 정부의 이러한 주장은 진실을 왜곡한 억지 주장에 불과하다. 일본 도쿠가와막부가 송도도 죽도와 함께 '조선 영토'로 재확인하여, 1696년 1월 죽도도해면허를 폐기하고 '죽도도해금지'를 할 때 '송도(독도)도해면허'가 만약 있었다면 송도에도 도해를 금지하여 송도도해면허까지 동시에 취소했음을 증명하는 또 다른 증거가 남아 있다.

일본 돗토리번 석주(石州)의 하마다(浜田) 출신 하치에몬(八右衛門)이라는 사람이 1831년 도쿠가와막부에 죽도와 송도에의 도해 허가를 신청했다가 막부에서 거절당하자, 1832년 송도를 지나 죽도를 막부의 도해면허 없이 불법월경했었는데, 일본으로 귀국한 후 발각된 일이 있었다.[66] 막부는 1836년 여름 이 사건을 철저히 조사 심문하여 하치에몬과 그 동료를 처형했는데, 그 심문기록이 『조선죽도도항시말기(朝鮮竹島渡航始末記)』이다.

『조선죽도도항시말기』에는 울릉도(죽도)와 독도(송도)를 외국인 '조선 영토'로 재확인하고 있다. 그리고 독도와 울릉도에 막부의 허가 없이 월경하여 다녀온 것을 '유죄'로 판결하여 처형한 과정이 기록되어 있다. 이 심문기록 일부에서 하치에몬은 죄를 면해 보려고 동료 하시모토(橋本三兵衛)로부터 죽도도해는 거부당했으나 송도도해는 무방한 것 같다는 말을 듣고, 송도에는 나무가 없어 지나가고 죽도에 건너가서 벌목했다고 변명하였다.

오늘날 일본 정부는 하치에몬의 이 변명을 갖고, 도쿠가와막부가 당시 '죽도도해'는 엄금했으나 '송도도해'는 허용했다고 주장하고 있다. 그러나

---

66 ① 김병열, 2005, 「독도영유권과 관련된 일본학자들의 몇가지 주장에 대한 비판」, 『국제법학회논총』 제103호.
② 최장근, 2011, 「한국의 울릉도·독도 개척사에 대한 일본의 조작행위」, 『일본문화학보』 제51집.

이것은 전혀 사실이 아니다. 당시 하치에몬 자신도 송도가 죽도와 함께 조선 영토임을 명백히 인지하여 지도까지 그렸고, 막부도 이를 밝혀 경고판에서 죽도와 그 오른쪽 송도에의 도해금지를 거듭 경고하였다.

『조선죽도도항시말기』에는 하치에몬이 월경했다가 돌아온 송도(독도)와 죽도의 위치와 거리를 그린 지도 「죽도방각도(竹島方角圖)」가 부록되어 있는데 조선 영토는 홍색, 일본 영토는 청색으로 채색하였다. 『조선죽도도항시말기』의 이 지도는 '송도'와 '죽도'를 조선 영토 색과 동일하게 홍색으로 채색하여 '조선 영토'임을 명확히 표시하였다.

그리고 일본 해안[이와미(石見)지역]으로부터 죽도까지의 직선거리는 89리인 데 비하여 죽도로부터 조선 해안까지의 직선거리는 36리라고 기록하였다(325쪽, 〈그림 1-56〉 참조).

동경대학 도서관 소장의 『죽도도해일건 전(竹島渡海一件 全)』에도 『조선죽도도항시말기』와 동일한 내용이 수록되어 있고, 부록지도 「죽도방각도(竹島方角圖)」(이 지도는 하치에몬이 그린 것으로 알려져 있다)가 있는데, 죽도(울릉도)와 송도(독도)는 조선 영토로서 조선 영토 색인 홍색으로 채색되어 있고, 은기도는 일본 영토로서 일본 영토 색인 황색으로 채색되어 있다(325쪽, 〈그림 1-57〉 참조).

일본 도쿠가와막부는 하치에몬을 처형한 후 일본 서해안 각 번에 조선 영토인 송도와 죽도에 월경하면 처형한다는 '경고판'을 세우게 했는데, 남아 있는 이 경고판의 경고문에서도 죽도와 그 동쪽 섬(송도)은 다른 나라 땅인 조선 영토이므로 도항을 금지함을 명백히 공포하였다.

도쿠가와막부의 경고판은 관련된 번의 주요 항구 요지에 세웠었는데, 어떤 경우에는 '죽도' 도항금지라고만 되어 있어도 그 대상에는 '울릉도'와 '독도'가 모두 포함된 것이었다. 시마네현 하마다향토사료관에 보관된 1839년의 경고판도 그 예이다(326쪽, 〈그림 1-58〉, 〈그림 1-59〉 참조).

'송도도해면허'는 '죽도도해면허'와 함께 1696년 1월 도쿠가와막부가 취소한 것이었으며, 막부는 송도를 조선 영토로 재확인하여 일본인에게 '도해금지'를 명령한 것이 역사적 진실이다.

따라서 오늘날 일본 정부가 1696년에 '죽도도해면허'만 취소되었지 '송도도해면허'는 취소된 적이 없으며, 송도에는 도해금지가 없었고, 막부가 송도를 일본 영토로 확인했다는 주장은 황당무계한 억지이고, 진실이 아닌 거짓인 것이다.

17세기 말 조선왕조와 일본 사이의 울릉도·독도 영유권 논쟁은 1696년 1월 28일 일본 도쿠가와막부 정권이 울릉도·독도의 조선 영유를 재확인하여 '죽도도해금지'를 명령하고, '죽도도해면허'와 '송도도해면허'를 자동 취소·소멸시킴으로써 사실상 모두 종결된 것이었다.

실증자료

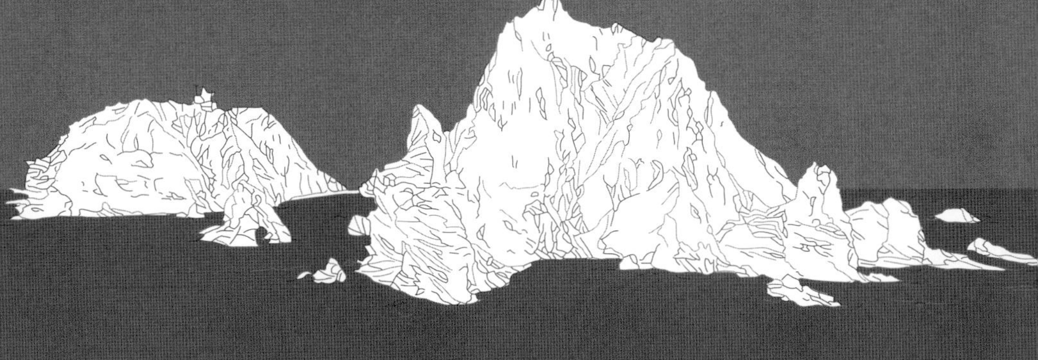

제1편

「512년 독도에 대한 한국의 역사적 고유영토주권의 확립」에 관련된 실증자료

1)『삼국사기』 기사

(1)『三國史記』 新羅本紀 智證王 13年(壬辰, 서기 512년) 條

十三年, 夏六月, 于山國歸服, 歲以土宜 爲貢. 于山國在溟州正東海島, 或名鬱陵島. 地方一百里, 恃嶮不服. 伊湌異斯夫爲何瑟羅州軍主謂, "于山人愚悍, 難以威來, 可以計服." 乃多造木偶師子, 分載戰舩, 其國海岸, 誑告曰, "汝若不服, 則放此猛獸踏殺之." 國人恐懼則降.

[초역] 13년 여름 6월에 우산국(于山國)이 항복하여 해마다 토산물을 바쳤다. 우산국은 명주(溟州)의 정동쪽 바다에 있는 섬으로 혹은 울릉도(鬱陵島)라고도 하였다. 땅은 사방 1백 리인데, 지세가 험한 것을 믿고 항복하지 않았다. 이찬(伊湌) 이사부(異斯夫)가 하슬라주(何瑟羅州)의 군주(軍主)가 되어 말하기를

"우산국의 사람들은 어리석고 또 사나워서 힘으로 복속시키기는 어려우나 꾀로는 복속시킬 수 있다."라고 하였다. 이에 나무 사자를 많이 만들어 전함(戰艦)에 나누어 싣고 그 나라의 해안에 이르러 거짓으로 말하기를

"너희가 만약 항복하지 않으면 이 사나운 짐승을 풀어 밟아 죽이겠다." 라고 하자 그 나라 사람들이 두려워하며 곧 항복하였다.

(2)『三國史記』「列傳」 異斯夫條

異斯夫 或云苔宗, 姓金氏, 奈勿王四世孫. 智度路王時, 爲沿邊官. 襲居道權謀, 以馬戲誤加耶 或云加羅國, 取之. 至十三年壬辰, 爲阿校勘 瑟羅州軍主, 謀并于山國. 謂其國人愚悍, 難以威降, 可以討校勘服. 乃多造木偶師校勘子, 分載戰舡, 抵其國海岸. 詐告曰, "汝若不服, 則放此猛獸, 踏殺之." 其人恐懼則降.

이사부(異斯夫) 혹은 태종(苔宗)이라고 한다. 〈이사부〉의 성은 김씨이고, 나물왕(奈勿王)의 4대손이다. 지도로왕(智度路王) 때 연해 변경 지역의 지방관(干)이 되었다. 거도(居道)의 임기응변의 꾀를 답습하여 마희(馬戲)로써 가야국(加耶國)[혹은 가라(加羅)라고 한다]을 미혹시켜 그것을 빼앗았다. 〈지도로왕〉 13년 임진(壬辰, 512년)에 이르러 〈이사부는〉 아슬라주(阿瑟羅州) 군주(軍主)가 되어 우산국(于山國)의 병합을 계획하였다. 그 나라 사람들은 어리석고 사나워 위엄으로 복종시켜 항복받기는 어렵고 계략으로써 복속시키는 것은 가능하다고 여겼다. 이에 나무로 만든 사자를 많이 만들어 전선(戰船)에 나누어 싣고 그 나라 해안에 다다랐다. 거짓으로 고하기를, "너희들이 만약 항복하지 않으면 이 맹수를 풀어서 밟아 죽이겠다."고 말하였다. 그 사람들이 두려워하여 곧 항복하였다.

해설 요점

삼국시대의 독도 영유에 대한 자료는 『삼국사기』의 두 곳에서 나온다. 그 하나는 『삼국사기』 신라본기 지증왕(마립간) 13년조에 우산국이 신라에 귀복하여 신라의 일부가 되었다는 기록이다. 다른 하나는 『삼국사기』 열전 이사부조이다.

우산국은 '울릉도'와 '독도'로 구성되어 있었는데, 위의 기록에서 ① 우산국이 신라에 귀복하여 그 영토가 되었다는 사실과, ② 이것은 울릉도와 함께 독도가 서기 512년부터 신라의 영토로 되었으며, 따라서 한국의 고유 영토가 되었음을 증명하는 고문헌 자료가 된다. 또한 이 기록은 ③ 독도를 신라에 병합시킨 주인공이 아슬라의 군주 이사부임을 밝혀 기록해서, ④ 신라에 병합된 옛 우산국의 영토가 신라 아슬라 내의 지방에 속하게 되었음을 알려주고 있다.

우산국은 오늘날의 '울릉도'와 '독도'로 구성되어 있었으므로 서기 512년에 우산국이 신라의 영토가 되었다는 것은 서기 512년부터 '울릉도'와 '독도'가 이때부터 한국의 고유영토가 되었음을 증명한다.

(『삼국사기』는 고려시대 1145년(인종 23년)에 김부식에 의하여 편찬되었지만 그 이전의 삼국시대 문헌과 사서들에 의거하며 삼국시대를 기록한 책이므로 그 내용에 의거하여 삼국시대 사실을 밝히는 자료로 분류된다.)

(상권, 본문 52~56쪽 참조)

2) 『삼국유사』 기사

(3) 『三國遺事』「紀異」 智哲老王條

又阿瑟羅州 (今溟州) 東海中 便風二日程有于陵島 (今作羽陵). 周廻二萬六千七百三十步. 島夷恃其水深 驕慠不臣. 王命伊喰朴伊宗將兵討之. 宗作木偶師子 載於大艦之上 威之云 不降則放此獸. 島夷畏而降. 賞伊宗爲州伯.

또한 아슬라주[阿瑟羅州 : 지금의 명주(溟州)] 동쪽 바다 가운데 순풍이면 2일 뱃길 거리에 우릉도[于陵島 : 지금은 于(우)를 羽(우)로 쓴다]가 있다. 주위 2만 6천 730보이다. 섬 오랑캐들이 물 깊은 것을 믿고 교만하여 신복하지 않았다. 왕이 이찬 박이종(朴伊宗)에게 명하여 이를 정토하게 하였다. 이종이 나무로 사자를 만들어 큰 배 위에 싣고 위협하여 말하기를 "항복하지 않으면 이 짐승을 풀어놓겠다."고 하였다. 섬 오랑캐들이 두려워 항복하였다. 이종을 포상하여 고을 관장으로 삼았다.

해설 요점

『삼국유사』(일연, 1281년 편찬, 1310년 간행)는 ① 왕명을 받고 이사부[본 이름 박이종(朴伊宗)]가 계교로 울릉도를 항복받아 신라에 병합시켰으며, ② 병합 후 울릉도를 관장해 다스린 지방관(州伯)이 이사부이었음을 밝히고 있다.

삼국시대의 독도 영유에 대한 사실을 설명하는 가장 오래된 자료로서는 위의 『삼국사기』와 『삼국유사』 2개가 현재까지 발견된 가장 오래된 것이다. 그리고 이 자료들은 독도가 서기 512년(신라 지증왕 13년)부터 한국의 고유 영토가 되었으며, 지방관제로서는 신라의 아슬라[고려시대의 명주(溟州), 조선시대의 강원도)]에 속하게 편성되었음을 증명하고 있다.

(상권, 본문 52~56쪽 참조)

3) 우산·울릉 2도(二島) 기사

(4)『世宗實錄』「地理志」江原道 蔚珍縣條

于山·武陵二島在縣正東海中. 二島相去不遠, 風日淸明, 則可望見. 新羅時, 稱于山國, 一云鬱陵島. 地方百里.

우산(于山)과 무릉(武陵) 2개 섬이 현의 정동(正東) 해중(海中)에 있다. 2개 섬이 서로 거리가 멀지 아니하여, 날씨가 맑으면 가히 바라볼 수 있다. 신라 때에 우산국(于山國), 또는 울릉도(鬱陵島)라 하였는데, 지방(地方)이 1백 리이다.

(5)『萬機要覽』「軍政篇」

輿地志云 鬱陵于山皆于山國地 于山則倭所謂松島也.

여지지에 이르기를 울릉도와 우산도는 모두 우산국지(于山國地)이며 우산도는 왜인들이 말하는 송도(松島)이다.

(6)『增補文獻備考』(1908년)「輿地考」

輿地志云 鬱陵 于山 皆于山國地 于山則倭所謂松島也.

여지지에 이르기를 울릉과 우산은 모두 우산국지(于山國地)인데 우산은 곧 왜가 말하는 바의 송도(松島)이다.

해설 요점

옛 우산국이 울릉도와 우산도(독도)의 2개 섬으로 구성되었음을 증명하는 대표적 관찬 고문헌자료는『세종실록』「지리지」(1432년)이다.『동국여지승람』(1481년)과『신증동국여지승람』(1531년)은『세종실록』「지리지」를 계승한 것이라고 볼 수 있다.

우산국이 울릉도와 우산도의 2개 섬으로 구성되어 있었는데, 우산도가 당시 일본이 호칭하는 송도(오늘의 독도)임을 문자로 명료히 밝힌 문헌은 유형원의『여지지』(1656년)이다. 신경준의『강계고』(1756년),『동국문헌비고』(1770년),『만기요람』「군정편」(1808년),『문헌비고』(1903년),『증보문헌비고』(1908년)는『여지지』를 채택하여 설명한 것이다.

이 자료들은 모두 '우산국=울릉도+우산도(오늘날의 독도)'임을 고문헌자료로 일본 호칭까지 대비하여 사용하면서 명료하게 기록하여 독도가 조선왕조의 영토임을 증명하는 자료들이다. (상권, 본문 56~70쪽 참조)

4) 『고려사』 기사 등

(7) 『高麗史』(卷1) 世家(第1), 太祖 13年(庚寅, 서기 930년) 8月 丙午條
芋陵島遣白吉 · 土豆, 貢方物, 拜白吉爲正位, 土豆爲正朝.

우릉도(芋陵島)에서 백길(白吉)과 토두(土豆)를 보내 토산물을 바치자, 백길을 정위(正位)로, 토두를 정조(正朝)로 임명하였다.

(8) 『高麗史』(卷4) 世家(第4), 顯宗(戊午, 1018년) 9月 11月 丙寅條
以于山國被東北女眞所寇, 廢農業, 遣李元龜, 賜農器.

우산국(于山國)이 동북여진(東北女眞)의 침략을 받아 농사일을 못하게 되자, 이원구(李元龜)를 보내 농기구를 하사하였다.

(9) 『高麗史』(卷4) 世家(第4), 顯宗 10년(戊午, 1019년) 7月 已卯條
于山國民戶曾被女眞虜掠來奔者, 悉令歸之.

우산국(于山國) 백성 중에 일찍이 여진(女眞)에게 노략질당하여 도망쳐온 자들을 모두 돌아가게 하였다.

(10) 『高麗史』(卷4) 世家(第4), 顯宗 13년(壬戌, 1022년) 7月 丙子條
都兵馬使奏, "于山國民, 被女眞虜掠逃來者, 處之禮州, 官給資糧, 永爲編戶." 從之.

을 7월 병자 도병마사(都兵馬使)가 아뢰기를, "우산국(于山國) 백성 중에 여

진(女眞)에게 노략질당하여 도망쳐온 자들을 예주(禮州)에 거주하게 하고, 관청에서 밑천과 양식을 제공하여 영원히 호적(戶籍)에 편입하도록 하십시오."라고 하자, 이를 허락하였다.

(11) 『高麗史』(卷5) 世家, 德宗 元年(壬申, 1032년) 丙子條

羽陵城主遣子夫於仍多郎來, 獻土物.

우릉성주(羽陵城主)가 아들 부어잉다랑(夫於仍多郎)을 보내서 토산물을 바쳤다.

(12) 『高麗史』(卷17) 世家(第7), 仁宗 19年(辛酉, 1141년) 7月 己亥條

溟州道監倉使李陽實遣人入蔚陵島, 取菓核木葉異常者, 以獻.

명주도감창사(溟州道監倉使) 이양실(李陽實)이 사람을 울릉도(蔚陵島)에 들어가게 하여 과핵(菓核)과 나뭇잎 중 이상한 것을 취하여 바쳤다.

(13) 『高麗史』(卷18) 世家(第18), 毅宗 11年(丁丑, 1157년) 5月 丙子條

王聞東海中, 有羽陵島, 地廣土肥, 舊有州縣, 可以居民, 遣溟州道監倉, 殿中內給事金柔立往視. 柔立回奏, "土多巖石, 民不可居." 遂寢其議.

왕이 동해(東海) 가운데 우릉도(羽陵島)라는 섬이 있는데, 땅이 넓고 토지가 비옥하여 옛날 주현(州縣)이 설치된 바 있어 사람이 거주할 수 있다는 말을 듣고 명주도감창전중내급사(溟州道監倉殿中內給事) 김유립(金柔立)으로 하여금 가서 시찰하게 하였다. 김유립이 돌아와 아뢰기를, "섬에는 암석이 많아 백성들이 거주할 수 없습니다."라고 하자 마침내 그 의논을 멈추었다.

(14) 『高麗史』(卷25) 世家, 元宗 즉위년(庚申, 1259년) 7月 庚午條

蔚珍縣令朴淳, 船載妻孥 · 臧獲幷家財, 將適蔚陵, 城中人知之, 會淳入城, 被拘留. 舟人以其所載, 遁去.

울진현령(蔚珍縣令) 박순(朴淳)이 처자식과 노비 및 집안의 재물을 배에 싣고 장차 울릉도(蔚陵島)로 가려고 하자, 성안의 사람들이 그 사실을 알고 마침 성으로 들어온 박순을 억류하였다. 뱃사람들이 배에 실었던 것을 가지고 도망가 버렸다.

(15) 『高麗史』(卷27) 世家, 元宗 14年(癸酉, 1273년) 2月 癸丑條

以簽書樞密院事許珙爲蔚陵島斫木使, 伴李樞以行. 王奏請罷蔚陵斫木, 減洪茶丘麾下五百人衣服, 平三別抄後, 濟州人物勿令出陸, 依舊安業, 帝皆從之.

첨서추밀원사(簽書樞密院事) 허공(許珙)을 울릉도작목사(蔚陵島斫木使)로 삼아 이추(李樞)를 수행하여 울릉도(蔚陵島)로 가게 하였다. 왕이 울릉도에서 벌목하는 것을 중단해줄 것, 홍차구(洪茶丘) 휘하 5백 인의 의복 공급을 덜어줄 것, 삼별초(三別抄)를 평정한 뒤 제주(濟州) 사람들을 육지로 나오게 하지 말고 그대로 생업에 안착시켜 줄 것 등을 주청(奏請)하자, 원(元) 황제가 모두 허락하였다.

(16) 『高麗史』(卷37) 世家, 忠穆王 2年(丙戌, 1346년) 3月 戊申條

東界芋陵島人來朝.

동계(東界)의 우릉도(芋陵島) 사람들이 와서 입조(入朝)하였다.

(17)『新增東國輿地勝覽』(卷45) 蔚珍縣附 于山島·鬱陵島條

毅宗十三年 王聞 鬱陵地廣土肥 可以居民 遣溟州道監倉金柔立 往視 柔立回奏云 島中有大山 從山頂向東行 至海一萬餘步 向西行一萬三千餘步 向南行一萬五千餘步 向北行八千餘步 有村落基址七所 或有石佛鐵鍾石塔 多生柴胡藁本石南草

의종(毅宗) 13년에 왕이 울릉도가 땅이 넓고 토지가 비옥하여 백성이 살 만하다는 말을 듣고 명주도감창(溟州道監倉) 김유립(金柔立)을 보내어 가서 보게 하였는데 유립이 돌아와서 아뢰기를, "섬 중에 큰 산이 있는데, 산마루에서 동쪽으로 바다까지는 1만여 보(步)요, 서쪽으로는 1만 3천여 보, 남쪽으로는 1만 5천여 보, 북쪽으로는 8천여 보이며 촌락 터 일곱 곳이 있고, 혹 돌부처, 무쇠종, 돌탑이 있으며 시호(柴胡)·고본(藁本)·석남초(石南草)가 많이 납니다." 하였다.

(18)『增補文獻備考』(卷31)「輿地考」19, 蔚珍古縣浦·于山島·鬱陵島條

後崔忠獻 以本島 土壤膏沃 多珍木海錯 遣使 移本郡民 以實之. 後屢爲風濤所盪舟覆 人多物故 因還其民. 高元之際 本國反臣李樞等 告于元 以鬱陵島多珍怪之材 元遣使 入島欲伐木以納. 上表陳乞 得止.

후에 최충헌이 이 섬의 토양이 비옥하고 진귀한 나무와 해산물이 많다고 하여, 관리를 보내 육지 백성들을 사민(徙民)하여 실제로 가서 살게 했는데, 후에 여러 차례 바람과 파도를 만나 배가 엎어지고 사람들이 많이 죽게 되었으므로 그 백성들을 귀환시켰다. 원(元)이 세력을 가졌던 때에 고려의 반신(叛臣) 이추(李樞) 등이 울릉도에 진귀한 재물이 많다고 원에 고했기 때문에 원이 사신을 보내 섬에 들어가서 벌목하여 바칠 것을 요구했으므로 표문

(表文)을 올려 간청해서 이를 중지할 수 있었다.

(19) 『高麗史』(卷129) 列傳 第42, 叛逆3, 崔忠獻條

東海中有島 名蔚陵 地膏沃 多珍木海錯 以水程遠 絶往來者久. 怡遣人視之 屋基破礎宛然 於是移東郡民實之後 以風濤險惡 人多溺死 罷其居民.

동해(東海)에 울릉도(蔚陵島)라는 섬이 있었는데, 그 섬은 땅이 비옥하고 진기한 나무들과 해산물이 많이 났지만, 거리가 멀어 왕래가 끊어진 지 오래되었다. 최이가 사람을 보내 울릉도를 살펴보니, 집터와 깨어진 주춧돌이 완연히 드러났다. 그리하여 동쪽 고을 사람들을 이주시켜 살게 하였다. 뒤에 바람과 파도가 거세어 사람들이 많이 물에 빠져 죽는다고 하여 거기에 민들을 거주시키는 일을 중지하였다.

(20) 『高麗史』(卷129) 列傳 第43, 叛逆4, 趙彛條

樞上將軍應公之子, 初名唐古. 嘗反入元妄奏, "金漆 · 青藤 · 八郎虫 · 榧木 · 奴台木 · 烏梅 · 華梨 · 藤席等物, 産於本國." 帝信之, 遣必闍赤黑狗及樞等, 來索之 (…) 未幾, 元遣樞, 又索材木. 樞欲入蔚陵島斫木, 王以大將軍姜渭輔爲伴行. 樞以三品秩卑, 言曰, "三品如狗耳, 吾不可與同行." 乃以簽書樞密事許珙代之. 王請于元, 遂罷之.

이추(李樞)는 상장군(上將軍) 이응공(李應公)의 아들로, 첫 이름은 이당고(李唐古)이다. 일찍이 〈고려(高麗)를〉 배반하고 원(元)으로 들어가 〈황제에게〉 헛되이 아뢰기를, "금칠(金漆) · 청등(青藤) · 팔랑충(八郎虫) · 비목(榧木) · 노태목(奴台木) · 오매(烏梅) · 화리(華梨) · 등석(藤席) 등의 물건이 고려에서 생산됩니다."라고 하였다. 황제가 그 말을 믿고 필도적(必闍赤, 비칙치) 흑구(黑

狗)와 이추 등을 파견하여 고려로 보내 그것들을 요구하였다. (…)

얼마 지나지 않아 원에서 이추를 파견하여 다시 목재를 요구하였다. 이추가 울릉도(蔚陵島)로 들어가 벌목을 하려고 하니, 왕이 대장군(大將軍) 강위보(姜渭輔)에게 같이 가도록 하였다. 이추는 3품은 품계가 낮다고 하면서 말하기를, "3품은 개나 할 뿐이니, 내가 데리고 같이 갈 수 없다."라고 하였다. 이에 첨서추밀사(簽書樞密事) 허공(許珙)으로 대신하였다. 왕이 원에 요청하여 마침내 〈이추를〉 파면시켰다.

(21)『高麗史』(卷134) 列傳 第47, 辛禑, 趙彝條

七月 倭寇樂安郡 (…) 李子庸 還自日本 九州節度使源了俊 歸被虜人二百三十餘口 獻槍劒及馬. 倭入武陵島 留半月而去. 八月 倭寇餘美縣 又寇隨郭二州.

7월에 왜적이 낙안군에 침입하였다. (…) 이자용(李子庸)이 일본으로부터 돌아왔는데 구주 절도사 원요준(源了俊)이 포로가 된 우리나라 사람 230여 명을 돌려보내었으며 창과 검과 말을 바쳤다. 왜적이 무릉도 침입하여 반달가까이 머물러 있었다.

8월에 왜적이 여미현에 침입하였으며 또 수주와 곽주 두 주에 침입하였다.

(22)『高麗史』(卷58)「地理志」3, 蔚珍縣條

鬱陵島【在縣正東海中. 新羅時, 稱于山國, 一云武陵, 一云羽陵, 地方百里. 智證王十二年, 來降. 太祖十三年, 其島人, 使白吉士豆, 獻方物. 毅宗十一年, 王聞, 鬱陵地廣土肥, 舊有州縣, 可以居民, 遣溟州道監倉金柔立, 往視, 柔立回奏云, "島中有大山, 從山頂, 向東行至海一萬余步, 向西行一萬三千余步,

向南行一萬五千余步, 向北行八千余步. 有村落基址七所, 有石佛·鐵鍾·石塔. 多生柴胡·蒿本·石南草, 然多岩石, 民不可居." 遂寢其議. 一云, 于山·武陵, 本二島, 相距不遠, 風日淸明, 則可望見】.

울릉도(鬱陵島)【현(縣)의 동쪽 바다 가운데에 있다. 신라 때에 우산국(于山國)이라 불렸고, 무릉(武陵) 혹은 우릉(羽陵)이라고도 불렸으며 사방이 백 리이다. 지증왕 12년(511년)에 와서 항복하였다. 태조 13년(930년)에 섬 사람들이 백길(白吉)과 토두(土豆)를 보내 방물(方物)을 바쳤다. 의종 11년(1157년)에 왕이 울릉의 땅이 넓고 토지가 비옥하여 옛날에 주현(州縣)이 있었고 백성이 거주할 만하다고 들어 명주도감창(溟州道監倉) 김유립(金柔立)을 보내었는데, 가서 보고 와서 김유립이 아뢰기를, "섬 안에 큰 산이 있으며, 산 정상에서 동쪽으로 향하면 바다까지 1만여 보(步)이고, 서쪽으로 향하면 1만 3천여 보이고, 남쪽으로 향하면 1만 5천여 보이고, 북쪽으로 향하면 8천여 보입니다. 촌락의 흔적은 7군데이고 석불·철종·석탑이 있습니다. 시호(柴胡), 호본(蒿本), 석남초(石南草)가 많이 자라지만 바위가 많아 백성들이 살기에는 좋지 않습니다." 라고 하였다. 이에 따라 그 논의가 이어지지 않았다. 일설에는 우산(于山)·무릉(武陵)이 본래 2개의 섬으로 서로 멀지 않아 기후가 청명하면 가히 바라볼 수 있다고 한다.】가 있다.

해설 요점

『고려사』의 관련 기사는 왕건이 918년 고려를 건국한 후 1392년 조선왕조로 교체될 때까지 일관되게 우산도(독도)를 울릉도와 함께 고려 영토로 통치했음을 알려주고 있다. 우산도는 울릉도의 부속도서였으므로 울릉도 통치가 바로 우산도를 포함한 통치였다.

고려 태조 왕건은 929년(고려 태조 12년) 견훤을 크게 격파하여 사실상 후삼국을 재통일한 바와 다름없이 된 다음 해인 930년 8월에 울릉도에서 재빨리 고려의 통일에 승복하여 백길(白吉)과 토두(土豆)를 사절로 보내오자, 왕건은 백길에는 정위(正位), 토두에게는 정조(正朝)의 지위를 주었다.

두만강 하류 동북지방(지금의 연해주와 북간도)에 살던 동북여진이 1018년(현종 9년)에 울릉도를 침략해서 노략질하여 주민의 농업이 황폐화되었으므로, 고려 조정에서 이원구(李元具)를 파견하여 농기구 (및 식량과 종자)를 하사해 주었다는 기록도 울릉도 통치의 증거이다.

고려왕조의 덕종(재위 1031~1034년) 시대에는 울릉도에 설진(設鎭)해서 군사적 방어 능력을 높이어 울릉도(鬱陵島)를 우릉성으로 하고 우릉성주(羽陵城主)를 두려고 했었다. 1141년(인종 19년)에는 명주도감창사(溟州道監倉使) 이양실(李陽實)을 조사관으로 울릉도에 파견하여 특산물을 조사하고 울릉도와 독도는 고려의 지방행정 구역상으로 강원도(溟州道)에 속한 영토로 개정되었다.

고려 의종(재위 1146~1170년)은 1157년(의종 11년)에 동해 가운데 울릉도는 땅이 넓고 토질이 비옥하며, 옛날에는 주현(州縣)을 설치한 일도 있고 백성들을 거주케 할 수 있다는 말을 듣고 사민정책(徙民政策)을 실시할 뜻이 있어 명주도감창전중내급사(溟州道監倉殿中內給事) 김유립(金柔立)을 울릉도에 파견하여 조사케 하였다. 그러나 김유립의 보고는 토지에 암석이 많아서 백성들을 거주시키기에는 부적합하다는 것이었으므로 사민정책 추진을 중단했었다.

그 후 12세기 말에 무신정권 집권자 최충헌(崔忠獻)이 울릉도가 토양이 비옥하고 진목(珍木)들과 해산물이 많다는 말을 듣고 조사관을 파견하여 조사케 했더니 어느 시대의 것인지 알 수 없는 빈 집터만 남아 있다는 보고를 받았다. 이에 최충헌은 동해안의 백성들을 울릉도로 이주시켜 사민정책을 실시하였다. 그러나 후에 울릉도로 가는 배가 풍랑으로 여러 차례 전복되어 뱃사람이 다수 죽었으므로 사민(徙民)했던 백성들을 다시 돌아오게 하였다.

그 후 원(元)의 세력이 고려 조정을 지배할 때 원에 투항해 들어간 반역자 이추가 울릉도에 진목(珍木)이 많다고 원나라에 일러바친 결과 원나라에서 사신을 보내와 울릉도 목재의 벌채와 상납을 요구해왔으므로 이를 중지시키는데 애썼다는 사실도 기록되어 있다.

고려 우왕(禑王) 2년(서기 1379년) 7월에는 왜구가 울릉도를 침략하여 반달(보름)이나 있다가 물러갔다. 이 무렵 왜구가 크게 발호하여 한반도 해안뿐 아니라 내지 깊숙한 곳까지 침입해서 온갖 노략질을 자행하였다. 특히 동해안 일대의 침략은 극심하였다. 울릉도는 왜구가 동해안을 침노할 때 징검다리로 사용했던 것으로 추정되며, 실제로 1397년 7월에는 무려 15일 동안이나 왜구에게 점령당했던 것이었다.

『고려사』「지리지」(1451년 편찬) 자료는 편찬할 때에 '우산(于山)'의 어원에 집착한 관료들은 '우산'과 '울릉'이 본래 같은 것이었다고 주장했으나, 문제는 어원 연구가 아니라 실제 사실에 있었고, 당시 사실을 중시한 관료들은 '우산'과 '무릉(武陵)'이 본래 2개의 다른 섬이어서 서로 거리가 멀지 않으므로 날씨가 청명하면 서로 바로 볼 수 있다고 주장하여 의견이 불일치했음을 알려주고 있다. 이때 우산도가 오늘의 독도였음은 그 설명에서 바로 알 수 있다. 왜냐하면 동해 가운데는 섬이라고 할 만한 것이 '울릉도'와 '독도' 밖에 없기 때문이다. 울릉도 옆에 있는 몇 개의 바위섬들은 너무 가까워서 날씨가 청명하지 않아도 매우 크게 보이니 위의 설명에 전혀 일치하지 않는다. 날씨가 청명한 경우에 하나의 '점'으로 서로 바라보이는 2개의 섬은 '울릉도'와 '독도'밖에 없고, '무릉도(武陵島)'는 '울릉도'임이 『고려사』에 거듭 명백하므로 별개의 섬 우산도가 바로 독도임은 명백한 것이다. 『고려사』「지리지」 울진현조는 독도(우산도)가 고려의 영토였음을 명확히 밝혀서 기록하고 있는 것이다. (상권, 본문 95~104쪽 참조)

제2편

「조선왕조 전기의 독도·울릉도 영유와 통치활동」에 관련된 실증자료 I : 태종·세종대의 통치활동 자료

5) 『태종실록』 기사

(23) 『太宗實錄』 太宗 3年(癸未, 1403년) 8月 丙辰(11일)條

命出江陵道 武陵島居民于陸地. 從監司之啓也.

강릉도(江陵道)의 무릉도(武陵島) 거민(居民)을 육지로 나오도록 명령하였으니, 감사(監司)의 아룀에 따른 것이었다.

(24) 『太宗實錄』 太宗 7年(丁亥, 1407년) 8月 庚午(16일)條

庚午/對馬島守護宗貞茂, 遣平道全, 來獻土物, 發還俘虜. 貞茂請茂陵島欲率其衆落徙居, 上曰 : "若許之, 則日本國王謂我爲招納叛人, 無乃生隙歟?" 南在對曰 : "倭俗叛則必從他人, 習以爲常, 莫之能禁, 誰敢出此計乎?" 上曰 : "在其境內, 常事也, 若越境而來, 則彼必有辭矣."

대마도수호(對馬島守護) 종정무(宗貞茂)가 평도전(平道全)을 보내와 토물(土物)을 바치고, 잡혀갔던 사람들을 돌려보냈다. 정무가 무릉도(武陵島)를 청(請)하여 여러 부락(部落)을 거느리고 가서 옮겨 살고자 하므로, 임금이 말하기를, "만일 이를 허락한다면, 일본 국왕(日本國王)이 나더러 반인(叛人)을 불러들였다 하여 틈이 생기지 않을까?"

하니, 남재(南在)가 대답하기를,

"왜인의 풍속은 반(叛)하면 반드시 다른 사람을 따릅니다. 이것이 습관이 되어 상사(常事)로 여기므로 금(禁)할 수가 없습니다. 누가 감히 그런 계책을 내겠습니까?"

하였다. 임금이 말하였다.

"그 경내(境內)에서는 상사(常事)로 여기지만, 만일 월경(越境)해 오게 되면 저쪽에서 반드시 말이 있을 것이다."

(25)『太宗實錄』太宗 12年(壬辰, 1412년) 4月 己巳(15일)條

命議政府議處流山國島人. 江原道觀察使報云:"流山國島人白加勿等十二名, 求泊高城 於羅津, 言曰:'予等生長武陵, 其島內人戶十一, 男女共六十餘, 今移居本島. 是島自東至西自南至北, 皆二息, 周回八息. 無牛馬水田, 唯種豆一斗出二十石或三十石, 麥一石出五十餘石; 竹如大椽; 海錯果木皆在焉.' 竊慮此人等逃還, 姑分置于通州·高城·杆城."

의정부(議政府)에 명하여 유산국도(流山國島) 사람을 처치하는 방법을 의논하였다. 강원도관찰사가 보고하였다.

"유산국도 사람 백가물(白加勿) 등 12명이 고성(高城) 어라진(於羅津)에 와서 정박하여 말하기를, '우리들은 무릉도(武陵島)에서 생장하였는데, 그 섬 안의 인호(人戶)가 11호이고, 남녀가 모두 60여 명인데, 지금은 본도(本島)로 옮겨 와 살고 있습니다. 이 섬이 동에서 서까지 남에서 북까지가 모두 2식(息) 거리이고, 둘레가 8식(息) 거리입니다. 우마(牛馬)와 논이 없으나, 오직 콩 한 말만 심으면 20석 혹은 30석이 나고, 보리 1석을 심으면 50여 석이 납니다. 대(竹)가 큰 서까래 같고, 해착(海錯)과 과목(果木)이 모두 있습니다.'고 하였습니다. 이 사람들이 도망하여 갈까 염려하여, 아직 통주(通州)·고성(高城)·간성(杆城)에 나누어 두었습니다."

(26)『太宗實錄』太宗 16年(丙申, 1416년) 9月 庚寅(2일)條

以金麟雨爲武陵等處安撫使. 戶曹參判朴習啓:"臣嘗爲江原道都觀察使, 聞武陵島周回七息, 傍有小島, 其田可五十餘結. 所入之路, 纔通一人, 不可竝行. 昔有方之用者率十五家入居, 時或假倭爲寇. 知其島者, 在三陟, 請使之往

見.” 上可之, 乃召三陟人前萬戶金麟雨, 問武陵島事, 麟雨言:“三陟人李萬嘗往武陵而還, 詳知其島之事.” 卽召李萬. 麟雨又啓:“武陵島遙在海中, 人不相通, 故避軍役者, 或逃入焉. 若此島多接人, 則倭終必入寇, 因此而侵於江原道矣.” 上然之, 以麟雨爲武陵等處安撫使, 以萬爲伴人, 給兵船二隻·抄工二名·引海二名·火熥火藥及糧, 往其島, 諭其頭目人以來. 賜麟雨及萬衣笠靴.

김인우(金麟雨)를 무릉등처안무사(武陵等處安撫使)로 삼았다. 호조참판(戶曹參判) 박습(朴習)이 아뢰기를,

“신이 일찍이 강원도도관찰사(江原道都觀察使)로 있을 때에 들었는데, 무릉도(武陵島)의 주회(周回)가 7식(息)이고, 곁에 소도(小島)가 있고, 전지가 50여 결(結)이 되는데, 들어가는 길이 겨우 한 사람이 통행하고 나란히 가지는 못한다고 합니다. 옛날에 방지용(方之用)이란 자가 있어 15가(家)를 거느리고 입거(入居)하여 혹은 때로는 가왜(假倭)로서 도둑질을 하였다고 합니다. 그 섬을 아는 자가 삼척(三陟)에 있으니, 청컨대, 그 사람을 시켜서 가서 보게 하소서.”

하니, 임금이 옳다고 여기어 삼척 사람 전 만호(萬戶) 김인우(金麟雨)를 불러 무릉도의 일을 물었다. 김인우가 말하기를,

“삼척 사람 이만(李萬)이 일찍이 무릉에 갔다가 돌아와서 그 섬의 일을 자세히 압니다.”

하니, 곧 이만을 불렀다. 김인우가 또 아뢰기를,

“무릉도가 멀리 바다 가운데에 있어 사람이 서로 통하지 못하기 때문에 군역(軍役)을 피하는 자가 혹 도망하여 들어갑니다. 만일 이 섬에 주접(住接)하는 사람이 많으면 왜적이 끝내는 반드시 들어와 도둑질하여, 이로 인하여 강원도를 침노할 것입니다.”

하였다. 임금이 옳게 여기어 김인우를 무릉등처안무사로 삼고 이만을

반인(伴人)으로 삼아, 병선(兵船) 2척, 초공(抄工) 2명, 인해(引海) 2명, 화통(火通)·화약(火藥)과 양식을 주어 그 섬에 가서 그 두목(頭目)에게 일러서 오게 하고, 김인우와 이만에게 옷(衣)·입(笠)·화(靴)를 주었다.

(27)『太宗實錄』太宗 17年(丁酉, 1417년) 2月 壬戌(5일)條

按撫使金麟雨還自于山島, 獻土産大竹·水牛皮·生苧·綿子·檢樸木等物, 且率居人三名以來. 其島戶凡十五口, 男女幷八十六. 麟雨之往還也, 再逢颶風, 僅得其生.

안무사(按撫使) 김인우(金麟雨)가 우산도(于山島)에서 돌아와 토산물(土産物)인 대죽(大竹)·수우피(水牛皮)·생저(生苧)·면자(綿子)·검박목(檢樸木) 등을 바쳤다. 또 그곳의 거주민 3명을 거느리고 왔는데, 그 섬의 호수(戶)는 15구(口)요, 남녀를 합치면 86명이었다. 김인우가 갔다가 돌아올 때에, 두 번이나 태풍(颱風)을 만나서 겨우 살아날 수 있었다고 했다.

(28)『太宗實錄』太宗 17年(丁酉, 1417년) 2月 乙丑(8일)條

命右議政韓尙敬·六曹·臺諫, 議刷出于山·武陵居人便否, 僉曰:"武陵居人, 勿令刷出, 給五穀與農器, 以安其業, 仍遣主帥撫之, 且定土貢可也." 工曹判書黃喜獨不可曰:"勿令安置, 依速刷出." 上曰:"刷出之計是矣. 彼人等曾避役安居, 若定土貢, 有主帥, 則彼必惡之, 不可使之久留也. 宜以金麟雨仍爲安撫使, 還入于山·武陵等處, 率其居人出陸." 仍賜衣笠及靴, 且賜于山人三名各衣一襲. 命江原道都觀察使, 給兵船二隻, 選揀道內水軍萬戶千戶中有能者, 與麟雨同往.

우의정 한상경(韓尙敬), 육조(六曹)·대간(臺諫)에 명하여, 우산(于山)·무릉

도(武陵島)의 주민(居民)을 쇄출(刷出)하는 것의 편의 여부를 의논케 하니, 모두가 말하기를,

"무릉(武陵)의 주민은 쇄출하지 말고, 오곡(五穀)과 농기(農器)를 주어 그 생업을 안정케 하소서. 인하여 주수(主帥)를 보내어 그들을 위무(慰撫)하고 또 토공(土貢)을 정함이 좋을 것입니다."

하였으나, 공조판서 황희(黃喜)만이 유독 불가하다 하며,

"안치(安置)시키지 말고 빨리 쇄출하게 하소서."

하니, 임금이,

"쇄출하는 계책이 옳다. 저 사람들은 일찍이 요역(徭役)을 피하여 편안히 살아왔다. 만약 토공(土貢)을 정하고 주수(主帥)를 둔다면 저들은 반드시 싫어할 것이니, 그들을 오래 머물러 있게 할 수 없다. 김인우(金麟雨)를 그대로 안무사(按撫使)로 삼아 도로 우산(于山)·무릉(武陵) 등지에 들어가 그곳 주민을 거느리고 육지로 나오게 함이 마땅하다."

하고, 인하여 옷(衣)·갓(笠)과 목화(木靴)를 내려 주고, 또 우산 사람 3명에게도 각기 옷 1습(襲)씩 내려 주었다. 강원도도관찰사(江原道都觀察使)에게 명하여 병선(兵船) 2척(隻)을 주게 하고, 도내의 수군만호(水軍萬戶)와 천호(千戶) 중 유능한 자를 선간(選揀)하여 김인우와 같이 가도록 하였다.

(29)『太宗實錄』太宗 17年(丁酉, 1417년) 8月 己丑(6일)條

倭寇 于山·武陵.

왜적이 우산도(于山島)·무릉도(武陵島)에서 도둑질하였다.

해설 요점

『태종실록』은 조선왕조의 울릉도·독도(우산도) 정책 정립에 관한 매우 중

요한 자료이다.

(1) 이 자료는 1407년 대마도주 종정무(宗貞茂)가 토산물을 바침과 함께 왜구들이 조선 해안을 노략질하여 잡아간 사람들을 되돌려 보내면서 대마도의 일본인들을 울릉도에 이주해서 살게 해달라고 태종(太宗)에게 간청했었고, 태종이 이를 거절한 사실을 기록하였다. 이때 대신 남재(南在)가 그들의 요청을 들어줄 것을 희망했는데, 태종의 대답 중에서 '배반하면 타인을 따르는 일본 풍속'이 통하는 것은 저들의 '경내(境內)'에서의 일이고, '월경(越境)'을 하여 울릉도에 이주해 들어오는 것은 별개의 문제라고 하여, '울릉도'를 일본 국경의 밖이고 조선 국경의 안이며, 일본인이 울릉도에 들어오는 것을 '월경'이라고 한 사실에 주목할 필요가 있다. 즉, 이때 태종은 물론이고 대마도주 종정무도 '울릉도'(무릉도)가 조선 영토임을 잘 알고 이를 존중하여 울릉도에의 대마도인의 이주에 조선 국왕 태종의 허가를 얻고자 노력했다가 실패한 것이었다.

(2) 이때 왜구 침략을 염려하여 태종은 울릉도 거주민을 육지에 나오도록 명령하여 집행했는데, 울릉도에서 태어나 성장한 11호의 60여 명은 그 후 왕명을 어기고 다시 울릉도에 옮겨 들어가 거주하였다. 이 중에서 백가물(白加勿) 등 12명이 1412년(태종 12년)에 배를 타고 고성(高城)의 어라진(於羅津)에 들어와 정박하자 그들이 도망하여 울릉도에 돌아가 버릴 것을 염려해서 강원도관찰사는 이들을 통주(通州), 고성, 간성(杆城)의 세 지역에 나누어 두어서 도망하지 못하도록 조치한 사실이 기록되어 있다.

(3) 호조참판 박습(朴習)의 건의로 태종이 전(前) 삼척만호 김인우를 무릉등처안무사에 임명하여 울릉도에 파견해서 울릉도 거주민과 그 두목을 설득하여 데리고 돌아오도록 조치한 것을 기록하였다. 여기서 주목할 것은 무릉도 옆에 소도(小島)가 있다고 보고되었다는 사실이다. 그후 이 소도가 우산도(독도)라는 사실을 확인하게 되었다. 김인우는 울릉도에서 15호에

남녀 86명의 인구가 거주하고 있음을 확인했으나, 그가 육지로 데리고 나온 사람은 단지 3명뿐이었다. 주민들은 계속 울릉도에 남아 거주하는 것을 희망하여 진정했고, 김인우는 이에 주민 대표 3명만 인솔하고 1417년 2월 5일 돌아와 울릉도 주민의 희망을 국왕에 보고한 것으로 보인다. 이에 정부는 울릉도에 진(鎭)을 설치하여 이를 방어하면서 울릉도에 계속 백성을 살게 할 것인가 또는 주민을 모두 육지로 쇄환시켜 울릉도를 공도화(空島化) 할 것인가에 대하여 어전회의를 열었다.

(4) 이 어전회의에서 ① 울릉도 거주민을 육지로 쇄출(刷出)해 오지 말고 평안히 농사를 짓도록 해주고 중앙조정의 군대를 파견 진(鎭)을 설치하여 그들을 안무(按撫)하며 또 토산품을 납부토록 하자는 안과 ② 이를 반대하면서 울릉도 거주민을 속히 육지로 쇄출시키자는 공조판서 황희(黃喜)의 주장의 2개 안이 토의되었다. 태종은 쇄출정책을 채택하였다. 이 결정의 채택이 바로 '쇄출정책', '공도정책'의 채택인 것이다.

태종은 쇄출정책과 공도정책을 채택한 후 김인우를 안무사(按撫使)로 임명하여 우산·무릉등처에 다시 들어가서 울릉도 거주민들을 쇄환해 오게 하였다. 이때 주목할 것은 김인우를 제1차로 울릉도에 파견할 때에는 '무릉도안무사'로 하지 않고 '무릉등처안무사'로 '등처'를 붙였다가, 1417년 2월 김인우를 제 2차로 울릉도에 파견하기로 결정했을 때에는 다시 직함을 '우산·무릉등처안무사'로 개칭했다는 사실이다. 이것은 울릉도 옆의 '소도'가 주민들의 호칭에 따라서 '우산도'로 확정되었음을 의미하는 것이다.

태종이 김인우를 '우산·무릉등처안무사'에 임명하여 울릉도에 다녀오게 한 6개월 후인 1417년 8월 왜인들이 우산도·무릉도에 침입하였다.

이 자료는 독도가 1417년 우산도라는 명칭을 공식적으로 확인받아 사용하게 되는 첫 기록이고, 태종이 울릉도·독도에 대한 통치권을 행사한 기록이며, 또한 태종에 의하여 1417년 울릉도 '쇄출정책'과 '공도정책'이 처음 채택된 과정을 설명한 매우 중요한 문헌자료다. 이 자료는 또한 태종이 우산도·무릉도에 쇄환·공도정책을 채택한 주된 이유는 왜구의 침략으로부터 주민을 보호하고 대비하기 위해서였음을 방증해 주고 있다.

(상권, 본문 110~116쪽 참조)

6)『세종실록』기사

(30)『世宗實錄』世宗元年(己亥, 1419년) 4月 乙亥朔(1일)條

上以武陵出來男婦共十七名, 到京畿 平丘驛里絶糧, 遣人救之, 乃下王旨曰: "側聞, 武陵島出來人等, 今到平丘驛絶糧, 而無人救恤. 以京畿路邊而如此, 況遐方乎? 因念各官人民, 必有飢饉, 其令戶曹移文各道, 嚴加檢察, 俾民免於飢困, 以副予至懷."

임금이 무릉도(武陵島)에서 나오는 남녀 도합 17명이 경기도 평구역리(平丘驛里)에 당도하여 양식이 떨어졌다 하므로, 사람을 보내어 구원케 하고, 이내 왕지(王旨)하기를,

"듣건대 무릉도에서 나오는 사람들이 지금 평구역에 당도하여 양식이 떨어졌는데, 구원해 주는 사람이 없다고 한다. 경기도 한길가가 이와 같은데, 하물며 먼 지방이야 어떻겠느냐. 이로 미루어 각 군 백성들을 생각하면, 반드시 굶주리는 자가 있을 것이니, 호조로 하여금 각 도에 공문을 내어 세밀히 검찰하여, 백성으로 하여금 굶주리고 곤궁한 일이 없게 하여 나의 지극한 향념에 부응케 하라."

고 하였다.

(31) 『世宗實錄』 世宗 7年(乙巳, 1425년) 8月 甲戌(8일)條

以前判長鬐縣事金麟雨爲于山·武陵等處按撫使. 初, 江原道 平海人金乙之·李萬·金亐乙金等, 曾逃居武陵島, 歲丙申, 國家遣麟雨盡行刷還. 癸卯, 乙之等男婦共二十八名, 復逃入本島, 今年五月, 乙之等七人留其妻子於本島, 乘小船潛到平海郡 仇彌浦發覺, 監司囚之, 本郡馳報. 於是復爲刷還. 麟雨率軍人五十名, 備軍器, 齎三月糧, 浮海而去, 島在東海中. 麟雨, 三陟人也.

전 판장기현사(判長鬐縣事) 김인우(金麟雨)를 우산도(于山島)·무릉도(武陵島) 등지의 안무사(安撫使)로 삼았다. 당초에 강원도 평해(平海) 고을 사람 김을지(金乙之)·이만(李萬)·김울금(金亐乙金) 등이 무릉도에 도망가 살던 것을, 병신년에 국가에서 인우를 보내어 다 데리고 나왔는데, 계묘년에 을지 등 남녀 28명이 다시 본디 섬에 도망가서 살면서, 금년 5월에 을지 등 7인이 아내와 자식은 섬에 두고 작은 배를 타고 몰래 평해군 구미포(仇彌浦)에 왔다가 발각되었다. 감사가 잡아 가두고 본군(本郡)에서 급보(急報)하여 곧 도로 데려 내오기로 하고서, 인우가 군인 50명을 거느리고 군기와 3개월 양식을 갖춘 다음 배를 타고 나섰다. 섬은 동해 가운데 있고, 인우는 삼척(三陟) 사람이었다.

(32) 『世宗實錄』 世宗 7年(乙巳, 1425년) 10月 乙酉(20일)條

于山·茂陵等處按撫使金麟雨搜捕本島避役男婦二十人來復命. 初, 麟雨領兵船二艘, 入茂陵島, 船軍四十六名所坐一艘, 飄風不知去向. 上謂諸卿曰:“麟雨捕還二十餘人, 而失四十餘人, 何益哉? 此島別無異産, 所以逃入者, 專以窺免賦役.” 禮曹參判金自知啓曰:“今此捕還逃民, 請論如律.” 上曰:“此人非潛從他國, 且赦前所犯, 不可加罪.” 仍命兵曹, 置于忠淸道深遠山郡, 使勿復逃, 限三年復戶.

우산(于山)·무릉(茂陵) 등지에서 안무사(安撫使) 김인우(金麟雨)가 본도(本島)의 피역(避役)한 남녀 20인을 수색해 잡아와 복명(復命)하였다. 처음 인우가 병선(兵船) 두 척을 거느리고 무릉도에 들어갔다가 선군(船軍) 46명이 탄 배 한 척이 바람을 만나 간 곳을 몰랐다. 임금이 여러 대신들에게 이르기를,

"인우가 20여 인을 잡아왔으나 40여 인을 잃었으니 무엇이 유익하냐. 이 섬에는 별로 다른 산물도 없으니, 도망해 들어간 이유는 단순히 부역(賦役)을 모면하려 한 것이로구나."

하였다. 예조참판 김자지(金自知)가 계하기를,

"지금 잡아온 도망한 백성을 법대로 논죄하기를 청합니다."

하니, 임금이 말하기를,

"이 사람들은 몰래 타국을 따른 것이 아니요, 또 사면령(赦免令) 이전에 범한 것이니 새로 죄 주는 것은 불가하다."

하고, 곧 병조에 명하여 충청도의 깊고 먼 산중 고을로 보내어 다시 도망하지 못하게 하고, 3년 동안 복호(復戶)하게 하였다.

(33) 『世宗實錄』 世宗 7年(乙巳, 1425년) 11月 乙卯(20일)條

傳旨禮曹·戶曹 : "茂陵入歸時, 敗船物故江原道船軍, 招魂致祭致賻." 金麟雨云 : "漂向日本." 上以謂敗船, 故有是命.

예조와 호조에 전지(傳旨)하여, 무릉도(茂陵島)에 들어갈 때 배가 깨어져서 사망한 강원도 수군(水軍)의 초혼제(招魂祭)를 지내게 하고, 치제(致祭)하고 치부(致賻)하게 하였다. 김인우(金麟雨)가 일본으로 표류(漂流)하였다고 말하였는데, 임금이 배가 깨어진 것이라 생각하였기 때문에 이 명령이 있은 것이다.

(34)『世宗實錄』世宗 7年(乙巳, 1425년) 12月 癸巳(28일)條

茂陵島入歸時, 飄風船軍平海人張乙夫等回自日本國言 :“初, 船軍四十六人乘坐一船, 隨按撫使金麟雨向本島, 忽颶作船敗, 同船三十六人皆溺死. 我等十人移坐小舠, 飄至日本國 石見洲 長濱登岸, 飢困不得行, 匍匐至五里餘, 得泉飮水, 因倒江邊, 有一倭因漁來見, 率歸一僧寺, 與餠茶粥醬以食之, 領赴順都老, 順都老見我等衣曰 :‘朝鮮人也.’ 嗟嘆再三, 給口糧 · 衣袴, 留三十日, 日三供頓. 臨送設大宴, 執盞親勸曰 :‘厚慰爾等, 乃爲朝鮮殿下耳.’ 給行糧百石, 差人二十護送, 至對馬島, 亦留一月. 都萬戶左衛門大郞三設宴勞之曰 :‘非爲爾等, 敬殿下如此耳.’ 又差人護送回來.”

石見洲 長濱 因幡守致書禮曹曰: 今年九月, 貴國人十名, 飄風到此, 卽時治船護送, 回付對馬島都萬戶轉送. 兼進環刀二柄 · 丹木一百斤 · 朱紅四面 · 盤二十 · 胡椒十斤.

左衛門大郞致書禮曹曰: 今石見洲 長濱 (因蟠)〔因幡〕守知小人交通貴國, 送還飄風貴國人十名, 令小人轉送, 卽令修船護送. 細在船主.

무릉도(茂陵島)에 들어갈 때 바람에 표류하였던 수군(水軍)인 평해(平海) 사람 장을부(張乙夫) 등이 일본국으로부터 돌아와서 말하기를,

“처음에 수군 46인이 한 배에 타고 안무사(安撫使) 김인우(金麟雨)를 수행하여 무릉도를 향해 갔다가, 갑자기 태풍이 일어나 배가 부서지면서 같은 배에 탔던 36인은 다 익사(溺死)하고, 우리들 10인은 작은 배에 옮겨 타서 표류하여 일본국 석견주(石見州)의 장빈(長濱)에 이르렀습니다. 언덕에 올라갔으나, 주리고 피로하여 걸을 수가 없으므로, 기어서 5리 남짓한 곳에 이르렀을 때 샘을 만나 물을 마시고 피곤하여 강가에 쓰러졌더니, 한 왜인(倭人)이 고기 잡으러 왔다가 보고 한 절(寺)로 데리고 가서 떡과 차(茶)와 죽(粥)과 장(醬)을 주어 먹게 한 뒤에 순도로(順都老)에게 데리고 갔습니다.

순도로가 우리들의 옷을 보고 말하기를, '조선 사람이로구나.' 하고 두세 번 한숨지어 한탄하고, 양식과 웃옷과 바지를 주었습니다. 30일 동안을 머물렀는데, 날마다 하루 세 번씩 음식 대접을 하였으며, 떠날 때에는 큰 잔치를 베풀고 잔을 들어 친히 권하면서 말하기를, '너희들을 후하게 위로하는 것은 곧 조선의 전하(殿下)를 위하기 때문이다.'고 하고, 여행 중의 양식 1백 석을 주고, 사람 20인을 보내어 호송(護送)하였습니다. 대마도(對馬島)에 이르러서 또한 1개월을 머물렀는데, 도만호(都萬戶) 좌위문대랑(左衛門大郞)이 세 번 연회를 열어 위로하면서 말하기를, '너희들을 위하는 것이 아니라, 전하를 존경하여 이렇게 할 뿐이다.'고 하였고, 또한 사람을 보내어 호송하여 주었습니다."

하였다. 돌아올 때는 석견주 장빈의 인번수(因幡守)가 예조(禮曹)에 글을 보내어 말하기를,

"금년 9월에 귀국인 10명이 풍랑에 표류하여 여기에 이르렀으므로, 즉시 배를 수리하게 하고 호송하여 대마도 도만호(都萬戶)에게 돌려보내어 그곳에서 다시 호송하게 합니다. 겸하여 환도(環刀) 2자루, 단목(丹木) 1백 근, 주홍색(朱紅色) 네모반(四面盤) 20개, 호초(胡椒) 10근을 바칩니다."

하였다. 좌위문대랑도 예조에 글을 보내어 말하기를,

"지금 석견주 장빈의 인번수가 소인(小人)이 귀국과 교통(交通)하고 있는 것을 알고 풍랑에 표류한 귀국인 10명을 송환하여 소인으로 하여금 다시 귀국에 호송하게 하였으므로, 즉시 배를 수리하게 하여 호송합니다. 자세한 사연은 선주(船主)에게 전하였습니다."

하였다.

(35) 『世宗實錄』 世宗 18年(丙辰, 1436년) 閏6月 甲申(20일)條

江原道監司柳季聞啓 : "武陵島 牛山, 土沃多産, 東西南北各五十餘里, 沿海

四面, 石壁周回, 又有可泊船隻之處. 請募民實之, 仍置萬戶守令, 實爲久長之策." 不允.

강원도감사 유계문(柳季聞)이 아뢰기를,

"무릉도(武陵島)의 우산(牛山)은 토지가 비옥하고 산물도 많사오며, 동·서·남·북으로 각각 50여 리 연해(沿海)의 사면에 석벽(石壁)이 둘러 있고, 또 선척이 정박할 만한 곳도 있사오니, 청컨대, 인민을 모집하여 이를 채우고, 인하여 만호(萬戶)와 수령(守令)을 두게 되면 실로 장구지책이 될 것입니다."

하였으나, 윤허하지 아니하였다.

(36)『世宗實錄』世宗 19年(丁巳, 1437년) 2月 戊辰(8일)條

傳旨江原道監司柳季聞: 去丙辰秋, 卿啓:"茂陵島土地膏腴, 禾穀所出, 十倍陸地, 且多所産, 宜設縣置守, 以爲嶺東之藩籬." 卽令大臣僉議, 竝云:"此島遠於陸地, 風水甚惡, 不宜蹈不測之患, 以設郡縣." 故姑寢其事. 卿今又啓云:"聞諸古老, 在昔倭奴來住, 連年侵掠, 嶺東蕭然." 予亦以爲曩者倭奴陸梁, 居于對馬島, 尙且侵掠嶺東, 至于咸吉道. 茂陵島無人日久, 今若倭奴先據, 則將來之患, 亦未可知. 其設縣置守, 徙民實之, 則勢固難矣, 每歲遣人, 或探島內, 或採土産, 或爲馬場, 則倭奴亦以爲大國之地, 必不生竊據之心. 在昔倭奴來住之時, 何代耶? 所謂古老者, 幾人耶? 若欲遣人, 則風水調順, 何時何月耶? 入歸之時, 裝備之物·舟楫之數, 備悉訪問以啓.

강원도감사 유계문(柳季聞)에게 전지하기를,

"지난 병진년 가을에 경이 아뢰기를, '무릉도(茂陵島)는 토지가 기름져서 곡식의 소출이 육지보다 10배나 되고, 또 산물이 많으니 마땅히 현(縣)을 설치하여 수령을 두어서 영동의 울타리를 삼아야 한다.'고 하였으므로, 곧 대신으로 하여금 여러 사람과 의논하게 하였더니, 모두 말하기를, '이 섬은 육지에서 멀고 바람과 파도가 매우 심하여 헤아릴 수 없는 환난을 겪을 것이니, 군현을 설치하지 않는 것이 마땅하다.' 하였다. 그러므로 아직 그 일을 정지하였더니 경이 이제 또 아뢰기를, '고로(古老)들에게 들으니 옛날에 왜노들이 와서 거주하면서 여러 해를 두고 침략하여, 영동(嶺東)이 빈 것 같았다.'고 하였다. 내가 또한 생각하건대, 옛날에 왜노들이 날뛰어 대마도에 살면서도 오히려 영동을 침략하여 함길도에까지 이르렀었는데, 무릉도에 사람이 없는 지가 오래니, 이제 만일 왜노들이 먼저 점거(點據)한다면 장래의 근심이 또한 알 수 없다. 현을 신설하고 수령을 두어 백성을 옮겨 채우는 것은 사세로 보아 어려우니, 매년 사람을 보내어 섬 안을 탐색(探索)하거나, 혹은 토산물을 채취(採取)하고, 혹은 말의 목장을 만들면, 왜노들도 대국의 땅이라고 생각하여 반드시 몰래 점거할 생각을 내지 않을 것이다. 옛날에 왜노들이 와서 산 때는 어느 시대이며, 소위 고로라고 하는 사람은 몇 사람이나 되며, 만일 사람을 보내려고 하면 바람과 파도가 순조로운 때가 어느 달이며, 들어갈 때에 장비(裝備)할 물건과 배의 수효를 자세히 조사하여 아뢰라."

하였다.

(37)『世宗實錄』世宗 20年(戊午, 1438년) 4月 甲戌(21일)條

以前護軍南薈·前副司直曹敏爲茂陵島巡審敬差官. 二人, 居江原道海邊者. 時國家聞茂陵島在海中多産異物, 土沃可居, 欲遣人尋訪, 而難其人, 乃募於海邊, 此二人應募, 故造授敬差官之命以遣, 仍使搜檢逃匿人口.

전 호군(護軍) 남회(南薈)와 전 부사직(副司直) 조민(曹敏)을 무릉도순심경

차관(茂陵島巡審敬差官)으로 삼았다. 두 사람은 강원도 해변에 거주하는 자이다. 이때 국가에서는 무릉도가 해중(海中)에 있는데, 이상한 물건이 많이 나고 토지도 비옥하여 살기에 좋다고 하므로, 사람을 보내 찾아보려 해도 사람을 얻기가 어려웠던 것이다. 이에 해변에서 이를 모집하니, 이 두 사람이 응모하므로 멀리서 경차관의 임명을 주어 보내고, 이에 도망해 숨은 인구도 탐문하여 조사하도록 한 것이었다.

(38)『世宗實錄』世宗 20年(戊午, 1438년) 7月 戊戌(15일)條

護軍南薈 · 司直曹敏回自茂陵島復命, 進所捕男婦共六十六及産出沙鐵石鍾乳生鮑大竹等物, 仍啓曰 : "發船一日一夜乃至. 日未明, 掩襲人家, 無有拒者, 皆本國人也. 自言聞此地沃饒, 年前春潛逃而來. 其島四面皆石, 雜木與竹成林, 西面一處, 可泊舟楫. 東西一日程, 南北一日半程."

호군(護軍) 남회(南薈)와 사직(司直) 조민(曹敏)이 무릉도(茂陵島)로부터 돌아와 복명하고, 포획한 남녀 모두 66명과 거기서 산출되는 사철(沙鐵) · 석종유(石鍾乳) · 생포(生鮑) · 대죽(大竹) 등의 산물을 바치고, 인하여 아뢰기를,

"발선(發船)한 지 하루 낮과 하루 밤 만에 비로소 도착하여 날이 밝기 전에 인가를 엄습(掩襲)하온 즉, 항거하는 자가 없었고, 모두가 본군 사람이였으며, 스스로 말하기를, '이곳 토지가 비옥 풍요하다는 말을 듣고 몇 년 전 봄에 몰래 도망해 왔다.'고 합니다. 그리고 그 섬은 사면이 모두 돌로 되어 있고, 잡목과 대나무가 숲을 이루고 있었으며, 서쪽 한 곳에 선박이 정박할 만하였고, 동서는 하루의 노정(路程)이고 남북은 하루 반의 노정이었습니다."

하였다.

해설 요점

이 자료는 조선왕조 제4대 왕인 세종대왕이 부왕 태종의 '쇄환정책(刷還政策)'을 계승한 울릉도·독도 정책에 관한 문헌 자료이다. 세종은 김인우가 제2차로 울릉도에 들어가 울릉도 거주민을 모두 쇄환해오고, 그들이 다시 도망해가지 못하도록 이를 각 도에 분산해서 정착시켰다. 그 후 각 도에 분산하여 거주시킨 울릉도민들 남녀 28명이 1423년(세종 15년)에 몰래 도망하여 다시 울릉도에 들어가 거주하게 되었다. 그 후 강원도관찰사가 이 사실을 중앙 조정에 보고하자, 세종은 1425년(세종 7년) 김인우를 다시 '우산·무릉등처안무사'에 임명하여 제 3차로 울릉도에 들어가서 울릉도민들을 쇄환해 오도록 하였다.

여기서 특히 주목할 두가지 사실의 하나는 세종이 김인우를 '우산·무릉등처안무사'로 임명했다는 사실이다. 이것은 무릉도(울릉도)와 함께 '우산도'(독도)가 김인우의 안무해야 할 행정관리지역 안에서 부각·지정된 것이다. 즉 독도(우산도)가 국왕의 특명을 받은 안무사 김인우의 안무 대상지역이 되고, 세종이 공식적으로 울릉도와 함께 독도에 대해서도 통치권을 행사한 것이었다. 다른 하나는 위의 자료가 두 번이나 무릉도를 '본도'로 기록하고 있다는 사실이다. 이것은 세종과 이 안무사 파견에 관련된 신하들 및 실록의 기록자들이 모두 무릉도(울릉도)를 본도로, 우산도(독도)를 그 속도로 인식하고 있었음을 나타내 주고 있는 것이라고 볼 수 있다. 즉 국왕 세종과 그의 신하들은 이때에는 울릉도에 그 속도로서 우산도가 있다는 것을 명확히 인지하여 확인하고, 파견하는 안무사의 관직명부터 '우산·무릉등처안무사'로 이름 붙였으며, 울릉도를 '본도'로, 우산도를 '속도'로 나누어 인식했음을 알 수 있다. 이것은 조선왕조 초기 세종과 그의 신하들이 울릉도와 우산도를 영유했으며 그 통치권을 행사하여 안무활동을 실행했었음을 문헌기록으로 잘 증명해 주는 것이다.

또한 주목할 것은 예조참판 김자지(金自知)가 이번에 쇄환에온 울릉도민을 벌하자고 청하니 세종은 "이 사람들은 '타국'에 몰래 따라 들어간 것이 아니라"고 응답하고 이를 거절한 사실이다. 즉 세종은 '우산 · 무릉등처'가 '타국'이 아니라 '아국(我國 : 조선)'이므로 여기에 몰래 들어간 백성들을 처벌할 것까지는 없다고 말한 것이다. 이것은 조선 국왕 세종이 '우산도와 무릉도'를 '타국'의 영토가 아니라 조선의 영토라고 명백히 천명한 내용을 포함하고 있음을 특히 주목할 필요가 있다.

『세종실록』의 세종 7년(1425년) 8월 갑술조와 10월 을유조의 두 기록은 독도의 영유권 문제와 관련하여 또 하나의 결정적으로 중요한 자료임을 주의할 필요가 있다. 왜냐하면, ① 조선 국왕 세종이 우산도(독도)와 무릉도(울릉도)에 실제로 영유권과 통치권을 행사하였고, ② 우산도와 무릉도 중에서 무릉도가 '본도'라고 (따라서 우산도가 '속도'라고) 두 섬을 구별했으며, ③ 우산도와 무릉도는 '타국'이 아니라고 (즉, 조선의 영토라고) 천명하는 명령을 포함한 기록이기 때문이다.

강원도관찰사 유계문(柳季聞)은 백성들을 모집하여 울릉도에 이주시키고 관리를 두어 울릉도를 적극 개척·개발하는 장기 대책을 1436년과 1437년 두 차례나 제안하였다. 세종은 강원도관찰사 유계문의 거듭된 건의에 응하여 남회(南薈)와 조민(曺敏)을 무릉도순심경차관(茂陵島巡審敬差官)으로 임명 · 파견하였다. 남회와 조민이 울릉도에 들어갔다가 남녀 66명을 쇄환해 왔다. 그러나 세종은 강원도관찰사의 건의에 따라 울릉도에 대한 조사를 하면서도, 태종의 '쇄환공도정책'은 계속하여 실시하였다.

(상권, 본문 117~123쪽 참조)

7)『세종실록』「지리지」 기사

(39)『世宗實錄』「地理志」 江原道 蔚珍縣條

于山·武陵二島在縣正東海中.【二島相去不遠, 風日淸明, 則可望見. 新羅時, 稱于山國, 一云鬱陵島. 地方百里, 恃險不服, 智證王十二年, 異斯夫爲何瑟羅州軍主謂于山人愚悍, 難以威來, 可以計服, 乃多以木造猛獸, 分載戰舡抵其國, 誑之曰 : 汝若不服, 則卽放此獸. 國人懼來降. 高麗太祖十三年, 其島人使白吉土豆獻方物. 毅宗十三年, 審察使金柔立等回來告 : 島中有泰山, 從山項向東行至海一萬餘步, 向西行一萬三千餘步, 向南行一萬五千餘步, 向北行八千餘步, 有村落基址七所. 或有石佛像鐵鍾石塔. 多生柴胡蒿本石南草. 我太祖時, 聞流民逃入其島者甚多, 再命三陟人金麟雨, 爲按撫使, 刷出空其地. 麟雨言 : 土地沃饒, 竹大如柱, 鼠大如猫, 桃核大於升. 他物稱是.】

우산(于山)과 무릉(武陵) 2개 섬이 현의 정동(正東) 해중(海中)에 있다.【2개 섬이 서로 거리가 멀지 아니하여, 날씨가 맑으면 가히 바라볼 수 있다. 신라 때에 우산국(于山國), 또는 울릉도(鬱陵島)라 하였는데, 지방(地方)이 1백 리이며, 〈사람들이 지세가〉 험함을 믿고 복종하지 아니하므로, 지증왕(智證王) 12년에 이사부(異斯夫)가 하슬라주(何瑟羅州) 군주(軍主)가 되어 이르기를, "우산국 사람들은 어리석고 사나와서 위엄으로는 복종시키기 어려우니, 가히 계교로써 하리라." 하고는, 나무로써 사나운 짐승을 많이 만들어서 여러 전선(戰船)에 나누어 싣고 그 나라에 가서 속여 말하기를, "너희들이 항복하지 아니하면, 이 〈사나운〉 짐승을 놓아서 〈너희들을〉 잡아먹게 하리라." 하니, 그 나라 사람들이 두려워하여 와서 항복하였다. 고려 태조(太祖) 13년에, 그 섬 사람들이 백길(白吉) 토두(土豆)로 하여금 방물(方物)을 헌납하게 하였다. 의종(毅宗) 13년에 심찰사(審察使) 김유립(金柔立) 등이 돌아

와서 고하기를, "섬 가운데 큰 산이 있는데, 산꼭대기로부터 동쪽으로 바다에 이르기 1만여 보이요, 서쪽으로 가기 1만 3천여 보이며, 남쪽으로 가기 1만 5천여 보이요, 북쪽으로 가기 8천여 보이며, 촌락의 터가 일곱 곳이 있고, 간혹 돌부처·쇠북·돌탑이 있으며, 멧미나리(柴胡)·호본(蒿本)·석남초(石南草) 등이 많이 난다." 하였다. 우리 태조(太祖) 때, 유리하는 백성들이 그 섬으로 도망하여 들어가는 자가 심히 많다 함을 듣고, 다시 삼척(三陟) 사람 김인우(金麟雨)를 명하여 안무사(安撫使)를 삼아서 사람들을 쇄출(刷出)하여 그 땅을 비우게 하였는데, 인우가 말하기를, "땅이 비옥하고 대나무의 크기가 기둥 같으며, 쥐는 크기가 고양이 같고, 복숭아씨가 되(升)처럼 큰데, 모두 물건이 이와 같다." 하였다.】

해설 요점

이 자료는 강원도 ① 울진현 동쪽의 동해 바다가 가운데 우산도와 울릉도의 두 섬(二島)이 있다고 하여 우산도와 울릉도가 각각 별개의 2개 섬임을 명확히 밝히고, ② 날씨가 맑으면(날씨가 흐리지 아니하면) 가히 바라볼 수 있다고 하였다. 동해에는 큰 섬이 울릉도·독도·오키섬 3개가 있는데, 울릉도에서 독도가 240리 밖에 있어서 날씨가 맑으면 볼 수 있으나, 오키섬은 약 640리 밖에 있어서 아무리 날씨가 맑아도 전혀 보이지 않는다. 그러므로 울릉도에서 날씨가 맑으면 보이는 우산도는 독도가 명확한 것이다.

또한 울릉도 바로 옆에 있는 관음암·죽도(대섬) 등 몇 개 바위섬들은 울릉도에 매우 근접해 있어서 날씨가 청명하지 않아도 크게 잘 보이니 이들은 논의할 필요가 없다. 동해의 한가운데에서 날씨가 청명할 때에만 서로 바라볼 수 있는 두 섬은 울릉도와 독도뿐인데, 당시 울릉도는 무릉도라고 호칭했으니 우산도는 독도일 수밖에 없는 것이다. 이 사실은 그 후 17세기에 정상기의 「동국지도」 등이 울릉도의 동쪽 정확한 위치에 독도를 그리고 '우산도'라고 써넣은 사실과 전적으로 합치하는 것이다.

또한 이 자료는 ③ 우산도(독도)와 무릉도(울릉도)의 두 섬이 모두 세종(世宗)이 통치한 조선 영토임을 명확하게 증명하고 있다. 왜냐하면 『세종실록』「지리지」는 단순한 지리서가 아니라 조선 국왕 세종의 통치 영토, 즉 조선의 통치 영토에 대한 지리지이기 때문이다. 따라서 이 자료는 우산도와 무릉도의 2개의 섬이 모두 조선 영토임을 논쟁의 여지없이 잘 증명해 주고 있는 것이다.

이 자료는 또한 울릉도·우산도가 역사적으로 ④ 신라 지증왕 13년(서기 512년)에 이사부가 계교로 우산국의 항복을 받아 신라에 병합한 신라 영지였고, ⑤ 고려왕조에서는 김유립 등을 보내어 ⑥ 조선왕조에서는 김인우 등을 보내어 안무했음을 기록하였다.

울릉도와 독도가 강원도 울진현에 속한 신라·고려부터 이어져 내려온 조선왕조의 고유영토임을 명료하게 증명한 매우 중요한 문헌자료이다.

(상권, 본문 52~123쪽 참조)

8)『세조실록』기사

(40)『世祖實錄』世祖3年(丁丑, 1457년) 4月 己酉(16일)條

初, 前中樞院副使柳守剛上書言: "臣嘗任江陵府, 於嶺東防禦之事, 耳聞目擊, 謹條陳. 一. 本道都節制使營及三陟·杆城鎭, 但口傳軍士二三人赴防, 巨鎭踈虞. 且三陟·蔚珍, 相距遙隔, 故於中間沃原驛築城, 以驛丞兼差千戶之任, 然不置守城軍卒, 有名無實. 請自今諸邑軍士, 依咸吉道 安邊以北軍士例, 勿屬侍衛牌及加定軍, 以閑良通政未滿六十以下及下番甲士·別侍衛·銃筒衛·防牌六十歲, 自募學生人等試才, 分屬都節制使營及三陟·杆城·沃原

等諸鎭, 其中自募赴防, 滿三十朔者, 除散官職, 以實防禦, 其上京侍衛牌未充者, 以京畿·忠淸兩道加定軍充數. 一. 江陵 連谷浦海口, 水淺石露, 其餘諸浦海口, 亦皆塡沙成岸, 脫有事變, 兵船出海及期應敵爲難. 江陵 安仁浦內淵闊, 可以多泊兵船, 且距十餘里地, 人民密居, 防禦似緊, 而無兵船. 連谷浦在四十餘里, 三陟浦在一百四十里, 相距不遠, 請革此兩浦, 合安仁浦, 以江陵船軍屬之, 使防禦便易, 無裹糧之弊. 又罷塡沙諸浦兵船, 依平安道口子例, 木柵石堡漸次造築, 其沿邊草人亦使撤去, 使其萬戶陸地防禦. 一. 本道之兵, 非但本道防禦, 儻有北門之變, 先爲赴援, 而不別置都節制使, 以觀察使兼之. 設使觀察使在嶺西, 而嶺東有變, 則及期救援無由. 且都節使營在江陵, 窄狹頹毁, 軍器衣甲與火藥雜置, 不特火災可畏, 造作年久, 日漸蠹損, 將爲無用, 請分授諸鎭軍士, 令漸次修補, 又別設都節制使, 巡行諸邑, 整點兵器, 以固防禦. 一. 江陵人言, '牛山·茂陵兩島可以設邑, 其物産之富·財用之饒, 如楮木·苧桑·大竹·海竹·魚膠木·冬栢木·栢子木·梨木·柿木·鴉鶻·黑色山鳩·海衣·鰒魚·文魚·海獺等物, 無不有之, 土地膏腴, 禾穀十倍他地. 東西南北相距各五十餘里, 可以居民, 四面險阻, 壁立千仞, 而亦有泊船處. 水路則自三陟距島, 西風直吹, 則丑時發船, 亥時到泊, 風微用櫓, 則一晝一夜可到, 無風用櫓亦二日一夜可到.' 伏望設縣邑, 擇人守之."

命兵曹議之, 兵曹啓:"第一條. 江原道都節制使本營, 三陟·杆城·沃原諸鎭防禦事及侍衛牌移定等事, 則咸吉道軍士本不番上, 乃於本道赴防, 故雖當番休之時, 亦令輪次赴防, 江原道別侍衛甲士, 則皆京中番上, 不可依咸吉道例, 番休時又令赴防. 且本道防禦, 視他道不緊, 其赴防自募人散官職除授, 至爲猥濫, 而移定本道侍衛牌於京畿·忠淸道, 亦爲不可. 第二條. 塡沙諸浦兵船革罷, 木柵·石堡造築, 草人(撒)〔撤〕去等事內, 草人則非却敵之器, 撤去爲便. 其諸浦, 則當時雖無邊警, 事變之來, 亦所難測, 未可只以浦口塡沙, 遽罷兵船. 第三條. 軍器分授軍士修補, 都節制使巡行修整等事, 以軍器散授軍士, 不合事體, 觀察使之兼任節制使, 行之已久, 別無巨弊, 不須別設. 第四條. 牛山·茂陵兩島縣邑設置事, 兩島水路險遠, 往來甚難, 海中孤島設邑, 持守亦難. 其上項條件, 幷勿擧行. 但本道人民, 不無流寓兩島之弊, 請待風和時, 遣朝官刷還, 其塡沙諸浦內兵船, 專未出入處, 令其道觀察使審度移泊處, 以啓." 從之. 但兩島流寓者, 勿令刷還.

처음에 전 중추원부사(中樞院副使) 유수강(柳守剛)이 상서(上書)하여 말하기를,

"신(臣)은 일찍이 강릉부사(江陵府使)로 재임(在任)했으므로 영동(嶺東)의 방어(防禦)하는 일에는 귀로 듣고 눈으로 보았으니, 삼가 조목별로 진술하겠습니다.

一. 본도(本道)의 도절제사영(都節制使營) 및 삼척(三陟)과 간성진(杆城鎭)은 다만 구전(口傳) 2, 3인만이 부방(赴防)했을 뿐이므로, 거진(巨鎭)의 방비가 허술하게 되었습니다. 또 삼척과 울진(蔚珍)은 서로 떨어지기가 멀리 있으므로, 그런 까닭에 중간의 옥원역(沃原驛)에 성(城)을 쌓고는 역승(驛丞)을 가지고 천호(千戶)의 임무를 겸임(兼任)시켰지마는, 그러나 성을 지키는 군졸을 두지 않으니 이름만 있고 실상은 없습니다. 청컨대 지금부터는 여러 고을의 군사를 함길도(咸吉道) 안변(安邊) 이북 지방 군사의 예(例)에 의거하여 시위패(侍衛牌) 및 가정군(加定軍)에 소속시키지 말고, 한량(閑良) 통정대부(通政大夫)로 60세가 되지 않은 사람 이하와 하번(下番)한 갑사(甲士)·별시위(別侍衛)·총통위(銃筒衛)·방패(防牌)의 60세와 자모(自募)한 학생인(學生人) 등으로써 재주를 시험하되 도절제사영(都節制使營) 및 삼척(三陟)·간성(杆城)·옥원(沃原) 등의 여러 진(鎭)에 분속(分屬)시키게 하고, 그 중에 자모(自募)하여 부방(赴防)한 자로 30개월이 된 사람은 산관직(散官職)을 제수(除授)하여 방어(防禦)에 채우게 하고, 그 서울에 올라온 시위패(侍衛

牌)의 수효가 채워지지 못한 사람은 경기(京畿)·충청도(忠淸道) 두 도(道)의 가정군(加定軍)으로 수효를 채우게 하소서.

一. 강릉(江陵) 연곡포(連谷浦)의 해구(海口)는 물이 얕아서 돌이 노출(露出)되고, 그 나머지 여러 포(浦)의 해구도 또한 모두 모래가 메어져 언덕을 이루었으니, 혹시 사변(事變)이 있으면 병선(兵船)이 바다에 나와서 시기에 미치어 적(敵)에게 응전(應戰)하기가 어려울 것입니다. 강릉의 안인포(安仁浦)는 안이 깊고 넓어서 병선을 많이 정박(停泊)시킬 수가 있으며, 또 거리가 10여 리(里) 땅에 있고, 인민(人民)이 조밀(稠密)하게 거주하므로 방어(防禦)가 긴요한 듯한데도 병선이 없습니다. 연곡포는 40여 리에 있고, 삼척포(三陟浦)는 1백 40리에 있으므로 거리가 서로 멀지 않으니, 청컨대 두 포를 혁파(革罷)하여 안인포에 합치고, 강릉의 선군(船軍)을 가지고 이에 속하게 해서 방어가 편이(便易)하도록 하여 양식을 싸 가지고 오는 폐단이 없도록 하소서. 또 모래가 메인 여러 포의 병선을 파(罷)하고, 평안도구자(平安道口子)의 예에 의거하여 목책(木柵)과 석보(石堡)를 점차로 축조(築造)하도록 하고, 그 연변(沿邊)의 초인(草人) 도 또한 철거(撤去)하도록 하고, 그 만호로 하여금 육지에서 방어하게 하소서.

一. 본도(本道)의 군사는 다만 본도의 방어(防禦)뿐만 아니라, 혹시 북문(北門)의 사변(事變)이 있으면 먼저 가서 구원해야 할 것인데도 별도로 도절제사(都節制使)를 두지 않고 관찰사(觀察使)를 가지고 이를 겸무(兼務)하게 하고 있습니다. 설사 관찰사가 영서(嶺西)에 있어도 영동(嶺東)에 사변이 있으면 시기에 미치어 구원할 길이 없을 것입니다. 또 도절제사영이 강릉에 있는데 협착하고 무너졌으며, 군기(軍器)와 갑옷과 화약(火藥)을 뒤섞어 두었으니, 다만 화재가 두려울 뿐 아니라, 만들어 둔 해가 오래 되어 날로 점차 좀이 먹고 상하여서 장차는 쓸모가 없이 될 것이니, 청컨대 여러 진의 군사들에게 나누어 주어서 그들로 하여금 점차로 보수(補修)하도록 하고, 또

별도로 도절제사를 설치하여 여러 고을을 순행(巡行)하면서 병기(兵器)를 점검(點檢)하고 정비(整備)하도록 하여 방어를 튼튼하게 하소서.

一. 강릉 사람의 말에, '우산도(牛山島)와 무릉도(茂陵島)의 두 섬에는 읍(邑)을 설치할 만하니, 그 물산(物産)의 풍부함과 재용(財用)의 넉넉함은, 저목(楮木)·저상(苧桑)·대죽(大竹)·해죽(海竹)·어교목(魚膠木)·동백목(冬栢木)·백자목(栢子木)·이목(梨木)·시목(柹木)과, 아골(鴉鶻)·흑색 산구(黑色山鳩)·해의(海衣)·복어(鰒魚)·문어(文魚)·해달(海獺) 등의 물건이 있지 않은 것이 없으며, 토지가 비옥하여 화곡(禾穀)의 생산이 다른 지방보다 10배나 된다. 동·서·남·북 상거(相距)가 각각 50여 리나 되니 백성이 거주할 수가 있으며, 사면(四面)이 험조(險阻)하여 절벽(絶壁)이 천 길이나 서 있는 데도 또한 배를 정박(停泊)할 곳이 있다. 수로(水路)는 삼척에서 섬에 이르는 데 서풍(西風)이 곧바로 불어온다면 축시(丑時)에 배가 출발하여 해시(亥時)에 도착할 수가 있지만, 바람이 살살 불어도 노(櫓)를 사용한다면 하루 낮 하루 밤에 도착할 수가 있으며, 바람이 없어도 노를 사용한다면 또한 두 낮 하루 밤이면 도착할 수가 있다.'고 하니, 엎드려 바라건대 현읍(縣邑)을 설치하여 사람을 골라서 이를 지키게 하소서."

하니, 임금이 병조(兵曹)에 명하여 이를 의논하게 하였다. 병조에서 아뢰기를,

"제1조. 강원도도절제사(江原道都節制使)의 본영(本營)과 삼척(三陟)·간성(杆城)·옥원(沃原) 등 여러 진(鎭)의 방어(防禦)하는 일과 시위패(侍衛牌)를 이정(移定)하는 등의 일은, 함길도(咸吉道)의 군사는 본디부터 번상(番上)하지 않으며, 곧 본도(本道)에서 부방(赴防)하게 되니, 그런 까닭으로 비록 번(番)을 쉴 때를 당하더라도 또한 윤차(輪次)로 부방하도록 하며, 강원도의 별시위갑사(別侍衛甲士)는 모두 경중(京中)에 번상하게 되니, 함길도(咸吉道)의 예(例)에 의거하여 번을 쉴 때에도 또한 부방하도록 할 수는 없습

니다. 또 본도의 방어(防禦)는 다른 도(道)에 비해서 긴요하지 않으니, 그 부방을 자모(自募)하는 사람에게 산관직(散官職)을 제수(除授)하는 것은 지극히 외람된 일이며, 본도의 시위패를 경기(京畿)와 충청도(忠淸道)에 이정하는 것도 또한 옳지 못한 일입니다.

제2조. 모래가 메인 여러 포(浦)의 병선(兵船)을 혁파(革罷)하고, 목책(木柵)과 석보(石堡)를 축조(築造)하고, 초인을 철거하는 등의 일 속에서 초인은 적군(敵軍)을 물리치는 도구가 아니니 철거하는 것이 편리하겠습니다. 그 여러 포에는 당시에는 비록 변방의 경보(警報)가 없더라도 사변이 닥쳐오는 것을 또한 헤아리기가 어려우니, 다만 포구에 모래가 메인다는 일만을 가지고 갑자기 병선을 혁파시킬 수는 없습니다.

제3조. 군기(軍器)를 군사들에게 나누어 주어 보수(補修)하고, 도절제사(都節制使)가 순행(巡行)하면서 병기를 수리하고 정비한다는 등의 일로 말하면, 군기를 가지고 군사들에게 흩어 주는 것은 사체(事體)에 적합하지 않으며, 관찰사(觀察使)가 절제사(節制使)를 겸임(兼任)하는 것은 시행한 지가 이미 오래되었는데도 별다른 큰 폐해가 없으니 별도로 설치할 필요가 없습니다.

제4조. 우산도(于山島)와 무릉도(茂陵島)의 두 섬에 현읍(縣邑)을 설치하는 일은 두 섬이 수로(水路)가 험하고 멀어서 왕래하기가 매우 어려우며, 바다 가운데의 고도(孤島)에 읍(邑)을 설치하면 지키기도 또한 어렵습니다.

위의 조건(條件)을 아울러 거행(擧行)하지 마소서. 다만 본도의 인민(人民)이 두 섬에 방랑하여 우거(寓居)할 폐단이 없지 않으니, 청컨대 바람이 순할 때를 기다려 조관(朝官)을 보내어 쇄환(刷還)하도록 하고, 그 모래가 메인 여러 포구안의 병선은 오로지 배가 드나들 수 없는 곳에는 그 도(道)의 관찰사로 하여금 옮겨 정박(停泊)할 곳을 살펴보아서 아뢰게 하소서."

하니, 임금이 그대로 따랐으나, 다만 두 섬에 유랑하여 우거한 사람은 쇄환하지 말게 하였다.

해설 요점

『세조실록』의 이 자료는 중추원부사 유수강(柳守剛)이 일찍이 강릉부사로 재임한 경험에 기초하여 1457년(세조 3년)에 강원도(영동지방)를 방어하는 4개조의 대책을 건의한 중에, 끝으로 울릉도의 물산이 풍부함과 항로 운영의 기술적 가능성을 근거로 들면서 사람들을 다시 이주시켜 설군치현(設郡置縣)할 것을 국왕 세조에게 간곡히 건의한 문헌기록이다. 세조는 이 건의를 병조(兵曹)에게 검토하게 하였다. 그러나 병조는 울릉도와 우산도에 설군치현하는 일은 두 섬의 항로가 멀고 험해서 왕래가 어려우며, 바다 가운데의 고도(孤島)에서 설읍(設邑)해도 지키기가 어렵다고 유수강의 건의에 반대하는 보고를 올리었다. 뿐만 아니라 병조는 강원도 백성들이 두 섬에 떠돌아 들어가 거주하는 폐단이 있으니 쇄환하도록 하고, 강원도관찰사로 하여금 병선(兵船)이 정박할 수 있는 포구를 조사해 보고토록 명령해달라고 상주하였다.

세조는 병조의 이 의견에 대해 울릉도와 우산도에 설군치읍하는 것은 그만두기로 했으나, 이미 두 섬에 유랑하여 거주하고 있는 사람들은 쇄환하지 말도록 하였다. 이 자료에서 주목할 것은 세조에 의해 1457년(세조 3년)에 울릉도·우산도에 불법으로 유랑해 들어가 거주하는 백성들에 대한 쇄환정책은 일시 중지되었다는 사실이다.

제2편

「조선왕조 전기의 독도·울릉도 영유와 통치활동」에 관련된 실증자료 II : 성종대 이후의 통치활동 자료

9)『성종실록』 기사

(41)『成宗實錄』 成宗 元年(庚寅, 1470년) 12月 甲寅(11일)條

下書永安道觀察使李繼孫曰:"今悉所啓. 其投往三峯島者, 逃賦背國, 情犯甚惡. 卿宜探問以啓. 但今風高海惡, 不可以本道小舫輕赴, 卿其詳審施行."

영안도관찰사(永安道觀察使) 이계손(李繼孫)에게 하서(下書)하기를,

"이제 아뢴 바를 다 알았다. 그 삼봉도(三峯島)에 투왕(投往)한 자는 부세(賦稅)를 피하고 나라를 배반하였으므로 정범(情犯)이 심히 악하니, 경(卿)이 마땅히 탐문(探問)하여 아뢰라. 다만 지금은 바람이 높아 바닷길이 험해서 가히 본도(本道)의 작은 배로써 가볍게 달리지는 못할 것이니, 경은 그것을 자세히 살펴서 시행하도록 하라."

하였다.

(42)『成宗實錄』 成宗 2年(辛卯, 1471년) 8月 丁巳(17일)條

下書江原道觀察使成順祖曰:"今聞, 永安道居民有潛投茂陵島者, 欲使人往捕之. 世宗朝嘗尋討此島人口, 今必有其時往來者, 可速訪問. 且募願行者, 竝備船艦以啓."

강원도관찰사(江原道觀察使) 성순조(成順祖)에게 하서(下書)하기를,

"지금 듣건대, 영안도(永安道)에 사는 백성들 가운데 몰래 무릉도(茂陵島)에 들어간 자가 있다고 하니, 사람을 시켜서 가서 그들을 체포하고자 한다. 세종조(世宗朝)에 일찍이 이 섬의 사람들을 찾아내어 토벌(討伐)하였는데, 지금 반드시 그때에 왕래한 자가 있을 것이니, 속히 찾아서 심문하도록 하라. 또 그곳에 가기를 원(願)하는 자를 모집하고 아울러 선함(船艦)을

준비하여 아뢰라."

하였다.

(43) 『成宗實錄』 成宗 3年(辛卯, 1472년) 2月 庚午(3일)條

兵曹啓:"頃承傳敎:'江原道海中有三峯島, 來壬辰年春, 當遣人求之, 其節目商議以啓.' 今將合行事件, 條錄以聞. 一. 用哨馬船四隻, 各定軍人四十名, 擇本道軍士有武才者及自募人十七名充定. 一. 篙工, 擇本道水軍行船慣熟者, 量數分定. 一. 朝臣中擇才兼文武者一員, 差敬差官. 一. 形名及軍器·火炮, 以本道三陟·蔚珍·平海等官所儲, 擇給. 一. 船上軍糧, 令本道觀察使, 計人數幷往返日月, 以蔚珍倉穀, 給之. 一. 軍士能搜得有功勞者, 令敬差官, 等第以啓. 一. 待風和, 四月晦時, 發船. 一. 富寧人金漢京知三峯島所在, 幷令入送." 從之.

병조(兵曹)에서 아뢰기를,

"전에 전교(傳敎)를 받으니, '강원도의 해중에 삼봉도(三峯島)가 있는데, 오는 임진년 봄에 사람을 보내어 찾겠으니, 그 절목(節目)을 상의하여 아뢰라.' 하였으므로, 이제 행해야 할 사건을 조목으로 기록하여 아뢰니다.

一. 초마선(哨馬船) 4척(隻)에 각각 군인 40명을 정하되, 본도 군사의 무재(武才)가 있는 자와 자원하여 응모(應募)한 사람 17명을 가려서 충당하게 하소서.

一. 호공(篙工)은 본도 수군(水軍)에서 행선(行船)에 익숙한 자를 가려 수효를 헤아려서 나누어 정하게 하소서.

一. 조정 신하 가운데에서 문무(文武)의 재질을 겸한 자 한 사람을 뽑아서 경차관(敬差官)으로 삼게 하소서.

一. 형명(形名)과 군기(軍器)·화포(火炮)는 본도의 삼척(三陟)·울진(蔚

珍)·평해(平海) 등의 관소(官所)에 소장한 것으로써 가려 주게 하소서.

一. 선상(船上)의 군량(軍糧)은 본도 관찰사(觀察使)로 하여금 인원수(人員數)와 갔다 돌아오는 날짜를 계산하여 울진(蔚珍) 창고의 곡식으로써 주게 하소서.

一. 군사(軍士) 중에 〈삼봉도를〉 찾아내는 데 공로가 있는 자는 경차관으로 하여금 등급을 매겨서 아뢰게 하소서.

一. 바람이 잔잔한 4월 그믐 때를 기다려서 출발하게 하소서.

一. 부령(富寧) 사람 김한경(金漢京)이 삼봉도가 있는 곳을 알고 있으니, 함께 들여보내게 하소서."

하니, 그대로 따랐다.

(44)『成宗實錄』成宗 3年(辛卯, 1472년) 3月 壬寅(6일)條

御仁政殿策士, 以左議政崔恒·左贊成盧思愼·禮曹參判魚世謙爲讀劵官. 其策曰 : 予以寡昧, 嗣守丕基. 仰惟前代時若, 圖臻至理, 敬天勤民, 夙夜兢惕. 乃何比年以來, 凶歉相仍, 今又東事方興, 亢陽踰時歟? 豈予之刑政失宜, 誠未上格, 澤未下究, 致怨傷和, 有以感召耶? 若之何, 則己德不爽, 朝政無闕, 以收中和·位育之極功乎? 守令, 民之父母也, 故任用之時, 疇咨愼簡, 務得賢能, 以委字牧. 乃何廉平者寡, 而貪汚者屢聞歟? 若之何, 則列邑皆得其良吏, 而三異之政復見於今歟? 兵者, 國之干城也, 故予嘗軫念, 均其番休, 優其帖丁, 簡閱以時, 訓鍊不怠, 減其額, 而刷其冗. 乃何軍士精力者少而羸弱者多乎? 儻有緩急, 將焉用之? 若之何, 則士皆精强, 而競迪果毅乎? 廣土衆民, 王政之所先也, 三峯島在我江原之境, 土地沃饒, 民多往居之故, 自世宗朝, 遣人尋之, 而未得. 若之何, 則得其地, 使居民衆乎? 或言 : 海道險阻, 雖得無益, 不如置之. 此說何如? 凡此數事, 莫非經濟之策, 子大夫亦嘗講究, 而欲陳者也, 其各悉心以對. 予將觀有用之才.

인정전(仁政殿)에 나아가 선비들을 책문(策問)하였는데, 좌의정(左議政) 최항(崔恒)·좌찬성(左贊成) 노사신(盧思愼)·예조참판(禮曹參判) 어세겸(魚世謙)으로 독권관(讀卷官)을 삼았다. 그 책문에 이르기를,

"내가 과덕(寡德)하고 우매(愚昧)한 몸으로 큰 왕업(丕基)을 계승하여 지키게 되었다. 우러러 전대(前代)의 시절의 순화(順和)함을 생각하여 지치(至治)에 이르기를 도모하고, 하늘을 공경하고 백성을 권장하기에 밤낮으로 경계하고 두려워하였건만, 어찌하여 근년 이래로 흉년이 서로 잇따르고 지금도 또한 봄농사(東事)가 바야흐로 한창인데, 천기(亢陽)가 때를 넘겼는가? 아니면 나의 형정(刑政)이 마땅함을 잃어서, 정성이 위로 〈하늘에〉 이르지 못하고, 은택(恩澤)이 아래로 〈백성에게〉 다하지 못하여, 원망이 화기(和氣)를 손상시켜 그의 감응(感應)으로 이를 부른 것인가? 어떻게 하면 이 몸이 덕(德)을 잃지 않고 조정의 정사(政事)가 궐(闕)함이 없이 중화(中和)하고 위육(位育)의 지극한 공효(功效)를 거둘 수 있겠는가? 수령(守令)은 백성의 부모(父母)이므로, 이를 임용할 때에는 인재를 널리 자문(疇咨)하여 신중히 선택(愼簡)해서 어질고 유능한 사람을 힘써 구하여 수령(字牧)을 맡겼거늘, 어찌하여 청렴하고 공평한 자는 적고 탐오(貪汚)한 자만이 자주 들리는가? 어떻게 하면 열읍(列邑)이 모두 현량(賢良)한 관리를 얻어서 삼이의 정사(三異之政)를 오늘 날에 다시 볼 수 있게 되겠는가? 군사는 국가의 간성(干城)이므로, 내가 일찍이 진념(軫念)하여 그 번(番)들고 쉬는 것을 고르게 하고, 그 첩정(帖丁)을 넉넉히 하여 때때로 점고하고 열병(簡閱)해서 훈련(訓鍊)이 태만하지 아니하였으며, 그 액수(額數)를 감하여 필요하지 않은 인원을 제거하였거늘, 어찌하여 군사가 정강(精强)하고 용력(勇力)있는 자는 적고 파리하고 약한 자가 많은가? 만약에 급한 일이 생긴다면, 장차 이들을 어디에 쓰겠는가? 어떻게 하면 군사가 모두 정강해서 다투어 나아가고 과감(果敢)하

게 군세어지겠는가? 국토(國土)를 넓히고 백성을 많이 모으는 것은 왕정(王政)에서 먼저 해야 할 바다. 삼봉도(三峯島)는 우리 강원도 지경에 있는데, 토지가 비옥하고 백성들이 많이 가서 거주하기 때문에 세종조(世宗朝) 때부터 사람을 보내어 이를 찾았으나 얻지 못하였다. 어떻게 하면 그 땅을 얻어서 거민(居民)을 많게 할 수 있겠는가? 혹자는 말하기를, '해도(海道)가 험조(險阻)하여 비록 〈그 땅을〉 얻는다 하더라도 무익(無益)하니, 버려두는 것만 같지 못하다.'고 하는데, 이 말은 어떠한가? 무릇 이 몇 가지 일은 경제지책(經濟之策) 이 아닌 것이 없으니, 이런 것은 그대들 대부(大夫)들도 또한 일찍이 강구(講究)하여 진달(陳達)하고자 한 것일 것이다. 각기 마음을 다하여 대답하라. 내 장차 쓸 만한 인재가 있는가를 볼 것이다."
하였다.

(45)『成宗實錄』成宗 3年(壬辰, 1472년) 3月 丙辰(20일)條

傳于禮曹曰:"三峯島敬差官之行差, 遣倭·女眞通事各一人."

예조(禮曹)에 전지(傳旨)하기를,

"삼봉도경차관의 행차에 왜통사(倭通事)와 여진통사(女眞通事) 1인씩을 차견(差遣)하라."

하였다.

(46)『成宗實錄』成宗 3年(壬辰, 1472년) 3月 丙辰(20일)條

命賜三峯島敬差官朴宗元, 苧布帖裏·綿紬裌帖裏·綿布帖裏各一領·馬皮靴一部.

명하여 삼봉도경차관(三峯島敬差官) 박종원(朴宗元)에게 저포 철릭(苧布帖

裏)과 면주 겹철릭(綿紬裌帖裏)·면포 철릭(綿布帖裏) 각각 1령(領)과, 마피화(馬皮靴) 1부(部)를 내려 주었다.

(47)『成宗實錄』成宗 3年(壬辰, 1472년) 4月 丁卯(1일)條
三峯島敬差官朴宗元辭, 上引見謂曰:"三峯島在海中, 爾之行甚苦. 但我民逃賦潛投者, 不可不刷還, 不獲已遣之. 爾往何以爲之?" 宗元對曰:"彼見臣至, 必皆逃竄, 臣當先奪其船, 如其逆命, 以軍法從事, 然當臨機處置, 難可預料." 上曰:"爾言正合予意, 其往懋哉." 教朴宗元曰:"三峯島在我封域之內, 海路險惡, 逃賦避稅者, 潛往居之. 今命爾往捕, 發船以後, 所領軍士, 如有違令者, 以軍法從事."

삼봉도경차관(三峯島敬差官) 박종원(朴宗元)이 하직하니, 임금이 인견(引見)하고 이르기를,

"삼봉도가 바다 가운데 있어서, 네가 가려면 매우 고생스러울 것이다. 그러나 우리 백성으로서 부역(賦役)을 피하여 몰래 도망한 자를 쇄환(刷還)하지 아니할 수 없으므로, 부득이 보내는 것인데, 너는 가서 어떻게 할 것이냐?"

하니, 박종원이 대답하기를,

"저들은 신이 이른 것을 보면 반드시 모두 도망하여 숨을 것이므로, 신은 마땅히 먼저 배(船)를 빼앗을 것이고, 만약 명(命)을 거역할 것 같으면 군법(軍法)으로 종사(從事)할 것이나, 마땅히 임기(臨機)하여 처치(處置)해야 하므로, 미리 헤아리기가 어렵습니다."

하였다. 임금이 말하기를,

"너의 말이 바로 내 뜻에 합하니, 가서 힘쓰도록 하라."

하였다.

박종원에게 교지(敎旨)를 내리기를,

"삼봉도는 우리 봉역(封域) 내에 있으나, 바닷길이 험악해서 부역과 조세(租稅)를 도피(逃避)한 자가 몰래 들어가서 산다. 지금 너에게 명하여 가서 잡게 하니, 발선(發船)한 이후에 만약 거느리는 군사(軍士)로서 명령을 위반하는 자가 있으면 군법으로 종사하라."

하였다.

(48)『成宗實錄』成宗 3年(壬辰, 1472년) 6月 丁丑(12일)條

江原道觀察使李克墩馳啓曰:"三峯島敬差官朴宗元與所領軍士, 分乘四船, 去五月二十八日, 自蔚珍浦發去, 卽遇大風四散. 朴宗元之船, 東北去, 二十九日平明, 向東南, 望見武陵島, 可十五里, 復遇大風, 船纜絶, 漂流大洋中, 不知東西者七晝夜. 本月初六日午時, 到杆城郡 淸簡津. 司直郭永江等三船, 去五月二十九日, 至武陵島, 留三日, 搜索島中, 不見居人, 只有舊家址而已. 島中有竹, 其大異常, 永江等取數竿載船, 發回, 本月初六日, 至江陵 羽溪縣 梧耳津. 今風氣漸高, 海波險惡, 更遣爲難. 放遣本道軍士, 京軍士分運上送, 何如?"

강원도관찰사(江原道觀察使) 이극돈(李克墩)이 치계(馳啓)하기를,

"삼봉도경차관(三峯島敬差官) 박종원(朴宗元)이 거느린 군사와 더불어 4척의 배에 나누어 타고, 지난 5월 28일에 울진포(蔚珍浦)로부터 출발하여 가다가 곧 큰 바람을 만나서 사방으로 흩어졌습니다. 박종원의 배는 동북쪽으로 가서, 29일 새벽(平明)에 동남쪽을 향하여 무릉도(武陵島)를 바라보니 15리(里) 쯤 되었는데 다시 큰 바람을 만나 닻줄(纜)이 끊어져서 대양(大洋) 가운데로 표류(漂流)하여 동서(東西)를 알지 못한 지 7주야(晝夜)가 되었다가 이달 초6일 오시(午時)에 간성군(杆城郡)의 청간진(淸簡津)에 이르렀

습니다. 사직(司直) 곽영강(郭永江) 등의 세 배는 지난 5월 29일에 무릉도에 이르러 3일을 머물렀는데, 섬 가운데를 수색(搜索)하여 보니 사는 사람은 보이지 아니하고 다만 옛 집터만 있을 따름이었습니다. 섬 가운데 대(竹)가 있어 그 크기가 이상하였으므로 곽영강 등이 두어 개(數竿)를 베어 배에 싣고 돌아와, 이달 초6일에 강릉(江陵) 우계현(羽溪縣) 오이진(梧耳津)에 이르렀습니다. 이제는 바람 기운이 점점 높고 바다의 물결도 험악하여 다시 보내기가 어렵습니다. 본도의 군사와 서울의 군사를 놓아 보내는데, 운(運)을 나누어서 올려 보내는 것이 어떠합니까?"

하였다.

(49) 『成宗實錄』 成宗 3年(壬辰, 1472년) 6月 丁丑(12일)條

諭李克墩曰："今見卿啓, 具知朴宗元等發船遭風四散. 然不至漂溺, 玆可喜也. 今年果難再遣, 故從卿所啓, 卿其知悉."

이극돈(李克墩)에게 유시하기를,

"이제 경(卿)의 계본(啓本)을 보고, 박종원(朴宗元) 등이 배를 타고 출발하여 바람을 만나 사방으로 흩어진 것을 갖추어 알았다. 그러나 표류하여 익사(溺死)한 사람이 없으니 매우 기쁜 일이다. 금년에는 과연 두 번 보내기 어려우므로 경의 계달한 바에 따르겠으니, 경은 그렇게 알도록 하라."

하였다.

(50) 『成宗實錄』 成宗 3年(壬辰, 1472년) 8月 丙子(12일)條

前此, 院相鄭麟趾等議三峯島搜覓事目云："令永安道觀察使, 預擇閑散有職品官可使者, 諸事備辦, 待明年春和, 以金漢京爲指路尋覓." 至是, 兵曹據此啓："一. 依今年三峯島搜覓時例, 哨麻船四隻每船軍人四十名, 抄本道吉城以

北諸邑軍士有武才者, 充差. 一. 令本道觀察使, 無問公私船, 擇不腐朽牢實者, 修補以待. 一. 四船蒿工, 擇本道諸浦船軍慣水者, 量數分差. 一. 道內有職·有才略人, 預先揀擇領率, 如有自募人幷許送. 一. 往還一朔糧, 令本道觀察使, 計口題給. 一. 搜探後論賞節次, 臨時議定." 從之.

이보다 앞서 원상(院相) 정인지(鄭麟趾) 등이 삼봉도(三峯島)를 수색할 일의 조목을 의논하여 이르기를,

"영안도관찰사(永安道觀察使)로 하여금 한산(閑散)한 유직 품관(有職品官) 중에서 부릴 만한 자를 미리 가리어 모든 일을 준비하게 하였다가, 명년 봄 기후가 고르게 된 때를 기다려 김한경(金漢京)을 지로사(指路使)로 삼아 찾아보도록 한다."

고 하였었는데, 지금에 이르러 병조(兵曹)에서 이에 의하여 아뢰기를,

"一. 금년(今年)에 삼봉도를 수색한 때의 예(例)에 의하여, 초마선(哨麻船) 4척에 매선(每船)마다 군인(軍人) 40명으로 하되, 본도(本道) 길성(吉城) 이북의 모든 고을 군사로서 무재(武才)가 있는 자를 모아 충당하여 보내게 하소서.

一. 본도 관찰사(觀察使)로 하여금 공선(公船)이거나 사선(私船)을 막론하고, 썩고 더럽지 않으며 견실(堅實)한 것을 가려서 보수(補修)를 해서 기다리게 하소서.

一. 4척의 배의 사공은 본도의 모든 포(浦)의 선군(船軍)에서 물에 익숙한 자를 골라 수(數)를 헤아려 나누어 보내게 하소서.

一. 도내(道內)에 직(職)이 있고 재략(才略)이 있는 사람을 미리 먼저 분간해 골라서 영솔(領率)하게 하되, 만일 자모(自募)하는 사람이 있으면 아울러 보내는 것을 허락하게 하소서.

一. 갔다 돌아오기까지의 한 달 양식은 본도 관찰사로 하여금 인구(人口)

를 헤아려 제급(題給)하도록 하소서.

一. 수탐(搜探)한 뒤에 상(賞)을 의논하는 절차는 그때 가서 의논하여 정하도록 하게 하소서."

하니, 그대로 따랐다.

(51) 『成宗實錄』 成宗 4年(癸巳, 1473년) 正月 庚子(9일)條

諭永安道觀察使鄭蘭宗曰 : "金漢京言 : '在慶興, 遇淸明日, 可望見三峯島, 自會寧向東舟行, 七晝夜而到, 向北行四晝夜而還. 前年, 遣人往尋茂陵島, 自蔚珍向東舟行, 一晝夜而到, 西行三晝夜而還,' 其所言地勢, 有可疑者. 世傳 : '茂陵島之北, 有蓼島, 無一人往還者,' 是亦可疑. 卿更訪問沿海古老舟人, 詳究以啓. 海路險惡, 今若遣人尋求, 宜募願行者. 人言 : '邊民逃賦往投' 不可置而不問, 亦不可以難信之言, 涉險冒危, 或致傾敗. 卿其審情度勢以啓."

영안도관찰사(永安道觀察使) 정난종(鄭蘭宗)에게 유시하기를,

"김한경(金漢京)의 말이, '경흥(慶興)에서는 청명(淸明)한 날이면 삼봉도(三峯島)를 바라볼 수 있는데, 회령(會寧)에서 동쪽으로 배를 타고 이레 밤낮을 항해하여 도착하고, 북쪽으로 나흘 밤낮을 항해하여 돌아왔습니다. 전년에 사람을 보내어 무릉도(茂陵島)를 찾아 가게 하였는데, 울진(蔚珍)에서 동쪽으로 배를 타고 하루 밤낮을 항해하여 도착하고 서쪽으로 사흘 밤낮을 항해하여 돌아왔습니다.' 하는데, 그가 말한 지세(地勢)에는 의심할 만한 것이 있다. 세상에서 전해 오기를, '무릉도의 북쪽에 요도(蓼島)가 있는데 한 사람도 다녀온 사람이 없다.' 하니, 이것도 의심스럽다. 경(卿)이 다시 바닷가에 사는 늙은 뱃사람을 찾아가 물어 상세히 밝혀서 아뢰라. 바닷길이 험악하니, 지금 만약에 사람을 보내어 찾아 보게 하자면, 가기를 원하는 사람을 모

집해야 할 것이다. 사람들이 말하기를, '변방의 백성이 부(賦)를 피하여 들어가 산다.' 하는데, 버려두고 알아보지 않을 수 없고, 믿기 어려운 말을 믿고 험한 바다를 건너 위험을 무릅쓰다가 혹 경패(傾敗)되게 할 수도 없다. 경은 사정을 살피고 사세를 헤아려서 아뢰라."

하였다.

(52)『成宗實錄』成宗 7年(癸巳, 1476년) 2月 壬午(8일)條

下書永安道觀察使李克均曰 : 今鍾城居親軍衛盧義順上言云 : "前年五月, 與鏡城人金漢京 · 會寧人林都致 · 慶源人任有才 · 金玉山 · 李吾乙亡 · 金德生, 就慶源地面末應大津, 發船行三日, 得見三蓬島, 遙望島中有七八人, 然吾輩單弱, 不得下陸而還." 卿其詳問義順等各人以啓.

영안도관찰사(永安道觀察使) 이극균(李克均)에게 하서(下書)하기를,

"지금 종성(鍾城)에 있는 친군위(親軍衛) 노의순(盧義順)이 상언(上言)하기를, '지난해 5월에 경성(鏡城) 사람 김한경(金漢京)과 회령(會寧) 사람 임도치(林都致)와 경원(慶源) 사람 임유재(任有才) · 김옥산(金玉山) · 이오을망(李吾乙亡) · 김덕생(金德生)과 더불어 경원(慶源) 지방의 말응대진(末應大津)에 나아가서 배를 타고 3일 동안 가서 삼봉도(三蓬島)를 보았는데, 멀리서 바라보니 섬 가운데에 7, 8인이 있었으나, 우리 무리들은 고단(孤單)하고 약하여 육지(陸地)에 내려가지도 못하고 돌아왔습니다.'고 하니, 경(卿)이 노의순(盧義順) 등 각 사람에게 상세히 물어보고서 아뢰라."

하였다.

(53)『成宗實錄』成宗 7年(癸巳, 1476년) 6月 癸巳(22일)條

下書永安道觀察使李克均曰 : 今見卿啓, 知鏡城 金漢京等二人, 辛卯五月漂

泊三峯島, 與島人相接, 又於乙未五月, 漢京等六人向此島, 距七八里許, 望見阻風, 竟不得達. 此言雖不可信, 亦或非妄, 今宜別遣壯健可信人三人同漢京等, 入送搜覓.

영안도관찰사(永安道觀察使) 이극균(李克均)에게 하서(下書)하기를,

"지금 경이 아뢴 것을 보고, 경성(鏡城)의 김한경(金漢京) 등 2인이 신묘년 5월에 삼봉도(三峰島)에 표박(漂泊)하여 섬사람들과 서로 만났었는데, 또 을미년 5월에 한경 등 6인이 이 섬으로 향하였다가 7, 8리쯤 떨어진 곳에서 섬이 멀리 바라보였지만 바람에 막혀 끝내 도달할 수가 없었다는 것을 알았다. 이 말을 비록 믿을 수는 없지만, 또한 혹시라도 거짓이 아니라면 지금 건장하면서도 믿을 만한 사람 3인을 보내어 한경 등과 섬 안으로 들어가서 수색하여 보게 하라."

하였다.

(54)『成宗實錄』成宗 7年(癸巳, 1476년) 10月 壬辰(22일)條

永安道觀察使李克均馳啓 : "永興人金自周言 : '往見三峯島, 且圖其形.' 送自周以進." 命問之, 自周對曰 : "於鏡城海濱乘舟, 行四晝三夜, 見島屹然, 而有人三十餘, 列立島口, 有烟氣. 其人衣白, 形貌遠不能詳, 然其大概乃朝鮮人也, 懼見執, 不能進也." 賜襦衣二領.

영안도관찰사(永安道觀察使) 이극균(李克均)이 치계(馳啓)하기를,

"영흥(永興) 사람 김자주(金自周)가 말하기를, '삼봉도(三峯島)를 가 보고 또 그 모양을 그려 왔다.'고 하므로, 김자주를 보내어 바치게 합니다."

하였다. 명하여 물어 보게 하니, 김자주가 대답하기를,

"경성(鏡城) 바닷가에서 배를 타고 4주(晝) 3야(夜)를 가니, 섬이 우뚝

하게 보이고, 사람 30여 명이 섬 입구에 벌려 섰는데 연기가 났습니다. 그 사람들은 흰 옷을 입었는데, 얼굴은 멀리서 보았기 때문에 자세히는 알 수 없으나 대개는 조선 사람이었는데, 붙잡힐까 두려워 나아갈 수가 없었습니다."

하니, 유의(襦衣) 두 벌을 하사(下賜)하였다.

(55)『成宗實錄』成宗 7年(癸巳, 1476년) 10月 丁酉(27일)條

兵曹啓:"永興人金自周供云:'本道觀察使, 以三峯島尋覓事, 遣自周及宋永老與前日往還金興·金漢京·李吾乙亡等十二人, 給麻尙船五隻入送, 去九月十六日於鏡城地甕仇未發船向島, 同日到宿富寧地靑巖, 十七日到宿會寧地加隣串, 十八日到宿慶源地末應大, 二十五日西距島七八里許, 到泊望見, 則於島北有三石列立, 次小島, 次巖石列立, 次中島, 中島之西又有小島, 皆海水通流. 亦於海島之間, 有如人形別立者三十, 因疑懼不得直到, 畫島形而來.' 臣等謂往年朴宗元由江原道發船, 遭風不至而還, 今漢京等發船於鏡城 甕仇未, 再由此路出入, 至畫島形而來, 今若更往, 可以尋覓. 請於明年四月風和時, 選有文武才者一人入送." 從之.

병조(兵曹)에서 아뢰기를,

"영흥(永興) 사람 김자주(金自周)의 공초(供招)에 이르기를, '본도(本道)의 관찰사(觀察使)가 삼봉도(三峯島)를 찾는 일로써, 김자주와 송영로(宋永老), 그리고 전일(前日)에 갔다 온 김흥(金興)·김한경(金漢京)·이오을망(李吾乙亡) 등 12인에게 마상선(麻尙船) 5척(隻)을 주어 들여보냈는데, 지난 9월 16일에 경성(鏡城) 땅 옹구미(甕仇未)에서 배를 출발하여, 섬으로 향해 같은 날 부령(富寧) 땅 청암(靑巖)에 도착하여 자고, 17일에 회령(會寧) 땅 가린곶이(加隣串)에 도착하여 잤으며, 18일에는 경원(慶源) 땅 말응대(末應

大)에 도착하여 잤고, 25일에 섬 서쪽 7, 8리(里) 남짓한 거리에 정박하고 바라보니, 섬 북쪽에 세 바위가 벌여 섰고, 그 다음은 작은 섬, 다음은 암석(巖石)이 벌여 섰으며, 다음은 복판 섬이고, 복판 섬 서쪽에 또 작은 섬이 있는데, 다 바닷물이 통합니다. 또 바다 섬 사이에는 인형(人形) 같은 것이 별도로 선 것이 30개나 되므로 의심이 나고 두려워서 곧바로 갈 수가 없어 섬 모양을 그려 왔습니다.'고 하였습니다. 신 등은 생각하기를, 왕년(往年)에 박종원(朴宗元)이 강원도(江原道)에서 배를 출발했다가 바람을 만나 이르지 못하고 돌아왔는데, 지금 김한경 등이 경성 옹구미에서 배를 출발하여 다시 그 길로 출입(出入)하면서 섬 모양까지 그려 왔으니, 지금 만약 다시 간다면 찾을 수 있다고 여깁니다. 청컨대 명년 4월 바람이 온화할 때에 문무(文武)의 재능을 가진 자를 한 사람 선발하여 들여보내게 하소서."

하니, 그대로 따랐다.

(56)『成宗實錄』成宗 8年(丁酉, 1477년) 3月 辛未(4일)條

吏曹正郎柳文通等五人輪對. 佐郎安良生啓曰:"吏曹用人, 本欲辨賢愚以輔治道, 而僧職如大禪·中德·禪師·住持, 亦令吏曹下批, 臺諫署經, 此甚不可." 上曰:"果非矣. 肇自何時?" 右承旨任士洪啓曰:"太宗朝猶有此弊. 如大選之試, 亦可罷也." 佐郎李昌臣啓曰:"臣伏聞遣使求三峰島, 爲逃賦入海之民也. 然驅士衆, 擠之大海之中, 臣恐所得不能償其所失. 得其地, 不可耕也, 得其人, 不可使也, 棄之不爲損, 得之不爲益. 昔漢 武滅南越, 置珠崖郡, 一轉輸之間, 死者數萬, 至元帝時, 賈捐之極言不可, 詔罷之. 臣意以爲永安道自丁亥後, 人心洶洶, 今尙不靖, 願專以存撫此道爲憂, 三峰島棄之無妨." 上曰:"此島, 今有明言其處者, 今若不求, 必爲逋逃淵藪, 不可棄也." 又啓曰:"卽位以來, 慮僧徒日繁軍額日耗, 累下私剃之禁. 然違上所命, 從厥攸好, 人之常情, 禁(綱)〔網〕之密, 不若謹好尙之爲愈. 臣聞近日寫金字經於奉先寺, 是自

上導之, 臣之惑滋甚. 況金銀之貢, 請免上國, 我祖宗爲後世慮至矣, 以此而寫經可乎?" 上曰 : "仁粹王大妃爲先王爲之, 予豈止之?" 昌臣曰 : "寫經之擧, 雖非殿下本意, 然事父母, 當幾諫. 有爭子, 則親不陷於不義, 後世謂殿下何如? 伏惟三思焉." 上曰 : "然." 昌臣等出, 上謂左右曰 : "此李昌臣乎? 言事固當如是, 此人不易得也."

이조정랑(吏曹正郞) 유문통(柳文通) 등 5인(人)이 윤대(輪對)하였다. 좌랑(佐郞) 안양생(安良生)이 아뢰기를,

"이조(吏曹)에서 사람을 가려 쓰는 것은 원래 어질고 어리석음을 분별하여 나라를 다스리는 도(道)를 돕는 것인데, 승직(僧職)에 대선(大禪)·중덕(中德)·선사(禪師)·주지(住持) 같은 것도 이조로 하여금 하비(下批) 하여 대간(臺諫)에서 서경(署經)하게 하니, 이것은 몹시 옳지 못합니다."

하니, 임금이 말하기를,

"과연 옳지 않다. 비롯된 것이 어느 때 부터인가?"

하니, 우승지(右承旨) 임사홍(任士洪)이 아뢰기를,

"태종조(太宗朝)에도 오히려 이러한 폐단이 있었습니다. 대선(大選)의 시험 같은 것도 파해야 합니다."

하였다. 좌랑 이창신(李昌臣)이 아뢰기를,

"신이 엎드려 들으니, 사신을 보내서 삼봉도(三峯島)를 찾는 것은 부역을 피하여 바다로 도망간 백성들 때문이라고 합니다. 그러나 군사를 몰아다가 큰 바다 가운데에 밀어 넣는 것은 신의 생각으로는 얻은 것이 그 잃는 것을 보상하지 못할 것이고, 그 땅을 얻는다 하더라도 경작하지 못할 것이며, 그 사람을 얻는다 하더라도 부리지 못할 것이니, 버려두어도 손해될 것이 없으며, 얻는다 하더라도 이익이 되지 않을 것입니다. 옛날 한(漢)나라 무제(武帝)가 남월(南越)을 쳐서 멸망시키고 주애군(珠崖郡)을 설치하였는데, 한

번 전수(轉輸)하는 사이에 죽은 자가 수만 명이 되니, 원제(元帝) 때에 이르러 가연지(賈捐之)가 옳지 못한 일이라고 극언(極言)하여 조칙(詔勅)을 내려 파하였습니다. 신의 생각은 영안도(永安道)가 정해년 이후로부터 인심이 흉흉하여 지금까지 안정되지 못하고 있으니, 청컨대 오로지 이 도를 위안하고 무마하는 일에 마음을 써야 하고, 삼봉도는 버려두는 것이 무방할 것 같습니다."

하니, 임금이 말하기를,

"이 섬이 지금 어느 곳에 있다는 것을 명확히 말하는 자가 있는데, 지금 만일 찾지 않는다면 반드시 죄를 짓고 도망간 사람들이 숨어 사는 소굴이 될 것이니 버릴 수는 없다."

하였다. 또 아뢰기를,

"즉위(卽位)하신 뒤로 승도(僧徒)는 날로 늘어나고 군액(軍額)이 날로 줄어들까 염려하여 사사로이 머리를 깎지 못하도록 여러 번 명령을 내렸습니다. 그러나 임금의 명령을 어기고 자기가 좋아하는 것을 따르는 것은 사람의 상정(常情)인데, 엄금하는 것보다 숭상하기를 삼가하는 것만 같지 못합니다. 신은 들으니, 요즈음 봉선사(奉先寺)에서 금자경(金字經)을 쓴다 하는데, 이것은 위에서 시켜서 한 것이니 신의 의혹이 더욱 심합니다. 더구나 금(金)과 은(銀)의 공납(貢納)을 중국에게 면해 주기를 청한 것은 우리 조종(祖宗)께서 후세를 위하여 염려한 것이 지극합니다. 그런데 이것으로 경(經)을 쓰는 것이 옳겠습니까?"

하니, 임금이 말하기를,

"인수왕대비(仁粹王大妃)께서 선왕(先王)을 위해서 하는 것인데, 내 어찌 저지하겠는가?"

하니, 이창신이 말하기를,

"경을 쓰는 일은 비록 전하(殿下)의 본의(本意)는 아니라 하더라도 부모를 섬기는데 마땅히 여러 번 간(諫)해야 합니다. 간하는 자식이 있으면 어버이가 불의(不義)에 빠지지 않는 것인데, 후세에서는 전하를 무어라고 하겠습니까? 엎드려 바라건대, 세 번 생각하소서."

하니, 임금이 말하기를,

"그렇다."

하였다. 이창신의 무리가 밖으로 나가니, 임금이 좌우(左右)에 말하기를,

"이 사람이 이창신인가? 말하는 것이 진실로 마땅히 이 같아야 하는 것이니, 이런 사람은 쉽게 얻지 못할 것이다."

하였다.

(57) 『成宗實錄』 成宗 10年(己亥, 1479년) 5月 丁卯(12일)條

兵曹據永安道觀察使啓本啓:"三峯島投居人物, 請遣朝官刷還." 命議諸政丞. 鄭昌孫·韓明澮·沈澮·尹士昕·金國光·尹弼商議:"臣等曾聞, 三峯島水路險惡, 且不知所向, 不可輕易遣人. 更加詳問, 若人物往來明白, 更議遣人何如?"

병조(兵曹)에서 영안도관찰사(永安道觀察使)의 계본(啓本)에 의거하여 아뢰기를,

"삼봉도(三峰島)에 투거(投居)하는 인물(人物)을, 청컨대 조관(朝官)을 보내어 쇄환(刷還)하게 하소서."

하니, 여러 정승(政丞)에게 의논하기를 명하였는데, 정창손(鄭昌孫)·한명회(韓明澮)·심회(沈澮)·윤사흔(尹士昕)·김국광(金國光)·윤필상(尹弼商)이 의논하기를,

"신(臣) 등이 일찍이 들으니 삼봉도는 수로(水路)가 험악(險惡)한데다가 또 가는 방향을 알지 못하니, 경이(輕易)하게 사람을 보내는 것은 불가(不

可)합니다. 다시 더 자세히 물어보고, 만일 인물의 왕래(往來)가 명백(明白)할 경우 다시 사람을 보낼 것을 의논하는 것이 어떠하겠습니까?"

하였다.

(58)『成宗實錄』成宗 10年(己亥, 1479년) 7月 丁卯(13일)條

上又曰:"頃者朴宗元, 求三峯島不得, 今觀永安道敬差官啓本, 其爲有島無疑. 敬差官上來後, 將欲遣人求之." 領事金國光啓曰:"求之史籍, 雖未有所謂三峯島者, 然其民, 必往來海上, 見島之有三峯者, 因以爲號耳. 但居此島者, 已有叛心者也, 若遣人求之, 則不可不齎兵器以往." 上曰:"然."

임금이 또 말하기를,

"근자에 박종원(朴宗元)이 삼봉도(三峯島)를 구하여 찾다가 얻지 못하였는데, 이제 영안도경차관(永安道敬差官)의 계본(啓本)을 보건대, 그 섬(島)이 있음이 의심 없게 되었으니, 경차관(敬差官)이 올라온 뒤에 장차 사람을 보내어 찾도록 하겠다."

하니, 영사(領事) 김국광(金國光)이 아뢰기를,

"사적(史籍)을 찾아 보건대, 비록 삼봉도라 하는 것은 있지 않았습니다만, 그러나 그 백성이 반드시 해상(海上)을 왕래하며, 섬에 세 봉우리(三峯)가 있는 것을 본 자가 따라서 이름하였을 것입니다. 하지만 이 섬에 거주하는 자는 반심(叛心)을 둔 자이니, 만약에 사람을 보내어 찾게 한다면 병기(兵器)를 가지고 가지 않을 수 없습니다."

하니, 임금이 말하기를,

"그렇겠다."

하였다.

(59)『成宗實錄』成宗 10年(己亥, 1479년) 8月 癸丑(30일)條

命召曾經政丞及府院君等, 御宣政殿, 引見, 又召永安道敬差官辛仲琚以入. 上曰 : 三峯島人, 有拒敵官軍之勢, 欲與卿等議處置. 左承旨金升卿啓曰 : 三峯島旁有小島, 全君子等二戶, 逃居其中. 若募本道之人, 出其不意而往, 則可及三峯島人未覺之時, 取小島兩家矣. 然後審其形勢, 遣人討之何如? 鄭昌孫曰 : 三峯島人, 無乃覺而來襲乎? 上曰 : 若然則官軍恐受辱矣. 都承旨洪貴達啓曰 : 五鎭人性, 本貪功, 賊若犯境, 欲使他境不知, 而自專其功, 若募以重賞, 必有取之者. 辛仲琚言 : 三峯水路, 五月九月風便海淸, 獨於此時可往. 若然則永安道, 道路遙隔, 今年九月, 似未及往也. 昌孫曰 : 若必入討, 則不可緩也. 若使彼人, 知我將討, 而有備, 則大不可也. 上曰 : 當大擧速討, 用戰卒一千五百若何? 右副承旨蔡壽啓曰 : 不須此數. 雖三四百可矣. 然北人皆用麻尙船, 蒼茫大海, 安可以麻尙船濟師哉? 且不識彼島地勢險夷, 居人多寡, 輕擧大軍, 以冒不測之險, 似未便. 辛仲琚啓曰 : 聞魚命山逃入時, 竊人哨麻船騎去矣. 上曰 : 水路幾日程, 其島泊船處有幾? 仲琚對曰 : 人言可二日程, 泊船處, 亦多有之. 右承旨李瓊仝啓曰 : 彼亦我國人, 安有拒敵官兵之理乎? 遣人招撫何如? 上曰 : 其人不事官役, 安業而居, 其肯來乎? 洪貴達曰 : 若招撫, 則非一端, 必開陳利害, 多方以誘之矣. 但今九月已迫, 戰艦諸事, 必不及辦, 待明年二三月遣之何如? 上曰 : 都承旨所言當矣. 此事終不可密, 今諭監司及節度使, 使備戰艦, 聲言大擧, 則彼或有歸服之理. 僉曰 : 上敎允當.

명하여 증경정승(曾經政丞)과 부원군(府院君) 등을 불러 선정전(宣政殿)에 나아가 인견(引見)하고, 또 영안도경차관(永安道敬差官) 신중거(辛仲琚)를 불러 들였다. 임금이 말하기를,

"삼봉도(三峯島) 사람이 관군(官軍)에게 저항하는 기세가 있어, 경(卿) 등과 더불어 의논하여서 처리하고자 한다."

하니, 좌승지(左承旨) 김승경(金升卿)이 아뢰기를,

"삼봉도 곁에 소도(小島)가 있는데 전군자(全君子) 등의 2호(戶)가 도망하여 그 가운데에 살고 있습니다. 만약에 본도(本道)의 사람을 모집하여 그 뜻하지 않을 때에 갈 것 같으면, 삼봉도 사람이 미처 깨닫기 전에 소도의 두 집을 취할 수 있습니다. 그런 다음에 그 형세를 살펴서 사람을 보내어 토벌하는 것이 어떻겠습니까?"

하고, 정창손(鄭昌孫)은 말하기를,

"삼봉도 사람이 알고서 내습(來襲)하면 어찌하겠습니까?"

하니, 임금이 말하기를,

"만약에 그렇다면 관군(官軍)이 욕(辱)을 볼까 두렵다."

하였다. 도승지(都承旨) 홍귀달(洪貴達)이 아뢰기를,

"5진(鎭)의 인성(人性)은 본래 공(功)을 탐(貪)하므로 적(賊)이 만약 범경(犯境)하면, 타경(他境)으로 하여금 알지 못하게 하고서 스스로 그 공(功)을 독차지하려고 할 것이니, 만약 중한 상(賞)으로써 모집하면 반드시 취하는 자가 있을 것입니다."

하고, 신중거는 말하기를,

"삼봉(三峯)의 수로(水路)는 5월·9월은 바람이 순조롭고 바다가 맑으니, 이때라야 갈 만합니다. 만약 그렇다면 영안도(永安道)는 도로(道路)가 아득하게 막혔으니, 금년 9월에 미처 가지 못할 것 같습니다."

하고, 정창손은 말하기를,

"반드시 들어가 토벌해야 한다면 늦출 수 없습니다. 만약 저 사람들로 하여금 우리가 장차 토벌할 것을 알게 하여서 방비가 있으면 크게 불가합니다."

하니, 임금이 말하기를,

"대거(大擧)하여 속히 토벌함이 마땅하니, 전졸(戰卒) 1천 5백을 씀이 어떻겠는가?"

하였다. 우부승지(右副承旨) 채수(蔡壽)가 아뢰기를,

"이 정도의 수(數)는 필요가 없습니다. 비록 3, 4백이라도 가(可)할 것입니다. 그러나 북쪽 사람은 모두 마상선(麻尙船)을 사용하는데, 창망(蒼茫)한 큰 바다를 어찌 마상선으로써 군사를 건널 수 있겠습니까? 또 저 섬(島)의 지세(地勢)가 험하고 평이한 것과 사는 사람의 많고 적음도 알지 못하니, 대군(大軍)을 함부로 동원하여 불측(不測)한 모험을 무릅쓰는 것은 옳지 못할 것 같습니다."

하고, 신중거(辛仲据)가 아뢰기를,

"들으니, 어명산(魚命山)이 도망하여 들어갔을 때에 남의 초마선(哨麻船)을 훔쳐타고 갔다고 합니다."

하니, 임금이 말하기를,

"수로는 며칠 길이 되며 그 섬에 배를 정박할 곳은 몇 군데나 있는가?"

하였다. 신중거가 대답하기를,

"사람이 말하기를, '이틀 길이고, 배를 정박할 곳도 많이 있다.'고 합니다."

하고, 우승지(右承旨) 이경동(李瓊仝)이 아뢰기를,

"저들도 우리나라 사람이니, 어찌 관병(官兵)에게 저항할 리가 있겠습니까? 사람을 보내어 초무(招撫)함이 어떻겠습니까?"

하니, 임금이 말하기를,

"그 사람들이 관역(官役)을 일삼지 않고 안업(安業)하면서 사는데, 그들이 즐겨 오겠는가?"

하였다. 홍귀달이 말하기를,

"만약에 초무하려면 한 가지 방법이 아니고, 반드시 이해(利害)를 개진(開陣)하여 다방면으로 유도해야 할 것입니다. 다만 이제 9월이 이미 박두

하였으므로, 전함(戰艦)의 모든 일은 반드시 미처 판비하지 못할 것이니, 명년(明年) 2, 3월을 기다려 보내는 것이 어떻겠습니까?"

하니, 임금이 말하기를,

"도승지가 말한 것은 마땅하다. 이 일은 끝내 비밀히 할 수가 없으니, 이제 감사(監司)와 절도사(節度使)에게 유시하여 전함(戰艦)을 준비하게 하고, 군사를 크게 동원한다고 소문을 내면 저들이 혹 귀복(歸服)할 이치도 있을 것이다."

하자, 모두 말하기를,

"상교(上敎)가 진실로 지당합니다."

하였다.

(60)『成宗實錄』成宗 10年(己亥, 1479년) 8月 癸丑(30일)條

諭永安道觀察使李德良·南道節度使李欽石·北道節度使辛鑄曰:"今敬差官辛仲琚來言:'本道人民, 逃避差役, 潛往三峯島, 其數無慮千餘.' 此無他, 所在守令, 不能撫恤所致. 然謀背國家, 往投絶島, 罪在不赦. 今欲擧大兵往討, 卿等知悉此意, 造哨麻船五十艘, 以待. 彼若自知罪過, 悔悟出來, 則當悉貰其罪, 加以重賞. 如或執迷不悟, 則殄殲無遺, 悔無及矣. 卿等幷將此意, 遍行知會."

영안도관찰사(永安道觀察使) 이덕량(李德良)·남도절도사(南道節度使) 이흠석(李欽石)·북도절도사(北道節度使) 신주(辛鑄)에게 유시하기를,

"이제 경차관(敬差官) 신중거(辛仲琚)가 와서 말하기를, '본도(本道)의 인민이 차역(差役)을 도피(逃避)하여 몰래 삼봉도(三峯島)로 가서 그 수(數)가 무려 천여 명이나 된다.'고 하니, 이것은 다름이 아니라 소재(所在) 고을의 수령(守令)이 능히 무휼(撫恤)하지 못한 소치(所致)이다. 그러나 국가를 배반하고 절도(絶島)에 투신하여 갔으니, 죄가 용서할 수 없는 것이다. 이제

대병(大兵)을 동원하여 토벌하려고 하니, 경(卿) 등은 다 이 뜻을 알고, 초마선(哨麻船) 50척(艘)을 제조하여서 기다리라. 저들이 만약 스스로 죄과(罪過)를 알고 회오(悔悟)하여 나오면 마땅히 그 죄를 다 용서하고, 중한 상(賞)을 더할 것이며, 만일 혹 집미(執迷)하고 회개하지 않으면 무찔러 없애버리고 남음이 없게 할 것이니, 뉘우쳐도 미치지 못할 것이다. 경 등은 아울러 이 뜻을 두루 알리도록 하라."

하였다.

(61)『成宗實錄』成宗 10年(己亥, 1479년) 9月 丁巳(4일)條

都承旨洪貴達 · 左承旨金升卿啓曰 : "前日欲大擧討三峯島, 下諭永安道, 令造戰艦, 今宜遣朝官董正, 使島人, 知我往伐之意, 雖不別遣他員, 令推刷敬差官, 兼之可矣. 但金錫元, 優於推刷, 不閑韜門之事, 擇多智術 · 善應變者遣之爲便." 傳曰 : "雖不往諭, 自知之矣. 昔舜征有苗, 不卽(工)〔攻〕, 退而修德, 卒格于干羽之舞, 不須往諭."

도승지(都承旨) 홍귀달(洪貴達) · 좌승지(左承旨) 김승경(金升卿)이 아뢰기를,

"전일에 군사를 크게 일으켜 삼봉도(三峯島)를 토벌하고자 하여 영안도(永安道)에 하유(下諭)하여 전함(戰艦)을 만들게 하였으니, 이제 마땅히 조관(朝官)을 보내어 동정(董正)하게 하여 섬사람들로 하여금 우리가 가서 토벌하는 뜻을 알게 해야 할 것인데, 비록 다른 관원을 보내지 않더라도 추쇄경차관(推刷敬差官)으로 하여금 겸하게 하는 것이 가합니다. 그러나 김석원(金錫元)은 추쇄하는 데에는 넉넉하나 군사의 일에는 익숙하지 못하니, 지혜와 꾀가 많고 임기응변(臨機應變)에 능한 자를 골라서 보내는 것이 적당합니다."

하니, 전교하기를,

"비록 가서 유시(諭示)하지 아니하더라도 스스로 알 것이다. 예전에 순(舜)임금이 〈우(禹)를 시켜〉 유묘(有苗)를 정벌할 때, 공(功)에 나아가지 않고 물러가 덕(德)을 닦아서 마침내 간우(干羽)로 춤추는 데 이르렀으니, 가서 유시할 필요가 없다."

하였다.

(62) 『成宗實錄』 成宗 10年(己亥, 1479년) 9月 戊午(5일)條

都承旨洪貴達啓曰:"前日, 下諭永安道, 將欲大擧討三峯島, 令造戰艦, 若自來者, 赦罪重賞, 然絶島愚氓, 恐不知廟謨, 須遣多智略·善料事者造船, 招撫諸事, 與監司·節度使同議, 臨機善處可矣. 今以金錫元, 爲本道敬差官, 於推刷則優矣, 恐未能於此事." 上曰:"可者誰?" 貴達啓曰:"臣意以謂 '成健·丘致崐, 可矣.'" 上曰:"其多擇可者以啓." 承政院, 以成健·朴崇質·丘致崐抄啓, 傳曰:"經筵官非一, 若歷試, 則可知賢否. 姑欲以曺偉·曺淑沂差遣, 二人誰可耶? 平日, 予以爲 '賢而至於臨事, 亦又善處, 則予亦知人矣.'" 承政院啓曰:"曺淑沂, 則奉命出使, 曺偉則雖不更事, 氣質非常, 年雖少, 而老成, 上敎允當." 金季昌啓曰:"曺偉雖賢, 嘗不諳練, 其於推刷, 恐未能也." 御書, 以曺偉爲敬差官, 仍傳于季昌曰:"安可不試, 而知其賢否哉?"

도승지(都承旨) 홍귀달(洪貴達)이 아뢰기를,

"전일에 영안도(永安道)에 유시(諭示)를 내려 장차 삼봉도(三峯島)를 크게 토벌하고자 하여 전함(戰艦)을 만들게 하였는데, 만약 스스로 귀순해 오는 자가 있으면 죄를 용서하고 중한 상(賞)을 주게 하였으나, 절도(絶島)의 어리석은 백성이 이 조정의 계책을 알지 못할까 두려우니, 모름지기 지략(智略)이 있고 일을 잘 처리하는 자를 보내어 배를 만들고 불러서 무마하는 모든 일을 감사(監司)·절도사(節度使)와 더불어 같이 의논하여 기회에 따라 잘 처리하게 하는 것이 옳을 것입니다. 그런데 이제 김석원(金錫元)을 본도 경차관(本道敬差官)으로 삼았으니, 추쇄(推刷)하는 데에는 능하나 이 일에는 능하지 못할까 합니다."

하자, 임금이 말하기를,

"적당한 자가 누구인가?"

하니, 홍귀달이 말하기를,

"신의 생각으로는 성건(成健)과 구치곤(丘致崐)이 가하다고 여깁니다."

하였다. 임금이 말하기를,

"적당한 사람을 많이 골라서 아뢰라."

하자, 승정원(承政院)에서 성건 · 박숭질(朴崇質) · 구치곤을 초(抄)하여 아뢰니, 전교하기를,

"경연관(經筵官)은 한 사람만이 아니니, 만약 한 사람 한 사람 시험하면 그 잘하고 못하는 것을 알 수 있을 것이다. 우선 조위(曺偉) · 조숙기(曺淑沂)를 임명해 보내고자 하는데, 두 사람 중에서 누가 좋은가? 평소에 내가 어질다고 생각하는데 일하는 데 이르러서도 처리를 잘하면 나도 사람을 아는 것이다."

하였다. 승정원에서 아뢰기를,

"조숙기는 명을 받들고 사신으로 나갔고, 조위는 비록 일을 경험하지 아니하였을지라도 기질(氣質)이 비상하여 나이는 젊을지라도 노성(老成)한 사람이니, 성상의 전교가 진실로 마땅합니다."

하니, 김계창(金季昌)이 아뢰기를,

"조위는 비록 어진 사람이라고 하더라도 일찍이 일을 익히지 아니하였으니, 추쇄(推刷)하는 데에 능하지 못할까 합니다."

하였는데, 어서(御書)로 조위를 경차관으로 삼고, 인하여 김계창에게 전교하기를,

“어찌 시험해 보지 아니하고서 그 잘하고 못하는 것을 알겠는가?”

하였다.

(63)『成宗實錄』成宗 10年(己亥, 1479년) 9月 甲子(11일)條

都承旨洪貴達啓:“永安道敬差官曺偉, 欲啓事.” 上命貴達, 與俱入. 貴達啓曰:“永安道逃流人推考, 宜別傳事目. 令在逃見捕而囚者, 從願以遣之, 則誰不樂從? 但以言諭之, 則彼必謂守令私言, 或不歸順. 且者道人心愚直, 雖反覆開諭, 鮮能解惑, 宜下諭書以示之, 彼雖不解文字, 倘見御印, 庶或感激, 而來歸矣.” 上曰:“於彼小民, 可降諭書乎?” 貴達曰:“向者李施愛之叛, 世祖累下諭書以諭民, 果自解惑, 去逆效順, 今下諭書, 何妨?” 上曰:“世宗朝, 逃入茂陵者, 皆伏其辜, 彼若聞焉, 懷疑不返者有之. 姑草諭書.” 曺偉啓曰:“若遣人, 而見拘於彼, 則還報無日, 請別遣一二人, 乘一鼻居刀船, 托稱採海, 漂風觀變而來何如?” 上曰:“不可遣二船也.” 偉啓曰:“雖降諭書, 臣亦私通書契乎?” 上曰:“否.” 偉啓曰:“今者秋風不止, 波浪動盪, 彼人等, 辭以船不得通, 不可發程, 則强遣之乎? 且其人之供招, 皆云:‘二月三月往還, 未嘗秋節往還.’ 今將何如?” 上曰:“二月雖風亂亦往, 今何不可?” 偉啓曰:“遣人於三峯, 而日月雖久, 必待回報, 然後上來乎?” 上曰:“其待見之.”

도승지(都承旨) 홍귀달(洪貴達)이 아뢰기를,

“영안도경차관(永安道敬差官) 조위(曺偉)가 일을 아뢰고자 합니다.”

하니, 임금이 홍귀달에게 명하여 함께 들어오게 하였다. 홍귀달이 아뢰기를,

“영안도의 도망해 흩어진 사람을 추고(推考)하는 데에 따로 사목(事目)을 전하여야 마땅합니다. 도망하였다가 붙잡혀서 갇힌 자로 하여금 원하는 데 따라 보내면 누가 기쁘게 따르지 아니하겠습니까? 다만 말로써 타이르

면 저들이 반드시 수령(守令)의 사사로이 하는 말이라고 하여 혹시 귀순하지 아니할 것입니다. 또 그 도(道)의 인심이 우직(愚直)하여 아무리 반복해 타이를지라도 능히 의혹을 풀지 못할 것이니, 마땅히 유서(諭書)를 내려서 보이면 저들이 비록 글을 알지 못하더라도 만약 어인(御印)을 보면 혹시 감격하여 돌아올 것입니다."

하니, 임금이 말하기를,

"저 소민(小民)에게도 유서를 내릴 수 있는가?"

하였다. 홍귀달이 말하기를,

"전자에 이시애(李施愛)의 반란(叛亂)에 세조께서 여러 번 유서를 내려서 백성을 효유하자 과연 저절로 의혹이 풀려서 반역을 버리고 순종하기에 힘썼으니, 이제 유서를 내리는 것이 무엇이 방해롭겠습니까?"

하니, 임금이 말하기를,

"세종조(世宗朝)에 무릉(茂陵)으로 도망해 들어간 자가 모두 처벌을 받았으니, 저들이 만약 들으면 의심을 품고 돌아오지 아니하는 자가 있을 것이다. 우선 유서를 초(草)하라."

하였다.

조위가 아뢰기를,

"만약 사람을 보냈다가 저들에게 구속을 당하면 돌아와 보고할 날이 없을 것이니, 청컨대 한두 사람을 따로 보내어 1척의 비거도선(鼻居刀船)을 타고 해산물을 채취하다가 바람을 만났다고 칭탁하고 변(變)이 있는 것을 보고 오게 하는 것이 어떻겠습니까?"

하니, 임금이 말하기를,

"2척의 배를 보낼 수 없다."

하였다.

조위가 아뢰기를,

"비록 유서를 내릴지라도 신 또한 서계(書契)를 사사로이 통해야 하겠습니까?"

하니, 임금이 말하기를,

"아니다."

하였다. 조위가 아뢰기를,

"이제 가을 바람이 그치지 아니하여 파도가 이는데, 저들이 배가 통래하지 못하여 길을 떠날 수 없다고 한다면 억지로 보내야 하겠습니까? 또 그들의 공초(供招)에 모두 말하기를, '2월 · 3월에는 갔다가 왔으나 가을에는 일찍이 갔다가 오지 아니하였다.' 하는데, 지금 장차 어찌해야 하겠습니까?"

하니, 임금이 말하기를,

"2월에는 비록 바람이 어지러울 때라도 갔는데 지금은 어찌 못하겠는가?"

하였다. 조위가 아뢰기를,

"사람을 삼봉도(三峯島)에 보내고 날짜가 비록 오래 걸리더라도 반드시 회보를 기다린 뒤에 올라와야 하겠습니까?"

하니, 임금이 말하기를,

"기다려 보라."

하였다.

(64) 『成宗實錄』 成宗 10年(己亥, 1479년) 9月 乙丑(12일)條

諭三峯島投接人民等, "今聞爾等, 挈妻子往投海島, 將有久居之志, 予惟爾等, 本無罪犯, 若乃棄祖父田里, 陵不測之險, 寄生於孤島之中, 夫豈所樂? 是必所在守令, 不體予撫字之意, 多般侵虐, 將不勝其苦, 苟爲姑息之計耳. 豈不可憐哉? 原爾等之情, 不過如此耳. 然天生斯民, 立之君長, 民非元后, 亦何所戴? 使爾流離至此, 司牧者, 固不能逃其罪. 爾之背君長 · 離親戚, 偸生於不可生之地, 亦豈人類乎? 安有無君之民, 而尙得一日容身於天地間哉? 今特遣

使, 往諭予意, 用開爾自新之路, 若悔悟前非, 相率來還, 則唱義爲首者, 賞職超二資, 自願綿布, 則三十匹, 從者賞職加一資,自願綿布, 則十五匹. 竝赦前罪, 同爲太平之民, 以壽終於樂土, 不亦善乎? 如或終迷不悟, 罪至貫盈, 則將擧兵往討, 必殲乃已, 爾時雖欲悔過自新, 何及? 爾來則利及子孫, 否則身首且不能保矣. 爾之利害如此, 爾等盍亦熟擇趨避之途? 傳相告語, 其速來歸. 予不食言."

삼봉도(三峯島)에 투접(投接)한 인민(人民)들에게 유시(諭示)하기를,

"이제 듣건대 너희들이 처자(妻子)를 데리고 해도(海島)에 가 있으면서 장차 오래 살 뜻을 가졌다고 하니, 내가 생각하건대 너희들이 본래 죄를 범한 것이 없는데 조(祖)·부(父)의 고장을 버리고 헤아릴 수 없는 위험을 무릅쓰며 외로운 섬 속에서 머물러 살려고 하니, 어찌 즐거워서이겠는가? 이는 반드시 살고 있는 곳의 수령이 나의 백성을 사랑하는 뜻을 체득하지 못하고 여러 가지로 침해하므로 그 괴로움을 이기지 못하여 구차스럽게 임시로 편히 쉴 계책을 한 것이니, 어찌 가엾지 아니하랴? 너희들의 사정을 살피건대 이같은 데 지나지 아니할 것이다. 그러나 하늘이 이 백성을 내고 임금을 세웠는데 백성은 임금이 아니면 무엇을 받들겠는가? 너희들로 하여금 흩어져서 여기에 이르게 한 것은 수령이 된 자가 진실로 그 죄를 면할 수 없다. 너희들이 임금을 저버리고 친척을 떠나서 살 수 없는 땅에서 살기를 도모하니, 또한 어찌 인류(人類)이겠느냐? 어찌 임금이 없는 백성으로 하루라도 천지 사이에 몸을 용납할 수 있겠느냐? 이제 특별히 사신을 보내어 가서 내 뜻을 밝게 타이르고 너희들이 스스로 새로운 길을 열게 하였으니, 만약 전의 잘못을 뉘우쳐 깨닫고 서로 이끌고 돌아오면 창의(唱義)하여 우두머리가 된 자는 벼슬로 상을 주어 자급(資級)을 뛰어 올리고 면포(綿布)를 자원하면 30필을 줄 것이며, 따르는 자는 벼슬의 상(賞)은 1자급(資級)을 더하고, 면

포를 자원하면 15필을 줄 것이다. 아울러 전의 죄는 모두 용서할 것이니 같이 태평한 백성이 되어 낙토(樂土)에서 수명(壽命)을 마치면 또한 좋지 아니하겠느냐? 만일 혹시 끝까지 미혹하고 깨닫지 못하여 죄가 넘치는 데 이르면, 장차 군사를 일으켜 가서 토벌하여 반드시 없애고 말 것이니, 너희들이 그때에는 비록 허물을 뉘우치고 스스로 새로운 길을 열고자 하더라도 어찌 미칠 수 있겠느냐? 너희가 오면 이로움이 자손에게 미칠 것이고, 그렇지 아니하면 몸과 머리도 보전하지 못할 것이다. 너희들의 이해(利害)가 이와 같은데 어찌 나아가 피하는 길을 잘 택하지 아니하랴? 말을 전달하고 서로 알려서 빨리 돌아오라. 내가 식언(食言)하지 아니하겠다."

하였다.

(65)『成宗實錄』成宗 10年(己亥, 1479년) 9月 乙丑(12일)條

永安道敬差官曺偉齎去事目 : 一. 三峯島諭書齎去人, 在前往來人及投接人族屬, 今被囚中, 從自募, 量數定送. 一. 諭書齎去人, 投撫率來, 則逃避根因, 推鞫, 情迹明白, 而隱諱不服者, 功臣議親堂上外, 刑問見推.

영안도경차관(永安道敬差官) 조위(曺偉)가 가지고 가는 사목(事目)은 이러하였다.

"一. 삼봉도(三峯島)에 유서(諭書)를 가지고 갈 사람은, 전에 왕래한 사람과 가서 사는 사람의 족속(族屬)으로서 지금 갇혀 있는 중에서 자원에 따라 수를 요량하여 정해 보낼 것.

一. 유서를 가지고 가는 사람이 불러 무마시켜서 거느리고 오면 도피한 원인을 추국(推鞫)하여, 정적(情迹)이 명백한데도 숨기고 불복하는 자는 공신(功臣)·의친(議親)·당상관(堂上官) 외에는 형벌로 문초하여 추국할 것."

(66) 『成宗實錄』 成宗 10年(己亥, 1479년) 9月 乙丑(12일)條

昌臣又啓曰 : "諭三峯島人民, 別遣近侍之臣, 重其事也, 而兼帶推刷賤口, 踏驗災傷之事, 若專以一事往, 則彼且聞之, 或知感激. 願別遣推刷敬差官." 上曰 : "別遣朝官, 豈得無弊? 且曺偉, 初往遣人於三峯島, 待回報之時, 常閒無事, 可能推刷矣." 仍敎季昌曰 : "敎訓武士程規, 磨鍊以啓."

이창신이 또 아뢰기를,

"삼봉도(三峯島) 인민을 유시(諭示)하는 데 근시(近侍)하는 신하를 따로 보내는 것은 그 일을 중하게 여기는 것인데, 천구(賤口)를 추쇄(推刷)하고 재상(災傷)을 답험(踏驗)하는 일을 겸하게 하였으니, 만약 오로지 한 가지 일로만 가면 저들도 듣고 더러 감격함을 알 것입니다. 원하건대 따로 추쇄 경차관(推刷敬差官)을 보내소서."

하니, 임금이 말하기를,

"조관(朝官)을 따로 보내면 어찌 폐단이 없겠는가? 또 조위(曺偉)가 처음 가서 삼봉도에 사람을 보내고 회보를 기다릴 적에는 항상 한가롭고 일이 없을 것이니, 능히 추쇄할 수 있다."

하고, 인하여 김계창(金季昌)에게 전교하기를,

"무사(武士)를 교훈하는 규정을 마련하여 아뢰라."

하였다.

(67) 『成宗實錄』 成宗 10年(己亥, 1479년) 10月 壬子(30일)條

永安道敬差官曺偉馳啓曰 : "三峯島自願入去人, 於諸邑宣布事目, 廣諭召募, 吉城六名 · 明川四名 · 鏡城十四名 · 富寧八名, 合三十二名, 麻尙船, 則亦於諸邑擇取體大. 且前此逃去嚴永山族親, 則時未聞見, 故更移會寧府, 窮極訪問, 嚴永山一時逃去金貴實之兄, 會寧居良人金長命, 李奉生族親富寧居甲士

李仲善二名, 將以入送, 竝令治裝. 前此逃去現捉被囚人等, 皆願入歸, 而劉六生·李枝, 則本船上慣熟, 故亦令治裝. 餘自願人內, 金漢京, 則三度往還, 自稱熟知, 鏡城居護軍崔興·司直金自周亦言:'李克均觀察時, 以看審事, 再度入歸, 遙望還來.' 金自周, 則非唯解文, 身彩言語可取, 故今欲作頭入送. 將於本月二十七日, 富寧南面靑巖海邊發船, 其入送數, 自願人內揀擇送麻尙船, 亦與節度使同議, 量數入送."

영안도경차관(永安道敬差官) 조위(曺偉)가 치계(馳啓)하기를,

"삼봉도(三峯島)에 들어가기를 자원하는 사람을 여러 고을에 사목(事目)을 선포(宣布)하고 널리 유시(諭示)하여 모집하였던 바, 길성(吉城)에 6명, 명천(明川)에 4명, 경성(鏡城)에 14명, 부령(富寧)에 8명, 합계 32명이며, 마상선(麻商船)은 역시 여러 고을에서 선체(船體)가 큰 것을 골라 취하였습니다. 또 이보다 먼저 도망해 간 엄영산(嚴永山)의 족친(族親)은 이에 아직 듣고 보지 못했기 때문에 다시 회령부(會寧府)로 옮겨서 끝까지 찾아 보겠으며, 엄영산과 같은 때에 도망해간 김귀실(金貴實)의 형으로 회령에 사는 양인(良人) 김장명(金長名)과 이봉생(李奉生)의 족친으로 부령(富寧)에 사는 갑사(甲士) 이중선(李仲善)의 2명은 장차 들여보내려고 모두 장비를 준비하게 하였습니다. 이보다 먼저 도망해 가다가 붙잡혀서 간힌 사람들이 모두 들어갔다가 돌아오기를 원하는데, 유육생(劉六生)과 이지(李枝)는 본래 배에 익숙하기 때문에 역시 장비를 준비하게 하였습니다. 나머지 자원한 사람 가운데 김한경(金漢京)은 세 번이나 갔다가 돌아와서 익숙하게 안다고 스스로 일컫고, 경성(鏡城)에 사는 호군(護軍) 최흥(崔興)과 사직(司直) 김자주(金自周)도 말하기를, '이극균(李克均)이 관찰사로 있을 때에 살펴보는 일로 두 번 들어갔다가 멀리서 바라보고 돌아왔다.'고 하는데, 김자주는 글을 알 뿐만 아니라 풍채와 언어가 취할 만하기 때문에 이제 우두머리로 삼아서 들여

보내려고 합니다. 장차 이달 27일에 부령(富寧) 남면(南面)의 청암(靑巖) 바닷가에서 배를 출발시키려고 하는데, 그 들여보내는 수(數)는 자원한 사람 가운데에서 골라 보내며 마상선도 절도사(節度使)와 같이 의논하여 수를 헤아려서 들여보내겠습니다."

하였다.

(68)『成宗實錄』成宗 10年(己亥, 1479년) 閏10月 戊午(6일)條

永安道敬差官曺偉馳啓曰:"臣依賷來事目, 三峯島自願入去人金漢京等二十一名及前投三峯島人嚴永山異姓四寸兄, 會寧居李仁右·金貴實同生兄金長命·李奉生族親富寧居李仲善, 幷船上慣熟. 慶源居李卯同等十一人, 麻尙船合結, 三隻分騎, 具糧物軍器, 以其中解文有職人嚴謹·金自周·金麗强, 爲各船牌頭, 授諭書, 今十月二十七日巳時, 於富寧南面靑巖里海邊, 發船入送, 令沿海諸邑候望."

영안도경차관(永安道敬差官) 조위(曺偉)가 치계(馳啓)하기를,

"신(臣)이 가지고 온 사목(事目)에 의거하여, 삼봉도(三峰島)에 입거(入去)하기를 자원(自願)한 사람 김한경(金漢京) 등 21명과 전일 삼봉도에 갔다는 사람 엄영산(嚴永山)의 이성(異姓) 사촌형(四寸兄)으로서 회령(會寧)에 거주하는 이인우(李仁右)와 김귀실(金貴實)의 동복형(同腹兄)인 김장명(金長命)과 이봉생(李奉生)의 족친(族親)으로서 부령(富寧)에 거주하는 이중선(李仲善)은 모두가 배 부리는 일에 익숙하니, 경원(慶源)에 거주하는 이묘동(李卯同) 등 11인과 마상선(麻尙船)에 합쳐서 3척(隻)에 나누어 타고 식량과 군기(軍器)를 갖추며, 그 중에 글을 알고 관직이 있는 사람 엄근(嚴謹)·김자주(金自周)·김여강(金麗强)을 각 배(船)의 패두(牌頭)로 삼고 유서(諭書)를 주어, 금년 10월 27일 사시(巳時)에 부령(富寧)의 남면(南面) 청엄리(靑嚴里)

해변(海邊)에서 배를 출발시켜 들여보내고, 연해(沿海)의 여러 고을로 하여금 망(望)을 보도록 했습니다.”

하였다.

(69)『成宗實錄』成宗 10年(己亥, 1479년) 閏10月 戊寅(26일)條

永安道觀察使李克墩, 辭, 上引見謂曰 : “今年中朝, 入攻建州, 我兵從征, 西北聲息, 二三年間, 必不絶矣. 卿知此意, 備禦諸事, 盡心爲之. 且三峯島事, 則今朝, 承旨已知之矣.” 左承旨李瓊仝啓曰 : “前月二十八日, 曺偉合結麻尙船入送, 風逆還來. 三十日更送, 今幾一月, 而不還, 不知其故.” 克墩啓曰 : “臣爲江原道監司, 有金漢京者, 始發此言, 臣疑之, 反覆詰問, 其言多變詐, 臣不信聽. 永安道人, 愚惑太甚, 多信飛語, 一人有言三峯島之好, 則人皆欲往居之. 今乃命遣招撫, 如未得還, 國家未知其由, 又從而遣之, 如此恐傷人物.” 上曰 : “三峯島, 土地沃饒, 民安其業, 不事官役, 背國忘君, 必不自來. 今欲遣人, 審其形勢, 然後大擧征伐, 故如此耳. 其或敗船溺死, 特一時之變, 安可以此, 而不爲乎?”

영안도관찰사(永安道觀察使) 이극돈(李克墩)이 하직하니, 임금이 인견하고 이르기를,

“금년에 중국 조정에서 건주(建州)에 들어가 공격하므로 우리 군사가 따라가서 정벌했으니, 서북(西北) 지방의 성식(聲息)이 2, 3년 동안에는 반드시 그치지 않을 것이다. 경(卿)은 이 뜻을 알고서 미리 준비하여 막는 여러 가지의 일을 마음을 다하여 하도록 하라. 또 삼봉도(三峰島)의 일은 오늘 아침에 승지(承旨)가 이미 이를 알고 있었다.”

하였다. 좌승지(左承旨) 이경동(李瓊仝)이 아뢰기를,

“지난달 28일에 조위(曺偉)가 마상선(麻尙船)을 모아서 들여보냈으나,

바람이 순조롭지 못하여 돌아왔습니다. 30일에 다시 보냈는데 지금 거의 1개월이 되었는데도 돌아오지 않으니, 그 이유를 알지 못하겠습니다."

하니, 이극돈(李克墩)이 아뢰기를,

"신(臣)이 강원도감사(江原道監司)가 되었을 때에 김한경(金漢京)이란 사람이 처음 이 말을 내었으므로, 신이 이를 의심하여 되풀이하면서 힐문(詰問)하니, 그 말이 거짓이 많기 때문에 신은 믿고 듣지 않았습니다. 영안도(永安道)의 사람들은 어리석고 미혹됨이 너무 심하여 유언비어(流言飛語)를 많이 믿고 있어서, 어떤 사람이 삼봉도의 좋은 점을 말하면 사람들이 모두 가서 거주하려고 합니다. 지금 조정에서 사람을 보내어 초무(招撫)하게 하지마는, 만약 돌아오지 않는다고 해도 국가에서는 그 이유를 알지 못하고 있으며, 또 뒤따라 보낸다면 이와 같은 경우에는 인물(人物)이 상(傷)할까 두렵습니다."

하자, 임금이 말하기를,

"삼봉도는 토지가 비옥하여 백성들이 그 생업에 안정하므로, 관청의 역사는 하지 않고서 나라를 배반하고 임금을 잊고 있으니, 반드시 스스로 오지는 않을 것이다. 지금 사람을 보내어 그 형세(形勢)를 자세히 살핀 후에 크게 군사를 일으켜서 정벌하려고 하는 까닭으로 이와 같이 하도록 한 것뿐이다. 간혹 배가 부서져서 물에 빠져 죽는 것은 다만 한때의 변고일 뿐이니, 어찌 이런 일로써 하지 않겠는가?"

하였다.

(70)『成宗實錄』成宗 10年(己亥, 1479년) 12月 庚午(19일)條

庚午/受常參. 兵曹判書李克增啓曰:"臣見三峯島來歸金漢京等, 略問其事, 對甚詳悉, 似非虛僞, 三峯島之有必矣. 明春造船入送事, 商議何如?" 上曰: "三峯島逃竄之人, 不可置之也, 必須搜捕. 若有橫逆, 遣師入攻可也. 漢京等

前則來歸, 而及今官使之時, 則托以風逆, 甚不可. 令兵曹鞫之."

상참(常參)을 받았다. 병조판서(兵曹判書) 이극증(李克增)이 아뢰기를,

"신(臣)이 삼봉도(三峰島)에서 돌아온 김한경(金漢京) 등을 보고서 그 일을 대략 물어보니, 대답이 매우 자세하여 거짓이 아닌 듯하므로, 삼봉도가 있다는 것이 틀림없습니다. 명년 봄에 배를 만들어서 들여보낼 일을 서로 의논하게 하는 것이 어떻겠습니까?"

하니, 임금이 말하기를,

"삼봉도에 도망해 숨은 사람을 그대로 내버려둘 수는 없으니, 반드시 찾아내어 잡아야 할 것이다. 만약 부당하게 거역하는 자가 있으면 군사를 보내어 들어가서 공격하게 하는 것이 좋겠다. 김한경(金漢京) 등이 전일에 돌아왔는데, 지금까지 관청에서 보내려고 할 때마다 바람이 거슬러 분다고 핑계하고 있으니, 매우 옳지 못한 일이다. 병조(兵曹)로 하여금 이를 국문(鞫問)하도록 하라."

하였다.

(71)『成宗實錄』成宗 10年(己亥, 1479년) 12月 丙子(25일)條

下書永安道觀察使李克墩曰:"今還送金漢京 · 金自周 · 嚴謹 · 金呂强, 可令保授, 待來春, 三峯島以指路入送."

영안도관찰사(永安道觀察使) 이극돈(李克墩)에게 하서(下書)하기를,

"지금 돌려보낸 김한경(金漢京) · 김자주(金自周) · 엄근(嚴謹) · 김여강(金呂强)은, 그들을 보수(保授)했다가 내년 봄을 기다려서 삼봉도(三峰島)에 길을 인도하도록 들여보내도록 하라."

하였다.

(72)『成宗實錄』成宗 11年(庚子, 1480년) 2月 壬戌(12일)條

兵曹啓:"今三峯島入去人員, 以招撫使·副使稱號軍官各十人, 以京軍士擇定, 篙工, 擇京畿水軍及漁夫·鹽夫中, 操舟慣熟者, 幷預差三十人抄定."從之.

병조(兵曹)에서 아뢰기를,

"이제 삼봉도(三峯島)에 들어가는 인원(人員)은 초무사(招撫使)·부사(副使)로 호칭하되, 군관(軍官) 각 10인은 경군사(京軍士)로 가려서 정하고, 고공(篙工)은 경기(京畿)의 수군(水軍) 및 어부(漁夫)·염부(鹽釜) 가운데 배를 매우 익숙하게 젓는 자를 가려서 아울러 30인을 예차(預差)하여 초정(抄定)하게 하소서."

하니, 그대로 따랐다.

(73)『成宗實錄』成宗 11年(庚子, 1480년) 2月 庚午(20일)條

上護軍鄭錫禧來啓曰:"臣以招撫使, 往三峯島, 凡有見聞, 必須記錄. 臣與朴宗元, 皆武人, 請帶文臣而行."命擇文臣一人, 稱從事官遣之.

상호군(上護軍) 정석희(鄭錫禧)가 와서 아뢰기를,

"신(臣)이 초무사(招撫使)로서 삼봉도(三峯島)에 가는데, 무릇 보고 듣는 것이 있으면 필수적으로 기록해야 합니다. 신과 박종원(朴宗元)은 모두 무인(武人)이니, 청컨대 문신(文臣)을 데리고 가게 하소서."

하니, 명하여 문신 1인을 가려서 종사관(從事官)으로 일컬어 보내게 하였다.

(74)『成宗實錄』成宗 11年(庚子, 1480년) 2月 甲戌(24일)條

義禁府啓:"上護軍鄭錫禧, 以三峯島招撫使, 憚於水路, 謀欲改差, 使妻上言

規免罪, 律該杖一百罷職." 命贖杖 · 奪告身, 付處于昌原.

의금부(義禁府)에서 아뢰기를,

"상호군(上護軍) 정석희(鄭錫禧)가 삼봉도초무사(三峯島招撫使)로서 물길(水路)을 꺼려하여 개차(改差)되기를 꾀하고는, 처(妻)로 하여금 상언(上言)하게 하여 면할 것을 도모한 죄는, 율(律)이 장(杖) 1백 대를 때려 파직(罷職)하는 데 해당합니다."

하니, 장은 속(贖)바치되, 고신(告身)을 빼앗고 창원(昌原)에 부처(付處)시키라고 명하였다.

(75)『成宗實錄』成宗 11年(庚子, 1480년) 2月 戊寅(28일)條

義禁府啓:"訓鍊院副正朴宗元, 以三峯島招撫副使, 憚於水路, 托病上言罪, 律該杖一百, 告身盡行追奪." 命只收職牒, 付處于金海.

의금부(義禁府)에서 아뢰기를,

"훈련원부정(訓鍊院副正) 박종원(朴宗元)이 삼봉도초무사(三峯島招撫使)로서 물길(水路)을 꺼려하여 병(病)을 핑계대어서 상언(上言)한 죄는, 율(律)이 장(杖) 1백 대에, 고신(告身)을 모두 추탈(追奪)하는 데 해당합니다."

하니, 다만 직첩(職牒)을 거두고 김해(金海)에 부처(付處)시키라고 명하였다.

(76)『成宗實錄』成宗 11年(庚子, 1480년) 3月 戊子(8일)條

三峯島招撫使沈安仁等書啓曰:三峯島居人若多, 則只率魁首而來, 其餘幷留之. 仍語曰:汝等不卽出來, 當大擧入勦. 從之.

삼봉도초무사(三峯島招撫使) 심안인(沈安仁) 등의 서계(書啓)에 이르기를,

"삼봉도(三峯島)의 거인(居人)이 많을 것 같으면 다만 우두머리(魁首)만 데리고 오되 그 나머지는 아울러 머물러 있게 하고, 이어서 말하기를, '너희들이 바로 나오지 않는다면 마땅히 대거(大擧)하여 들어와 초멸(勦滅)할 것이다.'라고 할 것입니다."

하니, 그대로 따랐다.

(77)『成宗實錄』成宗 11年(庚子, 1480년) 3月 辛卯(11일)條

御經筵. 講訖, 侍讀官金訢啓曰:"三峯島招撫使, 今將發行. 昔茂陵人黃眞, 因捕魚, 偶到桃源, 見先世避秦者, 而其後漁人迷路者非一, 無見所謂桃源者. 三峯島有無, 渺不可知, 而信一金漢京之言, 以二百餘人, 犯風濤不測之險, 臣甚危之. 請先遣慣水路者二三人, 的知後, 可遣招撫使." 上曰:"是則與桃源之說有異. 予聞永安北道之民, 逃散者頗多, 意必潛投此島, 自作一區, 若不招來, 萬無自還之理." 仍(聞)〔問〕左右, 領事盧思愼·知事徐居正對曰:"的知有此島後, 遣之可矣." 不聽.

경연(經筵)에 나아갔다. 강(講)하기를 마치자, 시독관(侍讀官) 김흔(金訢)이 아뢰기를,

"삼봉도초무사(三峯島招撫使)가 이제 장차 길을 떠나게 될 것입니다. 예전에는 무릉(茂陵) 사람 황진(黃眞)이 고기잡이 일로 인하여 우연히 도원(桃源)에 도착하였다가 선대(先世)의 진(秦)나라의 난리를 피해 와 있는 자를 보았다고 하였는데, 그 뒤에 어부들이 길을 잃은 자가 한 사람만이 아니었지만 이른바 도원이라는 것은 보지 못하였습니다. 삼봉도(三峯島)의 유무(有無)도 아득하여 정확히 알 수 없는데, 순전히 김한경(金漢京)의 말만 믿고

서 2백여 명이나 되는 사람으로 하여금 바람과 파도를 예측할 수 없는 험한 지경을 범하게 한다는 것은, 신으로서는 매우 위험하게 여기고 있습니다. 청컨대 먼저 물길(水路)에 익숙한 자 2, 3인을 보내어 정확히 안 연후에 초무사(招撫使)를 보내는 것이 좋을 것입니다."

하니, 임금이 말하기를,

"이것은 도원(桃源)의 설(說)과는 다름이 있다. 내가 듣건대, 영안북도(永安北道)의 백성으로서 도망해 흩어지는 자가 자못 많다고 하는데, 반드시 이 섬에 몰래 의탁하여 스스로 한 구역을 만들었던 것으로 생각되니, 만약 불러오지 않는다면 스스로 돌아올 이치가 만무한 것이다."

하고, 이어서 좌우에게 물으니, 영사(領事) 노사신(盧思愼) · 지사(知事) 서거정(徐居正)이 대답하기를,

"이 섬에 있는 것을 정확히 안 뒤에야 보내는 것이 좋을 것입니다."

하였으나, 들어주지 않았다.

(78) 『成宗實錄』 成宗 11年(庚子, 1480년) 3月 乙未(15일)條

御經筵. 講訖, 持平卜承貞啓曰 : "三峯島有無, 不可的知. 若實有居人, 則必相往來, 通有無, 以資生業, 何無一人見所謂三峯居人耶? 請先遣一二人, 探知後, 遣招撫使." 上曰 : "永安道之民, 逃散者非一, 而不知所向, 其潛往三峯島無疑矣. 彼居人多少, 不可臆料, 萬有拒敵, 則遣一二人探之可乎?"

경연(經筵)에 나아갔다. 강(講)하기를 마치자, 지평(持平) 복승정(卜承貞)이 아뢰기를,

"삼봉도(三峯島)의 유무(有無)는 정확히 알 수 없습니다. 만약 실제로 사는 사람이 있다면, 반드시 서로 왕래하며 없는 것을 무역하여 생업(生業)을 자뢰(資賴)하게 될 것인데, 어찌 이른바 삼봉(三峯)의 거인(居人)을 보았다

는 사람이 한 사람도 없겠습니까? 청컨대 먼저 1, 2인을 보내어 탐지(探知)해 본 연후에 초무사(招撫使)를 보내게 하소서."

하니, 임금이 말하기를,

"영안도(永安道)의 백성으로서 도망해 흩어진 자가 하나가 아닌데, 그 향한 바를 알지 못하니, 그들이 몰래 삼봉도에 갔기 때문에 없는 것인가 의심스럽다. 저 〈삼봉도〉 거인(居人)의 다소(多少)는 억측(臆測)할 수가 없으니, 만일 적(敵)으로 맞아서 항거하는 일이 있게 된다면, 1, 2인만을 보내어 탐지하는 것이 가하겠는가?"

하였다.

(79) 『成宗實錄』 成宗 11年(庚子, 1480년) 3月 丁酉(17일)條

三峯島招撫使沈安仁辭, 賜敎書曰 : 四境之遠, 兆民之衆, 以予一人之視聽, 不能獨治. 故委諸監司 · 守令, 以責其成, 而間有失於撫字, 致令吾民流亡失業, 散而之四方. 是雖予不德, 而長民者, 亦豈能辭其責哉? 今聞永安道人民, 逃避差役, 潛往三峯者, 前後相繼, 逋亡甚多. 予念彼島, 邈在大洋, 愚民昧於大義, 苟爲姑息之計, 相率逃接, 以爲窟穴. 謀背本國, 以干邦憲, 所宜興兵致討, 以正王法, 而第以牧民者, 旣不能使之安居樂業, 以致流離, 又不能遣人諭告, 俾之返業, 而遽加鋒刃, 使無遺類, 亦豈君父好生之仁哉? 肆以爾爲招撫使, 以成健副之, 粧船九艘, 幷載軍裝, 浮海而往, 俾曉予意. 若彼人民, 自知其咎, 悔禍歸順, 則悉貰其罪, 其首先投順者, 優加褒賞, 以開自新, 如或執迷不悟, 則是自速其辜, 將擧兵討罪. 爾其開陳利害, 多方招誘, 許之復業, 使之脫於危亡之禍, 以副予父母斯民之意.

삼봉도초무사(三峯島招撫使) 심안인(沈安仁)이 하직하니, 교서(敎書)를 내렸는데, 그 교서에 이르기를,

“사방의 경계(四境)가 멀고 백성의 수가 많으므로 나 한 사람의 시청(視聽)으로써는 능히 홀로 다스릴 수가 없다. 그러므로 여러 감사(監司)와 수령(守令)에게 위임하여 그 성효(成效)를 책임지우는데, 간혹 백성을 어루만지는 데 실수하여 우리 백성들로 하여금 유망(流亡)하고 생업(生業)을 잃어 사방으로 흩어지게 하는 수가 있다. 이는 비록 나의 부덕(不德)한 소치라 하겠지만, 백성을 다스리는 자로서 또한 어찌 그 책임을 사피(辭避)할 수 있겠는가? 지금 들으니, 영안도(永安道)의 인민(人民)으로서 차역(差役)을 도피하여 삼봉도(三峯島)에 몰래 가는 자가 앞뒤로 서로 잇달아서 도망하는 것이 매우 많다고 한다. 내가 생각해 보건대, 저 섬은 대양(大洋)에 멀리 있을 것이므로, 어리석은 백성들이 대의(大義)에 어두워서 다만 고식지계(姑息之計)로 삼아 서로 거느리고 도망해 거접(居接)하여 굴혈(窟穴)로 여기는 것이다. 본국(本國)을 배반하기를 꾀하는 것은 국법(邦憲)을 범(犯)한 것이므로 마땅히 군사를 일으켜 토벌해서 왕법(王法)을 바로잡아야 할 것이나, 다만 목민자(牧民者)가 이미 안거(安居)·낙업(樂業)시키지 못하여 유리(流離)하는 데 이르게 하였고, 또 사람을 보내어 타일러서 그들로 하여금 생업에 돌아오게 하지도 않았는데, 갑자기 창·칼(鋒刃)을 가하여 남은 무리가 없게 한다면 또한 어찌 임금(君父)의 호생지인(好生之仁)이겠는가? 이리하여 그대를 초무사(招撫使)로 삼고 성건(成健)을 부사(副使)로 삼으니, 무장한 배(裝船) 9척에다가 군사 장비도 아울러 싣고서 바다로 해서 가되, 그들에게 내 뜻을 효유(曉諭)하도록 하라. 만약 저 백성들이 스스로 허물을 알고 화(禍)를 입지 않으려고 뉘우쳐서 귀순(歸順)한다면 그 죄를 모조리 용서할 것이며, 맨 먼저 귀순하는 자는 우대하여 포상(褒賞)을 가해서 자신(自新)하는 길을 열어 줄 것이로되, 혹 미혹됨을 고집하여 깨닫지 못할 것 같으면, 이것은 스스로 그 죽음(辜)을 재촉하는 것이니, 장차 거병(擧兵)하여 토죄(討罪)할 것이다. 그대가 이(利)가 되고 해(害)가 되는 것을 개진(開陳)하여 다방면으로 초유(招誘)해서 생업에 돌아오기를 허락하며, 그들로 하여금 위망(危亡)의 화(禍)에서 벗어나게 하여, 나의 부모처럼 백성을 사랑하는 뜻에 부응케 하라."

하였다.

(80) 『成宗實錄』 成宗 11年(庚子, 1480년) 3月 丁酉(17일)條

諭諸種兀狄哈曰:"汝等自祖宗以來, 世沐王化, 或投誠報變, 或刷還流民, 予嘉乃功, 益勤撫綏. 不意永安頑民, 逃避差役, 潛往三峯島者頗多, 故今遣沈安仁等二百餘人, 裝船九艘, 幷載軍器, 以備不虞, 浮海而往, 多般招誘, 使之返業安居. 第念彼島, 邈在海中, 若遇狂風, 必漂至汝境. 汝等須盡心護送, 其深遠沿海諸野人處, 亦宜預先通諭, 使知此意. 汝等當受重賞." 仍下書諭永安北道節度使辛鑄曰:"今招撫使發船處, 與沿海兀狄哈所居相近, 慮恐漂至其界. 今送諸種兀狄哈處, 諭書五道, 其付朝貢, 回還野人及城底野人, 使之傳送知會."

여러 종족(種族)의 올적합(兀狄哈)에게 유시하기를,

"너희들이 조종(祖宗) 이래로 왕화(王化)를 대대로 입어 혹은 지성을 다하여 변(變)을 알리기도 하고, 혹은 유민(流民)을 쇄환(刷還)하기도 하니, 내가 너희들의 공(功)을 아름답게 여겨 무수(撫綏)하기를 더욱 관심 있게 하였다. 그런데 뜻하지 아니하게 영안도(永安道)의 완고한 백성이 차역(差役)을 도피하여 몰래 삼봉도(三峯島)에 간 자가 상당히 많은 까닭에, 지금 심안인(沈安仁) 등 2백여 인을 보내어 무장한 배(裝船) 9척에다가 군기(軍器)를 아울러 신고 불우(不虞)의 사변에 대비하며 바다로 해서 가되, 다방면으로 초유(招誘)해서 생업(生業)에 돌아와 안거(安居)하도록 하려 한다. 다만 생각해 보건대, 저 섬은 바다 가운데에 멀리 있을 것이므로, 만약 사나운 바람을 만나게 된다면 반드시 표류(漂流)하여 너희들 지경(地境)에 이르게 될 것이다. 너희들은 모름지기 마음을 다하여 호송(護送)하되, 그 심원(深遠)한 연해(沿海)의 여러 야인(野人)이 사는 곳에도 또한 마땅히 미리 통유(通諭)를 먼저하여 이 뜻을 알게 하라. 너희들이 마땅히 중(重)한 상(賞)을 받을 것이다."

하고, 이어서 하서(下書)하여 영안북도절도사(永安北道節度使) 신주(辛鑄)에게 유시하기를,

"지금 초무사(招撫使)가 배를 띄우는 곳은 연해의 올적합이 사는 곳과 서로 가까우니, 아마도 표류하여 그 경계(境界)에 이르게 될까 염려가 된다. 지금 여러 종족(種族)의 올적합이 사는 곳에 보내는 유서(諭書) 다섯 통(通)을 그 조공(朝貢)하고 돌아가는 야인과 성(城) 밑에 사는 야인 편에 부쳐서 전해 보내니, 그렇게 알도록 하라."

하였다.

(81)『成宗實錄』成宗 11年(庚子, 1480년) 5月 己酉(30일)條

下書于招撫使沈安仁曰:"今霾雨方作, 風水不順, 其停三峯島之行, 斯速上來."

초무사(招撫使) 심안인(沈安仁)에게 하서(下書)하기를,

지금 장마가 시작되고 풍수(風水)가 순조롭지 않으니, 삼봉도(三峰島)의 행차를 정지하고 빨리 올라오도록 하라."

하였다.

(82)『成宗實錄』成宗 12年(辛丑, 1481년) 1月 甲申(9일)條

永安道觀察使李克墩, 上三峯島搜得之策:"一. 東北之海, 風浪險惡, 非他海之比, 且不知三峯島, 的在何處, 差人入送爲難. 但本道人民, 皆是遷徙之徒,

撤擧家産, 不以爲難, 性又愚惑, 信聽誑語. 若不於此時, 搜得此島, 明其背國之罪, 則愚民必曰:'國家大擧欲討, 而終不得, 他日我雖往投, 國家終無乃我何.' 則非細故也. 倘有水旱之災, 兵戈之役, 則必有逃往背國之人. 臣意, 妄謂如今年招撫使之擧, 則倘有蹉跌, 其悔甚大. 宜如敬差官曺偉時例, 令本道自望人三十餘名, 齎諭書入送, 探知島之所在, 勢可招撫, 則招之, 如不可敵, 則更遣師往討, 亦爲未晩. 且往返之間, 縱有所失, 不至大悔. 一. 前者往來者, 或云遙見, 或云不得見, 莫辨眞僞. 今也遣人搜覓, 如終無此島, 則將初發言金漢京輩, 明其誑語惑衆之罪, 置之極刑, 傳屍一道, 以示衆目, 則愚民亦知三峯島之必無, 而其胥動之惑, 自解. 一. 如明年春節入送, 則須於正月晦時, 諸事畢辦. 二月初到浦, 待風爲便. 待風只數十日之事, 如遷延數旬, 値霖雨, 則無風海暗, 終無發船之理." 命議于領敦寧以上. 鄭昌孫·沈澮·尹士昕·尹弼商·洪應·盧思愼·李克培·尹壕議:"三峯島搜覓事, 從第一條, 令本道自望人三十餘名, 齎諭書入送, 探覓島之所在, 的知在某處, 則更遣使招之, 如或不從, 遣師往討爲便." 從之.

영안도관찰사(永安道觀察使) 이극돈(李克墩)이 삼봉도(三峯島)를 찾는 계책을 올리기를,

"一. 동북(東北) 해역은 풍랑이 험악하여 다른 해역과 비교가 안되며, 또 삼봉도가 확실하게 어느 곳에 있다는 것을 모르면서 사람을 차출하여 들여보내는 것은 어려운 것입니다. 다만 본도(本道)의 백성들은 모두 천사(遷徙)한 무리로서 가산(家産)의 철거(撤擧)를 어렵게 여기지 않으며, 성질도 어리석고 미혹하여 속이는 말을 곧이 듣습니다. 그러니 만약 이러한 때에 이 섬을 찾아 그들이 나라를 배반한 죄를 분명하게 하지 않으면 어리석은 백성들이 반드시 말하기를, '국가에서 크게 군사를 일으켜 토벌(討伐)하려고 하였으나 끝내 하지 못하였으니, 훗날 우리들이 비록 가서 투항한다 하더라도

국가에서 결국 우리들을 어떻게 하지 못할 것이다.' 한다면, 이것은 작은 문제가 아닙니다. 그리고 혹시라도 홍수와 가뭄의 재해(災害)나 전쟁의 역사(役使)가 있으면 틀림없이 도망해 가서 나라를 배반하는 사람들이 있을 것입니다. 신의 망령된 생각으로는 금년 초무사(招撫使)의 행사 같은 경우는 혹시라도 차질(蹉跌)이 있게 되면 그 후회가 매우 클 듯합니다. 그러니 마땅히 경차관(敬差官) 조위(曺偉) 때의 예(例)와 같이 하여 본도에서 자원하는 사람 30여 명으로 하여금 유서(諭書)를 가지고 들여보내어 삼봉도가 있는 곳을 탐지(探知)하게 하여, 그 형편이 불러다 무마할 만하면 불러 들이고 만일 대적(對敵)할 수 없으면 다시 군사를 파견해 가서 토벌하여도 늦지 않을 것입니다. 그리고 또 갔다가 돌아오는 사이에 비록 잃은 것이 있다 하더라도 크게 후회하는 데에는 이르지 않을 것입니다.

一. 지난번에 왕래(往來)한 자들 가운데 어떤 이는 '멀리서 보았다.' 하고, 어떤 이는 '보지 못하였다.' 하니, 진실인지 거짓인지를 분변할 수가 없습니다. 지금 사람을 보내어 찾아 보고, 만일 끝내 이 섬이 없으면 처음에 이 말을 한 김한경(金漢京)의 무리들이 말로 속이고 대중을 미혹(迷惑)하게 한 죄가 분명하니, 극형(極刑)에 처하여 그 시체를 온 도(道)에 전하게 하여 여러 사람들에게 보인다면, 어리석은 백성들도 삼봉도(三峯島)가 기필코 없다는 것을 알고 서로 선동(煽動)하여 미혹됨이 저절로 풀릴 것입니다.

一. 만일 명년(明年) 봄철에 들여보낸다면 모름지기 정월 그믐께라야 모든 준비가 갖추어질 것입니다. 그래서 2월 초에 포(浦)에 도착하여 순풍(順風)을 기다리는 것이 좋겠습니다. 그런데 순풍을 기다리는 것은 수십 일 걸리는 일이니, 만일 수십 일 동안 끌다가 장마를 만나게 되면 바람은 불지 않더라도 바다가 어두워서 끝내 배를 출발시킬 도리가 없을 것입니다."

하니, 명하여 영돈녕(領敦寧) 이상에게 의논하도록 하였다. 정창손·심회·윤사흔·윤필상·홍응·노사신·이극배·윤호는 의논하기를,

"삼봉도를 찾는 일은 제1조(第一條)를 따라 본도(本道)에서 자원하는 사람 30여 명에게 명하여 유서를 가지고 들여보내어서 삼봉도가 있는 것을 탐사(探查)하여 찾도록 하고, 꼭 어느 곳에 있다는 것을 알게 되면 다시 사자(使者)를 보내어 그들을 부르되, 혹시라도 따르지 않으면 군대를 보내어 가서 토벌하는 것이 좋겠습니다."

하니, 그대로 따랐다.

(83)『成宗實錄』成宗 12年(辛丑, 1481년) 2月 戊辰(24일)條

下書永安道觀察使李克墩曰:"今送三峯島諭書一道, 其授應募人送之."

영안도관찰사(永安道觀察使) 이극돈(李克墩)에게 하서(下書)하기를,

"지금 삼봉도(三峯島) 유서(諭書) 한 통을 보내니, 그것을 모집에 응한 사람에게 주어 보내라."

하였다.

(84)『成宗實錄』成宗 13年(壬寅, 1482년) 2月 甲辰(5일)條

義禁府啓:"亂臣逆賊緣坐年未滿者, 曾授族親, 今皆年滿, 請屬諸邑爲奴婢. 康純姪阿只, 潭陽, 高福老姪永同, 大靜, 金昌孫凡伊, 淳昌, 李之楨姪順同, 星州, 崔戒之子三利, 昆陽, 李仲淳女多波, 大丘, 李宗根姪石乙同, 順天, 崔漢宗孫叔達·韓繼春女定非·李林子同叱金·嚴興發子處智等, 河東, 金玉生姪豆應夫及童萬, 長興, 李英發子銀同, 康津, 金河生子閑同, 迎日, 崔得京姪汝盧, 長鬐, 孫田生子丁石, 興陽, 欣萬孫孫山, 光陽, 金漢京女貴珍, 咸原站." 從之.

의금부(義禁府)에서 아뢰기를,

"난신 역적(亂臣逆賊)에 연좌(緣坐)된 자로서 나이 성년(成年)이 되지 못한 자들을 일찍이 족친(族親)들에게 보내 주었습니다만, 이제 그들의 나이가 성년이 되었으니, 그들을 여러 군읍(郡邑)에 예속시켜 노비(奴婢)로 삼아야 합니다. 강순(康純)의 조카 강아지(康阿只)는 담양(潭陽)에, 고복로(高福老)의 조카 고영동(高永同)은 대정(大靜)에, 김창(金昌)의 손자 김범이(金凡伊)는 순창(淳昌)에, 이지정(李之楨)의 조카 이순동(李順同)은 성주(星州)에, 최계지(崔戒之)의 아들 최삼리(崔三利)는 곤양(昆陽)에, 이중순(李仲淳)의 딸 이다파(李多波)는 대구(大丘)에, 이종근(李宗根)의 조카 이석을동(李石乙同)은 순천(順天)에, 최한종(崔漢宗)의 손자 최숙달(崔叔達)과 한계춘(韓繼春)의 딸 한정비(韓定非)와 이임(李林)의 아들 이동질금(李同叱金)과 엄흥발(嚴興發)의 아들 엄처지(嚴處智) 등은 하동(河東)에, 김옥생(金玉生)의 조카 김두응부(金豆應夫)·김동만(金童萬)은 장흥(長興)에, 이영발(李英發)의 아들 이은동(李銀同)은 강진(康津)에, 김하생(金河生)의 아들 김한동(金閑同)은 영일(迎日)에, 최득경(崔得京)의 조카 최여허(崔汝虛)는 장기(長鬐)에, 손전생(孫田生)의 아들 손정석(孫丁石)은 흥양(興陽)에, 흔만(欣萬)의 손자 손산(孫山)은 광양(光陽)에, 김한경(金漢京)의 딸 김귀진(金貴珍)은 함원참(咸原站)에 예속시키도록 하소서."

하니, 그대로 따랐다.

해설 요점

『성종실록』의 이 자료는 조선왕조 성종이 즉위한 1469년부터 13년간 동해 가운데 삼봉도(三峯島)라는 새로운 명칭의 섬이 있다는 보고를 받고 이를 탐험한 기록이다. 삼봉도는 때로는 울릉도를 가리키는 것이기도 하였고, 때로는 독도를 가리킨 명칭이기도 하였다.

영안도(함경도)관찰사 이계손(李繼孫)은 1470년 12월 부역을 피해 도망간 도부배국정범(逃賦背國情犯)이 '삼봉도'라는 섬으로 들어가 버리는 해악이 심한데 바다가 사나워서 함경도의 작은 배로는 가벼이 추적할 수 없다는 보고를 국왕 성종에게 올렸다. 국왕 성종은 이때 동해 한가운데 울릉도와 우산도가 있는 줄은 알고 있었으나 '삼봉도'가 있다는 것은 처음 보고받았으므로 이 섬에 큰 관심을 갖고 탐험을 시도하였다.

성종은 1472년 박종원(朴宗元)을 삼봉도경차관(三峯島敬差官)으로 삼봉도에 파견하여 그곳에 들어가 살고있는 백성들을 '쇄환(刷還)'해 오도록 명령하면서 군사를 영솔함에 명령을 어기는 자는 군법으로 다스리면서 임무를 수행하도록 교시하였다.

삼봉도경차관 박종원 일행은 두 집단으로 나누어 출발했는데, 박종원 집단은 풍랑을 만나 아예 가보지도 못하고 표류하였다가 간신히 강원도 간성군 청간진에 표착했고, 곽영강(郭永江) 집단은 풍랑 속에서도 간신히 울릉도에 도착하였으나 섬 안에 집터만 있고 사람은 살고 있지 않았다고 보고하여 조사와 탐험은 성과 없이 종료되었다.

국왕 성종과 조정 대신들은 곽영강 일행이 울릉도에 도착해서 3일간이나 머물면서 조사해도 도부피세자(逃賦避稅者)가 울릉도에 거주하고 있지 않음이 확인되었기 때문에, 이전 영안도관찰사의 보고와 대비해 볼 때 울릉도와 삼봉도는 별개의 다른 섬일 수 있다는 의혹을 갖고 새로운 섬을 발견할 겸 삼봉도의 수색에 더욱 관심을 갖게 되었다.

국왕 성종은 영안도관찰사의 1471년(성종 2년)과 1475년(성종 6년) 김한경(金漢京) 등이 삼봉도에 다녀 왔다는 보고에 의거하여 1476년(성종 7년) 6월 영안도관찰사에게 삼봉도 수멱(搜覓)을 문서로 명령하였다. 성종은 이 명령서에서 과거 김한경의 보고를 전폭적으로 신뢰하지 못한 듯, 반드시 건장하고 믿을 수 있는 사람 3인을 선정하여 김한경과 함께 동승시켜서 삼봉도 수멱을 실행한 다음 보고하라고 명령하고 있다. 성종은 삼봉도를 처음에는 울릉도와 별도의 섬으로 보고를 받았다가, 다음에는 삼봉도가 곧 무릉도(울릉도)라는 보고를 받고 그대로 신뢰했었으나, 혹시 울릉도가 아닌 별개의 섬일 수 있다는 가능성에 주의하여, 이번에는 믿을 수 있는 사람을 동승시켜서 삼봉도를 탐사하도록 영안도관찰사에게 명령한 것이다.

국왕의 명령을 받은 영안도관찰사 이극균이 1476년 건장하고 믿을 수 있는 3인으로 김자주(金自周) 등을 선정하여 김한경 등과 동승시켜서 삼봉도를 수멱하였다. 김자주 등이 삼봉도를 가서 보고 형상(形狀)을 그려 가지고 왔으므로 김자주를 서울로 올려 보내니 관계관청에서 심문하도록 명령해 주시라는 영안도관찰사의 긴급 보고서에 의하면, 국왕의 명령에 따라서 영안도관찰사는 건장하고 믿을 수 있는 사람으로 김자주, 송영노(宋永老) 등을 뽑아서 이전에 삼봉도에 다녀 온 바 있는 김흥(金興), 김한경, 이오을(李吾乙) 등 12인과 함께 마상선(麻尙船) 5척을 주어 수멱하게 하였다. 그들은 1476년(성종 7년) 9월 16일 경성(鏡城)의 자구미(瓷仇味)에서 출발하여 몇 곳을 거쳐 9월 25일 삼봉도의 서쪽 약 7, 8리 되는 곳까지 도착하여 정박해서 삼봉도를 망견(望見)하였다.

이때 김자주 등이 묘사한 삼봉도의 형상은 '섬의 북쪽에 3개의 바위(三石)가 열립(列立)하였고, 다음에 소도(小島)가 있으며, 다음에 암석(巖石)이 열립하였고, 다음에 중도(中島)가 있었다. 중도의 서쪽에 또 소도가 있는데 모두 해수(海水)가 통류(通流)하며, 또한 해도(海島)의 사이에 사람 형태 같이 서 있는 것이 30개였으므로 두려운 마음이 생겨서 배를 섬에 대지 못한 채 도형(島形)만 그려 가지고 돌아왔다."는 것이다. 이 3도(三島) 묘사는 분명히 울릉도가 아니라 독도의 묘사와 일치하는 것이다. 특히 3도가 있고 중도, 소도 사이에 모두 해수가 통류한다는 것은 울릉도에는 전혀 해당되지 않고 바로 오늘날의 독도의 형상과 일치한다. 오늘날의 독도는 동도(東島)와 서도(西島)로 구성되어 있지만 그 중간에 있는 큰 암석으로 말미암아 보는 각도에 따라서 3개의 섬으로 보이기 때문이다.

여기서 의문이 생기는 것은 해도 사이에 사람 형태 같은 것이 30개나 되었다는 기록이다. 이것은 옛날부터 독도가 강치(可支魚)·물개의 서식지로 유명했으므로, 이때에는 강치·물개들이 집단으로 독도 부근의 암석 위에 올라와 있었던 것이 멀리서 관찰되었던 것이라 추정된다.

여기서 명백한 것은 1476년(성종 7년) 9월에 국왕의 명령을 받고 김자주 일행이 탐사한 삼봉도는 명백하게 오늘날의 독도라는 사실이다.

국왕 성종은 영안도경차관의 보고에 의하면 삼봉도의 존재가 의심 없게 되었으니 경차관 상경 후에 조사관을 파견하여 삼봉도를 찾아 조사하겠다고 강한 의지를 표명하였다. 이에 대해서 영사 김광국(金國光)은 문헌에 삼봉도라는 것이 존재하지 않는다는 점을 아뢴 후에, 그러나 백성들이 해상을 왕래하며 세 봉우리로 된 섬을 본 자가 이러한 삼봉도의 이름을 지었을 것이고, 이 섬에 들어가 사는 자는 반드시 반심(叛心)을 가진 자일 터이니 조사관을 파견할 때에는 반드시 무기를 휴대케 할 것을 아뢰었다. 국왕은 물론 그렇게 하겠다고 응답하였다. 국왕 성종은 삼봉도의 존재에 확신을 갖고 그 조사에 열정적이었으나, 신하들은 매우 소극적이었음을 알 수 있다.

성종은 1479년 조위(曺偉)를 삼봉도경차관으로 임명하여 영안도에 내려와 삼봉도를 수토케 하였다. 조위는 영안도에서 국왕에게 긴급 보고를 올렸다. 그 요지는 ① 김한경 등 21명의 자원자와 ② 삼봉도에 들어가 있는 자들의 친족들인 김장명(金長命) 등 11명을 선발하여 ③ 3척의 마상선에 나누어 태우고 그중에 글을 알고 관직이 있는 엄근(嚴謹), 김자주, 김려강(金麗强)을 각 배의 우두머리로 삼아 국왕의 유서(諭書)를 주어서 ④ 1479년 10월 27일 사시(巳時 : 오전 9~11시)에 배를 출발시켜 보내고, 연해의 여러 고을로 하여금 망을 보도록 조치하였다는 것이다.

경차관이 삼봉도에 들여보낸 김한경 일행은 거의 3개월 만에 돌아와서 상경하였다. 이번에 그들이 다녀온 삼봉도는 울릉도였다. 병조판서 이극증(李克增)은 김한경을 심문한 결과 그 대답이 매우 상세하여 삼봉도가 존재하고 있음이 확실하므로 명년 봄에 배를 만들어서 본격적인 조사 준비를 의논할 것을 건의하였다.

기다리던 다음 해 1480년(성종 11년), 음력 2월이 되자 국왕의 뜻에 따라 삼봉도 수토(수색과 정토)를 위한 준비가 시작되었다. 병조에서는 국왕에게 ① 삼봉도에 들어가는 조사단은 군대편제였으나, 정·부 책임자의 호칭은 초무사(招撫使)로 하고, ② 장교(군관)는 각 10인을 경군(京軍)에서 차출할 것을 제의했는데, 국왕은 이를 따랐다.

그러나 삼봉도초무사로 지명된 상호군 정석희(鄭錫禧), 부사로 박종원(朴宗元)이 삼봉도로 가는 뱃길의 험난을 꺼려서 교체를 도모했으므로 귀양보내었다. 무신들까지도 삼봉도 가는 뱃길의 험난함을 꺼린 것을 알 수 있다.

국왕 성종은 심안인(沈安仁)을 삼봉도초무사로 임명하여 1480년 3월 배 9척에 군사 등 약 2백 명의 대규모 수토대를 편성하여 영안도에 내려보내었다. 그러나 마침 이 무렵 날씨가 연일 험악하였다. 국왕은 영안도에 내려가 있는 삼봉도초무사 심안인에게 바야흐로 장마가 시작되고 바람과 바다가 불순하니 삼봉도로 들어가는 것을 중지하고 속히 상경하라고 명령하였다. 성종은 이 무렵에 비로소 삼봉도 수토에 대한 회의가 일기 시작한 것으로 추정된다. 결국 서기 1480년(성종 11년)에는 삼봉도 초무(招撫)가 실행되지 않았다.

1481년 무렵에 국왕은 삼봉도의 건에 지쳐서 영돈녕 이상의 고관들에게 모여 이 건을 의논하라고 명하였다. 이에 정창손 등 8명의 고위 대신들이 의논한 요지는 ① 삼봉도 찾는 일은 먼저 영안도에서 30여 명의 자원자들에게 유서를 갖고 들어가게 하여 삼봉도를 탐사해서 찾도록 하고, ② 삼봉도가 어디에 있는지 정확히 알게 되면 초무사를 보내어 그들을 초유(招

誘)하되, ③ 그들이 혹시 따르지 않으면 그 때에는 군대를 보내어 토벌하는 것이 좋겠다고 건의하였다. 국왕은 이 건의에 따랐다. 성종의 2백 명 대규모 초무사 파견 계획은 신하들의 집요한 반대와 지연 정책으로 실제 중단된 것과 다름없이 되었다.

『성종실록』에서 국왕 성종이 삼봉도를 찾는 사업의 기록은 이것으로 끝난다. 성종 12년(서기 1481년) 봄에 국왕의 유서(諭書)를 갖고 파견된 30여 명 자원자로 된 제1진은 이때 삼봉도에 도착하지 못한 것으로 추정된다. 제2단계의 파견이 이루어지지 않은 것은 제1단계가 성공하지 못했기 때문인 것으로 추정된다.

국왕의 부름에 응하여 삼봉도를 찾아 나섰던 자원자 중 김한경이 처음 삼봉도가 존재한다는 거짓말을 하여 사람들을 미혹했다는 죄로, 성종 12년(1481년)에 '난신 역적(亂臣逆賊)'으로 극형에 처해졌다. 그 이듬해(성종 13년, 1482년) 2월 초에 의금부는 난신 역적에 연좌된 자로서 나이 성년이 안되어 왕실의 족친에게 주었던 자들 중에서 성년이 되었으므로 찾아다가 공노비(公奴婢)로 여러 군(郡)에 나누어 줄 대상자를 열거한 중에 김한경의 딸 김귀진을 함경도 함원참에 예속시키도록 건의했는데, 국왕은 이를 윤허했다고 기록하였다.

삼봉도는 울릉도, 때로는 독도를 영안도 사람들이 호칭하던 이름으로서, 실재하는 섬이었다. 이씨 왕조의 국왕 성종과 어리석고 게으른 통치자들은 삼봉도에 수차례 다녀와서 그 실재를 잘 알고 있는 김한경을 찾아내어 삼봉도수멱에 앞장세웠다가, 국왕의 초무사 파견에 양반 관료들이 동원되자 험한 바닷길의 모험을 감당하기 싫어서 삼봉도를 존재하지 않는 섬으로 만들고, 김한경은 처음 거짓말로 삼봉도의 실재를 주장해서 백성과 국왕을 속인 죄인으로 만들어 극형에 처한 것이었다. 그리고 그의 딸은 난신 역적에 연좌시켜 노비로 만들어서 왕실족친에게 주었다가 16세가 되자 함원참의 공노비로 만든 것이었다. 그 이름도 '귀진(貴珍 : 귀중한 보배)'인 딸과 선량하고 용감한 백성 김한경이 아무런 죄도 없이 국가와 국왕을 위해 일하다가 전제군주의 횡포와 비열한 양반 관료의 모략에 억울하게 노비가 되고 죽임을 당한 것이었다.

성종의 삼봉도 탐사 노력은 그의 신하인 고위 양반 관료들의 비협력과 성종 자신의 우둔으로 1481년(성종 12년)에 삼봉도를 실재하지 않는 섬으로 가정하여 종결되었다. (상권, 본문 123~131쪽 참조)

10) 『신증동국여지승람』 기사

(85) 『新增東國輿地勝覽』 卷45, 蔚珍縣條

于山島 鬱陵島 一云武陵 二島在縣正東海中 三峯岌業撑空 南峯稍卑 風日淸明 則峯頭樹木及山根沙渚 歷歷可見 風便則二日可到一說于山·鬱陵本一島 地方百里

우산도(于山島)와 울릉도(鬱陵島)는 무릉(武陵)이라고도 하고, 우릉(羽陵)이라고도 한다. 두 섬이 고을 바로 동쪽 바다 가운데 있다. 세 봉우리가 곧게 솟아 하늘에 닿았는데 남쪽 봉우리가 약간 낮다. 바람과 날씨가 청명하면 봉우리 머리의 수목과 산 밑의 모래톱을 역력히 볼 수 있으며 순풍이면 이틀에 갈 수 있다. 일설에는 우산·울릉이 원래 한 섬으로서 지방이 백 리라고 한다.

해설 요점

조선왕조는 1481년(성종 12년)에 『동국여지승람』을 편찬하였고, 50년 후인 1531년(중종 26년)에는 이를 계승하여 『신증동국여지승람』을 편찬하였다. 전자는 현재 전해지는 것이 없으나 그 내용은 후자에 대부분 흡수되어 있다고 해석되고 있다. 『신증동국여지승람』 권 45의 울진현조에는 우산도(독도)와 울릉도가 2개의 섬으로서 울진현의 정동쪽 바다 가운데에 있다고 설명하였다. 그러나 그 이하의 설명문은 울릉도(무릉·우릉)에 대한 것이며, 삼봉도도 울릉도의 설명에 원용하였다. 끝에는 명칭상의 본1도설(本一島說)도 수록하고 있다.

이 서술에서 『동국여지승람』의 우산도에 대한 설명은 매우 빈약한 것임을 바로 알 수 있다. 그러나 독도의 영유권 문제에 한정해서 본다면, 위의 설명만으로도 독도(우산도)가 조선 영토임은 충분히 증명된다. 왜냐하면 『신증동국여지승람』은 단순한 관찬 지리지가 아니라 조선왕조의 영토에 대한 규정과 해설서이기 때문이다. 이 관찬 지리지의 지방제도에 들어간 지역, 군현(郡縣)과 섬들은 모두 조선왕조의 영토인 것이다.

조선왕조는 『동국여지승람』에서 조선의 정부가 통치하는 영토를 규정하고 그 영토에 대한 지리 해설을 정리·편찬해서 간행하여 국내외에 반포함으로써 자기의 통치 영토를 세상에 명백히 천명하였다. 이러한 『(신증)동국여지승람』에 우산도와 울릉도 2개 섬이 행정구역상으로 강원도 울진현에 속한 조선왕조의 영토임을 밝혀 설명했으니, 이 자료는 독도가 조선 영토임을 증명하는 결정적으로 중요한 자료인 것이다.

『신증동국여지승람』에는 부속지도로서 팔도총도인 「동람도」와 도별지도(1481년 최초 제작)가 수록되어 있는데, 「동람도」와 도별도의 하나인 「강원도지도」에서 모두 우산도와 울릉도를 별개의 2개의 섬으로 강원도 울진현 동쪽에 그리어 우산도와 울릉도 두 섬이 모두 조선왕조의 영토임을 표시하였다.

위의 2개의 지도에서 단지 문제가 되는 점은 우산도가 울릉도의 동쪽이나 동남쪽의 정확한 위치에 그려져 있지 않고 울릉도의 서쪽에 부정확하게 그려져 있다는 사실이다. 이것은 당시 이 지도를 그린 문관들의 지리학 지식의 부족을 나타내는 것이라고 할 수 있다. 당시 지리학 전공자가 현지 답사에 의거했던 것이 아니라, 일반 문관이 문헌기록에 의거하여 지도를 작성했기 때문에 오늘날 지도 제작의 관점에서 보면 부정확한 지리적 위치 표시가 다수 나타나게 된 것이다.

그러나 우산도(독도)의 영유 문제만을 떼어 보면, 이 지도 제작상의 미숙함은 별도 문제이며, 우산도와 울릉도 2개의 섬을 모두 조선 영토로서 강원도에 속한 것으로 그려놓았기 때문에, 우산도와 울릉도 2개의 섬이 모두 조선 영토임을 천명하고 있는 것은 명백한 것이다. 뿐만 아니라 우산도를 울릉도보다 더 동해안에 가깝게 그린 것은 우산도의 영유에 대한 더욱 확고하고도 더욱 강렬한 영유의식을 나타낸 것이라고 볼 수 있으며, 그들이 우산도를 울릉도와 동일하게 또는 그 이상으로 조선왕조의 영토로 선언하고 있음을 나타내는 것이라고 볼 수 있다. 『신증동국여지승람』의 「동람도」와 「강원도지도」에 있어서의 우산도의 부정확한 위치는 후에 전문적 지리학 지식과 지도 제작 기술이 발전함에 따라 정확하게 위치가 수정되었다. 예컨대 정상기(鄭尙驥, 1678~1752년)의 「동국전도」와 이를 기본으로 한 이후 여러 사람들의 동국지도형 고지도에서는 「동람도」와 「강원도지도」의 부정확성을 교정하여 우산도를 울릉도의 동쪽에 정확하게 그려넣었다.

(상권, 본문 57~59쪽 및 164~167쪽 참조)

11) 『중종실록』 기사

(86) 『中宗實錄』 中宗6年(辛未, 1511년) 5月 庚午(21일)條

宣慰使許硡來啓曰 : "硼中上來時, 他無所言. 及到樂生驛, 臣與之對食, 硼中

曰:'子歸朝廷, 使我遂所望.' 蓋指和親也. 觀其辭色, 專爲和親而來, 但前來倭人等事, 略不掛口, 似若不知對馬島事也. 且節度使柳聃年, 謂臣曰:'寧海居軍官朴自範云, 江原道 武陵島, 與此相望, 夜有火光, 疑是倭船隱接, 或我國逋亡人潛寓.' 云. 臣之所聞如是, 故敢啓."

선위사(宣慰使) 허굉(許硡)이 와서 아뢰기를,

"붕중이 올라올 때에 말은 없다가, 낙생역(樂生驛)에 와서 신과 함께 마주 앉아 식사할 때에 붕중이 말하기를 '당신이 조정에 돌아가 우리의 소망을 이루게 하여 주시오.' 하였으니, 대개 화친을 말한 것입니다. 그 말이나 안색을 보면, 오로지 화친을 위하여 왔습니다. 전에 온 왜인 등의 일에 대하여는 거의 거론하지 않으니, 대마도의 일을 알지 못하는 것 같습니다. 또 절도사 유담년(柳聃年)이 신에게 말하기를 '영해(寧海)에 사는 군관 박자범의 말이, 강원도 무릉도(武陵島)가 그곳과 서로 바라다 보이는데, 밤에 불빛이 있으니 왜선(倭船)이 숨어 닿았든가, 혹 우리나라에서 죄를 얻고 도망간 사람이 비밀히 우거(寓居)한 것인가 의심스럽다고 한다.' 합니다. 신이 들은 것이 이러하므로 감히 아뢰니다."

하였다.

(87) 『中宗實錄』 中宗6年(辛未, 1511년) 5月 庚午(21일)條.

下諭于江原道觀察使, 令審驗武陵島以啓.

강원도관찰사에게 하유하여, 무릉도를 살펴 알아보고 계문하게 하였다.

해설 요점

『중종실록』의 이 자료는 선위사 허굉(許硡)이 국왕에게 절도사 유담년(柳聃

年)으로부터 울릉도에서 사람의 불빛을 보았다는 말을 전하여 보고한 자료이다. 요지는 영해 거주 군관 박자범(朴自範)의 절도사에게의 보고에 의하면, 강원도 울릉도(무릉도)는 영해에서 서로 (불빛을) 바라볼 수 있는데, 밤에 불빛이 보였으니 왜선(倭船)이 몰래 들어와 배를 대었거나 또는 우리나라에서 죄를 지고 도망간 사람들이 비밀리에 들어가 살고 있는 것이 아닌가 의심스럽다는 것이다. 영해(寧海)는 울릉도와 관계가 밀접했던 곳이요 중요한 방어 요새였으므로 조선군 장교 박자범은 울릉도의 불빛에 주목하여 절도사에게 보고를 올린 것이다.

중종은 강원도관찰사에게 울릉도의 실태와 불빛이 우리나라 유망민의 불빛인가 밀입도한 일본 선박의 불빛인가를 조사해서 보고하라는 명령을 내렸다.

12) 『지봉유설』 기사

(88) 李睟光, 『芝峯類說』(卷2) 地理部, '島'의 鬱陵島條.

欝陵島一名武陵 一名羽陵. 在東海中 與蔚珍縣相對. 島中有大山 地方百里 風便二日可到. 新羅智證王時 號于山國 降新羅納土貢. 高麗太祖時 島人獻方物. 我太宗朝 遣按撫使 刷出流民空其地. 地沃饒 竹大如杠 鼠大如猫 桃核大於升云. 壬辰變後 人有往見者 亦被倭焚掠 無復人烟. 近聞倭奴占據礒竹島 或謂磯竹 卽蔚陵島也.

울릉도는 일명 무릉(武陵)이고 일명 우릉(羽陵)이다. 동해 가운데 있는데, 울진현과 서로 대하고 있다. 섬 가운데 큰 산이 있고, 땅의 사방은 1백 리이며, 바람 편으로 2일이면 도달할 수 있다. 신라 지증왕 때 이름은 우산국이

었으며, 신라에 항복하여 토산물을 공납하였다. 고려 태조 때 섬사람들이 토산물을 바쳤다. 우리(조선) 태종 조정에서 안무사를 파견하여 유민(流民)을 쇄출(刷出)하고 그 땅을 비워두었다. 땅이 비옥하여 대나무 깃대처럼 크며, 쥐는 고양이처럼 크고 복숭아는 되처럼 크다고 말한다. 임진란 이후에 〈섬에〉 들어가 본 사람이 있는데, 역시 왜인에게 분탕과 노략질을 당하여 사람들이 다시 상주하지 않고 있다. 근래에 들으니 왜노가 의죽도(礒竹島) 혹은 기죽도(磯竹島)를 점거했다고 들었는데, 이는 즉 울릉도이다.

해설 요점

조선 후기 실학자 이수광(1563~1628년)이 그의 저서에서 임진왜란(1592~1598년) 때 울릉도가 일본인들에게 노략질을 당하였으며, 그 이후 이수광이 살던 시대까지는 한국인들이 들어가 정착하지 못했음을 기록한 자료이다. 오히려 이수광의 시대에는 일시 일본 왜구들이 울릉도를 기죽도(磯竹島)라고 부르면서 침략 점거한 일도 있었음을 이 자료는 알려주고 있다.

일본인들이 왜구화되어 울릉도를 일시 침략할 때에 울릉도의 부속도서인 독도에 징검다리처럼 들렀을 가능성을 이 자료는 시사하고 있다고 볼 수 있다. (상권, 본문 186~193쪽 및 221~224쪽 참조)

13) 『광해군일기』 기사

(89) 『光海君日記』 光海君 6年(甲寅, 1614년) 9月 辛亥(2일)條

備邊司啓曰 : "鬱陵島禁止倭奴來去之意, 前日禮曹書啓中, 已爲據理回諭矣. 今者島倭猶欲來居鬱陵島, 又送書契, 殊爲可駭. 本島之屬於我國, 在輿地勝覽, 或收方物, 或刷島民, 明有典故. 將此事節, 具載於回答書契之中, 據義切

責, 以杜奸猾之計, 似爲便益. 移文于慶尙監司釜山邊臣, 另諭來舡, 專齎此書, 作速歸報島主, 俾遵朝廷禁約." 從之.

비변사가 아뢰기를,

"울릉도에 왜노(倭奴)의 왕래를 금지하라는 뜻으로 전일 예조의 서계(書啓) 가운데 이미 사리에 근거하여 회유(回諭)하였습니다. 그런데 지금 대마도의 왜인이 아직도 울릉도에 와서 살고 싶어 하여 또 서계를 보내었으니 자못 놀랍습니다. 본도(本島)가 우리나라에 소속되었음은 『여지승람(輿地勝覽)』에 기록되어 있는데, 방물(方物)을 거두기도 하고 도민(島民)을 조사 정리하기도 한 전고(典故)가 명확히 있습니다. 이 일을 회답하는 서계 가운데 갖추어 기재하고 의리에 의거하여 깊이 꾸짖어서 간사하고 교활한 꾀를 막는 것이 편리하고 유익할 듯합니다. 경상감사와 부산(釜山)의 변신(邊臣)에게 공문을 보내 온 배에 특별히 유시를 하고 이 글을 전적으로 맡아 싸가지고 속히 돌아가 도주(島主)에게 보고하여 조정의 금약(禁約)을 준수하도록 하소서."

하니, 따랐다.

해설 요점

이 자료는 비변사가 제안하여 울릉도가 조선 영토임을 명백히 함과 동시에 일본인의 울릉도에의 내왕을 엄중히 금지하는 조선 조정의 결정을 대마도주에게 알리어 이를 준수하도록 통보케 한 자료이다.

임진왜란 직후 일본에서는 요나고에 사는 오오야 진키치(大谷甚吉)라는 어부가 월후(越後)라는 곳을 다녀오다가 대풍에 조난당하여 울릉도에 표착(漂着)한 일이 있었다. 오오야는 울릉도를 답사해 본 결과 조선인들이 살았던 구지(舊址)만 남아있고 사람은 살고 있지 않으나 특산물이 풍부한 것을 알고 그 후 비밀리에 울릉도에 들어가 고기잡이를 하였다. 대마도에서도 울릉도에 대한 야욕이 생기어 조선이 쇄환공도정책을 실시하는 계제에 대마도의 일본인을 이주시켜 일본의 땅으로 만들고자 하였다. 이에 대마도 측은 기회가 있을 때마다 울릉도를 의죽도(또는 죽도)라고 부르면서 울릉도 답험에 대한 조선 측의 승인을 요청했으므로, 일본인들의 야욕이 조선 조정과 관리들에게 포착되어 1614년(광해군 6년) 9월에 위와 같은 대응책이 실시된 것이었다.

그러나 울릉도는 어족(魚族)이 풍부하므로 오오야는 도쿠가와막부와 친분이 두터운 무라카와 이치베에(村川市兵衛)와 함께 외국(조선)에 월경(越境)하여 고기잡이를 해올 수 있는 허가인 도해면허를 1616년에 도쿠가와막부에 신청하였다. 도쿠가와막부는 조선 정부가 울릉도에 대해 쇄환공도정책을 실시함을 알고 조선 조정 몰래 1618년에 오오야와 무라카와 두 가문에 「죽도도해면허」를 내어주어 국경을 넘어 울릉도에서 고기잡이할 수 있도록 허락했다. 그 결과 일본의 두 가문 어부들의 울릉도 내왕이 잦게 되었다. 일본인들의 울릉도 내왕을 금지하는 조선 정부의 강경한 금지 조치와 일본 측에의 통보에도 불구하고, 오오야·무라카와 두 가문 어부들의 울릉도 월경과 침범은 계속되었다.

14) 유형원의 『여지지』 기사

(90) 柳馨遠의 『輿地志』(1656년)

一說于山鬱陵本一島 而考諸圖志 二島也. 一則倭所謂松島. 而蓋二島俱是于山國也.

“일설에는 우산(于山)과 울릉(鬱陵)은 본래 한 섬이라고 하나, 여러 도지(圖

志)를 상고하면 두 섬이다. 하나는 곧 왜(倭)가 말하는 송도(松島)인데, 대개 두 섬은 모두(俱是) 우산국(于山國)이다."

해설 요점

조선 후기 실학자 유형원(1622~1623년)은 한국과 인접국의 지리 및 지도를 연구한 끝에, 울릉도와 우산도를 2개의 별개 섬으로 확인하고, 두 섬이 모두 옛 우산국(于山國)의 영지(領地)임을 명백히 밝혔다. 그는 관찬 기록들에서 일부 문신들이 어원과 실제 지리를 혼동하여 울릉도와 우산도를 한 섬으로 보는 이설(異說)이 실제 사실이 아니라고 배제하여 버렸다. 그는 이를 명백히 하기 위하여 일본에서 죽도라고 호칭하는 것이 우리나라 울릉도이고 송도라고 호칭하는 것이 곧 우리나라 우산도인데, 두 섬이 모두 옛 우산국 땅이었음을 명료하게 밝힌 것이다.

유형원의 『여지지』는 현재 일실되어 있으나, 신경준(申景濬)의 『강계고』에 인용되어 그 내용을 알 수 있게 되었다. (상권, 본문 59~60쪽 참조)

15) 신경준의 『강계고』 기사

(91) 申景濬의 『疆界考』(1756년)

愚按輿地志云 一說于山鬱陵本一島 而考諸圖志 二島也. 一則倭所謂松島 而蓋二島俱是于山國也.

"내 본 바로는 『여지지(輿地志)』에서 이르기를 '일설에 '우산'과 '울릉'이 본래 한 섬이라고 했지만 여러 가지 도지(圖志)를 고찰해 보면 두 섬이다. (그 중) 하나는 왜인이 말하는 송도(松島)이다.'라고 하였다. 대개 두 섬이 모두

우산국이었다."라고 하였다.

해설 요점

조선 후기 실학자 신경준(1712~1781년)은 그의 『강계고』에서 울릉도의 역사와 지리를 상세히 고찰한 후에, 유형원의 『여지지』를 인용하여 울릉도와 우산도 2개 섬이 모두 우산국이었으며, 왜인이 말하는 송도가 바로 '우산도'라고 기록하였다.

유형원의 『여지지』는 현재 일실되어 있는 상태로, 관찬 지리서에서도 자주 인용되는데, 신경준의 『강계고』는 그가 읽은 『여지지』가 유형원의 저작임을 밝혀 주고, 울릉도와 우산도는 별개의 2개 섬이며, 그중 우산도는 일본에서 말하는 송도(즉, 독도)임을 밝혀 전해준 귀중한 자료이다.

(상권, 본문 62쪽 참조)

16) 『동국문헌비고』 기사

(92) 『東國文獻備考』(1770년) 「輿地考」13, 關防3, 海防1 東海 鬱陵條

輿地志云 鬱陵 · 于山皆于山國地. 于山則倭所謂松島也.

『여지지(輿地志)』에서 말하기를 울릉과 우산은 모두 우산국 땅(于山國地)이다. 우산은 곧 왜인들이 말하는 송도(松島)이다.

해설 요점

『동국문헌비고』는 국왕 영조의 명령을 받은 서명응(徐命膺) · 채제공(蔡濟恭) · 서호수(徐浩修) · 신경준(申景濬) 등 기타 모두 8명의 문신이 1770년에 편찬한 일종의 조선왕조 관찬 대백과사전이다. 이 책에서는 『여지지』를 인용하면서 울릉도와 우산도는 2개 섬이고 모두 우산국 영지(領地)이며 이 중 우산도는 왜인들이 말하는 송도라고 밝혔다.

『여지지』는 유형원의 저술이었지만, 『동국문헌비고』는 조선왕조 정부의 공식 편찬서로서 유형원의 설명을 채택하여 조선 정부도 우산도가 당시 일본에서 말하는 송도(지금의 독도)임을 명백히 밝히면서 우산도와 울릉도 두 섬이 모두 강원도 울진현에 속한 조선 영토임을 명백히 기록한 것이다.

(상권, 본문 63쪽 참조)

17) 『만기요람』 「군정편」 기사

(93) 『萬機要覽』(1808년) 「軍政篇」4, 海防 東海條

輿地志云 鬱陵于山皆于山國地. 于山則倭所謂松島也.

『여지지』에 이르기를 울릉도와 우산도는 모두 우산국 땅이며 우산도는 왜인들이 말하는 송도(松島)이다.

해설 요점

왕명으로 18세기부터 19세기 초까지의 조선왕조 재정과 조정에 관한 각종 사항을 모아 호조판서 서영보(徐榮輔)와 비변사당상 심상규(沈象奎)가 1808년에 편찬한 정책서로서 「재용편」과 「군정편」 2개 편으로 되어 있다. 이 자료에서도 『동국문헌비고』의 사실 기록을 계승하여 『여지지』를 인용하면서 울릉도와 우산도가 모두 옛 우산국의 영지이며, 우산도는 왜인들이 말하는 송도(즉, 독도)임을 밝혀 기록하였다. (상권, 본문 63~65쪽 참조)

18)『숙종실록』 기사(1)

(94)『肅宗實錄』 肅宗 19年(癸酉, 1683년) 11月 丁巳(18일)條

接慰官洪重夏辭陛, 左議政睦來善. 右議政閔黯, 與重夏同爲請對. 重夏言: "倭人所謂竹島, 卽我國鬱陵島. 今以爲不關而棄之則已, 不然則不可不預爲明辨. 且彼若以人民入接, 則豈非他日之憂乎?" 來善·黯俱以爲: "倭人之徙入民戶, 旣不能的知, 此是三百年空棄之地. 因此生釁失好, 亦非計也." 上從黯等言. 蓋蔚山漁人, 自海邊漂至鬱陵島, 島上三峰接天, 中有數十戶人家遺址. 草木則多竹葦. 禽獸則多烏鳶猫狸, 爲倭人所執去. 自其島至伯耆洲, 七晝夜, 時倭請以犯境之罪, 罪漁人. 太宗朝, 宰臣申叔舟, 浮海入審鬱陵島, 記其形止而來. 今漁人所言, 與其記言相符. 議者皆以爲, 此明是鬱陵島. 而廟堂乃以爲等棄之地. 而不欲辨爭, 其計誤矣.

접위관(接慰官) 홍중하(洪重夏)가 하직 인사를 하고, 좌의정(左議政) 목래선(睦來善), 우의정(右議政) 민암(閔黯)이 홍중하와 함께 청대(請對)하였다. 홍중하가 아뢰기를,

"왜인(倭人)이 말하는 죽도(竹島)는 바로 우리나라의 울릉도(鬱陵島)입니다. 지금 상관하지 않는다고 해서 내버린다면 그만이겠지만, 그렇지 않다면 미리 명변하지 않을 수 없습니다. 그리고 또 만약 저들의 인민(人民)이 들어가서 살게 한다면 어찌 뒷날의 걱정거리가 아니겠습니까?"

하고, 목내선·민암은 아뢰기를,

"왜인들이 민호(民戶)를 옮겨서 들어간 사실은 이미 확실하게 알 수는 없으나, 이것은 3백 년 동안 비워서 내려둔 땅인데, 이것으로 인하여 흔단(釁端)을 일으키고 우호(友好)를 상실하는 것은 또한 좋은 계책이 아닙니다."

하니, 임금이 민암 등의 말을 따랐다. 대체로 울산(蔚山)의 고기잡이 하는 사람이 해변(海邊)에서 표류(漂流)하여 울릉도(鬱陵島)에 이르렀는데, 섬 위에는 세 봉우리가 하늘에 닿아 있고 섬 가운데는 수십(數十) 호(戶)되는 인가(人家)의 허물어진 터가 있었으며, 초목으로는 대나무와 갈대가 많았고 날짐승과 길짐승으로는 까마귀 · 소리개 · 고양이 · 너구리 · 살쾡이가 많았는데, 왜인(倭人)들이 잡아가는 바가 되었으며, 그 섬으로부터 백기주(伯耆洲)까지는 7주야(晝夜)가 걸린다. 이때 왜(倭)가 국경을 침범한 죄(罪)로 고기잡는 사람을 처벌하기를 청하였다. 태종조(太宗朝)의 재신(宰臣) 신숙주(申叔舟)가 배를 타고 울릉도에 들어가 살펴보고 그곳의 형지(形止)를 기록하여 왔었는데, 지금 고기잡이 하는 사람이 말한 바가 그 기록에서 말하는 것과 서로 부합이 되므로 의논하는 자들이 모두 이것은 분명 울릉도라고 여겼지만, 묘당(廟堂)에서는 버려둔 땅과 같이 여기고 분변하여 다투려고 하지 않았으니, 그 계책이 잘못되었다.

(95)『肅宗實錄』肅宗 20年(甲戌, 1694년) 2月 辛卯(23일)條

癸酉春/ 蔚山漁採人四十餘口, 泊船於鬱陵島. 倭船適到, 誘執朴於屯 · 安龍福二人而去. 及其冬, 對馬島使正官橘眞重, 領送於屯等, 仍請禁我人之漁採於竹島者, 其書曰 : "貴域瀕海漁氓, 比年行舟於本國竹島, 土官詳諭國禁, 固告不可再. 而今春漁氓四十餘口, 入竹島雜然漁採, 土官拘其二人, 爲一時證質. 本國因幡州牧, 馳啓東都, 令漁氓附與弊邑, 以還故土. 自今以後, 決莫容船於彼島, 彌存禁制, 使兩國交誼, 不坐釁郄"

계유년 봄에 울산(蔚山)의 고기잡이 40여 명이 울릉도(鬱陵島)에 배를 대었는데, 왜인(倭人)의 배가 마침 이르러, 박어둔(朴於屯) · 안용복(安龍福) 2인을 꾀어내 잡아서 가버렸다. 그해 겨울에 대마도(對馬島)에서 정관(正官) 귤진중(橘眞重)으로 하여금 박어둔 등을 거느려 보내게 하고는, 이내 우리나라사람이 죽도(竹島)에서 고기잡는 것을 금하기를 청하였는데, 그 서신(書信)에 이르기를,

"귀역(貴域)의 바닷가에 고기잡는 백성들이 해마다 본국(本國)의 죽도에 배를 타고 왔으므로, 토관(土官)이 국금(國禁)을 상세히 알려 주고서 다시 와서는 안된다는 것을 굳이 알렸는데도, 올봄에 어민(漁民) 40여 명이 죽도에 들어와서 난잡하게 고기를 잡으므로, 토관이 그 2인을 잡아두고서 한때의 증질(證質)로 삼으려고 했는데, 본국(本國)에서 번주목(幡州牧)이 동도(東都)에 빨리 사실을 알림으로 인하여, 어민을 폐읍(弊邑)에 맡겨서 고향에 돌려보내도록 했으니, 지금부터는 저 섬에 결단코 배를 용납하지 못하게 하고 더욱 금제(禁制)를 보존하여 두 나라의 교의(交誼)로 하여금 틈이 발생하지 않도록 하십시오."

하였다.

(96) 『肅宗實錄』 肅宗 20年(甲戌, 1694년) 2月 辛卯(23일)條

自禮曹覆書曰 : "弊邦禁束漁氓, 使不得出於外洋, 雖弊境之鬱陵島, 亦以遼遠之故, 不許任意往來, 況其外乎? 今此漁船, 敢入貴境竹島, 致煩領送, 遠勤書諭, 隣好之誼, 實所欣感, 海氓獵漁, 以爲生理, 不無漂轉之患, 而至於越境深入, 雜然漁採, 法當痛徵. 今將犯人等, 依律科罪, 此後沿海等處, 嚴立科條而申勅之."

예조(禮曹)에서 회답하는 서신에 이르기를,

"폐방(弊邦)에서 어민을 금지 단속하여 외양(外洋)에 나가지 못하도록 했으니 비록 우리나라의 울릉도일지라도 또한 아득히 멀리 있는 이유로 마음대로 왕래하지 못하게 했는데, 하물며 그 밖의 섬이겠습니까? 지금 이 어

선(漁船)이 감히 귀경(貴境)의 죽도에 들어가서 번거롭게 거느려 보내도록 하고, 멀리서 서신(書信)으로 알리게 되었으니, 이웃 나라와 교제하는 정의(情誼)는 실로 기쁘게 느끼는 바입니다. 바다 백성이 고기를 잡아서 생계(生計)로 삼게 되니 물에 떠내려가는 근심이 없을 수 없지마는, 국경을 넘어 깊이 들어가서 난잡하게 고기를 잡는 것은 법으로서도 마땅히 엄하게 징계하여야 할 것이므로, 지금 범인(犯人)들을 형률에 의거하여 죄를 과(科)하게 하고, 이후에는 연해(沿海) 등지에 과조(科條)를 엄하게 제정하여 이를 신칙하도록 할 것이오."

하였다.

(97)『肅宗實錄』肅宗 20年(甲戌, 1694년) 2月 辛卯(23일)條

仍以校理洪重夏, 差接慰官, 至東萊倭館, 則橘眞重, 見覆書中弊境鬱陵之說, 甚惡之, 謂譯官曰:"書契只言竹島固好, 必奉鬱陵者, 何也?" 仍屢請刪改, 而私送其從倭, 通議於馬島, 殆至半月, 遷延未決. 重夏使譯官責之. 從倭私謂譯官曰:"島主必欲刪鬱陵二字, 而如有難處者, 亦許受書正官之委曲請改, 自爾如此." 又迭爲游辭以爭之, 朝廷終不聽. 橘眞重計窮情露, 乃受書以歸. 於是, 治泊船鬱陵島人, 或刑訊或編配. 後承旨金龜萬侍講筵, 白上曰:"臣昔爲江原都事, 至海上, 問居人以鬱陵島, 則爲指示之, 臣早起遙望, 三峰歷歷, 及日出, 都不可見矣. 以此比之於靈巖 月出山之望濟州, 則尙爲近矣. 臣謂當置鎭于此島, 以備不虞. 向者漁採人之謫配, 恐爲過也." 上曰:"爾言亦有見矣."

이내 교리(校理) 홍중하(洪重夏)를 접위관(接慰官)으로 임명하여 동래(東萊)의 왜관(倭館)에 이르게 했는데, 우리나라의 회답하는 서신 중에 '우리나라의 울릉도'란 말을 보고는 귤진중이 매우 싫어하여 통역관(通譯官)에게 이르기를,

"서계(書契)에 다만 죽도(竹島)라고만 말하면 좋을 것인데, 반드시 울릉도를 들어 말하는 것은 무슨 이유인가?"

하면서, 이내 여러 번 산개(刪改)하기를 청하고는, 사사로이 그 따라온 왜인을 보내어 대마도에 통하여 의논하기를 거의 반달이나 되면서 시일을 지체하여 결정하지 않으므로, 홍중하가 통역관으로 하여금 이를 책망하니, 따라온 왜인이 사사로 통역관에게 이르기를,

"도주(島主)는 반드시 울릉(鬱陵)이란 두 글자를 깎아 버리려고 했으니, 난처(難處)한 일이 있는 듯하며, 또한 자세히 고치기를 청하는 정관(正官)의 서신을 받아야 하기 때문에 저절로 이와 같이 되었다."

하고는, 또 번갈아 근거 없는 말을 하면서 다투므로, 우리 조정에서 마침내 들어주지 않았다. 귤진중이 꾀가 다하고 사실이 드러나게 되어 그제야 서계를 받고서 돌아갔다. 이에 울릉도에 배를 정박했던 사람을 치죄(治罪)하여 혹은 형신(刑訊)하기도 하고, 혹은 귀양 보내기도 하였다. 후에 승지 김구만(金龜萬)이 강연(講筵)에 모시고 있다가 임금에게 아뢰기를,

"신이 옛날에 강원도사(江原都事)가 되었을 때, 바닷가에 이르러 거주하는 사람에게 울릉도를 물었더니 가리켜 보이므로, 신이 일찍이 일어나 멀리서 바라보니 세 봉우리가 뚜렷했는데, 해가 뜰 때에는 전혀 볼 수가 없었습니다. 이로써 영암(靈巖)의 월출산(月出山)에서 제주(濟州)를 바라본 것에 비한다면 오히려 가까운 편입니다. 신은 마땅히 이 섬에 진(鎭)을 설치하고서 뜻밖의 변고에 대비해야 된다고 생각합니다. 지난번에 고기 잡는 사람을 귀양 보낸 일은 아마 지나친 듯합니다."

하니, 임금이 말하기를,

"그대의 말이 또한 소견(所見)이 있도다."

하였다.

(98)『肅宗實錄』肅宗 20年(甲戌, 1694년) 2月 辛卯(23일)條

史臣曰 : 倭人所謂竹島, 卽我國鬱陵島. 而鬱陵之稱, 見於羅·麗史乘及唐人文集, 則其來最遠矣. 島中多産竹, 亦有竹島之稱, 而其實一島二名也. 倭人隱鬱陵之名, 但以竹島漁採爲辭, 冀得我國回言, 許其禁斷然後, 仍執左契, 以爲占據之計. 我國覆書之必擧鬱陵者, 乃所以明其地之本爲我國也. 倭人之必欲改鬱陵二字, 而終不顯言竹島之爲鬱陵者, 蓋亦自病其曲之在己也. 噫! 祖宗疆土, 不可以與人, 則明辨痛斥, 使狡倭無復生心, 義理較然, 而過於周愼, 徒欲羈縻, 如犯人等科罪之語, 尤示弱於隣國, 可勝惜哉?

사신(史臣)은 논한다. 왜인들이 말하는 죽도란 곳은 곧 우리나라의 울릉도인데, 울릉이란 칭호는 신라(新羅)·고려(高麗)의 사서(史書)와 중국 사람의 문집(文集)에 나타나 있으니 그 유래(由來)가 가장 오래 되었다. 섬 가운데 대나무가 많이 생산되기 때문에 또한 죽도란 칭호가 있지마는, 실제로 한 섬에 두 명칭인 셈이다. 왜인들은 울릉이란 명칭은 숨기고서 다만 죽도에서 고기 잡는다는 이유를 구실로 삼아서, 우리나라의 회답하는 말을 얻어서 그 금단(禁斷)을 허가받은 후에 이내 좌계(左契)를 가지고서 점거(占據)할 계책을 삼으려고 했으니, 우리나라의 회답하는 서계에 반드시 울릉이란 명칭을 든 것은, 그 땅이 본디 우리나라의 것임을 밝히기 때문이다. 왜인들이 반드시 울릉이란 두 글자를 고치려고 하면서도, 끝내 죽도가 울릉도가 된 것을 드러나게 말하지 않는 것은, 대개 그 왜곡(歪曲)이 자기들에게 있음을 스스로 걱정했기 때문이다. 아! 조종(祖宗)의 강토(疆土)는 남에게 줄 수가 없으니 명백히 분변하고 엄격히 물리쳐서 교활한 왜인(倭人)으로 하여금 다시는 마음을 내지 못하도록 할 것이 의리가 분명한데도, 주밀하고 신중한 데에 지나쳐서 다만 견제(牽制)하려고 한 것이 범인(犯人)들에게 과죄(科罪)하는 말과 같이, 더욱 이웃 나라에 약점(弱點)을 보였으니, 이루 애석함을 견디겠는가?

(99)『肅宗實錄』肅宗 20年(甲戌, 1694년) 2月 辛卯(23일)條

是夏, 南九萬白上曰:"東萊府使報:'倭人又言, 朝鮮人入於吾竹島, 宜禁其更入也 臣見芝峰類說,【故判書李睟光所著, 芝峯卽其號.】倭奴占據礒竹島, 礒竹, 卽鬱陵島也. 今倭人之言, 其爲害, 將無窮, 前日答倭書, 殊糢糊, 宜遣接慰官, 推還前書, 直責其回賓作主可也.' 新羅圖, 此島亦有國名, 納土貢. 高麗太祖時, 島人獻方物. 我太宗朝, 不勝倭患, 遣按撫使, 刷出流民而空其地, 今不可使倭居之. 祖宗疆土, 又何容與人乎?" 申汝哲曰:"臣聞寧海漁人, 島中多大魚, 又有大木大竹如杠, 土且沃饒, 倭若據而有之, 旁近江陵·三陟必受其害." 上用九萬言, 命還前書.

이해 여름에 남구만(南九萬)이 임금에게 아뢰기를,

"동래부사(東萊府使)의 보고에 왜인이 또 말하기를, '조선(朝鮮) 사람은 우리의 죽도에 마땅히 다시 들어오는 것을 금지해야 할 것이다.'라고 하는데, 신(臣)이『지봉유설(芝峰類說)』【고(故) 판서(判書) 이수광(李睟光)이 저술한 책으로, 지봉(芝峰)은 그의 호(號)이다.】을 보니, '왜놈들이 의죽도(礒竹島)를 점거(占據)했는데, 의죽도는 곧 울릉도이다.'라고 했습니다. 지금 왜인의 말은 그 해독이 장차 한정이 없을 것인데, 전일 왜인에게 회답한 서계가 매우 모호했으니, 마땅히 접위관을 보내어 전일의 서계를 되찾아와서 그들이 남의 의사를 무시하고 방자하게 구는 일을 바로 책망하는 것이 좋겠습니다. 신라 때 이 섬을 그린 그림에도 또한 나라 이름이 있고 토공(土貢)을 바쳤으며, 고려 태조(太祖) 때에 섬 사람이 방물(方物)을 바쳤으며, 우리 태종(太宗) 때에 왜적이 침입하는 근심을 견딜 수가 없어서 안무사(按撫使)를 보내어 유민(流民)을 찾아 내오게 하고는, 그 땅을 텅 비워 두게 했으나, 지금 왜인들로 하여금 거주하게 할 수는 없습니다. 조종의 강토를 또한 어떻게 남에게 줄 수가 있겠습니까?"

하였다. 신여철(申汝哲)은 아뢰기를,

“신이 영해(寧海)의 어민에게 물으니, ‘섬 가운데 큰 물고기가 많이 있고, 또 큰 나무와 큰 대나무가 기둥과 같은 것이 있고, 토질도 비옥하다.’고 하였는데, 왜인이 만약 점거하여 차지한다면 이웃에 있는 강릉(江陵)과 삼척(三陟) 지방이 반드시 그 해를 받을 것입니다.”

하니, 임금이 남구만의 말을 들어 써서 전일의 서계를 돌려오도록 명하였다.

(100)『肅宗實錄』肅宗 20年(甲戌, 1694년) 7月 壬午(16일)條

前武兼宣傳官成楚珩上疏, 陳備豫之策, 有六. 一曰, 鳥嶺, 【聞慶.】竹嶺, 【豐基.】置忠淸道兵使及營將, 鬱陵島設鎭是也. 二曰, 洞仙嶺【鳳山.】靑石洞【開城府.】設鎭是也. 三曰, 平山 月籠洞, 築城儲穀是也. 四曰, 諸處戰船, 皆使之泛留水中是也. 五曰, 諸處軍官, 一定其額, 而汰其餘, 悉充軍兵之逃故者是也. 六曰, 諸處軍器, 無時點閱是也. 上命該曹稟處, 然無所施行.

전(前) 무겸선전관(武兼宣傳官) 성초형(成楚珩)이 상소하여 예비(豫備)해야 할 계책 여섯 가지를 진달했다. 첫째, 조령(鳥嶺)과【문경(聞慶)에 있다.】죽령(竹嶺)에【풍기(豐基)에 있다.】충청도 병사(兵使) 및 영장(營將)을 두고, 울릉도에 진(鎭)을 설치하는 것이었다. 둘째는 동선령(洞仙嶺)과【봉산(鳳山)에 있다.】청석동(靑石洞)에【개성부(開城府)에 있다.】진을 설치하는 것이었고, 셋째는 평산(平山) 월롱동에 성을 쌓고 곡식을 저장하는 것이었고, 넷째는 모든 곳의 전선(戰船)을 모두 바다 가운데 띄워놓게 하는 것이었고, 다섯째는 모든 곳의 군관(軍官)을 일체 액수(額數)를 정하고 그 나머지는 도태하여 모두를 도고(逃故)한 군병에 충당하는 것이었고, 여섯째는 모든 곳의 군기(軍器)는 무시로 점열(點閱)해야 한다는 것이었다. 임금이 해조(該

曹)에 품처(稟處)하도록 명했으나, 시행한 것은 없었다.

(101)『肅宗實錄』肅宗 20年(甲戌, 1694년) 8月 己酉(14일)條

初南九萬以鬱陵島事, 白上, 議遣接慰官, 直責其回賓作主, 及倭差還, 持春間所受回書而至, 又致對馬島主書曰:"我書曾不言鬱陵回書, 忽擧鬱陵二字, 是所難曉, 只冀刪之." 九萬遽欲從其言, 改前書. 尹趾完執不可曰:"旣以國書, 付之歸使, 何取復來請改乎? 今若責之以竹島是我鬱陵島, 我人之往, 何嘗犯界乎? 則倭必無辭矣." 九萬遂以此入奏. 上曰:"狡倭情狀, 必欲據而有之, 其依前日所議, 直辭以報之." 九萬曰:"曾聞高麗 毅宗, 初欲經理鬱陵, 而東西只二萬餘步,南北亦同之, 土壤褊小, 且多巖石, 不可耕, 遂不復問, 然此島在海外, 久不使人視之, 倭言又如此, 請擇三陟僉使, 遣于島中, 察其形勢, 或募民以居之, 或設鎭以守之, 可備旁伺之患也." 上許之. 遂以張漢相爲三陟僉使, 接慰官兪集一, 受命南下, 蓋安龍福·朴於屯, 初至日本, 甚善遇之, 賜衣服及椒燭以遣之, 又移文諸島, 俾勿問, 而自長碕島, 始侵責之. 對馬島主書契竹島之說, 是爲他日徼功於江戶之計也. 集一問龍福, 始得其實, 乃喝倭差曰:"我國將移書于日本, 備言侵責龍福等之狀, 諸島安得無事?" 倭差相顧失色, 始自折服.

당초에 남구만(南九萬)이 울릉도(鬱陵島)에 관한 일로 임금에게 아뢰어, 접위관(接慰官)을 보내 맞바로 회빈작주(回賓作主)하는 짓을 책망하게 하기로 의논하였다. 왜차(倭差)가 돌아오면서 봄 무렵에 받아 간 회서(回書)를 가지고 왔고, 또한 대마도주(對馬島主)의 서계(書契)를 바쳤는데, 이르기를,

"우리의 서계에는 일찍이 울릉도를 언급하지 않았는데, 회서에는 갑자기 '울릉' 두 글자를 거론했습니다. 이는 알기 어려운 바이니 오직 삭제하기 바랍니다."

하였다. 남구만이 그만 그 말을 따라 앞서의 서계를 고치려고 하자, 윤지완(尹趾完)이 안 된다고 고집하기를,

"이미 국서(國書)로 돌아가는 사자(使者)에게 붙였는데, 어찌 감히 다시 와서 고치기를 청할 수 있겠습니까? 만일 이번에 책망하기를, '죽도(竹島)는 곧 우리 울릉도이다. 우리나라 사람이 가는 것이 어찌 경계(境界)를 범한 것인가?'하고 한다면, 왜인들이 할 말이 없을 것입니다."

하였다. 남구만이 드디어 이를 가지고 들어가 아뢰니, 임금이 이르기를,

"교활한 왜인(倭人)들의 정상(情狀)으로 보아 필시 점거(占據)하여 소유하려는 것이니, 전일에 의논한 대로 바로 말을 하여 대꾸해 주라."

하였다. 남구만이 아뢰기를,

"일찍이 듣건대, 고려 의종(毅宗) 초기에 울릉도를 경영하려고 했는데, 동서(東西)가 단지 2만여 보(步)뿐이고 남북(南北)도 또한 같았으며, 땅덩이가 좁고 또한 암석(巖石)이 많아 경작할 수 없으므로 드디어 다시 묻지 않았습니다. 그러나 이 섬이 해외(海外)에 있고 오랫동안 사람을 시켜 살피게 하지 않았으며, 왜인들의 말이 또한 이러하니, 청컨대 삼척첨사(三陟僉使)를 가려서 보내되 섬 속에 가서 형편을 살펴보도록 하여, 혹은 민중을 모집하여 거주하게 하고 혹은 진(鎭)을 설치하여 지키게 한다면, 곁에서 노리는 근심거리를 방비할 수 있을 것입니다."

하니, 임금이 윤허하였다. 드디어 장한상(張漢相)을 삼척첨사로 삼고, 접위관 유집일(兪集一)이 명을 받고 남쪽으로 내려갔다. 대개 안용복(安龍福)과 박어둔(朴於屯)이 처음 일본(日本)에 갔을 적에 매우 대우를 잘하여 의복과 호초(胡椒)와 초(燭)를 주어 보냈고, 또한 모든 섬에 이문(移文)하여 아무소리도 못하게 했는데, 장기도(長碕島)에서 침책(侵責)하기 시작했다. 대마도주의 서계(書契)에 '죽도(竹島)'란 말은 곧 장차 에도(江戶)에서 공을 과시하기 위한 계책이었는데, 유집일이 안용복에게 물어보자 비로소 사실을 알

았다. 그제야 왜차(倭差)를 꾸짖기를,

"우리나라에서 장차 일본에 글을 보내 안용복 등을 침책(侵責)한 상황을 갖추어 말한다면, 모든 섬들이 어찌 아무 일이 없을 수 있겠는가?"

하니, 왜차들이 서로 돌아보며 실색(失色)하고 비로소 스스로 굴복하였다.

(102)『肅宗實錄』肅宗 20年(甲戌, 1694년) 8月 己酉(14일)條

至是, 九萬改前日回書曰:"弊邦江原道 蔚珍縣, 有屬島曰鬱陵, 在本縣東海中, 而風濤危險, 船路不便, 故中年移其民空其地, 而時遣公差, 往來搜檢矣. 本島峰巒樹木, 自陸地歷歷望見, 而凡其山川紆曲, 地形闊狹, 民居遺址, 土物所産, 俱載於我國輿地勝覽書, 歷代相傳, 事跡昭然. 今者我國海邊漁氓, 往于此島, 而不意貴國之人, 自爲犯越, 與之相値, 乃反拘執我人, 轉到江戶, 幸蒙責國大君, 明察事情, 優加資遣, 此可見交隣之情, 出於尋常, 欽歎高義, 感激何言? 雖然我氓漁採之地, 本是鬱陵島, 而以其産竹, 或稱竹島, 此乃一島而二名也. 一島二名之狀, 非徒我國書籍之所記, 貴州人亦皆知之. 而今此來書中, 乃以竹島爲貴國地, 方欲令我國禁止漁船之更往, 而不論貴國人侵涉我境, 拘執我氓之失, 豈不有欠於誠信之道乎? 深望將此辭意, 轉報東都, 申飭貴國邊海之人, 無令往來於鬱陵島, 更致事端之惹起, 其於相好之誼, 不勝幸甚." 倭差見之, 請改侵涉拘執等語. 集一不從. 倭差又請得第二書【請刪鬱陵二字之書.】之回答. 集一曰:"汝若受上船宴, 則吾當歸奏朝廷而成送之, 蓋權辭也." 倭差遂受上船宴. 集一乃復命, 然倭差不肯歸.

이에 이르러 남구만이 전일의 회서(回書)를 고치기를,

"우리나라 강원도의 울진현(蔚珍縣)에 속한 울릉도란 섬이 있는데, 본현(本縣)의 동해(東海) 가운데 있고 파도가 험악하여 뱃길이 편리하지 못하기 때문에, 몇 해 전에 백성을 옮겨 땅을 비워 놓고, 수시로 공차(公差)를 보내어 왔다 갔다 하여 수검(搜檢)하도록 했습니다. 본도(本島)는 봉만(峰巒)과 수목을 내륙(內陸)에서도 역력히 바라볼 수 있고, 무릇 산천(山川)의 굴곡과 지형이 넓고 좁음 및 주민의 유지(遺址)와 나는 토산물(土産物)이 모두 우리나라의『여지승람(輿地勝覽)』이란 서적에 실려 있어, 역대에 전해 오는 사적이 분명합니다. 이번에 우리나라 해변의 어민들이 이 섬에 갔는데, 의외에도 귀국(貴國) 사람들이 멋대로 침범해 와 서로 맞부딪치게되자, 도리어 우리나라 사람들을 끌고서 에도(江戶)까지 잡아갔습니다. 다행하게도 귀국 대군(大君)이 분명하게 사정을 살펴보고서 넉넉하게 노자(路資)를 주어 보냈으니, 이는 교린(交隣)하는 인정이 보통이 아님을 알 수 있는 일입니다. 높은 의리에 탄복하였으니, 그 감격을 말할 수 없습니다. 비록 그러나 우리나라 백성이 어채(漁採)하던 땅은 본시 울릉도로서, 대나무가 생산되기 때문에 더러 죽도(竹島)라고도 하였는데, 이는 곧 하나의 섬을 두 가지 이름으로 부른 것입니다. 하나의 섬을 두 가지 이름으로 부른 상황은 단지 우리나라 서적에만 기록된 것이 아니라 귀주(貴州) 사람들도 또한 모두 알고 있는 것입니다. 그런데 이번에 온 서계(書契) 가운데 죽도를 귀국의 지방이라 하여 우리나라로 하여금 어선(漁船)이 다시 나가는 것을 금지하려고 하였고, 귀국 사람들이 우리나라 지경을 침범해 와 우리나라 백성을 붙잡아간 잘못은 논하지 않았으니, 어찌 성신(誠信)의 도리에 흠이 있는 일이 아니겠습니까? 깊이 바라건대, 이런 말 뜻을 가지고 동도(東都)에 전보(轉報)하여, 귀국의 변방 해안(海岸) 사람들을 거듭 단속하여 울릉도에 오가며 다시 사단을 야기하는 일이 없도록 한다면, 서로 좋게 지내는 의리에 있어 이보다 다행함이 없겠습니다."

했었는데, 왜차(倭差)가 보고 '침범해 오다(侵涉)'와 '붙잡아 갔다(拘執)' 등의 어구(語句)를 고치기를 청했으나, 유집일이 들어주지 않았다. 왜차가 또한 제2의 서계【'울릉' 두 글자를 삭제해 주기를 청한 서계이다.】의 회답

을 받기를 청하므로, 유집일이 말하기를,

"만일 그대가 상선연(上船宴)을 받기로 한다면, 내가 마땅히 돌아가 조정에 아뢰어 마련해 보내겠다."

하였으니, 대개 임시변통하여 한 말인데, 왜차가 드디어 상선연을 받았고, 유집일도 이에 복명(復命)하였다. 그러나 왜차는 돌아가려고 하지 않았다.

(103)『肅宗實錄』肅宗 20年(甲戌, 1694년) 8月 己酉(14일)條

漢相以九月甲申, 乘舟而行, 十月庚子, 還至三陟, 言倭人往來固有迹, 而亦未嘗居之. 地狹多大木, 水宗【海中水激處, 猶陸之有嶺也.】亦不平, 艱於往來, 欲知土品, 種麰麥而歸. 明年復往, 可以驗之. 九萬入奏曰:"不可使民入居, 間一二年搜討爲宜." 上從之.

장한상(張漢相)이 9월 갑신에 배를 타고 갔다가 10월 경자에 삼척(三陟)으로 돌아왔는데, 아뢰기를,

"왜인(倭人)들이 왔다 갔다 한 자취는 정말 있었지만 또한 일찍이 거주하지는 않았습니다. 땅이 좁고 큰 나무가 많았으며 수종(水宗)이【바다 가운데 물이 부딪치는 곳이니, 육지의 고개가 있는 데와 같은 것이다.】또한 평탄하지 못하여 오고 가기가 어려웠습니다. 토품(土品)을 알려고 모맥(麰麥)을 심어놓고 돌아왔으니 내년에 다시 가 보면 징험할 수 있을 것입니다."

하였다. 남구만이 입시(入侍)하여 아뢰기를,

"백성이 들어가 살게 할 수도 없고, 한두 해 간격을 두고 수토(搜討)하게 하는 것이 합당합니다."

하니, 임금이 그대로 따랐다.

(104) 『肅宗實錄』 肅宗 20年(甲戌, 1694년) 11月 庚午(6일)條

大司憲李秀彦應旨上疏曰 : "(…) 臣曾按嶺南, 巡到左道海邊, 丑山浦·包伊浦·栗浦舊鎭, 在於寧海·盈德·興海等地, 詢諸故老, 則昔者日本之侵軼, 或及於此, 故設鎭以防. 其後水宗變易, 故漸移各鎭於東萊以下, 而舊址猶在云. 其言雖不可徵信, 而以麗史觀之, 麗末倭患, 及於嶺東·近年嶺東·嶺南, 漁採之民, 尋常往來於鬱陵島, 則水宗變易之說, 或不至於孟浪耶? 天下之患, 多生所忽, 乞更以海道爲念, 嚴加防禁焉." 上奬納之. 凡可議者, 下于該曹.

대사간 이수언(李秀彦)이 응지(應旨)하여 상소하기를,

"(…) 신이 일찍이 영남(嶺南)을 안찰(按察)하였을 적에 좌도(左道)의 바닷가를 순찰해 보았는데, 축산포(丑山浦)·포이포(包伊浦)·율포(栗浦)의 구진(舊鎭)들이 영해(寧海)·영덕(盈德)·흥해(興海) 등의 지경에 있었습니다. 고로(古老)들에게 물어보니, '그전에 일본(日本)의 침범이 더러 여기까지 미쳤기 때문에 진을 설치하여 방비했었는데, 그 뒤에는 수종(水宗)이 달라졌기 때문에 점차 각진을 동래(東萊) 이하로 옮기고 옛적의 터만 그대로 남아 있다.'고 하였습니다. 비록 그 말을 그대로 다 믿을 수는 없지만, 『고려사(高麗史)』를 보건대 고려 말년에 왜인(倭人)들의 환란이 영동(嶺東)까지 미쳤고, 근년에는 영동과 영남의 어업(漁業)하는 민중들이 심상하게 울릉도를 갔다왔다 하고 있으니, 수종이 달라졌다는 말은 혹은 맹랑한 말이 아니겠습니까? 천하의 환란은 허다히 소홀히 여기는 데에서 발생하니, 다시 해도(海道)에 유의하여 엄중하게 방금(防禁)하도록 하시기 바랍니다."

하니, 임금이 칭찬하며 받아들이고, 무릇 의논해야 할 것들은 해조(該曹)에 계하(啓下)했다.

해설 요점

1693년 봄에 울릉도에서 조선과 일본 어민들이 약간의 충돌을 하게 되어 '울릉도쟁계'가 조선 · 일본 사이에 시작되었다. 조선 조정의 울릉도 · 독도에 대한 쇄환공도정책에도 불구하고 울산과 동래의 어부들은 울릉도 · 독도에 나가서 고기잡이하는 것이 관행으로 되어 있었다. 한편 일본의 도쿠가와막부는 요나고의 어민 오오야 진키치(大谷甚吉)와 무라카와 이치베에(村川市兵衛)의 청원을 받아들여 외국에 월경하여 고기잡이를 허락하는 증명서로서 1618년에 「죽도(울릉도)도해면허」와 1661년에 「송도(우산도, 독도)도해면허」를 내어 주었다. 울릉도와 독도가 조선 영토임을 일본의 도쿠가와막부는 알고 있었지만 조선 조정이 이 섬들에 쇄환공도정책을 실시하고 있었으므로, 조선 정부 몰래 국경을 넘어 월경해서 고기잡이하는 것을 허가한다는 도해면허를 내어준 것이었다.

1693년 봄에 울릉도에서 고기잡이하던 울산 · 동래 어부들과 일본 오오야(大谷) 가문의 어부들이 충돌하게 되어 일본 어부들이 울산 · 동래 어부 대표 안용복 · 박어둔 등을 협상하자고 꾀어낸 후 일본으로 납치한 사건이 발생하였다. 안용복이 울릉도와 독도는 조선 영토임을 설명하며 일본 어부들의 부당성을 들어 완강히 항변했으므로 도쿠가와막부는 안용복 등을 조선에 송환해 주도록 지시하였다. 그러나 대마도주는 울릉도를 점유하려는 야욕을 갖고 동해 가운데에 울릉도가 아닌 본국(本國 : 일본) '죽도'라는 별개의 섬이 있는데 안용복 등 조선 어부들이 이를 침범했으므로 안용복 등 조선 어부들을 월경죄로 처벌해 줄 것을 조선 조정에 요청하였다. 이로 말미암아 '울릉도쟁계'(일본에서는 '죽도일건'이라고 함)가 부상하게 된 것이었다.

이 자료는 1693년 11월에 홍중하(洪重夏)가 차왜(差倭)에 대한 접위관이 되어 동래로 출발하기에 앞서 국왕에 하직 인사를 하는 자리에서, 일본측이 말하는 '죽도'는 바로 우리나라의 '울릉도'로서 조선 영토이므로 일본의 울릉도 침탈 시도에 대한 강경대응책을 건의하였다.

그러나 동석했던 좌의정 목래선(睦來善)과 우의정 민암(閔黯)은 3백 년간 공도(空島)로 내버린 땅인데 울릉도의 일로 일본과 우호를 상실한 것은 좋은 계책이 아니라고 온건대응책을 건의하였다.

조선 조정에서는 '본국 죽도'를 운운한 대마도주의 서계에 대하여 강경대응론과 온건대응론이 대립하다가 임진왜란에 놀란 경험을 되새겨서 사나운 일본과의 정면충돌을 피하자는 목래선, 민암 등의 온건대응론이 채택됨으로써, '울릉도'가 조선 영토인 것만 분명히 하고 저들이 자기네 영토라고 서계에 쓴 죽도가 곧 울릉도임을 모른체 해서 조선 어부들의 죽도 출어를 금지시키겠다고 약속하기로 결정하여 위의 자료와 같은 회답서계(回答書契)를 귤진중(橘眞重)에게 준 것이었다.

그러나 이 회답서계는 온건 대응에 매달린 나머지 울릉도를 우리나라의 영토라고 명백히 함과 동시에 일본 측이 주장하는 죽도가 곧 울릉도임을 잘 알면서도 모른 체해서 '귀국(일본)의 경지(境地) 죽도'라고 인정한 치명적 허점을 내포한 것이었다. 만일 이 회답서계에서 '우리나라의 경지 울릉도'라는 문자만 삭제하게 되면 조선 영토인 울릉도를 죽도라는 이름으로 일본 영토로 인정하게 되는 외교문서를 만들어 준 것이었다.

대마도정관(正官) 귤진중은 조선 조정 온건대응파의 회답서계의 '귀경(貴境 : 일본 영토) 죽도'라는 구절만 남기고 '울릉도' 세 글자의 삭제와 개서(改書)를 강경하게 요구하며 말썽을 피우고 돌아갔다. 이 소식이 전해지자 사관(史官)은 울릉도와 죽도는 '일도이명(一島二名)'인데 일본이 '울릉도'의 이름을 감추고 '죽도'만 말한 것은 후에 조선 조정의 서계를 증거로 잡아서 울릉도를 점거하려는 계책임을 지적하고, 조상이 남겨준 강토를 타국에게 넘겨줄 수 있는 문서를 만드는 것은 절대 불가하다고 강조하였다.

영의정 남구만은 강경대응파의 견해를 반영하여 상소를 올려서, 지난번 온건대응파의 회답서계는 '울릉도=죽도'임을 명백히 밝혀 울릉도가 우리나라 영토임을 밝히지 못하고 매우 모호하게 처리했으니 마땅히 접위관(接慰官)을 대마도와 부산왜관에 파견하여 앞서의 회답서계를 추환(推還)하고 그것을 작성한 책임자를 문책해야 한다고 주장하였다. 그는 왜인들이 조상이 남겨준 강토인 울릉도에 들어와 사는 것을 절대로 용납해서는 안된다고 강조했다. 또한 신여철(申汝哲)도 울릉도의 물산의 풍부함과 토지의 비옥함을 들면서 만일 왜(倭)가 이 울릉도를 점거하면 이를 근거지로 해서 강릉 삼척을 침노할 것이라고 경고하였다.

국왕 숙종은 마침내 남구만의 진언을 채용하여 앞서 일본에 보낸 회답서계를 되돌려 받아오라고 명령하였다.

이 자료는 조선 조정에서 온건대응파의 처음의 회답서계를 취소하여 반납케 하고, '울릉도'와 '죽도'는 일도이명으로서 모두 조선 영토임을 밝히어, 일본인의 울릉도(죽도) 출어를 금지토록 요구하며, 안용복 등의 울릉도 출어는 조선 영토에 조선인이 간 것이므로 월경죄에 해당되지 않음을 명백히 한 강경대응파의 새로운 회답서계의 작성 과정을 밝힌 기록이다.

남구만과 조선 조정은 이 새로운 회답서계에서, 울릉도는 강원도 울진현에 속한 우리나라의 영토임이 『동국여지승람』 등에 잘 기재되어 있고, 또 울릉도에서는 죽(竹)이 많이 나기 때문에 '죽도'라는 별칭이 있음은 우리나라 서적뿐 아니라 대마도에서 모두 잘 알고 있다. 따라서 조선 어민들이 고기잡이한 땅은 조선 영토인 울릉도이고 동시에 별칭 죽도로서 2개의 이름이 있는 1개의 섬이고, 울릉도와 죽도가 결국 동일한 섬임은 대마도에서도 잘 알고 있는 것이다. 이번에 우리나라 해변의 어민들이 이 울릉도에 갔는데 뜻밖에 일본의 어민들이 국경을 침범하여 넘어와서 도리어 우리나라 사람을 구집(拘執)해서 에도(江戶)에 올려 보냈었다. 다행히 일본의 대군(장군)이 사정을 밝게 관찰하여 돌려보내 준 것이다. 이제 이번에 온 대마도의 서찰 중에 죽도를 일본의 땅이라고 하고 조선 조정이 조선 어민들이 죽도에 다시 들어감을 금지해 줄 것을 요청한 것은 대마도의 큰 잘못이며, 일본인이 우리나라의 경지인 울릉도를 침섭(侵涉)하고 우리나라 백성을 구집(拘執)한 것은 큰 실책이다. 장차 이 말의 뜻을 깊이 새겨서 에도의 도쿠가와막부 장군에게 보고하고 일본 어민들의 울릉도 왕래를 금단(禁斷)할 것을 요구하였다.

이 자료는 조선 조정이 강경대응론을 채택하여 남구만이 작성한 새로운 회답서계를 일본 측에 보냄과 동시에 또한 삼척첨사 장한상을 이해(1694년) 9월 갑신(甲申)일부터 10월 경자(庚子)일까지 울릉도에 파견하여 현지조사시킨 결과보고와, 수토정책을 채택한 과정을 기록하였다. 장한상의 보고는 일본인들이 왕래한 흔적은 분명히 있으나 거주한 흔적은 없고, 경작 가능한 토지는 협소한 편이나 대목(大木)은 많으며, 배로 간신히 왕래할 수 있는 정도라고 하였다.

영의정 남구만은 이 보고를 검토한 후, 백성들로 하여금 들어가 거주하는 것은 불가하고, 1, 2년에 한번씩 정부에서 수토케 하는 것이 마땅할 것이라고 국왕 숙종에게 건의하여, 왕이 이에 따른 것이다. 그리하여 1694년 9월에 남구만의 제의에 의하여 1, 2년에 한번씩 울릉도에 관리를 파견하여 울릉도를 수토케 하는 '수토정책'이 채택된 것이었다.

(상권, 본문 240~264쪽 참조)

제3편

「17세기 조선·일본 간 울릉도·독도 영유권 논쟁」에 관련된 실증자료

19)『숙종실록』기사(2)

(105)『肅宗實錄』肅宗 21年(乙亥, 1695년) 6月 庚戌(20일)條

前年接慰官兪集一還朝, 而差倭 橘眞重, 猶索第二書之回答, 南九萬以爲: "狡倭情狀絶痛. 豈可又答其第二書乎? 況兩書之意, 自是一事, 一答書足矣." 終不許. 眞重久留不歸, 期於得請, 會倭國召眞重歸. 眞重遂以六月十五日, 爲發行之期, 貽書萊府, 詰問四條, 以請轉達朝廷而開示之. 其一曰:

答書中時遣公差, 往來搜撿云. 謹按因幡·伯耆二州邊民, 年年往竹島漁採, 二州年年獻彼島鰒魚於東都, 彼島風濤危險, 非海上安穩之時, 則不得往來. 貴國若實有遣公差之事, 則亦當海上安穩之時. 自大神君至今八十一年, 我民未曾奏與貴國公差相遇于彼島之事, 而今回答書中, 言時遣公差往來搜撿者, 未知何意也?

其二曰: 回答書中, 不意貴國人自爲犯越云, 貴國人侵涉我境云. 謹按兩國通好之後, 往來竹島之漁民, 漂到于貴國地, 禮曹參議以送返漂民, 與書於弊州總三度矣. 本邦邊民往漁于彼島之狀, 貴國所曾知也, 以上上年我民往漁于彼島, 爲犯越侵涉, 則曾前三度書中, 何不言犯越侵涉之意乎?

其三曰: 回答書中一島二名之狀, 非徒我國書籍之所記, 貴州之人, 亦皆知之云. 貴國曾考一島二名之狀, 載于書籍之中, 而又謂一島二名之狀, 弊州之人, 亦皆知之, 則初度答書, 何言貴界竹島弊境鬱陵島乎? 若初不知竹島卽鬱陵島, 而爲二島二名, 則今之答書, 何言一島二名之狀, 非徒我國書籍之所記, 貴州之人亦皆知之乎?

其四曰: 謹按八十二年前, 弊州寄書於東萊府, 以告看審礒竹島之事, 府使答書云: "本島卽我國所謂鬱陵島者, 今雖荒廢, 豈可容他人之冒占, 以啓鬧釁耶?" 其再答書亦然. 七十八年前, 本邦邊民往漁于彼島, 漂到于貴國地之時, 禮曹參議與弊州書云: "倭人 馬多三伊等七名, 被獲於邊吏, 問其來由, 則乃

往漁于鬱陵島, 遇風漂到者也. 玆付倭船, 送回貴島." 蓋八十二年前, 言可容他人之冒占, 以啓鬧釁耶, 則無七十八年前, 聞他人往漁而容許之理矣. 今回答書中, 言一島二名之狀, 貴州之人, 亦皆知之者, 以八十二年前東萊府答書, 有礒竹島者, 實我國之鬱陵島也之句乎? 八十二年前書, 七十八年前書, 辭意不相合, 今不可不請問之.

지난해에 접위관(接慰官) 유집일(兪集一)이 조정에 돌아왔는데, 차왜(差倭) 귤진중(橘眞重)이 오히려 제2서(第二書)의 회답(回答)을 요구하자, 남구만이 말하기를,

"교활한 왜(倭)의 정상이 절통(絶痛)하다. 어찌 또 그 제2서에 답서를 보낼 수가 있겠는가? 더구나 두 서신(書信)의 내용은 동일한 것이니, 한 번 답장을 했으면 충분하다."

하고, 끝내 허락하지 않았다. 귤진중이 오랫동안 머물면서 돌아가지 않고는 기어코 자신이 청한 것을 성사시키려 하였는데, 마침 왜국(倭國)에서 귤진중을 소환하여 귀국(歸國)하라고 하니, 귤진중이 드디어 6월 15일을 길을 떠나는 시기로 잡고 동래부에 편지를 보내 네 가지 조항을 힐문(詰問)하며 이를 조정에 전달해서 개시(開示)해 줄 것을 청하였다. 그 첫째 조항에 이르기를,

"답서(答書) 가운데, '수시로 공차(公差)를 파견하여 왕래하며 수색하고 검사하게 하였다.'고 말했습니다. 삼가 살펴보건대, 인번(因幡) · 백기(伯耆) 두 주(州)의 변민(邊民)들이 해마다 죽도(竹島)에 가서 고기잡이를 하여, 두 주(州)가 해마다 그 섬의 복어(鰒魚)를 동도(東都)에 바치는데, 그 섬은 바람과 물결이 위험하므로, 해상(海上)이 안온(安穩)할 때가 아니면 왕래할 수가 없습니다. 귀국(貴國)에서 만일 실지로 공차를 파견한 일이 있다면 역시 분명히 바다가 안온할 때였을 것입니다. 대신군(大神君)으로부터 지금까

지 81년 동안 우리 나라 백성들이 일찍이 귀국에서 공식적으로 파견한 사자(使者)들과 그 섬에서 서로 만났다는 사실을 상주(上奏)한 적이 없었는데, 이제 회답하는 서신 가운데는 '수시로 공차를 파견하여 왕래하며 수색하고 검사하게 하였다.'고 말한 것은 무슨 뜻인지 알 수 없습니다."

하였고, 둘째 조항에는 이르기를,

"회답하는 서신 가운데, '뜻밖에 귀국의 사람이 스스로 범월(犯越)하였다.' 하고, '귀국의 사람들이 우리 국경을 침범하였다.'고 하였습니다. 삼가 살펴보건대, 양국(兩國)이 통호(通好)한 이후에 죽도를 왕래하던 어민(漁民)들이 표류하여 귀국 땅에 이르면 예조참의(禮曹參議)가 표류민(漂流民)을 되돌려 보내는 일로 폐주(弊州)에 서신을 보낸 것이 모두 세 차례입니다. 우리 나라의 변방 백성들이 그 섬에 가서 고기잡이한 실상은 귀국이 일찍이 알고 있던 바인데, 아주 오래전에 우리 백성들이 그 섬에 가서 고기잡이한 것을 범월(犯越)이나 침섭(侵涉)한 것으로 여겼다면, 일찍이 종전 세 차례의 서신 가운데에서는 어찌하여 범월과 침섭의 뜻을 말하지 아니하였습니까?"

하였고, 셋째 조항에는 이르기를,

"회답하는 서신 가운데, '동일한 섬이 두 가지 이름으로 되어 있는 사실은 다만 우리나라 서적에 기록되어 있을 뿐만 아니라, 귀주(貴州)의 사람들도 또한 다 안다.'고 하였습니다. 귀국이 일찍이 동일한 섬이 두 가지 이름으로 되어 있는 사실이 서적에 기재되어 있는 것을 상고하고, 또 '동일한 섬이 두 가지 이름으로 되어 있는 사실을 폐주(弊州)의 사람들도 또한 다 안다.'고 생각하였다면, 첫 번째의 답서(答書)에서는 어찌하여 '귀계(貴界)의 죽도(竹島)는 폐경(弊境)의 울릉도(鬱陵島)이다.'라고 말하였습니까? 만일 애당초 죽도가 바로 울릉도인 줄 알지 못하고 두 섬이 두 이름으로 되었다고 생각하였다면, 지금의 답서(答書)에서는 어찌하여, '동일한 섬이 두 가지 이름으로 되어 있는 실상은 다만 우리나라 서적에 기록되어 있을 뿐만 아니라, 귀주(貴州)의 사람들도 또한 다 안다.'고 말하였습니까?"

하였고, 넷째 조항에는 이르기를,

"삼가 살펴보건대, 82년 전 폐주에서 동래부에 서신을 보내어 의죽도(礒竹島)를 자세히 조사하는 일을 알리니, 동래부사의 답서(答書)에 이르기를, '본도(本島)는 바로 우리나라의 이른바 울릉도(鬱陵島)라는 곳으로서 지금은 비록 황폐해져 있으나, 어찌 다른 사람들이 함부로 점거하는 것을 허용하여 시끄럽게 다투는 단서를 열겠는가?' 하였고, 그 두 번째 답서도 또한 그러하였습니다. 그런데 78년 전에 본방(本邦)의 변민(邊民)이 그 섬에 고기잡이하러 갔다가 표류하여 귀국 땅에 이르렀을 때 예조참의가 폐주에 보낸 서신에, '왜인(倭人) 마다삼이(馬多三伊) 등 7명이 변방의 관리에게 체포되었기에 그들이 온 연유를 물어보니, 울릉도에 고기잡이하러 왔다가 풍랑을 만나 표류하여 온 자였다. 이에 왜선(倭船)에 태워 귀도(貴島)로 돌려보낸다.'고 하였습니다. 대개 82년 전에 '어찌 다른 사람이 함부로 점거하는 것을 허용해서 시끄럽게 다투는 단서를 열겠는가?'라고 말하였다면, 78년 전에 다른 사람이 가서 고기잡이한다는 것을 듣고 허용하였을 리가 없었을 것입니다. 그런데 지금 회답하는 서신 가운데, '동일한 섬이 두 가지 이름으로 되어 있는 사실을 귀주(貴州)의 사람들도 또한 다 안다.'고 말한 것은 82년 전 동래부의 답서에 '의죽도(礒竹島)란 실은 우리나라의 울릉도이다.'라고 한 문구가 있기 때문입니까? 82년 전의 서신과 78년 전의 서신의 내용이 서로 부합되지 않으니, 지금 청문(請問)하지 않을 수 없습니다."

하였다.

(106) 『肅宗實錄』 肅宗 21年(乙亥, 1695년) 6月 庚戌(20일)條

朝廷答曰 : 八十二年前甲寅, 貴州頭倭一名·格倭十三名, 以礒竹島大小形止探見事, 持書契出來, 朝廷以爲猥越而不許接待, 只令本府府使朴慶業答書.

其略曰："所謂礒竹島, 實我國之鬱陵島, 介於慶尙·江原兩道海洋, 而載在輿圖, 烏可誣也? 今雖廢棄, 豈可容他人冒居, 以啓鬧釁耶? 貴島我國往來通行, 唯有一路, 此外則無論漂船眞假, 皆以賊船論斷. 弊鎭及沿海將官, 唯嚴守約束而已, 唯願貴島, 審區土之有分, 知界限之難侵, 各守信義, 免致謬戾."云. 今此書辭, 亦載於來書. 疑問第四條, 詳略雖異, 大旨則同, 若欲知此事源委, 此一書足矣. 其後三度漂倭, 或稱往漁于鬱陵島, 或稱漁採于竹島, 而竝付歸船, 送回貴島, 而不以犯越·侵涉爲責, 前後意義各有所在. 頭倭之來, 責以信義者, 以有侵越之情也. 漂船之泊, 只令順付者, 沈溺餘生, 乞得速還, 則資送是急, 不暇問他, 與國之禮, 有當然者. 夫豈有容許我土之意乎? 時遣公差, 往來搜檢事, 我國輿地勝覽, 詳記新羅·高麗及本朝太宗·世宗·成宗三朝, 屢遣官人於島中之事. 且前日接慰官洪重夏下去時, 貴州摠兵衛稱號人, 言於譯官朴再興曰："以輿地勝覽觀之, 鬱陵島果是貴國地."云. 此書乃貴州人所嘗見, 而丁寧言說於我人者也. 近間公差之不常往來, 漁氓之禁其遠入, 蓋爲海路之多險故也. 今者舍自前記載之書而不信, 乃反以彼我人之不相逢値於島中爲疑, 不亦異乎? 一島二名云者, 朴慶業書中, 旣有礒竹島實我國鬱陵島之語. 且洪重夏與正官倭相見時, 正官乃發我國芝峰類說之說. 類說曰："礒竹卽鬱陵島也."然則一島二名之說, 雖本載於我國書, 發其言端, 實自貴州正官之口. 答書中所謂一島二名之狀, 非徒我國書籍之所記, 貴州人亦皆知之者, 乃指此而言也. 此豈可疑而請問者乎? 癸酉年初度答書, 有若以竹島與鬱陵島, 爲二島者然, 此乃其時南宮之官不詳故事之致, 朝廷方咎其失言矣. 此際貴州出送其書而請改, 故朝廷因其請而改之, 以正初書之失, 到今惟當一以改送之書, 考信而已. 初書旣以錯誤而改之, 則何足爲今日憑問之端乎? 此書未及達, 而眞重又自以己意, 作爲文字, 請於回答書啓, 依此改之, 萊府峻責却之

조정(朝廷)에서 답하기를,

"82년 전 갑인년에 귀주(貴州)에서 두왜(頭倭) 1명과 격외(格倭) 13명이 의죽도(礒竹島)의 크고 작은 형편을 탐사(探査)하는 일로 서계(書契)를 가지고 나왔는데, 조정에서 이를 함부로 경계를 넘었다 하여 접대(接待)를 허락하지 않고, 다만 본부(本府)의 부사(府使)인 박경업(朴慶業)으로 하여금 답장을 하도록 하였다. 그 대략에 이르기를, '이른바 의죽도(礒竹島)란 실은 우리나라의 울릉도로서, 경상(慶尙)·강원(江原) 양도(兩道)의 해양(海洋)에 끼여 있는데, 여도(輿圖)에 기재되어 있으니, 어찌 속일 수 있겠는가? 그리고 지금은 비록 폐기(廢棄)되어 있지만, 어찌 다른 사람이 함부로 점거하는 것을 허용해서 시끄럽게 다투는 단서를 열겠는가? 귀국(貴國)과 우리나라가 왕래하고 통행하는 것은 다만 이 한 길이 있을 뿐이며, 이밖에는 표선(漂船)의 진가(眞假)를 따지지 않고 모두 적선(賊船)으로 논단(論斷)할 것이다. 폐진(弊鎭)과 연해(沿海)의 장관(將官)들은 다만 약속을 엄중히 지킬 뿐이니, 바라건대 귀도(貴島)는 구토(區土)의 분간이 있음을 살피고, 계한(界限)의 침략하기 어려움을 알아 각각 신의(信義)를 지켜서 사리(事理)에 어그러지는 일을 초래하는 일이 없었으면 한다.' 하였고, 지금 이 서신의 내용은 보내온 서신에도 기재되어 있다. 의문을 제기한 네 가지 조항은 상세하고 간략한 것은 비록 다르지만 대지(大旨)는 동일한데, 만일 이 일의 전말(顚末)을 알고자 한다면 이 한 장의 서신으로도 충분할 것이다. 그 뒤에 세 차례에 걸쳐서 표류해 온 왜인이 있어 혹은 울릉도에 고기잡이하러 왔다고 하고, 혹은 죽도에 고기잡이하러 왔다고 하였는데, 아울러 귀선(歸船)에 태워 귀도로 돌려보내고 범월(犯越)·침섭(侵涉)으로 책망하지 않았던 것은 전후의 일이 나름대로 각각 의의(意義)를 가지고 있기 때문이었다. 두왜가 왔을 때 신의로써 꾸짖었던 것은 침월(侵越)의 정상이 있었기 때문이었고, 표류해 온 배가 정박하였을 때 다만 돌아가는 인편에 딸려 보내도록 하였던 것은 물에 빠져 죽을 뻔하다 살아남은 목숨이 빨리 송환시켜 주기를 원해 살려보내는 일이 급하므로 다른 것은 물어볼 여지가 없었기 때문이었으며, 이웃 나라와 친근(親近)하는 예의로서 당연한 일인 것이었다. 어찌 우리 국토를 허용할 의사가 있어서였겠는가? 수시로 공차(公差)를 파견하여 왕래하여 수색하고 검사한 일은, 우리나라의 『여지승람(輿地勝覽)』에 신라(新羅) · 고려(高麗)와 본조(本朝)의 태종(太宗) · 세종(世宗) · 성종(成宗) 삼조(三朝)에서 여러 번 관인(官人)을 섬에 파견한 일이 상세히 기록되어 있다. 그리고 또 전일에 접위관(接慰官) 홍중하(洪重夏)가 내려갔을 때 귀주(貴州)의 총병위(摠兵衛)라 일컫는 사람이 역관(譯官) 박재흥(朴再興)에게 말하기를, '『여지승람』으로 본다면 울릉도는 과연 귀국(貴國)의 땅이다.'라고 하였다. 이 책은 바로 귀주의 사람이 일찍이 본 바이고, 틀림없이 우리나라 사람에게 말한 것이다. 요사이 공차가 항상 왕래하지 않고 어민(漁民)들에게 멀리 들어가는 것을 금지시켰던 것은 대개 해로(海路)에 위험한 곳이 많기 때문이었다. 이제 예전에 기재한 서적은 버리고 믿지 않는 채 도리어 왜인과 우리나라 사람이 섬 가운데에서 서로 만나지 않은 것을 의심하니, 또한 이상한 일이 아니겠는가? '동일한 섬인데 두 가지 이름으로 되어 있다.'고 한 것은 박경업의 서신 가운데 이미 '의죽도는 실은 우리나라의 울릉도이다.'라고 한 말이 있다. 그리고 또 홍중하(洪重夏)가 정관(正官)인 왜인(倭人)과 서로 만났을 때 그 정관이 곧 우리나라 『지봉유설(芝峰類說)』에 있는 내용을 발설하였는데, 『지봉유설』에는 이르기를, '의죽도는 바로 울릉도이다.'라고 하였다. 그렇다면 동일한 섬인데 두 가지 이름으로 되어 있다는 설은 비록 본래 우리나라 서적에 기재된 것이지만, 그 말이 발달된 것은 사실 귀주의 정관의 입에서 나온 것이다. 우리의 답서(答書) 가운데 이른바, '동일한 섬인데 두 가지 이름으로 되어 있는 사실은 다만 우리나라 서적에 기재되어 있을 뿐만 아니라, 귀주의 사람들도 또한 모두 다 알고 있다.'고 한 것은 바로 이것을 가리켜서 말한 것이다. 이것이 어찌 의문을 제기하여 청문(請問)할 만한 것이겠는가? 계유년의 첫 번째 회답한 서신에 죽도와 울릉도를 마치 두 섬으로 여긴 것 같은 점이 있는데, 이것은 바로 그때 남궁(南宮)의 관원이 고사(故事)에 밝지 못했던 소치로서, 조정이 바야흐로 그 실언(失言)을 나무랐었다. 그때에 귀주에서 그 서신을 돌려보내어 고쳐 주기를 청했기 때문에, 조정에서 그 청에 따라 첫 서신의 잘못된 점들을 고쳐서 바로잡았으니, 오늘날에 있어서는 오직 마땅히 한결같이 고쳐서 보낸 서신을 상고해 믿어야 할 것이다. 첫 서신은 이미 착오로 인해서 개정하였으니, 그것이 어찌 족히 오늘의 빙고(憑考)해 질문할 단서가 될 수 있겠는가?"

하였다. 이 서신이 미처 전달되기 전에 귤진중이 또 스스로 자기의 의사로 문장을 만들어 회답하는 서계(書啓)를 여기에 따라 고쳐 줄 것을 청하니, 동래부(東萊府)에서 준엄하게 꾸짖고 물리쳤다.

(107)『肅宗實錄』肅宗 21年(乙亥, 1695년) 6月 庚戌(20일)條

眞重遂進定行期於六月初十日, 又貽書萊府曰：去年所受回答書中, 有可疑之辭意. 然再度書契, 不爲回答, 則貴國之意, 未可窮知, 故只請再度答書, 旣受之答書, 不爲疑問, 而裁判平成常入和館, 傳刑部君, 令某歸州之命. 某仍以爲答書中可疑之辭意, 不可不請問, 五月十五日呈疑問書於府使, 以請轉達于京都, 以六月十五日爲乘船之期. 欲貴國閱疑問書, 而察此事之情狀, 某未乘船之前, 再改回答書契之微意也, 故五月廿三日, 以某之意見, 增損答書文字, 錄爲一本, 呈府使大人, 以請轉達于京都. 其後訓導來, 述府使之意, 其所言如不知是非者. 某悟此事不成, 因減所期之日數, 以六月十日爲乘船之期. 自呈疑問書, 至于今二十五日, 而貴國未賜開示者, 卽是無可開示之辭也. 旣無可開示之辭, 則答書不可不改作. 不爲改作而欲令帶去者, 豈止輕侮弊州? 實是侵陵本邦也. 貴國輕侮弊州, 侵陵本邦, 則某之處此事, 不可不直赴東萊府, 面接府使大人, 以見不辱君命之節義. 然刑部君召某之意, 有不可量知者, 故含羞

抱憤, 以歸弊州, 府使大人可以憐察某之情也. 某之歸州, 不帶回答書契, 使訓導·別差封之, 以授之館守. 是乃欲刑部君遣使之日, 館守授之使者, 使者繼述某之志事, 以決此事之成否者也. 因惟兩國之和好, 在留答書於和館之間. 答書一越海, 則兩國恐失百年之和好云云.

귤진중이 드디어 귀국하는 시기를 6월 10일로 앞당겨 정하고, 또 동래부에 서신을 보내어 말하기를,

"지난해에 받은 회답서(回答書) 가운데 의심스러운 내용이 있었습니다. 그러나 두 번째 서계(書契)에 대하여 회답을 않으니, 귀국(貴國)의 의사를 끝까지 알 수가 없었습니다. 그러므로 다만 두 번째의 답서(答書)만을 요구하고, 이미 받은 답서에 대해서는 의문을 제기하지 않았습니다. 그런데 재판(裁判) 평성상(平成常)이 화관(和館)에 들어와서 형부군(刑部君)이 저에게 귀국하라고 하였다는 본부를 전달하였습니다. 저는 이내 답서 가운데 의문스러운 내용을 청문(請問)하지 않을 수 없다고 생각한 나머지 5월 15일에 의문서(疑問書)를 부사(府使)에게 올려서 경도(京都)에 전달해 주기를 청하고, 6월 15일을 귀국하는 시기로 잡았습니다. 귀국(貴國)에서 의문서를 열람하여 이 일의 정상을 살펴서 제가 귀국하는 배를 타기 전에 회답하는 서계의 내용을 다시 고쳐 주기를 바랐기 때문에, 5월 23일에 저의 의견(意見)으로 답서 문자(答書文字)를 더하고 줄여 한 벌을 써서 부사 대인(府使大人)에게 올려 경도(京都)에 전달해 주기를 요망했습니다. 그 뒤에 훈도(訓導)가 와서 부사(府使)의 의사를 설명하였는데, 그의 말은 시비(是非)를 알지 못하는 것 같았습니다. 저는 이 일이 이루어지지 않으리라는 것을 깨닫고 기약했던 날짜를 단축하여 6월 10일을 승선(乘船)하는 시기로 잡았습니다. 의문서를 올린 뒤로부터 오늘에 이르기까지 25일이 지났는데도, 귀국에서 거기에 대해 개시(開示)하지 않는다는 것은 바로 해명할 만한 말이 없다는 것

입니다. 이미 해명할 만한 말이 없다면 답서는 고쳐 쓰지 않을 수가 없습니다. 고쳐 쓰지 않고서 가져가게 하려는 것이 어찌 폐주(弊州)를 경멸하는 것으로 그치겠습니까? 사실은 본방(本邦)을 업신여기는 것입니다. 귀국(貴國)에서 폐주를 경멸하고 본방을 업신여겼으니, 저는 이 일을 처리하는 데 있어 곧바로 동래부(東萊府)로 달려가서 부사 대인을 면접(面接)하고, 임금의 명령을 욕되게 하지 않는 절의(節義)를 보이지 않을 수가 없습니다. 그러나 형부군(刑部君)이 저를 소환할 뜻을 헤아려 알 수가 없기 때문에 수치와 분노를 품고 폐주로 돌아가는 것이니, 부사대인께서는 저의 심정을 살필 수 있을 것입니다. 제가 폐주로 돌아감에 있어 회답하는 서계를 가져가지 않고 훈도(訓導)와 별차(別差)로 하여금 그것을 봉(封)해서 관수(館守)에게 주도록 하였습니다. 그것은 바로 형부군이 사신을 보낼 때 관수가 그것을 사자(使者)에게 주어 그 사자가 저의 뜻과 일을 계술(繼述)하도록 해서 이 일의 성사 여부를 결정지으려는 것입니다. 인하여 생각해 보니, 양국(兩國)의 화호(和好)는 답서를 화관(和館)에 남겨 두는 데 있었습니다. 답서가 한 번 바다를 건너가게 되면 두 나라는 아마 백년(百年)의 우호(友好)를 상실할 듯 합니다."

하였다.

(108)『肅宗實錄』肅宗 21年(乙亥, 1695년) 6月 庚戌(20일)條

眞重雖發船, 到絶影島下, 東萊府追送朝廷所答開示書, 眞重乃復貽書萊府, 大肆罵辱. 其書曰：今日裁判送達開示書於船上, 某謹讀之, 開示不明. 是所謂過而順之, 又從而爲之辭者也. 開示不明之旨趣, 論之如左. 一八十二年前書, 卽述新羅·高麗·國初, 彼島屬于貴國之辭而已, 彼島屬于本邦者, 八十年來之事, 則何以八十二年前書, 爲盡今番一件之源委乎? 開示書, 漂船之泊, 只令順付者, 沈溺餘生, 乞得速還, 則資送是急, 不暇問他, 與國之禮, 有當然

者. 夫豈有容許我土之意乎云? 是乃遁辭之窮也. 所謂禮者, 何禮乎? 非禮之禮, 大人不爲. 某竊歎貴國無開示之辭也. 摠兵衛所言, 以輿地勝覽觀之之意也, 輿地勝覽, 卽二百年前之書籍, 而彼島屬于本邦者, 八十年來之事也. 以輿地勝覽, 爲今番一件之證驗, 何其不察古今之變易乎? 八十年來我國邊民, 年年往漁于竹島, 未曾與貴國公差相逢于彼島, 而今開示書, 以輿地勝覽爲證驗, 則今之答書, 言時遣公差, 往來搜檢者, 豈不爲虛僞之說乎? 不能開示某之所問, 而却著書中辭意之虛僞者, 某竊爲貴國恥之. 某與朴再興相見時, 發芝峰類說之說者, 欲使貴國, 知弊州有芝峰類說書也. 今開示書, 以類說爲一島二名之證驗, 則某亦可以類說, 爲鬱陵島屬于本邦之證驗. 某曾考之類說自序, 卽八十二年前所識也. 類說亦有近聞倭人, 占據礒竹島之語. 知他人占據而容許之, 知他人往漁而容許之, 則是八十年來, 貴國自棄彼島, 以令爲他人之有也. 往事如是, 而今番以我民往彼島, 爲犯越侵涉者, 不思之甚也. 今之答書, 與初度答書, 辭意不相合, 而貴國今歸罪於南宮之官, 以隱前後答書辭意不相合之失. 今番一件, 固兩國之大事, 則無南宮所作答書朝廷不閱之理矣. 某今讀開示書, 而深爲貴國恥之. 初, 眞重兩年留館, 必期得請. 自以使事不成, 朝家循例供給之物, 一不取用, 穿弊乞食, 辛苦萬狀, 而終不變易焉. 及至渡海之時, 乃取朝家前後所給白米一千八百六十石, 貽書萊府而還送之. 時, 以眞重事, 中外洶洶, 皆以爲:“壬辰之變, 不日將作.” 人心波蕩, 靡有止泊, 久而後乃定.

【史臣曰:“狡倭情狀, 雖甚絶痛, 旣答其一書, 則又以嚴斥之義, 答其第二書, 顧何傷哉? 南九萬執迷不回, 終使堂堂國家, 受無限罵辱於一差倭, 可勝痛哉?”】

귤진중(橘眞重)이 이미 배를 띄워 절영도(絶影島) 근처에 이르렀으나, 동래부에서 뒤쫓아가서 조정에서 개시(開示)하는 답서를 전달하니, 귤진중이 이

에 다시 동래부에 서신을 보내 욕설을 마구 퍼부었다. 그 서신에 이르기를,

"오늘 재판(裁判)이 개시하는 서신을 선상(船上)에 보내왔기에 제가 삼가 읽어 보았더니, 개시한 바가 분명하지 않았습니다. 이것은 이른바, '과오를 그대로 계속하고 또 뒤따라 변명을 한다.'는 것입니다. 개시가 분명하지 않은 취지를 논한다면 다음과 같습니다. 82년 전의 서신은 바로 신라(新羅)·고려(高麗)·국초(國初)에 저 섬이 귀국(貴國)에 소속되었다는 내용을 기술하였을 뿐이요, 저 섬이 본방(本邦)에 소속된 것은 80년 이래의 일이니, 어찌 82년 전의 서신으로 이번 이 1건(件)의 전말(顚末)을 다 말할 수 있겠습니까? 개시한 서신에, '표류해 온 배가 정박하였을 때 다만 돌아가는 인편에 태워 보내도록 하였던 것은 물에 빠져 죽을 뻔하다 살아남은 목숨이 빨리 송환해 주기를 원해 살려 보내는 일이 급하므로, 다른 것은 물어볼 여가가 없었기 때문이었으며, 이는 이웃 나라와 친근(親近)하는 예의로서 당연한 일인 것이었다. 어찌 우리 국토(國土)를 허용할 의사가 있어서이겠는가?'라고 말하였는데, 이것은 궁색한 둔사(遁辭)입니다. 이른바 예(禮)라는 것이 무슨 예입니까? 예가 아닌 예는 대인(大人)이 하지 않는 것입니다. 저는 삼가 귀국의 개시한 내용이 없는 것을 탄식하는 바입니다. 총병위(摠兵衛)가 말한 바, '『여지승람(輿地勝覽)』으로 본다면 울릉도는 과연 귀국의 땅이다.'는 내용에 있어선 『여지승람』은 바로 2백 년 전의 서적이고 저 섬이 본방(本邦)에 소속된 것은 80년 이래의 일입니다. 그런데 『여지승람』으로 이번 건(件)의 증거로 삼으니, 어찌 그다지도 고금(古今)의 변역(變易)을 살피지 못하는 것입니까? 80년 이래로 우리 나라의 변방 백성들이 해마다 죽도(竹島)에 가서 고기잡이를 하였지만, 일찍이 귀국의 공차(公差)와 그 섬에서 서로 만난 적이 없었는데, 이제 개시하는 서신에는 『여지승람』을 증거로 삼았으니, 지금 답서(答書)에서 말한, '수시로 공차를 파견하여 왕래하며 수색하고 검사하게 하였다.'는 것이 어찌 허위(虛僞)의 설명이 아니겠습니까? 제가

질문한 바에 대해서는 개시하지 못하고, 도리어 서신에다 허위를 드러내었으니, 저는 삼가 귀국을 위하여 수치스럽게 여기는 바입니다. 제가 박재흥(朴再興)과 서로 만났을 때 『지봉유설(芝峰類說)』에 있는 설(說)을 발설했다는 것은 귀국(貴國)으로 하여금 폐주(弊州)에 『지봉유설』이란 책이 있다는 것을 알게 하려는 것이었습니다. 그런데 지금 개시한 서신에 『지봉유설』로 동일한 섬에 두 가지 이름이 있는 증거로 삼았는데, 그렇다면 저도 『지봉유설』로 울릉도가 본방에 소속되었다는 증거로 삼을 수가 있습니다. 제가 일찍이 『지봉유설』의 자서(自序)를 상고해 보니, 바로 82년 전에 쓴 것이었습니다. 『지봉유설』에도 또한, '요사이 들으니 왜인(倭人)이 의죽도(礒竹島)를 점거했다고 한다.'는 말이 있었습니다. 다른 사람이 점거한 줄 알면서도 그것을 허용하고, 다른 사람이 가서 고기잡이를 하는 줄 알면서도 그것을 허용하였으니, 이는 80년 이래로 귀국이 스스로 그 섬을 버려서 다른 사람의 소유가 되도록 한 것입니다. 지난 일이 이와 같은데도 이번에 우리 백성들이 그 섬에 간 것을 가지고 범월(犯越)과 침섭(侵涉)으로 여기는 것은 매우 생각을 잘못한 것입니다. 이번의 답서와 첫 번째의 답서가 내용이 서로 부합하지 않는데도, 귀국에서는 지금 남궁(南宮)의 관원에게 잘못을 돌리고, 전후(前後)의 답서 내용이 서로 부합하지 않는 실수를 숨기고 있습니다. 이번의 이 사건은 진실로 양국(兩國)의 대사(大事)이니, 예조에서 지은 답서를 조정에서 살펴보지 않았을 리가 없을 것입니다. 저는 지금 개시한 서신을 읽고 매우 귀국을 위해 수치스럽게 여기는 바입니다."

하였다. 처음에 귤진중이 2년을 왜관(倭館)에 머무르며 반드시 요구를 달성하려고 기약하였다. 그래서 스스로 사신의 임무를 성취시키지 못했다는 것을 이유로 조정에서 준례에 따라 공급하는 물품을 일체 취용(取用)하지 않았고, 해진 옷을 입고 밥을 구걸해 먹으며 이루 헤아릴 수 없는 고초를 겪었지만, 마침내 태도를 바꾸지 않았다. 바다를 건너 귀국할 때에 이르러 조정에서 전후에 걸쳐 공급한 백미(白米) 1천 860섬을 가져다 동래부로 서신과 함께 환송(還送)하였다. 이때 귤진중의 일로 인하여 중외(中外)가 흉흉(洶洶)하여 모두 말하기를, '임진년과 같은 변란이 멀지 않아 장차 일어날 것이다.'고 하였다. 인심(人心)이 물결처럼 흔들려 불안에 차 있다가 한참이 지나서야 안정되었다. 사신(史臣)은 말한다.

"교활한 왜인(倭人)의 정상은 비록 매우 절통(絶痛)한 일이나 이미 첫 번째 서신에 답하였으니, 또 엄중하게 물리치는 뜻으로 그 두 번째 서신에 답하는 것이 생각건대 무슨 손상될 것이 있겠는가? 남구만이 잘못된 견해를 고집스럽게 바꾸지 않아 끝내 당당(堂堂)한 국가로 하여금 한낱 차왜(差倭)에게 무한한 매도(罵倒)와 치욕을 당하게 하였으니, 통탄스러움을 금할 수가 있겠는가?"

(109)『肅宗實錄』肅宗 22年(丙子, 1696년) 8月 任子(29일)條

東萊人安龍福·興海人劉日夫·寧海人劉奉石·平山浦人李仁成·樂安人金成吉·順天僧雷憲·勝淡·連習·靈律·丹責·延安人金順立等, 乘船往鬱陵島, 轉入日本國 伯耆州, 與倭人相訟後, 還到襄陽縣界, 江原監司沈枰, 捉囚其人等馳啓, 下備邊司.

동래(東萊) 사람 안용복(安龍福)·흥해(興海) 사람 유일부(劉日夫)·영해(寧海) 사람 유봉석(劉奉石)·평산포(平山浦) 사람 이인성(李仁成)·낙안(樂安) 사람 김성길(金成吉)과 순천(順天) 중(僧) 뇌헌(雷憲)·승담(勝淡)·연습(連習)·영률(靈律)·단책(丹責)과 연안(延安) 사람 김순립(金順立) 등과 함께 배를 타고 울릉도(鬱陵島)에 가서 일본국(日本國) 백기주(伯耆州)로 들어가 왜인(倭人)과 서로 송사한 뒤에 양양현(襄陽縣) 지경으로 돌아왔으므로, 강원감사(江原監司) 심평(沈枰)이 그 사람들을 잡아가두고 치계(馳啓)하였는데,

비변사(備邊司)에 내렸다.

(110)『肅宗實錄』肅宗 22年(丙子, 1696년) 9月 戊寅(25일)條

備邊司推問安龍福等. 龍福以爲:"渠本居東萊, 爲省母至蔚山, 適逢僧雷憲等, 備說頃年往來鬱陵島事, 且言本島海物之豐富, 雷憲等心利之. 遂同乘船, 與寧海篙工劉日夫等, 俱發到本島, 主山三峰, 高於三角, 自南至北, 爲二日程, 自東至西亦然. 山多雜木·鷹·烏猫, 倭船亦多來泊, 船人皆恐. 渠倡言: '鬱島本我境, 倭人何敢越境侵犯? 汝等可共縛之.' 仍進船頭大喝, 倭言:'吾等本住松島, 偶因漁採出來. 今當還往本所.' '松島卽子山島, 此亦我國地, 汝敢住此耶?' 遂以翌曉, 拕舟入子山島, 倭等方列釜鬵煮魚膏. 渠以杖撞破, 大言叱之, 倭等收聚載船, 擧帆回去, 渠仍乘船追趁, 猝遇狂飆, 漂到玉岐島. 島主問入來之故, 渠言:'頃年吾入來此處, 以鬱陵·子山等島, 定以朝鮮地界, 至有關白書契, 而本國不有定式, 今又侵犯我境, 是何道理?' 云爾, 則謂當轉報伯耆州, 而久不聞消息. 渠不勝憤惋, 乘船直向伯耆州, 假稱鬱陵·子山兩島監稅, 將使人通告本島, 送人馬迎之. 渠服靑帖裏, 着黑布笠, 穿皮鞋乘轎, 諸人竝乘馬, 進往本州. 渠與島主, 對坐廳上, 諸人竝下坐中階, 島主問:'何以入來?' 答曰:'前日以兩島事, 受出書契, 不啻明白, 而對馬島主奪取書契, 中間僞造, 數遣差倭, 非法橫侵, 吾將上疏關白, 歷陳罪狀.' 島主許之. 遂使李仁成, 構疏呈納, 島主之父來懇伯耆州曰:'若登此疏, 吾子必重得罪死, 請勿捧入.' 故不得稟定於關伯, 而前日犯境倭十五人, 摘發行罰. 仍謂渠曰:'兩島旣屬爾國之後, 或有更爲犯越者, 島主如或橫侵, 竝作國書, 定譯官入送, 則當爲重處.' 仍給糧, 定差倭護送, 渠以帶去有弊, 辭之."云. 雷憲等諸人供辭略同. 備邊司啓請:"姑待後日登對稟處." 允之.

비변사(備邊司)에서 안용복(安龍福) 등을 추문(推問)하였는데, 안용복이 말

하기를,

“저는 본디 동래(東萊)에 사는데, 어미를 보러 울산(蔚山)에 갔다가 마침 중(僧) 뇌헌(雷憲) 등을 만나서 근년에 울릉도(鬱陵島)에 왕래한 일을 자세히 말하고, 또 그 섬에 해물(海物)이 많다는 것을 말하였더니, 뇌헌 등이 이롭게 여겼습니다. 드디어 같이 배를 타고 영해(寧海) 사는 뱃사공 유일부(劉日夫) 등과 함께 떠나 그 섬에 이르렀는데, 주산(主山)인 삼봉(三峯)은 삼각산(三角山)보다 높았고, 남에서 북까지는 이틀 길이고 동에서 서까지도 그러하였습니다. 산에는 잡목(雜木) · 매(鷹) · 까마귀 · 고양이가 많았고, 왜선(倭船)도 많이 와서 정박하여 있으므로 뱃사람들이 다 두려워하였습니다. 제가 앞장서서 말하기를, ‘울릉도는 본디 우리 지경인데, 왜인이 어찌하여 감히 지경을 넘어 침범하였는가? 너희들을 모두 포박하여야 하겠다.’ 하고, 이어서 뱃머리에 나아가 큰소리로 꾸짖었더니, 왜인이 말하기를, ‘우리들은 본디 송도(松島)에 사는데 우연히 고기잡이 하러 나왔다. 이제 본소(本所)로 돌아갈 것이다.’ 하므로, ‘송도는 자산도(子山島)로서, 그것도 우리나라 땅인데 너희들이 감히 거기에 사는가?’ 하였습니다. 드디어 이튿날 새벽에 배를 몰아 자산도에 갔는데, 왜인들이 막 가마솥을 벌여 놓고 고기 기름을 다리고 있었습니다. 제가 막대기로 쳐서 깨뜨리고 큰 소리로 꾸짖었더니, 왜인들이 거두어 배에 싣고서 돛을 올리고 돌아가므로, 제가 곧 배를 타고 뒤쫓았습니다. 그런데 갑자기 광풍을 만나 표류하여 옥기도(玉岐島)에 이르렀는데, 도주(島主)가 들어온 까닭을 물으므로, 제가 말하기를, ‘근년에 내가 이곳에 들어와서 울릉도 · 자산도 등을 조선(朝鮮)의 지경으로 정하고, 관백(關白)의 서계(書契)까지 있는데, 이 나라에서는 정식(定式)이 없어서 이제 또 우리 지경을 침범하였으니, 이것이 무슨 도리인가?’ 하자, 마땅히 백기주(伯耆州)에 전보(轉報)하겠다고 하였으나, 오랫동안 소식이 없었습니다. 제가 분완(憤惋)을 금하지 못하여 배를 타고 곧장 백기주로 가서 울릉 · 자산양도감세(鬱陵子山兩島監稅)라 가칭하고 장차 사람을 시켜 본도에 통고하려 하는데, 그 섬에서 사람과 말을 보내어 맞이하므로, 저는 푸른 철릭(帖裏)을 입고 검은 포립(布笠)을 쓰고 가죽신을 신고 교자(轎子)를 타고 다른 사람들도 모두 말을 타고서 그 고을로 갔습니다. 저는 도주와 청(廳) 위에 마주 앉고 다른 사람들은 모두 중계(中階)에 앉았는데, 도주가 묻기를, '어찌하여 들어왔는가?' 하므로, 답하기를 '전일 두 섬의 일로 서계를 받아낸 것이 명백할 뿐만이 아닌데, 대마도주(對馬島主)가 서계를 빼앗고는 중간에서 위조하여 두세 번 차왜(差倭)를 보내 법을 어겨 함부로 침범하였으니, 내가 장차 관백에게 상소하여 죄상을 두루 말하려 한다.' 하였더니, 도주가 허락하였습니다. 드디어 이인성(李仁成)으로 하여금 소(疏)를 지어 바치게 하자, 도주의 아비가 백기주에 간청하여 오기를, '이 소를 올리면 내 아들이 반드시 중한 죄를 얻어 죽게 될 것이니 바치지 말기 바란다.' 하였으므로, 관백에게 품정(稟定)하지는 못하였으나, 전일 지경을 침범한 왜인 15인을 적발하여 처벌하였습니다. 이어서 저에게 말하기를, '두 섬은 이미 너희 나라에 속하였으니, 뒤에 혹 다시 침범하여 넘어가는 자가 있거나 도주가 혹 함부로 침범하거든, 모두 국서(國書)를 만들어 역관(譯官)을 정하여 들여보내면 엄중히 처벌할 것이다.' 하고, 이어서 양식을 주고 차왜를 정하여 호송하려 하였으나, 제가 데려가는 것은 폐단이 있다고 사양하였습니다."

하였고, 뇌헌 등 여러 사람의 공사(供辭)도 대략 같았다. 비변사에서 아뢰기를,

"우선 뒷날 등대(登對)할 때를 기다려 품처(稟處)하겠습니다."

하니, 윤허하였다.

(111) 『肅宗實錄』 肅宗 22年(丙子, 1696년) 10月 丙申(13일)條

引見大臣·備局諸臣. 左議政尹趾善曰 : "安龍福事, 問于在外大臣, 則領敦寧

尹趾完以爲:‘龍福私往他國, 猥說國事. 彼或認爲朝廷所使, 則事甚可駭. 論其罪犯, 當殺無疑, 而但念馬島之人, 從前欺詐者, 以我國不得通江戶之故耳. 今知別有他路, 則必將大生恐怯, 而聞龍福之被誅, 則又喜其路之永塞矣. 我國之誅龍福, 以法則是, 以計則非. 廢法固不可, 失計亦可惜. 至於通報島中, 梟示館外, 以快狡倭之心, 未免爲自損之歸’ 云. 領府事南九萬以爲:‘龍福癸酉年往鬱島, 被虜於倭人, 入去伯耆州, 則本州成給鬱島永屬朝鮮公文, 且多有贈物, 出來時, 路由馬島, 公文·贈物, 盡爲馬島人所奪云, 而不以其言爲必可信矣, 今見龍福, 再往伯耆州呈文, 則前言似是實狀. 龍福之冒禁再往, 挑出事端之罪, 固不容誅矣. 然而對馬倭之假稱鬱陵以竹島, 虛托江戶之命, 欲使我國, 禁人往來於鬱島, 其中間欺誑操弄之狀, 今因龍福而畢露, 此則亦一快事也. 龍福之有罪無罪, 當殺不當殺, 自我國徐當議處, 馬島之米·布·紙, 減分細瑣之事, 皆不當擧論矣. 至於事係鬱島, 變幻欺謾之狀, 不可不因此機會, 使萊府送書馬島, 條列詰問, 明辨痛斥. 彼若更有巧飾不服之言, 自我又送書以問曰:‘汝居兩國間, 凡事之無信如此. 龍福以漂風殘氓, 無國書而自爲呈文, 不可取信, 固也, 自朝廷將欲別遣使臣於日本, 審其虛實, 汝將何以處之?’ 云爾, 則馬島 倭, 必大生恐怯. 服罪哀乞然後, 龍福之罪, 自我議其輕重而處之, 鬱島事, 使倭人不敢更有開口, 則狡倭嘗試之計, 庶可少縮, 此乃上策. 如不能然, 亦宜使萊府, 送書島主, 先陳龍福擅自呈文之罪, 更陳本島虛稱竹島之失, 分數開說, 委曲措辭, 待其回答後處之可也, 龍福斷罪之意, 決不可語及於書契中, 此爲中策. 至若馬島用奸欺我之狀, 則不問而置之, 龍福呈文辨正之罪, 則先論而殺之, 惟救得免於島主之憾恨, 其示弱甚矣. 且島主之意, 雖內以快其讎爲幸, 外必不肯釋然感謝於我, 今後凡事, 少有不如意者, 必以龍福藉口, 爲侮脅我國之語柄, 不久將以鬱島執言, 而連續送差, 我何以堪之乎? 似是下策.’ 云. 在外大臣之意, 皆以殺龍福爲不可, 而南九萬之上策, 似難輕議. 不罪龍福而專責馬島, 則有若自朝家使爲者然矣. 安龍福·李仁成姑爲仍囚, 待首相出仕後處之, 其餘脅從, 旣傳生議, 先爲放釋乎?" 上曰 : "領相出仕後, 商議稟處, 諸人先爲放送." 知事申汝哲曰 : "龍福之事, 雖極痛駭, 國家所不能爲之事, 渠能爲之, 功過足以相掩, 不可斷以一罪也." 趾善曰 : "不殺龍福, 則末世奸民, 必多生事於他國者, 何可不殺也?" 上曰 : "待領相出仕後處之."

대신(大臣)과 비국(備局)의 제신(諸臣)을 인견(引見)하였다. 좌의정(左議政) 윤지선(尹趾善)이 말하기를,

"안용복(安龍福)의 일을 외방(外方)에 있는 대신에게 물었더니, 영돈녕(領敦寧) 윤지완(尹趾完)은 말하기를, '안용복은 사사로이 다른 나라에 가서 외람되게 나라의 일을 말하였는데, 그가 혹 조정(朝廷)에서 시킨 것처럼 하였다면 매우 놀라운 일이니, 그 죄를 논하면 마땅히 죽여야 하는 데 의심할 바가 없습니다. 단지 대마도(對馬島) 사람이 전부터 속여 온 것은 우리나라에서 에도(江戶)와 교통하지 못하였기 때문인데, 이제 다른 길이 따로 있는 것을 알았으니, 반드시 크게 두려움이 생길 것이나, 안용복이 주살(誅殺)되었다는 말을 들으면 또 그 길이 영구히 막힌 것을 기뻐할 것입니다. 우리나라에서 안용복을 죽이는 것이 법으로는 옳겠지만 계책으로는 그릇된 것이므로, 법을 폐기하는 것은 진실로 불가(不可)하나 계책을 잃는 것도 아까운데, 대마도에 통보하고 왜관(倭館) 밖에 효시(梟示)하여 교활한 왜인의 마음을 시원하게 하는 데 이르러서는 스스로 손상하는 데로 돌아가는 것을 면하지 못할 것입니다.' 하고, 영부사(領府事) 남구만(南九萬)은 말하기를, '안용복이 계유년에 울릉도(鬱陵島)에 갔다가 왜인에게 잡혀 백기주(伯耆州)에 들어갔더니, 본주(本州)에서 울릉도는 영구히 조선에 속한다는 공문(公文)을 만들어 주고 증물(贈物)도 많았는데, 대마도를 거쳐서 나오는 길에 공문과 증물을 죄다 대마도 사람에게 빼앗겼다 하나, 그 말을 반드시 믿을 만하다고 여기지는 않았습니다마는, 이제 안용복이 다시 백기주에 가서 정문

(呈文)한 것을 보면 전의 말이 사실인 듯합니다. 안용복이 금령(禁令)을 무릅쓰고 다시 가서 사단(事端)을 일으킨 죄는 진실로 주살하지 않을 수 없습니다. 그러나 대마도의 왜인이 울릉도를 죽도(竹島)라 거짓 칭하고, 에도의 명이라 거짓으로 핑계를 대어 우리나라에서 사람들이 울릉도에 왕래하는 것을 금지하게 하려고 중간에서 속여 농간을 부린 정상이 이제 안용복 때문에 죄다 드러났으니, 이것은 또한 하나의 쾌사(快事)입니다. 안용복에게 죄가 있고 없는 것과 죽여야 하고 죽이지 말아야 하는 것은 우리나라에서 천천히 의논하여 처치할 것이고, 대마도에 주는 쌀·베·종이를 줄이는 자질구레한 일은 다 거론하는 것이 마땅하지 못하나, 울릉도를 변환(變幻)하고 속인 정상에 관계되는 일에 이르러서는 이 기회로 인하여 동래부(東萊府)로 하여금 대마도에 글을 보내어 조목으로 열거하여 힐문해서 명확하게 분별하여 매우 배척하지 않을 수 없습니다. 저들이 만약에 다시 교묘히 꾸며서 승복하여 말하지 않는다면, 우리나라에서 또 글을 보내어 묻기를, '너희가 두 나라 사이에 있으면서 모든 일에 이렇게 신의가 없으니, 안용복이 풍랑에 표류한 잔약(殘弱)한 백성으로서 국서(國書)가 없이 스스로 정문(呈文)한 것은 진실로 믿을 수 없으므로, 조정에서 따로 사신(使臣)을 일본에 보내어 그 허실(虛實)을 살피게 하려는데, 너희는 장차 어떻게 처치하겠는가?' 하면, 대마도의 왜인이 반드시 크게 두려움이 생길 것입니다. 그런 뒤에 안용복의 죄를 우리나라에서 그 경중을 의논하여 처치하고, 울릉도의 일은 왜인이 감히 다시 입을 열지 못하게 하면, 교활한 왜인이 시험하여 보려는 생각을 조금 줄일 수 있을 것이니, 이것이 상책입니다. 그렇게 할 수 없다면, 또한 동래부로 하여금 도주(島主)에게 글을 보내어 먼저 안용복이 마음대로 정문한 죄를 말하고, 다시 본도(本島)에서 죽도라고 거짓 칭한 잘못을 말하되, 이치를 가려서 타이르고 자세히 조사(措辭)하고서 그 회답을 기다린 뒤에 처치하는 것이 옳겠고, 안용복을 단죄(斷罪)한다는 뜻은 결코 서계(書契)

가운데에 말하여서는 안 되니, 이것이 중책(中策)입니다. 대마도에서 간사한 술책으로 우리를 속인 정상은 힐문하지 않고서 버려두고, 안용복이 정문하여 변정(辨正)한 죄는 먼저 논하여 죽인다면, 도주의 원한을 면하고자 하는 것으로 매우 약한 것을 보이는 것입니다. 또 도주의 뜻은, 속으로는 원한을 푼 것을 다행스럽게 여기더라도 겉으로는 반드시 분명하게 우리에게 감사해하지 않을 것이니, 이 뒤로 모든 일에 조금이라도 뜻대로 되지 않는 것이 있으면, 반드시 안용복의 일을 핑곗거리로 삼아 우리나라를 모욕하고 협박하는 말의 근본을 삼고 오래지 않아 울릉도의 일로 말을 고집하여 잇달아 차인(差人)을 보낼 것인데, 우리가 어떻게 감당하겠습니까? 이것은 하책(下策)일 듯합니다.' 하였습니다. 외방에 있는 대신의 뜻은 다 안용복을 죽이는 것을 옳지 않다 하나, 남구만의 상책은 쉽사리 의논하기 어려울 듯합니다. 안용복을 죄주지 않고 오로지 대마도를 꾸짖으면, 마치 국가에서 시킨 것인 듯할 것이니, 안용복·이인성(李仁成)은 우선 그대로 가두어 두었다가 수상(首相)이 출사(出仕)하기를 기다린 뒤에 처치하고, 그 나머지 위협 때문에 따른 자는 이미 살리는 의논에 붙였으니, 먼저 석방하여야 하겠습니다."

하니, 임금이 말하기를,

"영상(領相)이 출사한 뒤에 상의하여 품처(稟處)하고, 사람들은 먼저 놓아 보내도록 하라."

하였다. 지사(知事) 신여철(申汝哲)이 말하기를,

"안용복의 일은 매우 놀랍기는 하나, 국가에서 못하는 일을 그가 능히 하였으므로 공로와 죄과가 서로 덮을 만하니, 일죄(一罪)로 결단할 수 없겠습니다."

하고, 윤지선이 말하기를,

"안용복을 죽이지 않으면, 말세(末世)의 간사한 백성 중에 반드시 다른 나라에서 일을 일으키는 자가 많아질 것이니, 어찌 죽이지 않을 수 있겠습니까?"

하니, 임금이 말하기를,

"영상이 출사한 뒤에 처치하라."

하였다.

(112)『肅宗實錄』肅宗 22年(丙子, 1696년) 10月 丙午(23일)條

引見大臣·備局諸臣. 時, 諫院論考講時闌入儒生, 請以亂場之罪罪之, 刑曹判書金鎭龜陳:"考講時作挐者, 與冒入有間, 施以闌入之律, 似過." 上命限三年停擧. 又陳:"今番四學合製時冒入人, 自成均館摘發, 送本曹推閱, 則渠言誤認被抄而入, 殊極奸詐, 而合製是館製, 不可直施闌入之律." 上命施以館學製闌入之律. 時, 吳道一之子, 帶入借述人, 事覺, 移刑曹, 鎭龜恐忤道一, 不肯明覈, 有此陳達矣. 承旨兪集一曰:"臣頃年奉使東萊也, 推問安龍福, 以爲:'伯耆州所給銀貨及文書, 馬島人刦奪.' 今番渠之呈于伯耆州也, 以爲馬島人僞稱以二千金贖渠, 出送本國爲辭, 而欲徵其銀於本國, 前後之言, 大相違盭. 且馬島人, 元無以贖銀來徵之事, 壬戌約條, 亦涉秘密, 龍福何以得聞? 且倭人皆以爲竹島卽伯耆州食邑, 必不以龍福一言, 快稱朝鮮之地, 而龍福呈文中, 屢稱鬱島之爲本國地, 而倭人問答及出送龍福文書, 一不擧論. 此等事情, 極涉可疑, 更覈得實後, 論罪宜矣." 上從之.

대신(大臣)과 비국(備局)의 제신(諸臣)을 인견(引見)하였다. 이때 간원(諫院)에서, 고강(考講) 때에 난입(闌入)한 유생(儒生)을, 과장(科場)을 어지럽힌 죄로 죄주기를 청하였는데, 형조판서(刑曹判書) 김진귀(金鎭龜)가 말하기를,

"고강 때에 소란을 피운 자는 모입(冒入)한 것과 차이가 있으니, 난입한 율(律)로 시행하는 것은 지나친 듯합니다."

하니, 임금이 3년 동안만 정거(停擧)하라고 명하였다. 또 말하기를,

“이번 사학합제(四學合製) 때에 모입한 사람을 성균관(成均館)에서 적발하여 본조(本曹)에 보냈으므로 추열(推閱)하였더니, 그가 초록(抄錄)된 것으로 잘못 알고 들어갔다고 말하였습니다. 매우 간사하나, 합제는 관제(館製)이므로 곧바로 난입한 율을 시행할 수는 없겠습니다.”

하니, 임금이 관학제(館學製)에 난입한 율로 시행하라고 명하였다. 이때 오도일(吳道一)의 아들이 차술인(借述人)을 데리고 들어갔다가, 일이 발각되어 형조로 옮겨졌는데, 김진귀가 오도일에게 미움받을까 염려하여 분명히 핵실(覈實)하려 하지 않고 이렇게 아뢴 것이다. 승지(承旨) 유집일(兪集一)이 말하기를,

“신(臣)이 근년 동래(東萊)에 봉사(奉使)하였을 때에 안용복(安龍福)을 추문(推問)하였더니, 말하기를, ‘백기주(伯耆州)에서 준 은화(銀貨)와 문서(文書)를 대마도(對馬島) 사람이 겁탈하였다.’ 하였는데, 이번 그가 백기주에 정문(呈文)한 데에는, ‘대마도 사람이 2천 금(金)으로 나를 속(贖)하여 본국(本國)에 내보낸다고 거짓말을 하고 그 은은 본국에서 받겠다고 하였다.’ 고 하였으니, 전후에 한 말이 매우 어그러집니다. 또 대마도 사람은 본디 속은(贖銀)을 와서 거둔 일이 없고, 임술 약조(壬戌約條)도 비밀에 관계되는데, 안용복이 어떻게 들을 수 있었겠습니까? 또 왜인은 모두 죽도(竹島)가 백기주의 식읍(食邑)이라 하므로, 안용복이 한 번 말하였다 하여 조선 땅이라 쾌히 말하지는 않았을 것이고, 안용복의 정문 가운데에는 울릉도(鬱陵島)는 본국 땅이라고 여러 번 말하였으나, 왜인이 문답한 문서와 안용복을 내보낸다는 문서에는 일체 거론하지 않았습니다. 이러한 사정들은 매우 의심스러우니, 다시 핵사(覈查)하여 실정을 알아 낸 뒤에 죄를 논하는 것이 마땅하겠습니다.”

하니, 임금이 그대로 따랐다.

(113) 『肅宗實錄』 肅宗 23年(丙子, 1697년) 2月 乙未(14일)條

東萊府使李世載狀啓言 : 館倭言 : "前島主以竹島事,再送大差, 及其死後, 時島主入去江戶, 言于關白以竹島近朝鮮, 不可相爭, 仍禁倭人之往來, 周旋之力多矣. 以此啓聞, 成送書契如何?" 又問 : "去秋貴國人有呈單事, 出於朝令耶?" 臣曰 : "若有可辨, 送一譯於江戶, 顧何所憚, 而乃送狂蠢浦民耶?" 倭曰 : "島中亦料如此, 不送差倭, 此亦別作書契答之." 云

동래부사(東萊府使) 이세재(李世載)가 장계(狀啓)하기를,

"관왜(館倭)가 말하기를, '전(前) 도주(島主)가 죽도(竹島)의 일로 두 번이나 대차(大差)를 보내었으며, 그가 죽은 뒤에 이르러서는 현재의 도주가 에도(江戶)에 들여보내어 관백(關白)에게, 죽도는 조선(朝鮮)에 가까우니 서로 다툴 수 없다.라는 것을 말하게 하고, 인하여 왜인들의 왕래를 금하였으니, 주선(周旋)한 힘이 많았습니다. 이로써 계문(啓聞)하여 서계(書契)를 만들어 보내는 것이 어떻겠습니까?' 하고, 또 묻기를, '지난 가을에 귀국(貴國)의 사람이 단자(單子)를 바친 일이 있었는데, 조정의 명령에서 나온 것입니까? ' 하기에, 신이 말하기를, '만약 분변할 수만 있다면 한 사람의 역관(譯官)을 에도(江戶)에 보낼 터인데, 돌아보건대 무엇을 꺼려하여 미치광스럽고 어리석은 포민(浦民)을 보내겠는가?' 하니, 관왜가 말하기를, '도중(島中)에서도 이와 같이 헤아리고 차왜(差倭)를 보내지 않는 것이니, 이것도 따로 서계(書契)를 만들어 답을 해야 한다.'고 하였습니다."

하였다.

(114) 『肅宗實錄』 肅宗 23年(丙子, 1697년) 2月 乙未(14일)條

備邊司回啓曰 : "竹島卽鬱陵島一名, 是我國地, 載於輿地勝覽, 日本亦所明知, 而前後送差, 請已書契措語, 未知其間情弊. 今乃以禁勿往來, 歸功於時島

主, 顯有引咎之意, 朝家大體, 不必更責前事. 至於漂風愚民, 設有所作爲, 亦非朝家所知, 俱非成送書契之事, 請以此言及館倭." 允之.

비변사(備邊司)에서 회계(回啓)하기를,

"죽도(竹島)는 바로 울릉도(鬱陵島)의 다른 이름이며, 이는 우리나라의 땅으로 『동국여지승람(東國輿地勝覽)』에 기재되어 있는 것을 일본(日本)에서도 분명하게 알고 있는데, 전후(前後)에 차왜(差倭)를 보내어 서계(書契)의 내용을 고쳐 달라고 청하니, 그간의 실정과 폐단을 모르겠습니다. 그러나 지금 왜인들을 왕래하지 못하도록 금하는 것을 현재의 도주(島主)에게 공(功)을 돌리니, 인책(引責)하는 의도가 두드러지게 나타나 있으나, 조정의 대체(大體)로 보아 지난 일을 다시 책망할 필요는 없습니다. 그리고 풍랑에 표류된 어리석은 백성에 이르러서도 설사 저지른 것이 있다고 하더라도 역시 조정에서 알 바가 아니니, 모두 서계를 만들어 보낼 일이 아닙니다. 청컨대 이것을 관왜(館倭)에게 말하도록 하소서."

하니, 그대로 윤허하였다.

(115) 『肅宗實錄』 肅宗 23年(丙子, 1697년) 3月 戊寅(27일)條

引見大臣·備局諸臣. 領議政柳尙運·右議政崔錫鼎, 稟奏文撰出事, 請以世子誕生後, 卽通彼國, 且告宗廟, 定以嫡長子, 中宮鞠養, 無異已出, 臣民屬望已久. 皇明祖訓五百里內宗藩, 慮有嫡庶爭立之患, 有此定制, 而非可用於外藩之意, 爲言, 上從之. 錫鼎言 : "臣方帶文衡, 固當撰奏文, 而亦當會衆說而折衷. 請令承文提調, 竝皆製述." 尙運言 : "雖非承文提調, 如吳道一·崔奎瑞·李彦綱, 俱有文望, 宜使撰出." 錫鼎曰 : "京畿監司李畬, 亦可使撰." 上竝從之, 畬則以外官故, 只令相議. 尙運曰 : "安龍福在法當誅, 而南九萬·尹趾完, 皆以爲不可輕殺, 且島倭送書, 歸罪前島主, 而鬱島則禁倭往來, 無他端,

而猝然自服, 似不無所由, 龍福不可徑先處斷. 其意蓋以倭人折服, 爲龍福之功也." 上意亦以爲然, 命減死定配. 憲府屢啓爭之, 不從. 尙運仍以錫鼎吏判時簡, 覆奏:"其一, 量田事, 徐觀年事更稟; 其二, 免稅事, 亦待後日稟處; 其三, 身役事, 除見存外, 切勿加定; 其四, 海西大同事, 待監司狀聞後稟定; 其五, 減兵額事, 倉卒難可變通, 熟講而處之; 其六, 貢物量減事, 就元額中不緊者, 更爲稟處; 其七, 年分實結分定事, 遙度爲難, 不可輕易爲之; 其八·其九, 飢民設粥·發賣事, 旣已施行, 今無更議事; 其十, 崇節儉事." 上命諸臣各陳所懷, 諸臣皆陳抑奢從儉之道. 執義李廷謙, 乃歸咎於紀綱之頹弛, 左議政尹趾善曰:"法官不聽干請, 則紀綱當自立矣." 廷謙曰:"卽今宰相子弟, 方營大家, 宏侈過制. 如是而尙可望有崇儉之效耶?" 尙運折之曰:"今日則惟當勉戒君上而已, 何必多言?" 趾善弟趾慶, 方爲郵官, 貪黷無厭, 廣營家舍, 人皆駭歎, 而以相臣故, 莫敢言. 趾善法官干請之說, 觸激廷謙之怒, 乘憤發說, 而猶不擧名, 尙運知其有所指, 逆沮之.

대신과 비국(備局)의 여러 신하들을 인견(引見)하였다. 영의정(領議政) 유상운(柳尙運), 우의정(右議政) 최석정(崔錫鼎)이 주문(奏文)을 지어낼 일을 아뢰고, 계청(啓請)하기를,

"세자(世子)가 탄생한 뒤에 즉시 피국(彼國)에 통보하였고, 또 종묘(宗廟)에 고(告)하여 적장자(嫡長子)로 정하고, 중궁(中宮)이 기르시기를 자신이 낳은 것과 다름이 없어 신민(臣民)들이 바라고 기대한 지 이미 오래 되었습니다. 황명 조훈(皇明祖訓) 5백 리(里) 안은 종번(宗藩)이므로 적자(嫡子)와 서자(庶子)가 옹립되기를 다투는 근심이 있을까 염려하여 이런 제도를 정하여 두었으나, 외번(外藩)에는 적용할 만한 것이 못된다는 뜻으로 말해야 합니다."

하니, 임금이 그대로 따랐다. 최석정이 말하기를,

"신이 바야흐로 문형(文衡)을 맡고 있으니, 주문(奏文)을 짓는 것이 진실로 당연합니다. 그러나 여러 사람의 말을 모아 절충(折衷)하는 것이 적당하겠습니다. 청컨대 승문원제조(承文院提調)로 하여금 아울러 모두 짓도록 하소서."

하니, 유상운(柳尙運)이 말하기를,

"비록 승문원제조가 아니라 하더라도 오도일(吳道一)·최규서(崔奎瑞)·이언강(李彦綱) 같은 이는 모두 문망(文望)이 있으니, 지어내게 하는 것이 적당합니다."

하자, 최석정(崔錫鼎)이 말하기를,

"경기감사(京畿監司) 이여(李畬)도 짓도록 하는 것이 좋겠습니다."

하니, 임금이 모두 그대로 따르고, 이여는 지방관이라는 것 때문에 단지 상의(相議)하도록 하였다. 유상운이 말하기를,

"안용복(安龍福)은 법으로 마땅히 주살(誅殺)해야 하는데, 남구만(南九萬)·윤지완(尹趾完)이 모두 가벼이 죽일 수 없다고 하고, 또 도왜(島倭)가 서신을 보내어 죄를 전(前) 도주(島主)에게 돌리고, 울릉도(鬱陵島)에는 왜인의 왕래를 금지시켜 다른 흔단이 없다고 하면서 갑자기 자복(自服)하였으니, 까닭이 없지 않을 듯하므로, 안용복은 앞질러 먼저 처단할 수가 없다고 하였습니다. 그 뜻은 대체로 왜인의 기를 꺾어 자복시킨 것을 안용복의 공(功)으로 여긴 것입니다."

하니, 임금의 뜻도 그렇게 여겨 감사(減死)하여 정배(定配)하도록 명하였다. 헌부(憲府)에서 여러 번 아뢰면서 다투었으나, 따르지 않았다. 유상운이 인해서 최석정(崔錫鼎)이 이조판서(吏曹判書)였을 때의 차자(箚子)를 복주(覆奏)하기를,

"첫째 양전(量田)에 관한 일은 천천히 농사를 관찰하여 다시 품지(稟旨)하겠으며, 둘째 세금을 면제하는 일 또한 후일(後日)을 기다려 품처(稟處)하

겠으며, 셋째 신역(身役)에 관한 일은 현재 살아 있는 자를 제외하고는 절실하게 보태어 정하지 말도록 하겠으며, 넷째 해서(海西)에 대동법(大同法)을 시행하는 일은 감사(監司)의 장문(狀聞)을 기다린 뒤에 품정(稟定)하겠으며, 다섯째 병액(兵額)을 줄이는 일은 갑자기 변통(變通)하기 어려우니 곰곰이 강구해서 처리하겠으며, 여섯째 공물(貢物)을 헤아려서 감해야 한다는 일은, 원액(元額) 가운데 긴절하지 않은 것은 다시 품처하겠으며, 일곱째 연분(年分)의 결실(結實)을 나누어 정하는 일은 멀리서 헤아리기 어려우니 가볍게 생각할 수 없으며, 여덟째와 아홉째 굶주린 백성에게 설죽(設粥)하는 것과 〈창고의 곡식을〉 발매(發賣)하는 일은 이미 시행하고 있으니, 지금 다시 의논할 일이 없으며, 열째 절약하고 검소한 것을 숭상하는 일입니다."

하였는데, 임금이 여러 신하들에게 각기 마음에 품은 바를 진달하도록 명하자, 여러 신하들이 모두 사치를 억제하고 검소함을 따르는 도리를 진달하였다. 집의(執義) 이정겸(李廷謙)이 인해서 잘못을 기강(紀綱)이 무너지고 해이한 데로 돌리자, 좌의정(左議政) 윤지선(尹趾善)이 말하기를,

"법관(法官)이 간청(干請)을 들어주지 않으면 기강이 응당 저절로 세워질 것입니다."

하니, 이정겸이 말하기를,

"지금 재상(宰相)의 자제(子弟)들이 큰 집을 짓고 있는데, 넓고 사치하기가 제도에 지나칩니다. 이와 같이 하고서도 오히려 검소함을 숭상하는 성과를 바랄 수 있겠습니까?"

하니, 유상운이 힐난하기를,

"오늘은 오직 군상(君上)을 경계하여 힘쓰도록 하는 것이 적당할 뿐인데, 무슨 많은 말이 필요한가?"

하였다. 윤지선의 아우 윤지경(尹趾慶)이 지금 우관(郵官)인데, 탐욕스러움이 끝이 없어 집을 크게 지으니 사람들이 모두 놀라고 탄식하였지만, 〈그

형이〉 상신(相臣)이었기 때문에 감히 말을 못했었다. 윤지선은 법관이 간청을 들어준다는 말로 이정겸의 화를 건드리고 격동시켜 분노한 김에 말을 뱉기는 하였어도 오히려 이름은 거론하지 않았는데, 유상운이 그가 지목하는 바가 있음을 알고 미리 저지시킨 것이다.

(116) 『肅宗實錄』 肅宗 23年(丙子, 1697년) 4月 壬戌(13일)條

引見大臣·備局諸臣. 領議政柳尙運曰："東萊公作米, 卽公貿綿布之換給於對馬島者. 柳淰爲府使時, 權許換米, 遂成謬例, 一年所給一萬六千餘石. 當初酌定, 或限十年, 或限五年, 今乃云不知年限, 情狀巧惡. 諸大臣以爲自今防塞給米, 還復給布之規, 爲宜云矣." 上問諸臣. 左參贊李世華曰："換米後, 民弊滋甚, 故相臣李尙眞, 常以爲柳淰創此無限弊端云矣. 今若欲還復給布之規, 則島倭必以死爭, 其勢終難不許. 姑以年限爭之可矣." 禮曹判書申琓曰："此非當初約條, 今以復舊例之意爭之, 則操縱在我. 乞哀之後, 觀勢許之可矣." 左尹李濡·韓城君 李基夏·副提學徐宗泰·江華留守李頤命之言, 亦略同. 上曰："第使邊臣力爭, 而彼若哀乞, 則更許無妨." 琓言："幼學充水軍者, 旣許赴擧, 則生·進·朝士之充軍者, 勿揀赦前, 反重於幼學之罰, 似爲不均." 尙運請除去勿揀赦前之律, 上從之. 頤命以賑民請得二千石穀, 尙運請給三之一, 上命給七百石. 尙運曰："鬱陵島事, 今已明白歸一, 不可不間間送人巡檢." 上命間二年入送.

대신과 비국(備局)의 여러 신하를 인견(引見)하였다. 영의정 유상운(柳尙運)이 말하기를,

"동래(東萊)의 공작미(公作米)는 공무(公貿)하는 면포(綿布)의 대가(代價)로 대마도(對馬島)에다 바꾸어 지급하는 것입니다. 유심(柳淰)이 부사(府使)가 되었을 때에 임시로 쌀과 바꾸도록 허락한 것이 마침내 잘못된 전례가

되어 1년에 지급하는 것이 1만 6천여 석(石)입니다. 당초에 작정(酌定)하기는 간혹 10년을 기한하기도 하고, 간혹 5년을 기한하기도 하였는데, 지금 와서는 그 기한을 모른다고 하니, 정상(情狀)이 교활하고 간악합니다. 여러 대신들은 지금부터 쌀로 지급하는 것을 막고 도로 면포로 지급하는 규정을 회복시키는 것이 적당하다고 합니다."

하니, 임금이 여러 신하에게 하문(下問)하였다. 좌참찬(左參贊) 이세화(李世華)가 말하기를,

"쌀로 바꾼 뒤에 백성들의 폐단이 더욱 심해졌기 때문에 고(故) 상신(相臣) 이상진(李尙眞)은 유심(柳淰)이 한없는 폐단을 만들었다고 했습니다. 지금 만약 도로 면포로 지급하는 규정을 회복시키고자 한다면, 도왜(島倭)가 틀림없이 죽기로 다툴 것이니, 그 형세도 끝내 허락하지 않기가 어렵습니다. 우선 연한(年限)을 가지고 다투는 것이 가하겠습니다."

하고, 예조판서 신완(申琓)은 말하기를,

"이것은 당초에 약조(約條)한 것이 아니니, 이제 옛날의 규례를 회복하겠다는 뜻으로 다툰다면 조종(操縱)하는 것은 우리에게 있습니다. 그러니 애처롭게 빌도록 한 뒤에 형세를 관찰하면서 허락하는 것이 가합니다."

하고, 좌윤(左尹) 이유(李濡), 한성군(韓城君) 이기하(李基夏), 부제학(副提學) 서종태(徐宗泰), 강화유수(江華留守) 이이명(李頤命)의 말도 대략 같았다. 임금이 말하기를,

"다만 변방을 맡은 신하로 하여금 힘껏 다투게 하여 그들이 만약 애처로이 빈다면 다시 허락하는 것도 해로울 것은 없다."

하였다. 신완이 말하기를,

"유학(幼學)으로 수군(水軍)에 충정(充定)된 자에게 이미 부거(赴擧)하도록 허락하셨는데, 생원(生員) · 진사(進士) · 조사(朝士)로서 충군(充軍)된 자는 물간사전(勿揀赦前)케 하심은 도리어 유학에게 적용하는 처벌보다 중하

여 균일(均一)하지 못한듯 합니다."

하고, 유상운은 물간사전의 율(律)을 없애기를 청하니, 임금이 그대로 따랐다. 이이명이 백성을 진구(賑救)하는 데 사용하려고 2천 석(石)의 곡식을 청하였는데, 유상운이 3분의 1을 지급하도록 청하자, 임금이 7백 석을 지급하라고 명하였다. 유상운이 말하기를,

"울릉도(鬱陵島)에 대한 일은 이제 이미 명백하게 한곳으로 귀착되었으니, 틈틈이 사람을 보내어 순시하고 단속해야 합니다."

하니, 임금이 2년 간격으로 들여보내도록 명하였다.

(117) 『肅宗實錄』 肅宗 24年(戊寅, 1698년) 4月 甲子(20일)條

引見大臣·備局諸臣. 領議政柳尙運曰:"先來北米, 纔已到泊. 五千石劃給京畿之外, 當自賑廳區處, 而若以糶糴分給都民, 則秋間難得一齊收捧, 地部雜費之物, 亦不可不還充定價發賣, 別爲料理, 以充所費銀貨, 恐得宜." 上可之. 左議政尹趾善, 前以丁時潤收敍事, 屢達筵中, 至是又言:"語雖過中, 皆非構虛之言也." 副應敎李健命曰:"時潤指小爲大, 以微爲顯, 實讒人手段. 大臣之言, 大異臣之所見矣." 上答以用意不美, 不可輕議收敍. 始甲戌, 遣武臣張漢相, 視鬱陵島地勢, 使倭人知其爲我國地, 而仍定以間二年送邊將搜討之. 至是尙運言:"今年卽當往之年, 而嶺東凶歉, 勢難治送, 宜使明春往審." 從之.

대신과 비변사의 여러 신하를 인견하였다. 영의정 유상운(柳尙運)이 아뢰기를,

"먼저 온 북미(北米)가 이제 막 배로 도착하였으니, 경기에 획급(劃給)하는 5천 석(石) 이외의 것은 당연히 진휼청에서 처리해야 할 것입니다. 만약 조적(糶糴)으로 도민(都民)에게 나누어 준다면 가을에 일제히 거두어 들이기가 어려울 것이고, 호조에서 잡비로 쓴 물건도 역시 도로 충당하지 않을 수 없으니, 값을 정하여 별도로 처리하여 소비한 은화(銀貨)를 충당하는 것

이 아마 옳을 것입니다."

하니, 임금이 옳게 여겼다. 좌의정 윤지선(尹趾善)이 앞서 정시윤(丁時潤)을 거두어 서용할 것을 경연에서 여러 번 아뢰었는데, 이에 이르러 또 아뢰니, 그 말이 비록 지나치기는 하였으나, 모두 없는 것을 날조하여 하는 말은 아니었다. 부응교 이건명(李建命)이 아뢰기를,

"정시윤은 작은 것을 가리켜 크다 하고, 미미한 것을 현저하게 드러난 양하였으니, 이는 실로 남을 헐뜯고 모함하는 수단입니다. 대신의 말은 신의 소견과는 크게 다른바 있습니다."

하니, 임금이 답하기를,

"마음 쓰는 것이 아름답지 않으니, 그를 거두어 쓰는 문제는 가볍게 논의할 수 없다."

하였다. 당초 갑술년에 무신(武臣) 장한상(張漢相)을 파견하여 울릉도(鬱陵島)의 지세(地勢)를 살펴보게 하고, 왜인으로 하여금 그 곳이 우리나라의 땅임을 알도록 하였다. 그리고 이내 2년 간격으로 변장(邊將)을 보내어 수색하여 토벌하기로 했는데, 이에 이르러 유상운이 아뢰기를,

"금년이 마땅히 가야 하는 해이기는 하지만, 영동(嶺東) 지방에 흉년이 들어 행장(行裝)을 차려 보내기 어려운 형편이니, 내년 봄에 가서 살펴보게 하는 것이 좋겠습니다."

하니, 임금이 그대로 따랐다.

(118) 『肅宗實錄』 肅宗 25年(己卯, 1699년) 7月 壬午(15일)條

江原道 越松萬戶田會一, 搜討鬱陵島, 還泊待風所, 圖上本島地形, 兼進土産篁竹 · 香木 · 土石等數種.

강원도(江原道) 월송만호(越松萬戶) 전회일(田會一)이 울릉도(鬱陵島)를 수

토(搜討)하고 대풍소(待風所)로 돌아왔다. 본도(本島)의 지형(地形)을 그려 올리고, 겸하여 그곳 토산(土産)인 황죽(皇竹)·향목(香木)·토석(土石) 등 수종(數種)의 물품을 진상하였다.

해설 요점

『숙종실록』의 이 자료에는 1695년에도 계속된 '울릉도쟁계'의 문서 왕복이 기록되어 있고, 안용복 일행의 제 2차 도일에 대한 안용복의 심문 기록이 요약되어 있다.

일본 도쿠가와막부 관백이 1696년 1월 울릉도와 독도를 조선에 속한 것으로 재확인하고 그곳에의 일본 어민들의 출어를 금지한 이후인 1696년 봄에 안용복 일행이 제2차로 울릉도를 거쳐 일본 백기주에 들어가서 일본 관인들과 담판을 하고 강원도 양양에 돌아왔다가 강원도관찰사에게 체포되어 비변사에서 심문하도록 하였다.

안용복은 심문에서 1696년에 제 2차로 도일하여 백기주태수와 담판해서 '울릉도(竹島)'와 '자산도(子山島)'의 양도(兩島)가 조선지계(朝鮮之界)라는 재확인을 받아내었다고 진술하였다. 여기서 '子山島'의 '子'(자)는 '于'(우)자의 오식(誤植)임이 분명하다. 당시 『숙종실록』은 금속활자로 인쇄했는데 이러한 오식이 자주 보인다. 그 증거는 『증보문헌비고』가 동일한 사실을 기록하면서 '子山島'라 인쇄하지 않고 이 오식을 바로 잡아서 '芋山島'라고 인쇄한 사실에서 명확히 알 수 있다.

안용복이 제2차 도일 때 백기주태수와 직접 면담한 기록 중에 울릉도와 독도의 영유권 문제와 관련해서 주목할 것은 다음의 몇 가지 부문이다.

첫째, 울릉도를 침범한 일본 어부들이 '우리들은 본래 송도에 사는데 우연히 고기잡이를 나왔다가 이렇게 되었으니 본소(本所)로 돌아갈 것이다.' 라고 말했을 때 안용복이 꾸짖으며 '송도는 곧 지산도(우산도)인데 이 역시 우리나라의 땅이다. 너희들이 감히 여기에 산다고 하느냐(松島卽子山島 此亦我國地 汝敢住此耶).'고 한 부분이다. 안용복은 '송도=우산도'이고 이것이 조선지(朝鮮地)임을 명백히 인지하고 있었고 일본 어부들에게도 이를 말하여 우산도까지 추격해 가서 일본 어부들을 쫓아보낸 것이다.

둘째, 안용복이 제2차로 일본에 건너가 먼저 옥기도주(玉岐島主)를 만났을 때 안용복이 찾아온 이유를 설명하여 '지난해에 이곳에 들어와서 울릉·자산도 등의 섬을 조선지계로 정하고 관백의 서계가 있기에 이르렀는데(頃年吾入來此處 以鬱陵子山等島 定以朝鮮之界 至有關白書契)'라고 말한 사실이다. 안용복은 1693년 제1차로 일본에 납치되었을 때 옥기도주에게 울릉도와 우산도(독도)가 조선 영토임을 주장했고, 에도(江戶)의 관백에게 보내졌을 때에도 관백에게 이를 주장하여 이를 인정하는 관백의 서계를 받아가지고 석방되어 송환되었음을 밝히고 있는 것이다.

셋째, 안용복은 제2차로 일본에 건너갔을 때 백기주에서 자기의 직책을 '울릉·우(자)산양도감세장'이라고 가칭했다는 사실이다. 즉 '울릉도감세장'이라고 가칭하지 않고 '울릉·우산양도감세장'이라고 가칭한 것은 울릉도뿐만 아니라 '우산도'도 조선 영토이므로 감세(監稅)의 행정권을 행사하는 직책임을 표시한 것이었다. 즉 울릉도와 우산도의 두 섬(兩島)이 모두 조선 영토임을 직책에서 명백히 밝힌 것이었다.

넷째, 안용복이 백기주태수와 대좌하여 한 말에서 '전날에 양도의 일로 서계를 받아내었음은 명백할 뿐인데 대마도주는 서계를 탈취하고 중간에 위조하여 여러 번 차왜를 보내서 불법으로 횡침(橫侵)하니 내가 장차 관백에게 상소하여 죄상을 낱낱이 진술하겠다(前日以兩島事 受出書契 不啻明白 而對馬島主 奪取書契 中間僞造 數遣差倭 非法橫侵 吾將上疏關白 歷陳罪狀).'고 말한 사실이다. 여기서 '전날 양도의 일로 서계를 받아내었다.'고 한 것은 이미 1693년 제1차 도일때 울릉도와 우산도 양도가 조선지계라는 서계를 받아

내었다가 송환되어 오는 길에 대마도주에게 빼앗긴 것을 말한 것이었다.

다섯째, 이에 대한 백기주태수의 응답에서 '양도(울릉도와 우산도, 즉 죽도와 송도)가 이미 당신네 나라에 속한 후 혹시 다시 범월(犯越)하는 자가 있으면 (…) 마땅히 무겁게 처벌할 것이다(兩島旣屬爾國之後 或有更爲犯越者 (…) 則當爲重處).'라고 백기주태수가 말한 사실이다. 여기서 백기주태수가 '양도가 이미 당신네 나라에 속한 이후'의 양도가 울릉도와 우산도임은 더 말할 필요도 없다. 백기주태수는 울릉도와 독도가 이미 조선에 속했음을 명백하게 말했으며, 이 두 섬에 국경을 넘어 침범하는 일본인들의 처벌을 약속한 것이었다.

이 자료에는 정부의 승인 없이 월경하여 일본을 다녀온 안용복 등의 처벌에 대한 국왕과 비변사 대신들의 의논 내용이 기록되어 있다.

영중추부사 남구만(南九萬), 영돈녕 윤지완(尹趾完) 등은 안용복 사형을 반대하였다. 지사 신여철(申汝哲)은 안용복의 일은 공(功)이 죄(罪)를 덮으므로 그를 죄줄 수 없다고 건의하였다. 반면 좌의정 윤지선(尹趾善)과 사헌부는 만일 안용복을 죽이지 않으면 만세에 간사한 백성들 중에서 반드시 다른 나라에서 일을 일으키는 자가 많아질 것이라고 안용복 사형을 주장하였다.

1697년 3월 27일 국왕이 대신들과 비변사의 대신들을 인견한 자리에서 영의정 유상운(柳尙運)이 안용복의 감형을 건의하였다. 그 요지는 안용복을 사형에 처해야 하겠는데 남구만과 윤지완이 모두 가벼이 죽여서는 안 된다고 반대한다는 것이었다. 국왕도 이에 동의하여 사형을 감형해서 정배(定配)하도록 명령하였다. 사헌부에서는 여러 번 국왕에게 아뢰어 다투면서 안용복의 사형 처단을 요청했으나 왕은 듣지 않았다. 안용복의 사형을 반대하고 감형에 가장 큰 노력을 한 대신은 남구만과 윤지완이었다.

이 자료에는 울릉도 수토제도의 채택 및 실시 과정이 기록되어 있다.

1697년(숙종 23년) 4월 13일 국왕이 대신들과 비변사 신하들을 인견한 자리에서 영의정 유상운이 울릉도 순시제도(巡視制度)의 실시를 건의하자, 국왕 숙종이 2년 간격(3년마다 1회)으로 울릉도 순시수토(巡視搜討)를 명령하였다. 이에 2년 간격의 울릉도 '정례적 순시·수토제도(定例的 巡視·搜討制度)'가 채택 결정된 것이었다.

이에 강원도 월송의 만호 전회일(田會一)이 1699년에 울릉도를 수토하고, 울릉도의 지형 그림과 토산물 황죽·향목·토석 등 몇 종류의 특산품을 국왕께 진상했다고 기록되어, 울릉도 수토제도가 실행되었음을 알 수 있다.

(상권, 본문 303~310쪽 참조)

20) 장한상의 『울릉도사적』

(119) 『蔚陵島事蹟』(1)

甲戌九月 日 江原道三陟營將 張漢相馳報內 蔚陵島被討事 去九月十九日巳時量 自三陟府南面莊五里津 待風所發船緣由 曾已馳報為有在果.

僉使與別遣譯官安愼徽 領來諸役 各人及沙格并一百五十名 騎船各一隻 汲水船四隻良中 從其大小分載. 同日巳時量 回西風開洋是如乎. 戌時 到大洋中 波濤險巇之勢 五里許二處是乎所. 必是水宗而 諸波浪所觸渙散 無適所向是如乎.

同月二十日子時 漸入深洋 黑雲自北蔽天 而電光閃爍 影澈波心 狂風猝起 驟雨隨至 怒濤翻空 雲海相盪 所乗船隻 若浮若沒 危險罔狀 船中之人 莫不失措舉 皆惛倒之際 騎船柁木又從而折破 尨無制船之策 難以櫓木直挿於尾及左右 借以為力是乎 乃覆敗之患迫 在須是如乎. 風雨漸息 天又向曙. 島在北方 水勢東走 船中之人 因此甦醒 盡力櫓役 轉展向島. 巳時艱到島之南 繋纜

石角 暫時下陸. 炊飯之際 汲水船四隻 稍稍來到 而卜船段不知所向是如乎. 酉時又自南洋而到 各船俱得免𧑍 而南無岸船泊處 東南間洞口內止宿.

自二十日至十月初三日 留住之間 恒雨少日 九月雪積交下 中峯腰上 雪積尺餘是齊. 島之四方 秉船環審 則懸岸撑空 層立壁岸 或有空缺 澗水成流 似是大旱不渴 而其間細流乾溪 不可殫記是齊.

其周回二日方窮 則其間道里 不過百五六十里乎旀. 南濱海邊 有篁竹田土處是遣. 東方五里許 有一小島 不甚高大 海長竹叢生於一面.

갑술(甲戌)년 9월 일 강원도 삼척영장(三陟營将) 장한상(張漢相)의 울릉도를 수토한 일에 대해 (아래와 같이) 급히 보고하였습니다.

9월 19일 사시(巳時)경 삼척부(三陟府) 남면(南面) 장오리나루(莊五里津)에서 바람이 일기를 기다려 배를 출발시켰음을 이미 보고하였습니다. 첨사(僉使)는 별견역관(別遣譯官) 안신휘(安愼徽)와 각종 일꾼과 사공, 격군(格軍) 도합 1백 50명을 지휘하여 기선(騎船) 각기 1척, 급수선(汲水船) 4척에 배의 크기에 따라 나누어 싣고, 그날 사시(巳時)경 서풍이 일기로 큰 바다로 진입하였습니다. 술시(戌時)에 큰 바다에 들어서니 큰 파도의 기세가 험하게 일어나는 것이 5리 밖에 두 곳이 있었습니다. 필시 수종(水宗) 때문인데 파도가 배들을 돌려 흩어지게 쳐서 가는 방향을 잡지 못했습니다.

그 달 20일 자시(子時)에 점차 깊은 바다에 들어서게 되었는데, 먹구름이 북쪽으로부터 하늘을 뒤덮으며 몰려왔고 번개가 번쩍이고 파도 속까지 뚫더니 갑자기 광풍이 일며 비가 쏟아졌습니다. 성난 파도가 하늘에 치솟고 구름과 바다가 한데 뒤엉켜 타고 있던 배들이 파도에 삼켜버렸다가 다시 나타나곤 하여 그 위험이 표현할 수 없는 정도였습니다. 배에 있던 사람들이 당황 실색하여 정신을 잃고 모두 쓰러지는데 게다가 기선(騎船)의 키가 부러져 도저히 배를 제어할 방도가 없었습니다. 노목(櫓木)을 배 꼬리와 좌우에 꽂아 그 힘을 빌어 지탱하려 버텼지만 배가 전복될 위험이 급박했습니다. 마침 바람과 비가 점차 멎더니 하늘이 동이 트듯 밝아졌습니다. 섬은 북쪽에 있고 물은 동으로 흘렀습니다. 배에 탄 사람들은 정신을 차리고 있는 힘을 다 하여 노를 저어 뱃머리를 섬을 향해 돌려 나아갔습니다. 사시(巳時)에 간신히 섬의 남쪽 해안에 도달해서 닻줄을 바위에 매고 잠시 하륙(下陸)했습니다. 밥을 짓고 있을 때 급수선(汲水船) 4척이 멀리서 하나씩 도착했습니다. 그러나 복선(卜船)은 어데 갔는지 보이지 않았습니다다. 유시(酉時)에 또 남쪽 바다로부터 배(복선)가 도착했습니다. 모든 배들이 재난을 피할 수 있었습니다. 남쪽 해안에는 배 정박처가 없어서 동쪽과 남쪽 사이 동구(洞口) 안에 배를 대어놓고 유숙했습니다.

9월 20일부터 10월 초3일 〈그 동남(東南) 간에서〉 머물러 있는 기간 항상 비가 오고 해가 보이는 날은 적었습니다. 9월에 눈이 내려 쌓이는데 중봉(中峯) 산허리에는 한자 남짓의 눈이 쌓였습니다. 이 섬의 사방을 배를 타고 돌아 살펴보니 깎아지른 절벽이 하늘을 찌를 듯이 솟아있고 바위들은 층층이 벽처럼 서있는데 간혹 바위 사이의 틈이 있으면 간수(澗水)가 흐르고 있어서 물줄기를 이루어 큰 가뭄에도 마를 것 같지 않았습니다. 섬의 주위를 이틀간 다 돌아 보았는데 그 거리가 겨우 150~160리에 불과했습니다. 남쪽 해변에는 황죽(篁竹) 밭이 있었습니다. 그곳에서 동쪽으로 5리쯤 떨어져 작은 섬 하나가 있었는데, 그리 높고 크지는 않으나 한 면에 해장죽(海長竹)이 무성히 자라고 있었습니다.

(120)『蔚陵島事蹟』(2)

霽雨騫捲之日 入山登中峯 則南北兩峯 岌崇相面 此所謂三峯也. 西望大關嶺逶迤之狀 東望海中有一島 杳在辰方 而其大未滿蔚島三分之一 不過三百餘里.

비가 개고 안개가 걷힌 날 중봉(中峯)에 올라 보니 남과 북의 두 봉우리가 우뚝 솟아 서로 마주 보고 있는데, 이것이 〈합하여〉 이른바 삼봉(三峯)입니다. 서쪽을 바라보니 대관령(大関嶺)이 구불구불한 현상이 보였습니다. 동쪽을 바라보니 바다 한가운데 섬 하나가 진방(辰方)쪽으로 어렴풋이 보이는데 크기가 울릉도의 3분의 1 미만이고 〈거리는〉 3백여 리에 불과하였습니다.

(121)『蔚陵島事蹟』(3)

北至二十餘里 南近四十餘里. 回互徃來 西望遠近臆度 如斯是齊.

西望大谷中 有一人居基地三所 又有人居基地二所 東南長谷 亦有人居基地七所 石葬十九所. 船泊處則 東南間口 僅容四五隻之處 而東南岸則 亦非可藏處是遣. 此處有三釜三鼎 而二釜一鼎 則破傷體様 非我國之制也. 鼎則無足無盖 可炊二斗米 釜則廣經尺許 深可二尺 容盛四五桶. 西方大谷 溪澗成川 沿邊開豁. 此處為最而所泊處 船隻可避東南風 而西風難避 無非在前泊船之所. 又有一鼎 可炊米斗 亦是彼物.

北邊岸上 有轆轤 亦非我國所造.

〈중봉에서 섬의 해안까지 중〉 북으로 20여 리에 이르고, 남으로 40여 리에 가깝습니다. 빙 둘러보고 왕래하면서 서방을 바라보며 원근을 헤아려 보니 그러하였습니다.

서쪽을 바라보니 큰 골짜기 가운데 사람 사는 집 3채가 있었고 그와 떨어져 또 사람 사는 집 두 채가 있었습니다. 동남쪽의 긴 골짜기 속에도 사람 사는 집 7채와 돌무덤 19개소가 있었습니다.

배를 정박한 곳으로는 동남쪽 바위 사이 입구에 겨우 배 4~5척을 대일만한 곳이 있었으나, 동남안(東南岸)에는 배를 대어둘 만한 곳이 없었습니다. 이곳에서 둘러보니 부(釜) 3개와 정(鼎) 3개가 있었는데, 부 2개와 정 1개는 형체가 깨져 있었고, 우리나라의 제도가 아니었습니다. 정(鼎)은 발이 없고 뚜껑도 없어 취사용으로 할 수 있었는데 쌀 두 말 밥을 지을 수 있는 정도였습니다. 부(釜)는 지름이 1척(尺) 가량 되고 깊이가 2척(尺) 가량 되어 4~5통(桶)을 담을 수 있는 것이었습니다. 서쪽의 큰 골짜기에서 흐르는 물은 내(川)를 이루었고 주변이 탁 트여있었습니다. 이곳이 배를 대기 가장 좋은 곳이긴 했지만, 배가 동남풍을 피할 수는 있으나 서풍은 피하기 어렵게 보였습니다. 이전에 배를 대던 곳은 아닙니다. 또 쌀 한 말의 밥을 지을 수 있는 정이 1개 있었는데 역시 저들의 물건이었습니다.

북쪽 해안 기슭에 녹로(轆轤)가 있었는데 역시 우리나라에서 만든 것이 아니었습니다.

(122)『蔚陵島事蹟』(4)

島中崗巒重疊 而山腰以上 則皆是石角 以下則土山. 而山勢絶險 洞壑深邃 樹木連抱 參天而蔽日者 不知其幾許. 積年空棄之地 人跡不到 故藤葛磐結 朽草木添阜 排擠錯絕 卒非人所可通逕 小小澗谷不可窮探. 所謂樹木 盡是冬栢紫檀側栢黃蘗金木嚴木槐木楡木楮椒楓桂樹栢之類 而其中冬紫檀最多 松木直木 榛木橡等木段 終無一株. 而羽則烏鷗. 毛則貓兒而已. 此外別無飛走之屬. 既無人居 又無木實可食. 而水族則只有魰魚 而沿邊石堆處 或十或百 成羣穴居 大如駒犢 小如犬豕. 間有生鰒 付諸岸磧者 軆小味薄.

四方浦邊 破船板木片片飄着者 處處有之 而或鉄釘或木釘 或腐傷者 而審其稍木之制 則彼我無別 已為裂破 而東南崖岸 漂散最多. 竹田東南麓三處最多 而每處可落皮牟三十餘石. 且兩田斫竹尨多 其傍斫置數千竿 而或有陳枯者 或有未幹者. 自東南間從谷中向竹田十五里許 有小路處 此必取竹者往來

逕. 大抵環一島皆名山 四面壁立 又斷缺處 則兩峽成間 流水潺湲而已. 只一西方山麓 開成洞門 大川流出 而沙礫堆積 不能成浦 船泊甚難. 中有峯密嵯峨洞壑回互 雖無寬豁處 猶可開疊. 至於殘山科峽處 或有人居基地 石葬而墓木連抱.

섬에는 산봉우리가 첩첩하고 산 중턱으로부터 산꼭대기 까지는 모두 뾰족뾰족한 바위이고 그 아래는 흙산이어서 산세가 아주 험했습니다. 골짜기가 깊고 아름드리 나무들이 해를 가려 얼마나 되는지 알 수가 없었습니다. 여러 해 동안 비워 둔 땅에 인적이 닿지 않아서 넝쿨이 엉켜있고 썩은 풀과 나무들이 언덕 위에 더해있어 결코 사람이 다닐 수 있는 길이 아니었습니다. 작은 골짜기들은 하도 좁아 끝까지 탐사할 수가 없었습니다. 이른바 수목은 모두 동백(冬栢), 자단(紫檀), 측백(側栢), 황벽(黃蘗), 금목(金木), 엄목(嚴木), 괴목(槐木), 유목(楡木), 저초(楮椒), 풍계(楓桂), 수백(樹栢) 등속이었습니다.

그 가운데 동자단(冬紫檀)이 가장 많았고, 송목(松木) 직목(直木) 진목(榛木) 상(橡)등 나무 종류는 하나도 보이지 않았습니다. 날짐승으로는 가마귀와 갈매기, 들짐승으로는 묘아(貓兒 : 고양이) 뿐이고 다른 날짐승과 들짐승이 보이지 않았습니다. 거주하는 사람도 없고 먹을 수 있는 과실도 보이지 않았습니다. 수족(水族)으로는 문어(鮫魚)뿐 이었는데 바닷가 돌이 쌓인 곳에 수십 마리 혹은 수백 마리씩 큰 것은 망아지나 송아지만큼 되고 작은 것은 강아지나 돼지만 한 것들이 떼를 지어 굴에 살고 있었고, 간혹 생복(生鰒)들이 바닷가의 돌무더기에 붙어 있는 것이 보였는데 몸체가 작고 맛이 없었습니다.

사방 포구가에는 파선당한 배의 널판자들이 표착하여 곳곳에 떠있었는데, 어떤 것엔 쇠못이 박혀 있었고 어떤 것엔 나무못이 박혀 있었으며, 어떤 것은 이미 썩어 있었습니다. 그 초목(稍木)으로 만들어진 것을 살펴보니 저들의 것인지 우리의 것인지 구별할 수 없었을 정도로 이미 부서져서 동남쪽 벼랑 밑에 가장 많이 떠다니고 있었습니다. 대나무 밭은 동남쪽 산기슭의 세 곳에 제일 많았는데, 매처에 피모(皮牟 : 겉보리) 30여 석(石)은 심을 수 있어 보였습니다. 또한 그중 두 대나무 밭의 대나무는 많이 찍어내어 옆에 쌓여 있는 것만도 수천 대쯤 되어보였는데 이미 말라버린 것도 있고 아직 마르지 않은 것도 있었습니다. 동남(東南) 사이의 골짜기를 따라 대나무 밭 쪽으로 15리쯤되는 곳에 작은 길 하나가 나 있었으니 이는 필시 대나무를 나르는 사람들이 오고 가던 길이었을 것입니다. 대체로 온 섬을 둘러보면 명산(名山)인데, 사면에 절벽이 우뚝 솟아있고 끊어진 절벽 사이로 유수(流水)가 새어 흐르고 있었습니다. 다만 서쪽 산기슭의 한 곳만은 동문(洞門)을 열어 이루어 큰 내(大川)가 흘러나오고 있었으나, 모래와 자갈이 쌓여 있어 나루(浦)가 이루어지지 않았으므로 배를 대기가 매우 어려워 보였습니다. 섬 가운데 산봉우리가 뾰족뾰족 솟아 있고 골짜기가 구불구불 맴돌아 개활지는 없었으나 돗자리만 한 땅은 개간할 수 있겠습니다. 나지막한 산과 평평한 골짜기의 사람이 살던 곳에 간혹 돌무덤이 보였는데 묘목(墓木)이 아름드리로 자라 있었습니다.

(123)『蔚陵島事蹟』(5)

大槖島在三千里海洋之中 船隻不得任意往來 則雖有彼國横占之舉 除防無策 欲設堡鉄 則人民無止接之策. 所謂開墾處 樹木陰翳 藤葛成藪 九月積雪 寒氣倍冬. 夜半風殘之時 依然如兒啼女哭之聲 喧嘩碎長之聲 錚錚耳邊 漸近船頭. 擬其魍魎海毒之舉妖 或慮率備 犯之患 吹囉放砲擊皷作聲 則瞬息不聞.

環島之時 至一處 日暮繫船巖下. 炊飯次船 由沙磧履磨中有逕之狀 與安愼徽 同步行三里許 則自中峯 逶迤一脈山麓 都是層巖高壁 而逕開豁 由此路望見 則連及山腰 疊石成穴 與愼徽相議曰 此穴不無害人毒物 移船拎他處矣.

到三更後 天雨猝下 風浪大作 震雷電光 動山掀海 俄以雨止 煙霞滿島. 遙聞巖穴中 衆人之聲. 立於船頭號望見 則燈燭輝煌. 明日食後 欲知其夜聞異狀 更泊其處 使軍官朴忠貞及砲手二十餘名 探知次入送巖穴 則久而不出 疑其陷坎 使人呼出 則忠貞先出曰 穴內三十餘步 豁然開敞 四層簷砌 累石皆鍊磨 玉色有文彩也. 十餘間瓦家 甚極奢麗入 丹青及戶舖之制 非泛然我國搆屋之規 則模樣大異. 無他見物 而近入簷下則 如硫黃腐肉之 嗅滿鼻敝口 不能遠行 亦分明說道是去乙. 僉使多率船卒六十餘名 親自入見 果如忠貞所告 屋上藤葛盤結之中 階砌庭城之內 蕭灑無一累之塵 非人所居處. 則強入非關僉不喻 心迷宜不忍 近入簷下.

대개 섬이 3천 리의 바다 한가운데 있어 배가 마음대로 오고 갈 수 없었으므로 비록 저 나라가 강제로 차지한다 해도 제방(除防)할 방도가 없고 보철(堡鐵:보루)을 만들려 해도 인민들이 그곳에서 거주할 방도가 없었습니다. 이른바 개간(開墾)할 만한 곳엔 나무가 우거지고 덩쿨이 덮혀있는데다가 9월에도 눈이 쌓여 겨울보다 갑절 더 춥습니다. 한밤중에 바람이 잔잔해지자 어린애의 울음소리 같기도 하고 여인의 곡하는 소리, 소란스런 소리가 멀리서 귓가에 쟁쟁 들려오더니, 뱃머리에 점점 가까워졌습니다. 도깨비나 해독(海毒)이 요괴짓을 할까 혹 침범하지 않을까 염려되어 나팔 불고 포를 쏘며 소리를 내니 순식간에 들리지 않았습니다.

섬을 돌아보다가 한 곳에 이르자 날이 저물어 배를 바위 밑에 묶어 두었습니다. 밥을 지으려고 배에서 내리니 모래톱에 밟혀서 지름길 모양이 된 것이 있으므로 안신휘(安愼徽)와 같이 3리 정도 걸어가 보니 중봉(中峯)에서 구불구불 뻗은 한 줄기 산록(山麓)은 모두 층암고벽인데 길 끝이 확 트여 있었습니다. 이 길을 따라가며 바라보니 길이 산허리에 이어져 있고, 그곳에 겹겹이 돌이 쌓여 굴이 되어 있었습니다. 안신휘와 저 굴 안에 사람을 해치는 독물(毒物)이 있지 않을까, 배를 다른 곳에 옮길 의론하였습니다.

삼경이 지나 갑자기 비가 쏟아지며 풍랑이 크게 일어났습니다. 천둥 번개가 산과 바다를 진동시키더니 잠시 후 뚝 멎어버리고 섬에 안개가 자욱하였습니다. 저 멀리 석굴에서 사람들의 소리가 들려왔습니다. 뱃머리에 서서 바라보니 등촉(燈燭)이 환히 밝혀져 있었습니다. 이튿날 밥을 먹고 어제 밤 보았던 이상한 곳을 알아보려고 배를 그 곳에 옮겨 대고 군관(軍官) 박충정(朴忠貞)과 포수(砲手) 20여 명을 거느리고 탐지하러 석굴로 걸어 들여보냈는데, 오래도록 나오지 않으므로 함정이라도 있지 않을까 의심되어 불러서 나오게 하였습니다. 그러한 즉 충정(忠貞)이 먼저 나와 말하기를 굴속으로 30여 보 들어가면 널따란 곳이 있는데 4층으로 섬돌을 쌓아 놓았고 포개진 돌들은 모두 연마되어 있었고 옥색의 문채(文彩)가 있었습니다. 10여 칸의 기와집은 매우 화려했는데, 단청과 창호 방식이 범연히 우리나라 가옥 구조의 규칙 및 모양과 크게 달랐습니다. 그밖에 다른 것은 보이지 않았고 처마 밑에 가까이 가자 유황(硫黃)과 썩은 고기 냄새 같은 냄새가 코를 찔러 더 멀리 들어갈 수 없었다고 분명히 말하였습니다. 첨사(僉使)가 선졸(船卒) 60여 명을 거느리고 친히 들어가 보니 과연 충정(忠貞)의 말과 같았습니다. 집 위에는 칡덩쿨이 얼켜있는 가운데 층층히 쌓은 정성(庭城) 안은 고요하고 깨끗하여 먼지 하나 보이지 않아 사람이 사는 곳 같지 않았습니다. 억지로 들어갈 필요가 없을 뿐 아니라 마음의 의혹이 일어서 차마 처마 밑에 가까이 들어가지 않았습니다.

(124)『蔚陵島事蹟』(6)

回船之日 自中峯 霞氣漸廣 及扵海中 大如東山 不知何物 浮沈數度 超出半空 向入山中. 風雨大作 非雷震聲 而動如崩山之狀 此其他島有異者也.

所謂竹田 處處有之 而上項四千處段 小處二十餘石落只之地 大處三十餘

石落只 而皆可引水處是齊. 樹木中紫檀 可作棺板 皆在扵山腰落巖之間.

古昔人民居基地 完然未泯 則其為空棄 不過百餘年之前 溪有洞口 若慮寇之策 則一夫當百夫之地. 彼船難欲久為結船 而風浪若開 則船必不保之勢.

登島山峰 審望彼國之域 則杳茫無眼杓之島 其遠近未知幾許而地形似在扵彼我間 鼎釜取竹之路 彼人所為 緑由馳報狀.

壬寅春 外後裔 永陽 申光璞書.

배를 돌려 돌아오던 날 중봉(中峯)으로부터 구름과 안개가 바다 쪽으로 점차 밀려가더니 뭔지 알 수 없는, 동산(東山)만큼 큰 물건이 수차 솟구쳤다 가라앉았다 하면서 반공중에 처음 출현했다가 산중을 향해 들어갔습니다. 바람이 휘몰아치며 비가 크게 내리고, 번개 천둥 · 벼락 소리가 아닌데 산이 무너져 내리듯 진동했습니다. 이것이 다른 섬과 차이 있는 것입니다.

이른바 대밭은 도처에 있었는데 4천여 곳이나 되는 듯했습니다. 작은 곳은 20여 섬(石)지기쯤 되고 큰 곳은 30여 섬(石)지기쯤 되어 보였습니다. 모두 물을 끌어다 논으로 개간할 수 있는 곳입니다. 수목(樹木)들 가운데 자단(紫檀)은 관의 판목을 만들어 쓸 수 있겠는데 모두 산중턱의 가파른 바위 사이에 있었습니다.

옛날 사람들이 살던 곳이 완전히 없어지지 않은 것으로 보아 불과 백여 년 전에 비워놓은 듯하였습니다. 시내가 동구(洞口)에 있었는데 만일 외적을 물리칠 방책을 꾸린다면 한 사람이 백 사람이라도 당할 만한 곳이었습니다. 저들의 배가 오랫동안 묶어 정박해 있고 싶어 할지라도 만일 풍랑이라도 일면 배조차 보존하기 어렵기 때문입니다.

섬의 산 위에 올라 저 나라의 땅을 자세히 바라보면 묘망(杳茫)하여 눈에 띄이는 섬이 없어 거리가 얼마나 되는지 딱히 알 수가 없었습니다. 섬의 지형은 마치 저들과 우리 사이에 놓여 있는 듯 합니다. 정(鼎)과 부(釜)와 대나무 벤 것을 나르던 길은 아마 저 나라 사람들이 만들어 놓은 듯 합니다. 이에 급히 연유를 보고하는 징계를 올립니다.

임인(壬寅)년 봄 외가 후예 영양(永陽) 신광박(申光璞) 씀.

해설 요점

조선과 왜 사이의 '울릉도쟁계' 직후 삼척첨사로 임명된 무관 장한상(張漢相, 1656~1724년)이 1694년 울릉도를 수토한 후 조정에 올린 보고서 원본을 외가 후손 신광박(申光璞)이 후에 필사한 것이다.

1694년(갑술) 9월 19일 삼척 장오리나루(莊五里津)에서 조사단이 출항하여 울릉도를 수토하고 9월 1일 삼척으로 돌아올 때 까지의 수토 내용이 간략하게 보고 기록되어 있다. 위 자료 중에서 (120)『蔚陵島事蹟』(2)의 중봉(中峯 : 성인봉)에 올라가서 동쪽을 보았을 때의 기록이 우산도에 관한 것이다. 장한상은 눈으로 관측된 독도의 크기를 울릉도의 3분의 1 미만이고 울릉도로부터 독도까지의 거리는 약 3백 리라고 보고하였다. 동해에는 섬이 적어 고지도에 오르는 비교적 큰 섬은 울릉도 · 독도 · 오키섬 3개 섬밖에 없는데, 울릉도에서 독도까지의 거리는 약 240리, 독도로부터 오키섬까지는 약 4백여 리이다. 그러므로 울릉도로부터 오키도까지의 거리는 약 640여 리에서 너무 멀기 때문에 성인봉에서 보아도 오키섬은 전혀 보이지 않는다. 울릉도에서 동쪽으로 간신히 보여 3백 리로 추정 계측된 섬은 우산도(독도)가 명백하게 되는 것이다.

조선왕조의 울릉도 수토는 1894년 수토제도가 폐지될 때까지 계속 되었으나, 수토관이 무관이었기 때문에 대부분 개인 문집이 없어 보고서가 들어가 있지 않고, 당시 보고 공문도 잘 보존되어 있지 않아서 남아있는 것이 많지 않다. 현재 발견된 몇 개의 수토 보고서 가운데, 장한상의 보고서가 그래도 상세하였고, 우산도를 성인봉에서 관망한 기록이 있어서 매우 중요한 자료이다. 외가 후손 신광박의 필사에 오류가 있는 듯 보이는 글자가 몇 개 있으나 원문(原文)이 없어서 대조 불능이기 때문에 그대로 두고 번역하였다.

(상권, 본문 327~343쪽 참조)

21)『증보문헌비고』 기사

(125)『增補文獻備考』卷31,「輿地考」于山·鬱陵島條의 安龍福關係記事

初東萊安龍福 隸能櫓軍 善倭語 肅宗十九年夏 入海漁採漂到鬱陵島 遇倭船被拘 入日本五浪島. 龍福言於島主曰 自鬱陵距我國一日程 距日本五日程 非屬我國者乎 朝鮮人自往朝鮮地 何拘爲. 島主知不可屈解 送伯耆州. 州太守厚遇餽銀幣. 龍福不受曰 願日本勿復以鬱陵島爲辭 受銀非吾志也. 太守遂稟關白 作書契授之言 鬱陵非日本界. 行至長崎島 島主卽馬島之黨也 求見書契出示之 奪不還 送龍福于馬島. 時馬島主僞藉關白命 數以鬱陵島爭之 其實非關白意也 鬱陵饒魚竹 倭利其有 且差倭至則 國家待之豊厚 倭因此來往不止. 至是 恐龍福盡發其奸狀 牢囚久之 押送東萊 又囚于館前後九十日始還. 用福言於府使 竟不聞. 明年接慰官至東萊 龍福又訴前事 朝廷亦不之信也 時差倭累至 若將生釁 國人憂之而 不知爲馬島所瞞. 龍福憤甚 走蔚山海邊 有商僧雷憲等艤舟 龍福誘之曰 鬱陵島多海菜 吾當爲汝指其路 僧欣然從之 遂擧帆三晝夜 泊鬱陵島 倭船自東至. 龍福目諸人縛之 船人㤼不發. 龍福獨前憤罵曰何故犯我境 倭對曰 本向松島 固當去也 龍福追至松島 又罵曰 松島卽芋山島爾不聞芋山亦我境乎 麾杖碎其釜 倭大驚走. 龍福轉至伯耆州言其狀 太守悉捕治之. 龍福乃詭稱鬱陵監稅官 升堂與太守抗禮 大言曰 馬島之居間矯誣 豈但鬱陵一事 我國所送幣貨 馬島轉賣日本 多設機詐 米十五斗爲一斛 馬島以七斗爲斛 布三十尺爲一疋 馬島以二十尺爲疋 紙一束甚長 馬島截爲三束 關

白何從而知之 不能爲我達一書於關白乎. 太守許之. 馬島主父時在江戶 聞之大懼 乞於本守曰 書朝而入則吾兒夕而死 子其圖之 太守歸語龍福曰毋庸上書且速歸馬島如更爭界者可差人賫書來龍福還泊襄陽告于官且獻在伯耆時呈太守文以證前事諸從者一一納供如龍福言無異辭於是倭知不可復誑抵書萊府謝曰不敢復遣人至鬱陵是時事由龍福發故倭疾之以龍福行不由馬島爲罪舊約有自馬島向釜山一路以外皆禁之文故也朝議皆以爲龍福罪當斬獨領敦寧尹趾完領中樞南九萬謂殺之適足快馬島憤且其人桀黠非碌碌者宜留爲他日用乃流之倭至今不復指鬱陵爲日本地皆龍福功也

처음 동래(東萊)의 안용복은 예능노군(隷能櫓軍)으로서 왜(倭)말을 잘하였다. 숙종 19년 여름에 바다에 들어가 고기잡이를 하다가 울릉도에 표류하여 도착하였는데, 우연히 왜선(倭船)을 만나 구집(拘執)당하여 일본의 오랑도(五浪島)로 들어가게 되었다. 안용복은 도주(島主)에게 가로되, 울릉도로부터의 거리가 우리나라는 1일정(日程)인데 일본은 5일정(日程)이니 〈울릉도는〉 우리나라에 속한 것이 아닌가. 조선인이 스스로 조선 땅에 들어갔는데 왜 구집해 왔는가라고 하였다. 도주는 〈안용복을〉 굴복시킬 수 없음을 알고 백기주에 보내었다.

백기주태수는 성찬과 화폐로 후대하였다. 안용복은 받지 않고 가로되, 일본이 다시 울릉도를 들어 말을 만들지 않기를 원할 뿐이지 돈을 받는 것은 내 뜻이 아니다라고 하였다. 백기주태수는 마침내 관백에게 품의하여 서계를 만들어 주면서 말하기를, '울릉도는 일본계(日本界)가 아니다.'라고 하였다.

안용복이 장기도(長崎島)에 이르렀다. 장기도주(長崎島主)는 대마도의 일당인데, 서계를 보여달라고 해서 꺼내 보여주었더니 빼앗고 돌려주지 않았다. 안용복이 대마도에 보내졌을 때 대마도주는 관백의 명령을 위조하고 적탁해서 수차 울릉도를 들어 쟁의를 걸어왔는데, 그 실은 관백의 뜻이 아니었다. 울릉도는 어(魚)와 죽(竹)이 풍부하므로 왜(倭)가 그를 가짐이 이롭고 또 차왜(差倭)가 도착하면 국가가 그를 매우 후하게 대우하므로 왜가 이로 말미암아 왕래가 그치지 않았다. 이에 이르러 안용복이 그 간사한 장(狀)을 모두 폭로할까 두려워 안용복을 오래 옥에 가두었다가 동래로 압송하였다. 또 왜관에서 갇히었는데 전후 90일만에 비로소 돌려주었다.

안용복은 동래부사에게 보고했으나 결국 듣지 않았다. 다음해 접위관이 동래에 오자 안용복은 다시 앞서의 일을 호소하였다. 그러나 조정 역시 그것을 믿지 않았다. 이때에 차왜가 누차 〈동래에〉 이르렀는데, 만약 장차 조선과 일본 사이에 틈이 생겨도 나라사람들이 이를 염려만 하지 대마도가 기만한 바를 알지 못하게 되어 있었다.

안용복은 매우 분하여 울산 해변으로 급히 가니 장사꾼 스님 뢰헌 등이 배를 갖고 있었다. 안용복은 그를 꾀어 말하기를 울릉도는 해채가 많으니 내가 너에게 그 길을 가르쳐 주겠다고 하였더니 스님이 흔쾌히 그를 따랐다. 마침내 배를 띄워 3주야를 가서 울릉도에 정박했는데, 왜의 선박이 동으로부터 이르렀다. 안용복이 여러 사람을 보고 그들을 묶자고 하였으나, 뱃사람들은 겁이 나 나가지 않았다.

안용복이 홀로 앞으로 나아가 분하여 꾸짖어 가로되, 어찌하여 우리나라의 경지를 침범하였는가 하였다. 왜가 대답하여 말하되, 본래 송도로 향했는데 마땅히 돌아가겠다고 하였다. 안용복은 송도에 추격하여 이르러서 '송도는 곧 우산도이다. 너희들은 우산이 역시 우리 경지(境地)임을 듣지 못했느냐.'고 꾸짖어 말하고 막대기로 그 가마솥을 두들겼더니 왜는 크게 놀라 도망하였다. 안용복은 백기주에 돌아 이르러 그 상황을 말하니 백기주태수는 그들을 잡아 벌주었다. 안용복은 이어 울릉감세관(鬱陵監稅官)이라 칭하고 당(堂)에 올라 백기주태수와 대등한 예를 하면서 큰 소리로 가로되, 대마도의 중간의 간교한 무고가 어찌 울릉도 한 일뿐인가. 우리나라가 보낸 폐화(幣貨)를 대마도가 일본에 전매(轉賣)함에 사기를 많이 쳤으니, 쌀 15두를 1곡(斛)으로 한 것을 대마도는 7두를 1곡(斛)으로 하고, 포(布) 30척(尺)을 1필로 한 것을 대마도는 20척을 1필로 했으며, 종이 1속(束)의 길이를 대마도는 3속으로 했으니, 관백이 어찌 따르며 이를 알 것인가. 알 수가 없을 터이니 내가 일서(一書)를 관백에게 올릴까라고 하였다. 백기주태수가 이를 허락하였다. 이때에 대마도주의 아비가 에도(江戶)에 있다가 이 소식을 듣고 크게 두려워서 백기주태수에게 애걸하여 말하되, 그 일서(一書)가 〈관백에게〉 아침에 들어가면 내 아들은 저녁에 죽을 것이니 그대를 이를 도모해 달라고 하였다.

백기주태수는 돌아와 안용복에게 말하기를 서(書)를 올리지 말라 하였고, 또 속히 대마도로 돌아가서 만약 또다시 계쟁(界爭) 같은 것을 일으키면 사람과 문서를 보내라고 하였다. 안용복은 돌아와 양양에 정박하고 관에 고했으며, 또 백기주에 있을 때 백기주태수에게 준 문서를 앞서의 일이 증빙으로 바쳤다. 여러 따른 사람들을 낱낱이 심문해도 안용복의 말과 같았다.

이에 이르러 왜는 다시 거짓말을 할 수 없음을 알고 동래부에 서장(書狀)을 보내어 사과하여 말하기를, '감히 다시 사람을 보내어 울릉도에 이르도록 하지 않겠다.'고 하였다.

이때 일이 안용복으로 말미암아 탄로났기 때문에 왜가 용복을 미워해서 안용복이 대마도를 거쳐 가지 않은 것을 죄로 삼았다. 구약정(舊約定)에 대마도로부터 부산에 향하는 일로(一路) 이외에는 모두 이를 금지하는 약정문이 있었기 때문이었다. 조정의 의론이 모두 안용복의 죄가 참형에 해당한다고 말했으나, 홀로 오직 영돈녕(領敦寧) 윤지완(尹趾完), 영중추(領中樞) 남구만(南九萬)이 말하기를, 안용복을 죽이면 대마도만 상쾌해 할 것이고, 또한 그 인걸을 분해할 것이 아니라 그 간사하고 녹녹함을 나무라야 할 것이니, 마땅히 살려 주어서 다른 날 써야 한다고 하여 유배형에 처하였다. 왜가 금일에 이르러 울릉도를 일본 땅이라고 다시 지칭하지 못하는 것은 모두 안용복의 공이다.

해설 요점

이 자료는 1770년의 『동국문헌비고』가 그 후 백여 년간의 사실, 특히 개항 후 급변한 여러 가지 제도와 문물을 수록하지 못하자, 1903년에 이를 증보하여 250권으로 편찬한 일종의 대백과사전이다. 경비가 부족하여 인쇄는 1908년에 완간되었으나, 편찬은 1903년에 완성되었다. 이 『증보문헌비고』에서도 『여지지』를 인용하면서 '울릉도'와 '우산도'의 두 섬이 모두 옛 우산도 영지이고, 이 중 우산도는 왜인이 말하는 송도(지금의 독도)임을 밝혔다.

또한 이 자료에서 주목할 것은 『숙종실록』의 기사와 안용복의 제2차 도일 때 안용복이 월경하여 침범한 일본 어민들을 추격하여 송도에 들어가서 일본 어민들을 꾸짖을 때 '송도는 곧 자산도이다. 너희들은 자산이 역시 우리의 경지임을 못들었느냐?'라고 한 부분에서 자산도(子山島)를 우산도(芋山島)라고 정정하여 기록한 부분이다. 『증보문헌비고』는 『숙종실록』의 '자산도'가 '우산도'의 오식(誤植)이라고 본 것이다. 따라서 여기서도 일본 호칭 송도가 곧 우산도(芋山島 : 독도)이며, 우산도는 조선경지(朝鮮境地)임이 명료하게 밝혀지는 것이다. (상권, 본문 294~310쪽 참조)

22) 『변례집요』 기사

(126) 『邊例集要』(卷17), 鬱陵島條

甲寅萬曆 四十二年六月 府使尹宗謙時, 倭小船一隻, 持書契, 規外出來, 問其

緣由, 則頭倭曰, 以家康分付, 探見礒竹島大小形止, 而恐有漂風, 路引成給, 故持此書契出來云云, 又問島何在, 答云, 介在於慶尙·江原境, 觀其語句, 則疑是鬱陵島, 緣由 啓

갑인, 만력 42년(1614년) 6월 동래부사 윤종겸(尹宗謙) 때에 왜의 작은 배 한 척이 서계를 가지고 규정 외에 찾아왔다. 그 연유를 물은 즉 두목 왜가 말하기를, 덕천가강(德川家康)의 분부로 의죽도의 대소 크기와 지형 모양을 탐견(探見)하러 가는데 표풍(漂風)이 있을까 두려워 길 안내자를 내어보내 주기를 바라므로 이 서계를 가지고 찾아왔다고 운운하였다. 또한 섬이 어디에 있는가 묻기에 경상도와 강원도의 경계 사이에 있다고 대답하였다. 그 어구를 본 즉 이는 곧 울릉도인가 의심이 들어 이에 장계를 올렸다.

(127)『邊例集要』(卷17), 丁丑(1697년) 正月條

彼旣付書於渡海譯官

저들(倭)이 도해역관(渡海譯官)에게 서(書)를 부쳐왔다.

(128)『邊例集要』(卷17), 丁丑(1697년) 正月條

府使李世載時, 裁判差倭平成常, 副特送使茶禮罷後, 來請見臣, 依例許接, 則同倭言于臣曰, 前島主義倫生時, 以竹島事, 再送大差倭矣, 義倫死後, 新島主入往江戶, 則關白問, 竹島之於兩國道里, 孰遠孰近, 島主謂, 近於朝鮮, 此非日本之地, 不可相爭, 且兩國之人, 送相往來, 則亦不無潛商之獘云, 則關白, 一依其言, 以日本之人, 切勿往竹島之意, 分付伯耆事, 乃歸一, 今已彌縫, 島主周旋之力多矣, 朝廷以嘉尙之意, 成送書契, 則其爲生色, 爲如何哉云云, 臣答曰, 旣有與爾酬酢之言, 從當啓聞.

동래부사 이세재(李世載) 때에 재판차왜(裁判差倭) 평성상(平成常)이 특별히 사람을 보내어 차례가 파한 후에 신을 만나보기를 청했으므로 전례에 의거하여 허접하였습니다. 그러한 즉 차왜(평성상)가 신에게 말하기를 전 대마도주 종이윤(宗義倫)이 생존시에 죽도의 일로 대차왜를 두 번 보냈었습니다. 종의윤이 죽은 후 신도주가 에도(江戶)에 들어간 즉 관백이 죽도와 두 나라(조선과 일본)의 거리가 누가 멀고 누가 가까운가를 물었습니다. 도주가 말하기를, 조선에 가까우니 이(죽도)는 일본 땅이 아니므로 상쟁하는 것은 불가하며, 또 양국인이 〈죽도에〉 서로 보내어 왕래하면 역시 잠상의 폐단이 없지 않을 것이라고 말하였습니다. 그러한 즉 관백은 오로지 그 말에 의거하여 일본인들의 죽도 왕래를 금하는 뜻을 백기주에도 분부하고 귀일케 되어 이제 일단락되었는 바, 도주의 주선의 힘이 많은 것입니다. 조선 조정에서 가상한 뜻으로 서계를 만들어 보내면 생색이 날 것이니 그렇게 함이 어떠할까 운운하였습니다. 신은 답하여 말하기를 이미 우리들이 나눈 말이 있으니 마땅히 품계하여 허락 여부에 따라야 할 것이다라고 하였습니다.

(129)『邊例集要』(卷17), 丁丑(1697년) 1月條

回啓, 島有居民基地, 又有國乘野史, 又有往復文書, 則勿論彼遠此近, 壃界自分, 彼旣付書於渡海譯官, 今又面陳於邊臣, 禁人往來, 顯有引咎之意, 則朝家大體, 不必更責, 前事亦非書契成送之事, 以此言及館守.

품의에 회답하되, 〈울릉〉 섬에 〈조선〉 거주민의 기지가 있고 국승야사(國乘野史)에 기재되어 있으며 또 왕복 문서가 있은 즉 저들이 멀고 우리가 가까움을 논하지 않더라도 강계(壃界)는 스스로 분명한 것이다. 저들이 이미 도해역관(渡海譯官)편에 서찰을 보내왔는데 이제 다시 변방의 신하를 대면하여 〈울릉도에의〉 일본인 왕래의 금지를 진술한 것은 스스로 책임을 지는 뜻이 현저하니, 조가(朝家)의 대체(大體)로 지난 일을 반드시 다시 문책할 필요는 없는 것이고, 또한 역시 서계를 만들어 보낼 필요도 없는 것이다. 이러한 말로써 〈왜관의〉 관수(館守)에게 전달하도록 하라.

(130)『邊例集要』(卷17), 丁丑(1697년) 1月條

倭人, 必欲受去書契云, 彼旣如是懇請, 則成給書契可也事, 傳教.

왕이 전교(轉敎)하시기를, "왜인이 반드시 서계를 받아가고자 원한다고 하면서 저들이 이와같이 간청하니 서계를 만들어 주는 것이 가하다."고 하였다.

(131)『邊例集要』(卷17), 丁丑(1697년) 6月條

蔚島事, 書契入給, 則裁判諸倭, 無不感祝, 謄本入送島中, 及見島中回報後, 差倭等以爲, 竹島之歸一, 出於關白之命, 使島主轉達朝廷, 亦出於關白之令, 故前日譯官回還之時, 島主面囑, 歸報朝廷, 而恐不能詳報, 奉行等略聲其槩, 以爲不忘之記, 今於書契中, 只擧奉行等文字, 全沒島主之面言, 則奉行爲重, 島主爲輕分叱不喩, 當初此島相爭時, 竹島之名, 已入江戶之耳, 今此書契中, 不曰竹島, 日蔚島, 則江戶必以島名之不同, 有所究問於島中, 朝廷如有過慮, 蔚島之下, 以一名竹島懸註似好, 至於始雖錯認, 終能敦復云者, 不無非責之微意, 決難歸報江戶, 此書契若不改撰, 則島主之獲罪丁寧, 願以此意, 轉聞朝廷, 善辭改撰下送, 亦縷縷懇乞事 啓.

울릉도의 건에 대하여 서계가 들어와 전달된 즉 재판차왜(裁判差倭)는 감축(感祝)하여 이의 등본을 만들어 대마도주에게 보내었다. 그러나 대마도주로

부터 다음과 같은 회보(回報)를 받아 본 이후부터는 차왜(差倭) 등은 다음과 같이 말하였다. 즉 죽도가 〈조선 영토로〉 귀일(歸一)된 것은 관백의 명령에서 나온 것이고 대마도주에게 이 결정을 조선 조정에 전달케 시킨 것도 관백의 명령에서 나온 것이었기 때문에 전날에 〈조선〉 역관이 대마도에서 돌아갈 때 대마도주가 역관을 대면하여 〈역관이〉 돌아가 〈조선〉 조정에 보고할 때에 능히 상세한 보고를 하지 못할까 염려하여 봉행(奉行) 등 그 대강을 약하여 설명해서 불망지기(不忘之記)로 이제 서계 가운데서는 오직 '봉행' 등의 문자만을 들고 도주의 면담하여 한 말은 전연 없으니 이는 곧 '봉행'을 무겁게 생각하고 '도주'를 가볍게 생각한 것이니 꾸지람을 받을 것은 틀림이 없다.

또한 당초에 이 섬을 놓고 상쟁할 때에 죽도의 명칭이 이미 에도(江戶) 관백의 귀에 들어갔는데 이제 이 서계 가운데는 '죽도'라고는 말하지 않고 '울도(蔚島)'라고만 했으니 그러한 즉 에도의 관백은 반드시 도명(島名)의 부동(不同)을 가지고 대마도주에게 캐어물을 것이다. 조선 조정이 이 같은 일을 충분히 고려하여 '울릉(鬱陵)'의 밑에 '일명죽도(一名竹島)'의 주를 달아주는 것이 좋을 것 같다.

처음에는 비록 착인(錯認)으로 비롯되었다 할지라도 나중에는 능히 되풀이되어 말해지는 것이 무책임한 감이 없지 않으므로 이를 에도의 관백에게 돌아가 보고하기는 결단코 어렵다. 이 서계가 만약 개선되지 않으면 도주가 〈관백으로부터〉 죄를 얻을 것은 분명하다. 원컨대 이 뜻을 조정에 전달해서 선사(善辭)로써 개찬하여 내려보내 줄 것을 또한 간절히 빌었다. 이상과 같이 품계하였다.

해설 요점

이 자료는 조선 조정이 임진왜란 후에도 울릉도에 대한 쇄환공도정책을 계속 시행함을 보고 대마도주가 중심이 되어 울릉도를 침탈해 보려는 시도했다가, 1696년 1월 일본 도쿠가와막부 관백(장군)이 울릉도(및 독도)를 조선 영토라고 최종 결정하여 대마도주에게 조선에 통보하도록 명령했는데, 대마도주가 대마도에 돌아와 미루다가 그해 연말에야 조선의 도해역관(渡海譯官) 남궁응(南宮應)에게 서계를 주어 부쳐왔음을 기록한 것이다.

일본의 대마도 신주 종의방(宗義方)은 에도(江戶)에서 돌아온 후 내심 관백의 결정을 좋아하지 않고 있었으므로 조선 측에의 통보를 미루고 있었으나 관백의 명령을 절대 수행해야 했으므로, 우선 그해가 다 가기 전에 대마도에 가 있는 조선의 도해역관 남궁응을 불러 면담해서 그가 작성한 서계를 필사시켜 관백의 뜻을 조선에 전하였다.

이때 대마도에서 재판차왜(형부대보)가 부산의 왜관으로 건너와 직접 동래부사 이세재를 만나서, 이번의 막부 관백의 결정은 신대마도주 종의방이 관백의 질문에 대하여 죽도는 조선에 가까우니 일본 땅이 아니고 죽도에 두 나라 사람들이 들어가면 잠상의 폐단이 있으니 일본인의 죽도도해를 금하자는 건의를 했기 때문에, 관백은 전적으로 신대마도주의 건의에 의거하여 죽도를 조선 영토로 결정하고 일본인의 죽도 왕래를 금지하는 명령을 내렸다고 설명하였다. 그러나 이것은 사실이 아니었다. 오히려 막부 관백이 이 결정을 주도하였고 신대마도주는 관백의 질문에 마지못해 응답하면서 여기에 끌려가 내심으로는 좋아하지 않으면서도 그것이 관백의 결정과 명령이기 때문에 승복한 것이었다.

서계를 만들어 보내지 않는 것이 좋겠다는 비변사의 건의를 국왕이 승낙했으므로 조선 조정은 동래부사에게 서계를 만들어 보내지 말라고 지시하였다. 재판차왜는 반드시 서계를 만들어 보내달라고 거듭 간곡하게 간청하였다. 동래부사로부터 이 보고를 다시 받은 조선 조정과 국왕은 이 자료와 같이 서계를 만들어 주어도 좋다는 결정을 내렸다. 이에 1698년(숙종

28년) 3월에 조선 예조참의 이선부가 일본 대마도 형부대보습유(刑部大輔拾遺) 평의진(平義眞)에게 보내는 형식의 개찬된 서계가 동래부사에게 내려와 전달되게 되었다는 기록이다. (상권, 본문 267~285쪽 참조)

23)『공문록』 기사

(132)『公文錄』內務省之部1,「日本海內竹島外一島地籍編纂方伺」의 元祿年間 付屬文書 第2號

先太守 因竹島事 遣使於貴國者 兩度 事未了 不幸早世 由是召還使人.

不日上船 入覲之時 問及竹島地狀方向 據實具對 因以其去. 本邦太遠 而去 貴國却近.

恐兩地人殽雜 必有潛通私市等弊 隨卽下令 永不許 入往漁採.

夫釁隙生於細微 禍患興於下賤 古今通病 慮寧勿預.

是以百年之好 偏欲彌篤 而一島之微 據付不較 豈非 兩邦之美事乎.

慈念. 南宮應慇懃修書 使本州代傳 盛謝爾. 譯使回掉之日. 口伸毋遺.

전 태수가 죽도의 일로 인하여 사절을 귀국에 파견한 것이 두 차례인데 사절의 일이 완료되지 않은 채 불행하게 별세했으므로 이로 말미암아 사절을 소환했습니다.

〈신 태수가〉 오래지 않아 상선해서 〈에도(江戶)에〉 입근(入覲)했을 때에, 〈관백의〉 질문이 죽도의 지형과 방향에 미쳐서 사실에 근거하여 대답했습니다. 그리하여 그것(죽도)이 본방으로부터의 거리가 심히 멀고(本邦太遠) 귀국으로부터의 거리는 도리어 가깝습니다(貴國却近).

또한 아마도 두 나라 사람들이 〈그곳에서〉 섞이면 잠통(潛通)과 사시(私

市) 등의 폐단이 반드시 있을 것입니다. 따라서 곧 명령을 내려 영구히 사람들(일본인)이 〈그곳에〉 가서 어채(漁採)함을 불허했습니다. 무릇 틈의 벌어짐은 세미한 것에서 생기고 화환(禍患)은 하천(下賤)에서 일어나는 것이 고금의 통병(通病)이니, 미리 못 하도록 막는 것이 오히려 낫다고 생각됩니다.

이로써 백 년의 우호를 더욱 돈독히 하고자 하면 한 섬의 작은 것을 곧바로 비교에 부치지 않는 것이 어찌 두 나라의 아름다운 일이 아니겠습니까. 유념하시기 바랍니다.

남궁응(南宮應)에게 정성스럽게 〈이 서찰을〉 수서(修書)하도록 하고, 본주(대마도주)로 하여금 〈조선 측의〉 큰 감사를 대신 〈에도에〉 전하게 할 것이며, 역사(譯使)가 귀국하는 날을 기다려 〈이 뜻을〉 아뢰어서 빠뜨리지 않도록 당부합니다.

(133) 『公文錄』 內務省之部1, 「日本海內竹島外一島地籍編纂方伺」의 元祿年間 付屬文書 第3號

朝鮮國禮曹參議 李善溥 奉書

日本國對馬州 刑部大輔拾遺 平公 閣下

春日暄和 緬惟動靜 珎毖嚮慰無已 頃因譯使 回自貴國 細傳左右面托之言 備悉委折矣.

鬱陵島之爲我地 輿圖所載 文跡照然 無論彼遠此近 疆界自別.

貴州旣知 鬱陵島與竹島 爲一島而二名 則其名雖異 其爲我地則一也.

貴國下令 永不許 入往漁採 辭意丁寧 可保久遠 無他良幸良幸.

我國亦當 分付官吏 以時檢察 俾絶兩地人往來殽雜之弊矣.

昨年漂氓人 濱海之事 率以舟楫爲業 颿風焱忽 易及飄盪 以至冒越重良轉入貴國 豈可以此 有所致疑 於違定約 而由他路乎. 若其呈書 誠有妄作之罪 故已施幽極之典 以爲爲懲戢之地 另勅沿海 申明禁令矣. 冑

益務誠信 以全大體 更勿生事 於邊彊庸非 彼此之所大願者耶.

左右旣有 面言於譯使 而然且無 一人行李 奉書契以末者. 似是 左右深念舊約 不欲規外送差之意 故先此修牘 展布多少 送于萊館 使之轉致 統希諒炤. 不宣.

戊寅 三月 日

禮曹參議 李善溥

조선국 예조참의 이선부(李善溥)는 일본국 대마주 형부대보습유 평공(平公) 각하에게 편지합니다.

봄 날씨가 화창한데 멀리서 동정이 편안하시다는 소식을 듣고 위안됨이 그지없습니다. 근자에 역자(譯使)가 귀주로부터 돌아와서 귀하가 〈역관을〉 직접 대면하여 부탁한 말을 자세히 전했는데, 모두 세세한 곡절을 갖추고 있었습니다. 울릉도가 우리의 땅임은 『동국여지승람』과 그 지도에 실려 있고 문헌 증거가 분명하니, 저쪽(일본)으로부터는 멀고 이쪽(조선)으로부터는 가깝다는 것을 논할 것도 없이 강계(疆界)는 스스로 판별되는 것입니다. 귀주(대마도)는 이미 울릉도와 죽도가 일도이명(一島二名)임을 알고 있은 즉, 그 이름이 비록 다를지라도 그것이 우리나라의 영토임은 매한가지입니다.

귀국이 명령을 내려 사람들(일본인)로 하여금 〈그곳에〉 가서 어채(漁採)하지 못하도록 영구히 불허한 것은 그 말뜻이 정녕하여 오랫동안 보전되리라고 생각하며 실로 다행스러운 일입니다. 우리나라도 또한 마땅히 관리에게 분부하여 때때로 검찰(檢察)해서 두 나라 사람들이 뒤섞이는 폐단을 끊도록 할 것입니다.

작년에 표류한 백성들이 〈귀국의〉 바닷가에 간 일은 배 젓는 일을 업으로 하는 사람들이 홀연히 큰 바람을 만나 배가 뒤집힐 뻔해서 먼 바다로 불법 월경하여 귀국으로 흘러들어가는 데 이르렀던 것이니, 어찌 이를 정약(定約)을 어기고 다른 길을 두었다고 의심을 펼 수 있겠습니까. 만약 그 정서(呈書 : 상소를 봉정함)로 말할 것 같으면, 참으로 망작(妄作)의 죄가 있으므로 이미 유극지전(幽極之典)을 시행해서 징계했다고 생각하고 있습니다. 그리고 연해에는 칙령으로 금령을 포고했습니다.

더욱 성신(誠信)에 힘써서 대체(大體)를 온전하게 하여 다시는 변경강토(邊境疆土)에 관한 시비가 일어나지 않게 함이 어찌 피차의 크게 원하는 바가 아니겠습니까. 귀하가 이미 역사에게 대면하여 말한 바는 있으나 또한 한 사람의 사절도 서계를 받들어오지 않았는데, 아마도 이것은 귀하가 구약(舊約)을 깊이 생각하여 법도 외의 사절을 보내지 않고자 한 뜻이라고 생각됩니다. 그러므로 이에 앞서 편지를 써서 대략 요지를 펴 동래(東萊)의 관에 보내 그로 하여금 전차(轉置)하도록 했으니 그리 아시기 바라며, 이만 그칩니다.

무인년 3월 일

예조참의 이선부

(134) 『公文錄』 內務省之部1, 「日本海內竹島外一島地籍編纂方伺」의 元祿年間 付屬文書 第4號

日本國對馬州 刑部大輔拾遺 平義眞 奉復

朝鮮國禮曹大人 閣下

向領華椷 憑審

貴國 穆淸嘔喩 倍恒承諭.

前年 象官超溟之舊 面陳竹島之一件 繇是 左右克諒情由 示以 兩國 永通交誼 益懋誠信矣 至幸至幸.

示意 卽已啓達 東武了. 故今修牘略布 餘蘊附在館司舌頭.

時維春寒 更希加愛 總惟鑒察. 不宣.

元祿十二年 己卯 正月 日

對馬州刑部大輔拾遺 平義眞

일본국 대마주 형보대보습유 평의진(對馬州 刑部大輔拾遺 平義眞)이 조선국 예조 대인 각하에게 답서합니다.

지난번 빛나는 편지를 받고 실로 귀국이 평안하다는 것을 잘 알았습니다.

전년에 역사(譯使)가 바다를 건너왔을 적에 죽도일건(竹島一件)을 대면해서 진술했었는데, 이에 대해 귀하가 사정을 깊이 헤아려서 양국이 교의(交誼)를 영원히 통하게 하고 성신(誠信)을 더욱 힘쓰게 함을 보여주었으니, 지극히 다행한 일입니다.

〈귀측에서〉 보인 뜻은 즉시 동무(東武 : 에도의 도쿠가와막부 장군)에게 계달(啓達)했습니다.

그러므로 이제 편지를 써서 남은 뜻을 대략 펴고, 그 나머지 내용은 관사(館舍)의 설두(舌頭) 편에 맡겨둡니다. 때는 봄 날씨가 아직도 찹니다. 다시 더 사랑해주시기 바라며, 오직 두루 살피소서. 이만 그칩니다.

원록12년 을묘 정월 일

대마주 형부대보습유 평의진

(상권, 본문 277~293쪽 참조)

제4편

「17세기 말 조선·일본 간 울릉도·독도 영유권 논쟁의 종결과 일본의 독도 고유영토론 주장의 허구성」에 관련된 실증자료 I : 한국 측 자료

24)『숙종실록』 기사(3)

(135)『肅宗實錄』肅宗 28年(壬午, 1702년) 5月 己酉(28일)條

三陟營將李浚明·倭譯崔再弘, 還自鬱陵島, 獻其圖形及紫檀香·青竹·石間朱·魚皮等物. 鬱陵島間二年, 使邊將輪回搜討, 已有定式, 而今年三陟當次, 故浚明乘船于蔚珍·竹邊津, 兩晝夜而還歸, 比濟州倍遠云.

삼척영장(三陟營將) 이준명(李浚明)과 왜역(倭譯) 최재홍(崔再弘)이 울릉도(鬱陵島)에서 돌아와 그곳의 도형(圖形)과 자단향(紫檀香)·청죽(靑竹)·석간주(石間朱)·어피(魚皮) 등의 물건을 바쳤다. 울릉도는 2년을 걸러 변장(邊將)을 보내어 번갈아 가며 찾아 구하는 것이 이미 정식(定式)으로 되어 있었는데, 올해에는 삼척(三陟)이 그 차례에 해당되기 때문에 이준명이 울진(蔚珍) 죽변진(竹邊津)에서 배를 타고 이틀 낮밤 만에 돌아왔는데, 제주(濟州)보다 갑절이나 멀다고 한다.

(136)『肅宗實錄』肅宗 31年(乙酉, 1705년) 6月 乙巳(13일)條

鬱陵島搜討回還時, 平海等官軍官黃仁建等十六名, 渰死, 上命擧恤典.

울릉도(鬱陵島)를 수토(搜討)하고 돌아올 때에 평해(平海) 등 고을의 군관(軍官) 황인건(黃仁建) 등 16명이 익사하였는데, 임금이 휼전(恤典)을 거행하라고 명하였다.

(137)『肅宗實錄』肅宗 34年(戊子, 1708년) 2月 甲辰(27일)條

副司直金萬埰上疏, 極言都城之可守, 斥闊大難守之論, 以爲:“古所謂七里之郭, 擧其延袤而言. 今王城延袤, 猶不滿七里, 而以爲闊大, 有若過萬雉倍倍者

然, 何哉? 且言城北釋伽峰稍下處, 先爲設備防捍北城, 洪福之役, 次第設施, 以爲固守之道." 仍陳鬱陵島設鎭, 以作海防, 慶尙左兵營, 移之安東, 移置水使於今之左兵營等事, 上褒以爲國之誠, 疏本下廟堂, 使之稟處.

부사직(副司直) 김만채(金萬埰)가 상소(上疏)하여, 도성(都城)을 수비할 수 있음을 남김없이 말하고, 넓고 커서 수비하기 어렵다는 의논을 배척하여 말하기를,

"예전에 이른바 7리(里)의 곽(郭)이라고 한 것은 그 연무(延袤)를 들어서 말한 것입니다. 지금 왕성(王城)의 가로와 세로는 오히려 7리(里)에도 차지 못하고 있는데도, 활대(濶大)하다고 하는 것은 만치(萬雉)의 배(倍)에 갑절이나 지나친 것처럼 한 것이 있으니, 무슨 이유입니까?"

하고, 또 말하기를,

"성북(城北)의 석가봉(釋伽峰)의 조금 낮은 곳에 먼저 설비(設備)하여 북성(北城)을 방어하되, 홍북성(洪福城)의 역사(役事)는 차례로 시설하여 고수(固守)하는 방도(方道)를 삼으소서."

하고, 인하여 울릉도(鬱陵島)에 진(鎭)을 설치하여 해방(海防)을 만들고, 경상좌병영(慶尙左兵營)을 안동(安東)에 옮기고, 수사(水使)를 지금의 좌병영(左兵營)에 옮겨 설치하는 것 등의 일을 진달하니, 임금이 나라를 위하는 정성을 기리고 소본(疏本)을 묘당(廟堂)에 내리어 품처(稟處)하도록 하였다.

(138)『肅宗實錄』肅宗 36年(庚寅, 1710년) 10月 甲子(3일)條

司直李光迪上疏累萬言, 極論固守都城之計, 仍陳內守七策, 外禦六策. 其內守之策七條 : (…) 五曰, 遣御史巡撫海防也. 近來海防之踈虞, 無處不然. 舟楫雖存, 櫓卒不備, 浦戶流亡, 立代無人. 僉使·萬戶, 雖受防布, 而一自減數之後, 絶無代立者. 至如永宗鎭所屬水卒, 散在遠地, 島中浦民, 多屬於各衙門

之陸軍. 湖西水·虞候所管戰船, 皆在數日程海港, 而張空拳瞭望而已. 且東海, 古有水宗, 而船舶不通, 故革罷諸鎭矣, 數十年來, 水宗大變, 而倭船比比漁採於鬱陵島, 誠可寒心. 亟宜分遣御史於東·西海浦, 舟楫之不完者, 申飭改造, 櫓卒之未備者, 督令責立, 革罷之鎭, 依前復設, 已減之防布, 依前準給, 水軍之在山郡者, 從便換定, 爲今日之急務也.

사직(司直) 이광적(李光迪)이 상소(上疏)하여 수만 마디의 말로 도성(都城)을 굳게 지키는 계책(計策)을 극론(極論)하고, 이어 내수(內守)하는 일곱 가지 방책과 외어(外禦)하는 여섯 가지 방책을 진계하였다. 내수하는 일곱 조목에 이르기를,

(…) 5. 어사(御史)를 보내어 해방(海防)을 순무(巡撫)하게 하는 일입니다. 근래에 해방이 소홀(疏虞)하여 그렇지 않은 곳이 없습니다. 주즙(舟楫)이 비록 있다 하더라도 노졸(櫓卒)이 갖추어지지 아니하였고, 포호(浦戶)가 유망(流亡)하였으나 대신 세울 사람이 없습니다. 첨사(僉使)·만호(萬戶)가 비록 방포(防布)를 받으나, 한 번 그 액수(額數)를 줄인 후부터는 전혀 대신 설 자가 없습니다. 영종진(永宗鎭)에 소속된 수졸(水卒)과 같은 경우에 이르러서는 먼 지방에 흩어져 있고, 섬 안의 포민(浦民)은 각 아문(衙門)의 육군(陸軍)에 소속되어 있습니다. 호서(湖西)의 수군우후(水軍虞候)가 관장하는 전선(戰船)은 모두 여러 날 노정(路程)의 항구(海港)에 있어 맨주먹으로 요망(瞭望)할 따름입니다. 또 동해(東海)에는 예부터 수종(水宗)이 있어 선박(船舶)이 통행(通行)하지 않으므로, 여러 진(鎭)을 혁파(革罷)하였는데, 수십 년 이래로 수종이 크게 변하여 왜선(倭船)은 자주 울릉도(鬱陵島)에 들어가 어물(漁物)을 채취하니, 진실로 한심하게 여길 만합니다. 마땅히 빨리 어사를 동해(東海)와 서해(西海)의 해변에 나누어 보내어서, 주즙(舟楫)이 완비(完備)되지 못한 것은 신칙(申飭)해서 개조(改造)하도록 하고, 노졸(櫓卒)이 갖추어

지지 못한 경우는 독촉해서 세우도록 할 것이며, 혁파(革罷)한 진(鎭)은 전례에 의하여 다시 설치하고, 이미 줄인 방포는 전례에 의하여 준급(準給)하며, 산군(山郡)에 있는 수군(水軍)은 순편함에 따라 바꾸어 정하는 것이 오늘날의 급선무(急先務)입니다.

(139)『肅宗實錄』肅宗 40年(甲午, 1714년) 7月 辛酉(22일)條

備邊司因江原道暗行御史趙錫命書啓, 令江原道臣 · 守令, 講究軍保團束節目. 蓋錫命以爲, 平 · 蔚之距鬱陵島不遠, 倭往來頻數, 而東沿一帶八百餘里之間, 只有數鎭, 海防踈虞, 誠甚可慮云故也.

비변사(備邊司)에서 강원도 암행어사 조석명(趙錫命)의 서계(書啓)로 인하여 강원도의 도신(道臣)과 수령(守令)으로 하여금 군보(軍保)를 단속하는 절목(節目)을 강구(講究)하게 하였다. 대개 조석명이 '평해(平海) · 울진(蔚珍)은 울릉도와 거리가 멀지 않고 왜선(倭船)의 왕래가 빈번한데, 관동(關東) 연해(沿海)의 일대(一帶) 8백여 리 사이에 다만 두서너 진영(鎭營)이 있을 뿐이니, 해방(海防)의 허술함이 참으로 매우 염려가 된다.'고 했기 때문이었다.

(140)『肅宗實錄』肅宗 40年(甲午, 1714년) 7月 辛酉(22일)條

江原道御使趙錫命 論嶺東海防疎虞將略曰 詳聞浦人言 平海蔚珍 距鬱陵島最近 船路無少礙 鬱陵之東 島嶼相望 接于倭境 戊子壬辰 異攘帆檣 漂到高杆境 倭船往來之頻數 可知 朝家雖以 嶺海之限隔 謂無可憂 而安知異日生釁之必由嶺南 而不由嶺東乎綢繆之策 不容少緩 廟堂請依其言 飭江原道 團束軍保.

강원도어사 조석명(趙錫命)이 영동 지방의 해방(海防)의 허술한 상황을 논

하였는데, 대략 이르기를, '포인(浦人)의 말을 상세히 듣건대, 평해·울진은 울릉도와 거리가 가장 가까워서 뱃길에 조금도 장애가 없고, 울릉도 동쪽에는 섬이 서로 잇달아 왜경(倭境)에 접해 있다.'고 하였습니다. '무자년과 임진년에 모양이 다른 배가 고성과 간성 지경에 표류해 왔으니 왜선의 왕래가 빈번함을 알 수 있습니다. 조가(朝家)에서는 비록 산과 바다가 격해 있어 걱정할 것이 없다고 하지만, 후일의 변란이 반드시 영남에서 말미암지 않고 영동으로 말미암을지 어떻게 알겠습니까? 방어의 대책을 조금도 늦출 수 없습니다.'고 하였다. 묘당(廟堂)에서 그 말에 따라 강원도에 신칙하여 군보(團束)를 단속할 것을 청하였다.

(141)『肅宗實錄』肅宗 43年(丁酉, 1717년) 3月 壬申(17일)條

江原監司李晩堅馳啓, 乞停今年鬱陵島搜討, 備局覆奏以爲:"近年搜討, 不過往見空島, 當此凶歲, 不可重貽民弊, 請姑令停止." 上從之.

강원감사(江原監司) 이만견(李晩堅)이 치계(致啓)하여 올해에 울릉도(鬱陵島)를 수토(搜討)하는 일을 정지하기를 청하였는데, 비국(備局)에서 복주(覆奏)하기를,

"근년에 수토하는 것은 빈 섬을 가서 보는 것에 지나지 않는데, 이런 흉년에 민폐를 많이 끼칠 수는 없으니, 우선 정지하게 하소서."

하니, 임금이 그대로 따랐다.

(142)『肅宗實錄』肅宗 44年(戊戌, 1718년) 2月 己酉(30일)條

王世子引接大臣·備局諸宰. 領議政金昌集言:"咸鏡監司李坦狀本, 乞令內寺奴婢, 納米免賤, 以補賑資. 宜許其請. 江原監司金相稷狀本言, '目今賑政方張, 請姑停鬱陵島年例搜討. 亦宜許之.' 東萊府使趙榮福, 狀陳通信使及期

差出之意. 宜分付該曹. 姑待接慰官文報, 差出使臣." 世子竝從之. 司諫趙鳴鳳申前達, 世子不從. 掌令韓以原申前達, 世子不從.

왕세자가 대신(大臣)들과 비국(備局)의 여러 재상들을 인접(引接)하였다. 영의정 김창집(金昌集)이 아뢰기를,

"함경도감사 이탄(李坦)의 장본(狀本)에 '내시(內寺)의 노비들에게 바치고 면천(免賤)하게 하여 그 곡식을 진제(賑濟)할 밑천에 보충하게 해 주소서.' 하였으니, 그 청을 허락하는 것이 마땅합니다. 강원도감사 김상직(金相稷)의 장본에 '지금 진휼하는 정사가 바야흐로 확장되고 있으니, 잠시 울릉도(鬱陵島)를 연례로 수토(授討)하는 것을 정지시켜 주소서.' 하였으니, 또한 허락하는 것이 마땅합니다. 동래부사(東萊府使) 조영복(趙榮福)의 장본에 통신사(通信使)를 시기에 맞추어 차출(差出)하라는 내용으로 호소하였으니, 마땅히 해조(該曹)에 분부하소서. 그리고 우선 접위관(接慰官)의 보고서를 기다렸다가 사신(使臣)을 차출하게 하소서."

하니, 세자가 모두 그대로 따랐다. 사간(司諫) 조명봉(趙鳴鳳)이 전에 계달한 것을 다시 아뢰었으나, 세자가 따르지 않았다. 장령(掌令) 한이원(韓以原)이 전에 계달한 것을 다시 아뢰었으나, 세자가 따르지 않았다.

해설 요점

『숙종실록』의 이 자료에는, ① 1702년 삼척영장 이준명의 울릉도 수토 기록, ② 1705년 울릉도 수토 후 돌아오던 조관 황이건(黃仁建) 등 16명 익사와 추도식 거행, ③ 1710년 이광적이 울릉도에 일본 선박들이 자주 들어와 고기잡이를 해가니 혁파한 옛 진(鎭)을 다시 설치하도록 건의했다는 내용, ④ 1714년 강원도암행어사 조석명의 보고로 인하여 비변사에서 강원도의 관찰사와 수령들에게 평해와 울진은 울릉도와 거리가 멀지 않고 일본 선박

의 왕래가 빈번하니 해방(海防)을 강화하도록 지시했다는 기록, ⑤ 1717년(숙종 43년)에 흉년이 들자 강원도관찰사 이만견이 올해의 울릉도 수토의 정지를 요청했는데, 비변사도 이에 찬동하여 민폐를 이유로 그 정지를 요청했으므로, 왕이 그대로 따랐다는 기록, ⑥ 1718년에 왕세자가 대신들과 비변사 신하들을 인견했는데, 강원도관찰사 김상직의 장본에는 지금 진휼하는 정사가 확장되고 있으니 잠시 울릉도 수토를 정지해 달라고 요청했으므로, 왕세자가 이를 그대로 따랐다는 기록 등이 수록되어 있다.

(상권, 본문 327~343쪽 참조)

25)『영조실록』 기사

(143)『英祖實錄』 英祖 2年(丙午, 1726年) 10月 戊寅(20일)條

江原道儒生李昇粹上疏, 請於嶺東九郡之間, 特設水營, 以爲防禦之計, 又置邊將一員於鬱陵島, 募民耕墾, 批曰:"無前閫帥, 似難創設."

강원도 유생 이승수(李昇粹)가 상소하여, 영동(嶺東)의 아홉 군(郡) 사이에 특별히 수영(水營)을 설치하여 방어해 가는 계책을 하도록 하고, 또한 울릉도(鬱陵島)에는 변장(邊將) 1원(員)을 두고서 민간을 모집하여 경작(耕作)하게 하기를 청하니, 비답하기를,

"그전에 곤수(閫帥)가 없던 데에 새로 두기는 어려울 듯하다."

하였다.

(144)『英祖實錄』 英祖 10年(甲寅, 1734年) 1月 庚寅(13일)條

訓鍊院判官尹弼殷上疏, 言時弊:一曰, 錢貨也, 懶農尙侈, 耗財靡穀, 皆由於

錢也. 一曰, 良丁也, 島陸避徙之類, 可以查括徵布也. 一曰, 勸農也, 完築新舊堤堰, 舊堰之不宜水者, 許民耕食也. 又請 : 田稅 · 大同趁歲收捧, 早春裝載, 以免風覆之患. 釜山諸島, 多設火砲鐵菱, 以爲禦敵之備. 海西蒜山鎭, 多植松桑, 漢江下流, 別設防禦, 江都 吉祥場, 罷牧馬募居民, 南 · 北漢軍餉, 不當捧留各邑, 以資盜糧. 廢四郡 · 鬱陵島 · 大 · 小靑等地, 皆可許民耕食, 以固關防. 批令廟堂稟處.

훈련원판관(訓鍊院判官) 윤필은(尹弼殷)이 상소(上疏)하여 시폐(時弊)에 대해 말하기를,

"하나는 전화(錢貨)에 대한 것인데, 농사를 게을리하고 사치를 숭상하며 재물과 곡식을 허비하는 것이 모두 돈에 연유된 것입니다. 또 하나는 양정(良丁)에 대한 것인데, 섬이나 육지로 피해 옮겨 다니는 무리들을 조사하여 수괄(搜括)해서 베(布)를 징수해야 됩니다. 또 하나는 농사를 권면하는 데 대한 것인데, 신구(新舊)의 제언(堤堰) 가운데 저수(儲水)에 마땅하지 않은 것은 백성들에게 농사지어 먹는 것을 허락하게 하소서."

하고, 또 청하기를,

"전세(田稅) · 대동미(大同米)는 해마다 제때에 수봉(收捧)하여 이른 봄에 포장 · 운송하게 함으로써 태풍에 전복되는 걱정이 없게 하소서. 부산(釜山)의 여러 섬에다 화포(火砲)와 철릉(鐵菱)을 많이 설치하여 왜적을 막는 대비책으로 삼으소서. 해서(海西)의 산산진(蒜山鎭)에는 소나무와 뽕나무를 많이 심고, 한강(漢江)의 하류에는 특별히 방어소(防禦所)를 설치하고, 강도(江都)의 길상장(吉祥場)은 목장(牧場)을 폐지시킨 다음 거민(居民)을 모집하고, 남한산성(南漢山城)과 북한산성(北漢山城)의 군향(軍餉)을 각 고을에 봉류(捧留)하여 곡식을 훔치는 데 도움을 주게 하는 것은 부당합니다. 그리고 폐사군(廢四郡) · 울릉도(鬱陵島) · 대청도(大靑島) · 소청도(小靑島) 등지는 모두

백성들에게 농사지을 것을 허락하여 관방(關防)을 공고하게 하소서."

하니, 비답하기를,

"묘당(廟堂)으로 하여금 품처하게 하겠다."

하였다.

(145)『英祖實錄』英祖 11年(乙卯, 1735年) 1月 甲申(13일)條

江原監司趙最壽啓言:"鬱陵島搜討, 今年當行, 而歉歲有弊, 請停之." 金取魯等曰:"往在丁丑, 倭人請得此島, 朝家嚴斥, 而遣張漢相, 圖形以來, 定以三年一往, 不可停也." 上可之.

강원도감사 조최수(趙最壽)가 아뢰기를,

"울릉도(鬱陵島)의 수색 토벌을 금년에 마땅히 해야 하지만 흉년에 폐단이 있으니, 청컨대 이를 정지하도록 하소서."

하였는데, 김취로(金取魯) 등이 말하기를,

"지난 정축년에 왜인들이 이 섬을 달라고 청하자, 조정에서 엄하게 배척하고 장한상(張漢相)을 보내어 그 섬의 모양을 그려서 왔으며, 3년에 한 번씩 가 보기로 정하였으니, 이를 정지할 수가 없습니다."

하니, 임금이 이를 옳게 여겼다.

(146)『英祖實錄』英祖 45年(己丑, 1769年) 1月 戊子(4일)條

命停江原道今春操, 鬱陵島搜討之行, 三鎭勸武都試則依例設行, 因道臣宋瑩中狀請也.

강원도의 올해 춘조(春操)를 정지하되, 울릉도(鬱陵島)에 수토(搜討)하러 가는 일과 세 진(鎭)의 권무도시(勸武都試)는 전례에 의거하여 설행(設行)하도

록 명하였으니, 도신 송형중(宋瑩中)이 장청(狀請)한 때문이었다.

(147) 『英祖實錄』 英祖 45年(己丑, 1769年) 10月 壬戌(14일)條

領議政洪鳳漢奏曰:"聞鬱陵島產人蔘, 商賈潛入採之, 倭人若知之, 恐有爭桑之患矣." 仍請曰:"我國文獻不足, 今於鬱陵島事, 無所考證. 自今博採前後文蹟, 作一冊子, 以爲事大交隣文字好矣." 上允之.

영의정 홍봉한(洪鳳漢)이 아뢰기를,

"듣건대 울릉도(鬱陵島)에서 나는 인삼(人蔘)을 상고(商賈)들이 몰래 들어가서 채취한다고 하니, 왜인(倭人)들이 만약 이를 안다면, 아마도 쟁상(爭桑)의 근심이 있을까 두렵습니다."

하고, 이어서 청하기를,

"우리나라의 문헌(文獻)이 부족하여 지금 울릉도의 일에 있어 고증(考證)할 바가 없습니다. 이제부터 전후의 문적(文蹟)을 널리 채택하여 한 책자(冊子)를 만들어서 사대(事大)·교린(交隣)의 문자(文字)를 삼는 것이 좋겠습니다."

하니, 임금이 윤허하였다.

(148) 『英祖實錄』 英祖 45年(己丑, 1769年) 10月 甲子(16일)條

命提調元仁孫, 與曾經三陟營將解事者, 圖畫鬱陵島峰巒形勝物產以入.

임금이 제조 원인손(元仁孫)에게 명하여 일찍이 삼척영장(三陟營將)을 지내어 사리를 잘 아는 자와 더불어 울릉도(鬱陵島)의 봉만(峰巒)·형승(形勝)·물산(物產)을 그려 가지고 들어오게 하였다.

(149) 『英祖實錄』 英祖 45年(己丑, 1769年) 11月 丁未(29일)條

上引見大臣備堂. (…) 正言李溎申前啓, 不允. 又啓 : "鬱陵島地近倭境, 故物產之禁其私取者, 法意甚嚴, 而近聞本島蔘貨, 遍行傍邑, 多有現發屬公者云. 地方官之矇然不察, 極爲駭然. 請三陟府使徐魯修拿問嚴處." 從之.

임금이 대신과 비국당상을 인견하였다. (…) 정언 이계(李溎)가 전계를 거듭 아뢰었으나 윤허하지 않았다. 또 아뢰기를,

"울릉도(鬱陵島)는 지역이 왜인의 지경과 가깝기 때문에, 물산(物產)을 사사롭게 취하는 것을 금하는 법의(法意)가 매우 엄중한데, 근래에 듣건대 본도(本島)의 삼화(蔘貨)가 근처 고을에서 두루 통행되다가 현발(現發)되어 속공(屬公)한 것이 많이 있다고 합니다. 이는 지방관이 어두워서 살피지 못한 것이니 지극히 해연(駭然)합니다. 청컨대 삼척부사(三陟府使) 서노수(徐魯修)를 잡아다 추문해서 엄중하게 조처하소서."

하니, 그대로 따랐다.

(150) 『英祖實錄』 英祖 45年(己丑, 1769年) 12月 丁巳(9일)條

命遞江原監司洪名漢. 初, 鬱陵島有潛商之採蔘者, 三陟營將洪雨輔詗執, 而多有醜謗. 事覺, 雨輔坐貶, 至是名漢以交關參涉, 掌令元啓英上疏論劾曰 : "鬱陵禁令, 何等嚴重, 而乃者江原監司洪名漢, 與其族武三陟營將洪雨輔, 暗地交關, 募人潛入, 採取人蔘, 多至累數十斤. 及其現發於地方官, 則犯禁之民, 刑配道內, 屬公之蔘, 還給私賣, 仍又曲引他事, 狀罷本官, 要爲彌縫之計, 此已是難貸之罪也. 論其罪犯, 實浮於營將, 而薄譴但止於營將, 誅罰不及於名漢. 國法之不行, 誠非細故, 日後之弊, 亦不可不慮. 臣以爲江原監司洪名漢, 亟施削職之典可也." 疏入, 上以挾雜責諭, 不許. 復以問於大臣, 領議政洪鳳漢以爲. "名漢必引嫌." 上命遞之. 問誰可代者, 鳳漢薦徐命善, 上曰 : "吾相

定矣."

강원감사 홍명한(洪名漢)을 체차(遞差)하도록 명하였다. 당초에 울릉도(鬱陵島)에 인삼을 캐는 잠상(潛商)을 삼척영장(三陟營將) 홍우보(洪雨輔)가 염탐하여 붙잡았는데, 추잡한 비방이 많이 있었다. 일이 발각되어 홍우보가 죄를 받아 폄출(貶黜)되었는데, 이때에 이르러 홍명한이 서신(書信)을 왕래하여 참섭하였다는 것으로써 장령 원계영(元啓英)이 상소하여 논핵(論劾)하기를,

"울릉도에 대한 금령(禁令)이 얼마나 엄중한 것인데, 강원감사 홍명한은 그 집안의 무신인 삼척영장 홍우보와 몰래 서신을 왕래하여 사람들을 모아 몰래 들어가서 인삼을 채취한 것이 자그마치 수십 근에 이르렀습니다. 지방관에게 현발(現發)되기에 이르러서는 금령을 범한 백성은 도내(道內)에 형배(刑配)하고 속공(屬公)한 인삼은 돌려주어 사사로이 팔았으며, 인하여 또 다른 일을 끌어대어 본관(本官)을 장파(狀罷)함으로써 미봉(彌縫)할 계책을 삼았으니, 이것은 이미 용서하기 어려운 죄입니다. 그 죄범(罪犯)을 논하면 진실로 영장보다 더한데, 가벼운 견벌(譴罰)이 단지 영장에게만 그치고, 주벌(誅罰)이 홍명한에게는 미치지 않았습니다. 국법(國法)이 행해지지 않는 것은 진실로 작은 일이 아니며, 훗날의 폐단도 또한 염려하지 않을 수 없습니다. 신의 생각에는 강원감사 홍명한에게 빨리 삭직(削職)의 율을 시행하는 것이 옳다고 여깁니다."

하였는데, 소장이 들어가자 임금이 협잡(挾雜)이라고 책유(責諭)하고 허락하지 않았다. 다시 대신에게 물었는데, 영의정 홍봉한(洪鳳漢)이 말하기를,

"홍명한이 반드시 인혐(引嫌)할 것입니다."

하자, 임금이 체차하도록 명한 것이었다. 임금이 대신할 만한 자가 누구인지를 묻자, 홍봉한이 서명선(徐命善)을 추천하였는데, 임금이 말하기를,

"나의 순상(巡相)이 정하여졌다."

하였다.

(151) 『英祖實錄』 英祖 46年(己丑, 1770年) 1月 壬午(4일)條

上引見大臣備堂. (…) 引見江原監司徐命善, 禁鬱陵島採蔘.

임금이 대신(大臣)과 비국당상(備局堂上)을 인견(引見)하였다. (…) 강원감사(江原監司) 서명선(徐命善)을 인견하였는데, 울릉도(鬱陵島)에서 삼(蔘) 캐는 일을 금지시켰다.

해설 요점

『영조실록』의 이 자료는 ① 강원도 유생 이승수의 울릉도에 설진설읍(設鎭設邑)하자는 건의, ② 훈련원판관 윤필은(尹弼殷)의 울릉도에도 백성들을 살게 해서 농사를 짓게 하고 방어를 튼튼히 하자는 상소, ③ 강원도관찰사 조최수(趙最壽)의 올해가 흉년이므로 울릉도 수토의 정지 요청을 국왕이 거절한 사실, ④ 국왕이 1769년 강원도의 봄 군사 훈련은 정지하되 울릉도 수토와 세 진(鎭)의 권무도시(勸武都試)는 전례에 따라 실행하도록 명령한 사실, ⑤ 영의정 홍봉한(洪鳳漢)이 울릉도에서 나는 인삼을 상인들이 몰래 울릉도에 들어가서 채취해 오는데, 만일 일본인들이 이를 알면 그들도 울릉도에 몰래 들어가 인삼을 채취하려 하여 다툼이 일어날 근심이 있다고 보고한 사실, ⑥ 영조가 제조 원인손(元仁孫)에게 일찍이 삼척영장을 지내어 울릉도 사정을 잘 아는 자와 더불어 울릉도의 지형과 물산을 그리고 조사해서 들어오게 명령했다는 사실, ⑦ 정언 이계(李溎)가 아뢰기를 근래에 울릉도에 산출된 인삼이 화폐처럼 근처 고을에 두루 통행되다가 발각되어 몰수한 것이 많다고 하는데, 울릉도는 일본과 가까운 지경이기 때문에 엄중하게 금해야 하며, 이를 금하지 못한 삼척부사 서노수(徐魯修)를 엄중하게 조처해야 한다고 건의하여, 국왕이 그대로 따른 기록, ⑧ 삼척영장 홍우보(洪雨輔)가 울릉도의 인삼과 관련하여 부정을 자행한 결과 그에 관여된 강원도관찰사 홍명한(洪名漢)도 교체했다는 기록, ⑨ 국왕이 강원도관찰사 서명선(徐命善)를 인견했는데, 울릉도에서의 인삼 채취를 금지시켰다는 기록 등이 수록되어 있다.

(상권, 본문 327~343쪽 참조)

26)『정조실록』 기사

(152)『正祖實錄』正祖 11年(丁未, 1787년) 7월 庚寅(25일)條

原春道觀察使金載瓚狀啓言 : "蔚山海尺等十四名, 潛入鬱陵島, 採取魚鰒·香竹, 被捉於三陟浦口. 本島防禁至嚴, 而蔚民每持兵營之採鰒公文, 年年犯禁. 該兵使·府使, 宜勘罪." 備邊司覆奏, 請慶尙左道兵馬節度使姜五成·蔚山府使沈公藝, 先罷後拿. 允之.

원춘도관찰사 김재찬(金載瓚)이 장계(狀啓)하기를,

"울산(蔚山)에 사는 해척(海尺) 등 14명이 몰래 울릉도(鬱陵島)에 들어가 어복(魚鰒)·향죽(香竹)을 채취하였는데, 삼척(三陟)의 포구에서 잡혔습니다. 그 섬은 방금(防禁)이 지극히 엄한데도 울산 백성이 번번이 병영(兵營)의 채복공문(採鰒公文)을 가지고 해마다 방금을 범하니, 그 병사(兵使)와 부사(府使)를 감죄(勘罪)해야 하겠습니다."

하였다. 비변사에서 복주(覆奏)하여, 경상좌도병마절도사 강오성(姜五成)과 울산부사 심공예(沈公藝)를 먼저 파직(罷職)하고 나서 잡아다 추국하기를 청하니, 윤허하였다.

(153)『正祖實錄』正祖 18年(甲寅, 1794년) 6월 戊午(3일)條

江原道觀察使沈晋賢狀啓言 : 鬱陵島搜討, 間二年, 使邊將輪回擧行, 已有定式, 故搜討官越松萬戶韓昌國處, 發關分付矣. 該萬戶牒呈 : "四月二十一日, 幸得順風, 糧饌雜物分, 載四隻船, 與倭學李福祥及上下員役·格軍八十名, 同日未時量, 到于大洋中, 則酉時, 北風猝起, 雲霧四塞, 驟雨霹靂, 一時齊發, 四船各自分散, 莫知所向. 萬戶收拾精神, 戎服禱海, 多散糧米, 以餽海神後, 使格軍輩, 擧火應之, 則二隻船擧火而應, 一隻船漠然無火矣. 二十二日寅時, 怒濤漸息, 只見遠海之中, 二隻船帆自南而來. 格軍輩擧手指東曰 : '彼雲霧中隱隱如雲者, 疑是島中上峰也.' 萬戶詳細遠望, 則果是島形也. 親自擊皷, 激勵格軍, 卽爲到泊於島之西面黃土丘尾津. 登山看審, 則自谷至中峰三十餘里, 而山形重疊, 谷水成川, 其中有可作水田六十餘石下種之地. 谷則狹窄, 有瀑布, 而左爲黃土丘尾窟, 右爲屛風石. 其上又有香木亭, 故斫取香木, 而以間年斫取之故, 漸就稀少. 二十四日到桶丘尾津, 則谷形如桶, 前有一巖在海中, 與島相距可爲五十步, 而高近數十丈, 周回皆是絶壁. 谷口巖石層層, 僅僅攀登而見之, 則山高谷深, 樹木參天, 雜草茂密, 通涉無路. 二十五日到長作地浦, 谷口果有竹田, 非但稀踈, 擧皆體小. 其中擇其稍大者斫取後, 仍向東南楮田洞, 則自洞口至中峰爲數十里許, 而洞裏廣闊基址, 顯有三處, 可作水田數十石下種之地. 前有三島, 在北曰防牌島, 在中曰竹島, 在東曰瓮島. 三島相距, 不過百餘步, 島之周回, 各爲數十把, 險巖峍屼, 難以登覽, 仍爲止宿. 二十六日轉向可支島, 四五箇可支魚, 驚駭躍出, 形若水牛. 砲手齊放, 捉得二首, 而丘尾津山形, 最爲奇異, 入谷數里, 則昔日人家遺址, 宛然尙存. 左右山谷, 甚爲幽深, 難於登陟. 仍遍看竹巖·帿布巖·孔巖·錐山等諸處, 行到桶丘尾, 禱山祭海, 待風留住. 蓋島周回, 摠爲論之, 則南北七八十里許, 東西五六十里許. 環海則皆是層巖絶壁, 四方山谷, 則間有昔日人居之土址, 而田土可墾處, 合爲數百石下種之地. 樹木則香·栢·蘗·檜·桑·榛, 雜草則青

芹·葵·艾·苧·楮. 其餘異樹奇草, 不知名, 難以盡記. 羽蟲則雁·鷹·鷗·鷺, 毛蟲則猫·鼠, 海産則藿·鰒而已. 三十日發船, 初八日還鎭. 島中所産可支魚皮二令·篁竹三箇·紫檀香二吐莫·石間朱五升·圖形一本, 監封上使" 云. 幷上送于備邊司.

강원도관찰사 심진현(沈晉賢)이 장계하였다.

"울릉도의 수토(搜討)를 2년에 한 번씩 변장(邊將)으로 하여금 돌아가며 거행하기로 이미 정식(定式)을 삼고 있기 때문에, 수토관 월송만호(越松萬戶) 한창국(韓昌國)에게 관문을 띄워 분부하였습니다. 월송만호의 첩정(牒呈)에 '4월 21일 다행히도 순풍을 얻어서 식량과 반찬거리를 4척의 배에 나누어 싣고 왜학(倭學) 이복상(李福祥) 및 상하 원역(員役)과 격군(格軍) 80명을 거느리고 같은 날 미시(未時)쯤에 출선하여 바다 한가운데에 이르렀는데, 유시(酉時)에 갑자기 북풍이 일며 안개가 사방에 자욱하게 끼고, 우레와 함께 장대비가 쏟아졌습니다. 일시에 출발한 4척의 배가 뿔뿔이 흩어져서 어디로 가고 있는지 알 수 없었는데, 만호가 정신을 차려 군복을 입고 바다에 기원한 다음 많은 식량을 물에 뿌려 해신(海神)을 먹인 뒤에 격군들을 시켜 횃불을 들어 호응케 했더니, 2척의 배는 횃불을 들어서 대답하고 1척의 배는 불빛이 전혀 보이지 않았습니다. 22일 인시(寅時)에 거센 파도가 점차 가라앉으면서 바다 멀리서 2척의 배 돛이 남쪽에 오고 있는 것만을 바라보고 있던 참에 격군들이 동쪽을 가리키며 저기 안개 속으로 은은히 구름처럼 보이는 것이 아마 섬 안의 높은 산봉우리일 것이라고 하기에, 만호가 자세히 바라보니 과연 그것은 섬의 형태였습니다. 직접 북을 치며 격군을 격려하여 곧장 섬의 서쪽 황토구미진(黃土丘尾津)에 정박하여 산으로 올라가서 살펴보니, 계곡에서 중봉(中峰)까지의 30여 리에는 산세가 중첩되면서 계곡의 물이 내를 이루고 있었는데, 그 안에는 논 60여 섬지기의 땅이 있고,

골짜기는 아주 좁고 폭포가 있었습니다. 그 왼편은 황토구미굴(黃土丘尾窟)이 있고 오른편은 병풍석(屛風石)이 있으며 또 그 위에는 향목정(香木亭)이 있는데, 예전에 한 해 걸러씩 향나무를 베어 갔던 까닭에 향나무가 점차 듬성듬성해지고 있습니다.

24일에 통구미진(桶丘尾津)에 도착하니 계곡의 모양새가 마치 나무통과 같고 그 앞에 바위가 하나 있는데, 바닷속에 있는 그 바위는 섬과의 거리가 50보(步)쯤 되고 높이가 수십 길이나 되며, 주위는 사면이 모두 절벽이었습니다. 계곡 어귀에는 암석이 층층이 쌓여 있는데, 근근이 기어올라가 보니 산은 높고 골은 깊은데다 수목은 하늘에 맞닿아 있고 잡초는 무성하여 길을 헤치고 나갈 수가 없었습니다.

25일에 장작지포(長作地浦)의 계곡 어귀에 도착해보니 과연 대밭이 있는데, 대나무가 듬성듬성할 뿐만 아니라 거의가 작달막하였습니다. 그중에서 조금 큰 것들만 베어낸 뒤에, 이어 동남쪽 저전동(楮田洞)으로 가보니 골짜기 어귀에서 중봉에 이르기까지 수십 리 사이에 세 곳의 널찍한 터전이 있어 수십 섬지기의 땅이었습니다. 또 그 앞에 3개의 섬이 있는데, 북쪽의 것은 방패도(防牌島), 가운데의 것은 죽도(竹島), 동쪽의 것은 옹도(瓮島)이며, 세 섬 사이의 거리는 1백여 보(步)에 불과하고 섬의 둘레는 각각 수십 파(把)씩 되는데, 험한 바위들이 하도 쭈뼛쭈뼛하여 올라가 보기가 어려웠습니다.

거기서 자고 26일에 가지도(可支島)로 가니, 네댓 마리의 가지어(可支魚)가 놀라서 뛰쳐나오는데, 모양은 무소와 같았고, 포수들이 일제히 포를 쏘아 2마리를 잡았습니다. 그리고 구미진(丘尾津)의 산세가 가장 기이한데, 계곡으로 십여 리를 들어가니 옛날 인가의 터전이 여태까지 완연히 남아 있고, 좌우의 산곡이 매우 깊숙하여 올라가기는 어려웠습니다. 이어 죽암(竹巖)·후포암(帿布巖)·공암(孔巖)·추산(錐山) 등의 여러 곳을 둘러보고 나서 통구미(桶丘尾)로 가서 산과 바다에 고사를 지낸 다음, 바람이 가라앉기를 기다려 머무르고 있었습니다.

대저 섬의 둘레를 총괄하여 논한다면 남북이 70, 80리 남짓에 동서가 50, 60리 남짓하고 사면이 모두 층암절벽이며, 사방의 산곡에 이따금씩 옛날 사람이 살던 집터가 있고 전지로 개간할 만한 곳은 도합 수백 섬지기쯤 되었으며, 수목으로는 향나무·잣나무·황벽나무·노송나무·뽕나무·개암나무, 잡초로는 미나리·아욱·쑥·모시풀·닥나무가 주종을 이루고, 그밖에도 이상한 나무들과 풀은 이름을 몰라서 다 기록하기 어려웠습니다. 우충(羽虫)으로는 기러기·매·갈매기·백로가 있고, 모충(毛虫)으로는 고양이·쥐가 있으며, 해산물로는 미역과 전복뿐이었습니다.

30일에 배를 타고 출발하여 새달 8일에 본진으로 돌아왔습니다. 섬 안의 산물인 가지어 가죽 2벌, 황죽(篁竹) 3개, 자단향(紫檀香) 2토막, 석간주(石間朱) 5되, 도형(圖形) 1벌을 감봉(監封)하여 올립니다.' 하였으므로, 함께 비변사로 올려보냅니다."

(154) 『正祖實錄』 正祖 19年(乙卯, 1795년) 6월 癸未(4일)條

吏曹判書尹蓍東啓言:"鬱陵島自是產蔘之地, 而間年搜討, 每在三四月間, 故採非當節, 便作無用之物, 而局方諸醫皆以爲蔘品甚好云, 明知其可用, 而因循等棄, 誠爲可惜, 一番試採, 亦無所損. 明春搜討之當次, 以今六七月進定, 使三陟營將領率略干採蔘軍, 入去採取. 其擧行事例, 則已問于該營, 將有報來者, 請自備局從便知委." 允之.

이조판서 윤시동(尹蓍東)이 아뢰기를,

"울릉도는 본래 산삼(山蔘)이 생산되는 지방입니다. 그런데 한 해 걸러 산삼을 찾는 일이 늘 3, 4월 사이에 있기 때문에 캐낼 절기가 아니라서 번번이 쓸모없는 물건이 되곤 합니다. 내의원의 의원들 모두 그 산삼의 품질이 매우 좋다고 말하는 만큼 괜찮은 물건임을 분명히 알 수 있는데 예전에 하던 대로만 하여 버린 물건 취급을 하고 있으니, 정말 애석합니다. 한 번 시험삼아 캐내게 하더라도 손해될 것은 없으니, 내년 봄에 찾아내기로 예정된 일을 금년 6, 7월로 앞당겨 정한 뒤 삼척(三陟)의 영장(營將)으로 하여금 채삼군(採蔘軍) 약간 명을 거느리고 들어가서 채취하게 했으면 합니다. 거행할 사례에 대해서는 일단 해영(該營)에 문의하면 보고해 올 것이니, 비국에서 편할 대로 통지하게 하소서."

하니, 윤허하였다.

(155)『正祖實錄』正祖 23年(己未, 1799년) 3월 丙子(18일)條

江原監司尹弼秉, 申于備邊司曰:"今年鬱陵島搜討, 越松萬戶爲當次, 而採蔘節目中, 只有'營將行採蔘軍入送'之語, 萬戶行則不爲擧論, 有難擅便. 江陵等五邑牒報以爲:'採蔘軍定送, 始自乙卯. 而必以生長峽裏, 慣識蔘稏者, 江陵五名·襄陽八名·三陟十名·平海四名·蔚珍三名, 分定起送, 而皆托風濤之不慣, 間多謀避. 故抄擇時任掌, 操縱索賂. 候風津頭也, 稱以糧價, 收斂民間. 採蔘則乙卯二兩八錢, 丁巳五兩六錢, 此在於採手善不善, 則有難預料.' 而今年搜討, 越松萬戶, 雖爲當次, 依近例採蔘封進, 則以三陟營將替送何如?" 左議政李秉模奏曰:"目下蔘政, 實爲苟艱. 如使此蔘品良而採多, 則果是不可已之策. 而第其蔘品, 比陸蔘甚劣, 其勝於家蔘者幾希. 此後所採多少, 雖未可預料, 以兩次行所採觀之, 足可推知. 而民弊也如此, 搜討則依前以營將·萬戶按次擧行, 採蔘軍入送一款, 今姑置之, 似合事宜." 從之.

강원감사 윤필병(尹弼秉)이 비변사에 공문을 보내기를,

"금년에 울릉도(鬱陵島)를 수색하는 것은 월송만호(越松萬戶)가 할 차례인데, 채삼절목(採蔘節目) 가운데에는 단지 '영장(營將)이 갈 때에 채삼군(採蔘軍)을 들여 보낸다.'는 말만 있고, 만호가 갈 경우에 대해서는 거론하지 않았는데, 멋대로 편리하게만 하기는 어려운 점이 있습니다. 강릉 등 다섯 고을의 첩보에 의하면 '채삼군을 정해 보내는 것은 을묘년부터 시작되었다. 그리고 반드시 산골에서 생장하여 삼에 대해서 잘 아는 자들을 강릉은 5명, 양양은 8명, 삼척은 10명, 평해는 4명, 울진은 3명씩 나누어 정해 보내는데, 이들은 모두 풍파에 익숙하지 않다는 핑계를 대고 간간이 빠지려고 하는 자가 많다. 그러므로 채삼군을 가려 뽑는 담당관이 중간에서 조종하며 뇌물을 요구하고 있다. 그리고 진두(津頭)에서 바람을 기다릴 때에는 양식 값이라고 하면서 민간에서 거두어들인다. 삼을 캔 것이 을묘년에는 2냥 8전이고, 정사년에는 5냥 6전인데, 이것은 캐는 사람이 솜씨가 있느냐 없느냐에 달려 있어서 미리 헤아리기 어려운 점이 있다.' 하였습니다. 그러니 금년의 수색은 월송만호가 원래의 차례이기는 하나 요즈음에 삼을 캐어 바친 전례에 따라 삼척영장으로 바꾸어 보내는 것이 어떻겠습니까?"

하였는데, 좌의정 이병모(李秉模)가 아뢰기를,

"지금의 삼정(蔘政)은 실로 구차하고 어렵습니다. 만일 이 삼의 품질이 좋고 많이 캐기만 한다면 과연 그만 둘 수 없는 일입니다. 그러나 그 삼의 품질이 육지의 삼에 비하여 매우 형편없고, 집에서 재배한 삼보다 나은 점도 거의 없습니다. 앞으로 얼마나 캘지 미리 알 수는 없지만 두 번 가서 캔 것을 가지고 살펴보면 충분히 미루어 알 수 있습니다. 백성들에게 폐단을 끼치는 것이 이와 같으니, 수색하는 것은 전과 같이 영장과 만호를 차례대로 보내 거행하게 하고, 채삼군을 들여보내는 것은 지금 우선 그냥 놔두는 것이 사의에 합당할 것 같습니다."

하니, 따랐다.

해설 요점

『정조실록』의 이 자료는 강원도(원춘도)관찰사 김재찬(金載瓚)의 장계에 울산 어민 14명이 번번히 병영(兵營)의 전복 채취 허가 공문(公文)을 갖고 몰래 울릉도에 들어가서 물고기 · 전복 · 향죽을 채취했다가 삼척 포구에서 체포되었는데, 해마다 방금(防禁)을 위반하므로 병사(兵使)와 부사(府使)를 처벌해야 하겠다는 상신을 국왕이 윤허했다고 기록하였다. 이 시기에는 병사와 부사가 어민들에게 전복 채취 허가 공문을 내주어 울릉도에 들어가는 것을 허가해 주고 있었음을 알 수 있다.

또한 이 자료는 1794년(정조 18년) 4월 21일 부터 5월 초8일까지 18일간에 거쳐 80명을 일단으로 하여 4척의 배에 나누어 타고 수행한 월송만호 한창국의 울릉도 수토 보고서를 수록하였다. 이 자료에서 주목할 것은 4월 26일 수토한 우산도(지금의 독도)로 인지되는 가지도의 수토 보고기록이다. 수토관 일행은 이 섬에서 가지어 4~5마리가 놀라서 튀어나왔으므로 포수들이 총을 쏘아 그 중에서 2마리를 잡아 가죽을 벗겨서 서울로 올려 보냈다. 가지어는 독도(우산도)일대에 많이 서식하고 있던 물개의 일종으로서 '강치(海驪)'라고 동해안 어민들이 부르던 포유류 해양동물이다. 이 자료에서 그 모양이 마치 물소(水牛)와 같았다고 보고한 것도 이에 대체로 일치한다.

그렇다면 18세기에 조선 조정에서는 오늘날의 독도를 '우산도'라고 부르고 있었지만 강원도와 경상도의 동해안 지방 어부들 사이에서는 그 특산물에 연유하여 '가지도', '강치섬'이라는 별명으로 호칭되기도 했었다고 볼 수있다. 모든 나라에서 어느 시대나 해안의 섬들 또는 지명에는 정부의 공식호칭 이외에도 지방민에 의하여 불려지는 몇개의 별명이 있는 것은 자주 볼 수 있는 일이다. 이 관점에서 1794년에 울릉도수토관 한창국 일행은 독도에 도착하여 이 섬을 수토하고 해려(海驪 : 가지어, 강치) 2마리를 잡아온 것이라고 볼 수 있다.

이 자료에는 또한 울릉도가 산삼의 산출지로 인지되어 공식적으로 채삼절목(採蔘節目)을 제정해서 영장(營將)이 수토하러 갈 때에는 채삼군을 들여보내 인삼을 채취했음을 알려주고 있다. (상권, 본문 327~343쪽 참조)

27) 『성호사설』 기사

(156) 『星湖僿說』 鬱陵島條

鬱陵島在東海中 一名于山 遠可七八百里 自江陵三陟等地 登高望之 三峯縹緲隱見 新羅智證王十二年 其人 恃强不服 何瑟羅州軍主異斯夫 以木獅威服何瑟羅卽今江陵也. 高麗初來獻方物 毅宗十一年遣金柔立 往審羽陵島 從山頂東行 至海一萬餘步 西行一萬三千餘步 南行萬五千步 北行八千步 有村落基地七所 有石佛鐵鍾石塔 地多岩石 不可居 然則是時已成空地矣. 本朝逋民多入居 太宗世宗時 皆往搜盡俘還之 芝峯類說云 鬱陵島壬辰後被倭焚掠 無復人烟 近聞倭占據礒竹島 或謂礒竹卽鬱陵也 倭以漁氓安龍福犯越事來爭以芝峯類說及禮曹回答 有貴界竹島之語爲證 朝廷遣武臣張漢相 往審之南北七十里 東西六十里 木有冬栢紫擅側栢黃蘗槐椵桑楡 無桃李松橡 禽獸有烏鵲描鼠 水族有嘉支魚 穴居巖磧 無鱗有尾魚身四足 而後足甚短 陸不能善走水行如飛 聲如嬰兒 脂可以燃燈云 於是朝廷費辭往復彌縫乃止

울릉도는 동해 가운데 있는데, 우산국(于山國)이라고도 한다. 육지에서의 거리가 7백 리 내지 8백 리쯤 되며, 강릉·삼척 등지의 높은 곳에 올라가 바라보면 세 봉우리가 가물거린다.

신라 지증왕(智證王) 13년(512년)에 그곳의 주민들이 힘을 믿고 복종하지 않자, 하슬라주(何瑟羅州)의 군주(軍主) 이사부(異斯夫)가 나무로 만든 사자의 위력으로 이를 정복했으니, 하슬라는 지금의 강릉이다.

고려 초기에 방물(方物)을 바친 일이 있었으며, 의종(毅宗) 11년(1157년)에 김유립(金柔立)을 우릉도(羽陵島)에 보내어 탐사하게 하였는데, 산마루에서 바다까지 동쪽으로 1만여 보요, 서쪽으로 1만 3천여 보이며, 남쪽으로 1만 5천 보요, 북쪽으로 8천 보였다.

마을의 빈터가 일곱 곳이 있었는데, 그곳에는 석불(石拂)·철종(鐵鍾)·석탑이 있었으며, 땅에는 바위가 많아 사람이 살 수 없었으니, 그렇다면 이때에 벌써 공허지가 되었던 것이다.

조선시대에 미치어 죄인들이 도망해 와서 사는 자가 많으므로 태종(太宗)과 세종(世宗) 때에 낱낱이 수색하여 모두 잡아온 일도 있었다.

『지봉유설(芝峰類說)』에, "울릉도는 임진왜란 후에 왜적의 분탕(焚蕩)과 노략질을 겪어 다시 인적이 없었는데, 근자에 들으니 왜적이 의죽도(礒竹島)를 점거했다 하며, 혹자의 말에 의죽도는 곧 울릉도라고 한다." 하였다.

왜인들이 어부 안용복(安龍福)이 월경(越境)한 일로써 와서 쟁론할 때 『지봉유설』과 예조(禮曹)의 회답 가운데 '귀계(貴界)'니, '죽도(竹島)'니 하는 말이 있는 것으로 증거를 삼았다.

조정에서 이에 무신 장한상(張漢相)을 울릉도로 보내어 살피게 했는데, 그의 복명에, "남북은 70리요, 동서는 60리이며, 나무는 동백·자단(紫檀)·측백·황벽(黃蘗)·괴목(槐木)·유자·뽕나무·느릅나무 등이 있고, 복숭아·오얏·소나무·상수리나무 등은 없었습니다. 새는 까마귀·까치가 있고 짐승은 고양이와 쥐가 있으며, 물고기는 가지어(嘉支魚)가 있는데, 바위틈에 서식하며 비늘은 없고 꼬리가 있습니다. 몸은 물고기와 같고 다리가 넷이 있는데, 뒷다리는 아주 짧으며, 육지에서는 빨리 달리지 못하나 물에서 나는 듯이 빠르고 소리는 어린아이와 같으며 그 기름은 등불에 사용합니다."

하였다. 이에 조정에서 누차 서신을 왕복하여 무마시켰던 것이다.

(157)『星湖僿說』鬱陵島條

余謂此事非難判 當時明不曰 鬱陵之服屬新羅 自智證王始時 卽貴邦繼體之六年 未知威德遠被史乘 特書有 可以考見者耶至於高麗 或獻方物 或空其地 史不絶書 今千有餘年 今者何故 突然惹此爭端 卽無論羽陵礒竹之何指 鬱陵之屬我邦 則百分明白 而其旁近島嶼亦不過鬱陵之屬島 與貴邦絶遠 其乘隙占據所宜羞吝 而不合誇言者也 設或中間爲貴邦冒奪 兩國約和誠信之後 悉宜還其舊田之不暇 況未曾著在貴邦之版籍也耶 旣在我界則 我氓之漁獵往來理固宜然 何與於貴邦如是 則彼雖巧黠將無復容其喙矣

나는 생각건대, 이 일은 담판하기 어려울 것이 없으니, 그 당시에 "울릉도가 신라에 예속된 것은 지증왕 때부터 시작된 일이며, 그 당시 귀국은 계체(繼體) 6년(512년, 신라 지증왕 13년)이었는데 위덕(威德)이 멀리까지 미친 일이 있는지 나는 들은 적이 없으니, 역사에 상고할 만한 특이한 기록이 있는가? 고려로 논한다면 혹은 방물을 바친 적이 있으며 혹은 그 섬을 비운 일도 사기에 기록이 끊어진 적이 없었는데, 천여 년을 내려 온 오늘에 와서 무슨 이유로 갑자기 이 분쟁을 일으키는가? 우릉도(羽陵島)라고 하든, 의죽도라고 하든, 어느 칭호를 막론하고 울릉도가 우리나라에 속하는 것은 너무나도 분명한 일이며, 그 부근의 섬도 또한 울릉도의 부속에 지나지 않는 것이다. 귀국과는 거리가 멀리 떨어졌는데, 그 틈을 타서 점령한 것은 이치에 어긋난 일이니, 자랑할 말이 못되는 것이다. 가령 중간에 귀국의 약탈한 바 되었더라도 두 나라가 신의로써 화친을 맺은 후에는 옛 경계에 의하여 서둘러 돌려주어야 할 것인데, 하물며 일찍이 귀국의 판도에 들지 않았음에랴? 이미 우리나라의 강토인 이상 우리 백성들이 왕래하며 고기잡이하는 것이

마땅한 일인데 귀국이 무슨 관여할 권리가 있는가?"라고 왜 하지 않았는가? 이와 같이 말했다면 저들이 비록 간사할지라도 다시 입을 열지 못했을 것이다.

(158)『星湖僿說』鬱陵島條

安龍福者 東萊府戰船櫓軍也 出入倭館 善倭語 我肅廟十九年癸酉夏 漂泊鬱陵島 倭船七艘先到 時倭已惹爭島之端 龍福與倭辨詰 倭怒執以歸拘五浪島 龍福謂其島主曰 鬱陵芋山本屬朝鮮 朝鮮近 而日本遠 何故拘執我不歸 島主送諸伯耆州 伯耆島主待以賓禮 賚銀許多 辭不受 島主問汝欲何爲 龍福又言其故曰 禁山侵擾 以厚交隣 是吾願也 島主許之 稟于江戶 成契券與之遂遣 還行到長椅島 島主黨馬島 奪其券 送之馬島 馬島主囚之 聞于江戶 江戶復爲書契 令勿侵兩島 且令護送 馬島主復奪其書契 囚五十日 押送東萊倭館 又留之四十日 送之東萊府 龍福悉訴之 府使不以聞 以杞越刑之二年 乙亥夏 龍福憤鬱不已 誘販僧五人及掉工四人 復至鬱陵 我國三商船先泊 漁採斫竹有 倭船適至 龍福令諸人縛執 諸人懼不從 倭云我等漁採松島偶至此卽去 龍福曰 松島本我芋山島 明日追至芋山島 倭擧帆走 龍福追之 漂泊于 玉岐島 轉至伯耆州 島主款迎 龍福自稱鬱陵搜捕將 乘轎入 與島主抗禮 言前後事甚詳 且云我國歲輸 米一石必十五斗 綿布一匹三十五尺 紙一卷二十張 馬島偸損謂米石七斗 布匹二十尺 截紙爲三卷 吾將欲直達于關伯 治斯誑之罪 同行有稍解文字者製疏 示島主 馬島主父聞之 乞憐於伯耆州 事遂已 慰諭送還曰 爭地事 悉如汝言 有不如約者 當重罰之

안용복은 동래부(東萊府) 전선(戰船)에 예속된 노군(櫓軍)이니, 왜관에 출입하여 왜어에 능숙하였다.

숙종(肅宗) 19년 계유 여름에 풍랑으로 울릉도에 표류했는데, 왜선 7척이 먼저 와서 섬을 다투는 분쟁이 일고 있었다. 이에 용복이 왜인들과 논란하니, 왜인들이 노하여 잡아가지고 오랑도(五浪島)로 돌아가 구금하였다.

용복이 도주에게 "울릉 우산은 원래 조선에 예속되어 있으며, 조선은 가깝고 일본은 멀거늘 어찌 나를 구금하고 돌려보내지 않는가?" 하니, 도주가 백기주(伯耆州)로 돌려보냈다.

이에 백기도주(伯耆島主)가 빈례(賓禮)로 대우하고 많은 은자(銀子)를 주니 모두 사양하고 받지 않았다. 도주가 "그대의 하고자 하는 것은 무엇인가?" 하니 용복이 전후 사실을 말하고 이르기를, "침략을 금지하고 이웃 나라끼리 친선을 도모함이 소원이다."고 하니, 도주가 이를 승낙하고 에도막부(江戶幕府)에 품하여 계권(契券)을 출급하고 돌아가게 하였다.

이에 출발하여 장기도에 이르니 도주가 대마도와 부동(符同)하여 그 계권을 빼앗고 대마도로 압송하였다. 대마도주가 또 구금하고 에도막부로 보고하니, 에도에서 다시 서계를 보내고 울릉 우산 두 섬을 침략하지 못하게 하였으며, 또 본국으로 호송하라는 지령이 있었다. 그런데 대마도주는 다시 그 서계를 빼앗고 50일을 구금하였다가 동래부 왜관으로 보냈는데, 왜관에서 또 40일을 유련(留連)시켰다가 동래부로 돌려보냈다.

이에 용복이 이 사실을 모두 호소하니, 부사가 상부에 보고하지도 않고 월경(越境)한 일로 2년의 형벌을 내렸다. 을해(1695년, 숙종 21년) 여름에 용복이 울분을 참을 수 없어 떠돌이 중 5인과 사공(沙工) 4인과 배를 타고 다시 울릉도에 이르니, 우리나라 상선 3척이 먼저 와서 정박하고 고기를 잡으며 대나무를 벌채하고 있었는데, 왜선이 마침 당도하였다.

용복이 여러 사람을 시켜 왜인들을 포박하려 했으나 여러 사람들이 두려워하여 좇지 않았으며, 왜인들이 "우리들은 송도에서 고기잡이를 하다가 우연히 이곳에 왔을 뿐이다." 하고 곧 물러갔다. 용복이, '송도도 원래 우리 우산도'라 하고 다음날 우산도로 달려가니, 왜인들이 돛을 달고 달아나거늘

용복이 뒤쫓아 옥기도(玉岐島)로 갔다가 백기주에까지 이르렀다.

이에 도주가 나와 환영하거늘, 용복이 울릉도수포장(搜捕將)이라 자칭하고 교자를 타고 들어가 도주와 대등한 예로 대하고 전후의 일을 소상히 말하였다.

그리고 또 "우리나라에서 해마다 쌀 1석에 반드시 15두요, 면포 1필은 35척이며, 종이 1권에 20장으로 충수(充數)해 보냈는데, 대마도에서 빼먹고 쌀 1석은 7두, 면포 1필에 20척, 종이는 3권으로 절단하여 에도로 올려 보냈으니, 내가 장차 이 사실을 관백(關白)에게 곧장 전달하여 그 속인 죄상을 다스리게 하겠소." 하고 동행 가운데 문학에 능통한 자를 시켜 소장을 지어 도주에게 보여 주었다.

대마도주의 부친된 자가 이 말을 듣고 백기주에 달려와 용서해 주기를 애걸하므로 그 일은 이로써 결말을 지었다. 그리고 과거의 일을 사과하고 돌려보내며, "섬을 가지고 다툰 일은 모두 그대의 말대로 준행할 것이요, 만약 이 약속을 어기는 자가 있으면 마땅히 중벌에 처하겠소."라고 하였다.

(159)『星湖僿說』鬱陵島條

秋八月還泊襄陽 方伯狀聞 拿致龍福等于京 諸人納供如一 朝議以犯起挑釁將斬之. 惟領敦寧尹趾完曰 龍福雖有罪 馬島從前欺詐者 徒以我國 不得專通江戶故耳 今知別有他路 勢必恐怯 今誅龍福非計也 領中樞南九萬曰 馬島之欺詐 非龍福無以畢露 其罪之有無姑置 爭島事 不可不因此機會 明辨痛斥之書問馬島曰 朝廷將別遣使 直探其虛實云爾 則馬島必大恐服罪 然後龍福事徐議其輕重未晚 此上策也 不然使萊府送書島中 先陳龍福擅自呈文之罪 次陳本島假稱竹島奪取公文之失 待其回答 而龍福斷罪之意 決不可及於書中次中策也. 至若不問馬島奸欺之狀 而先殺龍福 以快其心 彼必以此藉口 侮我脅 我將何以堪之 此下策也. 於是朝廷用中策 島主果自服罪 歸於前島主 不復

往來鬱陵 朝廷乃減龍福死配去云

추(秋) 8월에 양양에 다다르니, 방백(方伯)이 이 사실을 장계로써 보고하고 용복 등 일행을 서울로 압송하였다. 여러 사람의 공초가 한결같이 나오니 조정의 의론이 월경하여 이웃 나라와 쟁단을 일으켰다 하여 장차 참형에 처하려 하였다.

오직 영돈녕부사(領敦寧府事) 윤지완(尹趾完)이 "용복이 비록 죄는 있으나 대마도가 예전부터 속여온 것은 한갓 우리나라가 에도와 직통하지 않은 때문이었습니다. 이제 별달리 통하는 길을 알았으니 대마도에서 반드시 두려워할 것인데, 오늘날 용복을 참형에 처하는 것은 국가의 좋은 계책이 아니옵니다."라고 하였다.

또 영중추부사(領中樞府事) 남구만(南九萬)은 "대마도에서 속여온 일은 용복이 아니면 탄로되지 않았을 것이니, 그 죄상이 있고 없는 것은 아직 논할 것이 없고, 섬을 다투는 일에 대하여는 이 기회에 밝게 변론하고 중엄하게 물리치지 않을 수 없습니다. 그런 즉 대마도에 서계를 보내어 '조정에서 장차 에도에 직접 사신을 보내어 그 허실을 탐지하겠다.' 한다면 대마도에서 반드시 크게 두려워하여 복죄(服罪)할 것입니다. 그런 후에 용복의 일은 그 경중을 서서히 논의하더라도 늦지 않을 것이니, 이것이 상책이요, 그렇지 않다면 동래부를 시켜 대마도에 서계를 보내어 먼저 용복이 임의로 글을 올린 죄상을 말하고, 다음에 울릉도를 죽도(竹島)라고 가칭한 것과 공문을 탈취한 도주의 과실을 밝혀 그 회답을 기다릴 것이요, 용복을 죄줄 뜻은 서계 가운데 미치지 않을 것이니, 이는 중책이요, 만약 대마도의 속여 온 죄상을 묻지도 않고 먼저 용복을 죽여 저들의 마음을 쾌하게 해준다면 저들이 반드시 이로써 구실을 삼고 우리를 업신여기며 우리를 협박할 것이니, 장차 어떻게 감당하겠습니까? 이것이 하책이옵니다."라고 하였다.

이에 조정에서 중책을 채용하니, 도주가 과연 자복(自服)하여 허물을 전도주(前島主)에게 돌리고 다시 울릉도에 왕래하지 않았으며, 조정에서는 용복을 극형에서 감하여 변방으로 귀양보냈다

(160)『星湖僿說』鬱陵島條

愚按安龍福直是英雄儔匹 以一卒之賤出 萬死之計 爲國家 抗强敵 折奸萌 息累世之爭 復一州之土 比諸傅介子陳湯 其事尤難 非傑然者不能也. 朝廷不惟不之賞 前刑後配 摧陷之不暇 哀哉. 鬱陵縱云土薄 馬島亦土無數尺 而爲倭所窟宅 歷世爲患 一或見奪 是增一馬島也 方來之禍 何可勝言 以此論之 龍福非特 一世之功也歟 古今稱張循王花園老卒 爲人豪然 其所辦 不過大賈販殖之間 其於國家計策 未必優焉 若龍福者 當危難之際拔之行伍 借之翼角 得行其志 則所就豈止於此

나는 생각건대, 안용복은 곧 영웅호걸인 것이다. 미천한 일개 군졸로서 만번 죽음을 무릅쓰고 국가를 위하여 강적과 겨루어 간사한 마음을 꺾어버리고 여러 대를 끌어온 분쟁을 그치게 했으며, 한 고을의 토지를 회복했으니 부개자(傅介子)와 진탕(陳湯)에 비하여 그 일이 더욱 어려운 것이니 영특한 자가 아니면 할 수 없는 일이다.

그런데 조정에서는 상을 주지 않을 뿐만 아니라, 전에는 형벌을 내리고 뒤에는 귀양을 보내어 꺾어버리기에 주저하지 않았으니, 참으로 애통한 일이다.

울릉도가 비록 척박하다고 하나, 대마도 또한 한 조각의 농토가 없는 곳으로서 왜인의 소굴이 되어 역대로 내려오면서 우환거리가 되고 있는데, 울릉도를 한 번 빼앗긴다면 이는 또 하나의 대마도가 불어나게 되는 것이니 앞으로 오는 앙화를 어찌 이루 말하겠는가?

이로써 논하건대, 용복은 한 세대의 공적을 세운 것뿐이 아니었다. 고금

에 장순왕(張循王)의 화원노졸(花園老卒)을 호걸이라고 칭송하나, 그가 이룩한 일은 대상거부(大商巨富)에 지나지 않았으며, 국가의 큰 계책에는 도움이 없었던 것이다.

용복과 같은 자는 국가의 위급한 때를 당하여 항오에서 발탁하여 장수급으로 등용하고 그 뜻을 행하게 했다면, 그 이룩한 바가 어찌 이에 그쳤겠는가?

해설 요점

『성호사설』 울릉도조의 이 부분은 조선 후기 실학자 성호 이익이 울릉도의 역사를 우산국이 512년(신라 지증왕 12년) 신라에 항복하여 병합된 시기부터 성호 이익의 시대에 조정에서 1694년 장한상(張漢相)을 파견하여 지형과 물산을 조사해 온 시기까지의 역사를 간단히 서술한 자료이다.

성호는 17세기 말 대마도주를 비롯한 일본 측이 조선의 울릉도를 의죽도(礒竹島), 기죽도(磯竹島), 또는 죽도(竹島)라고 호칭하면서 일본의 소유라고 주장하여 담판할 때, 당시 조선 관리들이 울릉도가 신라에 예속된 것이 일찍이 지증왕 때 일이고 일본의 연호로는 계체(繼體) 6년경인데 이 때 일본은 전혀 위력이 멀리까지 미치지 못한 때임을 들어 역사적으로 증명했더라면 담판은 어려운 것이 아니었다고 지적하였다. 성호는 우릉도(羽陵島)라고 하든 의죽도(礒竹島)라고 하든 어느 칭호를 막론하고 울릉도가 우리나라에 속한 것은 너무나도 분명한 일이며, '그 부근의 섬(其旁近島嶼)'도 또한 '울릉도의 부속섬(鬱陵之屬島)'에 불과하다고 지적하였다. 여기서 주목할 것은 '그 부근의 섬' '울릉도의 부속섬'이라고 한 것은 바로 우산도(芋山島 : 독도)를 가리킨 것이라는 사실이다. 성호 이익은 독도는 울릉도의 부속도서로서 울릉도가 조선에 속한 것과 마찬가지로 독도도 울릉도의 부속도서로서 조선에 속한 것이라고 명료하게 지적한 것이었다.

성호는 안용복의 활동을 2차로 나누어 요약 정리하였다. 안용복은 1693년(숙종 19년)에 풍랑으로 울릉도에 표류했었는데 왜선 7척이 먼저 와있으므로 섬의 소속을 놓고 논쟁하게 되니 왜인들이 노하여 안용복을 잡아가지고 오랑도(五浪島)로 돌아가 구금하게 되었다. 이것이 안용복의 제1차 도일이었다. 안용복의 제1차 도일은 일본 어민들에게 납치되어 끌려간 것이었다. 안용복은 도주에게 "울릉도와 우산도(독도)는 원래 조선에 예속되어 있으며, 조선은 가깝고 일본은 멀거늘 어찌 나를 구금하고 돌려보내지 않는가?" 항의하고, 울릉도와 독도가 조선 영토여서 안용복이 울릉도에 간 것은 범월(犯越)이 아니므로 납치 구금이 부당한 것이라고 당당히 항변하였다. 여기서 주목할 것은 안용복이 울릉도 뿐만 아니라 우산도(독도)도 조선 영토임을 당당히 지적했다는 사실이다. 도주는 안용복을 백기주(伯耆州) 태수(大守)에게 보내었다.

백기주태수는 안용복을 빈례로 대우하고 에도막부(江戶幕府)에 품한 후 울릉도와 우산도가 조선 영토임을 인정하는 계권(契券)을 출급하고 돌아가게 하였다.

안용복이 장기도(長崎島)에 도착하니, 장기도주는 대마도주와 부화뇌동하여 그 계권을 빼앗고 대마도로 압송하였다. 대마도주가 또 안용복을 구금하고 에도막부에 보고하니, 본국으로 호송하라고 지령하였다. 그러나 대마도주는 울릉도를 갖고자 하는 야욕으로 그 서계를 빼앗고 50일을 구금했다가 동래부 왜관으로 보냈는데, 왜관에서 또 40일을 유치시켰다가 동래부에 돌려보냈다.

안용복이 동래부사에게 전후 사실을 모두 호소하니, 동래부사는 이것을 상부에 보고하지도 않고 허가 없이 월경한 것이라고 2년의 형벌을 내렸다. 안용복은 1697년 여름에 울분을 참을 수 없어 제2차 도일을 하였다. 이번에는 울릉도에 침입해 고기잡이를 하던 일본 어부들을 몰아냈으며, 일본인들이 송도로 달아나자 '송도도 원래 우리 우산도'라 하고 우산도로 배를 저어서 달려가 일본인들을 쫓아내었다. 여기서 주목할 것은 안용복이 일본에서 당시 호칭하던 송도가 '우산도(독도)'며 조선 영토임을 명백하게 밝히고 이에 침입한 일본 어부들을 쫓아내었다는 사실이다. 안용복은 제2차 도일에서도 울릉도는 물론이요 우산도에 침입한 일본 어부들을 우산도(독도, 송도)가 조선 영토임을 밝혀 쫓아내었을 뿐 아니라, 또다시 백기주태수로부터 울릉도와 우산도가 조선 영토이며 일본 어부들의 월경과 침입을 금지시키겠다는 약속을 받았다는 사실을 이 자료는 알려주고 있다.

1696년 8월 강원도 양양으로 돌아온 안용복을 조선 조정에서는 불법월경죄(越境罪)로 참형(斬刑)에 처하려 했으나 영돈녕부사 윤지완과 영중추부사 남구만이 강력히 참형에 반대한 결과 안용복을 사형에서 감형시켜 변방으로 정배(定配)를 보내게 되었다.

성호는 안용복을 영웅으로 평가하였다. 미천한 일개 군졸로서 만번 죽음을 무릅쓰고 국가를 위해서 강적과 겨루어 왜의 울릉도와 그 부속도서를 침탈하려는 야욕을 꺾어버리고, 여러 대를 끌어온 분쟁을 그치게 했으며 한 고을의 영토를 회복했으니 영특한 자가 아니면 할 수 없는 지극히 어려운 일을 해냈다는 것이다.

그럼에도 불구하고 조정이 상을 주기는커녕 도리어 처음에는 사형을 내리려 하고 후에는 정배에 부쳐 꺾어버리기에 주저치 않았으니 참으로 애통한 일이라고 성호는 탄식하였다. 성호는 안용복과 같은 인물을 국가가 위급한 때를 당하여 군대에서 발탁해서 장수급으로 등용하여 그 뜻을 실행할 수 있게 했더라면, 더욱 큰 업적을 내었을 것이라고 통탄하면서, 안용복의 인물과 업적을 매우 높이 평가하였다. (상권, 본문 240~276쪽 참조)

28) 『순조실록』 기사

(161) 『純祖實錄』 純祖 4年(甲子, 1804년) 9月 辛卯(5일)條

推鞫.【委官, 左議政徐邁修, 右議政李敬一, 判義禁黃昇源, 知義禁李集斗, 同義禁兪漢謨·趙德潤.】鞫安岳人李達宇也, 達宇與長淵人張義綱等謀亂, 被捉於捕廳. 大臣請設鞫嚴覈, 從之. 達宇以'四字不道之說, 作爲歌詞, 繼引阿保機事, 譏訕朝廷, 煽惑人心, 又與義綱輩, 嘯聚徒黨, 指日擧事, 至於閉四門把持不敢言之地, 滿廷諸臣, 使之封印以納, 可殺者殺, 可逐者逐' 遲晩. 義綱以'嘯聚不逞之徒, 作爲逋逃之藪, 乃與李達宇·崔光彦輩, 綢繆同謀, 至於'古白翎·鬱陵島, 打造兵器, 積置軍糧' 等說, 及假托上疏, 募人兩西, 約會於等谷川邊, 可合大司馬大將軍之人, 某日當至' 遲晩. 竝以大逆結案, 下送本道正刑. 干係罪人朴孝源等五人, 刑訊後酌處.

추국(推鞫)하였다.【위관(委官)은 좌의정 서매수(徐邁修), 우의정 이경일(李敬一), 판의금 황승원(黃昇源), 지의금 이집두(李集斗), 동의금 유한모(兪漢謨)·조덕윤(趙德潤)이다.】안악(安岳) 사람 이달우(李達宇)를 국문(鞫問)하였는데, 이달우는 장연(長淵) 사람 장의강(張義綱) 등과 난역(亂逆)을 도모하다 포청(捕廳)에 체포되었던 것이다. 대신(大臣)이 국청(鞫廳)을 설치하여 엄하게 핵실(覈實)할 것을 청하니, 그대로 따랐다. 이달우는 '네 글자의 부도(不道)한 말로 가사(歌詞)를 지었고, 이어 아보기(阿保機)의 일을 끌어다 조정을 비방하고 인심을 선동·미혹케 하였으며, 또 장의강의 무리와 더불어 도당(徒黨)을 불러모아 날짜를 지적해 거사하되, 사대문을 닫고 감히 말할 수 없는 곳을 지키며 온 조정의 여러 신하들에게 인(印)을 봉해 바치게 하고는 죽일 만한 자는 죽이고 쫓아낼 만한 자는 쫓아내기로 했다.'고 지만(遲晩)하였고, 장의강은 '불령한 무리를 불러모아 도망자의 연수(淵藪)로 만들

고, 이에 이달우·최광언(崔光彦)의 무리와 더불어 치밀하게 같이 모의하되, 심지어는 '고백령(古白翎)과 울릉도에서 병기(兵器)를 만들고 군량(軍粮)을 쌓아둔다'는 설과 상소에 가탁하여 양서(兩西)에서 사람을 모집하는데 등곡천(等谷川) 가에서 모이기로 약속하고, 대사마(大司馬)·대장군(大將軍)에 적합한 사람은 아무날에 마땅히 오기로 했다.'고 지만하였다. 모두 대역(大逆)으로 결안(結案)하여 본도(本道)에 내려 보내어 정형(正刑)하게 하였다. 그리고 관계된 죄인 박효원(朴孝源) 등 5명은 형신(刑訊)한 뒤 작처(酌處)하게 하였다.

해설 요점

『순조실록』의 이 자료는 19세기 초에 안악 사람 이달우(李達宇)의 역적 모의가 발각되어 심문을 하게 되었는데 모의자들이 울릉도에도 무리를 모아 들어가서 무기를 만들고 군량을 쌓아두자고 기획했다는 기록이다. 19세기 초에는 조정의 금령에도 불구하고 울릉도에의 왕래가 더욱 빈번해졌으며, 역적모의 때에는 조정 몰래 무기를 준비하는 곳으로 지목되었음을 이 자료는 알려주고 있다. (상권, 본문 327~343쪽 참조)

29)『철종실록』 기사

(162)『哲宗實錄』 哲宗 3年(癸丑, 1853년) 7月 己未(11일)條

慶尙監司洪說謨, 以安東營將金在徽秘報, 上密啓 : "英陽縣居鄭禹龍及其子自性李尙友及其子允慶, 朴平陽孫密陽等, 作黨追逐, 胥動浮言, 募聚無賴之類, 耕田者撤, 搆屋者停. 急發將差, 捉致諸漢, 鉤覈根因, 則鄭禹龍, 本以南海之人, 年前新寓於本縣, 而其子自性, 性本頑悍, 自恃幻術, 敢生不道之兇

計, 嘯聚徒黨於隣邑, 締結新寓之愚氓, 今月初七日, 期會於本縣劍磨山中, 仍爲擧事, 又與鬱陵島賊漢, 期會於今月初十日云, 端緖可謂盡露. 魁首鄭自性, 出招未捉者, 刻期跟捕之意, 關飭於英陽等邑, 而嗣後形止, 隨卽更報."

경상감사(慶尙監司) 홍열모(洪說謨)가 안동영장(安東營將) 김재휘(金在徽)의 비보(秘報)를 가지고 밀계(密啓)하기를,

"영양현(英陽縣)에 거주하는 정우룡(鄭禹龍)과 그의 아들 정자성(鄭自性), 이상우(李尙友)와 그의 아들 이윤경(李允慶), 박평양(朴平陽)의 손자 박밀양(朴密陽) 등이 작당(作黨)하여 서로 왕래하며 허황된 말을 퍼뜨리어 인심을 선동하고, 무뢰(無賴)한 무리를 불러 모으니, 경전(耕田)하는 자는 걷어치우고 집을 짓는 자는 중지하였습니다. 그래서 급히 장차(將差)를 보내어 여러 놈을 잡아 와서 근인(根因)을 끝까지 핵실하였던 바, 정우룡(鄭禹龍)은 본시 남해(南海) 사람으로서 연전에 새로 본현(本縣)에 우거(寓居)하였고, 그의 아들 정자성(鄭自性)은 성품이 본시 완악하여 스스로 환술(幻術)을 믿고는 감히 부도(不道)한 흉계(凶計)를 내어 도당(徒黨)을 이웃 고을에서 불러 모으고, 새로 우거(寓居)한 어리석은 백성과 체결(締結)하여, 이달 초7일에 본현(本縣)의 검마산(劍麻山) 속에 모여서 그대로 거사(擧事)할 것을 기약하였으며, 또 울릉도(鬱陵島)의 도적들과 이달 초10일에 모이기로 기약하였다고 하였으니, 단서(端緖)가 죄다 드러났다고 할 수 있습니다. 괴수(魁首) 정자성(鄭自性)의 초사(招辭)에 나온 잡지 못한 자들은 기일을 정하여 염탐해 잡으라는 뜻을 영양(英陽) 등의 고을에 관칙(關飭)하였습니다. 이 뒤의 형지(形止)는 수시로 다시 보고하겠습니다."

하였다.

해설 요점

『철종실록』의 이 자료는 울릉도가 반역행위자들에게 근거지로 기획되고 이용되었다고 보고된 기록이다. 경상도 영양에 사는 정우룡(鄭禹龍) 등이 민심을 현혹하면서 도당을 모으고 있었는데, 1853년 7월 초10일에 반역음모자들이 울릉도의 도적들과 모이기로 기약했음이 발각되었다는 것이다. 울릉도가 역적모의에 사용되고 있음을 이 자료는 알려주고 있다.

(상권, 본문 327~343쪽 참조)

30)『오주연문장전산고』 기사

(163)『五洲衍文長箋散稿』(卷35) 鬱陵島事實辨證說(1)

東方多彈丸黑痣之小島 比如潑墨者之大小亂點. 其中有鬱陵島 古于山國 一作蔚陵 一作芋陵 又作羽陵 或稱武陵. 輿地圖 鬱陵 未及畫于山島 而或畫一島于鬱陵山頭 稱于山.

우리 동방에는 彈丸(탄환)이나 검은 사마귀만큼씩 작은 섬들이 많아서, 비유하자면 마치 산수화를 그리기 위해 어지러이 뿌려 놓은 크고 작은 먹물방울과 같다. 그 가운데 울릉도라는 섬이 있는데, 이것이 곧 옛날의 우산국으로, 울릉(鬱陵)·우릉(芋陵)이라고도 하고 우릉(羽陵)·무릉(武陵)이라고도 한다.

「여지도(輿地圖)」의 울릉조에 의하면, 우산도는 따로이 그리지 않거나 혹은 어떤 섬 하나를 울릉의 위쪽에 그린 것을 우산이라 칭하였다.

(164) 鬱陵島事實辨證說(2)

拾遺記 扶桑五萬里 有磅磄山 上有桃樹百圍萬年一實. 鬱水在磅磄山東 生碧藕長千常云 故有萬歲氷桃 千常碧藕之說. 余意磅磄與方丈 音相近 俗謂智異山爲方丈山. 又世傳昔有人 於高城海邊 見水中臥石 題曰方丈山碑 以此疑金剛亦號方丈山云 所謂鬱水 恐指鬱陵島而言. 拾遺記又言 蓬萊山高二萬里 水淺有細石如金玉 不加陶冶 自然光淨 東有鬱夷國云. 所記細石 似今棋子之類 鬱夷與鬱陵島 音相近. 鬱陵亦古國名. 王維送日本晁監序 扶桑若薺 鬱島如萍 卽此也. 見李睟光芝峯類說.

倭人則稱松島. 島在江原道蔚珍縣正東三百五十里.【與日本之隱岐州相近. 卽倭山陰道之隱岐州. 隱岐四郡 亦一島居山陰道北 五穀乏 藻蜜多小 下國也. 隱岐之旁 又有後鳥羽 小島也.】三峯撑空 南峯稍卑 風便 二日可到. 遠可七八百里 自江陵 三陟等地 登高望之 三峯 縹緲隱見.【一作直三陟府.】

『습유기(拾遺記)』에 이르기를, "부상(扶桑 : 동녘을 가리킴)으로 5만 리쯤 가면 방당(磅磄)이라는 산이 있고 이 산 위에는 1백 아름이나 되는 복숭아나무가 있는데, 이 복숭아나무는 1만 년 만에 한 번씩 열매가 연다. 그리고 울수(鬱水)라는 물은 방당산 동쪽에 있는데, 여기에는 1천 상[常 : 1상은 16척(尺)]이나 되는 연뿌리가 난다."고 하였다. 그러므로 1만 년 만에 열매가 여는 복숭아와 천 상이나 되는 연뿌리라는 말이 있게 된 것이다. 나는 생각하건대, 방당과 방장(方丈)은 음이 서로 비슷한데, 속(俗)에서는 지리산을 가리켜 방장산(方丈山)이라 하니, 아마 이곳 지리산이 아닌가 싶다. 또 세상에 전하기를, "옛날 어떤 사람이 고성(固城)의 해변에서 물속에 누워 있는 돌 하나를 발견하였는데, 거기에 '방장산비(方丈山碑)'라고 쓰여 있었기 때문에 어떤 이는, 금강산을 방장산이라 호칭했나보다 했다." 하니, 이른바 울수(鬱水)라는 것은 아마 울릉도를 가리켜 말한 것인 듯하다. 또 『습유기』에 이르

기를, "봉래산은 높이가 2만 리인데, 물이 얕고 물속에는 세석(細石)이 있어 마치 금옥과 같아 다듬지 않아도 자연 광택이 흐르며, 그 동쪽에는 울이국(鬱夷國)이 있다." 하였다. 여기에서 말한 세석은 곧 바둑돌의 유인 듯하며, 울이(鬱夷)는 울릉도와 음이 서로 비슷하다. 또 울릉은 옛나라의 이름이기도 하니, 왕유(王維)가 일본 사람 조감(晁監)을 송별한 서(序)에 부상(扶桑)은 냉이와 같고 울도(鬱島)는 마름과 같다고 한 울도가 바로 이것이다. 이상의 말은 모두 이수광의 『지봉유설』에서 나온 것이다.

이 섬을 왜인들은 송도라 칭하는데, 이 섬은 강원도 울진현에서 정 동쪽으로 3백 50리쯤 되는 거리에 있다. 【이 울진현은 일본의 은기주(隱岐州)와 서로 가까우니, 이는 곧 일본 산음도(山陰道)의 은기주이다. 이 은기주 가운데 4군 또한 하나의 섬으로 되어 있는데, 이 섬은 산음도의 북쪽에 위치하여 오곡은 없고 해조(海藻)와 꿀이 많이 나는 곳으로 일본의 하국(下國)이다. 또 은기주의 곁에는 후조우(後鳥羽)라는 작은 섬이 있다.】 이곳에는 봉우리 3개가 창공에 높이 솟아 있는데, 그중 남쪽 봉우리가 약간 낮으며, 풍세가 좋으면 이틀에 당도할 수 있다. 이 세 봉과의 거리는 울진현에서 7~8백 리쯤 되는데, 강릉·삼척 등지에서 높은 곳에 올라 바라보면 세 봉이 아스라하게 보인다. 【어떤 데는 이 곳을 삼척부에 해당한다고 하였다.】

(165) 鬱陵島事實辨證說(3)

新羅智證王十三年壬辰 于山國 地方百里 恃其險不服. 阿【阿 一作河】瑟那【今江陵】軍主異斯夫 謀竝于山國 謂其國人愚悍 可以計服. 乃多造木獅子 載戰船 抵其島 誑之曰 汝若不服 放此獸踏殺之. 國人懼乃降.

高麗太祖十三年庚寅 其島人 使白吉 土豆【豆 一作頭】貢獻方物 以土頭爲正朝. 德宗元年壬申 島主遣其子夫於仍多郎來貢. 毅宗十一年丁丑 遣金柔立往審羽陵島. 從山頂 東距海一萬餘步 西距海一萬三千餘步 南距海一萬五千

餘步【一作萬五千步】北距海一萬三千餘步【一作八千步】有村墟七所. 有石佛 鐵鍾 石塔 地多巖石 不可居 是時 已成空地. 十三年己卯 毅宗聞地廣土肥可以居民 遣溟州道監倉金柔立往視. 回奏 地多巖石 不可居. 後崔忠獻移本郡民以實之 屢爲風濤所盪 舟覆 人多物 故因還其民.

入于本朝 太宗朝 聞流民多入其島 再命三陟人金麟雨爲安撫使刷出. 世宗二十年戊午 遣蔚珍縣人萬戶南顥率數百人 搜逋民 俘金丸等七十餘人而還其地遂空.

按李晬光芝峯類說 鬱陵島 壬辰後 被倭焚掠 無復人煙 近聞倭占據礒竹島或謂礒竹 卽鬱陵島云.

成宗二年辛卯 有人告別有三峯島 在東海中 近鬱陵 遣朴元宗往探 因風濤不得泊還 同行一船 過鬱陵島 取大竹大鰒而還.

按朴元宗 因風濤不得泊還. 同行一船 過鬱陵島 取大竹 大鰒還云爾. 則朴元宗不得泊者 卽三峯島 而島上 風濤大作 不得渡泊者然. 故同行一船 則過鬱陵 採鰒伐竹而歸也. 其辭語 實有所語三峯島也. 不然 則誰敢以虛無之一島告于至尊也. 山海經 蓬萊山溟海無風 而洪波百丈 維飛仙能渡云. 蓋我東北海 風濤甚險 異於他海也.

光海君七年乙卯 倭差船 謂將探礒竹島 朝庭不許接待. 東萊府使朴慶業移書責之曰 所謂礒竹島 實我國之鬱陵島也 今雖廢棄 豈可容他人之冒居.

신라 지증왕 13년 임진(512년)에, 통틀어 사방 1백 리쯤 되는 우산국이 지형의 험고함을 믿고 복종하지 않자, 아슬라주【阿瑟那州의 阿(아)는 河(하)로도 쓰며, 아슬나주는 지금의 강릉이다.】의 군주인 이사부가 우산국을 병합하기를 도모하면서 이르기를, "그 나라 사람들은 성질이 어리석고 조급하므로 계약으로 굴복시킬 수 있다"하고, 나무로 만든 사자(獅子)를 전선에 나누어 싣고서 그 섬에 당도하여 그들에게 속여 말하기를 ,"너희들이 만일

복종하지 않으면 이 짐승을 풀어 놓아서 너희들을 밟아 죽이도록 하겠다." 하니, 그 나라 사람들이 두려워하여 곧 항복하였다.

고려 태조 13년 경인(930년)에는 그 섬사람이 백길(白吉)과 토두(土豆)【豆는 頭로도 쓴 데가 있다.】를 보내어 그곳 방물(方物)을 공헌(貢獻)하자, 고려조에서 〈백길은 정위(正位)로〉 토두는 정조(正朝)로 삼았다. 덕종 원년 임신(1032년)에는 그 도주(島主)가 그의 아들 부어잉다랑(夫於仍多郞)을 보내어 조공하였다. 그리고 의종 11년 정축(1157년)에는 김유립을 우릉도(羽陵島)에 보내어 지형을 살펴보게 한 결과, 산꼭대기에서 동쪽으로 바다까지는 1만여 보쯤되고, 서쪽으로 바다까지는 1만 3천여 보쯤 되고, 남쪽으로 바다까지는 1만 5천여 보【만 5천 보라고 한 데도 있다.】쯤 되고, 북쪽으로 바다까지는 1만 3천 보【8천 보라고 한 데도 있다.】쯤 되며, 마을 터가 일곱 군데 있는데, 여기에는 석불·철종·석탑 등이 있고 땅에는 암석이 많아서 사람이 살 수가 없으며, 이때는 벌써 공지로 되어 있었다.

의종 13년(기묘)에는 땅이 넓고 비옥하여 사람이 살 수 있다는 말을 듣고 명주도감창 김유립을 보내어 살펴보게 하였는데, 김유립이 회주화기를 '땅에 암석이 많아서 사람이 살 수 없습니다.'라고 하였다. 뒤에 최충헌이 본군의 백성들을 옮기어 그곳을 채웠으나, 잦은 풍랑으로 인해 배가 뒤집혀서 사망자가 많이 발생하므로 그곳에 있는 백성들을 다시 본군으로 귀환시켰다.

본조(本朝)에 들어와서는 태종 때에 유민들이 그 섬에 많이 들어가 있다는 소문을 듣고 두 번씩이나 삼척 사람 김인우를 안무사로 삼아 그들을 쇄출하도록 하였다. 세종 20년 무오(1438년)에는 울진현 사람인 만호, 남호를 시켜 수백 명을 거느리고 그곳에 가서 포민들을 수색해 오게 한 결과, 김환 등 70여 명을 생포하여 돌아옴으로써 그 지역이 텅 비어버렸다. 살펴보건대, 이수광은 『지봉유설』에서 "울릉도가 임진왜란 이후 왜노들로부터 분략을 받아 인적이 끊어졌는데 요즘 들으니, 왜노들이 의죽도를 점거한다고 한다. 어떤 이는, 이 의죽도라고 말하는 것은 곧 울릉도다."라고 하였다.

성종 2년 신묘(1471년)에는 어떤 사람이, 동해 안에 울릉도와 가까운 지점에 따로이 삼봉도가 있다고 고하자, 박원종을 보내어 탐지하게 하였으나 풍랑으로 인해 배를 대지 못하고 그냥 돌아왔는데, 동행했던 배 1척은 울릉도에 들러 대죽·대복 등을 채취해 가지고 돌아왔다.

살펴보건대, 박원종은 풍랑으로 인해 배를 대지 못하고 그냥 돌아왔는데, 동행했던 배 1척이 울릉도에 들러 대와 전복 등을 채취해 왔다 하였으니, 박원종이 배를 대지 못했다는 곳은 곧 삼봉도로서 그 섬 언저리에 풍랑이 크게 일어 배를 대지 못했던 것이다. 그러기 때문에 동행했던 배 1척은 울릉도에 들러서 대와 전복을 채취해 가지고 돌아온 것이니, 그 말이 곧 삼봉도가 참으로 있다는 것을 증명한 것이다. 그렇지 않다면 그 누가 감히 있지도 않은 섬을 있다고 지존(至尊 : 임금을 가리킴)에게 고하겠는가. 『산해경』에 이르기를, "봉래산 명해(溟海)에는 바람은 없으나 파도가 백 길이나 일어서 오직 날아 다니는 신선만이 건널 수 있다." 하였는데, 대체로 우리나라 북해는 파도가 매우 거세어 다른 바다와 다르다.

광해군 7년 을묘(1615년)에는 왜의 사자의 배가 와서, 의죽도를 탐지하려 한다고 하므로 조정에서 그들의 접대를 허락하지 않았는데, 동래부사 박경업이 글을 보내어 꾸짖기를, "이른바 의죽도는 사실상 우리나라의 울릉도이다. 지금 아무리 폐기되어 있기는 하지만, 어찌 타국 사람이 와서 살도록까지야 용납될 수 있겠는가?"하였다.

(166) 鬱陵島事實辨證說(4)

肅宗十九年癸酉夏 東萊戰船艪軍安龍福 潛入倭中 有爭島之擧.

肅廟十九年癸酉夏 東萊戰船艪軍安龍福 出入倭館 善倭語 漂泊鬱陵島.

倭船七艘先到 時倭已惹爭島之端. 龍福與倭辨詰 倭怒執以歸拘五浪島. 龍福言島主曰 鬱陵·芋山. 今屬朝鮮 朝鮮近而日本遠 何故拘執我不歸. 島主送諸伯耆. 島主待以賓禮 賚粮許多 辭不受. 島主問汝欲何爲 龍福又言其故 禁止侵擾 以厚交隣 是吾願也. 島主許之 稟于江戶 成契券與之 遂遣. 還行到長崎島 島主黨馬島 奪其券 送之馬島. 島主囚之 聞于江戶 江戶復爲書契 令勿侵兩島 且令護送. 馬島主復奪其書契囚五十日 押送東萊倭館 又留之四十日 送之東萊府 龍福悉訴之 府使不以聞 以越犯刑之 以寢其事 此而寢之可乎.

二十一年乙亥夏 龍福憤鬱不已 誘販僧復入倭中 爭詰竹島 以更不相爭爲約 而還泊襄陽. 方伯狀聞以犯越罪當斬 用相臣議 原恕刑配.

肅廟二十一年乙亥夏 龍福憤鬱不已 誘販僧五人及棹工四人 復至鬱陵 我國三商船先泊 漁採斫竹 有倭船適至. 龍福令諸人縛執 諸人懼不從. 倭云 我等漁採松島 偶至此 卽去 龍福曰 松島本我芋山島. 明日 追至芋山島 倭擧帆走 龍福追之 漂泊于玉岐島. 轉至伯耆州 島主款迎. 龍福自稱鬱陵搜捕將 乘轎入與島主抗禮 言前後事甚詳. 且言 我國歲輸米一石必十五斗 綿布一匹三十五尺 紙一卷二十張 馬島偸損 謂米石七斗 布匹二十尺 截紙爲三卷 吾將欲直達于關白 治欺誑之罪. 同行有稍解文字者 製疏示島主. 島主父聞之 乞憐於伯耆州 事遂已. 慰諭送還曰 爭島之事 悉如汝言 有不如約者 當重罰之. 同年秋八月. 還泊襄陽府 方伯狀聞 拿致龍福等于京. 諸人納供如一 朝議以犯越挑釁將斬之. 惟領敦寧尹趾完曰 龍福雖有罪 然馬島從前欺詐者 徒以我國不以專通江戶故耳 今知別有他路 必爲恐惕 今誅龍福非計也. 領中樞南九萬曰. 馬島之欺詐 非龍福無以畢露 其罪之有無姑置 爭島事 不可不因此機會明辨痛斥之. 書問馬島曰 朝廷將別遣使 直探其虛實云爾 則馬島必大恐服罪. 然後龍福事 徐議其輕重 未晩也 此上策也. 不然 使萊府送書島中 先陳龍福擅自呈文之罪 次陳本島假稱竹島 奪取公文之失 待其回答 而龍福斷罪之意 決不可及於書中 此中策也. 至若不聞馬島奸欺之狀 而先殺龍福 以快其心 彼必

以此藉口 侮我脅我 將何以堪之 此下策也. 於是 朝廷用中策. 島主果自服 歸罪於前島主 不復往來鬱陵. 朝廷乃減龍福死 配去. 倭至今不復指鬱陵爲日本地 皆龍福之功也.

숙종 19년 계유(1693년) 여름에는 동래부의 전선에 예속된 노군 안용복이 몰래 왜인들 속에 들어가 이 섬의 소유권을 놓고 왜인들과 다툰 일이 있었다.

숙종 19년 여름의 일이다. 동래부의 전선에 예속된 노군 안용복은 왜관에 드나들어서 왜어에 능숙하였는데, 풍랑으로 인해 울릉도에 표류되었을 때 왜선 7척이 먼저 와서 이 섬의 소유권을 놓고 논쟁을 벌이고 있었다. 이에 용복이 왜인들과 시비를 벌이자, 왜인들이 노하여 그를 잡아가지고 오랑도로 가서 구금하므로 용복이 도주에게 말하기를, "울릉과 우산은 본디 조선에 예속되어 있으며, 조선과는 가깝고 일본과는 먼데, 어째서 나를 구금해 놓고 돌려보내지 않는가?" 하니, 도주가 그를 백기주로 보내었다. 백기도주가 용복에게 빈례로 대우하고 많은 은자를 주었으나 모두 사양하고 받지 않으므로, 도주가 "그대가 요구하는 것은 무엇인가?" 물었다. 용복이 다시 전후 사실을 말하기 이르기를, "침략을 금지하고 이웃 나라끼리 서로 친선을 도모하는 것이 나의 소원이다." 하자, 도주가 이를 승낙하고 에도막부에 품하여 계권을 작성하여 주고 보내 주었다. 이리하여 용복이 장기도에 이르니, 장기도주가 대마도와 부동(符同)하여 그 계권을 빼앗고 대마도로 압송하였다. 대마도주가 용복을 구금하고 에도막부에 보고하니, 에도에서 다시 서계를 보내고 울릉과 우산 두 섬의 침략하지 못하게 하는 한편, 본국으로 호송하라는 명령을 내렸다. 그런데 대마도주는 그 서계를 다시 빼앗고 50일 동안이나 구금하였다가 동래부 왜관으로 압송하였는데, 왜관에서도 40일 동안이나 억류시켰다가 동래부로 돌려보냈다. 용복이 동래부에 와

서야 이 사실을 죄다 열거하여 호소하니, 부사가 상부에 보고하지도 않고 이유 없이 월경했다 하여 임의대로 형벌을 가하고는 이 일을 숨겨버렸으니, 이런 사실을 숨겨버려서야 되겠는가.

숙종 21년(을해) 여름에 용복이 그때의 울분을 참지 못하고 떠돌이 중들을 달래어 다시 울릉도에 들어가 이 섬을 놓고 분쟁을 벌인 끝에, 다시는 서로 분쟁하지 않기로 약조를 체결하고 양양으로 돌아왔는데, 방백이 이들의 월경한 죄는 의당히 베어야 한다고 장계를 올렸으나, 상신의 의논에 의해 정상을 참작하여 유배의 형에 그쳤다.

숙종 21년(을해) 여름에 용복이 울분을 참지 못하고 떠돌이 중 5인과 사공 4인을 달래어 다시 배를 타고 울릉도에 이르니, 우리나라 상선 3척이 먼저 와서 정박하고 고기를 잡으며 대나무를 벌채하고 있었는데, 마침 왜 당도하였다. 용복이 여러 사람을 시켜 왜인들을 포박하도록 명하였으나, 모두들 겁을 먹고 따르지 않았는데, 왜인들이 스스로 말하기를, "우리들은 송도에서 고기잡이를 하다가 우연히 이곳에 당도하였을 뿐이다." 하고 즉시 물러갔다. 용복이 말하기를, "송도는 본디 우리나라 우산도이다." 하고, 다음날 우산도로 달려가니, 왜인들이 돛을 올리고 달아나므로 용복이 뒤쫓아 가는 도중 옥기도에 표류하다가 다시 백기주에 당도하였다. 그러자 백기도주가 나와서 환영하므로 용복이 울릉도수포장이라 자칭하고 교자를 타고 들어가서 도주와 대등한 예로 인사를 나눈 뒤 전후의 일을 상세하게 설명하였다. 이어 말하기를, "우리나라에서 해마다, 쌀은 1석을 15두로, 면포는 1필을 35척으로, 종이는 1권을 20장으로 충수하여 보냈는데, 대마도에서 모두 빼먹고는, 쌀은 1석을 7두, 면포는 1필을 20척, 1권의 종이는 3권으로 각기 절단하여 에도로 올려보냈으니, 내가 이 사실을 곧장 관백에게 전달하여 그 기만한 죄상을 다스리도록 하려 하오." 하고, 동행했던 인사 중에 약간 글을 아는 자를 시켜 소장을 지어 도주에게 보였다. 대마도주의 아버지 된 자가 이 말을 듣고 백기주에 달려와 용서해 주기를 애걸하므로, 관백에게 죄상을 전달하겠다는 일은 이로써 그만두었다. 이에 그들은 지난 일을 사과하고 용복을 전송하면서, "섬을 가지고 다투어 온 일에 대해서는 모두 그대의 말대로 따를 것이고. 만일 이 약속을 어긴 일이 있을 경우에는 마땅히 중벌에 처하겠소." 하였다.

이해 가을 8월에 용복이 양양부에 다다르니, 방백이 이 사실을 장계로 보고하고 용복 등 일행을 서울로 압송하였다. 여러 사람의 공초가 한결같이 나오므로 조정의 의논이, 국경을 넘어서 이웃 나라와 쟁단을 일으켰다 하여 참형에 처하려 하였다. 그런데 당시 영돈령부사 윤지완 만이, "용복이 비록 죄는 있으나 대마도가 예전부터 속여온 것은 한갓 에도와 직통하지 않은 이유 때문이었다가 지금 별달리 통하는 길을 찾았으니, 대마도에서 반드시 두려워할 것인데, 이때에 용복을 참형에 처하는 것은 국가의 좋은 계책이 아닙니다." 하였다. 영중추부사 남구만도 말하기를, "대마도에서 속여온 일은 용복이 아니었더라면 다 드러날 수 없는 것이니, 그 죄의 유무는 막론하고, 우선 섬을 다투는 일에 대하여 이 기회를 통해 밝게 변석하고 엄중하게 물리치지 않을 수 없습니다. 그러므로 대마도에 서계를 보내어 묻기를 '조정에서 곧 에도에 직접 사신을 보내어 그 허실을 탐지하겠다.'고 한다면, 대마도에서 반드시 크게 두려워하여 복죄할 것입니다. 그런 다음에 용복의 일에 대해 그 경중을 서서히 논의하더라도 늦지 않을 것이니, 이것이 상책입니다. 그렇게 하지 않으려면 동래부를 시켜 대마도에 서계를 보내어 먼저 용복이 임의로 글을 올린 죄상을 말하고, 다음에 울릉도를 죽도라 가칭한 것과 공문을 탈취한 도주의 과실을 밝혀 그에 대한 회답을 기다릴 것이며, 용복을 처벌한다는 뜻은 절대로 서계 가운데 언급하지 말 것이니, 이것이 중책입니다. 만약 대마도의 기만해 온 죄상을 묻지도 않고 먼저 용복을 죽여 그들의 마음을 상쾌하게 한다면, 그들이 반드시 이것으로 구실을 삼고 우리를 업신여기고 협박할 것이니, 이 일을 장차 어떻게 감당해 내겠습니까. 이것이 하책입니다." 하였다. 조정에서 그 다음가는 방책을 채용하니, 도주가 과연 자복하여 허물을 전 도주에게 돌리고 다시는 울릉도에 왕래하지 않았으며, 조정에서는 용복을 극형에서 감하여 변방으로 귀양 보냈다. 생각건대, 지금까지도 왜인들이 다시는 울릉도를 가리켜 일본 땅이라 하지 못하는 것은 모두 용복의 공로이다.

(167) 鬱陵島事實辨證說(5)

星湖李瀷. 龍福直是英雄儔匹. 以一卒之賤 出萬死之計 爲國家 抗强敵折奸萌 息累世之事 復一州之土 比諸傅介子·陳湯 其事尤難 非傑然者不能也. 朝廷不惟不之賞 前刑後配 摧陷之不暇 哀哉. 鬱陵縱云土薄 馬島亦土無數尺 而爲倭所窟宅 歷世爲患 一或見奪 是增一馬島 方來之憂 何可勝言. 以此論之 龍福非特一世功也歟. 古今稱張循王花園老卒爲人豪然 其所辦 不過大賈販殖之間 其於國家計策 未必優焉 若龍福者 當危難之際 拔之行伍 借之翼角 得行其志 則所就豈止於斯.

按倭以漁氓安龍福犯越事來爭 以芝峯類說及禮曹回答 有貴界·竹島之語爲證 朝廷遣武臣張漢相往審之 南北七十里東西六十里云云. 於是 朝廷費辭往復 彌縫乃止.

李瀷論曰 余謂 此事非難判. 當時 胡不曰鬱陵之服屬新羅 自智證王始 時則貴邦繼體之六年 不知威德遠被 史乘特書有可以考見者耶. 至於高麗 或獻方物 或空其地 史不絶書 今千有餘年 今者何故突然惹此爭端. 卽無論羽陵·礒竹之何指鬱陵 卽屬我邦 則百分明白 而其旁近島嶼 亦不過鬱陵之屬. 島與貴邦絶遠 其乘隙占據 所宜羞吝 而不合誇言者也. 設或中間爲貴邦冒奪 兩國約和誠信之後 悉宜還其舊田之不暇 況未嘗著在貴邦之版籍者耶. 旣在我界 則我邦之漁獵往來 理固宜然 何與於貴邦. 如是則彼雖狡黠 將無復容

其喙矣.

성호 이익은 말하기를, "안용복은 바로 영웅호걸이다. 미천한 일개 군졸로 만 번 죽음을 부릅쓰고 국가를 위하여 강적과 겨루어 간사한 마음을 꺾어버리고 누대에 걸쳐 벌여온 분쟁을 종식시켰으며 일주의 땅을 되찾았으니, 부개자(傅介子)와 진탕(陳湯)의 일보다도 더욱 어려운 일이었다. 이야말로 뛰어난 인물이 아니면 할 수 없는 일이다. 그런데도 조정에서는 상을 주지 않을 뿐만 아니라, 앞서는 참형을 운운하고 뒤에는 귀양을 보내어 꺾어버리기에 급급하였으니, 참으로 애통한 일이다. 울릉도가 비록 척박한 땅이고 대마도 역시 한 조각의 농토도 없는 곳이지만, 대마도는 왜인의 소굴이 되어 역대로 내려오면서 우환거리가 되고 있는데, 만일 울릉도를 한번 저들에게 빼앗긴다면 이는 또 하나의 대마도가 생기게 되는 것이니, 닥쳐올 우환을 어찌 다 말할 수 있겠는가. 이로써 논하건대, 용복은 한 세대의 공적만을 세운 것뿐이 아니었다. 고금에 장순왕의 화원노졸을 호걸이라고 칭송하나, 그가 이룩한 일은 기껏 대상(大商)·거부에 지나지 않았고 국가를 위한 계책에는 큰 도움이 없었던 것이다. 만일 이 용복 같은 이는 국가가 위급한 때에 항오에서 발탁, 장수급으로 등용하여 자기의 뜻을 충분히 펴게 하였다면 그가 이룩한 공적이 어찌 이것뿐이었겠는가." 하였다.

상고하건대, 왜인들이 어부 안용복이 월경한 일로 와서 논쟁한 데 대해 「사설」에, "그들이 『지봉유설』와 예조의 회답 가운데 있는 '귀계'니 '죽도'니 하는 말을 들어서 증거를 대자, 조정에서 무신 장한상을 울릉도로 보내어 살펴보게 했는데, 그의 복명에 '남북은 70리요, 동서는 60리이며'하였다. 이리하여 조정에서는 누차 사신을 보내어 그 일을 무마시켰다." 하였다.

또 이익은 논하기를, "이 일은 담판 짓기 어려운 것이 아니었는데, 그 당시에 어찌 '울릉도가 신라에 예속된 것은 지증왕 때부터 시작된 일이며, 그 당시 귀국은 계체6년(신라 지증왕 13년, 서기 512년)이었는데, 그 위덕이 멀리까지 미친 일이 있는지, 나는 모르겠다. 혹 역사에 상고할 만한 특이한 기록이라도 있는가. 고려로 논한다면 혹은 방물을 바친 일이나 혹은 그 섬을 비워둔 일 등이 역사 기록에 그친 적이 없었는데, 1천여 년을 지난 오늘에 와서 무슨 이유로 갑자기 이런 분쟁을 일으키는가. 우릉도(羽陵島)라고 하든, 의죽도(礒竹島)라고 하든, 어느 칭호를 막론하고 우리나라에 예속된 것만은 너무도 명백한 사실이며, 그 부근의 섬도 울릉도의 부속에 지나지 않는 것이다. 그 섬은 귀국과 아주 멀리 떨어진 곳인데, 틈을 타서 이곳을 점령한 것은 너무도 수치스러운 일로서 의당 자랑하지 못할 말이다. 설사 중간에 귀국이 이 섬을 약탈해 갔다 할지라도 두 나라가 신의로써 화친을 맺은 후에는 의당 우리의 옛 땅을 돌려 주어야 할 것인데, 하물며 이 섬이 일찍이 귀국의 판도 안에 들어간 적이 없었음에랴. 이미 우리나라의 강토인 이상, 우리 백성들이 그곳에 왕래하며 고기잡이하는 것은 의당한 일인데, 귀국이 무슨 관여할 권리가 있는가.' 하고 따지지 않았던가. 이렇게만 했더라면 저들이 아무리 간사하다 할지라도 다시는 그에 대해 입을 열지 못하였을 것이다." 하였다.

(168) 鬱陵島事實辨證說(6)

黃菊村曄 輿地衍義 臣謹按 蔚珍之正東 有鬱陵島 而地方百里 土沃無比 卽古于山國都也. 後魏延昌元年壬辰 降于新羅 厥後無建置官長之事 但爲逃民隱居之所. 故我太宗·世宗兩朝 刷還其民 遂空其地 今爲倭奴漁採之所 臣恐或如對馬島. 晉義熙元年. 新羅實聖王四年乙巳 倭人置營而見失也 臣愚以爲移三陟鎭于鬱陵 新設水軍節度使於三陟鎭營 以爲犄角之勢 則東海賊路 庶可無憂 而其在拓地之道 亦得其宜也 菊村此議 允合至當. 我之海中 最要之賊路無端空曠 甚不宜也. 按東史 實聖王元年壬寅 晉安帝元興元年 倭人置營於對

馬島.

국촌 황엽의 『여지연의』에, “신이 삼가 상고하건대, 울진의 동쪽에 울릉도가 있는데, 사방 1백 리 정도이고 땅이 비옥하기 이를 데 없으니, 이곳이 바로 옛날의 우산국 수도입니다. 후위 연창(延昌 : 宣武帝의 연호) 원년 임진(512년)에 신라에 항복하였는데, 그 후로 관장을 건치한 일은 없고 다만 도망간 백성들의 은신처가 되어버렸습니다. 그러므로 우리 태종·세종 양대에 걸쳐 그곳에 있는 백성들은 쇄환시키고 드디어 그 땅을 비워버림으로써 지금은 왜노들의 고기잡이하는 곳이 되고 말았으니, 신은 혹 이 섬이 대마도처럼 되어버릴까 염려됩니다. 진나라 의희(義熙 : 安帝의 연호) 원년(을사), 즉 신라 실성왕 4년(405년)에 왜인이 이곳에 진영을 설치함으로써 이 섬을 빼앗기고 말았던 것입니다. 그러므로 신은 생각하건대, 삼척진을 울릉도로 옮기고 삼척진영에 수군절도사를 신설하여 서로 버티는 형세를 만들어 놓으면 동해의 적로에 거의 우환거리가 없게 될 것이고, 땅을 개척하는 방법에도 적의함을 얻게 될 것입니다.”라고 하였다.

국촌의 이 의논은 참으로 지당하다. 우리나라의 바다는 가장 중요한 적로인데, 공연히 비워둔 것은 매우 온당치 못한 일이다. 『동사(東史)』를 상고하건대, 실성왕 원년 임인(402년)은 진(晋) 안제 원흥 원년인데, 이 해에 왜인들이 대마도에 진영을 설치하였다고 한다.

(169) 鬱陵島事實辨證說(7)

張漢相採視後別單 木有冬柏·紫檀·側柏·黃檗·槐·椵·桑·楡. 無桃李松橡. 禽獸有烏鵲猫鼠. 水族有嘉支魚 穴居巖磧 無鱗有尾 魚身四足 而後足甚短 陸不能善走 水行如飛 聲如嬰兒 脂可以燃燈. 【文獻備考 海中有獸 牛形. 赤眸無角 群臥海岸 見人獨行害之 遇人多 走入水 名可之. 按其皮不染水 可

作鞍韉靴鞋.】輿地勝覽 鬱陵土地饒沃 竹大如杠 鼠大如猫 桃核大如升.【按今桃有鬱陵桃 以核傳種 未極大.】備考鬱島物産 柴胡·藁本·石楠·藤草 諸香木蘆竹 多合抱者 蘆實桃核 大可爲杯升 刷出逃民 空其地 每三年一送人審視 官給斧子十五 伐其竹木 又採土物 納于朝以爲信. 三陟營將越松萬戶 相遞探視.【今探視後 柴檀香·蘆竹·朱土·可之皮等屬 納于備局.】逋氓之潛採鰒·藿屬公 以近世之搜括別單考之 則非徒倭奴 湖沿海人 潛入留住 伐松製船. 斫蘆竹 採鰒·藿·魚 或入搜驗. 愚嘗聞鬱島有大竹田三處朱土窟一所. 朱土甚鮮如硃. 又多大鮑·海帶 葛藤連抱 其三峯 乃石骨崢嶸 產丹砂 爲天下第一品. 又有飛砂 卽丹砂之最神異者 其形如人 爲仙藥. 人或得之 置諸白甆甁以海土塞甁口 置甁大缸中 盛潮水密封 然後飛砂不能遁去 其虛實不可知 蓋異聞. 有石香一種 狀如煤石.【石炭也】燒之有香 平蔚氓或得出 傳播關東諸寺云耳.

장한상이 그곳을 탐사하고 와서 보고한 별지에,

"나무는 동백·자단·측백·황벽·괴목·유자·뽕나무·느릅나무·복숭아·오얏·소나무·상수리나무 등이 있으며, 새는 까마귀·까치가 있고, 짐승은 고양이·쥐가 있으며, 물고기는 가지어가 있어 바위 틈에 서식하는데, 비늘은 없으나 꼬리가 있고 몸통은 다른 물고기와 똑같으나 4개의 발에 뒷발은 아주 짧고 육지에서는 빨리 달리지 못하나 물에서는 나는 듯이 빠르고 소리는 마치 어린 아이들의 소리와 같고 그 기름은 등불에 사용합니다." 하였다.【『문헌비고』에 이르기를 "바닷속에 소처럼 생긴 큰 짐승이 있는데, 눈동자는 붉고 꼬리는 없으며, 떼를 지어 바닷가 언덕에 나와 누워 있다가 혼자 가는 사람을 보면 해하고 많은 사람을 만나면 달아나 물속으로 들어가는데, 이름을 가지(可之)라고 한다. 상고하건대, 그 짐승의 가죽은 물에 젖지 않으므로, 안장·풀무·가죽신 등을 만들 수 있다." 하였다.】

『여지승람』에는 이렇게 되어 있다. “울릉도는 토지가 비옥하여 대나무의 크기는 외나무다리를 놓을 만하고 쥐의 크기는 고양이만하고 복숭아씨의 크기는 되만하다.”【상고하건대, 지금 복숭아 중에 울릉도 복숭아라는 것이 있는데, 그 씨를 받아 다른 데에 심으면 그리 크지 않다.】

『문헌비고』에는 이렇게 되어 있다. “울릉도의 물산으로는 시호·고본·석남·등초와 모든 향목과 노죽이 있는데, 향목과 노죽은 크기가 아람들이 되는 것이 많고 노죽의 열매와 복숭아씨의 크기는 술잔이나 되만큼 크다. 그런데 그곳에 도망가 있는 백성들을 모조리 쇄출하여 그 땅을 텅 비워버리고 3년마다 한 번씩 사람을 보내어 탐시하게 하였으며, 관에서 도끼 15자루를 지급하여 그곳에 있는 대나무를 벌채하고 또 토산물을 채취하여 조정에 공납해서 이를 상례로 삼았다. 삼척영장과 월송만호가 서로 교대하여 탐시【지금은 탐시한 후에 자단향·노죽·주토·가지피 등속을 채취하여 비국에 공납한다.】하였고 그곳에 도망간 백성들이 몰래 채취한 전복이나 미역은 모두 공용으로 적몰시킨다. 근세에 그곳을 탐시한 별지를 상고해 보면 ‘왜노뿐만이 아니라, 호남 연해에 사는 사람들도 몰래 이곳에 들어와 주거하면서 소나무를 벌채하여 배를 만들며, 노죽을 베어내고 전복이나 미역·고기 등을 채취하는 것을 가끔 들어가서 수색한다.’고 했다.”

나는 듣건대, 울릉도에 큰 대밭 세 군데와 주토가 가는 굴 한 군데가 있는데, 주토는 매우 고와서 주사와 같다. 또는 돌고래·해대[海帶 : 곤포(昆布)의 별칭]가 많이 나고, 칡이나 등나무 덩굴도 몇 아름 되는 것들이 많이 있다. 그곳에 있는 삼봉은 암석이 많고 험준한 곳으로, 여기서 나는 단사는 천하에 일품이다. 또 비사가 있는데, 이는 곧 단사 중의 가장 신기한 것으로, 그 모양이 마치 사람과 같이 생긴 선약이다. 이를 사람이 혹 얻었을 경우에는 백자병에 넣고 해토로 병 주둥이를 꼭 막아서 다시 큰 항아리 속에 넣고 조수를 담아 밀봉해 놓아야만이 비사가 도망가지 못한다고 하니,

그 허실은 알 수 없으나, 대체로 이문(異聞)이다. 또 일종의 석향이 있어 모양이 마치 매석(煤石)【석탄】처럼 생겼는데, 불에 태우면 향내가 나므로, 평해·울진 등지의 백성들이 혹 가지고 나와서 관동 지방의 여러 절에 전파했다고 한다.

해설 요점

조선 후기 실학자 오주(五洲) 이규경(李圭景, 1788년~?)의 울릉도 사실에 대한 논문이다. 이 부분은 『여지도』, 『습유기(拾遺記)』, 『지봉유설』 등을 인용하여 울릉도와 우산도(독도)의 지명과 자리에 대한 역사지리적 고증을 하였다. 이어서 우산국이 신라 지증왕 13년(서기 512년)에 신라에 병합된 이후부터 고려시대를 거쳐서 조선왕조 광해군 대까지의 울릉도 관련 역사를 간단히 정리한 것이다. 다음에는 성호 이익의 안용복에 대한 평가와 성호가 안용복의 업적을 높이 평가한 이유에 대해 『성호사설』 울릉도조를 그대로 인용해서 해설하였다.

이 자료에서 독특한 것은 오주 이규경이 국촌(菊村) 황엽(黃曄, 1666~1736년)의 『여지연의(輿地衍義)』를 인용하여 울릉도의 중요성과 그 재개척의 긴급성을 밝힌 부분이다.

국촌 황엽은 울릉도가 사방 1백 리의, 비옥한 섬인데 '옛날 우산국의 수도(都)'라고 지적하였다. 여기서 주목할 것은 국촌 황엽은 옛날 우산국을 울릉도를 중심으로 하여 그 부근 여러 섬들을 망라한 고대 해양 국가이고, 울릉도는 그 중에서 '우산국의 수도'라고 보았다는 사실이다. 즉 지금의 독도 등도 당연히 고대 우산국 영토의 일부이지만 어디까지나 수도에 해당하는 것은 울릉도라고 보고 있는 것이다.

국촌 황엽은 조선왕조 태종 이래 울릉도에 '쇄환공도정책'을 채택한 결과 울릉도가 왜인들의 고기잡이 터가 되어가고 있는 것을 매우 걱정하였다.

왜냐하면 울릉도가 잘못하면 대마도처럼 되어버릴 염려가 매우 크기 때문이었다. 황엽에 의하면 원래 대마도는 일본 땅이 아니라 신라 땅이었는데 신라가 소극적 정책을 쓴 결과 신라 실성왕(實聖王) 4년(405년)에 왜인이 대마도에 진영(鎭營)을 설치함으로써 이 섬을 빼앗기고 말았다는 것이다. 그러므로 황엽은 삼척진을 울릉도로 옮기고 지금의 삼척 진영에는 수군절도사를 신설하여 버티는 형세를 만들어 놓아야 동해의 침략 통로를 막아 방어해서 우환거리를 없게 하고, 땅을 개척하는 방법에도 적합한 것이라고 주장하였다. 국촌 황엽은 울릉도의 설진치현을 강력하게 주장한 것이었다. 이규경은 국촌 황엽의 이 건의와 주장을 적극적으로 찬성하고 지지하였다. 우리나라의 바다는 중요한 적의 침입로인데 울릉도를 공연히 비워둔 것은 매우 온당치 못한 정책이라고 이규경은 울릉도에 대한 '쇄환공도정책'을 날카롭게 비판하였다. 『동사』를 보면 신라 실성왕 원년(402년)에 왜인들이 대마도에 진영을 설치했다고 했는데, 이를 막지 않아서 대마도를 잃은 것을 거울삼아서, 이규경은 울릉도에도 국촌 황엽의 제안과 같은 적극적인 정책을 실시해야만 울릉도와 나라를 지킬 수 있는 것이라고 설명하였다. 이규경은 울릉도의 설진치현 주장의 뒷받침으로 울릉도의 물산에 대하여 ① 장한상의 조사보고 ② 『문헌비고』의 기록 ③ 『동국여지승람』의 기록 ④ 이규경 자신의 탐문 등의 순서로 특산물을 잘 정리하여 수록하였다.

(상권, 본문 52~310쪽 참조)

제4편

「17세기 말 조선·일본 간 울릉도·독도 영유권 논쟁의 종결과 일본의 독도 고유영토론 주장의 허구성」에 관련된 실증자료 II : 일본 측 주요 자료

31) 『권기』 1004년(관홍 원년)조 기사

(170) 『權記』 1004年 (寬弘元年)條.

『大日本史』(卷234) 列傳5, 高麗. "寬弘元年 高麗藩徒芋陵島人 漂至因幡 (權記, 高麗藩徒據本朝麗藻 芋陵據東國通鑑. 本書芋陵爲于陵 麗藻迂陵今訂之. 公任集云 新羅宇流麻島人至. 宇流麻島卽芋陵島也.) 給資糧 回歸本國(本朝麗藻)"

『大日本史』 第2篇 5, 寬弘 元年 3月 7日條. "(權記) 七日辛卯 參內左大臣就陣給申所宛之 被定 (…) 因幡國言上 于陵島人十一人等事 定文在別", "(本朝麗藻)下 餞送部. 高麗藩徒之中 有新羅國迂陵島人"

『대일본사』(권234) 열전5, 고려. "관홍(寬弘) 원년(1004년) 고려의 번도(藩徒)인 우릉도(芋陵島) 사람들이 인번(因幡)에 표류하여 도착하였다. [『권기(權記)』, 고려의 번도라 한 것은 『본조려조(本朝麗藻)』에 의거하였고, 우릉(芋陵)이라 한 것은 『東國通鑑(동국통감)』에 의거하였다. 본서는 우릉(芋陵)을 우릉(于陵)으로 한다. 『려조(麗藻)』에는 우릉(迂陵)이라 되어 있는데 이제 이를 바로 잡는다. 『공임집(公任集)』에 이르기를 신라(新羅)의 우류마도(宇流麻島) 사람들이 이르렀다. 우류마도는 곧 우릉도이다.] 양식을 주고 본국에 돌려 보내었다(『본조려조』)."

『대일본사』 제2편 5, 관홍 원년 3월 7일조. "[『권기(權記)』] 〈관홍 원년 3월〉 7일 신묘(辛卯). (…) 인번국(因幡國)에서 아뢰기를 우릉도(于陵島) 사람들 11인 등의 일은 문서로 만들어 별도로 보고한다고 하였다.", "[『본조려조(本朝麗藻)』] 하권 전송부(餞送部)에는 고려의 번도(藩徒) 가운데 신라국(新羅國)의 우릉도(迂陵島) 사람들이 있다고 하였다."

해설 요점

『권기(權記)』는 일본 헤이안(平安) 시대 중기 권대납언[權大納言 : 공경(公卿)에 해당하는 벼슬 이름]을 지낸 헤이안 시대 3대 서예가의 하나인 후지와라노 유키나리(藤原行成, 972~1027년)의 991~1011년의 일기로서 『권대납언기(權大納言記)』라고도 한다. 이 책의 1004년(관홍 원년)조에 이나바주(지금의 돗토리현의 일부)에 울릉도인 11명이 표류해 온 것을 기록한 것이 일본 고문헌에서 울릉도를 적은 최초이다.

이 자료 중 『대일본사(大日本史)』 열전(列傳)에 실린 부분은 '관홍 원년(寬弘元年) 고려의 번도(藩徒) 울릉도(芋陵島) 사람들이 일본의 이나바주에 표류해 왔다'는 사실을 기록한 것으로서 '울릉도'가 고려에 속한 번(藩)임을 명확히 기록한 자료이다.

또한 위의 자료 중 『본조려조(本朝麗藻)』의 전송부(餞送部)에 기록된 '고려의 번도 가운데에는 신라국 우릉도인(울릉도 사람들)이 있다.'고 한 부분은 이전의 신라에 속한 우릉도인이 당시에 고려의 번도였음을 기록한 것이다.

이것은 1004년에 울릉도인 11명이 일본에 표류해온 것을 일본 측에서 기록하면서 '고려번도(高麗藩徒)'라고 하여 구우산국인(舊于山國人)이 고려의 번도임을 인지한 내용이며, 또 이것이 고려왕조 초기인 목종(穆宗) 7년의 사건이기 때문에 고려의 번도 이전에는 "신라국 울릉도인"이라고 하여 울릉도가 신라국에 속했다는 것까지 아울러 기록해놓은 것이다. 그러므로 일본 측의 이 자료도 구우산국지(舊于山國地 : 울릉도와 독도)가 신라에 이어 고려의 통치를 받는 영토라는 것을 일본이 알고 있었음을 증명해주는 중요한 자료다. (상권, 본문 145~148쪽 참조)

32)『조선통교대기』 기사(1)

(171)『朝鮮通交大紀』5, 1614年(慶長 19年)

(慶長十九年甲寅 (○中略) 此比礒竹島を以て日本の境なりとせし也. 此年七月 彼國東萊府使尹守謙. 公(○宗義智)に復せし書有り, 其いはゆる礒竹島は我國の鬱陵島なりといふを 以て答へしなり, 其書左にす

朝鮮東萊府使尹守謙 奉復日本國大馬州太守平公足下 尋問鼎來 慰豁良多 但書中有看審礒竹島之說 深竊驚訝 不知是計果出於誰某耶)

來使口稱 本島介於慶尙江原兩道海洋之中云 卽我國所謂鬱陵島者也 載在輿圖 屬於我國 今雖荒廢 豈可容他人之冒占以啓□釁耶 自古及今 日本與我國 海嶠洲嶼 各有區別 分限截然 而或有往來之事 惟以貴島爲一路門戶 此外則便以海賊論斷 其所以愼關防 而嚴禁約之義 貴島亦豈不知乎 朝廷若復聽聞 必先致怪於貴島矣 我國以貴島 世效誠款 故接遇甚盛 今者貴島居兩國之間 無意於委曲周旋務期終好 而以此從臾 無乃不可乎 日本若悉此意 亦心省悟 實在貴島善處 努力自助 罔廢往績 統希盛諒不宣 萬曆四十二年七月日

(…)

찾아온 사신이 구두로 말하기를 '이 섬은 경상도 강원도의 바다 가운데 끼여있다.'고 하니 곧 우리나라에서 말하는 울릉도입니다. 지도에 실려 있어 우리나라에 속해 있고 지금은 비록 황폐되어 있지마는 어찌 다른 나라 사람들이 함부로 점거하여 혼란을 여는 것이 용납할 수 있겠습니까? 예로부터 지금에 이르기까지 일본과 우리나라는 바다나 산이나 모래톱이나 섬들이 각각 구별이 있고 국경이 분명하여, 혹 왕래할 일이 있으면 오직 귀도로써 하나의 문호로 삼아 왔으며 이 외는 곧 해적으로 논단하였으니, 국경의 방어에 신중하고 금지하는 약속을 엄중히 하는 일은 귀도에서도 또한 어찌 모르겠습니까? 우리 조정에서 만약 다시 듣는다면 반드시 먼저 귀도를 의심할 것입니다. 우리나라는 귀도와 대대로 정성을 다해왔으므로 대접함이 매우 성대하였는데, 지금 귀도가 두 나라 사이에 있으면서 간곡하게 주선하여 끝까지 우호를 유지하기에 힘쓰는 데 뜻이 없이 이로써 전하는 일은 불가하지 않겠습니까? 일본이 이 뜻을 다하고 또한 마음으로 깨닫는 것은 실로 귀도의 선처에 달려있으니, 노력하고 스스로 힘써 지난날의 업적을 폐하지 않도록 바라는 바입니다. 간절한 마음을 다 베풀지 못하고 그칩니다.

만역(萬曆) 42년(1614년) 7월 2일

해설 요점

『조선통교대기』는 대마도의 유학자 관리 마쓰우라 기에몬마사타다(松浦儀右衛允任, 1676~1728년)가 편찬한 총 10권 10책으로 된 조선 · 일본 사이의 외교 교섭 문서와 해설집이다. 그 제5권의 1614년(경장 19년)조에는 대마도 측에서 울릉도를 '의죽도'라고 호칭하면서 일본 땅이라 주장하고, 대마도번주는 1614년(광해군 6년) 6월에 조선 동래부(부사 윤수겸 때)에 서계를 보내오면서 덕천가강(德川家康)의 분부로 의죽도(울릉도)를 탐견하려고 하는데 큰 바람을 만날까 두려우니 길 안내를 내어달라고 했다. 이에 대하여 조선왕조는 예조에서 이를 거절하는 회유문을 주어 돌려보냈다. 위의 자료는 이때 동래부사 윤수겸이 대마도주 종의지(宗義智)의 차왜(差倭 : 파견인)로 온 평씨(平氏)에게 회답한 편지를 수록한 것이다.

이 편지에서 동래부사 윤수겸은 대마도주가 말하는 의죽도는 곧 조선의 울릉도로서 여도(輿圖 : 『동국여지승람』과 그 지도)에 기재되어 있는 바와 같이 조선에 속한 땅으로서 지금은 비록 황폐화되어 있지만 다른 나라 사람의 불법 점거를 용납할 수 있겠는가고 일본 측 요구를 거절하였다. 이 자료는 울릉도가 조선 영토임을 명백히 밝히고 있는 자료이다. (상권, 본문, 221~224쪽 참조)

33)『백기민담기』 기사

(172)『伯耆民談記』I, 大谷村川竹島渡海進退之事

大谷, 村川兩氏, 各米子居住ノ者ニシテ, 代代名アル町人也, 子孫今町年寄役ヲ勤ム, 此兩氏竹島渡海免許ヲ蒙ル事ハ 當國前太守中村伯耆守一忠, 慶長十四年ニ一卒去アツテ嗣ナギガ故, 跡ヲ斷テ, 爾來元和二年マデ國主ナクシデ御領トナル, 然ルニ依テ, 御上代年年武都ヨリ來番シテ, 當城ニ居シ, 伯州ヲ鎭護アル, 元和二年阿部四郎五郎在番アル, 此時兩氏竹島渡海ノ事ヲ希フ, 然ルニ翌年松平新太郎光政公, 當國ヲ管領シテ入部アルニヨリ, 兩人亦願之所ニ, 光政公聽テ武都ニ告テ許之, 爾來竹島へ押渡, 海獵ヲナス, 其後每歲渡海不倦怠, 然ルニ元祿五申ノ年渡海スル所ニ, 唐人群居シテ海獵ヲナス, 兩氏雖制之, 更ニ不聞入ノミナラシズシテ, 旣ニ泊危難ントスルニヨリ, 兩氏無念ナガラ歸帆ス, 亦翌酉年渡海スルニ, 唐人數多渡テ, 家屋ヲ設デ海獵ヲ慾ニス, 于時兩氏計策ヲナシデ, 唐人兩人連レ歸テ, 米子ニ參著, 同年四月二十七日, 未ノ下刻, 灘町大谷九右衛門宅ニ入, 斯テ兩人島ノ趣唐人召シ連レ, 歸帆ノ事ヲ太守へ訟ルニ, 逐ニ武都ノ沙汰ニ及ブトカヤ.

元祿四未ノ年迄ハ, 兩人渡テ海獵ヲナス, 翌申酉兩年雖爲渡海, 獵止リ, 爾來于今退轉シテ島渡ナシ, 竹島ハ日本ヲ雖ルル事遠クシテ, 漢土ニ近ク, 境內頗ル廣闊タル島ナリ, 山嶺豁谷アツテ, 大竹喬木盛茂シ, 諸鳥禽獸最多ク, 魚鼈貝類素ヨリ礒邊ニ充滿シテ, 產物足レル島ナリトカヤ,

獵止リ, 爾來于今退轉シテ島渡ナシ, 竹島ハ日本ヲ雖ルル事遠クシテ, 漢土ニ近ク, 境內頗ル廣闊タル島ナリ, 山嶺豁谷アツテ, 大竹喬木盛茂シ, 諸鳥禽獸最多ク, 魚鼈貝類素ヨリ礒邊ニ充滿シテ, 產物足レル島ナリトカヤ, (○中略)渡海ノ者, 行齡盛年ヲ限ル, 三十ヲ越ス者ハ海上ノ風波ヲシノグ事難シトカヤ, 隱岐國へ渡リ, 强キ南風ヲ待テ纜ヲ解, 舟ヲ出ス, 島ハ隱岐ヨリ乾ニ當

テ, 朝鮮國へ無下ニ近キ島ナリ, 境內三島ニ別レテ聳竝, 亦此島ヨリ朝鮮へ渡海, 釜山浦ノ湊へ其間十八里, 夜ニ到レバ彼國ニ明ス民家ノ燈タシカニミユルト, 渡海セシ船人等是ヲ茗談ス,

元祿六年, 大谷村川連レ來ル彼二人ノ唐人等, 米子ヨリ國府城下ニ到ル時, 加納鄕右衛門, 尾關忠兵衛兩士 領主ノ下知ニ應ジ, 召連鳥取へ入,

---

오오야·무라카와 두 사람은 각기 요나고에 주거하는 사람으로서 대대로 이름이 있는 시민이다. 그 자손이 지금 이 도시의 노인역(年寄役)으로 근무하고 있다. 이 두 사람이 죽도에 바다를 건너는 면허를 얻은 것은 다음과 같다. 이 나라 전 태수 中村耆伯守一忠이 경장 14년(1610년)에 사망한 뒤 후사가 없어 대가 끊어지고, 이후 원화(元和) 2년(1616년)까지 나라의 주인이 없이 직령(直領)이 되었다. 그런 까닭으로 해마다 무도(武都)로부터 와서 이 성(城)에 살면서 백주(伯州)를 지키고 있었다. 원화 2년 阿部四郎五郎이 번(番)을 들었는데 이때 두 사람이 죽도에 건너가는 일을 희망하였다. 그런데 다음해 松平新太郎光政 공이 이 나라를 관장해 들어옴으로써 이 두 사람이 다시 희망한 바, 光政 공이 곧 무도에 고하여 그것을 허락하였다. 이후로 죽도에 건너가 고기잡이를 하였고 그 후 매년 계속해서 바다를 건너갔다. 그런데 원록 5년 임신년(1692년)에 바다를 건너가니까 외국 사람들이 무리지어 살면서 고기잡이를 하고 있으므로, 두 사람은 그것을 제지하려 하였지마는 받아들이지 않아 정박하기가 위험하다고 여겨 유감으로 여기면서도 귀항하였다. 그 다음해 계유년(1693년) 바다를 건너가니까 외국 사람들이 많이 건너와 집을 짓고 마음대로 고기잡이를 하고 있었다. 이때 두 사람은 계책을 써서 외국 사람 2명을 데리고 돌아와 요나고에 도착하여 같은 해 4월 27일 미시(未時)에 탄정(灘町)에 있는 大谷九右衛門의 집에 들어가, 여기서 두 사람은 섬의 상황을 말하고 외국 사람을 데리고 돌아온 일을 태수

에게 고하니 마침내 무도에서 처리하기에 이르렀다고 한다.

원록 4년 신미년(1691년)까지는 이 두 사람은 바다를 건너가 고기잡이를 하였지마는, 다음 임신·계유년 두 해는 비록 바다를 건너갔으나 고기잡이는 하지 못했고 이후 지금까지 돌아와 있으면서 섬에 가지 않았다.

죽도는 일본에서는 멀리 떨어져있고 한토(漢土)와는 가까우며 경내가 매우 넓은 섬으로서, 산마루와 계곡이 있어 큰 나무와 교목이 울창하고 여러 섬에 날짐승, 길짐승이 가장 많고 물고기와 조개 등속이 원래 바닷가에 충만해 있어서 산물이 풍부한 섬이라 한다. 바다를 건너가는 사람은 연령으로 장년에 국한되어 30세가 넘은 사람은 해상의 풍파에 견디기가 어렵다 한다. 은기국에 가서 강한 남풍을 기다려 닻을 올리고 배를 출발시킨다. 섬은 은기에서 건방(乾方)에 해당되고 조선국에 아주 가까운 섬이다. 경내는 세 섬으로 나뉘어 나란히 솟아 있고 또 이 섬에서 조선으로 건너가 부산포까지 18리(우리나라 180리)로서 밤이 되면 그 나라에서 밝히는 민가의 등불이 분명히 보인다고 바다를 건너갔던 선인들이 이야기 하고 있다.

원록 6년(1693년) 오오야·무라카와 두 사람이 데리고 온 2명의 외국인들이 요나고로부터 國府城 아래에 도착했을 때, 加納鄕右衛門·尾關忠右衛門 두 분이 영주의 명령을 받아 돗토리에 데리고 들어갔다.

해설 요점

『백기민담기(伯耆民談記)』는 마쓰오카 후세이(松岡布政)가 1742년에 편찬한 백기주의 이야기 모음 책이다. 이 책은 일본 백기주의 요나고라는 지방의 상인 오오야(大谷)와 무라카와(村川)의 두 가문이 '죽도(울릉도)도해면허'를 도쿠가와막부로부터 받았다가 다시 취소되고 도해가 금지된 경위를 밝힌 기록이다.

백기주태수 일충(一忠)이 1610년(경장 14년) 후손 없이 사망하여 대가 끊기자, 도쿠가와막부는 1610~1616년까지 7년간 이를 직령(直領)으로 하여 해마다 신하를 직접 번으로 파견해서 지켰다. 이때 오오야(大谷)와 무라카와(村川)의 두 상인이 원화 2년(1616년)에 죽도(울릉도) 도해를 희망하였다. 이때 번(番)을 들었던 阿部四郎五郎은 이 신청을 거부하였다. 그런데 다음해인 1617년에 번(番)을 든 松平新太郎光政은 막부에 고하여 그 허가를 얻어 주었다.

울릉도(죽도)는 당시 조선 영토였기 때문에 이곳에 들어가 고기잡이를 하려면 외국에 월경하여 건너가는 데 대한 정부의 허가가 필요한 것이었다. 만일 울릉도가 일본 영토였다면 그러한 중앙정부의 도해면허가 필요치 않았을 것임은 물론이다. 당시 조선은 울릉도(죽도)에 대하여 공도정책을 채택하고 있었기 때문에 도쿠가와막부는 조선 영토이지만 빈 섬인 울릉도(죽도)에 들어가 고기잡이하는 것을 조선 정부 몰래 허가했던 것으로 추정된다.

오오야·무라카와 가문은 그 이후 때때로 국경을 넘어 울릉도에 고기잡이를 하러 다녔는데, 조선에도 동해안과 남해안 어부들이 정부의 금지조치를 어겨서 울릉도에 들어가 고기잡이를 계속하게 되었다.

오오야·무라카와 두 가문의 어부들은 1692년(원록 5년)에 울릉도에 들어갔다가 조선 어부들이 무리를 지어 살면서 고기잡이를 하고 있는 것을 만났는데, 그것을 제지하려다가 도리어 밀려서 울릉도에 정박하지도 못한 채 돌아왔다. 이들은 다음해인 1693년에는 사전 준비를 했던 모양으로 조선 어부들에게 협상을 하자고 유인한 다음 조선 어부 대표 안용복·박어둔 2명을 납치해 가지고 요나고로 돌아와 태수에게 고하였다. 태수는 이를 도쿠가와막부에 고하여 처리하도록 한 것임을 이 자료는 설명하고 있다.

이에 일본에 납치되어간 안용복이 울릉도와 독도(우산도)가 조선 영토임을 당당하게 주장하여 그 제1차 활동이 시작된 것이었다.

(상권, 본문 240~250쪽 참조)

34)『교린고략』 기사

(173)『交隣考略』告竹島一件事考

元祿六年癸酉 東武下命曰 朝鮮漁民 此年倒竹島而漁採 以故因幡之人能諭使渠輩進退還矣 今春漁民四十餘口 復來漁採 於是拘留其漁氓二人爲質 轉啓東都 仍使彼漁氓二口送長崎也 漁長崎領受漁民 附使者而送于朝鮮 可告再不可到竹島之事云 本州乃遣使者於長崎領受漁民二口 同年秋九月遣使者正官多田與左衛門都 船主內山鄉左衛門 封進寺崎與四右衛門於朝鮮 護送漁民二口 贈書於參判告東都之命焉

本州書曰 貴域瀕海漁氓 此年行舟於本國竹島 竊爲漁採 極是不可到之也 以故土官詳論國禁 固告不可再 而乃使渠輩進退還矣 然今春亦復不顧國禁 漁不四十餘口 往入竹島 雜然漁採 由是土官拘留其漁氓二人而爲質於州司 以爲一時之證 故我因幡州牧 速以前後事狀馳啓東島 令彼漁氓附與敝邑 以還本土 自今而後 決莫容漁船於彼島 彌可存制禁云

此時參判返書曰 敝邦海禁至嚴 瀕海民使不得出於外洋 雖敝境之蔚陵島 亦以遼遠之故 切不許任意往來 況其外乎哉 今此漁民敢入貴界竹島致煩領送遠勤 書諭隣好之誼 實所欣感 海氓獵魚以爲生理 惑不無遇風漂轉之患 而至越境深入 雜然漁採 法當痛懲 今時犯人等依律科罪 此後沿海等處 嚴立科條各別申飭云

元祿七年春正月 阿比留摠兵衛以返書之草稿歸 乃至□□州 其初以爲竹島者原朝鮮之蔚陵島云 不知朝鮮之所答如何也 其後觀草稿以爲竹島者卽蔚陵島也 今以一島立二名 是決不可以聞于東都 爲除却蔚陵島字而可也 亦遣阿比留摠兵衛於朝鮮 告其意於使者多田與左衛門也 與左衛門乃招朴同知 懇懇告其事情 朴同知謂與左衛門曰 請正官熟諒焉 今以貴州之意告接慰官 則卽便可轉達漢城也 雖此事不諧 而兩國之大事 只在此一擧也 何者貴州所謂

竹島者 朝鮮之蔚陵島也 朝鮮豈不知之乎 朝鮮空彼島 而不置民居者年久矣 窃聞日本之人往來于彼島而漁採焉 雖然空島無人之也 朝鮮置而不問也 今得貴州之書 吾朝廷以爲蔚陵島者輿圖所載宗祖之地 雖尺寸也不可棄云 朝議紛紛也 有一人曰 彼島久棄而無人也 且日本之人占據彼島者年久矣 若以我地而答之 則兩國之爭議從是興焉 第我國存其名則可也云 仍以蔚陵島而存其名 以竹島而爲貴國之地 朝鮮不敢論矣 我國豈有意于彼島 只存其名而已 貴國有竹島 則縱令鬱陵之名雖存于我 何不可之有哉 脫一跌則我國雖孱弱也 爭議不已 兩國之釁從是生焉云

於是正官一決受返書還歸矣 本州以爲返書之 中有蔚陵字 此不可受云 亦元祿七年甲戌夏四月 遣正官多田與左衛門 都船主番柳川衛門 封進寺崎與四右衛門於朝鮮 要返書俊改也

本州書曰 我書不信蔚陵島之事 今回簡有鬱陵名 是所難曉也 只冀除却蔚陵之名惟幸也

此時朝鮮取前書 却轉換書辭曰 敝邦江原道蔚珍縣有屬島 名曰蔚陵島 歷代相轉 事跡昭然 今者我國漁氓往于其島 而不意貴國之人自爲犯越與之相値 及拘執二氓轉到江戶 幸蒙大君明察事情 優加資遣可見交隣之情出於尋常 感激何言 雖然我氓漁採之地 本是蔚陵 而以其產竹或稱竹島 此乃一島而二名也 一島二名之狀 非從我國之所記 貴州之人亦皆知之而今此來書中 乃以竹島爲貴國之地方 欲令我國禁止漁船來往 而不論貴國之人侵涉我境 拘執我氓之失 不有欠於誠信之道乎云

正官使譯舌告於接慰官曰 返書轉換 非前書之意决不可受也 冀再聞漢京要改書意云 接慰官曰 朝廷下送之書契 牢拒不受 輕蔑禮法也 此書何不亟送於江戶取質於具眠乎云 正官論辨委曲 其後遣阿比留摠兵衛 本州稟告事狀 逐受返書也 本州聞來而遣使 固停止使者之歸舟焉 同年秋九月 我太守義倫公在江戶 嬰病逝去矣 元祿八年春 遣裁判高勢八右衛門 陶山庄右衛門 阿比

留摠兵衛於朝鮮 以疑問數條遣東萊 要轉達漢城焉 定期日待答書不到矣 竟一行之使者 陶山庄右衛門 阿比留摠兵衛 相議乘船下碇絶影島 待風一日 漢城之答書漸至也 乃使者送再答於東萊府 而使者皆歸矣

元祿八年之秋 我老使君(○宗義眞)覲宗於東武仍以前後事狀轉啓執政焉 於是執府命老使君曰 竹島在海中 而去日本遠 而去朝鮮近云 從今固禁我國漁船之往來也 乃以此意可告朝鮮云 翌年元祿九春 老使君自江戶還旆 乃招譯官 同年之冬 卞同知宋判事來也 老使君面矚禮曹之書 轉達東都焉

元祿十二年己卯春三月(○下文所引竹島記事三月作正月) 老使君以書答禮曹 其言曰 前年象官超溟之日 面陳竹島之一件 繇是左右克諒情由示以兩國永通交誼 益懋誠心矣 至幸至幸 示意卽巳啓達了云 阿比留摠兵衛帶此書渡海 使館守傳于東萊也 竹島一件事畢矣

원록 6년 계유년(1693년) 동무(東武)에서 하명하기를, "조선 어민이 이해에 죽도에 와서 고기잡이를 하므로 인번주 백성들이 깨우쳐 그들로 하여금 모두 돌아가게 하였는데, 금년 봄에 어민 40여 명이 다시 와서 고기잡이를 하였다. 이에 그 어민 2명을 억류하여 인질로 삼고 동도(東都 : 에도막부)에 보고하고 이내 그 어민 2명을 장기(長崎)에 압송하였다. 장기에서는 그 어민 2명을 받아 가지고 사자(使者)를 조선에 보내어 다시는 죽도에 오지 못하게 하라."고 하였다. 본주(本州)에서는 사자를 장기에 보내어 어민 2명을 받게 하고 이 해 가을 9월에 사자로서 정관(正官) 多田輿左衛門 · 도선주(都船主) 內山鄕左衛門 · 봉진사(封進寺) 崎輿四右衛門을 조선에 보내어 어민 2명을 호송하게 하고 참판(參判)에게 동도의 명령을 써서 보내었다.

본주의 서신은 다음과 같다.

"귀국 바닷가 어민들이 이해에 우리나라의 죽도에 배를 타고 와서 몰래 고기잡이를 한 것은 올 수 없는 곳이었으므로 사관(士官)이 나라의 금령을 논하여 다시 오지 못하게 하고 이에 그들을 모두 송환하였던 것입니다. 그런데 금년 봄에 또 다시 나라의 금령을 어겨 어부 40여 명이 죽도에 들어가서 뒤섞이어 고기잡이를 하였습니다. 이로 말미암아 토관이 그 어민 2명을 구류하여 주사(州司)에게 인질로 하여 한때의 증빙으로 삼았으므로, 우리 인번주 태수는 그 앞뒤 사실을 써서 동도에 급히 보고하였던 바, 그 어민들을 우리 고을에 주어 고향으로 돌려보내게 하였습니다. 지금부터는 결코 어선을 그 섬에 용납치 않을 것이니 더욱 금지시켜야 합니다."

이때 참판의 답서는 다음과 같다.

"우리나라의 바다의 금령은 지극히 엄중하여 바닷가 백성들은 먼 바다에 나가지 못하게 하고 있으며, 비록 우리 땅인 울릉도라 할지라도 역시 멀다는 이유로 절대로 임의로 왕래하지 못하게 하는데, 하물며 그 밖이겠습니까? 지금 이 어민들이 감히 귀국 땅 죽도에 들어가서 번거로운 일을 일으켰는데도, 호송해 보내고 서신으로 우호의 정을 베풀어 준 것은 참으로 기쁘게 생각하는 바입니다. 바닷가 어민들은 고기잡이로 생업을 삼고있기 때문에 혹시 풍랑을 만나 표류할 염려가 없지는 않으나, 국경을 넘어 깊이 들어가서 뒤섞여 고기잡이를 한다는 것은 법률로 보아 마땅히 엄중히 징계해야 할 것이니, 이번에 법을 범한 사람을 법률에 따라 죄를 줄 것이며 앞으로도 연해 등지에 엄중하게 법을 세워 각별히 단속하겠습니다."

원록 7년(1694년) 봄 3월에 阿比留總兵衛가 회답서의 초고를 가지고 돌아와 □□주에 도착했는데, 처음에는 죽도라는 것은 본래 조선의 울릉도라고 말했으나 조선의 답서에는 어떻게 했는지 모르다가 그 뒤에 초고를 보니까 죽도는 곧 울릉도이므로 하나의 섬이 두 이름이라 했으니, 이것은 결단코 동도에 알릴 수는 없고 울릉도라는 글자는 삭제해야 한다고 하였다. 또 阿比留總兵衛를 조선에 보내어 그런 뜻을 사자인 多田與左衛門에게 알리게 하여 與左衛門이 곧 박동지를 불러 간곡하게 그 사정을 이야기 했더니 박동지가 輿左衛門에게 말하기를, "청컨대 정관(正官)은 양해하시오. 지금 귀주의 뜻으로 접위관에게 말하면 바로 한성에 그것을 보고할 것이요. 비록 이 일이 합의가 되지 않는다 하더라도 두 나라의 큰 일은 다만 이 하나의 일에 달려 있소. 왜냐하면 귀주의 이른바 죽도라는 것은 조선의 울릉도이니 조선에서 어찌 그것을 모르겠소? 조선에서 그 섬을 비우고 주민을 두지 않은 지 오래되었는데 가만히 듣자니 일본 사람들이 그 섬에 왕래하면서 고기잡이를 하고 있다 하오. 비록 그렇다 하더라도 조선에서는 빈 섬으로서 사람이 없는 땅이라 하여 불문에 붙이고 있었소. 지금 귀주의 서신을 보고 우리 조정에서 울릉도라는 곳은 지도에 기재되어 있고 역대 임금 때의 땅으로서 비록 한 치라도 버릴 수 없다고 한 것으로 조정의 의논이 분분하오. 어떤 사람은 말하기를, '그 섬은 오래 버려두어 사람이 살지 않는 곳이요 또 일본 사람이 그 섬을 점거한지 오래되었으니 만약 우리 땅이라고 회답하면 양국의 분쟁이 이로부터 일어날 것이다. 다만 우리나라가 그 이름만 보존하고 있으면 가하다.'라고 말했소. 그리하여 울릉도로써 그 이름을 보존하고 죽도로써 귀국의 땅이라고 한다면 조선은 감히 논란하지 않겠소. 우리나라가 어찌 그 섬에 뜻이 있어서 다만 그 이름만 보존할 뿐이겠소? 귀국에 죽도가 있다고 하면 비록 울릉도의 이름이 우리나라에 있더라도 무슨 불가함이 있겠소? 한 번 차질이 생기면 우리나라가 비록 잔약하더라도 분쟁이 그치지 않을 것이요. 두 나라의 틈이 여기서 생길 것이요." 하였다.

이에 정관이 결단을 내려 회답서를 받아 가지고 돌아왔다. 본주에서는 회답서 가운데 '울릉'이란 글자가 있으면 받을 수 없다고 하여 다시 원록 7년 갑술년(1694년) 여름 4월에 정관 多田輿左衛門 · 도선주 內山鄕左衛門 · 봉진사 崎輿四右衛門을 조선에 보내어 회답서를 고쳐 줄 것을 요청하였는데, 본주의 서신은 다음과 같다.

"우리 서신의 울릉도에 대한 일을 믿지 않고 이번 회답서에도 울릉도의 이름이 있으니 이는 이해하기 어려운 바이요. 다만 바라건대 울릉도의 이름을 삭제해 주면 다행이겠소."

이때 조선에서 이전의 문서를 가지고 도리어 말을 바꾸어 말했는데 다음과 같다.

"우리나라 강원도 울진현에 소속된 섬이 있는데 울릉도라 이름하여 역대로 전해 오고 있는 것은 그 사적이 분명하오. 지금 우리나라 어민들이 그 섬에 갔는데 뜻밖에 귀국 사람들이 스스로 국경을 넘어 서로 만났고, 두 백성을 붙잡아 에도(江戶)에 데리고 갔다가 다행히 대군의 분명한 사태 관찰에 힘입어 여러 가지 도움을 받고 환송되었으니, 이웃 나라와의 우호관계를 닦는 뜻이 보통보다 지나침이 있어 그 감격을 어찌 말하겠소? 비록 그렇다 하더라도 우리 백성들이 고기잡이 한 곳은 본래 울릉도이었고 거기는 대나무가 산출됨으로써 혹 죽도라고도 일컫고 있으니 이는 하나의 섬이면서 두 가지 이름인 것이요. 하나의 섬이 두 가지 이름인 상황은 다만 우리나라의 기록만이 아니라 귀주의 사람들 역시 다 알고 있는데, 지금 보내온 서신 가운데 죽도를 귀국 땅이라 하여 우리나라로 하여금 어선의 왕래를 금지시키게하고 귀국 사람들이 우리 국경을 침범한 일은 논하지 않으면서, 우리 백성들을 붙잡는 실수는 성의와 신의의 도리에 모자람이 있지 않겠소?"

정관이 역관으로 하여금 접위관에게 고하게 하기를, "회답서를 돌려준 것은 먼젓번 서신의 뜻이 아니면 결단코 받지 않겠다는 것이니, 바라건대 다시 한성에 아뢰어 고쳐 써 주십시오." 하니, 접위관이 말하기를, "우리 조정에서 내려보낸 공문서를 완강히 거절하고 받지 않는 것은 예법을 경멸하는 것입니다. 이 문서를 어찌 빨리 에도에 보내어 견식있는 사람에게 질정(質正)하지 않습니까?" 하였다. 정관이 간곡히 변론하고 그 후에 阿比留總兵衛를 파견해 본주의 일의 상황을 말할 때 마침내 회답서를 받았다. 본주에서는 그가 돌아온 것을 듣고 우선 사자(使者)의 돌아오는 배를 정지시켰다.

같은 해 가을 9월에 우리 태수 의륜공이 에도에 있다가 병을 앓아 사망하였고, 원록 8년(1695년) 봄에 재판(裁判) 高勢八右衛門·陶山庄右衛門·阿比留總兵衛를 조선에 파견하여 의문되는 몇 개 조목을 써가지고 동래부에 보내어 한성에 보고하기를 요구했으나 정한 기일까지 기다려도 답서가 오지 않아 마침내 사자 일행 중 陶山庄右衛門·阿比留總兵衛가 서로 의논하여 배를 타고 절영도에서 닻을 내렸다. 순풍을 기다리기 하루만에 한성의 답서가 와서 곧 사자가 재답서를 동래부에 보낸 후 사자들은 모두 돌아왔다.

원록 8년 가을에 우리 노사군(老使君) 종의진(宗義眞)이 동무(東武)에 입주(入朝)하여 앞 뒤 일의 상황을 집정에게 보고하였는데 이에 집정이 노사군에게 명령하기를, "죽도는 바다 가운데 있어 일본은 멀고 조선은 가까우니 지금부터 우리나라 어선의 왕래를 굳게 금지하고 곧 이 뜻으로 조선에 알려야 한다." 하였다. 다음해 원록 9년(1696년) 봄에 노사군이 에도로부터 임지로 돌아가 곧 역관을 불렀고 같은 해 겨울에 변 동지와 송 판사가 와서 노사군 면전에서 예조의 서신을 동도(東都)에 전달하도록 부탁하였다.

원록 12년(1699년) 기묘년 봄 3월에 노사군이 문서로써 예조에 회답했는데 그 말에 이르기를, "상관(象官)이 바다를 건너온 날에 대면하여 죽도에 관한 일을 이야기하였고 이로 인해 좌우에서 그 사정을 잘 양해함으로써 두 나라가 길이 우호를 통하게 되고 더욱 성의를 다하게 되었으니 지극히 다행한 일입니다. 보여주신 뜻을 이미 전달하였습니다." 하였다. 阿比留總兵衛가 이 문서를 가지고 바다를 건너 왜관 관수로 하여금 동래부에 전달하게 하여 죽도에 관한 일건은 끝났다.

해설 요점

이 자료는 1693년(조선 숙종 19년, 일본 원록 6년) 안용복·박어둔을 도쿠가와막부(東武)의 명에 따라 조선에 송환하면서 대마도주가 조선 영토인 울릉도(독도 포함)를 일본 영토로 탈취하려다가 실패한 과정을 일본 측에서 기록한 것이다. 이 자료는 6개 단원으로 구성되어 있다.

첫째 단원은 도쿠가와막부 장군이 대마도주에게 내린 명령문을 수록하고 있다. 그 요지는 인번주 백성들(오오야·무라카와 가문의 어부들)이 억류하여 인질로 데리고 와서 보고한 조선인 어민 2명을 장기(長崎)로 압송케 했으니 그 조선 어민 2명을 받아가지고 사자를 조선에 보내어 다시 죽도에 오지 못하게 하라는 것이었다. 이에 대마도주는 정관 귤진중(多田興左衛門) 등을 조선에 보내어 조선 측에 대마도주의 서신을 제출하였다.

둘째 단원은 대마도주가 이때 조선 측에 제출한 서신이다. 그 요지는 마치 울릉도가 아니면서 그와 비슷한 별개의 영토인 죽도가 있는 것처럼 문구를 만들어서 '우리 나라(일본) 죽도' 운운해가면서 조선 어부 2명이 금령을 어기고 일본 영토인 죽도에 들어왔으므로 토관이 이들을 구류하여 인번주 태수에게 보내고 인번주태수는 전후 사실을 에도(江戶)의 도쿠가와막부 장군에게 보고하였던 바, 막부 장군은 그 어부 2명을 대마도주에게 주어 고향에 보내라고 명령했으므로 돌려보내며 앞으로는 결코 그 섬(죽도)에 용납하지 않을 것이니, 조선 측도 이를 금해달라는 것이었다.

일본 측의 이 서신은 울릉도와 죽도가 전혀 별개의 섬인 것처럼 만들어 '우리 나라(일본) 죽도'에서 조선 어부의 고기잡이를 금지하도록 하는 조선 정부의 공문서를 얻은 다음 이를 근거로 해서 울릉도를 죽도라는 이름으로 탈취하려는 의도를 내포한 것이었다.

셋째 단원은 이에 대한 당시 조선 정부의 회답서를 수록한 것이었다. 조선왕조에서는 이에 대하여 강경대응론과 목래선(좌의정), 민암(우의정) 등 집권파의 온건대응론이 대립하다가 임진왜란에 놀란 경험을 새겨 사나운 일본과의 정면 충돌을 피하기로 한다는 온건론이 채택됨으로써, 울릉도가 조선 영토인 것만 분명히하고 저들이 자기의 영토라고 서찰에 쓴 죽도가 울릉도를 가리킨 것임을 모른 체하기로 했다. 그 결과 예조가 부산왜관에서 답서를 기다리고 있는 귤진중을 통해 대마도번주에게 위 요지와 같은 회답문을 보냈다.

이 회답문은 집권파가 온건대응을 강조한 나머지 울릉도를 우리나라의 영토라고 못박음과 동시에 일본 측이 말하는 죽도가 울릉도임을 알면서 이를 모른 체해서 이상의 논란을 피해보고자 한 허점을 내포한 것이었다.

넷째 단원은 조선 조정 온건대응파의 회답서를 받은 일본 측이 회답서 안에 울릉도는 조선 영토로 죽도(실제로는 울릉도)는 일본 영토로 해석되도록 기재되어 있는 것을 '울릉도'를 삭제한 수정을 요구하여 동래의 조선 관리 박동지와 접촉한 부분과, 박동지의 반응에 대한 기록이다. 박동지의 반응은 중앙정부의 온건대응파의 정책을 그대로 대변하여, 조선 조정은 일본 측이 주장하는 죽도가 곧 울릉도임을 잘 알면서도 이를 주장하면 조선·일본 사이에 분쟁이 일어날 염려가 있으므로 조선은 '울릉도'라고 이름만 보존하고 이를 죽도라고 하여 일본의 영토라고 주장한다면 조선은 감히 논란하지 않겠다는 정책이라고 설명하면서 만일 꼭 '울릉도'의 세 글자를 삭제해 달라고 하면 두 나라에 분쟁이 그치지 않고 틈이 생길 것이라는 요지였다. 정관 귤진중은 결단을 내려 이 회답서를 받아가지고 대마도로 돌아왔다는 것이다.

다섯째 단원은 대마도주가 회답서 가운데 '울릉도'라는 글자가 있으면 이를 받을 수 없다고 하면서 1694년 4월에 다시 정관(正官)을 조선에 파견하여 '울릉' 두 글자의 삭제를 요구한 사실과 그에 대한 조선 조정의 반응을 기록한 부분이다. 유의해야 할 것은 그 사이에 조선 조정에서는 정권이 교체되어 온건대응파가 퇴진하고 강경대응파가 집권하였다는 사실이다.

강경파인 영의정 남구만은 지난번 일본에 보낸 회답서는 특히 모호하니 마땅히 접위관을 파견하여 앞서의 회답서를 추환(推還)하고 그것을 만든 책임자를 문책해야 하며, 울릉도에 들어오는 일본인은 모두 용납하지 않아야 한다고 국왕에게 제의하여 아뢰었다.

이에 국왕 숙종은 남구만의 진언을 따라 이전의 회답서를 추환하라고 명령하였다(上用九萬言 令還前書). 이에 조선왕조는 지난번의 회답서는 무효이니 반환할 것을 일본 측에 통고하고 울릉도가 바로 죽도이며 이것은 조선의 영토이므로 일본 어부들이 침입해서는 안 될 것임을 명백히 밝혔다.

조선 측의 이 회답서는 울릉도가 죽도로서 일도이명(一島二名)으로 조선 영토임을 명확히 밝히고, 일본인들이 울릉도에 들어와서 안용복 등을 데려간 것은 조선의 영토를 침섭(侵涉)하여 조선 땅에 들어간 조선인을 구집(拘執)한 실책임을 명확히 밝히고 있다.

여섯째 단원은 강경대응파 조선 정부의 울릉도가 곧 죽도이며 일도이명으로서 조선 영토이므로 일본 어부들의 출입을 금지케하라는 새로운 회답서를 받은 대마도주 종의륜이 1695년 9월에 사망하였고, 종의진이 1695년 가을에 에도의 도쿠가와막부 장군[통칭 동무(東武)]에 입조했을 때 막부 장군이 명령하기를 '죽도는 바다 가운데 있어 일본은 멀고 조선은 가까우니 지금부터는 일본 어선의 왕래를 금지하고 이 뜻을 조선에 알리라.' 고하여 죽도(울릉도)의 조선 영토임을 인정한 기록이다.

종의진은 이에 1696년(원록 9년) 봄에 에도로부터 대마도로 돌아와서 조선 역관을 불렀고, 1696년 겨울에 조선으로부터 변 동지와 송 판사가 그 회답을 가지고 왔으며, 1699년(원록 12년) 3월에 대마도 신주 종의진이 조선 예조에 편지를 보내어 죽도를 조선 영토로 인정하고 우호를 확인하는 왕복 문서를 모두 완결했다고 기록되어 있다.

이 자료도 일본 측이 주장한 죽도가 일본에서도 1696년에 도쿠가와막부 장군의 재확인과 결정에 의하여 조선 영토로 재확인되고 재결정되었음을 명백하게 기록하고 있다. (상권, 본문 257~285쪽 참조)

35) 『조선통교대기』 기사(2)

(174) 『朝鮮通交大紀』 8

此年(○元祿八年) 十月 天龍院公(○宗義眞) 東武に勤せらる, よりて執政阿部豊後守稟すに, 竹島一款, 先太守, 使をしで論談せしむるもの今洙に三年なり, 彼國固く竹島を以て其國の地なりとして, 終に我に聽く事なし, 如何といふを以てせらる, 翌丙子年(○元祿九年)正月に至り, 豊後守論に, 竹島の地, 因幡に屬せりといへども, また我人居住の事なし, 台德君(○德川秀忠)の時に在て, 米子村の漁人其島に漁せん事を願ひしに依て是を許されしなり, 今其地理を計るに, 因幡を去るもの百六十里許, 朝鮮を距る四十里許なり, 是曾て披が地界たる其疑なきに似たり, 國家若兵威を以て是に臨まば, 何をもとむとし得べからざらむ, 但無用小島の故を以て, 好みを隣國は失する, 計の得たるにあらず, しかも其の初是を彼に取に非ざる時は, 今また是を返すを以て詞とすべからず, 唯我人の往て漁ずるを禁ぜらるべきのみ, 今朝議以前に同じからず, 其相爭ふてやまざらむよりは, 各無事ならんにはしかじ, 宜しく此意を以て彼國に諭べしといふを以てせらる, 此年十月, 彼國卞同知, 宋判事をして來り使せしむ, 又此年夏, 朝鮮人十一人因幡州に來り, 事を東武に啓するを以てせしに, 鈞命して是を逐同されし事あり, 天龍院公, よりて朝旨を兩使に諭し, また老臣をして兩事を書し示さしむ

이 해(원록 8년, 1695년) 10월 천룡원(天龍院, 宗義眞) 공이 동무(東武)에 입조하였다. 그 자리에서 집정 阿部豊後守에게 아뢰기를, “죽도의 일에 대하여 전 태수가 사자로 하여금 담론하게 한 것이 지금 이미 3년이 되었습니다. 저 나라에서 완강하게 죽도를 그들의 땅이라고 하면서 끝내 우리의 말을 듣지 않으니 어떻게 해야하겠습니까?” 하였다. 다음해 병자년

(1696년) 정월에 豊後守는 유시(諭示)하기를, "죽도가 인번주에 속해 있다 하더라도 아직 우리 나라 사람들이 거주한 적이 없고, 태덕군(台德君, 德川秀忠) 때에 요나고 마을의 어민이 그 섬에 고기잡이를 하겠다고 출원했기 때문에 그것을 허락했던 것이다. 지금 그 땅의 지리를 헤아려 보건대 인번주와의 거리는 160리쯤이고 조선과의 거리는 40리쯤이어서, 일찍이 그 나라 땅이라는 것이 의심 없을 것 같다. 우리 국가에서 만약 병력으로써 임한다면 무엇을 요구하여 얻지 못하겠는가? 다만 쓸모 없는 조그마한 섬을 가지고 이웃 나라에 우호관계를 잃는 것은 좋은 계책이 아니다. 그리고 당초에 이 섬을 저 나라에서 빼앗은 것이 아니니 지금 또 돌려준다고 말할 수는 없다. 다만 우리나라 사람들이 가서 고기잡이하는 것을 금지해야 할 뿐이다. 지금 조정의 의논도 이전과 같지 않으니, 서로 다투어 마지않는 것보다는 각각 무사한 것이 낫다. 마땅히 이 뜻으로써 저 나라에 의논해야 할 것이다." 하였다. 이 해 10월 저 나라 변 동지와 송 판사가 사자로 왔고, 또 이 해 여름에 조선 사람 11명이 인번주에 왔기 때문에 그 일을 동무에 보고했더니, 명령을 내려 그들을 돌려보낸 일이 있었다. 천룡원 공이 이에 의해 조정의 생각을 두 사자에게 말하였고 또 노신(老臣)으로 하여금 두 일을 글로 써서 보이게 하였다.

해설 요점

이『조선통교대기』제 8권에는 1695년(원록 8년) 10월 대마도 신주 종의방(宗義方)이 에도(江戶)의 도쿠가와막부 관백(老中)과 장군(東武)에게 입조(入朝)했을 때 3년에 걸친 죽도의 논쟁을 질문하자, 1696년 1월에 막부 관백과 장군이 내린 결정 명령을 기록하였다. 이 때 막부 장군의 결정과 명령은 ① 죽도가 인번주(因幡州)에 속해있다 가정할지라도 일본 사람들이 거주한 적이 없고 도쿠가와 히데타다(德川秀忠) 때 요나고의 어민에게는 그 섬에 가서 고기잡이를 하겠다고 출원했기 때문에 그것을 허락했었던 것이며, ② 지금 죽도의 지리를 헤아려 보면 인번주로부터는 약 160리 떨어져 있고 조선으로부터는 약 40리 떨어져 있어서 일찍이 조선지계(朝鮮地界)라는 것은 의심이 없다. ③ 만일 일본이 병력으로써 임한다면 얻지 못할 것이 없겠지만 작은 섬 하나를 갖고 우호관계를 잃는 것은 좋은 계책이 아니며, ④ 죽도를 조선으로부터 빼앗았던 것이 아니니 지금 또 돌려준다고 말할 수는 없다. 다만 일본어부들이 고기잡이를 하는 것을 금지해야할 뿐이다. ⑤ 지금 조정의 의논도 이전과 같지 않으니 서로 분쟁하는 것 보다는 무사한 것이 더 나으니, 이 뜻으로서 조선에 의논해야 할 것이라는 것이었다.

이 자료는 3년간 대마도주가 탈취하려고 분쟁을 일으켜온 죽도 문제에 대하여, 도쿠가와막부 관백(노중)과 장군이 대마도주 종의방에게 죽도는 조선 영토이며, 과거 1618년에 인번의 어부에게 도해 허가를 준 것은 죽도를 빼앗았던 것이 아니라 고기잡이하러 가는 것만 허가했던 것으로서, 죽도는 일본 영토가 된 적이 없었고 조선 영토임을 명백히 밝히는 극히 중요한 자료인 것이다. (상권, 본문 311~314쪽 참조)

36)『죽도기사』

(175)『竹島紀事』4

元祿九年十月, 天龍院公(○宗義眞) 御再任之御賀儀, 幷靈光院公(○宗義倫)弔慰相兼, 譯官兩使, 卞同知, 宋判事, 渡海に付, 十月十六日, 於御屋鋪天龍院公兩使江御對面, 竹島之儀, 因幡伯耆江 附屬と申事に而無之, 空島に而, 伯耆之者罷越, 漁仕候迄に候所, 近年朝鮮人罷渡り入交り如何に候故, 重而此方之漁民渡海不仕候樣に可彼仰付と之儀, 於江戶表に被仰渡候旨兩使江天龍院公御直に被仰渡也.

先太守 因竹島事 遣使於貴國者兩度 使事未了 不幸早世 山是召還使人 不日上船 入覲之時 問及竹島地狀方向 據實具對 因以其去本邦太遠而去貴國却近 恐兩地人殽雜 必有潛通私市等敝 隨卽下令永不許人往漁採 夫釁隙生於細微 禍患興於下賤古今通病 慮寧勿預 是以百年之好 偏欲彌篤 而一島之微 遽付不較豈非兩邦之美事乎 玆念南宮應慇勤修書使本州代傳盛謝 爾譯使俟回棹之日口伸毋遺 老使君親囑恐其聽之不妥 故書開如右 貴國人十一口以今夏抛錨於因幡以啓事爲辭 兩邦交通只由對馬一路 盟約在前 關係非小 因下令於因幡 卽時趕同 不容轉啓 本州處于兩邦之間 專掌通好 其來久矣 今乃一旦捨本州 以由他路背定約而行私計 徜使其事出於議府 則當奉命遣使問其所以然 議府審事理 明國體誠信爲念 昭於平昔 豈肯爲此輕易弖濁擧哉 故置而不問 貴國宜嚴申舊令 杜防私敝 務使兩國之好 不至于妄生事 端以取紛擾 玆囑譯使 體貼歸稟

老使君面告之言如右 恐其方語不通 或有誤聽 因此錄付譯 但右書付 年寄中連名朱印押之同譯官方へ右御書付受取申候, 歸國之節, 具に可申達と之趣相認, 差出候眞文二通左に記之, 頃者宴享之日, 貴大人勤示中有曰, 所, 謂竹島在於海中, 而洙無居民, 故因幡伯耆等州漁民, 意以爲空地, 有時往來矣, 厥島相距在日本頗遠, 在朝鮮稍近, 自今以後, 日本之人, 切勿往來事, 自江戶分付以來云, 實是兩國誠信之愈篤不佞等歸本邦 以此意細細陳達於朝廷, 寔計不宣

丙子十二月 日 卞同知 宋判事

杉村采女公 樋口孫左衛門公 多田與左衛門公 平田直右衛門公 田島十郎兵衛公 杉村三郎左衛門公

頃於宴享之日, 貴大人以朝鮮人十一口到著於因幡州事, 因東武申令洙有而囑, 而又聽僉公之, 言此乃不佞等, 曾所未聞者也, 到此始聞, 不覺駭然, 以

此辭意, 還歸之日, 當一一陳達于朝, 廷寔計不宣

丙子十二月 日

杉村采女公 樋口孫左衛門公 多田與左衛門公 平田直右衛門公 田島十郎兵衛公 杉村三郎左衛門公

원록 9년(1696년) 10월, 천룡원 공의 재임 축하와 영광원 공의 조위를 겸하여 역관과 두 사자 변 동지·송 판사가 바다를 건너온 일에 대하여, 10월 16일 집에서 천룡원 공이 대면하고 인번주 백기주의 부속섬이라고 말하지 않았으며, 빈 섬으로서 백기주 주민들이 건너가 고기잡이를 한 일과 근년에 조선 사람들이 건너와 뒤섞여 고기잡이를 한 일 그리고 이쪽 일본의 어민들에게 바다를 건너가지 못하게 해야하겠다고 에도에 아뢰었던 일들을 천룡원 공이 직접 이야기 하였다. 이 두 사자에게 말한 것을 쓴 글 두 통을 다음에 기록한다.

"전 태수가 죽도에 관한 일로 귀국에 사자를 보냈는데 그 일을 마치기 전에 불행히 별세하여 곧 사자를 소환하고, 바로 배 편으로 입조했을 때 죽도의 토지 형상과 방향에 대하여 질문을 받고 사실에 의거하여 갖추어 대답했습니다. 이내 그 섬이 우리 나라와의 거리는 매우 멀고 귀국과의 거리가 도리어 가까우므로, 두 나라 사람들이 뒤섞이면 반드시 몰래 서로 통하여 사사로이 무역을 하는 폐단이 있을 것을 두려워하여 곧바로 명령을 내려 사람들이 왕래하면서 고기잡이하는 것을 허락하지 못하게 하였습니다. 대체로 흔단은 미세한 데서 생기고 화는 미천한 사람에게서 일어나는 것이 고금을 통한 병폐이니, 편안함을 생각해서 관여하지 않음으로써 오랫동안 우호관계를 더욱 돈독히 하고 하나의 섬에 관한 미세한 일은 빨리 불문에 붙이는 것이 어찌 두 나라의 아름다움 일이 아니겠습니까? 이에 남궁(南宮)에서 정중하게 서신을 만들어 본주로 하여금 대신 전달하도록 한 것을 깊이 감사하며, 역관과 사자가 돌아가는 날에 구두로 말하고 노사군(老使君)이 친히 부탁하면 혹시 듣기가 언짢을까하여 서신으로 이와 같이 말씀드리는 것입니다.

귀국 사람 11명이 금년 여름 인번주에 정박했다는 것을 들었는데, 두 나라 교통은 다만 대마도를 경유하는 하나의 길뿐이라는 것은 이전의 맹양으로서 관계됨이 작지 않으므로 인번주에 명령을 내려 즉시 돌려보내고 다른 곳에 알리지 않도록 하였습니다. 본주는 두 나라의 사이에 처하여 오로지 우호관계를 담당한 것은 그 유래가 오래되었는데, 지금 일본 본주를 버리고 다른 경로로 말미암아 정해진 약조를 어기고 사사로운 계책을 행하여, 혹시라도 그 일이 의부(議府)에 제출된다면 마땅히 명령을 받들어 사자를 파견해 그렇게 된 이유를 물을 것이며, 의부에서는 일의 이치를 살펴서 나라의 체통을 밝힐 것이니, 성의와 신의로 생각하여 옛날 일에 비추어 어찌 이런 일로 경솔하게 혼탁한 행동을 하겠습니까? 그러므로 불문에 붙이니 귀국에서는 마땅히 이전 명령을 엄중히 거듭하여 사사로운 폐단을 미리 막음으로써 두 나라의 우호에 힘써 함부로 사단을 일으켜 분쟁을 일으키는 데 이르지 않도록 이에 역관과 사자에 부탁하여 몸소 가지고 가서 아뢰게 하는 것입니다."

하였다.

노사군의 면담 때 말은 이상과 같았으나 방언(方言)이 잘 통하지 않아 혹 잘못 들은 것이 있을까 두려워하여 이 기록으로 첨부한다. 다만 이 글은 나이 많은 사람들이 연명으로 붉은 인주로 도장을 찍는다. 역관들에게 위 글을 받아 가지게 한 후 귀국하였을 때 갖추어 진달하기로 서로 확인하였는데, 교부한 원문 두 통을 다음에 기록한다.

"지난번 연회하는 날에 귀 대인께서 보인 글 가운데, '이른바 죽도는 바다 가운데 있어 거주하는 백성이 없으므로 인번주·백기주 어민들이 빈 땅이라 생각하여 때때로 왕래하였다. 그 섬은 일본과의 거리는 매우 멀고 조선은 약간 가까우니 지금 이후로는 일본 사람들이 절대로 왕래하지 못하도록 에도에서 분부해왔다는 말이 있었다. 이는 실로 두 나라가 성의와 신의가 더욱 두터운 것으로 저희들이 본국으로 돌아가서 이 뜻으로 세세히 조정에 전달하겠다'는 말이 있었습니다. 이만 그칩니다."

병자년(1696년) 12월

변 동지·송 판사

(176)『竹島紀事』5

日本國對馬州刑部大輔拾遺平義眞奉復朝鮮國禮曹大人閣下, 向領華械憑審貴國穆淸, 嘔喩倍恒, 承諭前年象官超溟之日, 面陳竹島之一件, 繇是左右克諒情山, 示以兩國永通交誼益懋誠信矣, 至幸至幸, 示意卽已啓達東武了, 故今修牘, 略布餘蘊, 附在館司舌頭 時維春寒, 更希加愛, 總惟察鑑 不宣

元祿十二年己卯正月 日

對馬州刑部大輔拾遺義眞

同於江戸表阿部豊後守様へ, 後來之爲に候故, 朝鮮國最初へ不念之所も被仰達置候樣にとの御事に付, 館守を以, 其旨東萊江被仰達候御口上書左に記之, 口上之覺

일본국 대마주 형부대보습유(刑部大輔拾遺) 평의진(平義眞)은 삼가 조선국 예조판서 각하께 답서를 올립니다. 지난번에 각하의 서신을 받고 귀국 여러 분들의 두루 평안하심을 알고 기쁨이 전보다 더합니다.

전년에 상관(象官)께서 바다를 건너왔을 때 가르침을 받았고 대면하여 말한 죽도에 관한 일건은, 이로 말미암아 좌우에서 모두 그 정황을 양해했으며 두 나라가 길이 우호를 교환하는 데 성의와 신의를 더욱 힘쓰게 된 것은 지극히 다행한 일입니다. 보여주신 뜻으로 즉시 동무(東武)에 진달하였으므로 지금 서신을 써서 대략 남은 정을 펴고 왜관의 관사(館司)의 구두 인사에 곁들입니다. 봄 추위 때에 더욱 자중자애하시고 잘 살펴주시기 바랍니다. 이만 그칩니다.

원록 12년(1699년) 기묘년 정월 일

대마주 형부대보습유

평의진 올림

이와 함께 에도의 阿部豊後守 님께 '뒤에 오는 일을 위해 조선국에 대하여 당초에 생각하지 못했던 일도 진달해두라.'는 분부에 대해서 관사(館守)에게 그런 뜻을 동래부에 말씀드리라고 한 구두 각서를 다음에 기록한다.

구두 각서

해설 요점

고시조 우에몬(越常右衛門)과 오우라무츠 우에몬(大浦陸右衛門)이 1726년에 편찬한 『죽도기사』는 대마도 신주(新主) 종의방이 1696년 10월 16일 조선 측의 역관과 변 동지와 송 판사에게 그가 에도(江戶)의 도쿠가와막부 장군으로부터 받은 명령을 풀이하여 죽도가 조선 영토임을 구두로 알린 내용 등의 기록을 수록하였다.

이 때 종의방은 이 말한 내용의 요지는 죽도 지리적으로 일본과는 멀고 조선에는 가까우므로 조선 영토로서 일본의 인번주·백기주의 부속도가 아니며, 일본 어부의 죽도에의 고기잡이 가는 것을 금지하여 우호관계를 돈독히 하겠다는 뜻을 조선의 역관 남궁(南宮)에게 서신을 만들어 보냈었다는 것이다.

또한 안용복 등 조선인 11명이 제2차로 인번주에 정박했다는 소식이 있는데 조선과 일본의 교섭 왕래는 반드시 대마도를 경유하도록 협약한 것이 오래되었음에도 불구하고 조선인들이 이 약조를 어기어 대마도를 경유하지 않고 직접 인번(因幡)에 간 것은 부당한 것이니 앞으로는 이를 금하도록 엄중한 명령을 내려주기 바란다는 것이었다.

이 자료의 맨 끝에는 대마도주 종의방이 1696년 12월에 변 동지와 송 판사에게 보인 글을 조선 관리들이 거듭 재확인하여 '지난번 연회하는 날에 귀대인께서 보인 글 가운데, 이른바 죽도는 바다 가운데 있어 거주하는 백성이 없으므로 인번주와 백기주 어민들이 때때로 왕래하였다. 그 섬은 일본과의 거리는 멀고 조선은 가까우니 지금 이후로는 일본인들이 절대로 왕래하지 못하도록 에도(江戶)에서 분부해왔다.'는 말이 있었다고 했는데, 조선에 돌아가면 이 뜻으로 조정에 보고하겠다는 기록이 다시 붙어 있다. 이에 대하여 대마도주 측이 동의하였음은 물론이다.

이 자료는 인번주와 백기주의 일본 어민들이 때때로 죽도에 고기잡이를 나갔다 할지라도, 그래서 일본 어부들 중에는 죽도가 일본의 인번주와 백기주 부속이 아닌가 착각한 사람이 설혹 한둘 있었다 할지라도, 실상은 전혀 그러한 것이 아니라 죽도는 조선의 부속령이고 일본 어부들은 그곳에 고기잡이하러 다녀왔을 뿐이었던 것을, 이번(1696년) 이후로는 일본 어민들의 죽도 왕래를 엄금하겠다고 약속했다는 것이다.

이어서 이 자료는 1699년(조선 숙종 5년, 일본 원록 12년) 일본 대마도주 형부대보습유 평의진(平義眞)이 조선 예조참의(禮曹參議) 이선부(李善溥)에게 '죽도'의 조선 귀속과 일본 어민의 출어 금지에 대한 왕복문서의 조선 측 최종문서를 에도의 막부 장군(東武)에게 잘 전달 보고했음을 알리는 외교문서 기록이다.

뒤에 첨기된 '구두 각서' 이후의 자료는 1693년부터 1699년 이전까지의 '죽도' 문제에 대한 경위가 또 수록되어 있는데, 앞서 수록한 왕복 외교문서와 『죽도기사』 4 와 거의 완전히 중복되기 때문에 생략하였다.

(상권, 본문 267~293쪽 참조)

37)『초로잡담』 기사

(177)『草盧雜談』上, 竹島

北史倭傳ニ, 竹斯國, 竹島, 阿蘇山トアレバ, 竹島ハ古ヨリ我國ノ島ニキハマリタリ, シカルニ, 憲廟(○德川綱吉)ノ御時, 朝鮮ヨリ, 朝鮮ノ島ノ由ヲ申上ケレバ, 竹島ヲ朝鮮ヘアタヘ給トカヤ, 憲廟ノ御仁政ニテ與ヘ給トイヘドモ, 地ハ少ノ所モ惜ムバキコトナレバ, 有司ノ過チナランカ,

---

北史 倭傳에 죽사국(竹斯國)·죽도(竹島)·아소산(阿蘇山)이라 나와 있으니, 죽도는 옛날부터 우리나라의 섬으로 정해져 있다. 그런데 헌묘(憲廟, 德川綱吉)때 조선에서 '조선의 땅이다.'라는 것을 말해왔으므로 죽도를 조선에 주었다고 한다. 헌묘의 어진 정치로 인해 주었다고는 하지만 영토는 작은 것이라도 아껴야 하는 것이므로 유사(有司)의 잘못이 아니겠는가?

해설 요점

이 자료는 일본의 어떤 민간인이 죽도를 옛날부터 일본 땅인데, 1696년 도쿠가와 쓰나요시(德川綱吉) 때 조선에서 그것을 조선 땅이라고 말해왔으므로 죽도를 조선에 주었다고 한다는 항간의 전설을 채록한 기록이다.

그러나 이 자료가 죽도를 옛날부터 일본 땅이라고 기록했다고 근거로 제시한『북사(北史)』왜전(倭傳)에는 정작 그러한 기록이 전혀 없다. 따라서 이 자료는 1696년 도쿠가와 쓰나요시가 죽도를 조선 땅이라고 재확인 결정하고 일본 어민들의 죽도에의 고기잡이를 엄금한 명령에 불만을 품은 일본인의 주장과 견해를 기록해 둔 것으로 추정된다.

당시 대마도주 종의진(宗義眞)을 비롯해서 일부 일본인들이 죽도가 울릉도이며 조선 영토임을 잘 알고 있으면서도 이를 탐내어 침찰하려고 집요하게 시도했었다. 이들이 비록 도쿠가와막부 장군의 명령으로 중단했다 할지라도 내심으로는 불만을 가진 자들이 있었을 것임은 충분히 추론할 수 있을 것이다. (상권, 본문 221~224쪽 참조)

38)『은주시청합기』 기사

(178) 齋藤豊仙『隱州視聽合記』(1667년)

『隱州視聽合記』(卷1), 國代記部. "隱州在北海中 故云隱岐島 (…) 戌亥間 行二日一夜有松島 又一日程有竹島(俗言磯竹島 多竹漁海鹿 按神書所謂五十猛歟) 此二島無人之地 見高麗如自雲州望隱州 故日本之乾地 以此州爲限矣."

은주(隱州)는 북해(北海) 가운데 있다. 그러므로 은기도(隱岐島)라고 말한다. (…) 술해(戌亥)간에 2일1야를 가면 송도가 있다. 또 하루 거리에 죽도가 있다[속언(俗言)에 기죽도(磯竹島)라고 말하는데 대나무와 물고기와 물개가 많다. 신서(神書)에 말한 소위 50맹(猛)일까]. 이 2개 섬(송도와 죽도)은 무인도인데, 고려를 보는 것이 마치 운주(雲州)에서 은기(隱岐)를 보는 것과 같다. 그러한 즉 일본의 서북(乾) 경지(境地)는 이 주(雲州)로서 한계(限)를 삼는다.

해설 요점

『은주시청합기』는 1960년 일본 정부가 한국 정부에게 보내온 독도 영유권 주장의 외교문서에서, 일본 고도서 중에 최초로 독도를 언급한 고문헌이며 독도를 일본 영토라고 증명하는 자료라고 제시한 문헌이다. 17세기 일본에서는 조선의 울릉도를 죽도로, 조선의 독도(于山島)를 송도로 호칭하고 있었다. 이 책의 편찬자인 사이토(齋藤)는 출운(出雲 : 雲州)의 관리(藩士)로서 번주의 명을 받아 1667년(일본, 관문 7년) 가을에 은기도를 순견(巡見)하고 보고 들은 바를 기록하여 『은주시청합기』를 지었다.

우리가 여기서 주목할 것은, 일본에서 최초로 울릉도와 독도를 기록한 문헌이라는 『은주시청합기』는 송도(독도)와 죽도(울릉도)의 두 섬에서 고려를 보는 것이 마치 일본의 운주(雲州 : 出雲國)에서 은기(隱岐)를 보는 것과 같아서, 이 두 섬 송도와 죽도는 고려에 속하는 것임을 알려주고, 그러한즉 일본의 서북방의 경계는 은주[(隱州 : 은기도(隱岐島)]로써 한계를 삼는다고 명백히 밝히고 있다는 사실이다.

이 자료의 내용은 일본 정부의 주장과는 전혀 달리, 일본의 서북방 경계는 은기도에서 끝나고 울릉도와 독도는 조선 영토임을 증명하는 일본 최초의 고문헌 자료인 것이다.

이 자료가 편찬된 1667년은 도쿠가와막부의 장군이 인번주 요나고의 오오야·무라카와(大谷·村川) 두 가문에게 죽도(울릉도)도해면허를 준 1618년(일본 원화 4년)으로부터 49년 후의 일이고, 위의 두 가문에게 송도(독도)도해면허를 준 1656년(일본 명력 2년)으로부터 11년 후의 일이다. 이 자료는 도쿠가와막부가 위의 두 어부에게 죽도와 송도에의 도해면허를 준 것은 죽도와 송도가 외국령이기 때문에 그곳에 고기잡이를 가겠다는 신청에 대하여 허가를 내린 것에 불과한 것임을 보강하여 증명해주고 있다. 만일 이 두섬이 일본 영토였다면 자기 나라 영토인 이 두 섬에 고기잡이를 가는데 당시 외국에 갈 때 내어주는 허가장인 도해면허를 중앙정부로부터 받을 필요가 없었을 것이다.

이 두 섬에의 도해면허 발급 이후 1667년에 편찬된 이 자료는 죽도(울릉도)와 송도(독도)는 조선 영토이며 일본의 서북방 경계는 은기도를 한계로 함을 명백히 밝히고 있다.

독도(송도)를 최초로 명료하게 기록한 일본의 최초의 고문헌이 독도를 조선 영토이며, 일본 영토가 아니라고 명백히 알려주고 있는 것은 매우 중요하며 의미심장한 것이다. (상권, 본문 234~236쪽 참조)

39)「죽도도해면허」봉서

(179)『竹島渡海免許』奉書(1618년)

従伯耆国米子竹嶋[江]先年船相渡之由候 然者如其今度致渡海度之段 米子町人村川市兵衛大屋甚吉 申上付而 達上聞候之処 不可有異議之旨 被仰出(候)間 被得其意 渡海之儀可 被仰付候 恐々謹言.

백기국(伯耆国) 요나고(米子)에서 죽도(竹島)로 선년부터 선박이 도항한 일이 있었습니다. 그래서 그렇게 이번(今度)에도 도해하고 싶다는 이야기를, 요나고 정인(町人) 무라카와 이치베에(村川市兵衛)와 오오야 진키치(大谷甚吉)가 신청했습니다. 그 일에 대해 〈상의했는데〉 이것을 장군이 들으시고 〈도해의〉 건에 이의(異議)가 있지 아니하다는 지(旨)를 내렸습니다. 그 뜻을 얻을 수 있었으므로, 도해의 건은 가능하게 되었습니다. 삼가 이 일을 아룁니다.

해설 요점

이 자료는 1618년 발급된「죽도도해면허」의 내용이다. 도해면허에는 정형화된 형식이 없었다. 때로는 막부 장군의 주인(朱印)이 있는 것도 있었고, 주인 없이 장군의 허가를 받았다는 봉서(奉書) 형식의 편지일 수도 있었다. 사용 기간은 1회인 경우가 대부분이었지만 때로는 이것이 모호하여 사용 정지의 명령이 올 때까지 계속 사용하는 경우도 있었다.

1618년의 「죽도도해면허」는 돗토리번주 송평신태랑(松平新太郎)이 요나고의 상인 무라카와 이치베에(村川市兵衛)와 오오야 진키치(大谷甚吉)가 이전에 죽도에 도항한 일이 있었는데 이번에(今度)도 도해하고 싶다고 신청했으므로 막부 장군의 결정을 원한다는 봉서에 대해서, 막부 장군이 들으시고 이의가 없다고 지(旨)를 내렸으므로 도해가 가능하게 되었다는 내용을, 막부 장군 아래의 노중 밑에서 일하는 관리 영정신농(永井信濃)이 돗토리번주 송평신태랑에게 보내는 회답 봉서의 형식으로 되어 있다. 이 죽도도해면허의 내용은 '今度'(이번) 이라고 하여, '1회' 허가 편지로 되어 있다. 이것을 무라카와와 오오야 두 가문이 그 후 계속 사용한 것은 지방관의 묵인에 의한 것이었거나 불법사용한 것이었다고 볼 수 있다. (상권, 본문 225~228쪽 참조)

40) 1695년 돗토리번주가 막부 노중에게 보내는 답서

(180) 鳥取藩主의 幕府老中에의 答書(1695년)

竹嶼は因幡・伯耆付属ニては無御座候. 伯耆国米子町人大屋九右衛門・村川市兵衛と申者渡海漁仕候儀, 松平新太郎領国之節, 以御奉書被仰出候旨承候. 其以前渡海仕候儀も有之様ニは承候得共, 其殷相知不申候事

죽도(竹島)는 이나바(因幡)・호우키(伯耆)의 부속이 아닙니다. 호우키노쿠니(伯耆国) 요나고(米子)의 정인 오오야 쿠우에몬・무라카와 이치베에(村川市兵衛)라고 하는 자가 도해(渡海)하여 어렵을 하는 것은, 마쓰타이라 신타로우(松平新太郎)의 영국일 때, 〈막부가〉 봉서(奉書)로 허가하셨다고 듣고 있습니다. 그 이전에도 도해(渡海)하고 있었던 것처럼 듣고는 있었습니다만, 그 일은 잘 알지 못합니다.

해설 요점

이 자료는 1693년 '안용복 사건'이후 대마도 태수에 의한 울릉도·독도 논쟁이 일어나자, 1695년 12월 도쿠가와막부 노중 阿部正武가 돗토리번주에게 죽도가 돗토리번에 속한 섬인가의 질문서를 받고 돗토리번(인번주와 백기주로 구성) 번주가 '죽도는 인번(因幡)국이나 백기(伯耆)국의 어디에도 부속한 섬이 아니다(조선의 섬이라는 뜻).'라고 회답한 답서(答書)이다. 이 회답 봉서에서는 요나고의 상인 오오야와 무라카와가 고기잡이하려 도해를 원했기 때문에 당시의 번주 송평신태랑(松平新太郎)이 막부가 내린 허가 봉서를 받고 도해를 허가해 준 것 뿐이지, 죽도가 돗토리번의 인번국이나 백기국 어디에도 소속하지 않은 섬임을 보고한 것이었다.

(상권, 본문 228~230쪽 참조)

41) 1696년 돗토리번주가 막부 노중에게 보내는 답서

(181) 鳥取藩主의 幕府老中에의 答書(1696년)(1)

右嶋江渡海付御朱印は無御座候. 松平新太郎伯耆國領知之節, 渡海之儀付被成御奉書候. 則写懸御目候.

위의 섬(竹島)에 도해하는 주인(朱印)은 없습니다. 송평신태랑(松平新太郎)이 백기국을 통치하고 있을 때 도해(渡海)에 대한 봉서(奉書)가 나왔습니다. 사본을 보여드립니다.

(182) 鳥取藩主의 幕府老中에의 答書(1696년)(2)

伯耆國米子町人村川市兵衛·大屋九右衛門竹嶋江渡海始候儀, 元和四年阿

部四郎五郎殿御取持を以渡海被遊御免, 其節より右弐人目見被仰付候事

백기국(伯耆國) 요나고(米子)의 정인(町人) 무라카와(村川市兵衛)와 오오야(大屋九右衛門)가 죽도(울릉도)에 도해하기 시작한 것은 원화(元和) 4년(1618년)에 阿部四郎五郎님의 주선으로 도해(渡海)를 허가받아, 그때부터 위의 두 사람이 알현을 명받았습니다.

(183) 鳥取藩主의 幕府老中에의 答書(1696년)(3)

右嶋江渡海船ニ御紋之船印御免被遊相立候儀, 不分明候得共, 右弐人先祖より至ニ今相立申候. 先年竹嶋江渡海之船, 朝鮮國江流着候節, 御紋之舟印立候付, 日本之船と見知申, 対馬國江送越, 米子江罷帰候由, 御座候.

위의 섬(죽도)에 도해(渡海)하는 배에 가문의 문양을 새긴 깃발을 단다는 것은, 확실히 알지 못합니다만, 위 두 사람(무라카와와 오오야)이 선조의 때부터 지금(1693년)에 이르기까지 달고 있는 것 같습니다. 선년에 죽도에 도해한 선박이 조선국에 표착했을 때, 가문의 문양이 있는 배를 달고 있었기 때문에 일본 선박이라는 것을 알고 대마국(對馬國)에 보내어 요나고(米子)로 돌아온 일이 있습니다.

해설 요점

이 자료는 1696년 막부의 노중(관백)이 돗토리번주에게 「죽도도해면허」가 장군의 주인(朱印)이 있는 주인장(朱印狀)이었는가의 질문에 대한 돗토리번주의 회답서이다. 돗토리번주는 막부 노중에게 당시 「죽도도해면허」는 주인은 없었고, 백기국을 다스리던 당시 송평신태랑(松平新太郎)에게 막부로부터 도해 허가의 봉서를 받았었다고 회답하면서 사본을 첨부해서 답서를 보내었다.

이어서 이 자료는 요나고의 상인 오오야와 무라카와가 도해하기 시작한 것은 1618년부터이며, 아부사랑오랑(阿部四郎五郎)의 주선을 받아 막부에 알현하기도 했다고 밝히고 있다.

또한 이 자료는 오오야와 무라카와의 두 가문이 죽도에 도해할 때는 자기의 배에 선조 때부터 사용해 오던 자기 가문의 문양을 달았으며, 이전에 그들의 배 1척이 조선에 표착한 적이 있었는데, 그 문양을 보고 조선 측이 일본 배라고 확인하여 대마주(對馬州)에 인도해 준 적이 있다고 보고하고 있다. (상권, 본문 240~247쪽 참조)

42) 소곡이병위(小谷伊兵衛)가 막부 노중에게 보내는 답서

(184) 小谷伊兵衛의 幕府老中에게의 答書(1696년)(1)

松島は何れ之國江附候島ニても無御座候由承候事.

송도(松島)는 어느 나라[인번국(因藩國)이나 백기국(伯耆國)]에 부속(附屬)된 섬도 아니라고 들었습니다.

(185) 小谷伊兵衛의 幕府老中에게의 答書(1696년)(2)

松島江獵参候儀, 竹島江渡海之節道近ニて御座候故立寄獵仕候, 他領より獵参候候は不永候事. 尤出雲國·隱岐國之者は米子之者と同船ニて参候事.

송도(松島)에 고기잡이하러 간다고 하는 것은 죽도(竹島)에 도해(渡海)할 때에 가는 길이기 때문에 들러서 어렵(漁獵)을 합니다. 다른 영지(領地)에서

어렵하러 간다는 일은 들은 일이 없습니다. 원래 출운국(出雲國) 은기국(隱岐國) 사람들은 요나고(米子)의 사람들과 같은 배에 타고 갑니다.

해설 요점

이 자료는 1696년 막부의 노중(관백)이 돗토리번(鳥取藩 : 인번국과 백기국으로 구성) 번주에게 송도(독도)는 돗토리번에 부속하는 섬인가를 질문하자, 돗토리번에서 송도는 돗토리번을 구성하는 인번국이나 백기국의 어느 나라에도 부속된 섬이 아니라고 회답한 봉서이다. 즉 송도는 일본의 돗토리번(인번국과 백기국) 어디에도 부속하지 않은 (조선 부속의) 섬이라고 돗토리번주가 도쿠가와막부의 질문서에 회답서를 보낸 것이었다.

또한 이 자료는 송도에 고기잡이하러 간다함은 죽도에 도해하는 길에 들려서 고기잡이하는 것을 의미함이고, 은기도(隱岐島) 사람들이 이 섬에 고기잡이하러 가는 경우도 오오야와 무라카와 두 가문의 배에 타고 가서 고기잡이하는 것이지 다른 지방의 고기잡이 도해는 없었다고 보고하였다.

이 자료는 도쿠가와막부의 장군과 노중이 죽도(울릉도)와 송도(독도, 우산도)가 조선 영지(領地)이고 일본 영지가 아니라고 재확인하고 결정하여 조선 조정에 외교문서를 보내온 배경을 알려주는 매우 중요한 일본 측 고문서이다. (상권, 본문 286~290쪽 참조)

43) 「죽도도해금제」 봉서

(186) 「竹島渡海禁制」 奉書(1696년 正월 28일)

先年松平新太郎因州伯州領知之節, 相窺之伯州米子之町村川市兵衛·大屋甚吉, 竹嶋江渡海至干今雖致漁候. 向後竹嶋江渡海之儀制禁可申付旨被 仰出之候. 可被存其趣候. 恐々謹言.

正月廿八日

土屋相模守 御判

戸田山城守 御判

阿部豊後守 御判

大久保加賀守 御判

松平伯耆守殿

선년 마쓰타이라 신타로(松平新太郎)가 인주(因州)·백주(伯州)를 통치할 때 말씀하셨던 백주 요나고(米子)의 정인(町人) 무라카와 이치베에(村川市兵衛)와 오오야 진키치(大屋甚吉)가 죽도(竹島)에 도해(渡海)하여 지금에 이르기까지 어로(漁撈)해 왔지만, 금후(今後) 죽도도해(竹島渡海)는 금제(禁制)를 명한다고 말씀하셨습니다. 이 뜻을 잘 이해하도록 할 것. 삼가 아뢰니다.

정월 이십팔일

土屋相模守 御判

戸田山城守 御判

阿部豊後守 御判

大久保加賀守 御判

松平伯耆守殿

해설 요점

이 자료는 일본 도쿠가와막부 노중(관백)이 1696년 1월 28일 자로 요나고의 무라카와와 오오야 두 가문에게 이전(1618년)에 내린 죽도도해면허를 취소하고 그 후 일본인의 죽도 도해를 금제(禁制)한다는 명령을 내린 문서이다.

그러나 명령서의 형식은 막부 관백의 회의에 참석한 4명의 노중들이 연서하여 백기주태수에게 보내는 봉서 형식으로 되어 있다. 또한 형식은 '죽도도해금제(竹島渡海禁制)'로 되어 있으나 송도 도해는 죽도로 도해하는 길에 들려서 고기잡이하는 것으로 이전에 돗토리번주의 보고를 받았기 때문에, 죽도도해금제는 당연히 송도도해금제도 포함하는 것으로 모든 관련 막부 관리들과 백기국(伯耆國), 인번국(因幡國), 은기국(隱岐島) 관리들이 이해하였다. 즉 '죽도도해금제'의 내용에는 '죽도와 송도 두 섬 모두에의 도해를 금지'하는 내용이 포함되어 있었다. (상권, 본문 267~270쪽 참조)

44) 도쿠가와막부의 일본인 죽도도해금지 대조선 봉서

(187) 德川幕府의 日本人 竹島渡海禁止의 對朝鮮 奉書(1696년)

先太守 因竹島事 遣使於貴國者 兩度 事未了 不幸早世 由是召還使人. 不日上船 入覲之時 問及竹島地狀方向 據實具對 因以其去.

本邦太遠 而去. 貴國却近.

恐兩地人殽雜 必有潛通私市等弊 隨卽下令 永不許 入往漁採. 夫釁隙生於細徵 禍患興於下賤 古今通病 慮寧勿預. 是以百年之好 偏欲彌篤 而一島之微 據付不較 豈非.

兩邦之美事乎. 慈念.

南宮應慇懃修書 使本州代傳 盛謝爾. 譯使回掉之日. 口伸毋遺.

전 태수가 죽도의 일로 인하여 사절을 귀국에 파견한 것이 두 차례인데 사절의 일이 완료되지 않은 채 불행하게 별세했으므로 이로 말미암아 사절을 소환했습니다.

〈신(新) 태수가〉 오래지 않아 上船해서 〈에도(江戶)에〉 入覲했을 때에, 〈관백의〉 질문이 죽도의 地狀과 方向에 미쳐서 사실에 근거하여 대답했습니다. 그리하여 그것(죽도)가 本邦으로부터의 거리가 심히 멀고(本邦太遠) 귀국으로부터의 거리는 도리어 가깝습니다(貴國却近).

또한 아마도 두 나라 사람들이 〈그곳에서〉 섞이면 潛通과 私市 등의 폐단이 반드시 있을 것입니다. 따라서 곧 명령을 내려 영구히 사람들(일본인)이 (그곳에) 가서 漁採함을 不許했습니다.

무릇 틈의 벌어짐은 세미한 것에서 생기고 禍患은 下賤에서 일어나는 것이 고금의 通病이니, 미리 못 하도록 막는 것이 오히려 낫다고 생각됩니다. 이로써 100년의 우호를 더욱 돈독히 하고자 하면 한 섬의 작은 것을 곧바로 비교에 부치지 않는 것이 어찌 두 나라의 아름다운 일이 아니겠습니까. 유념하시기 바랍니다.

南宮應에게 정성스럽게 〈이 서찰(書札)을〉 修書하도록 하고, 本州(대마도주)로 하여금 〈조선 측의〉 큰 감사를 대신 〈에도(江戶)에〉 전하게 할 것이며, 譯使가 귀국하는 날을 기다려 〈이 뜻을〉 아뢰어서 빠뜨리지 않도록 당부합니다.

해설 요점

이 외교 문서는 일본 측이 1696년 1월의 도쿠가와막부 노중(관백)의 결정에 의거하여 죽도(울릉도)를 조선 영토로 인정하고 일본인의 죽도 도해를 금지하기로 했다는 사실을 조선 측에 알려온 결정적으로 중요한 일본의 공문서이다. 이 원문이 조선 측에는 보관되어 있지 않으므로, 일본 국립공문서관에 보관되어 있는 일본 측 자료를 부득이 하여 여기에 보충한 것이다.

이 자료는 두 부분으로 구성되어 있는데, 그 앞 부분(이 문서의 대부분)은 1696년에 대마도주가 에도(江戶)로부터 돌아온 후 조선의 도해역관 남궁응을 불러 면담해서 수서(修書)해 가도록 한 부분이고, 뒷부분은 그렇게 하면서 대마도주가 도해역관에게 특별히 당부하여 말한 부분의 기록이다.

이 일본 외교문서에서 결정적으로 중요한 핵심은 공문서 부분의 ① 죽도로부터의 거리가 일본은 태원(太遠)하고 조선은 각근(却近)하므로 조선 영토로서 인정하기로 막부 노중이 결정했다는 사실과, ② 노중이 조선 영토인 죽도에의 일본인들의 왕래와 어채(魚採)를 영구히 불허하도록 명령을 내린 사실을 전한 부분이다.

1696년 1월의 일본 도쿠가와막부 노중의 위의 결정과, 조선 측에 공식 문서에 의한 노중 결정의 전달로 일본에서도 '죽도'(울릉도) 및 그 부속도서인 우산도(독도, 송도)를 조선 영토로 재확인 결정하여 존중하게 되었다.

(상권, 본문 272~276쪽 참조)

45) 조선 예조참의가 일본 대마도 형부에게 보낸 봉서

(188) 朝鮮禮曹參議의 日本 對馬島 刑部에게의 奉書

朝鮮國禮曹參議 李善溥 奉書

日本國對馬州 刑部大輔拾遺 平公 閣下

春日暄和 緬惟動靜 珎毖嚮慰無已 頃因譯使 回自貴國 細傳左右面托之言 備悉委折矣.

鬱陵島之爲我地 輿圖所載 文跡照然 無論彼遠此近 疆界自別.

貴州旣知 鬱陵島與竹島 爲一島而二名 則其名雖異 其爲我地則一也.

貴國下令 永不許 入往漁採 辭意丁寧 可保久遠 無他良幸良幸.

我國亦當 分付官吏 以時檢察 俾絶兩地人往來殽雜之弊矣.

昨年漂氓人 濱海之事 率以舟楫爲業 颿風焱忽 易及飄盪 以至冒越重良轉

入貴國 豈可以此 有所致疑 於違定約 而由他路乎. 若其呈書 誠有妄作之罪 故已施幽極之典 以爲爲懲戢之地 另勅沿海 申明禁令矣. 胃

益務誠信 以全大體 更勿生事 於邊彊庯非 彼此之所大願者耶.

左右旣有 面言於譯使 而然且無 一人行李 奉書契以末者. 似是 左右深念 舊約 不欲規外送差之意 故先此修牘 展布多少 送于萊館 使之轉致 統希諒炤. 不宣.

戊寅 三月 日

禮曹參議 李善溥

조선국 예조참의 이선부(李善溥)는 일본국 대마주 형부대보습유 평공(平公) 각하에게 편지합니다.

봄 날씨가 화창한데 멀리서 동정이 편안하시다는 소식을 듣고 위안됨이 그지없습니다. 근자에 역자(譯使)가 귀주로부터 돌아와서 귀하가 〈역관을〉 직접 대면하여 부탁한 말을 자세히 전했는데, 모두 세세한 곡절을 갖추고 있었습니다. 울릉도가 우리의 땅임은 『동국여지승람』과 그 지도에 실려 있고 문헌 증거가 분명하니, 저쪽(일본)으로부터는 멀고 이쪽(조선)으로부터는 가깝다는 것을 논할 것도 없이 강계(彊界)는 스스로 판별되는 것입니다. 귀주(대마도)는 이미 울릉도와 죽도가 일도이명(一島二名)임을 알고 있은 즉, 그 이름이 비록 다를지라도 그것이 우리나라의 영토임은 매한가지입니다.

귀국이 명령을 내려 사람들(일본인)로 하여금 〈그곳에〉 가서 어채(漁採)하지 못하도록 영구히 불허한 것은 그 말뜻이 정녕하여 오랫동안 보전되리라고 생각하며 실로 다행스러운 일입니다. 우리나라도 또한 마땅히 관리에게 분부하여 때때로 검찰(檢察)해서 두 나라 사람들이 뒤섞이는 폐단을 끊도록 할 것입니다.

작년에 표류한 백성들이 〈귀국의〉 바닷가에 간 일은 배 젓는 일을 업으로 하는 사람들이 홀연히 큰 바람을 만나 배가 뒤집힐 뻔해서 먼 바다로 불법 월경하여 귀국으로 흘러들어가는 데 이르렀던 것이니, 어찌 이를 정약(定約)을 어기고 다른 길을 두었다고 의심을 펼 수 있겠습니까. 만약 그 정서(呈書 : 상소를 봉정함)로 말할 것 같으면, 참으로 망작(妄作)의 죄가 있으므로 이미 유극지전(幽極之典)을 시행해서 징계했다고 생각하고 있습니다. 그리고 연해에는 칙령으로 금령을 포고했습니다.

더욱 성신(誠信)에 힘써서 대체(大體)를 온전하게 하여 다시는 변경강토(邊境疆土)에 관한 시비가 일어나지 않게 함이 어찌 피차의 크게 원하는 바가 아니겠습니까. 귀하가 이미 역사에게 대면하여 말한 바는 있으나 또한 한 사람의 사절도 서계를 받들어오지 않았는데, 아마도 이것은 귀하가 구약(舊約)을 깊이 생각하여 법도 외의 사절을 보내지 않고자 한 뜻이라고 생각됩니다. 그러므로 이에 앞서 편지를 써서 대략 요지를 펴 동래(東萊)의 관에 보내 그로 하여금 전차(轉置)하도록 했으니 그리 아시기 바라며, 이만 그칩니다.

무인년 3월 일

예조참의 이선부

해설 요점

일본 측의 대마도 형부(刑部)를 통한 봉서(奉書)에 대하여 조선 조정은 예조참의 이선부의 이름으로 회답문서를 보내었다.

그 내용은 ① 울릉도가 조선 영토임은 『동국여지승람』과 그 지도(여도)에 수록된 기록으로 명백하며, 또한 일본으로부터는 멀고 조선으로부터는 가까우니 강계는 스스로 판별되는 것이고, ② 울릉도와 죽도가 일도이명으로서 그 이름은 다를지라도 동일한 섬으로서 조선 영토임은 대마도에서도 이미 잘 알고 있은 바이며, ③ 귀국이 일본인의 울릉도(죽도)에의 어채(魚採)하러 감을 영구히 금지한 것은 정녕 치하할 일로써 영구히 지켜지기를 바라고, ④ 우리나라도 관리를 파견하여 때때로 검찰할 것이며, ⑤ 이전에 표류민(안용복 등)이 귀국에 월경해 들어간 것은 거센 바람 때문이므로 조선이 정약(定約)을 위반한 것으로 의심할 필요는 없으며 그들이 정서(呈書)를 망작(妄作)한 죄에 대해서는 이미 유배형에 처했으니 종결된 것이고, ⑥ 연해에는 칙령으로 울릉도에 출어하지 말라는 금령(禁令)을 이미 포고했으며, ⑦ 앞으로는 변경(邊境) 영토의 분쟁이 일어나지 않도록 해야 할 것이고, ⑧ 귀하 등이 역사(譯使 : 渡海譯官)를 대면하여 말한 바를 수서케 해서 보낸 바는 있으나 공식 서계를 가진 사절을 파견한 바는 없으므로 우리 측도 편지형식으로 하여 동래부사에게 보내서 전치(轉致)하도록 했으니 양해하라는 것이었다.

위의 편지 형식의 회답서계는 1698년 음력 4월에 동래부사에게 하달되어 대마도에 전달되었다. (상권, 본문 277~285쪽 참조)

46) 일본 대마도 형부대보가 조선 예조에게 보낸 봉서

(189) 『公文錄』 內務省之部 1,「日本海內竹島外一島地籍編纂方伺」의 元祿年間 附屬文書 第4號

日本國對馬州 刑部大輔拾遺 平義眞 奉復

朝鮮國禮曹大人 閣下

向領華椷 憑審

貴國 穆淸嘔喩 倍恒承諭.

前年 象官超溟之舊 面陳竹島之一件 繇是 左右克諒情由 示以 兩國 永通

交誼 益懋誠信矣 至幸至幸.

示意 卽已啓達 東武了. 故今修牘略布 餘蘊附在館司舌頭.

時維春寒 更希加愛 總惟鑒察. 不宣.

元祿十二年 己卯 正月 日

對馬州刑部大輔拾遺 平義眞

일본국 대마주 형부대보습유 평의진(平義眞)이 조선국 예조대인(禮曹大人) 각하에게 답서합니다.

지난번 빛나는 편지를 받고 실로 귀국이 평안하다는 것을 잘 알았습니다.

전년에 역사(譯使)가 바다를 건너왔을 적에 죽도일건(竹島一件)을 대면해서 진술했었는데, 이에 대해 귀하가 사정을 깊이 헤아려서 양국이 교의를 영원히 통하게 하고 성신을 더욱 힘쓰게 함을 보여주었으니, 지극히 다행한 일입니다.

〈귀측에서〉 보인 뜻은 즉시 동무(東武 : 에도의 도쿠가와막부 장군)에게 계달(啓達)했습니다.

그러므로 이제 편지를 써서 남은 뜻을 대략 펴고, 그 나머지 내용은 관사(館舍)의 설두(舌頭) 편에 맡겨둡니다. 때는 봄 날씨가 아직도 찹니다. 다시 더 사랑해주시기 바라며, 오직 두루 살피소서. 이만 그칩니다.

원록12년 을묘 정월 일

대마주 형부대보습유 평의진

해설 요점

일본 측에서는 이에 이듬해인 1699년 정월에 일본 대마주(對馬州)의 형부대보습유(刑部大輔拾遺) 평의진(平義眞)이 이선부에게 역시 편지 형식으로 다시 회답 외교문서 서계를 보내왔다. 일본 측의 이 문서의 내용은 다른 것이 없고 지난번 예조참의의 이름으로 된 문서의 뜻은 동무(東武 : 에도의 도쿠가와막부 관백)에게 잘 전달해 올렸다는 통지였다. 일본 측의 1699년 1월의 위의 문서로서 편지 형식의 외교문서 왕복이 끝나고, 대마도주가 1693년에 도발하여 일으킨 조선과 일본 사이의 '울릉도·독도 영유권 논쟁'은 두 섬이 조선 영토로서 일본과 관계가 없는 섬으로 완전히 종결을 보게 되었다. (상권, 본문 277~285쪽 참조)

47) 하야시 시헤이(林子平)의 『삼국통람도설』의 「삼국접양지도」

(190) 林子平, 『三國通覽圖說』의 「三國接壤之圖」(1785년)

본문 321쪽의 〈그림 1-53〉 참조

해설 요점

일본의 18세기 실학자 하야시 시헤이(林子平, 1738~1793년)이 1785~1786년에 『삼국통람도설』이란 책을 간행하면서 그 부록 지도 5장의 하나인 「삼국접양지도」에서 채색으로 울릉도와 독도를 조선 영토로 표시했을 뿐만 아니라 그 위에 문자로 '朝鮮ノ持也'(조선의 것임)라고 기록하여 울릉도와 독도의 두 섬이 모두 조선 영토임을 명백하게 증명한 자료이다.

하야시 시헤이는 무사 신분 출신으로서 에도(江戶)에서 태어나, 선대(仙臺)에서 무사가 된 그의 형을 따라서 선대로 가서 이곳에서 공부하였다. 38세 때부터 일곱 차례나 장기(長崎)에 가서 네덜란드 사람들과 교제하면서 난학(蘭學)을 공부하고 서양 사정에 대한 지식을 쌓았으며, 1785년에는 『삼국통람도설』, 1786년에는 『해국병담(海國兵談)』을 완성하였다. 그는 러시아의 일본에 대한 다가올 압력을 두려워하여 일본의 인접 국가와 국경에 대한 많은 연구를 하고 미 부문에서 당대 일본 최고의 해박한 지식을 가진 학자가 되었다. 『삼국통람도설』에는 「삼국접양지도」를 비롯하여 「대일본지도」 등 5개의 그가 그린 지도가 수록되어있는데, 이 지도들에서는 독도가 조선 영토임을 매우 명백하게 표시하였다.

즉 하야시 시헤이의 「삼국접양지도」(1785년)와 「대일본지도」(1785년)에서는 국경과 영토를 명료하게 나타내기 위해 나라별로 채색을 하면서 조선을 황색으로, 일본은 녹색으로 나타냈는데, 울릉도와 우산도(독도)를 정확한 위치에다 그려 넣었고 두 섬을 모두 황색으로 표시했다. 그뿐만 아니라 이 지도는 울릉도와 독도 두 섬 옆에다 다시 '朝鮮ノ持也'(조선의 것임)라는 문자를 적어넣어 울릉도와 독도가 조선 영토임을 거듭해서 강조했다.

하야시 시헤이의 이러한 울릉도와 독도의 조선 색으로의 채색과 그 위에 쓴 '朝鮮ノ持也'(조선의 것임)이라는 단정적 문자는 독도가 한국의 고유영토임을 일본 측에서 증명하는 결정적인 자료라고 할 수 있다. 이때 하야시 시헤이가 울릉도와 독도의 소속에 대하여 '조선의 것임'이라고 단정적 설명 문자를 쓴 것은 울릉도와 독도에 대한 조선·일본 간의 영유권 논쟁이 1696년 1월 도쿠가와막부 장군이 울릉도(죽도)와 그 부속도서인 독도(송도)를 조선 영토라고 재확인하여 결정한 사실로 최종 종결되었음을 표시한 것이었다. (상권, 본문 291~293쪽 및 320~323쪽 참조)